全国勘察设计注册公用设备工程师
暖通空调专业考试备考应试指南

（2020 版）

（下册）

林星春　房天宇　主编

中国建筑工业出版社

目　　录

（上　册）

第1篇　专　业　知　识　题

（下　册）

第2篇　专业案例题

第 3 篇　实　战　试　卷

第 2 篇　专业案例题

第7章　供暖专业案例题

本章知识点题目分布统计表

小节	考点名称		2011 年至 2019 年题目统计		近几年题目统计		2019 年题目统计
			题目数量	比例	题目数量	比例	
7.1	建筑热工与热负荷		14	17%	9	21%	5
7.2	供暖系统形式	7.2.1　散热器	18	22%	8	19%	2
		7.2.2　辐射供暖	8	10%	4	10%	1
		7.2.3　热风供暖	4	5%	3	7%	0
		小计	30	37%	15	36%	3
7.3	供暖系统设计	7.3.1　供暖系统水力计算	8	10%	4	10%	1
		7.3.2　节能改造	5	6%	1	2%	0
		小计	13	16%	5	12%	1
7.4	热网	7.4.1　供热量与热力入口	5	6%	4	10%	0
		7.4.2　热水网路计算	7	9%	2	5%	0
		小计	12	15%	6	14%	0
7.5	锅炉房与换热站		5	6%	0	0%	0
7.6	供热相关设备		8	10%	7	17%	2
合计			82		42		11

说明：2015 年停考 1 年，近几年题目统计为 2016 年至 2019 年。

7.1　建筑热工与热负荷

7.1-1. 某地一厂房冬季室内设计参数为 $t_n=18℃$、$\varphi_n=50\%$，供暖室外计算温度 $t_w=-12℃$，室内空气干燥。厂房的外门的最小热阻不应低于下列哪一项？【2011-3-01】

A. $0.21m^2 \cdot ℃/W$ B. $0.26m^2 \cdot ℃/W$

C. $0.31m^2 \cdot ℃/W$ D. $0.35m^2 \cdot ℃/W$

参考答案：A

主要解题过程：

根据《三版教材》式（1.1-7）可知：

$$R_{0,min} = \frac{a(t_n - t_w)}{\Delta t_y \cdot \alpha_n}$$

根据《三版教材》表 1.1-4、表 1.1-9 查得 $\alpha_n = 8.7W/(m^2 \cdot ℃)$，$a=1$，$\Delta t = 10℃$。

又由《三版教材》P5倒数第2行参数 K 可知，外门的最小传热阻不应该小于按供暖温度计算温度所确定的外墙最小传热阻的60%。

则有外门的最小传热阻：

$$R_{m,min} = 60\% \times \frac{a(t_n - t_w)}{\Delta t_y \cdot \alpha_n} = 60\% \times \frac{1 \times (18 + 12)}{10 \times 8.7} = 0.207 (m^2 \cdot ℃)/W$$

7.1-2. 某严寒地区 A 区拟建 10 层办公建筑（正南、北朝向、平屋顶），矩形平面，其外轮廓平面尺寸为 40000mm×14400mm。一层和顶层层高均为 5.4m，中间层层高均为 3.0m。顶层为多功能厅，多功能厅屋面开设一天窗，尺寸为 12000mm×6000mm。该建筑的屋面及天窗的传热系数 $[W/(m^2 \cdot K)]$ 应是下列哪一项？【2011-4-01】

A. $K_{天窗} \leqslant 2.6$，$K_{屋面} \leqslant 0.45$　　　　　B. $K_{天窗} \leqslant 2.5$，$K_{屋面} \leqslant 0.35$

C. $K_{天窗} \leqslant 2.5$，$K_{屋面} \leqslant 0.30$　　　　　D. 应当进行权衡判断确定

参考答案：B

主要解题过程：体形系数

$$S = \frac{(40 + 14.4) \times (2 \times 5.4 + 3 \times 8) \times 2 + 40 \times 14.4}{40 \times 14.4 \times (2 \times 5.4 + 3 \times 8)} = 0.218 < 0.4$$

窗墙比

$$n = \frac{12 \times 6}{40 \times 14.4} = 0.125 < 0.2$$

根据《公建节能 2005》表 4.2.2-1：屋顶透明部分 $K_{天窗} \leqslant 2.5$；$K_{屋面} \leqslant 0.35$

扩展：根据《公建节能 2015》第 3.2.1 条，严寒地区公共建筑体形系数，按照单栋建筑面积 800m² 为界，对建筑体形系数 S 限值进行设定。只有当建筑面积 $A > 800m^2$ 时，$S \leqslant 0.40$；当建筑面积 $A \leqslant 800m^2$ 时，$S \leqslant 0.50$，较《公建节能 2005》第 4.1.2 条要求更为细化；窗墙面积比要求见《公建节能 2015》第 3.2.2 条，第 3.2.4 条；围护结构热工限值见《公建节能 2015》表 3.3.1-1，屋面的传热系数 $K \leqslant 0.28 W/(m^2 \cdot K)$，屋顶透光部分（屋顶透光部分面积 $\leqslant 20\%$）$K \leqslant 2.2 W/(m^2 \cdot K)$；围护结构热工性能权衡判断需满足《公建节能 2015》第 3.4.1 条要求后，方可进行权衡判断。

7.1-3. 设计严寒地区 A 区某正南北朝向的 9 层办公楼，外轮廓尺寸为 54m×15m，南外窗为 16 个通高竖向条形窗（每个窗宽 2.1m），整个顶层为多功能厅，顶部开设一天窗（24m×6m）。一层和顶层层高均为 5.4m，中间层层高均为 3.9m。问该建筑的南外窗及南外墙的传热系数 $[W/(m^2 \cdot K)]$ 应当是下列哪项？【2012-3-01】

A. $K_{窗} \leqslant 1.7$，$K_{墙} \leqslant 0.40$　　　　　B. $K_{窗} \leqslant 1.7$，$K_{墙} \leqslant 0.45$

C. $K_{窗} \leqslant 1.5$，$K_{墙} \leqslant 0.40$　　　　　D. $K_{窗} \leqslant 1.5$，$K_{墙} \leqslant 0.45$

参考答案：B

主要解题过程：根据《公建节能 2005》第 4.1.2 条：

$$体形系数 = \frac{(54 + 15) \times (2 \times 5.4 + 3.9 \times 7) \times 2 + 54 \times 15}{54 \times 15 \times (2 \times 5.4 + 3.9 \times 7)} = \frac{5257.8 + 810}{30861}$$

$$= 0.1966 < 0.4$$

$$窗墙面积比 = \frac{16 \times 2.1 \times (2 \times 5.4 + 3.9 \times 7)}{54 \times (2 \times 5.4 + 3.9 \times 7)} = 0.62$$

查表 4.2.2-1：南外窗及外墙 $K_窗 \leqslant 1.7$；$K_墙 \leqslant 0.45$

7.1-4. 严寒地区 A 区拟建正南、北朝向的 10 层办公楼，外轮廓尺寸为 $63m \times 15m$，顶层为多功能厅，南侧外窗为 14 个条形落地窗（每个窗宽 2700mm），一层和顶层层高 5.4m，中间层层高均为 3.9m，其顶层多功能厅开设两个天窗，尺寸为 $15m \times 6m$，问该建筑的南外墙和南外窗的传热系数 $[W/(m^2 \cdot K)]$ 应为哪一项？【2013-4-01】

    A. $K_窗 \leqslant 1.7$，$K_墙 \leqslant 0.40$ B. $K_窗 \leqslant 1.7$，$K_墙 \leqslant 0.45$

    C. $K_窗 \leqslant 1.5$，$K_墙 \leqslant 0.40$ D. $K_窗 \leqslant 1.5$，$K_墙 \leqslant 0.45$

参考答案： B

主要解题过程：

建筑高度：$H = 5.4 \times 2 + 3.9 \times (10 - 2) = 42m$；

体形系数和窗墙面积比定义依据《严寒和寒冷地区居住建筑节能设计标准》JGJ 26—2010 第 2.1.5 条和第 2.1.10 条，计算如下：

$$体形系数：S = \frac{A}{V} = \frac{63 \times 15 + (63 + 15) \times 2 \times 42}{63 \times 15 \times 42} = 0.1889；$$

$$南向窗墙面积比：C_{MF} = \frac{A_窗}{A_立面} = \frac{2.7 \times 14 \times 42}{63 \times 42} = 0.6$$

查《公建节能 2005》表 4.2.2-1，得：$K_窗 \leqslant 1.7$ $K_墙 \leqslant 0.45$

7.1-5. 某住宅楼节能外墙的做法（从内到外）：（1）水泥砂浆：厚度 $\delta_1 = 20mm$，导热系数 $\lambda_1 = 0.93W/(m \cdot K)$；（2）蒸压加气混凝土砌块：$\delta_2 = 200mm$，$\lambda_2 = 0.20W/(m \cdot K)$，修正系数 $\alpha_2 = 1.25$；（3）单面钢丝网片岩棉板：$\delta_3 = 70mm$，$\lambda_3 = 0.045W/(m \cdot K)$，修正系数 $\alpha_3 = 1.20$；（4）保护层、饰面层，如忽略保护层、饰面层热阻影响，该外墙的传热系数 K 应为以下何项？【2014-3-01】

    A. $0.29 \sim 0.33W/(m^2 \cdot K)$；   B. $0.35 \sim 0.37W/(m^2 \cdot K)$；

    C. $0.28 \sim 0.40W/(m^2 \cdot K)$；   D. $0.42 \sim 0.44W/(m^2 \cdot K)$；

参考答案： D

主要解题过程： 根据《三版教材》表 1.1-4，表 1.1-5 得：$R_n = 0.115m^2 \cdot K/W$，$R_w = 0.04m^2 \cdot K/W$；

根据《三版教材》式（1.1-2）、式（1.1-3），将题目已知数据及查表数据代入公式，得

$$R_0 = R_n + R_w + R_j = 0.115 + 0.04 + \frac{0.02}{0.93} + \frac{0.2}{1.25 \times 0.2} + \frac{0.07}{0.045 \times 1.2}$$

$$= 2.2728m^2 \cdot K/W$$

$$K = \frac{1}{R_0} = 0.4399W/(m^2 \cdot K)$$

7.1-6. 严寒C区某甲类公共建筑（平屋顶），建筑平面为矩形，地上3层，地下1层，层高均为3.9m，平面尺寸为43.6m×14.5m，建筑外墙构造与导热系数如下图，已知外墙（包括非透光幕墙）传热系数限值如下表，则计算岩棉厚度（mm）理论最小值最接近下列何项（忽略金属幕墙热阻，不计材料导热系数修正系数）？【2016-3-01】

体形系数≤0.30	0.30<体形系数≤0.50	
传热系数K［W/（m²·K）］		
≤0.43	≤0.38	

  A. 53.42   B. 61.34   C. 68.72   D. 43.74

参考答案：A

主要解题过程： 体形系数 $= \dfrac{(43.6+14.5)\times 2\times 3.9\times 3 + 43.6\times 14.5}{43.6\times 14.5\times 3.9\times 3} = 0.27 < 0.30$。

根据《民规》第5.1.8条：

$$K = \frac{1}{R_0} = \frac{1}{\dfrac{1}{\alpha_n} + \Sigma \dfrac{\delta}{\alpha_\lambda \cdot \lambda} + R_k + \dfrac{1}{\alpha_w}}$$

$$= \frac{1}{\dfrac{1}{8.7} + \dfrac{0.02}{0.93} + \dfrac{0.2}{0.19} + \dfrac{0.02}{0.81} + \dfrac{\delta}{0.05} + \dfrac{1}{23}} \leqslant 0.43$$

解得：

$\delta \geqslant 0.0534\text{m} = 53.4\text{mm}$。

扩展： 根据《民规》表5.1.8-3，若考虑加气混凝土和岩棉的材料导热修正系数 α_λ，则：

$$K = \frac{1}{\dfrac{1}{8.7} + \dfrac{0.02}{0.93} + \dfrac{0.2}{1.25\times 0.19} + \dfrac{0.02}{0.81} + \dfrac{\delta}{1.2\times 0.05} + \dfrac{1}{23}} \leqslant 0.43$$

解得，$\delta \geqslant 0.0639\text{m} = 63.9\text{mm}$，最接近的选项选B。

7.1-7. 有一供暖房间的外墙由3层材料组成，其厚度与导热系数从外到内依次为：240mm砖墙，导热系数为0.49W/（m·K）；200mm泡沫混凝土砌块，导热系数为0.19W/（m·K）；20mm石灰粉刷，导热系数为0.76W/（m·K），则该外墙的传热系

数 [W/(m² · K)] 最接近下列哪一项？【2017-3-02】

　　A. 0.38　　　　　　B. 0.66　　　　　　C. 1.51　　　　　　D. 1.73

参考答案： B

主要解题过程：

根据《民规》第 5.1.8 条，有：

$$K = \frac{1}{R_0} = \frac{1}{R_n + \sum \frac{\delta}{\alpha_\lambda \cdot \lambda} + R_k + R_w}$$

$$= \frac{1}{0.115 + \left(\frac{0.24}{0.49} + \frac{0.2}{1.25 \times 0.19} + \frac{0.02}{0.76} \right) + 0.04}$$

$$= 0.66 \text{W}/(\text{m}^2 \cdot \text{K})$$

　　7.1-8. 严寒地区 A 区某地计划建设一座朝向为正南正北的 12 层办公楼，外轮廓尺寸为 39000×15000（mm），顶层为多功能厅。每层南、北侧分别为 10 个外窗，外窗尺寸均为 2400×1500（mm），首层层高为 5.4m，顶层层高为 6.0m，中间层层高均为 3.9m，其顶层多功能厅设有两个天窗，尺寸均为 7800×7800（mm）。问：该建筑正确的设计做法，应是下列选项的哪一个（K_c 为窗的传热系数，K_q 为墙的传热系数）？【2018-4-01】

　　A. 满足 $K_c \leqslant 2.5$，$K_q \leqslant 0.38$ 即可　　　B. 满足 $K_c \leqslant 2.7$，$K_q \leqslant 0.35$ 即可

　　C. 满足 $K_c \leqslant 2.2$，$K_q \leqslant 0.38$ 即可　　　D. 应通过权衡判断来确定 K_c 和 K_q

参考答案： D

主要解题过程：

根据《公建节能 2015》可知：

体形系数：

$$\frac{39 \times 15 + 2 \times (39 + 15) \times (5.4 + 6 + 3.9 \times 10)}{39 \times 15 \times (5.4 + 6 + 3.9 \times 10)} = 0.2045$$

所以体形系数满足《公建节能 2015》表 3.2.1 的要求。

南侧和北侧窗墙比：

$$\frac{2.4 \times 1.5 \times 10 \times 12}{39 \times (5.4 + 6 + 3.9 \times 10)} = 0.22$$

　　根据《公建节能 2015》第 3.3.1 条，表 3.3.1-1 可知：$K_c \leqslant 2.5 \text{W}/(\text{m}^2 \cdot \text{K})$；$K_q \leqslant 0.38 \text{W}/(\text{m}^2 \cdot \text{K})$。

屋顶透光部分面积占屋顶总面积的比例：

$$\frac{7.8 \times 7.8 \times 2}{39 \times 15} \times 100\% = 20.8\%$$

　　根据《公建节能 2015》第 3.2.7 条可知必须进行权衡判断。

　　7.1-9. 某夏热冬冷地区的甲类公共建筑，外墙做法如右图所示。各材料的热工参数为：(1) 石膏板，导热系数 $\lambda_1 = 0.33 \text{W}/(\text{m} \cdot \text{K})$，蓄热系数 $S_1 = 5.28 \text{W}/(\text{m}^2 \cdot \text{K})$；(2) 乳化膨胀珍珠岩，导热系数 $\lambda_2 = 0.093 \text{W}/(\text{m} \cdot \text{K})$，蓄热系数 $S_2 = 1.77 \text{W}/(\text{m}^2 \cdot \text{K})$；（3）大理

石板，导热系数 $\lambda_3 = 2.91W/(m \cdot K)$，蓄热系数 $S_3 = 23.27W/(m^2 \cdot K)$。外墙内外表面的换热系数分别为 $8.7W/(m^2 \cdot K)$ 和 $23W/(m^2 \cdot K)$。问：为了满足现行节能设计标准对外墙热工性能的要求，乳化膨胀珍珠岩的最小厚度 δ（mm），最接近以下哪个选项？【2018-4-02】

① 15mm 厚大理石板
② 乳化膨胀珍珠岩
③ 9mm 厚石膏板

A. 120   B. 140

C. 160   D. 180

参考答案：A

主要解题过程：

根据《公建节能 2015》第 3.3.1 条表 3.3.1-4 可知：夏热冬冷地区甲类公共建筑外墙，当 $D \leqslant 2.5$ 时，传热系数 $K \leqslant 0.6W/(m^2 \cdot K)$；当 $D > 2.5$ 时传热系数 $K \leqslant 0.8W/(m^2 \cdot K)$。

根据《民用建筑热工设计规范》GB 50176—2016 第 3.4.9 条，热惰性指标：

$$D = \sum S \frac{\delta}{\lambda} = 5.28 \times \frac{0.009}{0.33} + 1.77 \times \frac{\delta}{0.093} + 23.27 \times \frac{0.015}{2.91} = 19.03\delta + 0.2639$$

当 $D \leqslant 2.5$ 时，由 $D = 19.03\delta + 0.2639$，得：

$$\delta = \frac{D - 0.2639}{19.03} \leqslant 0.1175m = 117.5mm$$

根据《民规》第 5.1.8 条，得：

$$K = \frac{1}{\frac{1}{\alpha_n} + \sum \frac{\delta}{\alpha_\lambda \lambda} + R_k + \frac{1}{\alpha_w}} \geqslant \frac{1}{\frac{1}{8.7} + \frac{0.009}{0.33} + \frac{0.1175}{0.093} + \frac{0.015}{2.91} + \frac{1}{23}} = 0.688$$

不满足节能要求，即 $D \leqslant 2.5$ 时，传热系数 $K \leqslant 0.6W/(m^2 \cdot K)$

当 $D > 2.5$ 时，有：

$$\delta = \frac{D - 0.2639}{19.03} > 0.1175m = 117.5mm$$

$$K = \frac{1}{\frac{1}{\alpha_n} + \sum \frac{\delta}{\alpha_\lambda \lambda} + R_k + \frac{1}{\alpha_w}} < \frac{1}{\frac{1}{8.7} + \frac{0.009}{0.33} + \frac{0.1175}{0.093} + \frac{0.015}{2.91} + \frac{1}{23}} = 0.688$$

满足节能要求，即 $D > 2.5$，传热系数 $K \leqslant 0.8W/(m^2 \cdot K)$。

所以最小厚度 $\delta > 117.5mm$，答案选 A。

扩展： 本题存在逻辑问题，对于选项 A 的情况，外墙传热系数 K 小于或等于 0.8，按此调节计算 δ：

$$K = \frac{1}{\frac{1}{8.7} + \frac{0.009}{0.33} + \frac{\delta}{0.093} + \frac{0.015}{2.91} + \frac{1}{23}} < 0.8$$

解得

$$\delta < 0.0989m$$

这与前提条件 $\delta > 117.5mm$ 不符，本题没有符合条件的 δ。但考虑到题目所给定的选项，出题人主要考虑了 D 与 S 的计算关系，因此答案依然为 A。

7.2　供暖系统形式

7.2.1　散热器

7.2-1. 某办公楼会议室采暖负荷为 5500W，采用铸铁四柱 640 型散热器，采暖热水为 85℃/60℃，会议室为独立环路。办公室进行围护结构节能改造后，该会议室的采暖热负荷降至 3800W，若原设计的散热器片数与有关修正系数不变，要保持室内温度为 18℃（不超过 21℃），供回水温度应是下列哪一项？　（已知散热器的传热系数公式 $K = 2.442\Delta t^{0.321}$，供回水温差为 20℃）【2011-3-02】

A. 75℃/55℃　　　　B. 70℃/50℃　　　　C. 65℃/45℃　　　　D. 60℃/40℃

参考答案： B

主要解题过程： 由题设可知：改造前后原设计的散热片数与有关修正系数不变，由《三版教材》式（1.8-1）可知：

$$F = \frac{Q}{K(t_{pj} - t_n)}\beta_1\beta_2\beta_3\beta_4$$

$$\frac{5500}{A \times \left(\frac{85+60}{2} - 18\right)^{1.321}} = \frac{3800}{A \times (t_{pj} - 18)^{1.321}}$$

解得，$t_{pj} = 59.2℃$。

则有：$\frac{t_g + t_h}{2} = 59.2℃$。

由题意，$t_g - t_h = 20℃$。

解得，$t_g = 69.2℃$，$t_h = 49.2℃$。

根据选项设置取供/回水温度为 70℃/50℃。

7.2-2. 某办公楼的办公室（$t_n = 18℃$），计算采暖热负荷为 850W，选用铸铁四柱 640 散热器，散热器罩内暗装，上部和下部开口高度均为 150mm，采暖系统热媒为 80℃/60℃ 热水，双管上供下回，散热器为异侧上进下出。问该办公室计算选用散热器片数应是下列哪一项？（已知：铸铁四柱 640 型散热器单片散热面积 $f = 0.205\text{m}^2$；10 片的散热器传热系数计算公式 $K = 2.442\Delta t^{0.321}$）【2011-4-02】

A. 8 片　　　　B. 9 片　　　　C. 10 片　　　　D. 11 片

参考答案： B

主要解题过程：《三版教材》式（1.8-1），假定 $\beta_1 = 1$，查表 1.8-3、表 1.84 得 $\beta_2 = 1$，$\beta_3 = 1.04$，查表 1.8-5 并插值得 $\beta_4 = 0.975$，则：

$$F_1 = \frac{Q}{K\Delta t_p}\beta_1\beta_2\beta_3\beta_4 = \frac{850 \times 1 \times 1 \times 1.04 \times 0.975}{2.442\left(\frac{80+60}{2} - 18\right)^{1.321}} = 1.911\text{m}^2$$

$$n_1' = \frac{1.911}{0.205} = 9.31 \text{ 片}，查表 1.8-2，得 \beta_1 = 1，n_1 = 9.31 \times 1.0 = 9.31 \text{ 片}。$$

根据《09 技术措施》第 2.3.3 条的取舍原则，0.31/9.31=3.32%<5%，尾数舍去，取 9 片。

7.2-3. 某办公楼供暖系统原设计热媒为 85～60℃热水，采用铸铁四柱型散热器，室内温度为 18℃。因办公室进行围护结构节能改造，其热负荷降至原来的 67%，若散热器不变，维持室内温度为 18℃（不超过 21℃），且供暖热媒温差采用 20℃，选择热媒应是下列哪项？（已知散热器的传热系数公式 $K=2.81\Delta t^{0.276}$）【2012-3-02】

　　A. 75～55℃热水　　　B. 70～50℃热水　　　C. 65～45℃热水　　　D. 60～40℃热水

参考答案： B

主要解题过程： 由题设可知，改造前后原设计的散热器不变。

由《三版教材》式（1.8-1）可知：

$$F=\frac{Q}{K(t_{pj}-t_n)}\beta_1\beta_2\beta_3\beta_4$$

$$\frac{Q}{2.81\times\left(\frac{85+60}{2}-18\right)^{1.276}}=\frac{0.67Q}{2.81\times(t_{pj}-18)^{1.276}}$$

解得，$t_{pj}=57.9℃$。

则有，$\dfrac{t_g+t_h}{2}=57.9℃$。

由题意，$t_g-t_h=20℃$。

解得，$t_g=67.9℃$，$t_h=47.9℃$

根据选项设置取供/回水温度为 70℃/50℃。

7.2-4. 某 5 层住宅为下供下回双管热水供暖系统，设计条件下供/回水温度为 95℃/70℃，顶层某房间设计室温为 20℃，设计热负荷为 1148W。进入立管水温为 93℃。已知：立管的平均流量为 250kg/h，1～4 层立管高度为 10m，立管散热量为 78W/m。设定条件下，散热器散热量为 140W/片，传热系数 $K=3.10\ (t_{pj}-t_n)^{0.278}$ W/（m² · K），散热器散热回水温度维持 70℃，该房间散热器的片数应为下列哪一项？（不计该层立管散热和有关修正系数）【2012-4-03】

　　A. 8 片　　　　　　B. 9 片　　　　　　C. 10 片　　　　　　D. 11 片

参考答案： B

主要解题过程： 热媒通过立管后，进入顶层房间供水温度计算为：

$$Q=cm\Delta t=4.18\times\frac{250}{3600}\times(93-t_g')=0.780\text{kW}$$

解得，$t_g'=90.3℃$。

设计条件下，单片散热器散热量计算为：

$$140=KF(t_{pj}-t_n)=3.1\times\left(\frac{95+70}{2}-20\right)^{1.278}F=611.6F$$

实际条件下，单片散热器散热量计算为：

$$q'=K'F(t_{pj}-t_n)=3.1\times\left(\frac{90.3+70}{2}-20\right)^{1.278}F=582.4F$$

即，

$$\frac{140}{q'}=\frac{611.6F}{582.4F}$$

解得：$q'=133.3\text{W}$。

$$n = \frac{1148}{133.3} = 8.6 \text{ 片}$$

根据《09 技术措施》第 2.3.3 条取舍原则，$\frac{0.6}{8.6} = 7\% > 5\%$，故取整 9 片。

7.2-5. 某住宅楼设计供暖热媒为 85～60℃ 的热水，采用四柱型散热器，经住宅楼进行围护结构节能改造后，采用 70～50℃ 的热水，仍能满足原设计的室内温度 20℃（原供暖系统未作变更）。则改造后的热负荷应是下列哪一项？　（散热器传热系数 $K = 2.81\Delta t^{0.297}$）【2012-4-05】

　　A. 为原热负荷的 67.1%～68.8%　　　　B. 为原热负荷的 69.1%～70.8%

　　C. 为原热负荷的 71.1%～72.8%　　　　D. 为原热负荷的 73.1%～74.8%

参考答案： B

主要解题过程：

$$K_1 = 2.81\Delta t_1^{0.297} = 2.81 \times [(85+60)/2 - 20]^{0.297}$$
$$K_2 = 2.81\Delta t_2^{0.297} = 2.81 \times [(75+50)/2 - 20]^{0.297}$$
$$Q_2/Q_1 = K_2 \times A_2 \times \Delta t_2 / (K_1 \times A_1 \times \Delta t_1)$$
$$= [(70+50) - 20]^{1.297} / [(85+60)/2 - 20]^{1.297}$$
$$= 40^{1.297}/52.5^{1.297} = 0.7028 = 70.28\%$$

7.2-6. 某住宅小区，住宅楼为 6 层，设分户热计量散热器供暖系统（异程双管下供下回式），设计室内温度为 20℃，户内为单管跨越式（户间共用立管）。原设计供暖热水的供/回水温度分别为 85℃/60℃。对小区住宅楼进行了围护结构节能改造后，该住宅小区的供暖热负荷降至原来的 65%，若维持原系统流量和设计室内温度不变，供暖热水供回水的平均温度和温差应是下列哪一项？　（已知散热器传热系数计算公式为 $K = 2.81\Delta t^{0.276}$）【2013-3-02】

　　A. $t_{pj} = 59～60℃$，$\Delta t = 20℃$　　　　B. $t_{pj} = 55～58℃$，$\Delta t = 20℃$

　　C. $t_{pj} = 55～58℃$，$\Delta t = 16.25℃$　　　D. $t_{pj} = 59～60℃$，$\Delta t = 16.25℃$

参考答案： C

主要解题过程：

$$G = \frac{Q}{c\Delta t}, G_1 = G_2, \frac{Q_1}{c\Delta t_1} = \frac{Q_2}{c\Delta t_2}, \frac{Q_1}{c \times 25} = \frac{0.65 Q_1}{c\Delta t_2}, \text{解得：}\Delta t_2 = 16.25℃$$

只改造围护结构，散热器面积不变，则有 $F = \dfrac{Q}{K \Delta t_{pj}}\beta_1\beta_2\beta_3\beta_4$，改造前后 β_1、β_2、β_3 和 β_4 皆不变，

$$\frac{Q_1}{\left(\dfrac{85+60}{2} - 20\right)^{1.276}} = \frac{0.65 Q_1}{\Delta t_{pj,2}^{1.276}}$$

7.2-7. 某住宅楼系统原设计为 85～60℃ 的热媒，采用铸铁 600 型散热器，经对该楼进行围护结构节能改造后，室外供暖热水降至 65～45℃，仍能满足原室内设计温度 20℃

（原供暖系统未做任何变动），围护结构改造后的供暖热负荷应是下列哪一项？（已知散热器传热系数计算公式 $K = 2.81\Delta t^{0.297}$）【2013-4-03】

　　A. 为原设计热负荷的 $56\%\sim60\%$　　　　　B. 为原设计热负荷的 $61\%\sim65\%$

　　C. 为原设计热负荷的 $66\%\sim70\%$　　　　　D. 为原设计热负荷的 $71\%\sim75\%$

参考答案： A

主要解题过程： 由题意可知，原供暖系统未做任何变动，故散热器面积不变。

根据《三版教材》式（1.8-1）可知：

$$\frac{Q_2}{Q_1} = \frac{K_2 F\left(\frac{t_g + t_h}{2} - t_n\right)}{K_1 F\left(\frac{t_g' - t_h'}{2} - t_n\right)} = \left(\frac{\frac{65+45}{2} - 20}{\frac{85+60}{2} - 20}\right)^{1.297} = 0.591 = 59.1\%$$

　　7.2-8. 某住宅小区住宅楼均为 6 层，设计为分户热计量散热器供暖系统（异程双管下供下回式）。设计供暖热媒为 85℃/60℃ 的热水，散热器为内腔无沙铸铁四柱 660 型，$K = 2.81\Delta t^{0.276}$ [W/（m² · ℃）]。因住宅楼进行了围护结构节能改造（供暖系统设计不变），改造后该住宅小区的供暖热水供/回水温度为 70℃/50℃，即可实现原室内设计温度 20℃。问：该住宅小区节能改造前与改造后供暖系统阻力之比应是下列哪一项？【2014-3-04】

　　A. 0.8～0.9　　　　B. 1.0～1.1　　　　C. 1.2～1.3　　　　D. 1.4～1.5

参考答案： C

主要解题过程： 由题意可知，供暖系统设计不变，则有散热面积 F 不变，系统管网特性曲线 S 不变。

由《三版教材》式（1.8-1）可知：

$$\frac{Q_1}{Q_2} = \frac{K_1 F\left(\frac{t_g + t_h}{2} - t_n\right)}{K_2 F\left(\frac{t_g' + t_h'}{2} - t_n\right)} = \left[\frac{\frac{85+60}{2} - 20}{\frac{70+50}{2} - 20}\right]^{1.276} = 1.4$$

由　　　　　　　　　　$$\Delta P = SG^2 , \quad G = \frac{Q}{c\,\Delta t}$$

$$\frac{\Delta P_1}{\Delta P_2} = \frac{G_1^{\,2}}{G_2^{\,2}} = \left[\left(\frac{Q_1}{Q_2}\right)\left(\frac{\Delta t_2}{\Delta t_1}\right)\right]^2 = \left(1.4 \times \frac{70-50}{85-60}\right)^2 = 1.25$$

　　7.2-9. 某住宅楼采用上供下回双管散热器供暖系统，室内设计温度为 20℃，热水供/回水温度 90℃/65℃，设计采用椭四柱 660 型散热器，其传热系数 $K = 2.682\Delta t^{0.297}$ [W/（m² · ℃）]。因对小区住宅楼进行了围护结构节能改造，该住宅小区的供暖热负荷降至原设计热负荷的 60%，若原设计供暖系统保持不变，要保持室内温度为 20～22℃，供暖热水供回水温度（供回水温差为 20℃）应是下列哪一项？并列出计算判断过程（忽略水流量变化对散热器散热量的影响）。【2014-4-02】

　　A. 75℃/55℃　　　　　　　　　　　　　　B. 70℃/50℃

　　C. 65℃/45℃　　　　　　　　　　　　　　D. 60℃/40℃

参考答案： B

主要解题过程： 依题意知，原设计供暖系统保持不变，即散热器传热系数 K，散热

面积 F 均保持不变，不考虑散热器修正系数。

$$Q = KF\Delta t_\mathrm{p} = aF\Delta t_\mathrm{p}^{1+b} \Rightarrow \frac{Q_1}{Q_2} = \left(\frac{\frac{90+65}{2}-20}{t_\mathrm{pj}-20\sim22}\right)^{1.297} = \frac{1}{0.6}$$

$$t_\mathrm{pj} = 59\sim61\text{℃} = \frac{t_\mathrm{sg}+t_\mathrm{sh}}{2} = \frac{t_\mathrm{sh}+20+t_\mathrm{sh}}{2} \Rightarrow t_\mathrm{sh} = (48\sim51)\text{℃}$$

$$\Rightarrow t_\mathrm{sg} = t_\mathrm{sh}+20 = (48\sim51)+20 = (68\sim71)\text{℃}$$

7.2-10. 某住宅室内设计温度为 20℃，采用双管下供下回供暖系统，设计供/回水温度 85℃/60℃，铸铁柱形散热器明装，片厚 60mm，单片散热面积 $0.24\mathrm{m}^2$，连接方式如图所示。为使散热器组装长度≤1500mm，每组散热器负担的热负荷不应大于下列哪一项？（注：散热器传热系数 $K = 2.503\Delta t^{0.2973}$ [W/（$\mathrm{m}^2\cdot$℃）]，$\beta_3 = \beta_4 = 1.0$）【2014-4-03】

A. 1600～1740W B. 1750～1840W
C. 2200～2300W D. 3100～3200W

参考答案：A

主要解题过程：根据《三版教材》表 1.8-2～3 得 $\beta_1 = 1.10$，$\beta_2 = 1.42$；由式（1.4-5）以及题意知 $\beta_3 = \beta_4 = 1.0$，计算如下：

$$n = 1500/60 = 25 \text{ 片} \Rightarrow F = 25\times0.24 = 6\mathrm{m}^2$$

$$Q = \frac{KF\Delta t_\mathrm{p}}{\beta_1\beta_2\beta_3\beta_4} = \frac{aF\Delta t_\mathrm{p}^{1+b}}{\beta_1\beta_2\beta_3\beta_4} = \frac{2.503\times6\times\left(\frac{85+60}{2}-20\right)^{1.2973}}{1.1\times1.42\times1\times1} = 1638\text{W}$$

7.2-11. 某住宅小区的住宅楼均为 6 层，设计为分户热计量散热器供暖系统，户内为单管跨越式、户外是异程双管下供下回式。原设计供暖热水温度为 85℃/60℃，设计采用铸铁四柱 660 型散热器。小区住宅楼进行围护结构节能改造，原设计系统不变，供暖热媒温度改为 65℃/45℃后，该住宅小区的实际供暖热负荷降为原来的 65%。改造后室内的温度（℃）最接近下列何项？（已知原室内温度为 20℃，散热器传热系数 $K = 2.81\Delta t^{0.276}$[W/（$\mathrm{m}^2\cdot$K）]）【2016-4-1】

A. 16.5 B. 17.5 C. 18.5 D. 19.5

参考答案：B

主要解题过程：根据题意，实际供暖热负荷降低至原来的 65%，供回水温度由 85～60℃降至 65～45℃，供回水温差由 25℃降至 20℃，导致散热器水流量降低。《三版教材》P89～P90 所述内容为散热器设计选择计算方法，即系统未安装正式使用前的选取方法。系统安装运行后，修正系数 $\beta_1\sim\beta_3$ 已确定，不会改变。关于 β_4，由《三版教材》表 1.8-5 知，随着温差的降低，β_4 逐渐变小，散热器的散热量逐渐增大，室温升高。此前提是散热器水流量逐渐增大，房间供暖热负荷≤供暖设计热负荷方能实现。与本题散热器水流量逐渐减少不符，因此，β_4 不考虑修正。根据《三版教材》式（1.8-1）、式（1.8-2），得：

$$Q\beta_1\beta_2\beta_3\beta_4 = KF(t_\mathrm{pj}-t_\mathrm{n})$$

$$Q_1 = \left(\dfrac{\dfrac{85+60}{2}-20}{\dfrac{65+45}{2}-t_n}\right)^{1.276} = \dfrac{1}{0.65}$$

因此，$t_n = 17.5℃$。

7.2-12. 某严寒地区（室外供暖计算温度 $-18℃$）住宅小区，既有住宅楼均为 6 层，设计为分户热计量散热器供暖系统，户内为单管跨越式、楼内的户外系统是异程式双管下供下回式。原设计供暖热媒为 $95℃/70℃$，设计室温为 $18℃$，采用铸铁四柱 660 型散热器（该散热器传热数计算公式 $K=2.81\Delta t^{0.276}$）。后来政府对小区住宅楼进行了墙体外保温节能改造，现在供暖热媒降至 $60℃/40℃$ 即可使住宅楼的室内温度达到 $20℃$（在室外温度仍为 $-18℃$ 时）。如果按室内温度 $18℃$ 计算，该住宅小区节能率（%）（即：供暖热负荷改造后比改造前节省百分比）最接近下列选项的哪一项？【2017-3-03】

A. 35.7   B. 37.6   C. 62.3   D. 64.3

参考答案： D

主要解题过程：

节能改造前：

$$Q_1 = K_1 F \Delta t_1 = F \times 2.81 \times \left(\frac{95+70}{2}-18\right)^{1.276} = F \times 572.4$$

改造后：

$$Q_2 = K_2 F \Delta t_2 = F \times 2.81 \times \left(\frac{60+40}{2}-20\right)^{1.276} = F \times 215.5$$

以上两式相比，可得：

$$\frac{Q_1}{Q_2} = \frac{572.4}{215.5} = 2.656 \Rightarrow Q_1 = 2.656Q_2$$

改造后按室内温度 $18℃$ 计算供暖热负荷：

$$\frac{Q_2'}{Q_2} = \frac{18+18}{20+18} \Rightarrow Q_2 = 1.055Q_2'$$

$$Q_1 = 2.656Q_2 = 2.656 \times 1.055Q_2' = 2.8036Q_2'$$

节能率为：

$$\frac{Q_1 - Q_2'}{Q_1} \times 100\% = \frac{2.8036Q_2' - Q_2'}{Q_2'} \times 100\% = 64.3\%$$

7.2-13. 寒冷地区某工厂食堂净高 4m，一面外墙，窗墙比为 0.4，无外门，设计室温为 $18℃$，食堂围护结构基本耗热量为 $150kW$（含朝向修正），冷风渗透热负荷为 $19kW$。采用铸铁四柱 760 散热器明装［单片散热器公式 $Q_1=0.5538\Delta t^{1.316}$（W）］，系统形式为下供下回单管同程式系统，该食堂仅白天使用，采用间歇供暖，散热器接管为异侧上进下出，供暖热媒为 $95℃/70℃$ 热水，该食堂每组散热器片数均为 25 片。问该食堂需要设置散热器的组数最接近下列选项的哪一项？【2017-4-02】

A. 56   B. 62   C. 66   D. 73

参考答案： C

主要解题过程：

由题意可知：

$$\beta_1 = 1.1, \beta_2 = \beta_3 = \beta_4 = 1$$
$$\Delta t = \frac{95+70}{2} - 18 = 64.5℃$$

修正后的单片散热器散热量为：

$$Q_1' = \frac{Q_1}{\beta_1\beta_2\beta_3\beta_4} = \frac{0.5538 \times 64.5^{1.316}}{1.1 \times 1 \times 1 \times 1} = 121.155\text{W}$$

则每组散热器的散热量为：

$$Q_z = 25Q' = 25 \times 121.155 = 3028.875\text{W}$$

食堂供暖系统热负荷为：

$$Q = Q_1 + Q_2 = Q_j \times (1+20\%) + 19 = 150 \times 1.2 + 19 = 199\text{kW}$$

该食堂需要设置的散热器组数为：

$$n = \frac{199 \times 10^3}{3028.875} = 65.7$$

7.2-14. 严寒地区某建筑设置空调系统和值班供暖系统（工作时，两个系统同时使用），散热器出口设温控阀恒定散热器出水温度。冬季空调室外计算温度－25℃，值班供暖温度10℃，室内设计温度20℃。值班供暖负荷按室内设计温度10℃计算的空调热负荷计算，散热器供/回水为75℃/50℃。某房间值班供暖散热器负荷为2000W，散热器传热系数 $K=1.76\Delta t^{0.25}$。问：空调系统应负担的房间热负荷（W）为下列哪项？【2017-3-15】

A. 500~600　　　　　　　　　　B. 650~750

C. 1000~1100　　　　　　　　　D. 2500~2600

参考答案：C

主要解题过程：冬季热负荷主要为围护结构热负荷，根据围护结构耗热量计算公式，有：

$$\frac{Q_z}{Q_2} = \frac{\alpha \times K \times (t_{n2} - t_w)}{\alpha \times K \times (t_{n1} - t_w)} = \frac{20+25}{10+25} = 1.286, Q_2 = 2000\text{W}$$
$$Q_z = Q_2 \times 1.286 = 2000 \times 1.286 = 2572\text{W}$$

由于散热器实际工作时室内温度为20℃，与值班供暖温度不同，散热量也不同，根据题意，散热器传热系数 $K=1.76\Delta t^{0.25}$，其中 Δt 是散热器热水与室温的平均温差。

实际工作时温差 $\Delta t_1 = \frac{(75+50)}{2} - 20 = 42.5$，$K_1 = 1.76 \times 42.5^{0.25} = 4.494$；

值班供暖时 $\Delta t_2 = \frac{(75+50)}{2} - 10 = 52.5$，$K_2 = 1.76 \times 52.5^{0.25} = 4.738$；

散热器实际工作时供热量 Q_1 与值班时供热量 Q_2 有以下关系：

$$\frac{Q_1}{Q_2} = \frac{K_1 F \Delta t_1}{K_2 F \Delta t_2} = \frac{4.494 \times 42.5}{4.738 \times 52.5} = 0.768, Q_2 = 2000\text{W}$$
$$Q_1 = 0.768Q_2 = 0.768 \times 2000 = 1536\text{W}$$

故空调系统应承担的房间热负荷为：$Q = Q_z - Q_1 = 2572 - 1536 = 1036\text{W}$。

7.2-15. 某单层多功能礼堂建筑，设计温度为18℃。供暖计算热负荷为235kW，室内供暖系统为双管系统，采用明装铸铁四柱 760 型散热器，上进下出异侧连接，散热器单片散热量公式为：$Q=0.5538\Delta t^{1.316}$，供暖热媒为 85℃/60℃ 的热水，每组散热器片数均为 25 片。问：该礼堂需要设置散热器组数最接近下列选项的哪一项？【2018-3-01】

　　A. 63　　　　　　B. 70　　　　　　C. 88　　　　　　D. 97

　　参考答案：D

　　主要解题过程：

由题目可知单片散热器的散热量：

$$Q_d = 0.5538 \times \Delta t^{1.316} = 0.5538 \times \left(\frac{85+60}{2} - 18\right)^{1.316} = 106.77\text{W}$$

根据《三版教材》P89 表 1.8-2～表 1.8-4 得：$\beta_1 = 1.1$，$\beta_2 = 1$，$\beta_3 = 1$，$\beta_4 = 1$。

根据 P90 式（1.8-3），得：

$$n = \frac{Q}{Q_d} \cdot \beta_1 \cdot \beta_2 \cdot \beta_3 \cdot \beta_4 = \frac{235 \times 10^3 \times 1.1 \times 1 \times 1 \times 1}{106.77} = 2421 \text{ 片}$$

故，2421÷25＝96.8 组，选 97 组。

7.2-16. 某住宅小区，既有住宅楼均为 6 层，设计为分户热计量散热器供暖系统，室内设计温度为 20℃，户内为单管跨越式、户外是异程双管下供下回式。原设计供暖热煤为 95～70℃，设计采用内腔无沙铸铁四柱 660 型散热器。后来由于对小区住宅楼进行了围护结构节能改造，该小区住宅楼的供暖热负荷降至原来的 40%。已知散热器传热系数计算公式 $K = 2.81\Delta t^{0.276}$，如果系统原设计流量不变，要保持室内温度为 20℃，合理的供暖热媒供/回温度（℃），最接近下列哪个选项（传热平均温差按照算术平均温差计算）？【2018-4-03】

　　A. 55.5/45.5　　　B. 58.0/43.0　　　C. 60.5/40.5　　　D. 63.0/38.0

　　参考答案：A

　　主要解题过程：

改造前的热负荷：

$$Q_1 = F K_1 \Delta t = F \times 2.81 \times \left(\frac{95+70}{2} - 20\right)^{1.276}$$

$$Q_1 = G_1 C \times (95-70)$$

改造后的热负荷：

$$Q_2 = F K_2 \Delta t = F \times 2.81 \times \left(\frac{t_g + t_h}{2} - 20\right)^{1.276}$$

$$Q_2 = G_2 C \times (t_g - t_h)$$

改造后热负荷降至改造前热负荷的 40%，则有：

$$\frac{Q_2}{Q_1} = \frac{F \times 2.81 \times \left(\frac{t_g + t_h}{2} - 20\right)^{1.276}}{F \times 2.81 \times \left(\frac{95+70}{2} - 20\right)^{1.276}} = 0.4$$

$$t_g + t_h = 101℃$$

改造前后系统设计流量不变，$G_1 = G_2$，则有：

$$\frac{Q_2}{Q_1} = \frac{G_2 C \times (t_g - t_h)}{G_1 C \times (95 - 70)} = 0.4$$

$$t_g - t_h = 10℃$$

解得：$t_g = 55.5℃$　　$t_h = 45.5℃$

7.2.2　辐射供暖

7.2-17. 低温热水地面辐射供暖系统的单位地面面积的散热量与地面面层材料有关，当设计供/回水温度为 60℃/50℃，室内空气温度为 16℃时，地面面层分别为陶瓷地砖与木地板，采用公称外径为 De20 的 PB 管，加热管间距为 200mm，填充层厚度为 50mm，聚苯乙烯绝热层厚度为 20mm，陶瓷地砖［热阻 $R = 0.02$（$m^2 \cdot K/W$）］与木地板［热阻 $R = 0.1$（$m^2 \cdot K/W$）］的单位地面面积的散热量之比，应是下列哪一项？【2012-4-02】

A. 1.70～1.79　　　　　　　　　B. 1.60～1.69

C. 1.40～1.49　　　　　　　　　D. 1.30～1.39

参考答案：C

主要解题过程：根据《辐射供暖供冷技术规程》JGJ 142—2012 附录 B 表 B.1.2.-1：当地面层为陶瓷地砖、热阻 $R = 0.02m^2 \cdot k/W$ 时，供回水平均温度为（60＋50）/2＝55℃、间距为 200mm 时，查得 $q_{x1} = 182.8W/m^2$。

同样道理，查该规程附录 B 表 B.1.2-3，当地面为木地板时，查得 $q_{x2} = 129.6W/m^2$；$q_{x1}/q_{x2} = 182.8/129.6 = 1.41$。

7.2-18. 在浴室采用低温热水地面辐射供暖系统，设计室内温度为 25℃，且不超过地表面平均温度最高上限要求（32℃），敷设加热管单位地面积散热量且最大数值应为哪一项？【2013-4-04】

A. 60W/m^2　　　　B. 70W/m^2　　　　C. 80W/m^2　　　　D. 100W/m^2

参考答案：B

主要解题过程：根据《三版教材》式（1.4-9）：$t_{pj} = t_n + 9.82 \times \left(\frac{q_x}{100}\right)^{0.969}$

$\Rightarrow 9.82 \times \left(\frac{q_x}{100}\right)^{0.969} \leqslant 32 \Rightarrow q_x \leqslant 70.5W/m^2$

7.2-19. 寒冷地区某住宅楼采用热水地面辐射供暖系统（间歇供暖，修正系数 $\alpha_1 = 1.3$）各户热源为燃气壁挂炉，供/回水温度为 45℃/35℃，分室温控，加热管采用 PE-X 管，某户的起居室面积为 32m^2，基本耗热量为 0.96kW，查规范水力计算表该环路的管径（mm）和设计流速应为下列中的哪一项？注：管径 D_O：X_1/X_2（管内径/管外径），mm。【2014-3-02】

A. D_O：15.7/20　　v：～0.17m/s

B. D_O：15.7/20　　v：～0.18m/s

C. D_O：12.1/16　　v：～0.26m/s

D. D_O：12.1/16　　v：～0.30m/s

参考答案：D

主要解题过程：由题意知，该住宅地暖系统采用间歇供暖方式，根据《辐射供冷供暖技术规程》JGJ 142—2012 第 3.3.7 条条文说明，计算该起居室实际房间热负荷及所需流量如下：

$$Q = \alpha Q_j + q_h \cdot M = 1.3 \times 960 + 7 \times 3.2 = 1472W$$

$$G = \frac{Q}{c \Delta t} = \frac{1472}{4187 \times (45 - 35)} \times 3600 = 126.56 kg/h$$

由《辐射供冷供暖技术规程》JGJ 142—2012 第 3.5.11 条知，加热管输配流速不宜小于 0.25m/s，以及附录 D.0.1 可知，在流量 $G = 126.56 kg/h$，流速不小于 0.25m/s 的前提下，可知所需管径为 D_0：12.1/16，流速为 0.30m/s。

扩展：题目已明确说明采用查规范水力计算表的方法确定环路管径和设计流速，考试时间紧迫，不建议采用内插法或流量法计算选项所列管径对应的流速。在保证考试正确性的前提下，最大化的节约时间。

7.2-20. 某建筑首层门厅采用地面辐射供暖系统，门厅面积 $F = 360m^2$，可敷设加热管的地面面积 $F_j = 270m^2$，室内设计计算温度 20℃。以下何项房间计算热负荷数值满足保证地表面温度的规定上限值？【2014-4-01】

A. 19.2kW   B. 21.2 kW   C. 23.2 kW   D. 33.2 kW

参考答案：D

主要解题过程：根据《三版教材》式（1.4-5），得

$$t_{pj} = t_n + 9.82 \left(\frac{q_x}{100} \right)^{0.969} \Rightarrow 32 = 25 + 9.82 \left(\frac{q_x}{100} \right)^{0.969} \Rightarrow q_x = 123W/m^2$$

则：$Q_n = q_x \times F = (123 \times 270)/1000 = 33.2kW$

7.2-21. 严寒地区某展览馆采用燃气辐射供暖，气源为天然气，已知展览馆的内部空间尺寸为 $60 \times 60 \times 18m$（高），设计布置辐射器总辐射热量为 450kW，按经验公式计算发生器工作时所需最小空气量（m^3/h）接近下列何值？并判断是否设置室外空气供应系统。【2016-3-4】

A. 3140 m^3/h，不设置室外空气供应系统

B. 6480 m^3/h，设置室外空气供应系统

C. 9830 m^3/h，不设置室外空气供应系统

D. 11830 m^3/h，设置室外空气供应系统

参考答案：C

主要解题过程：根据《三版教材》式（1.4-25）得：

$$L = \frac{Q}{293} \cdot k = \frac{450 \times 1000}{293} \times 6.4 = 9829.3 m^3/h$$

房间体积：

$$V = 60 \times 60 \times 18 = 64800 m^3$$

换气次数：

$$n = \frac{L}{V} = \frac{9829.3}{64800} = 0.15 < 0.5$$

根据《民规》第 5.6.6 条及《三版教材》P58 第（5）条，无需设置室外空气供应系统。

7.2-22. 地板热水供暖系统为保证足够的流速，热水流量应有一最小值。当系统的供回水温差为 10℃，采用的地板埋管回形环路管径为 De25×2.3 时，该回路允许最小热负荷（W）最接近下列何值？［水的比热容取 4.187kJ/（kg·K）］【2016-4-04】

A. 2869　　　　　B. 3420　　　　　C. 4233　　　　　D. 5133

参考答案：B

主要解题过程：根据《辐射供暖供冷技术规程》JGJ 142—2012 第 3.5.11 条，加热供冷管和输配管流速不宜小于 0.25m/s。地板埋管回形环路管内径为：$d_i = De - 2 \times 2.3 = 20.4$mm。

管路最小流量：

$$G = \frac{1}{4}\pi d^2 v = \frac{1}{4} \times 3.14 \times 0.0204^2 \times 0.25 = 8.17 \times 10^{-5} \text{m}^3/\text{s}$$

允许最小负荷：

$$Q = c \cdot \rho \cdot G \cdot \Delta T = 4.18 \times 1000 \times 8.17 \times 10^{-5} \times 10 = 3.414\text{kW} = 3414\text{W}$$

7.2-23. 某办公室采用地板辐射供暖系统，室内计算温度为 22℃。问：辐射供暖地板单位面积可承担的最大供暖热负荷（W/m²），最接近一下哪个选项？【2017-4-03】

A. 70　　　　　B. 91　　　　　C. 102　　　　　D. 123

参考答案：A

主要解题过程：根据《辐射供暖供冷技术规程》JGJ 142—2012 式（3.4.6），地表面平均温度为：

$$t_{pj} = t_n + 9.82 \times \left(\frac{q}{100}\right)^{0.969}$$

查表 3.1.3 可知，地表面平均温度的上限值为 29℃，带入上式则有：

$$q = \left(\frac{29-22}{9.82}\right)^{\frac{1}{0.969}} \times 100 = 70.5\text{W/m}^2$$

7.2.3　热风供暖

7.2-24. 某车间采用单侧单股平行射流集中送风方式供暖，每股射流作用的宽度范围为 24m。已知，车间的高度为 6m，送风口采用收缩的圆喷嘴，送风口高度为 3m，工作地带的最大平均回流速度 v_1 为 0.3m/s，射流末端最小平均回流速度 v_2 为 0.15m/s，试问该方案的送风射流的有效作用长度能够完全覆盖的车间是哪一项？【2013-3-03】

A. 长度为 60m 的车间　　　　　　　B. 长度为 54m 的车间

C. 长度为 48m 的车间　　　　　　　D. 长度为 36m 的车间

参考答案：D

主要解题过程：根据《三版教材》式（1.5-2），作用半径 $L = 9H = 9 \times 6 = 54$m，送风口安装高度 $h = 0.5H$，射流的有效作用长度 $l_x = \dfrac{0.7X}{a}\sqrt{A_h} = \dfrac{0.7 \times 0.33}{0.07}\sqrt{24 \times 6} = 39.6$m，取小值，选项 D 正确。

7.2-25. 某寒冷地区（室外供暖计算温度为$-11℃$）工业厂房，原设计功能为货物存放，厂房内温度按$5℃$设计，计算热负荷为$600kW$，采用暖风机供暖系统，热媒温度为$95℃/70℃$。现欲将货物存放供暖改为生产厂房，在原供暖系统及热媒不变的条件下，使厂房内温度达到$18℃$，需要对厂房的围护结构进行节能改造。问：改造后厂房的热负荷限值（kW）最接近下列选项的哪一项？【2017-3-04】

A. 560 B. 540 C. 500 D. 330

参考答案：C

主要解题过程：根据《三版教材》式（1.5-18）、式（1.5-19），改造前：

$$Q_1 = nQ_d\eta = n \times \left(Q_0 \times \frac{t_{pj} - t_n}{t_{pj} - 15}\right) \times \eta$$

$$nQ_0 = \frac{Q_1}{\frac{t_{pj} - t_n}{t_{pj} - 15} \times \eta} = \frac{600}{\frac{82.5 - 5}{82.5 - 15} \times 0.8} = 653.23kW$$

改造后：

$$Q_2 = nQ_d\eta = n \times \left(Q_0 \times \frac{82.5 - 18}{82.5 - 15}\right) \times 0.8$$

$$= nQ_0 \times 0.8 \times \frac{82.5 - 18}{82.5 - 15} = 0.76nQ_0$$

$$= 0.76 \times 653.23 = 499.36kW$$

7.2-26. 某工业厂房室内设计温度为$20℃$，采用暖风机供暖。已知该暖风机在标准工况（进风温度为$15℃$，热水供/回水温度为$80℃/60℃$）时的散热量为$55kW$。问：如果热水温度不变，向该暖风机提供的热水流量（kg/h），应最接近以下哪个选项（热媒平均温度按照算术平均温度计算）？【2018-3-03】

A. 2600 B. 2365 C. 2150 D. 1770

参考答案：C

主要解题过程：

根据《三版教材》式（1.5-19）得：

$$\frac{Q_d}{Q_0} = \frac{t_{pj} - t_n}{t_{pj} - 15}$$

$$\frac{Q_d}{55} = \frac{\frac{80 + 60}{2} - 20}{\frac{80 + 60}{2} - 15}$$

$$Q_d = 50kW$$

根据流量公式，有：

$$G = \frac{Q_d}{c_p \Delta t} = \frac{50}{4.187 \times (80 - 60)} = 0.597kg/s = 2149.51kg/h$$

7.2-27. 某车间热风供暖系统热源为饱和蒸汽，压力为$0.3MPa$，流量为$600kg/h$，安全阀排放压力为$0.33MPa$。安全阀公称通径与喉部直径关系如下表所示。问：安全阀

公称通径的选择，合理的应是下列何项？【2018-4-04】

公称通径 DN（mm）		25	32	40	50
微启式	d（mm）	20	25	32	40
	A（cm²）	3.14	4.18	8.04	12.57
全启式	d（mm）	—	—	25	32
	A（cm²）			4.81	8.04

A. $DN25$　　　　B. $DN32$　　　　C. $DN40$　　　　D. $DN50$

参考答案： C

主要解题过程：

根据《三版教材》式（1.8-9），安全阀喉部面积为：

$$A = \frac{q_m}{490.3 \times p_1} = \frac{600}{490.3 \times 0.33} = 3.71 \text{cm}^2$$

根据 P93，微启式安全阀一般适用于介质为液体条件，所以本题应选用全启式安全阀。

查表，全启式安全阀公称通径 $DN40$ 对应的安全阀喉部面积为 $4.81 \text{cm}^2 > 3.71 \text{cm}^2$，满足要求。

7.3　供暖系统设计

7.3.1　供暖系统水力计算

7.3-1. 某厂房设计采用 50kPa 蒸汽供暖，供汽管道最大长度为 600m，选择供汽管径时，平均单位长度摩擦压力损失值以及供汽水平干管的管径，应是下列哪一项？【2012-4-04】

A. $\Delta P_m \leqslant 25 \text{Pa/m}$, $DN \leqslant 20 \text{mm}$　　　　B. $\Delta P_m \leqslant 48 \text{Pa/m}$, $DN \geqslant 25 \text{mm}$

C. $\Delta P_m \leqslant 50 \text{Pa/m}$, $DN \leqslant 20 \text{mm}$　　　　D. $\Delta P_m \leqslant 58 \text{Pa/m}$, $DN \geqslant 25 \text{mm}$

参考答案： B

主要解题过程：

根据《三版教材》式（1.6-4），$\Delta P_m = (P-2000) \cdot \alpha/l = (50000-2000) \times 0.6/600 = 48 \text{Pa/m}$。

又根据《三版教材》P23 和《工规》第 5.8.7 条，供暖系统水平干管的末端管径的回水干管的始端管径不应小于 20mm，故选 B。

7.3-2. 如右图所示，重力循环上供下回供暖系统，已知：供/回水温度为 95℃/70℃；对应的水密度分别为 961.92kg/m³，977.81kg/m³。管道散热量忽略不计。问：系统的重力循环水头应为哪一项？【2013-3-01】

A. 42~46kg/m²

B. 48~52kg/m²

C. 58~62kg/m²

D. 82~86kg/m²

参考答案： C

主要解题过程： 根据《三版教材》式（1.3-3），

重力循环水头＝$\Delta\rho \cdot \Delta h$＝$(977.81-961.92)(2.8+1.0)$＝$60.4$kg/m²

扩展： 选项中单位为 kg/m²，故计算过程不乘 g。

7.3-3. 某厂房设计采用 60kPa 蒸汽供暖，供汽管道最大长度为 870m，选择供汽管道管径时平均单位长度摩擦压力损失值以及供汽水平干管末端管径，应是下列哪一项？【2013-4-02】

A. $\Delta P \leqslant 25$Pa/m $DN \leqslant 20$mm

B. $\Delta P \leqslant 35$Pa/m $DN \geqslant 25$mm

C. $\Delta P \leqslant 40$Pa/m $DN \geqslant 25$mm

D. $\Delta P \leqslant 50$Pa/m $DN \geqslant 25$mm

参考答案： C

主要解题过程：

根据《三版教材》P24 "2. 蒸汽供暖" 第一段可知：60kPa 的蒸汽采暖系统属于低压蒸汽供暖，由式（1.6-4）得：

$$\Delta P = \frac{(p-2000)}{l}a = \frac{60 \times 10^3 - 2000}{870} \times 0.6 = 40\text{Pa/m}$$

根据《三版教材》P79 可知，$DN \geqslant 25$mm，故选 C。

7.3-4. 双管下供下回式系统如图所示，每层散热器间的垂直距离为 6m，供水/回水温度为 85℃/60℃，供水管 ab 段、bc 段和 cd 段的阻力分别为 0.5kPa、1.0kPa 和 1.0kPa（对应的回水管段阻力相同），散热器 A1、A2 和 A3 的水阻力分别为 P_{A1}＝P_{A2}＝7.5kPa 和 P_{A3}＝5.5kPa。忽略管道沿程冷却和散热器支管阻力，试问设计工况下散热器 A3 环路相对 A1 环路的阻力不平衡率（％）为多少？（取 g＝9.8m/s²，热水密度 $\rho_{85℃}$＝968.65kg/m³，$\rho_{60℃}$＝983.75kg/m³）【2014-3-03】

A. 26~27

B. 2.8~3.0

C. 2.5~2.7

D. 10~11

参考答案： D

主要解题过程： 底层为最不利环路，先找并联关系：bA1b′和 bcdA3d′c′b′；三层环路的资用压力＝和三层并联的一层环路压力损失＋（三层减去一层重力循环作用压力）乘以 2/3；

$$\Delta P_{zy} = P_{A1} + g\Delta H(\rho_h - \rho_g)$$

$$= 7.5 + 9.8 \times 12 \times (983.75 - 968.65) \times 2/3 \times 10^{-3}$$

$$= 8.68\text{kPa}$$

$$\Delta P_{sh} = 2 \times (1.0 + 1.0) + 5.5 = 9.5\text{kPa}$$

$$x = \left| \frac{8.68 - 9.5}{8.68} \right| \times 100\% = 9.5\%$$

选接近的，是选项 D。

扩展：关于不平衡率的理论，在教科书上水力计算部分，是这样定义的，首先要有一个最不利环路，做最不利环路的水力计算，然后以其为基准，其他环路先求出资用压力，然后做水力计算求出实际压力损失，按公式求出与最不利环路的不平衡率，即资用压力减去实际压力损失再除以资用压力得出不平衡率。在此类题中，一层环路是最不利环路，三层环路相对一层环路的不平衡率的计算方法就是按教科书上的那种方法。本题题目求解结果过程一直存在争议，因为题设表述存在两个问题：（1）未明确采暖系统是重力循环系统，还是机械循环系统；（2）对于"A3 环路相对 A1 环路的阻力不平衡率"的理解影响求解结果。

另外列举其他两种较多考生的做法供参考：

（1）考虑本题为机械循环系统

计算环路间不平衡率时不应考虑公共段，因此 A3 环路的管段只包括 bc、cd 及其对应回水段，同时 A3 的还需考虑重力循环作用压头。注意 A3 的重力循环作用压头实际抵消了一部分管路阻力，同时计算方式要考虑 2/3 的系数。另外，A1 环路也有重力循环作用压头，但是除去公共段后，A1 环路的垂直管段高度为 0，对应计算重力循环作用压头也为 0。

$$\Delta P_3 = [(1+1) \times 2 + 5.5] - \frac{2}{3} \times \frac{9.8 \times (6+6) \times (983.75 - 968.65)}{1000} = 8.32 \text{kPa}$$

$$\Delta P_1 = 7.5 \text{kPa}$$

不平衡率计算：

$$\varepsilon = \frac{\Delta P_3 - \Delta P_1}{\Delta P_3} \times 100\% = \frac{8.32 - 7.5}{8.32} \times 100\% = 9.86\%$$

无答案。

另一方面，考虑"A3 环路相对 A1 环路的阻力不平衡率"的含义以 A1 环路为参照，则不平衡率为：

$$\varepsilon = \frac{\Delta P_3 - \Delta P_1}{\Delta P_1} \times 100\% = \frac{8.32 - 7.5}{7.5} \times 100\% = 10.9\%$$

选 D。

（2）考虑本题为重力循环系统

与考虑为机械循环系统的差别在于重力作用压头计算时不必考虑 2/3 的系数。

$$\Delta P_3 = [(1+1) \times 2 + 5.5] - \frac{9.8 \times (6+6) \times (983.75 - 968.65)}{1000} = 7.72 \text{kPa}$$

$$\Delta P_1 = 7.5 \text{kPa}$$

不平衡率计算：

$$\varepsilon = \frac{\Delta P_3 - \Delta P_1}{\Delta P_3} \times 100\% = \frac{7.72 - 7.5}{7.5} \times 100\% = 2.8\%$$

此外，即使以 A1 环路为参照，计算结果为 2.9%，选 B。

7.3-5. 双管上供下回式供暖系统如图示，每层散热器间的垂直距离为 6m，供/回水温度 95℃/70℃，供水管 ab 段、bc 段的阻力均为 0.5kPa（对应的回水管段阻力相同），散热器 A1、A2 和 A3 的水阻力均分别为 7.5kPa。忽略管道沿程冷却与散热器支管阻力，试问：以 a 点和 c₂ 点为基准，设计工况下散热器 A3 环路阻力相对 A1 环路的阻力不平衡率接近下列何项？（取 $g = 9.81\text{m/s}^2$，热水密度 $\rho_{95℃} = 962\text{kg/m}^2$，$\rho_{70℃} = 977.9\text{kg/m}^3$）【2016-4-02】

A. -22% B. 0

C. 13% D. 22%

参考答案： C

主要解题过程： 根据题意，该供暖系统为双管上供下回式同程系统，A3，A1 高差 12m，根据《民规》第 5.9.14 条及条文说明，当重力水头的作用高差大于 10m 时，重力水头按 $H = \dfrac{2}{3}(\rho_\text{h} - \rho_\text{g})gh$ 计算。以 a 点和 c2 点为基准，散热器 A3 环路的资用压力：

$$\Delta P_{(a-A3-C2)_\text{zy}} = \Delta P_{(a-A1-c2)} + \frac{2}{3}(\rho_\text{h} - \rho_\text{g})gh$$

$$\begin{aligned}\Delta P_{(a-A3-C2)\,\text{zy}} &= \Delta P_{(a-A1-c2)} + \frac{2}{3}(\rho_\text{h} - \rho_\text{g})gh \\ &= 8.5 + \frac{2}{3} \times (977.9 - 962.7) \times 9.81 \times 12 \times 10^{-3} \\ &= 8.5 + 1.248 \\ &= 9.748\text{kPa}\end{aligned}$$

散热器 A3 环路的阻力：

$$\begin{aligned}\Delta P_{(a-A3-c2)\,\text{ys}} &= \Delta P_{A3} + \Delta P_{a2-b2} + \Delta P_{b2-c2} \\ &= 7.5 + 0.5 + 0.5 \\ &= 8.5\text{kPa}\end{aligned}$$

散热器 A3 环路阻力相对 A1 环路的阻力不平衡率：

$$\begin{aligned}\chi_{1-3} &= \frac{\Delta P_{(a-A3-c2)\,\text{zy}} - \Delta P_{(a-A3-c2)\,\text{ys}}}{\Delta P_{(a-A3-c2)\,\text{zy}}} \times 100\% \\ &= \frac{9.748 - 8.5}{9.748} \times 100\% \\ &= 12.8\%\end{aligned}$$

扩展： 本题考点与【2014-3-03】相同。【2014-3-03】考察的是下供下回式异程双管系统不平衡率计算，本题考察的是上供下回式同程双管系统不平衡率计算。不平衡率计算思路及方法一致，需要注意的是：（1）底层散热器环路为最不利环路；（2）对任何一种供暖系统，无论是上供下回式双管，下供下回式双管系统，重力水头均对上层散热器有利，且重力水头均为正值；（3）将本题题干技术参数带入【2014-3-03】题双管下供下回式供暖系统，对比数据见下表：

	供暖方式	资用压力（kPa）	实际压力（kPa）	不平衡率（绝对值）
方式 1	下供下回式双管	$\Delta P_{(b-A1-b')\text{zy}} = 8.748$	$\Delta P_{(b-A3-b')\text{sh}} = 9.5$	8.60%
方式 2	上供下回式双管	$\Delta P_{(a-A3-c2)\text{zy}} = 9.748$	$\Delta P_{(a-A3-c2)\text{sh}} = 8.5$	12.80%

由上表可知，在相同的技术参数条件下（不包括分户热计量散热器供暖系统），下供

下回式双管系统比上供下回式双管系统可降低系统的不平衡率，缓和了上供下回式系统的垂直失调现象。资用压力：方式 1＜方式 2，实际压力：方式 1＞方式 2，其主要原因是在资用压力与实际压力计算中，不同的供暖方式，立管的压力损失被包含范围不同导致。

7.3-6. 某住宅楼集中热水供暖系统，计算热负荷为 262kW，热媒为 75℃/50℃的热水，系统计算压力损失为 35.0kPa；而实际运行时测得：供/回水温度为 65℃/45℃，热力入口处供回水压力差 39.2kPa，则系统实际供热量（kW）最接近下列哪一项？【2017-4-05】

　　A. 210　　　　　　　B. 220　　　　　　　C. 230　　　　　　　D. 244

参考答案：B

主要解题过程：设计工况下设计流量为：

$$V_1 = 0.86 \frac{Q_1}{\Delta t_1} = 0.86 \times \frac{262}{25} = 9.013 \text{m}^3/\text{h}$$

根据《三版教材》式（1.10-23）可知，设计工况下 $\Delta P_1 = SV_1^2$；实际运行工况下 $\Delta P_2 = SV_2^2$，S 保持不变，两式相比为：

$$\frac{\Delta P_1}{\Delta P_2} = \frac{V_1^2}{V_2^2}$$

$$V_2 = \sqrt{\frac{\Delta P_2 \times V_1^2}{\Delta P_1}} = \sqrt{\frac{39.2 \times 9.013_1^2}{35.0}} = 9.538 \text{m}^3/\text{h}$$

系统实际供热量为：

$$Q_2 = \frac{V_2 \times \Delta t_2}{0.86} = \frac{9.5383 \times (65 - 45)}{0.86} = 221.821 \text{kW}$$

7.3-7. 某车间拟用蒸汽铸铁散热器供暖系统，余压回水，系统最不利环路的供气管长 400m，起始蒸汽压力为 200kPa，如果摩擦阻力占总压力损失的比例为 0.8，则该管段选择管径依据的平均长度摩擦阻力（Pa/m）应最接近下列何项？【2017-4-06】

　　A. 60　　　　　　　B. 80　　　　　　　C. 100　　　　　　　D. 120

参考答案：C

主要解题过程：根据《三版教材》P23 注 1 可知，系统起始压力 200kPa＞70kPa，为高压蒸汽。

根据《三版教材》式（1.6-5），平均单位长度摩擦损失为：

$$\Delta P_\text{m} = \frac{0.25 \alpha p}{l} = \frac{0.25 \times 0.8 \times 200 \times 10^3}{400} = 100 \text{Pa/m}$$

7.3.2　节能改造

7.3-8. 某热水集中供暖系统的设计参数：供暖热负荷为 750kW，供/回水温度为 95℃/70℃。系统计算阻力损失为 30kPa。实际运行时于系统的热力入口处测得：供回水压差为 34.7kPa，供/回水温度为 80℃/60℃，系统实际运行的热负荷，应为下列哪一项？【2011-4-03】

　　A. 530～560kW　　　　　　　　　　B. 570～600kW

　　C. 605～635kW　　　　　　　　　　D. 640～670kW

参考答案：D

主要解题过程：

$$\frac{H_2}{H_1} = \left(\frac{\Delta t_1 Q_2}{\Delta t_2 Q_1}\right)^2$$

$$Q_2 = Q_1 \frac{\Delta t_2}{\Delta t_1}\sqrt{\frac{H_2}{H_1}} = 750 \times \frac{20}{25}\sqrt{\frac{34.7}{30}} = 645\text{kW}$$

7.3-9. 严寒地区某 200 万 m^2 住宅小区，冬季供暖采用热水锅炉房容量为 140MW，满足供暖需求。城市规划在该区域再建 130 万 m^2 节能住宅也需该锅炉房供暖。因该锅炉房无法扩建，故对既有住宅进行围护结构节能改造，满足全部住宅正常供暖。问：既有住宅节能改造后的供暖热指标应是下列哪项？（锅炉房自用负荷忽略不计。管网直埋附加 K_0 ＝1.02；新建住宅供暖热指标 35W/m^2）【2012-3-03】

A. ≤44W/m^2 B. ≤45W/m^2 C. ≤46W/m^2 D. ≤47W/m^2

参考答案：C

主要解题过程：根据《严寒和寒冷地区居住建筑节能设计标准》JGJ 26－2010 式 (5.2.5) 可知：

$$Q_0 = Q_B\eta = 140 \times \frac{1}{1.02} = 137.25\text{MW}$$

新建建筑热负荷：

$$Q_X = \frac{130 \times 10^4 \times 35}{10^6} = 45.5\text{MW}$$

既有建筑改造后的热指标为：

$$\frac{137.25 \times 10^6 - 45.5 \times 10^6}{200 \times 10^4} = 45.88\text{W/m}^2$$

7.3-10. 严寒地区某 200 万 m^2 的住宅小区，冬季供暖用热水锅炉房总装机容量为 140MW，对该住宅小区进行围护结构节能改造后，供暖热指标降至 45W/m^2，该锅炉房还能再负担新建节能住宅（供暖热指标 35W/m^2）供暖的面积，应是下列哪一项？（锅炉房自用负荷忽略不计，管网输送效率为 0.94）【2013-4-05】

A. 118×10^4m^2 B. 128×10^4m^2

C. 134×10^4m^2 D. 142×10^4m^2

参考答案：A

主要解题过程：根据《严寒和寒冷地区居住建筑节能设计标准》JGJ 26－2010 式 (5.2.5) 可知：

$$Q_0 = Q_B\eta = 140 \times 0.94 = 131.6\text{MW}$$

改造后的原有建筑热负荷为：

$$\frac{200 \times 10^4 \times 45}{10^6} = 90\text{MW}$$

新建住宅面积：

$$S = \frac{(131.6 - 90) \times 10^6}{35} = 118.9 \times 10^4 \ \text{m}^2$$

7.3-11. 严寒地区某住宅小区的冬季供暖用热水锅炉房，容量为 280MW，刚好满足 $400 \times 10^4 \ \text{m}^2$ 既有住宅的供暖。因对既有住宅进行了围护结构节能改造，改造后该锅炉房又多担负了新建住宅 $270 \times 10^4 \ \text{m}^2$，且能满足设计要求。请问既有住宅的供暖热指标和改造后既有住宅的供暖热指标分别应接近下列选项的哪一个？（锅炉房自用负荷可忽略不计，管网散热损失为供热量的 2%；新建住宅供暖热指标为 35W/ m^2）【2014-4-04】

A. 70.0 W/m^2 和 46.3 W/m^2　　　　B. 70.0 W/m^2 和 45.0 W/m^2

C. 68.6 W/m^2 和 46.3 W/m^2　　　　D. 68.6 W/m^2 和 45.0 W/m^2

参考答案：D

主要解题过程：根据《严寒和寒冷地区居住建筑节能设计标准》JGJ 26－2010 式 (5.2.5) 可知：

$$Q_0 = Q_B \eta = 280 \times (1 - 2\%) = 274.4 \text{MW}$$

改造前的既有建筑热指标为：

$$\frac{274.4 \times 10^6}{400 \times 10^4} = 68.6 \text{W/m}^2$$

改造后的既有建筑热指标为：

$$\frac{274.4 \times 10^6 - 35 \times 270 \times 10^4}{400 \times 10^4} = 45 \text{W/m}^2$$

7.3-12. 某住宅小区 A 为建筑面积为 230 万 m^2 的住宅建筑，设有一座冬季供暖使用的热水锅炉房，安装总容量为 140MW，刚好能够满足其正常供暖。现将邻近的一个原供暖热指标和使用方式都与小区 A 相同、建筑面积为 100 万 m^2 的住宅建筑小区 B 的供暖，划归由小区 A 的现有锅炉房承担（锅炉房安装总容量不变）。在对小区 A、B 的住宅建筑进行相应的节能改造后，刚好能同时满足两个小区的正常供暖。问：节能改造后整个区域（A 和 B）的供暖热指标（W/m^2）和节能率应是下列选项的哪一个（锅炉房自用负荷以及管网热损失均忽略不计）？【2018-3-05】

A. 60.87 和 69.7%　　　　B. 60.87 和 30.3%

C. 42.42 和 69.7%　　　　D. 42.42 和 30.3%

参考答案：D

主要解题过程：

由于锅炉的自用负荷以及管网热损失均忽略不计，所以不再考虑。

改造前供暖热指标：

$$\frac{140 \times 10^6}{230 \times 10^4} = 60.87 \text{W/m}^2$$

改造后供暖热指标：

$$\frac{140 \times 10^6}{230 \times 10^4 + 100 \times 10^4} = 42.42 \text{W/m}^2$$

节能率

$$\frac{60.87 - 42.42}{60.87} \times 100\% = 30.31\%$$

7.4 热　网

7.4.1 供热量与热力入口

7.4-1. 某工程的集中供暖系统，室内设计温度为 18℃，供暖室外计算温度 −7℃，冬季通风室外计算温度 −4℃，冬季空调室外计算温度 −10℃，供暖期室外平均温度 −1℃，供暖期为 120d。该工程供暖设计热负荷 1500kW，通风设计热负荷 800kW，通风系统每天平均运行 3h。另有，空调冬季设计热负荷 500kW，空调系统每天平均运行 8h，该工程全年最大耗热量应是下列哪一项？【2013-3-04】

A. 18750～18850GJ　　　　　　　　B. 13800～14000GJ

C. 11850～11950GJ　　　　　　　　D. 10650～10750GJ

参考答案：B

主要解题过程：根据《三版教材》式（1.10-8）～式（1.10-10）：

（1）供暖全年耗热量：

$Q_h^a = 0.0864 N Q_h (t_i - t_n)/(t_i - t_{o,h}) = 0.0864 \times 120 \times 1500 \times (18+1)/(18+7) = 11819.52$GJ

（2）供暖期通风耗热量：

$Q_v^a = 0.0036 T_v N Q_v (t_i - t_n)/(t_i - t_{o,v}) = 0.0036 \times 3 \times 120 \times 800 \times (18+1)/(18+4) = 895.42$GJ

（3）空调供暖耗热量：

$Q_v^a = 0.0036 T_a N Q_n (t_i - t_n)/(t_i - t_{o,a}) = 0.0036 \times 8 \times 120 \times 500 \times (18+1)/(18+10) = 1172.57$GJ

（4）年耗热量合计：$Q_z^a = 11819.52 + 895.42 + 1172.57 = 13887.51$GJ

7.4-2. 坐落于北京市的某大型商业综合体的冬季热负荷包括供暖，空调和通风的耗热量，设计热负荷为：供暖 2MW，空调 6MW 和通风 3.5MW，室内计算温度为 20℃，供暖期内空调系统平均每天运行 12h，通风装置平均每天运行 6h，供暖期天数为 123d，该商业综合体供暖期耗热量（GJ）为多少？【2016-3-05】

A. 51400～51500　　　　　　　　B. 46100～46200

C. 44900～45000　　　　　　　　D. 38100～38200

参考答案：B

主要解题过程：查《民规》附录 A，得北京地区各气象参数：$t_a = -0.7℃, t_{o,h} = -7.6℃, t_{o,a} = -9.9℃, t_{o,v} = -3.6℃$。

根据《三版教材》式（1.10-8～10）得：

$$Q_h^a = 0.00864 N Q_h \frac{t_i - t_a}{t_i - t_{o,h}} = 0.00864 \times 123 \times 2 \times 10^3 \times \frac{20 - (-0.7)}{20 - (-7.6)} = 15940.8\text{GJ}$$

$$Q_a^a = 0.0036 T_a N Q_a \frac{t_i - t_a}{t_i - t_{o,a}} = 0.0036 \times 12 \times 123 \times 6 \times 10^3 \times \frac{20 - (-0.7)}{20 - (-9.9)}$$

$$= 22071.9GJ$$

$$Q_v^a = 0.0036 T_v N Q_v \frac{t_i - t_a}{t_i - t_{o,v}} = 0.0036 \times 6 \times 123 \times 3.5 \times 10^3 \times \frac{20 - (-0.7)}{20 - (-3.6)}$$

$$= 8156.2GJ$$

$$Q_h^a + Q_a^a + Q_v^a = 15940.8 + 22071.9 + 8156.2 = 46168.9GJ$$

7.4-3. 某严寒地区一个六层综合楼，除一层门厅采用地面辐射供暖系统外，其他区域均采用散热器热水供暖系统，计算热负荷分别为：散热器系统 200kW、地面辐射系统 20kW。散热器供暖系统热媒为 75℃/50℃，地面辐射供暖系统采用混水泵方式，其一次热媒由散热器供暖系统提供，辐射地板供暖热媒为 60℃/50℃。问：该建筑物供暖系统水流量（t/h）和混水泵的流量（t/h）最接近系列哪一个选项？【2017-4-01】

A. 6.88 和 1.72　　　　　　　　　B. 6.88 和 0.688

C. 7.568 和 1.032　　　　　　　　D. 7.912 和 1.032

参考答案：C

主要解题过程： 建筑物供暖系统水流量：

$$G = 0.86 \times \frac{Q}{\Delta t} = 0.86 \times \frac{(200 + 20)}{75 - 50} = 7.568 \text{m}^3/\text{h}$$

辐射供暖系统所需高温侧热力网设计流量为：

$$G_h = 0.86 \times \frac{Q'}{\Delta t} = 0.86 \times \frac{20}{75 - 50} = 0.688 \text{m}^3/\text{h}$$

根据《三版教材》式（1.10-19），混水泵混合比为：

$$\theta = \frac{t_1 - \theta_1}{\theta_1 - t_2} = \frac{75 - 60}{60 - 50} = 1.5$$

根据式（1.10-18），混水泵设计流量为：

$$G_h' = \mu G_h = 1.5 \times 0.688 = 1.032 \text{m}^3/\text{h}$$

7.4-4. 严寒地区 A 区拟建小区，规划建设住宅 120 万 m²、商店 15 万 m² 和旅馆 10 万 m²（均指建筑面积，且均为节能建筑）。现新建一个热水锅炉房为以上建筑提供冬季供暖和空调热源，其中住宅不考虑空调，商店供暖建筑面积与空调建筑面积各为商店总面积的 50%，旅馆供暖建筑面积和空调建筑面积分别占旅馆总建筑面积的 40% 和 60%。问：锅炉房热负荷最大概算容量（MW），最接近下列何项（锅炉房自用负荷忽略不计）？【2018-4-05】

A. 61.25　　　　　B. 70.05　　　　　C. 77.85　　　　　D. 84.00

参考答案：C

主要解题过程：

根据《城镇供热管网设计规范》CJJ 34—2010 表 3.1.2-1 和表 3.1.2-2 可知：供暖热指标：住宅—45W/m²；旅馆—60W/m²；商店—70W/m²；空调热指标：旅馆—120W/m²；商店—120W/m²。

对于供暖负荷：

$$Q_N = (120 \times 45 + 0.5 \times 15 \times 70 + 0.4 \times 10 \times 60) \times 10^4 \times 10^{-6} = 61.65 \text{MW}$$

对于空调负荷：

$$Q_K = (0.5 \times 15 \times 120 + 0.6 \times 10 \times 120) \times 10^4 \times 10^{-6} = 16.2 \text{MW}$$

锅炉房热负荷最大概算容量：

$$Q = Q_K + Q_N = 61.65 + 16.2 = 77.85 \text{MW}$$

7.4-5. 某地冬季供暖室外计算温度 $t_{WN} = -4℃$，冬季空调室外计算温度 $t_{WK} = -6℃$。冬季供暖期 $N = 120$ 天，供暖期室外平均温度 $t_{WP} = 3℃$。当地一公共建筑项目由 A、B 座组成，A 座采用散热器 24h 连续供暖，室内设计温度 $t_N = 18℃$，设计热负荷 $Q_A = 1000 \text{kW}$；B 座由集中空调系统供暖，每天运行 10h，室内空调设计温度 $t_K = 20℃$，设计热负荷 $Q_B = 600 \text{kW}$；该项目 A、B 座供暖热媒均由换热站供热。该项目全年耗热量（GJ）最接近下列何项？【2018-4-06】

　A. 8690　　　　　　B. 8764　　　　　　C. 9039　　　　　　D. 11137

参考答案： B

主要解题过程：

根据《城镇供热管网设计规范》CJJ 34—2010 第 3.2.1 条，供暖全年耗热量为：

$$Q_h^a = 0.0864 N Q_h \frac{t_i - t_a}{t_i - t'_{o.h}} = 0.0864 \times 120 \times 1000 \times \frac{18 - 3}{18 + 4} = 7069 \text{GJ}$$

空调供暖耗热量为：

$$Q_a^a = 0.0036 T_a N Q_a \frac{t_i - t_a}{t_i - t'_{o.a}} = 0.0036 \times 10 \times 120 \times 600 \times \frac{20 - 3}{20 + 6} = 1695 \text{GJ}$$

项目全年耗热量为：

$$Q = Q_h^a + Q_a^a = 7069 + 1695 = 8764 \text{GJ}$$

7.4.2　热水网路计算

7.4-6. 某热水网路如图所示，已知总流量为 220m³/h。各用户的流量：用户 1 和用户 3 均为 80m³/h，用户 2 为 60m³/h，压力测点的数值见下表。试求关闭用户 1 后，该热水管网 B—G 管段落总阻力数应是下列哪一项？【2011-3-03】

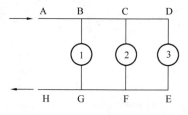

压力测点	A	B	C	F	G	H
压力数值（Pa）	25000	23000	21000	14000	12000	10000

　A. 0.5~1.0Pa/（m³/h)²　　　　　　B. 1.2~1.7Pa/（m³/h)²

　C. 1.8~2.3Pa/（m³/h)　　　　　　D. 3.0~3.3Pa/（m³/h)²

参考答案： A

主要解题过程： $S_{B-G} = \dfrac{\Delta P_{B-G}}{(V_2 + V_3)^2} = \dfrac{23000 - 12000}{(60 + 80)^2} = 0.56 \text{Pa}/(m^3 \cdot h)^2$

7.4-7. 接上题（表、图相同），若管网供回水接口的压差保持不变，试求关闭用户 1 后，用户 2 和用户 3 的流量失调度应是下列哪一项？【2011-3-04】

　A. 0.98~1.02　　　B. 1.06~1.10　　　C. 1.11~1.15　　　D. 1.16~1.20

参考答案： B

主要解题过程：

$$S_{\text{ABHG}} = \frac{(25000 - 10000) - (23000 - 12000)}{220^2} = 0.083\,\text{Pa/(m}^3\text{/h)}^2$$

$$\text{总阻力数} \ S = 0.56 + 0.083 = 0.643\,\text{Pa/(m}^3\text{/h)}^2$$

$$\text{关闭用户 1 后总流量} \ G_{23} = \sqrt{\frac{25000 - 10000}{0.643}} = 152.8\,\text{m}^3\text{/h}$$

$$\text{用户 2 和 3 的水力失调度} \ x = \frac{152.8}{140} = 1.09$$

7.4-8. 某热水供热管网的水压图如右图所示，设计供/回水温度为 $110℃/70℃$，1 号楼、2 号楼、3 号楼和 4 号楼的高度分别是：18m、36m、21m 和 21m，2 号楼为间接连接，其余为直接连接。求循环水泵的扬程和系统停止运行时 3 号楼顶层的水系统的压力（不考虑顶层的层高因素）。【2013-3-05】

A. 水泵扬程 38m，3 号楼顶层水系统的压力 5m

B. 水泵扬程 48m，3 号楼顶层水系统的压力 5m

C. 水泵扬程 38m，3 号楼顶层水系统的压力 19m

D. 水泵扬程 48m，3 号楼顶层水系统的压力 19m

参考答案： B

主要解题过程：

循环水泵扬程 $H = H_E - H_A = 69 - 21 = 48\text{m}$；

循环水泵静止时，3 号楼的静水压力 $\Delta P = H_A - H_{\text{静}} = 21 - 16 = 5\text{m}$

7.4-9. 某住宅小区热力管网有 4 个热用户，管网在正常工况时的水压图和各热用户的水流量见下图，如果关闭热用户 2、3、4，热用户 1 的水力失调度应是下列选项的哪一个？（假设循环水泵扬程不变）【2014-4-05】

A. $0.9 \sim 1.0$　　　　B. $1.1 \sim 1.2$　　　　C. $1.3 \sim 1.4$　　　　D. $1.5 \sim 1.6$

参考答案： B

主要解题过程： 根据《三版教材》式（1.10-20），水力失调度＝热用户的实际流量

(V_s) /热用户规定流量 (V_g)。求解热用户的实际流量 (V_s) 为本题关键。关闭热用户 2、3、4，系统水量全部经过用户 1。已知水泵扬程保持不变，仅需计算关闭阀门后系统总管网阻力 $S_总$ 即可，而 $S_总$ 为干管 S_a 与用户 1S_1 串联之和。依照 $\Delta P = S_总 Q^2$，求解热用户实际流量。具体过程如下：

$$S_a = \frac{\Delta P_总}{V_总^2} = \frac{(190\text{kPa} - 150\text{kPa}) \times 1000}{(50\text{t/h} + 40\text{t/h} + 45\text{t/h} + 55\text{t/h})^2} = 1.11\text{Pa/}(\text{t} \cdot \text{h})^2$$

$$S_1 = \frac{\Delta P_1}{V_1^2} = \frac{150\text{kPa} \times 1000}{(50\text{t} \cdot \text{h})^2} = 60\text{Pa/}(\text{t} \cdot \text{h})^2$$

$$S_总 = S_a + S_1 = 1.11 + 60 = 61.11\text{Pa/}(\text{t} \cdot \text{h})^2$$

$$V_s = \sqrt{\frac{\Delta P_总}{S_总^2}} = \sqrt{\frac{190000}{61.11}} = 55.8\text{t/h} \Rightarrow x = \frac{V_s}{V_g} = \frac{55.8}{50} = 1.11$$

7.4-10. 某热水供热系统（上供下回）设计供/回水温度为 110℃/70℃，为 5 个用户供暖（见表），用户采用散热器承压 0.6MPa。试问设计选用的系统定压方式（留出了 3mH₂O 余量）及用户与外网连接方式，正确的应是下列何项？（汽化表压取 42kPa，1mH₂O=9.8kPa，膨胀水箱架设高度小于 1m）【2014-4-06】

A. 在用户 1 屋面设置膨胀水箱，各用户与热网直接连接

B. 在用户 2 屋面设置膨胀水箱，用户 1 与外网分层连接，高区 28～48m 间接连接，低区 1～27m 直接连接，其余用户与热网直接连接。

C. 取定压点压力 56m，各用户与热网直接连接，用户 4 散热器选用承压 0.8MPa

D. 取定压点压力 35m，用户 1 与外网分层连接，高区 23～48m 间接连接，低区 1～23m 直接连接，其余用户与热网直接连接。

用户	1	2	3	4	5
用户底层地面标高（m）	+5	+3	-2	-5	0
用户楼高（m）	48	24	15	15	24

备注：以热网循环水泵中心高度为基准。

参考答案：D

主要解题过程：根据《三版教材》P136，热水网路压力状况基本要求确定。即不超压、不倒空、不汽化、保证热用户足够资用压头、热水网路回水管内任何一点压力都应比大气压力至少高出 50kPa，以免吸入空气原则逐条确定。

选项 A，全部直接连接，热用户 1 层最高，定压点压力按照不汽化原则确定，即 48+5+3+4.2=60.2m，取整数定压点压力为 61m。而散热器承压为 0.6MPa，导致所有用户均超压，错误。

选项 B，如果用户 2 架设膨胀水箱，水箱高出屋面 4.2+3=7.2m，题中说膨胀水箱架设小于 1m，不符合要求，错误。

选项 C，定压点 56m 数据不对，要全部直连，保证不汽化、不倒空，应至少 61m。且用户 4 相对高度最低，选用承压能力 0.8MPa 散热器，其他用户均需采用 0.8MPa，与题干要求不符，错误。

选项 D，从水压图中看出，用户 1 为高层，按照不超压原则，应采取分层连接。按其他

4 个用户定出静水压曲线高度。用户 2 层高最高，顶层标高即充水高度最大，为 24＋3＝27m；按用户 2 定出静水压线的最低位置：24＋3＋3＋4.2＝34.2m，取整数 35m，即定压点取 35m。同时，按照题干要求，膨胀水箱架设高度小于 1m，即用户 2 膨胀水箱应架设高度为 27＋1＝28m。若将膨胀水箱设置于用户 2 屋面，实际安装高度最小值为 34.2m，超过28m 膨胀水箱要求安装高度，因此，为了满足题干设置条件，定压点高度应按 28m 设置。沿 28m 高度作水平线，即为用户 1 的分区高度，28m 以下用户 1 与外网直接连接（用户 1 低区实际高度为 28－5＝23m），28m 以上用户 1 与外网间接连接（用户 1 的高区实际高度为 23～48m）。用户 4 底层地面标高－5m，为系统最低点，对应散热器承压为：

$$P_4 = \rho g h_4 = 1000 \times 9.8 \times (35+5) = 0.392\text{MPa} < 0.60\text{MPa}$$

满足要求，选项 D 正确。

注意：选项 D 中用户 1 高度为其绝对高度，而非相对高度。

7.4-11. 某住宅楼供暖系统，设计工况供暖热负荷为 300kW、热媒为 80℃/55℃ 热水、供暖系统压力损失为 41.2kPa。而实际运行时测得系统供热量为 251.2kW，供/回水温度 70℃/50℃，热力入口处供回水压力差（kPa）应最接近下列哪一项？［水的比热容取 4.187kJ/（kg·K）、不计水的密度变化］【2016-4-05】

A. 41.2　　　　　B. 42.5　　　　　C. 44.0　　　　　D. 45.0

参考答案：D

主要解答过程：根据题意得：

$$\frac{Q_1}{Q_2} = \frac{G_1 \Delta t_1}{G_2 \Delta t_2}$$

$$\frac{G_1}{G_2} = \frac{Q_1 \Delta t_2}{Q_2 \Delta t_1} = \frac{300 \times 20}{251.2 \times 25} = 0.96$$

因负荷变化前后，管网综合阻力数 S 保持不变。

$$\frac{\Delta P_1}{\Delta P_2} = \frac{S}{S} \times \left(\frac{G_1}{G_2}\right)^2 = 0.96^2 = 0.92$$

故 $\Delta P_2 = \dfrac{\Delta P_1}{0.92} = 44.8\text{kPa}$

7.4-12. 北京市某办公楼供暖系统采用一级泵系统，设计总热负荷为 3600kW，设置 2 台相同规格的循环水泵并联运行，供/回水温度为 75℃/50℃，水泵设计工作点的效率为 75%，从该楼换热站到供暖末端的管道单程长度为 97m。请问根据相关节能规范的要求循环水泵扬程（m），最接近下列哪一项（不考虑选择水泵时的流量安全系数）？【2018-3-02】

    A. 17   B. 21   C. 25   D. 28

参考答案： B

主要解题过程：

单台泵的设计流量为：

$$G_1 = \frac{Q}{c_p \Delta t} = \frac{3600}{4.187 \times (75-50) \times 2} = 17.196\text{kg/s} = 61.906\text{m}^3/\text{h}$$

根据题意，北京某办公室供暖，由《三版教材》P565、《民规》第 8.11.13 条或《公建节能》第 4.3.3 条（注意空调与供暖部分计算参数不同），可知：$A = 0.003858$；$B = 17$；$\sum L = 97 \times 2 = 194$；$\alpha = 0.0115$。

$$EHR - h = 0.003096 \sum (G \times H / \eta_b) / Q \leqslant A(B + \alpha \sum L) / \Delta T$$

由此可得：

$$0.003096 \times \left(2 \times \frac{61.906 \times H}{0.75 \times 3600}\right) \leqslant \frac{0.003858 \times (17 + 0.0115 \times 194)}{75 - 50}$$

解得，$H \leqslant 20.9$，最接近选项 B。

7.5 锅炉房与换热站

7.5-1. 某小区锅炉房为燃煤粉锅炉，煤粉仓几何容积为 60m³，煤粉仓设置的防爆门面积应是下列哪一项？【2011-3-05】

    A. 0.1～0.19m²   B. 0.2～0.29m²

    C. 0.3～0.39m²   D. 0.4～0.59m²

参考答案： D

主要解题过程：《锅炉房设计规范》GB 50041—2008 第 5.1.8-4 条：$60 \times 0.0025 = 0.15$ 且不小于 0.5m²。

扩展： 条文中要求"不应少于两个"应理解为不能只设一个，但两个或两个以上都是可以的，本题没有告知要设置几个防爆门。条文的最后一句规定得很清楚，只要个数及总面积符合要求就可。故本题不存在"是否除以 2"的问题。

7.5-2. 某天然气锅炉房位于地下室，锅炉额定产热量为 4.2MW，效率为 91%，天然气的低位热值 $Q_{DW} = 35000\text{kJ/m}^3$，燃烧理论空气量 $V = 0.268Q_{DW}/1000$（m³/m³），燃烧装置空气过剩系数为 1.1，锅炉间空气体积为 1300m³，该锅炉房平时总送风量和室内压力状态应为下列哪一项？（运算中，保留到小数点后一位）【2011-4-05】

    A. 略大于 15600m³/h，维持锅炉间微正压

    B. 略大于 20053m³/h，维持锅炉间微正压

    C. <20500m³/h，维持锅炉间负压

D. 略大于 20500m³/h，维持锅炉间微正压

参考答案：D

主要解题过程：《锅炉房设计规范》GB 50041—2008 第 15.3.7 条条文说明：维持微正压。

天然气消耗量 $B_j = \dfrac{4200 \times 3600}{0.91 \times 35000} = 474.7 \text{m}^3/\text{h}$；

理论空气量 $V = 0.268 \times 35000/1000 = 9.38 \text{m}^3/\text{m}^3$；

实际空气量 $V_K = 1.1 \times 474.7 \times 9.38 = 4898.2 \text{m}^3/\text{h}$；

地下燃气锅炉房正常工作时换气次数为 12 次/h；

总的送风量 $= 12 \times 1300 + 4898.2 = 20500 \text{m}^3/\text{h}$。

7.5-3. 某居住小区的热源为燃煤锅炉，小区供暖热负荷为 10MW，冬季生活热水的最大小时耗热量为 4MW，夏季生活热水的最小小时耗热量为 2.5MW，室外供热管网的输送效率为 0.92，不计锅炉房的自用热。锅炉房的总设计容量以及最小锅炉容量的设计最大值应为下列哪项？（生活热水的同时使用率为 0.8）【2012-3-04】

　　A. 总设计容量为 11～13MW，最小锅炉容量的设计最大值为 5MW

　　B. 总设计容量为 11～13MW，最小锅炉容量的设计最大值为 8MW

　　C. 总设计容量为 13.1～14.5MW，最小锅炉容量的设计最大值为 5MW

　　D. 总设计容量为 13.1～14.5MW，最小锅炉容量的设计最大值为 8MW

参考答案：C

主要解题过程：根据《三版教材》式 (1.11-4)，有：

$Q = K_0(K_1 Q_1 + K_2 Q_2 + K_3 Q_3 + K_4 Q_4) = (10 + 4 \times 0.8)/0.92 = 14.35 \text{MW}$

根据《民规》第 8.11.8-2 条，单台锅炉的设计容量实际运行负荷率不宜低于 50%，夏季锅炉需要提供的最小供热量为：

$$Q_{\min} = 2.5/0.92 = 2.72 \text{MW}$$

则最小锅炉负荷设计容量最大值：

$$Q = \frac{2.72}{50\%} = 5.44 \text{MW}$$

7.5-4. 某小区供暖锅炉房，设有 1 台燃气锅炉，其额定工况为：供水温度 95℃，回水温度 70℃，效率为 90%，实际运行中，锅炉供水温度变为 80℃，回水温度变为 60℃，同时测得水流量为 100t/h，天然气耗量为 260Nm³/h（当地天然气低位热值为 35000kJ/Nm³），该锅炉实际运行中的效率变化为下列哪一项？【2013-4-06】

　　A. 运行效率比额定效率降低了 1.5%～2.5%

　　B. 运行效率比额定效率降低了 4%～5%

　　C. 运行效率比额定效率提高了 1.5%～2.5%

　　D. 运行效率比额定效率提高了 4%～5%

参考答案：C

主要解题过程：根据《三版教材》P152：

实际运行效率：$\eta_l = \dfrac{Q_r}{q_d B} = \dfrac{100 \times 10^4 \times (80-60) \times 4.18}{35000 \times 260} = 91.8\%$

运行效率比额定效率提高 $91.8\% - 90\% = 1.8\%$

7.5-5. 某项目需设计一台热水锅炉，供/回水温度为 95℃/70℃，循环水量为 48t/h，设锅炉热效率为 90%，分别计算锅炉采用重油的燃料消耗量（kg/h）及采用天然气的燃料消耗量（Nm³/h）。正确的答案应是下列哪一项？（水的比热容取 4.18kJ/kg、重油的低位热值为 40600kJ/kg、天然气的低位热值为 35000kJ/Nm³）【2014-3-05】

    A. 135~140，155~160；   B. 126~134，146~154；

    C. 120~125，140~145；   D. 110~119，130~139；

参考答案：A

主要解题过程：根据《三版教材》P152 锅炉热效率定义得：

$$B_y = \frac{Q}{Q_{dw} \times \eta} = \frac{48 \times 1000 \times 4.187 \times (95-70)}{40600 \times 0.9} = 137.5 \text{kg/h}$$

$$B_q = \frac{Q}{Q_{dw} \times \eta} = \frac{48 \times 1000 \times 4.187 \times (95-70)}{35000 \times 0.9} = 159.5 \text{Nm}^3/\text{h}$$

7.6 供 热 相 关 设 备

7.6-1. 某空调系统供热负荷为 1500kW，系统热媒为 60℃/50℃的热水，外网热媒为 95℃/70℃的热水，拟采用板式换热器进行换热，其传热系数为 4000W/（m²·℃），污垢系数为 0.7，计算换热器面积应是下列哪一项？【2011-4-04】

    A. 18~19m²   B. 19.5~20.5m²

    C. 21~22m²   D. 21.9~23.0m²

参考答案：D

主要解题过程：根据《三版教材》式（1.8-27）和式（1.8-28），其中换热器选取总热量附加系数按《三版教材》及《民规》第8.11.3条取值 1.10~1.15：

$$\Delta t_{pj} = \frac{\Delta t_a - \Delta t_b}{\ln \dfrac{\Delta t_a}{\Delta t_b}} = \frac{35-20}{\ln \dfrac{35}{20}} = 26.8℃$$

$$F = \frac{Q}{K \times B \times \Delta t_{pj}} = \frac{(1.10 \sim 1.15) \times 1500}{4 \times 0.7 \times 26.8} = 21.98 \sim 22.98 \text{m}^2$$

7.6-2. 某蒸汽凝水回水管段，疏水阀后的压力 $P_2 = 100$kPa，疏水阀后管路系统的总压力损失 $\Delta P = 5$kPa，回水箱内的压力 $P_3 = 50$kPa，回水箱处于高位，凝水被余压压到回水箱内，疏水阀后余压可使凝水提升的计算高度（m）最接近下列何项？（取凝结水密度为 1000kg/m³、$g = 9.81$m/s²）【2016-3-03】

    A. 4.0   B. 4.5   C. 5.1   D. 9.6

参考答案：B

主要解题过程：根据《三版教材》式（1.8-17）得：

$$h_z = \frac{p_2 - p_3 - p_z}{0.001\rho g} = \frac{100 + 50 + 5}{0.001 \times 1000 \times 9.81} = 4.59\text{m}$$

7.6-3. 严寒地区某 10 层办公楼，建筑面积 28000m²，供暖热负荷 1670kW，采用椭三柱 645 型铸铁散热器系统供暖，热源位于本建筑物地下室换热站，热媒为 95℃/70℃，采用高位膨胀水箱定压。请问计算的膨胀水箱有效容积（m³）最接近下列何项？【2016-4-3】

A. 0.8　　　　　B. 0.9　　　　　C. 1.0　　　　　D. 1.2

参考答案：C

主要解题过程：查《三版教材》表 1.8-8，查得系统供给 lkW 热量所需设备的水容量 V_c 值（L）分别为：室内机械循环管路 7.8，椭三柱 645 型 8.8；热交换器 1。根据 P95 膨胀水箱水容积 $V = 0.034 V_c$ 得：

$$V = 0.034 \times (7.8 + 8.8 + 1) \times 1670 = 999.3\text{L} \approx 1\text{m}^3$$

7.6-4. 某逆流水-水热交换器热交换过程如下图所示，一次侧水流量为 120t/h，二次侧水流量为 100t/h，设计工况下一次侧供/回水温度为 80℃/60℃、二次水供/回水温度为 64℃/40℃。实际运行时由于污垢影响，热交换器传热系数下降了 20%。问：在一、二次侧水流量、一次水供水温度、二次水回水温度不变的情况下，热交换器传热量与设计工况下传热量的比值（%）最接近下列何项（传热系数采用算数平均温差）【2017-3-01】

A. 75　　　　　B. 80　　　　　C. 85　　　　　D. 90

参考答案：D

主要解题过程：设计工况下：

一次侧

$$Q = G_1 c \Delta t_1 = \frac{120 \times 1000}{3600} \times 4.187 \times 20 = 2791\text{kW}$$

换热器

$$\Delta t_{pj} = \frac{(60 - 40) + (80 - 64)}{2} = 18℃$$

$$K_1 = \frac{Q}{F \Delta t_{pj}} = \frac{2791}{F \times 18} = \frac{155.1}{F}$$

实际运行工况下：由 $K'F\Delta t'_{pj} = G_1 c \Delta t'_1$ 对一次侧和换热器列热量平衡方程：

$$\left(0.8 \times \frac{155.1}{F}\right) \times F \times \frac{(t'_{1h} - 40) + (80 - t_{2g})}{2} = \frac{120 \times 1000}{3600} \times 4.187 \times (80 - t'_{1h})$$

对二次侧和同理对换热器列热量平衡方程：

$$\left(0.8 \times \frac{155.1}{F}\right) \times F \times \frac{(t'_{1h} - 40) + (80 - t'_{2g})}{2} = \frac{100 \times 1000}{3600} \times 4.187 \times (t_{2g} - 40)$$

联立以上两式可解得

$$\begin{cases} t_{2g} = 61.58℃ \\ t_{1h} = 62.03℃ \end{cases}$$

实际运行工况下的换热量为：

$$Q' = K'F\Delta t'_{pj} = \left(0.8 \times \frac{155.1}{F}\right) \times F \times \frac{(62.03 - 40) + (80 - 61.58)}{2} = 2510\text{kW}$$

则实际运行工况下与设计工况下的换热量比为：

$$\frac{Q'}{Q} = \frac{2510}{2791} \times 100\% = 89.9\%$$

7.6-5. 某蒸汽供暖系统供气压力为 0.04MPa，散热器的集中回水管路拟采用 3 级串联水封替代疏水阀，已知：凝结水排水管处压力为 0.02MPa，凝结水密度为 958.4kg/m³，重力加速度为 9.81m/s²，水封连接点处蒸汽压力为供暖系统蒸汽压力的 0.7 倍。问：3 级串联水封高度（m）的合理选取值，最接近一下何项？【2017-4-04】

A. 0.32   B. 0.43   C. 0.48   D. 1.18

参考答案： C

主要解题过程： 根据《三版教材》式（1.8-18）可知，水封总高度为：

$$H = \frac{(P_1 - P_2) \times \beta}{\rho g} = \frac{(0.04 \times 0.7 - 0.02) \times 10^6 \times 1.1}{958.4 \times 9.81} = 0.936\text{m}$$

根据式（1.8-19），单级水封高度为：

$$h = 1.5 \frac{H}{n} = 1.5 \times \frac{0.936}{3} = 0.468\text{m}$$

7.6-6. 某工厂因工艺要求设置蒸汽锅炉房，厂房相应采用蒸汽供暖形式。已知锅炉送至供暖用分汽缸的蒸汽量 2000kg/h，蒸汽工作压力为 100kPa。问：分汽缸选用的疏水阀的设计凝结水排量（kg/h）最接近下列何项？【2018-3-04】

A. 200   B. 300   C. 600   D. 900

参考答案： B

主要解题过程：

根据《三版教材》式（1.8-13）得：

$$G_{sh} = G \cdot C \cdot 10\% = 2000 \times 1.5 \times 0.1 = 300\text{kg/h}$$

第8章 通风专业案例题

本章知识点题目分布统计表

小节	考点名称		2011年至2019年题目统计		近几年题目统计		2019年题目统计
			题目数量	比例	题目数量	比例	
8.1	工业卫生与排放		4	5%	1	2%	1
8.2	工业厂房全面通风	8.2.1 全面通风量计算	15	17%	10	22%	3
		8.2.2 通风热平衡	10	11%	5	11%	1
		小计	25	29%	15	33%	4
8.3	自然通风		11	13%	5	11%	0
8.4	局部排风		7	8%	3	7%	0
8.5	除尘与吸附	8.5.1 除尘器	8	9%	5	11%	2
		8.5.2 吸收吸附	4	5%	2	4%	0
		小计	12	14%	7	16%	2
8.6	通风系统	8.6.1 风机	4	5%	2	4%~	0
		8.6.2 通风系统	14	16%	7	16%	1
		小计	18	21%	9	20%	1
8.7	其他	8.7.1 人防工程	2	2%	0	0%	0
		8.7.2 防排烟计算	4	5%	3	7%	3
		8.7.3 设备用房及其他房间通风	4	5%	2	4%	0
		小计	10	11%	5	11%	3
	合计		87		45		11

说明：2015年停考1年，近几年题目统计为2016年至2019年。

8.1 工业企业卫生与排放

8.1-1. 某工厂焊接车间散发的有害物质主要为电焊烟尘，劳动者接触状况见下表。试问，此状况下该物质的时间加权平均允许浓度值和是否符合国家相关标准规定的判断，是下列哪一项？【2011-3-06】

接触时间（h）	接触焊尘对应的浓度（mg/m³）
1.5	3.4
2.5	4

续表

接触时间（h）	接触焊尘对应的浓度（mg/m³）
2.5	5
1.5	0（等同不接触）

A. 3. 2mg/m³、未超标　　　　　　　　B. 3. 45mg/m³、未超标

C. 4. 24mg/m³、超标　　　　　　　　　D. 4. 42mg/m³、超标

参考答案： B

主要解题过程：《工业场所有害因素职业接触限值第 1 部分：化学有害因素》GBZ 2.1—2007 表 4.2 及附录 A：CTWA＝（1.5×3.4＋2.5×4＋2.5×5＋1.5×0）/8＝3.45 ＜4mg/m³，小于电焊尘允许浓度 4mg/m³，未超标。

8.1-2. 某工厂新建理化楼的化验室排放有害气体甲苯，排气筒的高度为 12m，试问符合国家二级排放标准的最高允许排放速率接近下列哪一项？【2011-4-07】

A. 3. 49kg/h　　　　　　　　　　　　B. 2. 30kg/h

C. 1. 98kg/h　　　　　　　　　　　　D. 0. 99kg/h

参考答案： D

主要解题过程：《大气污染物综合排放标准》GB 16297—1996 表 2-15 及第 7.4 条：

新建污染源，甲苯：3.1kg/h，计算结果再严格 50%，$Q＝Q_C \left(\dfrac{h}{h_C}\right)^2 ×50\%＝3.1 \left(\dfrac{12}{15}\right)^2 ×50\%＝0.99\text{kg/h}$。

8.1-3. 在一般工业区内（非特定工业区）新建某除尘系统，排气筒的高度为 20m，距其 190m 处有一高度为 18m 的建筑物。排放污染物为石英粉尘，排放浓度为 $y＝50\text{mg/m}^3$，标准工况下，排气量 $V＝60000\text{m}^3/\text{h}$。试问，以下依次列出排气筒的排放速率值以及排放是否达标的结论，正确者应为哪一项？【2012-4-07】

A. 3. 5kg/h、排放不达标　　　　　　　B. 3. 1kg/h、排放达标

C. 3. 0kg/h、排放达标　　　　　　　　D. 3. 0kg/h、排放不达标

参考答案： D

主要解题过程：

（1）一般工业区内（非特定工业区）为二级区域，查《大气污染物综合排放标准》GB 16297—1996 可知：排气筒的排放速度为 $L＝$（50×60000）/10^6＝3kg/h。

（2）根据《大气污染物综合排放标准》GB 16297—1996 第 7.1 条：排气筒高度除须遵守表列排放速率标准值外，还应高出周围 200m 半径范围的建筑 5m 以上，不能达到该要求的排气筒，应按其高度对应的表列排放速率标准值 50% 执行。目前仅高出 2m，应严格 50% 后为 3.1×50%＝1.55kg/h。故排放不达标。

8.2　工业厂房全面通风

8.2.1　全面通风量计算

8.2-1. 某生产厂房采用自然进风、机械排风的全面通风方式，室内空气温度为 30℃，

相对湿度为 60%，室外通风设计温度为 27℃，相对湿度为 50%。厂房内的余湿量为 25kg/h。厂房所在地为标准大气压，查 h-d 图计算，该厂房排风系统消除余湿的设计风量（按干空气计）应为下列哪一项？【2013-3-07】

　　A. 3100～3500kg/h　　　　　　　　B. 3600～4000kg/h

　　C. 4100～4500kg/h　　　　　　　　D. 4800～5200kg/h

参考答案： D

主要解题过程： 查 h-d 图，得室内含湿量为 $d_n = 16.0$g/kg，室外含湿量为 $d_w = 11.0$g/kg，按消除余湿计算排风量：

$$G = Q/(d_n - d_w) = 25 \times 10^3/(16 - 11.0) = 5000\text{kg/h}$$

8.2-2. 某生产厂房采用自然进风、机械排风的全面通风方式，室内设计空气温度为 30℃，含湿量为 17.4g/kg，室外通风设计温度为 26.5℃；含湿量为 15.5g/kg，厂房内的余热量 20kW，余湿量为 25kg/h；该厂房排风系统的设计风量应为下列哪一项？［空气比热容为 1.01kJ/(kg·K)］【2013-3-08】

　　A. 12000～14000kg/h　　　　　　B. 15000～17000kg/h

　　C. 18000～19000kg/h　　　　　　D. 20000～21000kg/h

参考答案： D

主要解题过程：

(1) 按消除余热量计算排风量：

$$G_1 = 3600Q/C_p\Delta t = 3600 \times 20/[1.01 \times (30 - 26.5)] = 20368\text{kg/h}$$

(2) 按消除余湿计算排风量：

$$G_2 = d_z/\Delta d = 25 \times 10^3/(17.4 - 15.5) = 13158\text{kg/h}$$

(3) 取两者大值，因此，选项 D 正确。

8.2-3. 某化工车间内产生余热量 $Q = 50$kW，余湿量 $W = 50$kg/h，同时散发出硫酸气体 10mg/s。要求夏季室内工作地点温度不大于 33℃，相对湿度不大于 70%，问：所需要的全面通风量（m³/h）最接近以下哪个选项？

　　已知条件：夏季通风室外计算温度 $t_{wf} = 30$℃，相对湿度 62%。30℃ 时空气密度为 1.165kg/m³。工作场所空气中硫酸的时间加权平均浓度为 1mg/m³，短时间接触允许浓度 2mg/m³。消除有害物通风量安全系数 $K = 3$。【2017-4-09】

　　A. 36000　　　　B. 51000　　　　C. 72000　　　　D. 108000

参考答案： D

主要解题过程： 由焓湿图查得室内空气含湿量 $d_n = 22.4$g/kg，室外空气含湿量 $d_w = 16.6$g/kg。

消除余热所需通风量［《三版教材》式（2.2-2）］：

$$L_1 = \frac{50}{1.165 \times 1.01 \times (33 - 30)} = 14.16\text{m}^3/\text{s} = 50992\text{m}^3/\text{h}$$

消除余湿所需通风量［《三版教材》式（2.2-3）］：

$$L_2 = \frac{50}{1.165 \times (22.4 - 16.6)} = 7.40 \text{m}^3/\text{s} = 26640 \text{m}^3/\text{h}$$

消除有害物所需通风量 [《三版教材》式 (2.2-16)]:

$$L_3 = \frac{10 \times 3}{1 - 0} = 30 \text{m}^3/\text{s} = 108000 \text{m}^3/\text{h}$$

根据《工规》第 6.1.14 条，三者取大值，选 D。

扩展: 本题原卷中选项 D 给出答案为 10800，缺少一个 0，实际计算为 108000。选项答案问题为出题人检查不仔细所致。为防止备考考生误解，本卷选项 D 按 108000 给出。

8.2-4. 某车间采用自然送风、机械排风的全面通风方式，负压段排风管全部位于车间内且其总长度为 40m，室内空气温度为 30℃，空气含湿量为 17g/kg。夏季通风室外计算温度为 26.4℃，空气含湿量为 13.5g/kg。车间内余热量为 30kW，余湿量为 70kg/h。问：所选排风机的最小排风量（kg/h），最接近下列哪项数据？已知：空气比热容为 1.01kJ/(kg·℃)。【2018-3-07】

A. 29703　　　　　B. 31188　　　　　C. 32673　　　　　D. 49703

参考答案: A

主要解题过程:

由题意，消除余热所需通风量为:

$$L_{余热} = \frac{Q}{C(t_p - t_\theta)} = \frac{30}{1.01 \times (30 - 26.4)} = 8.25 \text{kg/s} = 29703 \text{kg/h}$$

由题意，消除余湿所需通风量为:

$$L_{余湿} = \frac{W}{d_p - d_0} = \frac{70 \times 1000}{17 - 13.5} = 20000 \text{kg/h}$$

所需通风量应满足两者最大值，故排风量为 29703kg/h。

根据《工规》第 6.7.4 条，选用风机风量漏风量取 5%，但根据该条条文说明，这样的附加百分率适用于最长正压管道总长度不大于 50m 的送风系统和最长负压管段总长度不大于 50m 的排风及除尘系统，对于更大的系统，其漏风百分率适当增加。有的全面排风系统直接布置在使用房间内，则不必考虑漏风的影响。故本题排风机风量仍为 29703kg/h。

8.2-5. 某车间同时散发苯、乙酸乙酯溶剂蒸汽和余热，设稀释苯、乙酸乙酯溶剂蒸汽的散发量所需的室外新风量分别为 200000m³/h、50000m³/h；满足排出余热的室外新风量为 220000m³/h。问同时满足排出苯、乙酸乙酯溶剂蒸汽和余热的最小新风量是下列哪一项？【2011-4-09】

A. 220000m³/h　　　B. 250000m³/h　　　C. 270000m³/h　　　D. 470000m³/h

参考答案: B

主要解题过程: 由《三版教材》P174，稀释有害物所需通风量为:

$$L_1 = 200000 + 50000 = 250000 \text{m}^3/\text{h}$$

消除余热所需排风量为 220000m³/h < 250000m³/h，两者取大值，故最小新风量为 250000m³/h。

8.2-6. 某车间同时散发苯、醋酸乙酯、松节油溶剂蒸汽和余热，为稀释苯、醋酸乙酯、松节油溶剂蒸汽的散发量，所需的室外新风量分别为 500000m³/h、10000m³/h、2000m³/h，满足排除余热的室外新风量为 510000m³/h。则能刚满足排除苯、醋酸乙酯、松节油溶剂蒸汽和余热的最小新风量是下列哪一项？【2012-4-08】

A. 510000m³/h   B. 512000m³/h

C. 520000m³/h   D. 522000m³/h

参考答案：B

主要解题过程：根据《三版教材》P174 稀释有害物所需室外新风量：

$$500000 + 10000 + 2000 = 512000 m³/h$$

当稀释有害气体与排除余热时，按最大值取值，即以 512000m³/h 及 510000m³/h 最大值，应为 512000m³/h。

扩展：本题中的松节油，属于可与醋酸乙酯混合，且有刺激性气味，因此计算稀释多种有害物时，应叠加各个有害物的稀释风量。

8.2-7. 某化工生产车间内，生产过程中散发苯、丙酮、醋酸乙酯和醋酸丁酯的有机溶剂蒸气，需设置通风系统，已知其散发量分别为：苯 $M_1 = 200g/h$、丙酮 $M_2 = 150g/h$、醋酸乙酯 $M_3 = 180g/h$、醋酸丁酯 $M_4 = 260g/h$，车间内四种溶剂的最高允许浓度分别为苯 $S_1 = 50mg/m³$、丙酮 $S_2 = 400mg/m³$、醋酸乙酯 $S_3 = 200mg/m³$、醋酸丁酯 $S_4 = 200mg/m³$。试问该车间的通风量为下列哪一项？【2013-4-08】

A. 4000m³/h   B. 4900m³/h   C. 5300m³/h   D. 6575m³/h

参考答案：D

主要解题过程：由《三版教材》P174，需将稀释苯、丙酮、醋酸乙酯和醋酸丁酯所需空气量进行叠加。稀释污染物所需空气量按下式计算

$$L_i = \frac{x_i}{y_2 - y_0}$$

其中，x_i 为各个有害物的散发量，y_2 为室内允许质量浓度，y_0 为稀释新风中有害物的含量。由于各个有害物为生产产生，故考虑稀释新风中不含有有害物，即 $y_0 = 0$。综上所述，车间所需通风量为：

$$L = L_苯 + L_{丙酮} + L_{醋酸乙酯} + L_{醋酸丁酯}$$
$$= \frac{200 \times 10^3}{50 - 0} + \frac{150 \times 10^3}{400 - 0} + \frac{180 \times 10^3}{200 - 0} + \frac{260 \times 10^3}{200 - 0}$$
$$= 6575 m³/h$$

扩展：本题计算中，若不清楚丙酮为刺激性气体，需要重复考虑消除丙酮的风量是否叠加。初步计算时，若按丙酮不叠加处理，则无答案。复验叠加丙酮后，得到正确答案 D。

8.2-8. 某产生易燃易爆粉尘车间的面积为 3000m²、高 6m。已知，粉尘在空气中爆炸极限的下限是 37mg/m³，易燃易爆粉尘的发尘量为 4.5kg/h。设计排除易燃易爆粉尘的局部通风除尘系统（排除发尘量的 90%），则车间的计算除尘风量（m³/h）的最小值最接近下列何项？【2016-3-09】

A. 219000   B. 243000   C. 365000   D. 438000

参考答案：A

主要解题过程：需设计排除易燃易爆粉尘的局部通风除尘系统有害物的量：$x = 0.9 \times 4.5 = 4.05\text{kg/h} = 4.05 \times 10^6\text{mg/h}$。

根据《工规》第6.9.5条，排除有爆炸危险的气体、蒸气或粉尘的局部排风系统，其风量应按在正常运行情况下，风管内有爆炸危险的气体、蒸气或粉尘的浓度不大于爆炸下限值的50%计算。则排风风管内有害物的浓度为：

车间的计算除尘风量的最小值：

$$L \geqslant \frac{x}{y} = \frac{4.05 \times 10^6}{18.5} = 218919\text{m}^3/\text{h}$$

8.2-9. 含有 SO_2 的有害气体流量为 $5000\text{m}^3/\text{h}$，其中有害物成分 SO_2 的浓度为 8.75ml/m^3，有害物成分克摩尔数 $M = 64$。选用效率为90%的固定床活性炭吸附装置净化后排放，则排放浓度（mg/m^3）最接近下列何项？【2017-3-06】

A. 2.0   B. 2.5   C. 3.0   D. 3.5

参考答案：B

主要解题过程：根据《三版教材》式（2.6-1），吸附装置净化前有害物质量浓度为：

$$y_1 = \frac{C \times M}{22.4} = \frac{8.75 \times 64}{22.4} = 25\ \text{mg/m}^3$$

根据《三版教材》式（2.5-3），净化后排风浓度为：

$$y_2 = y_1 \times (1 - \eta) = 25 \times (1 - 90\%) = 2.5\ \text{mg/m}^3$$

8.2-10. 按照现行国家标准 GB 50072 的规定，氨制冷机房空气中氨气瓶浓度报警的上限为 150ppm，若将其与现行国家标准《国家职业卫生标准》GBZ 2.1 规定的短时间接触允许浓度相比较，前者与后者的浓度数值之比最接近下列何项？（氨气分子量为17，按标准状况条件计算）【2017-4-08】

A. 0.26   B. 1.00   C. 2.53   D. 3.79

参考答案：D

主要解题过程：由题意，根据《三版教材》式（2.6-1），氨制冷机房允许浓度为：

$$y_1 = \frac{150 \times 17}{22.4} = 113.84\ \text{mg/m}^3$$

由《工作场所有害因素职业接触限值　第1部分：化学有害因素》GBZ 2.1—2007 表1查得氨短时间接触浓度 $PC\text{-}STEL$ 为 30mg/m^3，有：

$$\frac{y_1}{PC - STEL} = \frac{113.84}{30} = 3.79$$

8.2-11. 某化工车间内散发到空气中的苯、甲苯、二甲苯、二氧化碳等有害物的散发量分别为 12g/h、75g/h、50g/h、4500g/h，工作场所苯、甲苯、二甲苯、二氧化碳 PC-TWA 允许浓度分别为 6mg/m^3、50mg/m^3、50mg/m^3、9000mg/m^3，假定补充空气中上述有害物浓度均为零，取安全系数 $K = 5$。问：该车间的全面通风量（m^3/h），最接近以

下哪一项？【2018-3-10】

　　A. 10000　　　　　B. 17500　　　　　C. 22500　　　　　D. 25000

参考答案： C

主要解题过程：

根据《三版教材》P172 消除有害物全面通风量公式：$L = \dfrac{Kx}{y_2 - y_0}$

排出各种污染物所需通风量为：

$$L_苯 = 5 \times \frac{12 \times 1000}{6} = 10000 \text{m}^3/\text{h}$$

$$L_{甲苯} = 5 \times \frac{75 \times 1000}{50} = 7500 \text{m}^3/\text{h}$$

$$L_{二甲苯} = 5 \times \frac{50 \times 1000}{50} = 5000 \text{m}^3/\text{h}$$

$$L_{CO_2} = 5 \times \frac{4500 \times 1000}{9000} = 2500 \text{m}^3/\text{h}$$

根据《工规》第 6.1.4 条，数种溶剂及有刺激性气体应叠加：

$$L = L_苯 + L_{甲苯} + L_{二甲苯} = 10000 + 7500 + 5000 = 22500 \text{m}^3/\text{h}$$

　　8.2-12. 某车间面积 100m^2，净高 8m，存在热和有害气体的散放。不设置局部排风，而采用全面排风的方式来保证车间环境，工艺要求的全面排风换气次数为 6h^{-1}，同时还设置事故排风系统。问：该车间上述排风系统的风机选择方案中，最合理的是以下何项？（注：风机选择时风量附加安全系数为 1.1）【2018-4-11】

　　A. 两台风量为 $2640\text{m}^3/\text{h}$ 的定速风机　　B. 两台风量为 $3960\text{m}^3/\text{h}$ 的定速风机

　　C. 一台风量为 $7920\text{m}^3/\text{h}$ 的定速风机　　D. 一台风量为 $10560\text{m}^3/\text{h}$ 的定速风机

参考答案： B

主要解题过程：

全面通风时风机风量为（根据《工规》第 6.3.8 条条文说明，高度按 6m 计算）：

$$L_1 = A \times H \times n_1 \times 1.1 = 100 \times 6 \times 6 \times 1.1 = 3960 \text{m}^3/\text{h}$$

事故通风时风机风量为（根据《工规》第 6.4.3 条）：

$$L_2 = A \times H \times n_2 \times 1.1 = 100 \times 6 \times 12 \times 1.1 = 7920 \text{m}^3/\text{h}$$

设置两台风量为 $3960\text{m}^3/\text{h}$ 的定速风机，平时运行一台全面排风，事故时运行两台满足事故通风的要求。

8.2.2　通风热平衡

　　8.2-13. 某车间设有局部排风系统，局部排风量为 0.56kg/s，冬季室内工作区温度为 15℃，冬季通风室外计算温度为 −15℃，采暖室外计算温度为 −25℃（大气压为标准大气压），空气定压比热 1.01kJ/（kg·℃）。围护结构耗热量为 8.8kW，室内维持负压，机械进风量为排风量的 90％，试求机械通风量和送风温度为下列哪一项？【2012-3-06】

　　A. 0.3～0.53kg/s，29～32℃　　　　B. 0.54～0.65kg/s，29～32℃

　　C. 0.54～0.65kg/s，33～36.5℃　　　D. 0.3～0.53kg/s，36.6～38.5℃

参考答案： D

主要解题过程： 根据《三版教材》式（2.2-6）：

（1）机械通风量计算

机械进风量，$G_{jj} = 90\% G_p = 90\% \times 0.56 = 0.504 \text{kg/s}$

自然进风量，$G_{zj} = G_p - G_{jj} = 0.56 - 0.504 = 0.056 \text{kg/s}$

（2）车间设局部排风，故 t_w 采用供暖室外计算温度，由热量平衡得：

$$Q + c_p G_p t_n = c_p G_{jj} t_{jj} + c_p G_{zj} t_w$$
$$8.8 + 1.01 \times 0.56 \times 15 = 1.01 \times 0.504 t_{jj} + 1.01 \times 0.056 \times (-25)$$

解得
$$t_{jj} = 36.73 ℃$$

8.2-14. 某地夏季为标准大气压，室外通风计算温度为 32℃，设计车间内一高温设备的排风系统，已知：排风罩吸入口的热空气温度为 500℃，排风量为 1500m³/h。因排风机承受的温度最高为 250℃，采用风机入口段混入室外空气做法，满足要求的最小室外空气风量应是下列哪一项？（空气比热容按 1.01kJ/（kg·K）记取，不计风管与外界的热交换。）【2012-3-08】

A. 600～700m³/h
B. 900～1100m³/h
C. 1400～1600m³/h
D. 1700～1800m³/h

参考答案： A

主要解题过程：【解法一】

由题意，工艺要求保证的排风参数为 500℃，排风量为 1500m³/h，这部分空气为基本排风罩排风量；另外，为了保护风机，需要再混合部分室外空气；因此，总排风量为排风罩排风量与混合空气量的和。

不同温度下空气的密度为：

$$\rho_{500} = \frac{353}{273 + 500} = 0.457 \text{kg/m}^3$$

$$\rho_{250} = \frac{353}{273 + 250} = 0.675 \text{kg/m}^3$$

$$\rho_{32} = \frac{353}{273 + 32} = 1.157 \text{kg/m}^3$$

排风罩排风量：

$$G_n = L_n \rho_{500} = 1500 \times 0.457 = 685.5 \text{kg/h}$$

混合过程满足风量平衡与热平衡，G_w 表示室外混合风量，则总排风量为 $G_w + G_n$。

混合过程的热平衡关系为：

$$G_w t_w + G_n t_n = (G_w + G_n) t_p，\text{代入数值，得：}$$
$$G_w \times 32 + 685.5 \times 500 = (G_w + 685.5) \times 250$$

解得引入室外空气量 $G_w = 786.1 \text{kg/h}$

$$L_w = G_w / \rho_{32} = 786.1 / 1.157 = 679.4 \text{m}^3/\text{h}$$

【解法二】 利用传热热流量平衡方程计算，高温气体放出的热流量等于掺入的新风得到的热量：

$$\rho_p L_p c (t_x - t_p) = \rho_w L_w c (t_p - t_w)$$

$$\rho_{500} = \frac{101325}{287 \times (273+500)} = 0.4567\ \text{kg/m}^3, \quad \rho_{32} = \frac{101325}{287 \times (273+32)} = 1.1575\ \text{kg/m}^3$$

$$0.4567 \times 1500 \times 1.01 \times (500-250) = 1.1575 \times L_\text{w} \times 1.01 \times (250-32)$$

解得 $L_\text{w} = 678.71\text{m}^3/\text{h}$

扩展：该题的主要知识点是热量平衡、质量平衡。建议做该类的题目时，首先画出简单的热量平衡和质量平衡图；再列出两个平衡式，联立求解。

8.2-15. 某乙类厂房，冬季工作区供暖计算温度 15℃，厂房围护结构耗热量 $Q=$ 313.1kW，厂房全面排风量 $L=42000\text{m}^3/\text{h}$；厂房采用集中热风供暖系统，设计送风量 $G=12\text{kg/s}$，则该系统冬季的设计送风温度 t_jj 应为下列哪一项？（注：当地标准大气压力，室内外空气密度取均为 1.2kg/m³，空气比热容 $c_\text{p}=1.01\text{kJ}/$（kg·℃），冬季通风室外计算温度－10℃）【2012-4-01】

A. 40～41.9℃　　　　　　　　　　　B. 42～43.9℃

C. 44～45.9℃　　　　　　　　　　　D. 46～48.9℃

参考答案：C

主要解题过程：由题意，排风量为：

$$G_\text{p}=42000 \times 1.2/3600=14\text{kg/s}$$

由风量平衡关系：

$$G_\text{zj}=G_\text{p}-G=14-12=2\text{kg/s}$$

列热平衡关系式［《三版教材》式（2.2-6）］：

$$Q+c_\text{p} \cdot G_\text{p} \cdot t_\text{n} = c \cdot G_\text{zj} \cdot t_\text{w} + c_\text{p} \cdot G \cdot t_\text{jj}$$

代入数值后：$313.1+1.01 \times 14 \times 15 = 1.01 \times 2 \times (-10) + 1.01 \times 12 \times t_\text{jj}$

解得：$t_\text{jj}=45℃$。

8.2-16. 某层高 4m 的一栋散发有害气体的厂房，室内供暖计算温度 15℃，车间围护结构耗热量 200kW，室内为消除有害气体的全面机械排风量 10kg/s，拟采用全新风集中热风供暖系统，送风量 9kg/s，则车间热风供暖系统的送风温度应为下列哪一项？［当地室外供暖计算温度－10℃，冬季通风室外计算温度－5℃，空气比热容为 1.01kJ/(kg·K)］【2013-4-09】

A. 33.0～34.9℃　　B. 35.0～36.9℃　　C. 37.0～38.9℃　　D. 39.0～40.9℃

参考答案：D

主要解题过程：本题厂房通风用于消除有害气体，故室外计算温度采用室外供暖计算温度。

列空气平衡方程式：$G_\text{zj}+G_\text{jj} = G_\text{zp}+G_\text{jp}$

列热平衡方程式：$Q_1+c\,G_\text{jj}t_\text{j}+c\,G_\text{zj}t_\text{w} = Q_2+c\,G_\text{zp}t_\text{p}+c\,G_\text{jp}t_\text{n}$

将已知条件代入上述平衡方程式，有：$G_\text{zj}+9=0+10$

$$0+1.01 \times 9t_\text{j}+1.01 \times G_\text{zj} \times (-10) = 200+0+1.01 \times 10 \times 15$$

因此，求得机械送风温度 t_j 为 39.8℃。

8.2-17. 某车间,室内设计温度为15℃,车间围护结构设计耗热量200kW,工作区局部排风量10kg/s;车间采用混合供暖系统(散热器+新风集中热风供暖),设计散热器散热量等于室内+5℃的值班采暖热负荷。新风送风系统风量7 kg/s,送风温度 t (℃) 为下列何项?(已知:供暖室外计算温度为-10℃,空气比热容为1.01kJ/kg,值班供暖时,通风系统不运行)【2014-4-08】

  A. 35.5~36.5   B. 36.6~37.5   C. 37.6~38.5   D. 38.6~39.5

参考答案: B

主要解题过程: 由风量平衡,得:

$$G_{zj} = G_p - G_{jj} = 10 - 7 = 3kg/s$$

散热器值班供暖提供的热量按围护结构热负荷进行换算,由于围护结构热负荷计算式均为 $Q_i = K_iF_i(t_n - t_w)$,因此当室内设计温度 t_n 发生变化时,围护结构仅与 $(t_n - t_w)$ 成比例变化,故当散热器散热量等于室内5℃值班供暖热负荷时其散热量为:

$$\sum Q_f = 200 \times \frac{5 - (-10)}{15 - (-10)} = 120kW$$

列热平衡关系[《三版教材》式(2.2-6)]:

$$200 + 1.01 \times 10 \times 15 = 120 + 1.01 \times 7t_{jj} + 1.01 \times 3 \times (-10)$$

解得 $t_{jj} = 37.03℃$,选 B。

8.2-18. 某厂房冬季的围护结构耗热量为200kW,由散热器供暖系统承担。设备散热量为5kW,厂房内设置局部排风系统排除有害气体,排风量为10000m³/h,排风系统设置热回收装置,显热热回收效率为60%,自然进风量为3000m³/h,热回收装置的送风系统计算的送风温度(℃)最接近下列何项?[室内设计温度18℃,冬季通风室外计算温度-13.5℃;供暖室外计算温度-20℃;空气密度 $\rho_{-20} = 1.365kg/m^3$; $\rho_{-13.5} = 1.328kg/m^3$; $\rho_{18} = 1.172kg/m^3$;空气定压比热容取1.01kJ/(kg·K)]【2016-3-02】

  A. 34.5   B. 36.0   C. 48.1   D. 60.5

参考答案: B

主要解题过程: 根据《三版教材》式(2.2-5),风量平衡得:

$$G_{zp} + G_{jp} = G_{zj} + G_{jj}$$

$$0 + \frac{10000}{3600} \times 1.172 = \frac{3000}{3600} \times 1.365 + G_{jj}$$

$$G_{jj} = 2.118kg/s$$

根据式(2.2-6)热量平衡得:

$$\sum Q_h + c_p L_n \rho_n t_n = \sum Q_f + c_p L_{jj} \rho_{jj} t_{jj} + c_p L_{zj} \rho_w t_w$$

$$200 + 1.01 \times \frac{10000}{3600} \times 1.172 \times 18 = 200 + 5 + 1.01 \times 2.118 \times t_{jj} + 1.01 \times \frac{3000}{3600} \times 1.365 \times (-20)$$

解得:

$t_{jj} = 36℃$

扩展: 本题有2点值得注意:

(1) 冬季的围护结构耗热量为200kW,由散热器供暖系统承担,即200kW在热平衡计算中,相互抵消,并未实际使用。

（2）热回收装置的送风系统计算送风温度为加热后温度，热回收装置虽然降低了机械进风系统的加热量，但对送风温度的确定并无影响，与系统是否采用热回收装置无关。此外，纵观历年考题，风平衡及热平衡历来是考试考察重点。但考察方式、深度发生变化，由以往考察教材计算公式直接应用，逐渐向热平衡计算参数发生变化，确定变化后的具体参数后，再灵活运用平衡计算公式，最终得出所需结果的过程转变。

考试对常规考点的掌握程度、知识点的点面结合提出了更高要求。譬如，【2016-4-08】题与本题比较，均考察了 $\sum Q_h$ 及 $\sum Q_f$ 之间的关系。当围护结构耗热量保持不变时，【2014-4-08】题考察了围护结构耗热量与供暖设备间如何分配问题（散热器＋新风集中热风供暖）；本题考察了围护结构耗热量全部由独立供暖设备承担，如何应用热平衡计算公式问题；而【2016-4-08】题考察围护结构耗热量发生变化，原有供暖设备供热量保持不变，新增热负荷由其他供暖设备承担并如何计算问题。此外，【2016-4-08】题与本题均对机械送风系统加热量不计入热平衡计算进行了考察。因此，考生在备考过程中，对热门考点，应多对比总结，举一反三，掌握精髓，灵活运用，方能在考试中，百战不殆。

8.2-19. 某地一车间室内供暖计算温度 14℃，室外供暖计算温度－10℃，车间供暖耗热量 339.36kW（室内无热源），采用散热器供暖。后来工作区增设局部排风量 10kg/s，拟用全新风热风系统补热并提高室温至 16℃，若送风量为 6kg/s，送风温度（℃）最接近下列何项？[空气定压比热容取 1.01kJ/（kg·K）、散热器供热量维持不变]【2016-4-08】

  A. 37   B. 38   C. 39   D. 40

参考答案： B

主要解题过程： 根据题意，车间室温由 14℃ 提高至 16℃，车间供暖需要总耗热量为：

$$\frac{Q_0}{Q_1} = \frac{K \times F \times (T_0 - T_w)}{K \times F \times (T_1 - T_w)}$$

$$\frac{Q_0}{339.36} = \frac{16 - 10}{14 - 10}$$

$$Q_0 = 367.64\text{kW}$$

增加供暖耗热量 ΔQ 由新风热风系统供给：

$$\Delta Q = Q_0 - Q_1 = 367.64 - 339.36 = 28.3\text{kW}$$

【解法一】（风量、热量平衡计算）

根据《三版教材》式（2.2-5）得：

$$G_{zj} + G_{jj} = G_{zp} + G_{jp}$$

$$G_{zj} = G_{jp} - G_{jj} = 10 - 6 = 4\text{kg/s}$$

根据式（2.2-6）得：

$$\sum Q_h + c \cdot L_p \cdot \rho_n \cdot t_n = \sum Q_l + c \cdot L_{jj} \cdot \rho_{jj} \cdot t_{jj} + c \cdot L_{zj} \cdot \rho_w \cdot t_w$$

$$367.64 + 1.01 \times 10 \times 16 = 339.36 + 1.01 \times 6 \times t_{jj} + 1.01 \times 4 \times (-10)$$

$$t_{jj} = 38℃$$

【解法二】（供暖热负荷计算）

车间冷风渗透耗热量：

$$Q_2 = c \cdot G_{zj} \cdot (t_n - t_w) = 1.01 \times 4 \times (16 + 10) = 105.4\text{kW}$$

因散热器供热量维持不变，车间室温由 14℃ 提高至 16℃，由新风热风系统担负围护结构传热耗热量 ΔQ，则刨除散热器所担负的室内供暖热负荷为：

$$Q'_0 = \Delta Q + Q_2 = 28.3 + 105.4 = 133.34 \text{kW}$$

$$Q'_0 = c \cdot G_{jj} \cdot (t_{jj} - t_n)$$

$$133.34 = 1.01 \times 6 \times (t_{jj} - 16)$$

$$t_{jj} = 38℃$$

8.2-20. 河南安阳某车间，冬季室内设计温度为 16℃，围护结构耗热量为 260kW，车间有 2 台相同的通风柜，每台排风量为 0.75kg/s，车间采用全面机械排风系统排除有害气体，排风量为 16kg/s，采用全新风集中热风供暖补风，热风补风量为 14kg/s。问：送风温度 t_{jj}（℃）最接近下列哪一组数据？[空气比热容为 1.01kJ/（kg·℃）]【2017-3-09】

    A. 36.8　　　　　B. 37.6　　　　　　C. 38.6　　　　　　D. 39.6

参考答案：D

主要解题过程：由题意，采用对于稀释有害气体的全面通风时，室外计算温度采用供暖室外计算温度，由《工规》附录 A.1 可知，河南安阳供暖室外计算温度为 −4.7℃。

根据《三版教材》式（2.2-5），列风量平衡：

$$G_{zj} = G_{jp} + G_{zp} - G_{jj} = 2 \times 0.75 + 16 - 14 = 3.5 \text{kg/s}$$

根据《三版教材》式（2.2-6），列通风热平衡方程：

$$260 + 1.01 \times (2 \times 0.75 + 16) \times 16 = 1.01 \times 14 t_{jj} + 1.01 \times 3.5 \times (-4.7)$$

解得，送风温度为：

$$t_{jj} = 39.6℃$$

扩展：详见附录 5 扩展知识点总结之室外计算温度使用情况总结。

8.2-21. 某车间生产设备发热量 11.6kJ/s，工作区的局部排风量 0.86kg/s，机械补风量 0.56kg/s，室外空气温度为 30℃，机械补风温度为 25℃，室内工作区温度为 32℃。天窗排风温度为 38℃，若采用天窗自然通风方式排出余热。问：所需的自然进风量（kg/s）和自然排风量（kg/s）最接近下列哪一项？【2017-4-07】

    A. 0.96 和 0.68　　B. 1.66 和 0.78　　C. 1.16 和 0.88　　D. 1.26 和 0.98

参考答案：C

主要解题过程：由题意，室内采用天窗排风，排风温度为 38℃，同时室内局部排风为室内工作区温度为 32℃，根据《三版教材》式（2.2-5）、式（2.2-6）列风量平衡与热量平衡方程：

$$\begin{cases} G_{zj} + 0.56 = G_{zp} + 0.86 \\ 1.01 \times G_{zp} \times 38 + 1.01 \times 0.86 \times 32 = 11.6 + 1.01 \times 0.56 \times 25 + 1.01 \times G_{zj} \times 30 \end{cases}$$

即：

$$\begin{cases} G_{zj} = G_{zp} + 0.3 \\ 30 G_{zj} = 38 G_{zp} + 9 \end{cases}$$

可解得：

$$G_{zj} = 1.171, G_{zp} = 0.871$$

8.3 自 然 通 风

8.3-1. 地处标准大气压的某车间利用热压自然通风（见右图），已知车间的侧窗 a 的开启面积 $F_a=27m^2$，侧窗 a 与天窗 b 距地面的高度分别为 $h_a=2.14m$、$h_b=13m$。设室外空气密度与排风密度近似相等；侧窗与天窗的流量系数相同。现拟维持车间距地面 $h=8.14m$ 处余压为 0，问：天窗开启面积 F_b 为下列哪一项？【2011-3-08】

    A. 26.5～27.5m²   B. 28.0～29.0m²

    C. 29.5～30.5m²   D. 31.0～32.0m²

参考答案： C

主要解题过程：《三版教材》式（2.3-16）：

$$F_b=F_a\sqrt{\frac{h_1}{h_2}}=27\times\sqrt{\frac{8.14-2.14}{13-8.14}}=30m^2$$

8.3-2. 某厂房利用风帽进行自然排风，总排风量 $L=13842m^3/h$，室外风速 $v=3.16m/s$，不考虑热压作用，压差修正系数 $A=1.43$，拟选用直径 $d=800mm$ 的筒形风帽，不接风管，风帽入口的局部阻力系数 $\xi=0.5$。问：设计配置的风帽个数为下列哪一项？（当地为标准大气压）【2012-3-09】

    A. 4（个）   B. 5（个）   C. 6（个）   D. 7（个）

参考答案： D

主要解题过程：《三版教材》式（2.3-22）：

单个风帽风量

$$L_0=2827d^2\frac{A}{\sqrt{1.2+\Sigma\xi+\frac{0.02l}{d}}}=2827\times0.8^2\times\frac{1.43}{\sqrt{1.2+0.5}}=1984m^3/h$$

风帽个数 $n=13842/1984=7$ 个

8.3-3. 某生产厂房全面通风量为 20kg/s，采用自然通风，进风为厂房外墙 F 的侧窗（$\mu_j=0.56$，窗的面积 $F_j=260m^2$），排风为顶面的矩形通风天窗（$\mu_p=0.46$），通风天窗为进风窗之间的中心距离 $H=15m$。夏季室内工作地点空气计算温度 35℃，室内平均空气温度接近下列哪一项？（注：当地大气压为 101.3kPa，夏季通风室外空气计算温度 32℃，厂房有效热量系数 $m-0.4$）【2012-4-09】

    A. 32.5℃   B. 35.4℃   C. 37.5℃   D. 39.5℃

参考答案： C

主要解题过程： 由题意，根据《三版教材》式（2.3-18），得：

根据有效热量系数 $m=0.4$ 可知：$t_p=t_w+(t_n-t_w)/m=32+(35-32)/0.4=39.5℃$；

室内平均温度为：$t_{pj} = (t_p + t_n)/2 = (39.5 + 35) = 37.25℃$。

8.3-4. 某厂房采用自然通风排除室内余热，要求进风窗的进风量与天窗的排风量均为 $G_j = 850kg/s$；排风天窗窗孔两侧的密度差为 $0.055kg/m^3$，进风窗的面积为 $F_j = 800m^2$、局部阻力系数 $\zeta_j = 3.18$；设：天窗与进风窗之间中心距为 $h = 15m$，天窗中心与中和面的距离为 $h_j = 10m$，天窗局部阻力系数为 $\zeta_p = 4.2$，天窗排风口空气密度为 $\rho_p = 1.125kg/m^3$，则所需天窗面积为下列哪一项？【2013-3-10】

A. $410 \sim 470m^2$　　　　　　　　B. $471 \sim 530m^2$

C. $531 \sim 591m^2$　　　　　　　　D. $591 \sim 640m^2$

参考答案： B

主要解题过程：

本题的做法与"排风天窗窗孔两侧的密度差为 $0.055kg/m^3$"的理解有关，若按其本意，该密度差应为 $(\rho_w - \rho_p)$，但是如此理解后本题无答案。后重新矫正计算后得知，该密度差实际为 $(\rho_w - \rho_{np})$。

根据《三版教材》式（2.3-15），并考虑到 $\mu_b = \sqrt{\dfrac{1}{\xi_b}}$ 得：

$$F_b = \frac{G_b}{\mu_b \sqrt{2h_2 g (\rho_w - \rho_{np}) \rho_p}}$$

$$= \frac{850}{\sqrt{\dfrac{1}{4.2}} \times \sqrt{2 \times 10 \times 9.8 \times 0.055 \times 1.125}}$$

$$= 500.2m^2$$

扩展： 本题题设实际表述有误，正常思路求解方式应理解"排风天窗窗孔两侧的密度差为 $0.055kg/m^3$"为排天窗处密度与室外密度的差，即"$\rho_w - \rho_p$"，但无法获得合理答案。具体过程如下：

$$\rho_w = 1.125 + 0.055 = 1.18kg/m^3$$

由 $G_j = \mu_j F_j \sqrt{2h_1 g (\rho_w - \rho_{np}) \rho_w}$ 得：

$$(\rho_w - \rho_{np}) = \frac{\left(\dfrac{G_j}{\mu_j F_j}\right)^2}{2h_1 g \rho_w} = \frac{\left(\dfrac{850}{\sqrt{\dfrac{1}{3.18}} \times 800}\right)^2}{2 \times (15 - 10) \times 9.8 \times 1.18} = 0.031kg/m^3$$

考虑到 $G_p = G_j = 850kg/s$，由 $G_p = \mu_p F_p \sqrt{2h_2 g (\rho_w - \rho_{np}) \rho_p}$ 得：

$$F_b = \frac{G_b}{\mu_b \sqrt{2h_2 g (\rho_w - \rho_{np}) \rho_p}}$$

$$= \frac{850}{\sqrt{\frac{1}{4.2}} \times \sqrt{2 \times 10 \times 9.8 \times 0.031 \times 1.125}}$$

$$= 666.3 m^2$$

此外，也可直接利用 $G_p = G_j$ 列方程求解 F_p。

8.3-5. 某屋面高为 14m 的厂房，室内散热均匀，余热量为 1374kW，温度梯度为 0.4℃/m，夏季室外通风计算温度为 30℃，室内工作区（高 2m）设计温度为 32℃。拟采用屋面天窗排风、外墙侧窗进风的自然通风方式排除室内余热，自然通风量为下列哪一项？[空气比热容为 1.01kJ/(kg·K)]【2013-4-10】

　　A. 171~190kg/s　　B. 191~210kg/s　　C. 211~230kg/s　　D. 231~250kg/s

参考答案：B

主要解题过程：

根据《三版教材》式（2.3-17）：

排风温度：$t_p = t_n + a(h-2) = 32 + 0.4 \times (14-2) = 36.8$ ℃

全面换气量：$G = \dfrac{Q}{c(t_p - t_j)} = \dfrac{1374}{1.01(36.8-30)} = 200$ kg/s

8.3-6. 已知室内有强热源的某厂房，工艺设备总散热量为 1136kJ/s，有效热量系数 $m=0.4$；夏季室内工作地点设计温度为 33℃；采用天窗排风、侧窗进风的自然通风方式排除室内余热，其全面通风量 G 应是下列何项？[注：当地大气压 101.3kPa，夏季通风室外空气计算温度 30℃，取空气的定压比热为 1.0kJ/（kg·K）]【2014-3-10】

　　A. 80~120kg/s　　　B. 125~165kg/s　　　C. 175~215kg/s　　　D. 220~260kg/s

参考答案：B

主要解题过程：根据《三版教材》式（2.3-18），室内上部排风温度：

$$t_p = t_w + \frac{t_n - t_w}{m} = 30 + \frac{33-30}{0.4} = 37.5℃$$

根据《三版教材》式（2.3-13），全面通风量：

$$G = \frac{Q}{c_p(t_p - t_j)} = \frac{1136}{1 \times (37.5-30)} = 151.5 kg/s$$

8.3-7. 北京地区某厂房的显热余热量为 300kW，散热强度 50W/m³，厂房高度为 10m，若采用屋顶水平天窗自然通风方式，保证夏季车间内温度不高于 32℃，车间自然通风全面换气的最小风量（kg/h）最接近下列何项？[当地夏季通风计算温度 29.7℃，空气定压比热容取 1.01kJ/（kg·K）]【2016-4-09】

　　A. 120450　　　　　B. 122910　　　　　C. 123590　　　　　D. 125700

参考答案：B

主要解题过程：根据《三版教材》表 2.3-3，由散热强度 50W/m³，厂房高度 10m，查表得 $a=0.8$。

由式（2.3-17）得：

$$t_p = t_n + a(h-2) = 32 + 0.8(10-2) = 38.4 ℃$$

由式 (2.2-2) 得

$$G = \frac{Q \times 3600}{c(t_p - t_w)} = \frac{300 \times 3600}{1.01 \times (38.4 - 29.7)} = 122909 kg/h$$

8.3-8. 某地夏季室外通风温度 $t_w = 31℃$，有 $2000 m^2$ 热车间高 9m，室内散热量 $116 W/m^2$，工作点设计温度 $t_n = 33℃$。设计采用热压自然通风方式：车间侧墙下、上部分别设置进、排风常开无扇窗孔；排风窗孔中心距屋顶 1m，进排窗孔面积比为 0.5，中心距 7m，流量系数均为 0.43。问：上部排风的窗口总面积（m^2）应为以下哪项？〔注：用温度梯度法求排风温度，空气定压比热取 1.01kJ/（kg·℃）〕【2017-3-11】

温度（℃）	30	31	32	33	34	35	36	37
空气密度（kg/m³）	1.165	1.161	1.157	1.154	1.150	1.146	1.142	1.139
温度（℃）	38	39	40	41	42	43	44	45
空气密度（kg/m³）	1.135	1.132	1.128	1.124	1.121	1.117	1.114	1.110

A. 71~80   B. 51~60   C. 41~50   D. 31~40

参考答案：C

主要解题过程：室内散热量：

$$q = \frac{116}{9} = 12.9 \ W/m^3$$

根据《三版教材》表 2.3-3 查得 9m 高建筑温度梯度为 $0.6℃/m$，可计算排风温度：

$$t_p = t_n + a(h-2) = 33 + 0.6 \times (8-2) = 36.6℃$$

根据《三版教材》式 (2.3-12)，室内平均温度：

$$t_{np} = \frac{t_n + t_p}{2} = \frac{33 + 36.6}{2} = 34.8℃$$

由题所给密度表可查得 $\rho_w = 1.161 \ kg/m^3$，$\rho_{np} = 1.1468 \ kg/m^3$，$\rho_p = 1.139 \ kg/m^3$。

分别设进风窗与中和面距离为 h_1，排风窗户中和面距离 h_2，结合《三版教材》式 (2.3-14) ~式 (2.3-16)，可得：

$$\begin{cases} h_1 + h_2 = 7 \\ \dfrac{h_2 \rho_p}{h_1 \rho_w} = \left(\dfrac{F_j}{F_p}\right)^2 = 0.5^2 = 0.25 \end{cases}$$

即：

$$\begin{cases} h_1 + h_2 = 7 \\ \dfrac{h_2}{h_1} = 0.25 \dfrac{\rho_w}{\rho_p} = 0.25 \times \dfrac{1.161}{1.139} = 0.2548 \end{cases}$$

可解得 $h_2 = 1.422 m$。

由《三版教材》式 (2.3-13) 计算排风量：

$$G = \frac{Q}{c(t_p - t_w)} = \frac{\dfrac{2000 \times 116}{1000}}{1.01 \times (36.6 - 31)} = 41.02\text{kg/s}$$

由《三版教材》式（2.3-15）计算排风窗面积：

$$F_p = \frac{G}{\mu \sqrt{2h_2 g(\rho_w - \rho_{np})\rho_p}} = \frac{41.02}{0.43 \times \sqrt{2 \times 1.422 \times 9.8 \times (1.161 - 1.1468) \times 1.139}}$$
$$= 138.3\text{m}^2$$

由上述过程可知，本题无答案。

扩展：本题考试中出题为错题，按正确求解思路无答案，以上解析按正确过程求解。本题出题错误问题来源主要是室内散热量 116W/m^2 的条件。反向分析后可发现，出题人本身错误地认识了室内散热量的单位，出题人认为教材表格的单位为 W/m^2，实际应为 W/m^3。如果按照室内散热量单位为 W/m^2 作为教材和规范的依据单位，可查得 $116\ \text{W/m}^2$ 在 9m 高时，对应温度梯度为 1.5℃/m。同时按照 $116 \times 2000 = 232000\text{W}$ 作为室内散热量以及所给空气密度可求解出排风窗面积为 45m^2，选择答案 C（实际考试时即使很明确题目出错，无答案，也要选择一个最可能的答案）。但是这一过程建立在对室内散热量的错误认识，因此本题实际考试中出现题目错误。

8.3-9. 河北衡水某车间内有强热源，工艺设备的总散热量为 2000kW，热源占地面积和地板面积之比为 0.155，热源高度 4m，热源的辐射散热量为 1000kW，室内工作区温度 33.5℃。采用自然通风方式，屋面设排风天窗，外墙侧窗送风，消除室内余热，全面通风量（kg/s）最接近下列哪一项？[空气比热容为 1.01kJ/（kg·℃）]【2017-4-10】

　　A. 240　　　　　B. 270　　　　　C. 300　　　　　D. 330

参考答案：A

主要解题过程：由题意，热源辐射散热量与总散热量的比值为：
$$Q_f/Q = 1000/2000 = 0.5$$

根据《三版教材》P184 分别查得 $m_1 = 0.4$，$m_2 = 0.85$，$m_3 = 1.07$。
$$m = m_1 \cdot m_2 \cdot m_3 = 0.4 \times 0.85 \times 1.07 = 0.3638$$

由题意，对于消除余热余湿的机械通风系统，室外计算温度采用夏季通风室外计算温度，查《工规》附录 A.1 可知河北衡水夏季通风室外计算温度为 30.5℃。

由《三版教材》式（2.3-19），得：
$$t_p = t_w + \frac{t_n - t_w}{m} = 30.5 + \frac{33.5 - 30.5}{0.3638} = 38.75\text{℃}$$

由式（2.3-13），全面通风量为：
$$G = \frac{Q}{c(t_p - t_o)} = \frac{2000}{1.01 \times (38.75 - 30.5)} = 240\text{kg/s}$$

8.3-10. 某地夏季室外计算风速 $v = 2.5\text{m/s}$，该地一厂房拟采用风帽直径 $d = 0.70\text{m}$ 的筒形风帽，以自然排风形式排除夏季室内余热，其排除室内余热的计算排风量为 37500m³/h。设：室内热压 $\Delta P_g = 2\text{Pa}$，室内外压差 $\Delta P_{ch} = 0\text{Pa}$。风帽直接安装在屋面上（无竖风道和接管），风帽入口的阻力系数 $\Sigma \xi = 0.5$。问：需安装该筒形风帽的最少数量

（个）为下列何项？【2018-3-08】

A. 8 B. 11 C. 15 D. 20

参考答案： C

主要解题过程：

根据《三版教材》P187，有：

$$A = \sqrt{0.4 \times V_w^2 + 1.63 \times (\Delta P_g + \Delta P_{ch})} = \sqrt{0.4 \times 2.5^2 + 1.63 \times (2+0)} = 2.4$$

$$L = \frac{2827d^2 \times A}{\sqrt{1.2 + \Sigma g + 0.02 l/d}} = \frac{2827 \times 0.7^2 \times 2.4}{\sqrt{1.2 + 0.5 + 0.02 \times \frac{0}{0.7}}} = 2550 \text{m}^3/\text{h}$$

$$N = \frac{37500}{2550} = 14.7 = 15 \text{ 个}$$

8.3-11. 某车间窗户有效流通面积 0.8m², 窗孔口室内外压差 3Pa, 窗孔口局部阻力系数 0.2, 空气密度取 1.2（kg/m³）。问：该窗孔口的通风量（m³/h），最接近下列何项？【2018-3-09】

A. 13700 B. 14400 C. 15800 D. 17280

参考答案： B

主要解题过程：

根据《三版教材》P178，有：

$$\mu = \sqrt{\frac{1}{g}} \sqrt{\frac{1}{0.2}} = 2.24$$

$$L = \mu F \sqrt{\frac{2\Delta P}{\rho}} = 2.24 \times 0.8 \times \sqrt{\frac{2 \times 3}{1.2}} = 4.007 \text{m}^3/\text{s} = 14425 \text{m}^3/\text{h}$$

8.4 局 部 排 风

8.4-1. 拟设计一用于"粗颗粒物料的破碎"的局部排风密闭罩。已知：物料下落时带入罩内的诱导空气量为 0.35m³/s, 从孔口或缝隙处吸入的空气量为 0.50m³/s, 则连接密闭罩"圆形吸风口"的最小直径最接近下列哪一项？【2011-3-10】

A. 0.5m B. 0.6m C. 0.7m D. 0.8m

参考答案： B

主要解题过程：《三版教材》式（2.4-2）：密闭罩排风量 $L = L_1 + L_2 + L_3 + L_4 = 0.35 + 0.50 + 0 + 0 = 0.85 \text{m}^3/\text{s}$。

粗颗粒物控制风速 $v = 3\text{m/s}$, 最小直径：$D = \sqrt{\frac{4L}{\pi v}} = \sqrt{\frac{4 \times 0.85}{3.14 \times 3}} = 0.6\text{m}$。

8.4-2. 某金属熔化炉, 炉内金属温度为 650℃, 环境温度为 30℃, 炉口直径为 0.65m, 散热面为水平面, 于炉口上方 1.0m 处设接受罩, 热源的热射流收缩断面上的流量为下列哪一项？【2011-4-10】

A. $0.10 \sim 0.14 \text{m}^3/\text{s}$ 　　　　　　　　B. $0.16 \sim 0.20 \text{m}^3/\text{s}$

C. $0.40 \sim 0.44 \text{m}^3/\text{s}$ 　　　　　　　　D. $1.1 \sim 1.3 \text{m}^3/\text{s}$

参考答案： A

主要解题过程： 根据《三版教材》式（2.4-26），有：

$$\alpha = A\Delta t^{1/3} = 1.7 \times (650-30)^{1/3} = 14.5 \text{J}/(\text{m}^2 \cdot \text{s} \cdot ℃)$$

由《三版教材》式（2.4-25），注意 Q 需要换算单位，因为式（2.4-24）中 Q 的单位与式（2.4-21）一致。

$$Q = \alpha F\Delta t = 14.5 \times \frac{\pi \times 0.65^2}{4} \times (650-30) = 2982 \text{J}/\text{s} = 2.98 \text{kJ}/\text{s}$$

由式（2.4-24），得：

$$L_0 = 0.167 Q^{1/3} B^{3/2} = 0.167 \times 2.98^{1/3} \times 0.65^{3/2} = 0.126 \text{m}^3/\text{s}$$

8.4-3. 某水平圆形热源（散热面直径 $B=1.0\text{m}$）的对流散热量为 $Q=5.466\text{kJ}/\text{s}$，拟在热源上部 1.0m 处设直径为 $D=1.2\text{m}$ 的圆伞形接受罩排除余热。设室内有轻微的横向气流干扰，则计算排风量应是下列哪一项？（罩口扩大面积的空气吸入流速 $v=0.5\text{m}/\text{s}$）【2012-3-10】

A. $1001 \sim 1200 \text{m}^3/\text{h}$ 　　　　　　　　B. $1201 \sim 1400 \text{m}^3/\text{h}$

C. $1401 \sim 1600 \text{m}^3/\text{h}$ 　　　　　　　　D. $1601 \sim 1800 \text{m}^3/\text{h}$

参考答案： D

主要解题过程： 由题意，根据《三版教材》P200：

$$1.5\sqrt{A_\text{p}} = 1.5 \times \sqrt{\frac{\pi B^2}{4}} = 1.5 \times \sqrt{\frac{3.14 \times 1^2}{4}} = 1.329 \text{m} > H$$

由《三版教材》式（2.4-24）计算热射流收缩断面流量：

$$L_0 = 0.167 Q^{1/3} B^{3/2} = 0.167 \times 5.466^{1/3} \times 1^{3/2} = 0.294 \text{m}^3/\text{s}$$

由《三版教材》式（2.4-31）计算排风量：

$$L = L_z + v'F'$$

$$= 0.294 + 0.5 \times \frac{\pi}{4}(1.2^2 - 1^2)$$

$$= 0.467 \text{m}^3/\text{s}$$

$$= 1681 \text{m}^3/\text{h}$$

对比选项，应为 D。

8.4-4. 某车间的一个工作平台上装有带法兰边的矩形吸气罩，罩口的净尺寸为 $320\text{mm} \times 640\text{mm}$，工作距罩口的距离 640mm，要求于工作处形成 $0.52\text{m}/\text{s}$ 的吸入速度，排气罩的排风量应为下列哪一项？【2012-4-10】

A. $1800 \sim 2160 \text{m}^3/\text{s}$ 　　　　　　　　B. $2200 \sim 2500 \text{m}^3/\text{s}$

C. $2650 \sim 2950 \text{m}^3/\text{s}$ 　　　　　　　　D. $3000 \sim 3360 \text{m}^3/\text{s}$

参考答案： B

主要解题过程： 本题有两种做法，结果不同。考虑到《二版教材》以及《工业通风》

对此类问题均采用的图解法，因此当题目未做规定时，推荐采用图解法求解。

【解法一】采用图解法

由题意，工作台上的吸气罩看成一个假想大排风罩的一半，即假想大排风罩为 640mm×640mm。则 $a/b=640/640=1$，$x/b=640/640=1$，由《三版教材》图 2.4-15 查得 $v_x/v_0=0.125$。

$$v_0 = \frac{v_x}{0.125} = \frac{0.52}{0.125} = 4.16\text{m/s}$$

由于带法兰的排风罩风量为无法兰风罩的 75%，故排风量为：

$$L = 75\% v_0 F = 75\% \times 4.16 \times (0.32 \times 0.64) = 0.639\text{m}^3/\text{s} = 2300\text{m}^3/\text{h}$$

选 B。

【解法二】采用公式法

由题意工作台上的吸气罩看成一个假想大排风罩的一半，由《三版教材》式（2.4-7），式中 F 为 2 倍罩口面积，计算风量为 2 倍排风量，则实际罩口排风量为：

$$\begin{aligned}
L &= 0.75 \times (5x^2 + F)v_x \\
&= 0.75 \times (5 \times 0.64^2 + 0.32 \times 0.64) \times 0.52 \\
&= 0.879\text{m}^3/\text{s} \\
&= 3164\text{m}^3/\text{h}
\end{aligned}$$

选 D。

8.4-5. 有一设在工作台上尺寸为 300mm×600mm 的矩形侧吸罩，要求在距罩口 $X=900$mm 处，形成 $v_x=0.3$m/s 的吸入速度，根据公式计算该排风罩的排风量（m³/h）最接近下列何项？【2016-4-10】

A. 8942　　　　　B. 4658　　　　　C. 195　　　　　D. 396

参考答案：B

主要解题过程：根据《三版教材》式（2.4-8）得：

$$\begin{aligned}
L &= \frac{1}{2}L' = (5x^2 + F)v_x \\
&= (5 \times 0.9^2 + 0.3 \times 0.6) \times 0.3 \\
&= 1.269\text{m}^3/\text{s} = 4568.4\text{m}^3/\text{h}
\end{aligned}$$

与选项 B 最为接近。

8.4-6. 某化学实验室局部通风采用通风柜，通风柜工作孔开口尺寸为：长 0.8m、宽 0.5m，柜内污染物为苯，其气体发生量为 0.055m³/s；另一个某些特定工艺（车间）局部通风也采用通风柜，通风柜工作孔开口尺寸为：长 1m、宽 0.6m，柜内污染物为苯，其气体发生量为 0.095m³/s。问：以上两个通风柜分别要求的最小排风量（m³/h）最接近下列哪一项？【2017-4-11】

A. 800，1062　　B. 832，1530　　C. 1062，1530　　D. 1062，2156

参考答案：B

主要解题过程：苯属于有毒污染物，但非剧毒，根据《三版教材》表 2.4-1 查得苯的控制风速（下限）为 0.4m/s，根据式（2.4-3）可计算化学实验室排风柜排风量为：

$$L_1 = L_{0,1} + v_1 F_1 \beta = 0.055 + 0.4 \times (0.8 \times 0.5) \times 1.1 = 0.231 \text{m}^3/\text{s} = 831.6 \text{m}^3/\text{h}$$

根据《三版教材》表 2.4-2 查得序号 24 项苯的控制风速（下限）为 0.5m/s，根据式（2.4-3）可计算特定工艺（车间）排风柜排风量为：

$$L_2 = L_{0,2} + v_2 F_2 \beta = 0.095 + 0.5 \times (1 \times 0.6) \times 1.1 = 0.425 \text{m}^3/\text{s} = 1530 \text{m}^3/\text{h}$$

扩展：本题对于气体发生量的单位，原题给出错误，原题给出 m³/h，计算后无答案，应为 m³/s。本书题目已经纠正此错误。需注意的是，控制风速选取有所区别，化学试验室通风，工作孔上的控制风速按《三版教材》表 2.4-1 选取，对某些特定的工艺过程，排风柜控制风速参照表 2.4-2 确定。

8.4-7. 某工业槽尺寸为 3m×1.5m（长×宽），采用吹吸式槽边排风罩，其风量按照美国联邦工业卫生委员会推荐的方法计算。问：计算出该排风罩的最小吹风量（m³/h）和最小吸风量（m³/h）最接近下列何项？【2018-4-08】

A. 1793 和 12375　　B. 1250 和 12375　　C. 1174 和 8100　　D. 818 和 8100

参考答案：D

主要解题过程：

根据《三版教材》式（2.4-19）计算排风量（吸风量）：

$$L_{\text{排}} = (1800 \sim 2750)A = (1800 \sim 2750) \times (3 \times 1.5) = 8100 \sim 12375 \text{m}^3/\text{h}$$

最小吸风量为 8100m³/h。

根据式（2.4-20）计算吹风量：

$$L_1 = \frac{1}{BE} L_2 = \frac{1}{1.5 \times 6.6} \times (8100 \sim 12375) = 818 \sim 1250 \text{m}^3/\text{h}$$

最小吹风量为 818m³/h。

8.5 除尘与吸附

8.5.1 除尘器

8.5-1. 采用静电除尘器处理某种含尘烟气，烟气量 $L = 50 \text{m}^3/\text{s}$，含尘浓度 $Y_1 = 12 \text{g/m}^3$，已知该除尘器的极板面积 $F = 2300 \text{m}^2$，尘粒的有效驱进速度 $W_e = 0.1 \text{m/s}$，计算的排放浓度 Y_2 接近下列哪一项？【2011-3-11】

A. 240mg/m³　　　　　　　　B. 180mg/m³

C. 144mg/m³　　　　　　　　D. 120mg/m³

参考答案：D

主要解题过程：《三版教材》式（2.5-27）：

$$\eta = 1 - \exp\left[-\frac{FW_e}{L}\right] = 1 - e^{-\frac{2300 \times 0.1}{50}} = 98.99\%$$

$$Y_2 = Y_1(1-\eta) = 12 \times (1 - 0.9899) = 120 \text{mg/m}^3$$

8.5-2. 对某环隙脉冲袋式除尘器进行漏风率的测试，已知测试时除尘器的净化箱中的负压稳定为 2500Pa，测试的漏风率为 2.5%。试求在标准测试条件下，该除尘器的漏风率更接近下列何项?【2014-3-11】

  A. 2.0%   B. 2.2%   C. 2.5%   D. 5.0%

  参考答案: B

  主要解题过程: 根据《脉冲喷吹类袋式除尘器》JB/T 8532—2008 第 5.2 条:

$$\varepsilon = \frac{44.72\varepsilon_1}{\sqrt{p}} = \frac{44.72 \times 0.025}{\sqrt{2500}} = 0.02236 = 2.236\%$$

因此更接近 2.2%。

8.5-3. 某风系统风量 4000m³/h，系统全年运行 180d、每天运行 8h，拟比较选择纤维填充式过滤器和静电过滤器两种方案（二者实现同样的过滤级别）的用能情况。已知: 纤维填充式过滤器的运行阻力为 120Pa，静电过滤器的运行阻力为 20 Pa，静电过滤器的耗电功率为 40W，风机机组的效率为 0.75，问采用静电过滤器方案，一年节约的电量 (kWh) 应为下列何项?【2014-4-07】

  A. 140~170   B. 175~505   C. 201~240   D. 250~280

  参考答案: A

  主要解题过程: 根据《三版教材》式 (2.8-3)，计算各过滤器电机功率:

纤维填充式过滤器电机功率: $N_{纤维} = \dfrac{Lp}{\eta 3600} = \dfrac{4000 \times 120}{0.75 \times 3600} = 177.8\text{W}$;

静电过滤器电机功率: $N_{静电} = \dfrac{Lp}{\eta 3600} + N' = \dfrac{4000 \times 20}{0.75 \times 3600} + 40 = 69.6\text{W}$;

则年节约电量: $(N_{纤维} - N_{静电}) \times 180 \times 8/1000 = (177.8 - 69.6) \times 180 \times 8/1000 = 155.8\text{kWh}$。

8.5-4. 某除尘系统由旋风除尘器（除尘总效率 85%）＋脉冲袋式除尘器（除尘总效率 99%）组成，已知除尘系统进入风量为 10000m³/h，入口含尘浓度为 5.0g/m³，漏风率: 旋风除尘器为 1.5%，脉冲袋式除尘器为 3%，求该除尘器系统的出口含尘浓度应接近下列何项（环境空气的含尘量忽略不计）?【2014-4-09】

  A. 7.0 mg/m³ B. 7.2mg/m³ C. 7.4 mg/m³ D. 7.5 mg/m³

  参考答案: B

  主要解题过程: 根据《三版教材》式 (2.5-4)，计算除尘器串联运行时总效率:

$\eta_T = 1 - (1 - \eta_1)(1 - \eta_2) = 1 - (1 - 0.85)(1 - 0.99) = 0.9985$;

串联除尘器出口风量: $L_2 = L_1(1 + 0.015)(1 + 0.03) = 10000 \times 1.015 \times 1.03 = 10454.5\text{m}^3/\text{h}$;

根据《三版教材》式 (2.5-3)，计算除尘器出口含尘浓度 η_2:

$\eta_T = (L_1 y_1 - L_2 y_2)/L_1 y_1 \Rightarrow y_2 = L_1 y_1(1 - \eta_T)/L_2$

$= 10000 \times 5000(1 - 0.9985)/10454.5 = 7.17\text{mg/m}^3$;

8.5-5. 某地新建一染料工厂，一车间内的除尘系统，其排风温度为 250℃（空气密度

为 $0.675kg/m^3$），排风量为 $12000m^3/h$，采用一级袋式除尘器处理。要求混入室外空气（温度为 20℃、空气密度为 $1.2kg/m^3$），使进入袋式除尘器的气流温度不高于 120℃［空气密度 $0.898kg/m^3$，不考虑染料尘的热影响，空气定压比热容取 $1.01kJ/（kg·K）$］，则该除尘系统的计算混入新风量（m^3/h）最小值最接近下列何项？【2016-3-11】

A. 8800   B. 9500   C. 10200   D. 12000

参考答案：A

主要解题过程：【解法一】设引入的室外空气、工艺排风及排风机的空气质量流量分别为 G_w、G_n、G_p（kg/h）：

$$G_n = L_n \times \rho_{250} = 12000 \times 0.675 = 8100 kg/h$$

根据排风系统的空气平衡及热平衡关系式以及不同温度下气体质量流量相同原则得：

$$C \times G_w \times t_w + C \times G_n \times t_n = C \times G_p \times t_p = C \times (G_w + G_n) \times t_p$$

$$G_w \times 20 + 8100 \times 250 = (G_w + 8100) \times 120$$

$$G_w = 10530 kg/h$$

$$L'_w = \frac{G_w}{\rho_w} = \frac{10530}{1.2} = 8775 m^3/h$$

【解法二】根据传热过程，建立热平衡，排风损失掉的热流量等于新风得到的热流量：

$$\rho_p L_p c (t_p - t_h) = \rho_w L_w c (t_h - t_w)$$

$$0.675 \times 12000 \times 1.01 \times (250 - 120) = 1.2 \times L_w \times 1.01 \times (120 - 20)$$

解得 $L_w = 8775 m^3/h$

8.5-6. 某除尘系统，由两个除尘器串联运行，除尘器位于除尘系统风机的吸入段。入口风量 $15000m^3/h$，入口含尘浓度 $38g/m^3$。第一级采用旋风除尘器，除尘效率 86％，漏风率 1.8％；第二级采用回转反吹袋式除尘器。问：回转反吹袋式除尘器主要技术性能指标中，满足技术参数上限值所要求的回转反吹袋式除尘器效率，最接近下列何项？【2018-4-09】

A. 90％   B. 95％   C. 97％   D. 99％

参考答案：D

主要解题过程：

根据《回转反吹类袋式除尘器》JB/T 8533—2010 表 1 可知，对于回转反吹袋式除尘器出口浓度不高于 $50mg/m^3$，漏风率不超过 3％。除尘器位于风机吸入段，即负压段，因此袋式除尘器因漏风增加的风量不超过 3％。由题意可列出满足袋式除尘器出口浓度的关系式：

$$C_{出口} = \frac{出口粉尘量}{出口风量} = \frac{(38 \times 1000) \times 15000 \times (1 - 85\%)(1 - \eta)}{15000 \times (1 + 1.8\%)(1 + 3\%)} \leqslant 50$$

解得 $\eta \geqslant 99.08\%$。

8.5.2 吸收与吸附

8.5-7. 含有 SO_2 有害气体的流量为 $3000m^3/h$，其中 SO_2 的浓度为 $5.25ml/m^3$，采用

固定床活性炭吸附装置净化该有害气体。设平衡吸附量为 0.15kg/kg 炭，吸附效率为 96％。如有效使用时间（穿透时间）为 250h，所需装炭量为下列哪一项？【2011-4-11】

    A. 71.5～72.5kg   B. 72.6～73.6kg   C. 73.7～74.7kg   D. 74.8～78.8kg

参考答案： A

主要解题过程： 由《三版教材》式（2.6-1），题中有害气体浓度为：

$$y = \frac{CM}{22.4} = \frac{5.25 \times 64}{22.4} = 15 \ \text{mg/m}^3 = 15 \times 10^{-6} \ \text{kg/m}^3$$

由《工业通风》（第四版）P145 式（5-38）计算活性炭装炭量：

$$W = \frac{\eta \times L \times y \times T}{10^6 \times S} = \frac{96\% \times 3000 \times 15 \times 250}{10^6 \times 0.15} = 72\text{kg}$$

扩展： 详附录 5 扩展 2-9：吸附量计算

8.5-8. 含有 SO_2 有害气体流速 2500m³/h，其中 SO_2 的浓度 4.48ml/m³；采用固定床活性炭吸附装置净化该有害气体，设平衡吸附量为 0.15kg/kg 碳，吸附效率为 94.5％，如装炭量为 50kg，有效使用时间（穿透时间）T 为下列哪一值？【2012-3-11】

    A. 216～225h   B. 226～235h

    C. 236～245h   D. 245～255h

参考答案： A

主要解题过程：

$$y = \frac{CM}{22.4} = \frac{4.48 \times 64}{22.4} = 12.8\text{mg/m}^3$$

根据《工规》第 7.3.5 条：

$$T = \frac{10^6 \times S \times W \times E}{L \times y_1 \times \eta} = \frac{10^6 \times 50 \times 0.15 \times (0.8 \sim 0.9)}{2500 \times 12.8 \times 10^{-6} \times 0.945} = (198 \sim 223)\text{h}$$

8.5-9. 含有 SO_2 浓度为 100ppm 的有害气体，流量为 5000m³，选用净化装置的净化效率为 95％，净化后的 SO_2 浓度（mg/m³）为下列何项（大气压为 101325Pa)?【2014-4-10】

    A. 12.0～13.0   B. 13.1～14.0

    C. 14.1～15.0   D. 15.1～16.0

参考答案： C

主要解题过程： 根据《三版教材》式（2.6-1）计算质量浓度，已知 SO_2 的摩尔质量为 64，

$$Y_1 = CM/22.4 = 100 \times 64/22.4 = 285.5\text{mg/m}^3$$
$$Y_2 = Y_1(1-\eta) = 285.7 \times (1-0.95) = 14.3\text{mg/m}^3$$

8.5-10. 某活性炭吸附装置，处理有害气体量 $V = 100\text{m}^3/\text{min}$，体积溶度 $C_0 = 5\text{ppm}$，气体分子的克摩尔数 $M = 94$，活性炭平衡吸附时吸附量 $q_0 = 0.15\text{kg/kg}_\text{炭}$，装置吸附率 $\eta = 95\%$，有效使用时间（穿透时间）$T = 200\text{h}$，求所需最小装炭量（kg）最接近下列何项？（标准状况条件）【2016-4-11】

A. 85　　　　　　　B. 105　　　　　　　C. 160　　　　　　　D. 177

参考答案： D

主要解题过程： 根据《三版教材》式（2.6-1）得：

$$Y = \frac{C \cdot M}{22.4} = \frac{5 \times 94}{22.4} = 21\ \text{mg/m}^3$$

由《工规》第 7.3.5 条条文说明计算活性炭装碳量：

$$W = V \cdot Y \cdot T \cdot \eta / (q_0 \cdot E)$$

$$= 100 \times 60 \times 21 \times 10^{-6} \times 200 \times 0.95 / [0.15 \cdot (0.8 \sim 0.9)]$$

$$= 177.3 \sim 199.5\text{kg}$$

最接近的答案为选项 D。

扩展： 详附录 5 扩展 2-9：吸附量计算。

8.6　通　风　系　统

8.6.1　风机

8.6-1. 某民用建筑的全面通风系统，系统计算总风量为 10000m³/h，系统计算总压力损失 300Pa，当地大气压力为 101.3kPa，假设空气温度为 20℃。若选用风系统全压效率为 0.65、机械效率为 0.98，在选择确定通风机时，风机的配用电机容量至少应为下列哪一项？（风机风量按计算风量附加 5%，风压按计算阻力附加 10%）【2012-4-11】

A. 1.25～1.4kW　　　　　　　　B. 1.45～1.50kW

C. 1.6～1.75kW　　　　　　　　D. 1.85～2.0kW

参考答案： D

主要解题过程： 轴功率为：$N_Z = LP/3600/(\eta_1\eta_2) = (10000 \times 1.05) \times (300 \times 1.1)/3600/(0.65 \times 0.98) = 1511\text{W} = 1.5\text{kW}$，根据《三版教材》表 2.8-5，配用电机的功率因数应取 $K = 1.30$，所以风机配用电机功率：$N = KN_Z = 1.30 \times 1.511 = 1.964\text{kW}$。

8.6-2. 某台离心式风机在标准工况下的参数为：风量 9900m³/h，风压 350Pa，在实际工程中用于输送 10℃的空气，当地大气压力为标准大气压力时，则该风机的实际风量和风压值为下列哪一项？【2013-3-11】

A. 风量不变，风压为 335～340Pa

B. 风量不变，风压为 360～365Pa

C. 风量为 8650～8700m³/h，风压为 335～340Pa

D. 风量为 9310～9320m³/h，风压为 360～365Pa

参考答案： B

主要解题过程： 由《三版教材》式（2.8-6）计算实际输送 10℃空气的密度为：

$$\rho = \frac{353}{273+10} = 1.247\ \text{kg/m}^3$$

由《三版教材》式（2.8-4）可知，修正时风量不变，风压变化：

$$P = P_N \times \frac{\rho}{1.2} = 350 \times \frac{1.247}{1.2} = 363.8 \text{Pa}$$

8.6-3. 在严寒地区某厂房通风设计时，新风补风系统的加热器设置在风机出口，已知当地冬季室外通风计算温度为 -25℃，冬季室外大气压力为 943hPa。新风补风系统选用风机的样本上标出标准状态下的流量为 30000m³/h、全压为 1000Pa、全压效率为 75%，标准工况的大气压力、温度和空气密度分别按 1013hPa、20℃ 和 1.2kg/m³ 计算，忽略空气温度对风机效率的影响，问：该风机冬季通风设计工况下的功率与标准工况下功率的比值，最接近下列哪项？【2018-4-07】

A. 0.79　　　　　　B. 1.00　　　　　　C. 1.10　　　　　　D. 1.27

参考答案：C

主要解题过程：

根据《三版教材》P270 可知，工况改变后风量不变，风压按空气密度的变化修正。

由式（2.8-5）计算冬季设计工况密度为：

$$\rho = 1.293 \times \frac{273}{273-25} \times \frac{94.3}{101.3} = 1.325 \text{kg/m}^3$$

$$\frac{N}{N_B} = \frac{\dfrac{LP}{3600\eta}}{\dfrac{L_B P_B}{3600\eta}} = \frac{P}{P_B} = \frac{P}{1.2} = \frac{1.325}{1.2} = 1.10$$

8.6-4. 某通风系统采用调频变速离心风机。在风机转速 $n_1 = 710$r/min 时，测得的参数为：流量 $L_1 = 23650$m³/h，全压 $P_1 = 760$Pa，内效率 $\eta = 93\%$。问：如果该通风系统不做任何调整和变化，风机在转速 $n_2 = 1000$r/min 时的声功率级（dB），最接近下列何项？【2018-4-10】

A. 114　　　　　　B. 104　　　　　　C. 94　　　　　　D. 84

参考答案：A

主要解题过程：

根据《三版教材》表 2.8-6，转速 n 变化时风机性能变化关系：

$$L_2 = L_1 \frac{n_2}{n_1} = 23650 \times \frac{1000}{710} = 33310 \text{m}^3/\text{h}$$

$$H_2 = H_1 \left(\frac{n_2}{n_1}\right)^2 = 760 \times \left(\frac{1000}{710}\right)^2 = 1507 \text{Pa}$$

由式（3.9-7），得：

$$L_W = 5 + 10\lg L + 20\lg H = 5 + 10\lg 33310 + 20\lg 1507$$

$$= 5 + 45.2 + 63.6$$

$$= 113.9 \text{dB(A)}$$

8.6.2　通风系统

8.6-5. 如右图所示排风罩，其连接风管直径 $D=200\text{mm}$，已知该排风罩的局部阻力系数 $\xi_Z=0.04$（对应管内风速），蝶阀全开 $\xi_{FK1}=0.2$，风管 A-A 断面处测得静压 $P_{J1}=-120\text{Pa}$，当蝶阀开度关小，蝶阀的 $\xi_{FK2}=4.0$，风管 A-A 断面处测得的静压 $P_{J2}=-220\text{Pa}$. 设空气密度 $\rho=1.20\text{kg/m}^3$，蝶阀开度关小后排风罩的排风量与蝶阀全开的排风量之比为哪一项（沿程阻力忽略不计）？【2011-3-09】

A. $48\%\sim53\%$ 　　　　　　　　　B. $54\%\sim59\%$

C. $65\%\sim70\%$ 　　　　　　　　　D. $71\%\sim76\%$

参考答案：C

主要解题过程：

由题意，蝶阀开度变化后，局部阻力系数发生变化。通风系统中考虑的局部阻力系数包括蝶阀及排风罩两部分。

由《三版教材》P284 有关静压复得法的计算方法得：

$$\frac{L_2}{L_1}=\frac{\mu_2 F\sqrt{\dfrac{2}{\rho}}\sqrt{|P_{j,2}|}}{\mu_1 F\sqrt{\dfrac{2}{\rho}}\sqrt{|P_{j,1}|}}=\frac{\dfrac{1}{\sqrt{1+\xi_{FK2}+\xi_Z}}\cdot\sqrt{|P_{j,2}|}}{\dfrac{1}{\sqrt{1+\xi_{FK1}+\xi_Z}}\cdot\sqrt{|P_{j,1}|}}$$

$$=\frac{\dfrac{1}{\sqrt{1+4+0.04}}\times\sqrt{|-220|}}{\dfrac{1}{\sqrt{1+0.2+0.04}}\times\sqrt{|-120|}}$$

$$=0.672=67.2\%$$

8.6-6. 某厂房内一排风系统设置变频调速风机，当风机低速运行时，测得系统风量 $Q_1=30000\text{m}^3/\text{h}$，系统的压力损失 $\Delta P_1=300\text{Pa}$；当将风机转速提高，系统风量增大到 $Q_2=60000\text{m}^3/\text{h}$ 时，系统的压力损失 ΔP_2 将为下列何项？【2013-3-06】

A. 600Pa 　　　　B. 900Pa 　　　　C. 1200Pa 　　　　D. 2400Pa

参考答案：C

主要解题过程： 由题意，风机变转速后系统阻力发生变化，在这一过程中，风管阻抗不变。

由 $\Delta P=SQ^2$ 得：

$$\Delta P_2=\Delta P_1\left(\frac{Q_2}{Q_1}\right)^2=300\times\left(\frac{60000}{30000}\right)^2=1200\text{Pa}$$

8.6-7. 某车间除尘通风系统的圆形风管制作完毕，需对其漏风量进行测试，风管设计工作压力为 1500Pa，风管设计工作压力下的最大允许漏风量接近下列哪一项？（按 GB 50738）【2013-4-07】

A. $1.03\text{m}^3/(\text{h}\cdot\text{m}^2)$ 　　　　　　　B. $2.04\text{m}^3/(\text{h}\cdot\text{m}^2)$

C. $4.08\text{m}^3/(\text{h}\cdot\text{m}^2)$ 　　　　　　　D. $6.12\text{m}^3/(\text{h}\cdot\text{m}^2)$

参考答案： B

主要解题过程： 根据《通风与空调工程施工规范》GB 50738—2011 表 4.1.6-2 查得 1500Pa 属于中压系统。由第 15.2.3 条可知，圆形风管为矩形风管允许漏风量的 50%。

$$Q_{M,y} = 50\% \times 0.0352P^{0.65} = 50\% \times 0.0352 \times 1500^{0.65} = 2.04\text{m}^3/(\text{h} \cdot \text{m}^2)$$

8.6-8. 某送风管（镀锌薄钢板制作，管道壁面粗糙度 0.15mm）长 30m，断面尺寸为 800mm×313mm；当管内空气流速为 16m/s、温度为 50℃时，该段风管的长度摩擦阻力损失是多少？（注：大气压力 101.3kPa；忽略空气密度和黏性变化的影响）【2014-3-06】

　　A. 80～100Pa　　　　B. 120～140Pa　　　　C. 155～170Pa　　　　D. 175～195Pa

参考答案： C

主要解题过程： 根据《三版教材》式（2.7-7）计算速度当量直径。

$$D_v = \frac{2ab}{a+b} = \frac{2 \times 0.8 \times 0.313}{0.8 + 0.313} = 0.450\text{m} = 450\text{mm}$$

由速度当量直径 450mm 及空气流速 16m/s，查《三版教材》图 2.7-1 得单位长度摩擦阻力损失为 6Pa/m。

由题意，需要修正温度变化，由式（2.7-5）得温度修正系数为：

$$K_t = \left(\frac{273+20}{273+50}\right)^{0.825} = 0.923$$

由式（2.7-4）得修正后的比摩阻为：

$$R_m = K_t K_B R_{m0} = 0.923 \times 1 \times 6 = 5.538\text{Pa/m}$$

风管长度摩擦阻力损失为：

$$\Delta P = R_m l = 5.538 \times 30 = 166.1\text{Pa}$$

8.6-9. 某均匀送风管采用保持孔口前静压相同原理实现均匀送风（如图示），有 4 个间距为 2.5m 的送风孔口（每个孔口送风量为 1000m³/h）。已知：每个孔口的平均流速为 5m/s，孔口的流量系数均为 0.6，断面 1 处风管的空气平均流速为 4.5m/s。该段风管断面 1 处

的全压应是以下何项，并计算说明是否保证出流角 $\alpha \geqslant 60°$？（注：大气压力 101.3kPa、空气密度取 1.20kg/m³）【2014-3-07】

　　A. 10～15Pa 不满足保证出流角的条件

　　B. 16～30Pa 不满足保证出流角的条件

　　C. 31～45Pa 满足保证出流角的条件

　　D. 46～60Pa 满足保证出流角的条件

参考答案： D

主要解题过程： 本题计算断面 1 的全压及出流角，根据《三版教材》式（2.7-12），需要计算孔口静压流速和动压流速。

由《三版教材》式（2.7-15）得孔口静压流速为：

$$v_j = \frac{v_0}{\mu} = \frac{5}{0.6} = 8.33 \text{m/s}$$

断面 1 风管空气平均流速即为动压流速，$v_d = 4.5 \text{m/s}$。

由式（2.7-10）计算静压：

$$P_j = \frac{1}{2}\rho v_j^2 = \frac{1}{2} \times 1.2 \times 8.33^2 = 41.6 \text{Pa}$$

由式（2.7-11）计算动压：

$$P_d = \frac{1}{2}\rho v_d^2 = \frac{1}{2} \times 1.2 \times 4.5^2 = 12.15 \text{Pa}$$

风管断面 1 的全压：

$$P = P_j + P_d = 41.6 + 12.15 = 53.75 \text{Pa}$$

出流角：

$$\alpha = \arctan\left(\frac{v_j}{v_d}\right) = \arctan\left(\frac{8.33}{4.5}\right) = 61.6° > 60°$$

综上所述选 D，全压 53.75Pa，满足出流角条件。

8.6-10. 接上题，孔口出流的实际流速应为下列何项？【2014-3-08】

A. 9.1～10m/s　　　B. 8.1～9m/s　　　C. 5.1～6m/s　　　D. 4.1～5m/s

参考答案：A

主要解题过程：根据《三版教材》式（2.7-13），孔口实际流速：$v = \dfrac{v_j}{\sin\alpha} = \dfrac{8.33}{\sin 61.61}$

$= 9.47 \text{m/s}$。

8.6-11. 某房间设置一机械送风系统，房间与室外压差为零。当通风机在设计工况下运行时，系统送风量为 5000m³/h，系统的阻力为 380Pa。现改变风机转速，系统送风量降为 4000m³/h，此时该机械送风系统的阻力（Pa）应为下列何项？【2014-4-11】

A. 210～215　　　B. 240～245　　　C. 300～305　　　D. 系统阻力不变

参考答案：B

主要解题过程：根据《三版教材》表 2.8-6：

转速之比：$n_2/n_1 = 4000/5000 = 0.8$；

阻力之比：$P_2/P_1 = (n_2/n_1)^2 = 0.8^2 = 0.64$；

$$P_2 = P_1 \times 0.64 = 380 \times 0.64 = 243.2 \text{Pa}。$$

8.6-12. 某地下汽车库机械排风系统，一台小风机和一台大风机并联安装，互换交替运行，分别为两个工况服务，设小风机运行系统风量为 24000m³/h，压力损失为 300Pa，如大风机运行时系统风量为 36000m³/h，并设风机的全压效率为 0.75，则大风机的轴功率（kW）最接近下列何项？【2016-3-6】

A. 4.0　　　B. 6.8　　　C. 9.0　　　D. 10.1

参考答案：C

主要解题过程：根据题意，大小风机并联运行，共用机械排风系统，排风系统管网特性曲线保持不变。

小风机单独运行时

$$S = \frac{P_小}{Q_小^2} = \frac{300}{24000^2} = 5.208 \times 10^{-7} \text{Pa/(m}^3/\text{h)}^2$$

大风机单独运行时

$$P_大 = SQ_大^2 = 5.208 \times 10^{-7} \times 36000^2 = 675 \text{Pa}$$

根据《三版教材》式 (2.8-1) 得电机的有效功率为：

$$N_y = \frac{Lp}{3600} = \frac{36000 \times 675}{3600} = 6750 \text{W} = 6.75 \text{kW}$$

根据式 (2.8-2) 得电机的轴功率为：

$$N_z = \frac{N_y}{\eta} = \frac{6.75}{0.75} = 9.0 \text{kW}$$

8.6-13. 一单层厂房（屋面高度 10m）迎风面高 10m，长 40m，厂房内有设备产生烟气，厂房背风面 4m 高处已设有进风口，为避免排风进入屋顶上部的回流空腔，则机械排风立管设置高出屋面的高度（m）至少应是下列何项？【2016-3-08】

A. 20   B. 15   C. 10   D. 5

参考答案：C

主要解题过程：根据《三版教材》式 (2.3-7)，高出屋面的空气动力阴影区的最大高度为：

$$H_c \approx 0.3\sqrt{A} = 0.3 \times \sqrt{10 \times 40} = 0.3 \times 20 = 6\text{m}$$

为了防止污染物通过进风口进入室内，排风立管的最小高度只需要高于动力阴影区（回流空腔）即可，即高出屋面至少 6m，根据选项的数值，只能选 C。

扩展：根据《三版教材》式 (2.3-8)，屋顶上方受建筑影响的气流最大高度（不含建筑物高度，注：此处《三版教材》错误，可参考本书附录 5 扩展知识点总结之自然通风公式总结）：$H_K \approx \sqrt{A} = \sqrt{10 \times 40} = 20\text{m}$，但题中排风立管只需要高于动力阴影区（回流空腔）即可，不需高出屋顶上方受建筑影响的气流区，故如选项中有 6m，则最佳答案是 6m 而不是 10m。

8.6-14. 下图所示的机械排烟（风）系统采用双速风机，设 A、B 两个 1400mm×1000mm 的排烟防火阀。A 阀常闭，火灾时开启，负担 A 防烟分区排烟，排烟量为 54000m³/h；B 阀平时常开，排风量 36000m³/h，火灾时开启负担 B 防烟分区排烟，排烟量为 72000m³/h；系统仅满足 A、B 中任一防烟分区的排烟需求，除排烟防火阀外，不计其他漏风［排烟防火阀关闭时，250Pa 静压差下漏风量为 700m³/（h·m²），漏风量与压差的平方根成正比］。经计算：风机低速运行时设计全压 400Pa，近风机进口处 P 点管内静压−250Pa；问：风机高速排烟时排风风量（m³/h）最接近下列何项？（不考虑防火阀漏风对管道阻力的影响）【2016-3-10】

A. 72000　　　　B. 72980　　　　C. 73550　　　　D. 73960

参考答案： D

主要解题过程： 根据题意，防烟分区 B 负担平时排风（低速）兼消防排烟（高速）。根据《三版教材》表 2.8-6，风机转速 n 变化时，高速运行风机全压为：

$$P_2 = P_1 \left(\frac{n_2}{n_1}\right)^2 = P_1 \left(\frac{L_2}{L_1}\right)^2 = 400 \times \left(\frac{72000}{36000}\right)^2 = 1600 \text{Pa}$$

因排烟防火阀关闭时，250Pa 静压差下漏风量为 $700 \text{m}^3 / (\text{h} \cdot \text{m}^2)$，所以 1400mm×1000mm 的排烟防火阀漏风量为：

$$L_{漏} = 1.4 \times 1 \times 700 = 980 \text{m}^3/\text{h}$$

又因漏风量与压差的平方根成正比，且在低速运行状态 $P_{低} = 400 \text{Pa}$ 时（仅防烟分区 B 使用），近风机进口处 P 点管内静压 -250Pa，与上述排烟防火阀计算漏风量 $L_{漏}$ 相关联，因此，建立如下关系式：

$$\frac{L_{漏}}{\sqrt{P_{低}}} = \frac{L'_{漏}}{\sqrt{P_{高}}}$$

$$\frac{980}{\sqrt{400}} = \frac{L'_{漏}}{\sqrt{1600}}$$

$$L'_{漏} = \sqrt{\frac{1600}{400}} \times 980 = 1960 \text{m}^3/\text{h}$$

所以，风机高速排烟时排风风量为：

$$G'_{PY} = L'_{漏} + G_{PY} = 1960 + 72000 = 73960 \text{m}^3/\text{h}$$

8.6-15. 某均匀送风管采用保持孔口前静压相同原理实现均匀送风（如下图所示），有 4 个送风孔口（间距为 2.5m），断面 1 处风管的空气平均流速为 5m/s，且每段风管的阻力损失为 3.5Pa。该段风管断面 4 处的平均风速（m/s）应最接近以下何项？（注：大气压力为 101.3kPa，空气密度取 1.20kg/m^3）【2017-3-07】

A. 4.50　　　　B. 4.16　　　　C. 3.52　　　　D. 2.74

参考答案： D

主要解题过程： 根据《三版教材》式（2.7-10）可计算断面 1 处空气动压为：

$$P_{d1} = \frac{1}{2}\rho v_{d1}^2 = \frac{1}{2} \times 1.2 \times 5^2 = 15\text{Pa}$$

经过 3 段风管后，静压损失，故断面 4 处动压为：

$$P_{d4} = P_{d1} - \Delta P = 15 - 3 \times 3.5 = 4.5\text{Pa}$$

断面 4 处平均风速为：

$$v_4 = \sqrt{\frac{2P_{d4}}{\rho}} = \sqrt{\frac{2 \times 4.5}{1.2}} = 2.74\text{m/s}$$

8.6-16. 一排风系统共有外形相同的两个排风罩（如下图），排风罩的支管（管径均为 200mm）通过合流三通连接排风总管（管径 300mm）。在 2 个排风支管上（设置位置如下图所示）测得管内静压分别为 —169Pa、—144Pa。设排风罩的阻力系数均为 1.0，则该系统的总排风量（m³/h）最接近下列何项？（空气密度按 1.2kg/m³ 计）【2017-3-10】

A. 2480　　　　　　B. 2580
C. 3080　　　　　　D. 3340

参考答案：B

主要解题过程：根据《三版教材》式（2.9-9），排风罩排风量分别为：

$$L_1 = \frac{1}{\sqrt{1+\xi}} \cdot F \cdot \sqrt{\frac{2|P_1|}{\rho}} = \frac{1}{\sqrt{1+1}} \times \left(\frac{\pi}{4} \times 0.2^2\right) \times \sqrt{\frac{2 \times |-169|}{1.2}}$$
$$= 0.373\text{m}^3/\text{s} = 1341\text{m}^3/\text{h}$$

$$L_2 = \frac{1}{\sqrt{1+\xi}} \cdot F \cdot \sqrt{\frac{2|P_2|}{\rho}} = \frac{1}{\sqrt{1+1}} \times \left(\frac{\pi}{4} \times 0.2^2\right) \times \sqrt{\frac{2 \times |-144|}{1.2}}$$
$$= 0.344\text{m}^3/\text{s} = 1238\text{m}^3/\text{h}$$

总排风量为：

$$L = L_1 + L_2 = 1341 + 1238 = 2579\text{m}^3/\text{h}$$

8.6-17. 某送风系统的设计工作压力为 1000Pa，风管总面积为 1000m²，由各出风口测得的风量累计值为 20000m³/h。如果风管漏风量符合规范要求，问：该系统风机的最大送风量（m³/h），最接近以下哪一项？【2018-3-06】

A. 23140　　　　　　B. 16860　　　　　　C. 19997　　　　　　D. 21000

参考答案：A

主要解题过程：

由题意，送风系统风管呈正压，根据《通风与空调工程施工质量验收规范》GB 50243—2016 表 4.1.4，该风管为中压风管。根据表 4.2.1 计算允许漏风率为：

$$Q_m \leqslant 0.0352 P^{0.65} = 0.0352 \times 1000^{0.65} = 3.137\text{m}^3/(\text{h} \cdot \text{m}^2)$$

风机风量应满足所需送风量和漏风量的和：

$$Q = 20000 + 1000 \times 3.137 = 23137\text{m}^3/\text{h}$$

8.7 其他考点

8.7.1 人防工程

8.7-1. 某防空地下室为二等人员掩蔽所（一个防护单元），掩蔽人数 $N=415$ 人，清洁新风量为 $5m^3/$（人·h），滤毒新风量为 $2m^3/$（人·h）（滤毒风机风量为 $1000m^3/h$），最小防毒通道有效容积为 $10m^3$，清洁区有效容积为 $1725m^3$，该掩蔽所设计的防毒通道的最小换气次数接近下列哪一项？【2011-3-07】

A. $200h^{-1}$　　　　　　B. $93h^{-1}$　　　　　　C. $76h^{-1}$　　　　　　D. $40h^{-1}$

参考答案：C

主要解题过程：《人民防空地下室设计规范》GB 50038—2005 第 5.2.7 条：

滤毒通风新风量 $L_R=L_2 \cdot N=2 \times 415=830m^3/h$；

超压新风 $L_H=V_F \cdot K_H+L_F=10 \times 40+1725 \times 4\%=469m^3/h$；

取滤毒通风新风量与超压新风量的较大值，校核换气次数：

$$830=V_F \cdot K_H+L_F=10 \times K_H+1725 \times 4\%，K_H=76.1h^{-1}。$$

扩展：本题可能存在的问题是由条件中"滤毒风机风量为 $1000m^3/h$"的含义不够清楚造成的。如果它是表示滤毒通风时的实际运行风量，那么上述参考答案的解题思路及答案均正确无误，但就不存在问题中"最小换气次数"的说法，而应是"实际换气次数"或"最大换气次数"；如果所给条件仅是表示系统配置风机的风量（考虑余量而大于计算结果），运行是可以按照要求调节，那么按参考题解得到的维持最小 $830m^3/h$ 滤毒通风新风量时，对应的换气次数是 $76h^{-1}$，这倒是可以称为"最小换气次数"了，则应选 C。

8.7-2. 某人防地下室战时为二等人员掩蔽所，清洁区有效体积为 $320m^3$，掩蔽人数为 420 人，清洁式通风的新风量标准为 $6m^3/$（p·h），滤毒式通风的新风量标准为 $2.5m^3/$（p·h），最小防毒通道体积为 $20m^3$。设计滤毒通风时的最小新风量，应是下列哪一项？【2013-3-09】

A. $2510 \sim 2530m^3/h$　　　　　　　　B. $1040 \sim 1060m^3/h$

C. $920 \sim 940m^3/h$　　　　　　　　　D. $790 \sim 810m^3/h$

参考答案：B

主要解题过程：

（1）按掩蔽人员计算新风量

根据已知条件，有：$L_R=L_2 \cdot n=2.5 \times 420=1050m^3/h$

（2）按室内保持超压值的新风量

查《人民防空地下室设计规范》GB 50038—2005 表 5.2.6，K_H 为 $40h^{-1}$，再由其他已知条件，有：$L_H=V_F \cdot K_H+L_f=20 \times 40+320 \times 4\%=812.8m^3/h$。

（3）取两者较大值，因此，选项 B 正确。

8.7.2 防排烟计算

8.7-3. 一个地下二层汽车库，建筑面积 $3500m^2$，层高 3m，设置通风兼排烟系统，

排烟时机械补风，试问计算的排烟量和补风量为下列哪组时符合要求？【2013-4-11】

A. 排烟量 52500m³/h，补风量 21000m³/h；

B. 排烟量 52500m³/h，补风量 26250m³/h；

C. 排烟量 63000m³/h，补风量 25200m³/h；

D. 排烟量 63000m³/h，补风量 31500m³/h

参考答案： D

主要解题过程：

根据《汽车库、修车库、停车场设计防火规范》GB 50067—97 第 8.2.4 条和第 8.2.7 条，本库排烟量不小于 6 次换气次数，根据第 8.2.7 条，设置补风量不小于排烟量的 50%。

排烟量（≥6 次）：$L_p = V \times n = 3500 \times 3 \times 6$ 次/h $= 63000$ m³/h

补风量（≥50%）：$L_b \geq 50\% \times L_p = 50\% \times 63000 = 31500$ m³/h

扩展： 根据《汽车库、修车库、停车场设计规范》GB 50067—2014 第 8.2.5 条，排烟量已由计算法改为查表法，经查表插值计算得排烟量为 60000m³/h，答案仍选 D。

8.7.3 设备用房及其他房间通风

8.7-4. 某地下车库面积为 500m²，平均净高 3m，设置全面机械通风系统。已知车库内汽车的 CO 散发量为 40g/h，室外空气的 CO 浓度为 1.0mg/m³。为了保证车库内空气的 CO 浓度不超过 5.0mg/m³，所需的最小机械通风量应接近下列哪一项？【2011-4-08】

A. 7500m³/h   B. 8000m³/h

C. 9000m³/h   D. 10000m³/h

参考答案： D

主要解题过程：《三版教材》式（2.2-16）：

$$L = \frac{G}{Y_1 - Y_0} = \frac{40000}{5 - 1} = 10000 \text{m}^3/\text{h}$$

地下汽车库换气次数为 6 次/h，$L = 6 \times 500 \times 3 = 9000$m³/h，取大值，最小机械通风量为 10000m³/h。

8.7-5. 某配电室的变压器功率为 1000kVA，变压器功率因数为 0.95，效率为 0.98，负荷率为 0.75。配电室要求夏季室内设计温度不大于 40℃，当地夏季室外通风计算温度为 32℃，采用机械通风，自然进风的通风方式。能消除夏季变压器发热量的风机最小排风量是下列哪一项？[风机计算风量为标准状态，空气比热容 $C_P = 1.01$kJ/（kg·℃）]【2012-3-07】

A. 5200~5400m³/h   B. 5500~5700m³/h

C. 5800~6000m³/h   D. 6100~6300m³/h

参考答案： A

主要解题过程： 由《三版教材》式（2.12-5）计算变压器发热量：

$Q = (1 - \eta_1) \cdot \eta_2 \cdot \Phi \cdot W = (1 - 0.98) \times 0.75 \times 0.95 \times 1000 = 14.25$kW

由式（2.12-4）计算通风量：

$$L = \frac{Q}{0.337(t_p - t_s)} = \frac{14.25 \times 1000}{0.337 \times (40 - 32)} = 5286\text{m}^3/\text{h}$$

扩展：注意其中 Q 的单位应为 W，本题排风量也可采用《三版教材》P174 式（2.2-2）有关消除余热通风量的方法，结果一致。

8.7-6. 某大厦的地下变压器室安装有 2 台 500kVA 变压器。设计全面通风系统，当排风温度为 40℃，送风温度为 28℃时，变压器室的计算通风量（m^3/h）应最接近下列何项？（变压器负荷率和功率因素均按上限取值）【2017-3-08】

A. 1860　　　　B. 2960　　　　C. 3760　　　　D. 4280

参考答案：C

主要解题过程：根据《三版教材》P338 可知，变压器效率取 0.98，变压器负荷率取 0.8，变压器功率因数取 0.95。由式（2.12-5）和式（2.12-4），得

$$Q = (1 - \eta_1)\eta_2 \Phi W = (1 - 0.98) \times 0.8 \times 0.95 \times (500 \times 2) = 15.2\text{kW}$$

$$L = \frac{Q}{\rho c_p (t_p - t_s)} = \frac{15.2}{1.2 \times 1.01 \times (40 - 28)} = 1.045\text{m}^3/\text{s} = 3762\text{m}^3/\text{h}$$

8.7-7. 某地面上一变配电室，安装有两台容量 $W = 1000$kVA 的变压器（变压器功率因数 $\varphi = 0.95$，效率 $\eta_1 = 0.98$，负荷率 $\eta_2 = 0.78$），当地夏季通风室外计算温度为 30℃，变压器室的室内设计温度为 40℃。拟采用机械通风方式排除变压器余热（不考虑变压器室围护结构的传热），室外空气容重按 1.20kg/m^3，空气比热按 1.01kJ/（kg·K） 计算。问：该变电室的最小通风量（m^3/h），最接近下列何项？【2018-3-11】

A. 8800　　　　B. 9270　　　　C. 10500　　　　D. 11300

参考答案：A

主要解题过程：

根据《三版教材》式（2.12-5），变压器发热量为：

$$Q = (1 - \eta_1)\eta_2 \varphi W = (1 - 0.98) \times 0.78 \times 0.95 \times 1000 \times 2 = 29.64\text{kW}$$

变配电室的最小通风量为：

$$L = \frac{Q}{0.337 \times (t_p - t_s)} = \frac{26.94 \times 1000}{0.337 \times (40 - 30)} = 8795.3\text{m}^3/\text{h}$$

第9章 空气调节与洁净技术专业案例题

本章知识点题目分布统计表

小节	考点名称		2011年至2019年题目统计		近几年题目统计		2019年题目统计
			题目数量	比例	题目数量	比例	
9.1	空调负荷		9	7%	4	6%	1
9.2	空调风量	9.2.1 空调新风量	4	3%	1	2%	0
		9.2.2 空调系统送风量	5	4%	1	2%	0
		小计	9	7%	2	3%	0
9.3	空调风系统	9.3.1 全空气空调系统	14	11%	8	13%	3
		9.3.2 风机盘管加新风系统	5	4%	1	2%	0
		9.3.3 温湿度独立控制	11	8%	5	8%	3
		9.3.4 直流式空调与独立新风处理系统	4	3%	3	5%	1
		小计	34	26%	17	27%	7
9.4	热湿处理设备		12	9%	7	11%	3
9.5	空调水系统	9.5.1 水泵问题	12	9%	4	6%	1
		9.5.2 冷热水系统	14	11%	11	17%	2
		9.5.3 冷却水系统	5	4%	0	0%	0
		小计	31	23%	15	24%	3
9.6	节能措施	9.6.1 风机能耗	4	3%	1	2%	0
		9.6.2 热回收	8	6%	4	6%	0
		小计	12	9%	5	8%	0
9.7	空气洁净技术		8	6%	4	6%	1
9.8	其他考点	9.8.1 气流组织	6	5%	3	5%	0
		9.8.2 管道保温与保冷	5	4%	2	3%	1
		9.8.3 隔声与减振	6	5%	4	6%	1
		小计	17	13%	9	14%	2
合计			132		63		17

说明：2015年停考1年，近几年题目统计为2016年至2019年。

9.1 空调负荷

9.1-1. 某地为标准大气压，有一变风量空调系统，所服务的各空调区室内逐时显热冷负荷如下表所示，取送风温差为10℃，该空调系统的送风量为下列何项？【2012-3-13】

房间＼时刻	逐时显热负荷（W）								
	9：00	10：00	11：00	12：00	13：00	14：00	15：00	16：00	17：00
房间 1	4340	4560	4535	4410	4190	4050	4000	3960	3935
房间 2	8870	9125	8655	7725	6065	6145	6130	5990	5800
房间 3	2440	2600	2730	2950	3245	3630	3900	3930	3730

A. 1.40～1.50kg/s　　　　　　　　　　B. 1.50～1.60kg/s

C. 1.60～1.70kg/s　　　　　　　　　　D. 1.70～1.80kg/s

参考答案：C

主要解题过程：上午 10：00 逐时冷负荷最大 $Q=16.285$kW

$$新风量 = \frac{Q}{c\Delta t} = \frac{16.285}{1.01 \times 10} = 1.61\text{kg/s}$$

9.1-2. 某空调系统采用全空气空调方案，冬季房间总热负荷为150kW，室内计算温度为18℃，需要的新风量为3600m³/h，冬季室外空调计算温度为－12℃，冬季大气压力按1013hPa计算，空气的密度为1.2kg/m³，定压比热容为1.01kJ/（kg·K），热水的平均比热容为4.18kJ/（kg·K），空调热源为80/60℃的热水，则该房间空调需要的热水量为何值？【2012-3-17】

A. 5000～5800kg/h　　　　　　　　　　B. 5900～6700kg/h

C. 6800～7600kg/h　　　　　　　　　　D. 7700～8500kg/h

参考答案：D

主要解题过程：

（1）新风负荷 $Q_x = C \times G_w \times (t_n - t_w) = 1.01 \times 3600 \times 1.2 \div 3600 \times (18 + 12) = 36.36$kW。

（2）热水量 $G = (Q_x + Q_y)/[C \times (t_1 - t_2)] = (36.36 + 150)/[4.18 \times (80 - 60)] \times 3600 = 8025.1$kg/h。

9.1-3. 某空调机组从风机出口至房间送风口的空气送风阻力为1800Pa，机组出口处的送风温度为15℃，且送风管保温良好（不计风管的传热）。问：该系统送至房间送风出口处的空气温度，最接近以下哪个选项？［取空气的定压比热为1.01kJ/（kg·K）、空气密度为1.20kg/m³］（注：风机电机外置）【2014-3-09】

A. 15℃　　　　　B. 15.5℃　　　　　C. 16℃　　　　　D. 16.5℃

参考答案：D

主要解题过程：根据题意，只考虑风机温升。根据《09 技术措施》第 5.2.5 条或《红宝书》P1498 式（19.6-5），电动机安装在气流外时，$\eta = \eta_2$，风机全压效率不大于1。

$$\Delta t = \frac{0.0008H \cdot \eta}{\eta_1 \eta_2} = \frac{0.0008H}{\eta_1} \geq 0.0008H = 0.0008 \times 1800 = 1.44℃$$

因此，出风温度 $t > 15 + 1.44 = 16.44℃$

考虑到全压效率一般不高于0.9，故选项D更合理。

9.1-4. 某空调工程位于天津市，夏季空调室外计算日 16：00 的空调室外计算温度最接近以下哪个选项？并写出判断过程。【2014-3-14】

A. 29.4℃   B. 33.1℃   C. 33.9℃   D. 38.1℃

参考答案：B

主要解题过程：查《民规》附录 A，得天津市夏季空调室外计算干球温度 $t_{wg}=33.9℃$，夏季空调室外计算日平均温度 $t_{wp}=29.4℃$。

根据《民规》式（4.1.11-2）计算日较差，$\Delta t_r = \dfrac{t_{wg}-t_{wp}}{0.52} = \dfrac{33.9-29.4}{0.52} = 8.654℃$

查《民规》表 4.1.11 得 16：00 室外温度逐时变化系数 $\beta=0.43$。

根据《民规》式（4.1.11-1）16：00 室外逐时温度：$t_{sh} = t_{wp} + \beta\Delta t_r = 29.4 + 0.43 \times 8.654 = 33.1℃$

9.1-5. 某空调房间经计算在设计状态时，显热冷负荷为 10kW，房间湿负荷为 0.01kg/s。则该房间空调送风的设计热湿比接近下列何项？【2014-4-13】

A. 800   B. 1000   C. 2500   D. 3500

参考答案：D

主要解题过程：由热湿比定义可得两种解法：

【解法一】

$$\varepsilon = \frac{\Delta h}{\Delta d} = \frac{1.01\Delta t + 2500\Delta d}{\Delta d} = \frac{1.01\Delta t}{\Delta d} + 2500 = \frac{1.01G\Delta t}{G\Delta d} + 2500 = \frac{Q_x}{W} + 2500$$
$$= \frac{10}{0.01} + 2500 = 3500\text{kJ/kg}$$

【解法二】

$Q_全 = Q_x + Q_q$，湿空气中水蒸气汽化潜热 $r = 2500 - 2.35t$，因设计状态温度一般为 $24\sim26℃$，$r \approx 2500\text{kJ/kg}$，

$$Q_潜 = W \cdot r = 0.01 \times 2500 = 25\text{kW}; \Rightarrow \varepsilon = \frac{Q}{W} \approx \frac{10+25}{0.01} = 3500\text{kJ/kg}$$

9.1-6. 某既有建筑房间空调冷负荷计算结果见下表（假定其他围护结构传热负荷和内部热、湿负荷为恒定值），该建筑进行节能改造后，外窗太阳得热系数由 0.75 降为 0.48，外窗传热系数由 6.0W/（m² · K）变为 2.8W/（m² · K），其他条件不变。请问：改造后该房间设计空调冷负荷（W）最接近下列何项？【2016-3-15】

时间	外窗传热负荷 (W)	外窗太阳辐射负荷 (W)	其他围护结构传热负荷 (W)	内部发热散湿负荷 (W)
8：00	151	344		
9：00	186	458		
10：00	216	630		
11：00	251	821		
12：00	281	802		
13：00	306	1050	160	1200
14：00	320	1050		
15：00	320	993		
16：00	315	878		
17：00	302	572		

A. 1820　　　　　　B. 2180　　　　　　C. 2300　　　　　　D. 2500

参考答案：B

主要解题过程：由题意知，14∶00 的逐时冷负荷最大，为该房间设计空调冷负荷。改造后，外窗传热冷负荷为：

$$Q_{\text{wccr}} = 320 \times \frac{K_2}{K_1} = 320 \times \frac{2.8}{6} = 149.3\text{W}$$

改造后，外窗太阳辐射冷负荷为：

$$Q_{\text{wcfs}} = 1050 \times \frac{SHGC_2}{SHGC_1} = 1050 \times \frac{0.48}{0.75} = 672\text{W}$$

改造后，总冷负荷为：

$$Q = Q_{\text{wccr}} + Q_{\text{wcfs}} + Q_{\text{qt}} + Q_{\text{s}} = 149.3 + 672 + 160 + 1200 = 2181.3\text{W}$$

9.1-7. 在空气处理室内，将 100℃的饱和干蒸汽喷入干球温度等于 22℃的空气中，对空气进行加湿，且不使空气的含湿量达到饱和状态，则该空气状态变化过程的热湿比最接近下列何项？【2017-3-17】

A. 2768　　　　　　B. 2684　　　　　　C. 2540　　　　　　D. 2500

参考答案：B

主要解题过程：根据《三版教材》式（3.1-11），热湿比为：

$$\varepsilon = \frac{\Delta h}{\Delta d} = 2500 + 1.84 t_{\text{q}} = 2500 + 1.84 \times 100 = 2684\text{kJ/kg}$$

扩展：本题 t_{q} 计算取值与【2016-3-12】题比较，易让考生产生困惑，其实不然。根据潘云刚著《高层民用建筑空调设计》P34 可知，干蒸汽加湿，干蒸汽必须是低压饱和蒸汽，其最理想的是与空气温度相同的蒸汽。实际上要做到这一点比较困难，因为大多数蒸汽都是超过 100℃，因此一般要求使用蒸汽压力不超过 70kPa，否则其过程将明显成为升温加湿过程。根据《高层民用建筑空调设计》P36，目前所有集中供应蒸汽的加湿过程均为增焓升温加湿过程，其原因是加湿所用的蒸汽温度都高于被加湿的空气温度，导致实际过程的斜率大于等温线的斜率。本题考查的是将 100℃的饱和干蒸汽喷入干球温度等于 22℃的空气中，加湿过程为增焓升温加湿实际过程(一般情况下低压蒸汽加湿，空气温升不超过 1℃，实际温升较小)。【2016-3-12】题考查的是理想状态下，干蒸汽温度等于空气温度的标准干蒸汽等温加湿过程。《空气调节》(第四版)P15 所述的蒸汽温度为 100℃，该过程"近似于"沿等温线变化。

9.1-8. 某室内游泳馆面积 600m²，平均净高 4.8m，按换气次数 6h⁻¹ 确定空调设计送风量，设计新风量为送风量的 20%，室内计算人数为 50 人，室内泳池水面面积 310m²。室外设计参数：干球温度 34℃、湿球温度 28℃；室内设计参数：干球温度 28℃、相对湿度 65%；室内人员散湿量 400g/（P·h）；水面散湿量 150g/（m²·h）。当地为标准大气压，问空调系统计算湿负荷（kg/h）最接近下列何项？（空气密度取 1.2kg/m³）【2017-4-14】

A. 55　　　　　　B. 66　　　　　　C. 82　　　　　　D. 92

参考答案：D

主要解题过程：设计新风量为：

$$L_x = 600 \times 4.8 \times 6 \times 20\% = 3456 \text{m}^3/\text{h}$$

查 h-d 图，室内含湿量 $d_n = 15.5 \text{g/kg}$，室外含湿量 $d_w = 21.6 \text{g/kg}$，则新风湿负荷为：

$$W_{xf} = \rho L \Delta d = 1.2 \times 3456 \times \frac{21.6 - 15.5}{1000} = 25.3 \text{kg/h}$$

室内人员湿负荷为：

$$W_p = \frac{50 \times 400}{1000} = 20 \text{kg/h}$$

室内水面湿负荷为：

$$W_w = \frac{310 \times 150}{1000} = 46.5 \text{kg/h}$$

空调系统计算湿负荷为：

$$W = W_{xf} + W_p + W_w = 25.3 + 20 + 46.5 = 91.8 \text{kg/h}$$

9.2 空 调 风 量

9.2.1 空调新风量

9.2-1. 某办公楼的一全空气空调系统为四个房间送风，下表内新风量和送风量是根据各房间的人员和负荷计算所得。问该空调设计的总新风量应是下列哪一项？【2011-4-19】

房间用途	办公室 1	办公室 2	会议室	接待室	合计
新风量（m³/h）	500	180	1360	200	2240
送风量（m³/h）	3000	2000	4200	2800	12000

A. 2200～2300 m³/h
B. 2350～2450 m³/h
C. 2500～2650 m³/h
D. 2700～2850 m³/h

参考答案：C

主要解题过程：《公建节能 2015》第 4.3.12 条及条文说明：

$$X_1 = \frac{500}{3000} = 0.17; \quad X_2 = \frac{180}{2000} = 0.09;$$

$$Z = \frac{1360}{4200} = 0.32; \quad X_4 = \frac{200}{2800} = 0.071; \quad X = \frac{2240}{12000} = 0.19;$$

$$Y = \frac{X}{1 + X - Z} = \frac{0.19}{1 + 0.19 - 0.32} = 0.218;$$

系统最小新风量：$L = 0.218 \times 12000 = 2621 \text{m}^3/\text{h}$。

9.2-2. 某总风量为 40000m³/h 的全空气低速空调系统服务于总人数为 180 人的多个房间，其中新风要求比最大的房间为 50 人，送风量为 7500m³/h。新风标准为 30m³/(h·人)。试问该系统的总新风量最接近下列何项？【2014-4-12】

A. 5050m³/h　　　　B. 5250m³/h　　　　C. 5450m³/h　　　　D. 5800m³/h

参考答案：D

主要解题过程：根据《公建节能 2015》第 4.3.12 条及条文说明：$Z=50\times30/7500=0.2$，

$X=180\times30/40000=0.135$，所以，$Y=X/(1+X-Z)=0.135/(1+0.135-0.2)=0.144385$。

计算新风量为：$V_{ot}=Y\times40000=0.144385\times40000=5775\text{m}^3/\text{h}$。

9.2-3. 某工艺用空调房间共有 10 名工作人员，人均最小新风量要求不少于 30m³/(h·人)。该房间设置了工艺要求的局部排风系统，其排风量为 250m³/h，保持房间正压所要求的风量为 200m³/h。问：该房间空调系统最小的设计新风量应为多少？【2014-3-13】

A. 300m³/h　　　　B. 450m³/h　　　　C. 500m³/h　　　　D. 550m³/h

参考答案：B

主要解题过程：根据《工规》第 8.3.18 条或《民规》第 7.3.9 条：

人员所需新风量 $L_1=30\times10=300\text{m}^3/\text{h}$；

补偿排风和保持空调区空气压力所需新风量 $L_2=250+200=450\text{m}^3/\text{h}>L_1$。

题目未提及新风除湿所需新风量，故不考虑。选取上述两者中风量较大者为空调系统最小设计新风量。因此，所需最小新风量为 L_2，450 m³/h。

9.2-4. 某办公建筑有若干间办公室，房间设计温度为 25℃、相对湿度≤60%，设计室内人数为 100 人，每人的散湿量为 61.0g/h。拟采用风机盘管+新风的温湿度独立控制空调系统，空调室内湿度由新风系统承担。若新风机组送入室内的空气含湿量最低可为 9.0g/kg，问：新风机组的最小设计风量（m³/h）最接近下列何项？（标准大气压，空气密度取 1.2kg/m³）【2017-4-13】

A. 1750　　　　B. 1980　　　　C. 2510　　　　D. 3000

参考答案：D

主要解题过程：应按《民规》第 7.3.19 条确定新风机组最小新风量。

(1) 人员所需新风量：查《民规》第 3.0.6 条，办公室按每人 30m³/h 计算，$100\times30=3000\text{m}^3/\text{h}$；

(2) 新风除湿所需新风量：室内湿负荷为 $W=100\times61=6100\text{g/h}$；

查 h-d 图，室内含湿量 $d_n=11.9\text{g/kg}$，则新风机组最小设计风量为：

$$L=\frac{W}{1.2\times(d_n-d_o)}=\frac{6100}{1.2\times(11.9-9.0)}=1753\text{m}^3/\text{h}$$

新风机组最小新风量按上述二者取最大，应为 3000m³/h。

9.2.2　空调系统送风量

9.2-5. 某地大型商场为定风量空调系统，冬季采用变新风供冷、湿膜加湿方式。室内设计温度 22℃、相对湿度 50%；室外空调设计温度 -1.2℃，相对湿度 74%；要求送风参数为 13℃，相对湿度为 80%，系统送风量 30000m³/h。查焓湿图（$B=101325\text{Pa}$）

求新风量和加湿量为下列哪一项？（空气密度取 1.20kg/m³）【2013-3-13】

    A. 20000～23000m³/h，130～150kg/h

    B. 10000～13000m³/h，45～55kg/h

    C. 7500～9000m³/h，30～40kg/h

    D. 2500～4000m³/h，20～25kg/h

参考答案： C

主要解题过程： 湿膜加湿过程是等焓加湿，室内空气状态 N 与室外空气状态 W 混合至 C 点，经等焓加湿至送风状态点 O，焓湿图处理过程如图所示：

查得：$h_N = 43$kJ/kg，$h_W = 5$kJ/kg，$h_C = h_O = 31.9$kJ/kg，$d_C = 6.5$g/kg，$d_O = 7.4$g/kg。

新风量为：

$$L_W = \frac{h_N - h_C}{h_N - h_W} \times L = \frac{43 - 31.9}{43 - 5} \times 30000 = 8763 \text{m}^3/\text{h}$$

加湿量为：

$$W = \rho L (d_O - d_C) = \frac{1.2 \times 30000 \times (7.4 - 6.5)}{1000}$$
$$= 32.4 \text{kg/h}$$

9.2-6. 位于我国西部某厂的空调系统，当地夏季大气压力为 70kPa，车间的总余热为 100kW，空调系统的送风焓差为 15kJ/kg干空气。试问，设空气密度与温度无关，该空调系统的送风量最接近下列哪一项？（标准大气压下，空气的密度 $\rho = 1.2$kg/m³）【2013-3-14】

    A. 29000m³/h   B. 31000m³/h

    C. 33000m³/h   D. 35000m³/h

参考答案： A

主要解题过程：

在标况下空调系统的送风量为：$L = 3600Q/(\rho \cdot \Delta h) = 3600 \times 100/(15 \times 1.2) = 20000$m³/h

当 $B = 70$kPa 时系统的送风量为：$L' = 20000 \times 101.3/70 = 28942$m³/h

9.2-7. 某建筑设置 VAV＋外区风机盘管空调系统。其中一个外区房间外墙面积 8m²，外墙传热系数为 0.6W/(m²·K)；外窗面积 16m²，外窗传热系数 2.3 W/(m²·K)；室外空调计算温度－12℃，室内设计温度 20℃；房间变风量末端最大送风量 1000m³/h，最小送风量 500m³/h，送风温度 15℃；取空气密度为 1.2kg/m³，比热容 1.01kJ/kg。不考虑围护结构附加耗热量及房间内部热量。问：该房间风机盘管应承担的热负荷为下列何项？【2014-4-14】

    A. 830～850W   B. 1320～1340W   C. 2160～2180W   D. 3000～3020W

参考答案： C

主要解题过程： 根据题意，不考虑房间内部得热，则 VAV 只需按最小风量运行，以维持室内的新风需求，同时因不考虑围护结构的附加热负荷，故风机盘管需承担围护结构耗热量及 VAV 送风带来的热负荷。

$$Q_{风盘} = Q_{围护结构} + Q_{VAV\,再热}$$
$$= K_{外墙}F_{外墙}(t_n - t_w) + K_{外窗}F_{外窗}(t_n - t_w) + cG_{VAV}(t_n - t_s)$$
$$= [0.6 \times 8 \times (20+12)] + [2.3 \times 16 \times (20+12)]$$
$$+ [1.01 \times 1.2 \times 500 \times (20-15)/3.6]$$
$$= 2172.9W$$

9.2-8. 某空调房间室内设计参数为：$t_n=26℃$，$\varphi_n=50\%$，$d_n=10.5g/kg_{干空气}$；房间热湿比为 8500kJ/kg，设计送风温差为 9℃。要求应用公式计算空气焓值，则设计送风状态点的空气焓值应为下列何项（空气比热容为 1.01kJ/kg）?【2014-4-15】

A. $38.2 \sim 38.7kJ/kg_{干空气}$　　　　B. $39.5 \sim 40kJ/kg_{干空气}$

C. $41.0 \sim 41.5kJ/kg_{干空气}$　　　　D. $42.3 \sim 42.8kJ/kg_{干空气}$

参考答案： B

主要解题过程： 室内状态点 N 的焓值：

$$h_N = 1.01t_N + (2500+1.84t_N)d_N = 1.01 \times 26 + (2500+1.84 \times 26) \times 10.5/1000$$
$$= 53.01kJ/kg$$

设送风状态为 O，　$t_o = 26-9 = 17℃$

$$h_O = 1.01t_O + (2500+1.84t_O)d_O = 1.01 \times 17 + (2500+1.84 \times 17)d_O$$
$$= 17.17 + 2531.28d_O$$

由热湿比 ε 定义式得：$\varepsilon = \dfrac{h_N - h_O}{d_N - d_O} = 8500$，解得 $d_O=0.00893kg/kg_{干空气}$，代入上式求得 $h_O=39.66kJ/kg$。

9.2-9. 某实验室室内维持负压，设置室内循环式空调机组。实验室的空调负荷为 50kW，室内状态焓值 50kJ/kg，送风状态焓值 35 kJ/kg，室外新风设计状态焓值 85kJ/kg，设置的排风量为 0.3kg/s（新风经围护结构渗透进入室内）。实验室空调机组送风量（kg/s）和机组冷负荷（kW）最接近下列何组数据?【2016-4-18】

A. 4.03；60.5　　　B. 3.30；60.5　　　C. 4.03；50　　　D. 3.30；50

参考答案： A

主要解题过程： 由题意知，实验室室内维持负压，根据空调房间空气系统平衡关系：新风量＝排风量－渗透风量，新风为渗透进入房间（无新风系统），则渗透风量＝排风量。因渗透风量带来的新风冷负荷约为：

$$Q_{xf} = G_{xf}(h_w - h_n) = 0.3 \times (85-50) = 10.5kW$$

则需要室内循环式空调机组担负冷负荷为：

$$Q = Q_{xf} + Q_n = 10.5 + 50 = 60.5kW$$

因室内状态点及送风状态点已确定，空调机组承担多余负荷只能增加空调机组送风量方能满足要求，因此，空调机组的送风量为：

$$G = \frac{Q}{h_n - h_l} = \frac{60.5}{50-35} = 4.03kg/s$$

9.3 空 调 风 系 统

9.3.1 全空气空调系统

9.3-1. 某一次回风定风量空调系统夏季设计参数如下表所示。计算该空调系统组合式空调器表冷器的设计冷量，接近下列哪一项？【2011-3-13】

	干球温度	含湿量	焓值	风量
	℃	g/kg干空气	kJ/kg	kg/h
送风	15	9.7	39.7	8000
回风	26	10.7	53.4	6500
新风	33	22.7	91.5	1500

A. 24.7kW   B. 30.4kW   C. 37.6kW   D. 46.3kW

参考答案： D

主要解题过程： 解法1：室内冷负荷 $Q_N = G(h_N - h_0) = \dfrac{8000}{3600} \times (53.4 - 39.7) = 30.4\text{kW}$；

新风冷负荷 $Q_X = G(h_w - h_N) = \dfrac{1500}{3600} \times (91.5 - 53.4) = 15.9\text{kW}$；

表冷器设计冷量 $Q = Q_N + Q_X = 30.4 + 15.9 = 46.3\text{kW}$。

解法2：先求混合点焓值 h_m。

$$h_m = h_n + \frac{1500}{8000} \times (h_w - h_n) = 60.54\text{kJ/kg}$$

$$Q = L_s \times (h_m - h_s) = (8000/3600) \times (60.54 - 39.7) = 46.3\text{kW}$$

9.3-2. 某剧院空调采用二次回风和座椅送风方式，夏季室内设计温度为25℃，座椅送风口出风温度为20℃，一次回风与新风混合后经表冷器处理到出风温度为13℃（见下图），风机和送风管考虑1℃温升。如一次回风量和新风量均为10000m³/h，要求采用计算方法求空气处理机组的送风机风量，应接近下列哪一项（空气的密度视为不变）？【2011-3-14】

A. 20000m³/h   B. 40000m³/h

C. 44000m³/h   D. 48000m³/h

参考答案： B

主要解题过程：

空气处理过程如图所示，

一次混风风量为：

$L_C = L_L = L_{N1} + L_W = 10000 + 10000 = 20000\text{m}^3/\text{h}$

对二次混风列平衡方程，有：

$$L_{N2}t_N + L_L t_L = (L_{N2} + L_L)t_O$$

$$L_{N2} = \frac{L_L t_O - L_L t_L}{t_N - t_O} = \frac{20000 \times (20-1) -- 20000 \times 13}{25 - (20-1)}$$

$$= 20000 \mathrm{m^3/h}$$

系统送风量为：

$$L = L_L + L_{N2} = 20000 + 20000 = 40000 \mathrm{m^3/h}$$

9.3-3. 某恒温车间采用一次回风空调系统，设计室温为 22 ± 0.5℃，相对湿度为 50%。室外设计计算参数：干球温度 36℃、湿球温度 27℃，夏季室内仅有显热冷负荷 109.08kW，新风比为 20%，表冷器机器露点取相对湿度为 90%。当采用最大送风温差时，该车间的组合式空调器的设计冷量（当地为标准大气压，空气容重按 1.20kg/m³，不考虑风机与管道升温）应为下列哪一项？查 h-d 图计算。【2013-3-12】

A. 200～230kW   B. 240～280kW   C. 300～350kW   D. 380～420kW

参考答案： C

主要解题过程： 空气处理过程如右图所示，

根据《工规》第 8.4.9 条，空调精度为 ± 0.5℃时的最大送风温差为 6℃，最低送风温度 $t_O = 22 - 6 = 16$℃，室内仅有显热负荷，过室内 N 点做等湿线与 16℃温度线交于送风状态点 O，与 90% 相对湿度线交于机器露点 L，查焓湿图得 $h_N = 43 \mathrm{kJ/kg}$，$h_W = 85 \mathrm{kJ/kg}$，$h_L = 33.2 \mathrm{kJ/kg}$。

混合点焓值：

$$h_C = (1-0.2)h_N + 0.2 h_W = 0.8 \times 43 + 0.2 \times 85 = 51.4 \mathrm{kJ/kg}$$

系统送风量为：

$$G = \frac{Q}{c \Delta t} = \frac{109.08}{1.01 \times 6} = 18 \mathrm{kg/s}$$

表冷器设计冷量为：

$$Q = G \times (h_C - h_L) = 18 \times (51.4 - 33.2) = 327.6 \mathrm{kW}$$

9.3-4. 某一次回风全空气空调系统负担 4 个空调房间（房间 A～房间 D），各房间设计状态下的新风量和送风量详见下表。已知 4 个房间的总室内冷负荷为 18kW，各房间的室内设计参数均为：$t=25$℃，$\varphi=55\%$，$h=52.9 \mathrm{kJ/kg}$，室外新风状态点为 $t=34$℃，$\varphi=65\%$，$h=90.4 \mathrm{kJ/kg}$，无再热负荷，且忽略风机、管道温升，该系统的空调器所需冷量应为下列哪一项？（空气密度 $\rho=1.2 \mathrm{kg/m^3}$）【2013-3-16】

	房间 A	房间 B	房间 C	房间 D	合计
新风量（m³/h）	180	270	180	150	780
送风量（m³/h）	1250	1500	1500	1200	5450
新风比	14.4%	18%	12%	12.5%	14.3%

A. 25～25.9kW

B. 26～26.9kW

C. 27～27.9kW

D. 28～28.9kW

参考答案：D

主要解题过程：根据《公建节能 2015》第 4.3.12 条及条文说明：

系统新风比 $Y=X/(1+X-Z)=0.143/(1+0.143-0.18)=0.148$

新风负荷为：$Q_X=5450\times0.148\times1.2\times(90.4-52.9)/3600=10.1\text{kW}$

系统总负荷为：$Q=18+10.1=28.1\text{kW}$

9.3-5. 某建筑一房间空调系统为全空气一次回风定风量、定新风比系统（全年送风量不变），新风比为 40%。系统设计的基本参数除下表列值外，其余见后：

(1) 夏季房间全热冷负荷 40kW，送风机器露点确定为 95%（不考虑风机和风管温升）。

(2) 冬季室外设计状态：室外温度 -5℃，相对湿度为 30%，冬季送风温度为 28℃，冬季加湿方式为高压喷雾等熔加湿。

(3) 大气压力为 101325Pa。

问该系统空调机组的加热盘管在冬季设计状态下所需要的加热量，接近下列哪一项？（查 $h\text{-}d$ 图得）【2013-4-17】

	室内设计参数		热湿比（kJ/kg）
	温度	相对湿度	
夏季	25℃	50%	20000
冬季	20℃	40%	-20000

A. 72～78kW B. 60～71kW C. 55～59kW D. 43～54kW

参考答案：B

主要解题过程：空气处理过程如图所示，

夏季空气处理过程　　　冬季空气处理过程

夏季工况：过室内 N 点做 $\varepsilon=20000$ 热湿比线与 95% 相对湿度线支于机器露点 L，查焓湿图得 $h_N=50.2\text{kJ/kg}$，$h_L=37\text{kJ/kg}$。

系统送风量为：

$$G=\frac{Q}{\Delta h}=\frac{40}{50.2-37}=3.03\text{kg/s}$$

冬季工况：过室内 N' 点做 $\varepsilon=-20000$ 热湿比线与 28℃ 温度线交于送风状态点 O，查焓湿图得 $h'_L=19.5\text{kJ/kg}$，$h_O=42\text{kJ/kg}$。

加热盘管所需加热量为：

$$Q'=G\times(h_O-h_{L'})=3.03\times(42-19.5)=68.2\text{kW}$$

9.3-6. 某二次回风空调系统，房间设计温度为 23℃，相对湿度为 45%，室内显热负荷为 17kW，室内散湿量为 9kg/h。系统新风量为 2000m³/h，表冷器出风相对湿度为 95%（焓值为 23.3kJ/kg 干空气）；二次回风混合后经风机及送风管道温升 1℃，送风温度为 19℃；夏季室外设计计算温度为 34℃，湿球温度为 26℃，大气压力为 101.325kPa。新风与一次回风混合点的焓值接近下列何项？并于焓湿图绘制空气处理过程线（空气密度取 1.2kg/m³，比热取 1.01kJ/kg/℃，忽略回风温差。过程点参数：室内 d_N=7.9g/kg，h_N=43.1kJ/kg 干空气，室外 d_W=18.1g/kg，h_W=80.6kJ/kg 干空气）【2014-3-15】

A. 67kJ/kg 干空气　　　　　　　　B. 61kJ/kg 干空气

C. 55kJ/kg 干空气　　　　　　　　D. 51kJ/kg 干空气

参考答案： B

主要解题过程：

空气处理过程焓湿图如右图所示：

由题意，根据显热负荷及送风温差计算总送风量 G=$\dfrac{Q}{c\Delta t}=\dfrac{17}{1.01\times(23-19)}=4.21$kg/s。

由湿负荷计算及总送风量送风状态点 O 的含湿量 d_O=

$$d_O=d_N-\frac{W}{G}=7.9-\frac{9\times1000}{4.21\times3600}=7.31\text{g/kg}。$$

二次回风混合后状态点 D，考虑到混合后经过 1℃温升送入室内，故 D 点的干球温度 t_D=19-1=18℃。

风机温升为等湿加热过程，故 D 点的含湿量 d_D=d_O=7.3g/kg。

由焓湿图查得，混合后的焓值 h_D=36.7kJ/kg。

室内状态点 N，二次回风混合点 D 及机组处理后的露点 L 在焓湿图上同一直线。由机器露点 95%，查焓湿图得露点 L 的焓值，h_L=24.3 kJ/kg。

二次回风比 m_2=$\dfrac{h_N-h_D}{h_N-h_L}=\dfrac{43.1-36.7}{43.1-24.3}=0.340$。

一次回风混合后的风量 G_L=$m_2 G_0$=0.340×4.2=1.428kg/s。

$$G_W=\rho L_w=1.2\times2000/3600=0.67\text{kg/s}$$

一次回风比，m_1=$\dfrac{G_W}{G_L}=\dfrac{0.67}{1.428}=0.469$。

$$h_C=h_N+m_1(h_W-h_N)=43.1+0.469\times(80.6-43.1)=60.7\text{kJ/kg}$$

9.3-7. 某具有工艺空调要求的房间，室内设计参数为：温度 22℃，相对湿度 60%（室内空气比焓 47.4kJ/kg 干空气），室温允许波动值为±0.5℃，送风温差取 6℃。房间计算总冷负荷为 50kW，湿负荷为 0.005kg/s（热湿比 ε=10000）。为了满足恒温精度要求，空调机组对空气降温达到 90%的"机器露点"之后，利用热水加热器再热而达到送风状态点。查 $h-d$ 图计算，再热盘管计算的设计加热量（kW）最接近下列何项？（室外大气压为 101325Pa）【2016-3-16】

A. 3.5～8.5　　　　B. 9.4～15.0　　　　C. 20.0～25.0　　　　D. 25.5～30.5

参考答案： B

主要解题过程： 因风温差取 6℃，送风温度为：$t_o = t_n - 6$ = 22 - 6 = 16℃。

由焓湿图可知，过 N 点做热湿比线 $\varepsilon = 10000$，与 $t_o = 16$℃ 做等温线相交于 O 点，过 O 点做垂线与相对湿度 $\varphi = 90\%$ 相交于 L 点，查焓湿图得：$t_l = 14.3℃, h_o = 39.1kJ/kg$，$h_l = 37.2kJ/kg$。

空调送风量为：

$$G = \frac{Q}{h_n - h_o} = \frac{50}{47.4 - 39.1} = 6.024kg/s$$

再热盘管计算的设计加热量为：

$$Q_{zr} = G \times (h_o - h_l) = 6.024 \times (39.1 - 37.2) = 11.45kW$$

9.3-8. 某餐厅计算空调冷负荷的热湿比为 5000kJ/kg，室内设计温度为 $t_n = 25$℃。在设计冷水温度条件下，空气处理机组能够达到的最低送风点参数为 $t_s = 12.5$℃、$d_s = 9.0$ g/kg干空气。设水蒸气的焓值为定值：2500 kJ/kg水蒸气，请计算在设计冷负荷条件下室内空气含湿量（g/kg干空气）最接近下列何项？ ［大气压力 101325Pa，空气定压比热容为 1.01kJ/（kg·K），采用公式法计算］【2016-4-15】

A. 10.5　　　　B. 12.6　　　　C. 13.7　　　　D. 14.1

参考答案： D

主要解题过程： 根据题意，水蒸气的焓值为 2500kJ/kg 水蒸气，则湿空气的焓值为：

$$h = 1.01t + d(2500 + 1.84t)$$

$$\varepsilon = \frac{\Delta h}{\Delta d} = \frac{1.01\Delta t + 2500\Delta d + 1.84(t_N d_N - t_s d_s)}{\Delta d}$$

$$5000 = \frac{1.01(25 - 12.5) + 2500(d_N - 9) \times 10^{-3} + 1.84(25 d_N - 12.5 \times 9) \times 10^{-3}}{(d_N - 9) \times 10^{-3}}$$

$$d_N = 14.23g/kg干空气$$

9.3-9. 某办公楼采用了单风道节流型末端的变风量空调系统，由各房间温控器控制对应变风量末端的风量。在系统设计工况下各房间空调冷负荷如下表，其中湿负荷全部为人员散湿形成的湿负荷。各空调房间设计温度 25℃、相对湿度 50%。表冷器机器露点相对湿度为 90%，不考虑风机温升。问在上述设计工况下相对湿度最大的房间，其相对湿度值（%）最接近一下哪个选项？（用标准大气压湿空气焓湿图作答）【2017-3-19】

	房间 1	房间 2	房间 3	房间 4	房间 5	房间 6
显热负荷（W）	10000	8000	6000	8000	4000	10000
潜热负荷（W）	2500	2500	2500	2500	2500	2500

A. 50　　　　B. 58　　　　C. 65　　　　D. 72

参考答案： B

主要解题过程： 该单风道节流型末端的变风量空调系统，所有房间的送风状态点和送风温差是相同的，不同的是送风量，由于各房间热湿比不同，所以各房间室内状态点的温度尽管相同，但相对湿度不同，过程线如下图所示，房间热湿比越小，其相对湿度值越高。由此判定因房间 5 热湿比最小其相对湿度值最高。

(1) 确定设计送风状态点：

6 个房间总显热为：$Q_t = 10 + 8 + 6 + 8 + 4 + 10 = 46kW$；

总潜热：$Q_d = 2.5 \times 6 = 15kW$；

计算湿负荷时水蒸气的比焓近似按 $h_q \approx 2500kJ/kg$；

湿负荷 $W = \dfrac{Q_d}{h_q} = \dfrac{15}{2500} = 0.006kg/s$；

设计工况的热湿比 $\varepsilon = \dfrac{Q_t + Q_d}{W} = \dfrac{46 + 15}{0.006} = 10167kJ/kg$。

查 h-d 图，过室内 N 点做 ε 线与 $\varphi = 90\%$ 相对湿度线交于机器露点 L，查得 $t_L = 11.2℃$，$h_L = 33.9kJ/kg$，由于不考虑风机温升，L 点即为送风状态点。

(2) 计算房间最小热湿比：

房间 5 热湿比最小 $\varepsilon = \dfrac{4000 + 2500}{2500/2500} = 6500kJ/kg$；

过 L 点做热湿比为 6500 的线与 25℃ 干球温度线交点，其相对湿度为 57.5%。

9.3-10. 某一次回风空气调节系统，新风量为 100kg/h，新风焓值为 90kJ/kg；回风量为 500kg/h 回风焓值为 50kJ/kg，新风与回风直接混合。问混合后的空气焓值（kJ/kg）最接近下列何项？【2018-3-12】

    A. 48   B. 57   C. 90   D. 95

参考答案：B

主要解题过程：

根据《三版教材》P347 混合前后热平衡原理可知：

$$G_x h_x + G_h h_h = (G_x + G_h)h_c \Rightarrow h_c = \frac{100 \times 90 + 500 \times 50}{100 + 500} = 56.7kJ/kg$$

9.3-11. 某空调房间采用变风量全空气系统，由房间温度控制变风量末端的送风量。该房间计算全热冷负荷 50kW，余湿 15kg/h，设计送风温差为 8℃。问：当仅仅由于日射负荷变化使得房间全热冷负荷为 40kW（其他参数不变）时，该房间的空调送风量（kg/s），应接近下列哪一项？[送风空气比热取 1.01kJ/(kg·k)，水的汽化潜热取 2500kJ/kg]【2018-4-13】

    A. 6.19   B. 4.95   C. 4.28   D. 3.66

参考答案：D

主要解题过程：根据《红宝书》P1838～1839，变风量末端送风量按显热—温差法计算，由于日射负荷变化后房间显热冷负荷为：

$$Q_x = Q - Q_r = 40 - \frac{2500 \times 15}{3600} = 29.58kW$$

该房间的空调送风量为：

$$G = \frac{Q_x}{c\Delta t} = \frac{29.58}{1.01 \times 8} = 3.66 \text{kg/s}$$

9.3.2 风机盘管加新风系统

9.3-12. 某地一宾馆空调采用风机盘管＋新风系统，设计计算参数：室内干球温度为26℃，相对湿度为60%；室外干球温度为36℃、相对湿度为65%（标准大气压）。某健身房夏季室内冷负荷为4.8kW，湿负荷为0.6g/s。新风处理到室内状态的等焓线，因管路温升，新风的温度为23℃；风机盘管的出口干球温度为16℃；新风机组和风机盘管的表冷器机器露点均为90%，设空气密度为1.20kg/m³，风机盘管的风量应为下列哪一项？查 *h-d* 图计算，并绘制出处理过程。【2011-3-15】

A. 751~800m³/h
B. 801~805m³/h
C. 851~1000m³/h
D. 1001~1200m³/h

参考答案： C

主要解题过程：

室内热湿比线为：

$$\varepsilon = \frac{4.8}{0.6/1000} = 8000 \text{kJ/kg}$$

空气处理过程如图所示，查焓湿图得室内焓值 $h_N = 58\text{kJ/kg}$，室内等焓线与90%相对湿度线交于新风机器露点 L_W，L_W 沿等湿线向上交23℃温度线于 L'_W 点，即为新风出风状态点，可以假想两者混合至O点后送入室内，L'_W 与 L_F 点的连线与过室内点的热湿比线交点即为O点。

查焓湿图得 $h_N = 58\text{kJ/kg}$，$h_{LF} = 41.9\text{kJ/kg}$，$h_{LW'} = 59.8\text{kJ/kg}$，$h_O = 44.8\text{kJ/kg}$。

总送风量为：

$$L_{总} = \frac{4.8 \times 3600}{1.2 \times (58 - 44.8)} = 1091 \text{m}^3/\text{h}$$

风机盘管的送风量为：

$$L_{FCU} = L_{总} \times \frac{h_{L_{W'}} - h_O}{h_{L_{W'}} - h_{L_F}} = 1091 \times \frac{59.8 - 44.8}{59.8 - 41.9} = 914 \text{m}^3/\text{h}$$

9.3-13. 接上题，题干同上。因新风管路温升，产生的附加冷负荷应为下列哪一项？【2011-3-16】

A. 0.105~0.168kW
B. 0.231~0.248kW
C. 0.331~0.348kW
D. 0.441~0.488kW

参考答案： A

主要解题过程：

【解法一】

查焓湿图得 $h_N = h_{LW} = 58\text{kJ/kg}$，$h_{L_{W'}} = 59.8\text{kJ/kg}$。

$$L_X = L_总 - L_{FCU} = 1091 - 914 = 177 m^3/h$$

管路温升附加冷负荷为：

$$Q_{附加} = \rho L_X (h_{LW'} - h_{LW}) = \frac{1.2 \times 177 \times (59.8 - 58)}{3600} = 0.1062 kW$$

9.3-14. 某空调房间采用风机盘管（回水管上设置电动两通阀）加新风空调系统。房间空气设计参数为：干球温度 26℃，相对湿度 50%。房间的计算冷负荷为 8kW，计算湿负荷为 3.72kg/h，设计新风量为 1000m³/h，新风进入房间的温度为 14℃（新风机组的机器露点 95%）。风机盘管送风量为 2000m³/h。问若运行时，除室内相对湿度外，其他参数保持不变，则该房间实际的相对湿度接近下列哪一项？【2012-4-16】

　　A. 45%　　　　　　B. 50%　　　　　　C. 55%　　　　　　D. 60%

参考答案： C

主要解题过程：

查焓湿图得室内焓值 $h_N = 52.8 kJ/kg$，新风机器露点焓值 $h_{LW} = 38 kJ/kg$，则新风承担的室内负荷为：

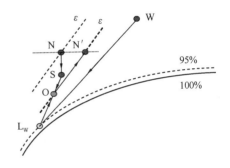

$$Q_X = \rho L_X (h_N - h_{LW})$$

$$= \frac{1.2 \times 1000 \times (52.8 - 38)}{3600}$$

$$= 4.93 kW$$

风机盘管承担的冷负荷应为：

$$Q_F = Q_总 - Q_X = 8 - 4.93 = 3.07 kW$$

风机盘管的机器露点出风焓值应该为：

$$h_{LF} = h_N - \frac{Q_F}{\rho L_F} = 52.8 - \frac{3.07 \times 3600}{1.2 \times 2000} = 48.2 kJ/kg$$

查焓湿图可知，当 L_F 点的焓值为 48.2kJ/kg，相对湿度为 95% 时，$d_{LF} > d_N$，因为风机盘管回风经过表冷器降温处理，含湿量不可能增加，最多只能维持不变，因此风机盘管无法将室内回风处理到 L_F 点，故判断风机盘管实际为干工况运行，重新计算风机盘管的出风温度为：

$$t_S = t_N - \frac{Q_F}{c\rho L_F} = 26 - \frac{3.07 \times 3600}{1.01 \times 1.2 \times 2000} = 21.4℃$$

风机盘管送风与新风混合后送入室内，沿热湿比线方向变化至 N′ 点，有 $t_{N'} = t_N$，查焓湿图可得 $\varphi_{N'}$ 约为 55%（若按风机盘管与新风分别送入室内再混合结果相同）。空气处理过程如图所示。

9.3-15. 某地大气压力 101.3kPa，夏季室外空气设计参数：干球温度 34℃，湿球温度 20℃，一房间的室内空气设计参数 $t_n=26℃$，$\varphi_n=55\%$，室内余湿量为 1.6kg/h，采用新风机组＋干式风机盘管，新风机组由表冷段＋循环喷雾段组成。已知：表冷段供水温度为 16℃，热交换效率系数为 0.75，新风机组出风的相对湿度 $\varphi_x=90\%$，查 h-d 图计算并绘制出空气处理过程，送入房间的新风量应是下列哪项？【2013-4-16】

A. 1280～1680kg/h

B. 1700～2300kg/h

C. 2400～3000kg/h

D. 3100～3600kg/h

参考答案：A

主要解题过程：空气处理过程如图所示。

根据《三版教材》式（3.4-15），有：

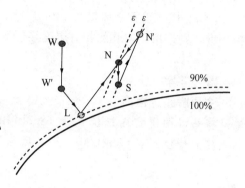

$$\eta=\frac{t_W-t_{W'}}{t_W-t_g}\Rightarrow t_{W'}=t_W-\eta\times(t_W-t_g)$$

$$=34-0.75\times(34-16)=20.5℃$$

循环喷雾为等焓加湿，查焓湿图得 $d_L=10.5g/kg$，$d_N=11.6g/kg$。余湿全部由新风机组承担，则新风量为：

$$G_X=\frac{W}{d_N-d_L}=\frac{1.6\times1000}{(11.6-10.5)}=1455kg/h$$

9.3-16. 某房间设置风机盘管加新风空调系统。室内设计温度为 25℃，含湿量为 9.8 g/kg$_{干空气}$；将新风处理到与室内空气等焓的状态点后送入室内，新风送风温度 19℃。已知该房间设计计算空调冷负荷为 2.8kW，热湿比为 12000kJ/kg，新风送风量 180m³/h。风机盘管应该承担的除湿量（g/s）最接近下列何项？（按标准大气压计算，空气密度为 1.2kg/m³，且不考虑风机与管路的温升）【2016-4-17】

A. 0.15　　　　　B. 0.23　　　　　C. 0.38　　　　　D. 0.46

参考答案：C

主要解题过程：查焓湿图得，新风处理到室内空气等焓状态点的含湿量 $d_{xf}=12.23g/kg_{干空气}$，d_{xf} 与室内含湿量 d_n 差额，即为新风系统带入室内的湿负荷，需由风机盘管系统承担。

$$W_1=G\cdot(d_{xf}-d_n)=\frac{180\times1.2}{3600}\times(12.23-9.8)=0.1458g/s$$

室内原有湿负荷为：

$$W_n=\frac{Q}{\varepsilon}=\frac{2.8}{12000}\times1000=0.233g/s$$

风机盘管应该承担的除湿量为：

$$W=W_n+W_1=0.233+0.1458=0.3788g/s$$

9.3.3　温湿度独立控制

9.3-17. 某医院病房区采用理想的温湿度独立控制空调系统，夏季室内设计参数 $t_n=$

27℃，$\varphi_n = 60\%$。室外设计参数：干球温度 36℃、湿球温度 28.9℃ [标准大气压、空气定压比热容为 1.01kJ/（kg·K），空气密度为 1.2kg/m³]。已知：室内总散湿量为 29.16kg/h，设计总送风量为 30000m³/h，新风量为 4500m³/h，新风处理后含湿量为 8.0g/kg干空气，问：新风空调机组的除湿量应为下列何项？查 h-d 图计算。【2012-4-13】

　　A. 25～35kg/h　　　　　　　　　　　B. 40～50kg/h

　　C. 55～65kg/h　　　　　　　　　　　D. 70～80kg/h

参考答案：D

主要解题过程：

　　查室外参数可知：$d_w = 22.46$g/kg干空气；

　　新风机组的送风量为：$4500 \times 1.2 = 5400$kg/h；

　　新风机组除湿量应为：$(22.46 - 8.0) \times 5400 = 78084$g/h $= 78.084$kg/h。

9.3-18. 接上题，问：系统的室内干式风机盘管承担的冷负荷应为下列何项（盘管处理后空气相对湿度为 90%）？查 h-d 图计算，并绘制空气处理的全过程（新风空调机组的出风的相对湿度为 70%）。【2012-4-14】

　　A. 39～49kW　　　　　　　　　　　B. 50～60kW

　　C. 61～71kW　　　　　　　　　　　D. 72～82kW

参考答案：B

主要解题过程： 空气处理过程如图所示。

风机盘管为干工况运行，过室内 N 点做等湿线与 90% 相对湿度线交于送风状态点 L，新风处理到 S 点后与风盘送风混合至 O 点后送入室内。

风机盘管的送风量为：

$$L_F = L_总 - L_X = 30000 - 4500 = 25500\text{m}^3/\text{h}$$

查焓湿图得 $t_L = 20.2$℃，则风机盘管承担的冷量为：

$$Q_F = c\rho L_F(t_N - t_L) = \frac{1.01 \times 1.2 \times 25500 \times (27 - 20.2)}{3600} = 58.4\text{kW}$$

9.3-19. 某房间采用温湿度独立控制方式的新风干式风机盘管空调系统，房间各项冷负荷逐时计算结果汇总如下表所示。问：在设备选型时，新风机组的设计冷负荷 Q_k 和干工况风机盘管的设计冷负荷 Q_f 应为以下哪一项？【2013-3-19】

各项冷负荷逐时计算结果汇总表（单位：W）

时刻	10：00	11：00	12：00	13：00	14：00	15：00	16：00
围护结构冷负荷	1800	2300	2700	2900	3000	3100	3000
照明冷负荷	200	210	220	230	240	250	260
人员潜热冷负荷	200	200	200	200	200	200	200

续表

时刻	10：00	11：00	12：00	13：00	14：00	15：00	16：00
人员显热冷负荷	100	110	120	130	140	150	160
新风冷负荷	900	1000	1100	1200	1300	1200	1100

A. $Q_k=1300W$，$Q_r=3580W$ B. $Q_k=1300W$，$Q_r=3650W$

C. $Q_k=1500W$，$Q_r=3380W$ D. $Q_k=1500W$，$Q_r=3500W$

参考答案： D

主要解题过程：

(1) 新风机组承担新风冷负荷和人员潜热冷负荷：

$$Q_k=200+1300=1500W$$

(2) 干式风机盘管承担其他冷负荷：

$$Q_r=3100+250+150=3500W$$

9.3-20. 已知某地一空调房间采用辐射顶板＋新风系统供冷（新风系统采用7℃/12℃冷水冷却除湿）设计室内参数，干球温度26℃，相对湿度60%，室内无余湿。当地气象条件：标准大气压、室外空调计算干球温度34℃，计算含湿量20g/kg_干空气，送入房间的新风处理方式中，设计合理的是下列哪一项？（新风处理后的相对湿度为90%）【2013-4-15】

A. 直接送入室外34℃的新风   B. 新风处理到约18℃送室内

C. 新风处理到约19.5℃送入室内   D. 新风处理到约26℃送入室内

参考答案： C

主要解题过程：

根据辐射顶板＋新风系统，室内无余湿，查焓湿图得，

$d_N=12.64g/kg$，$d_N<d_w$；新风需处理到室内等含湿量线；

由 $d_L=d_N=12.64g/kg$，$d_N=d_L$，$\varphi_L=90\%$ 查焓湿图，$t_L=19.3℃$。

9.3-21. 某空调办公室采用温湿度独立控制系统，设计室内空气温度24℃。房间热湿负荷的计算结果为：围护结构冷负荷1500W，人体显热冷负荷550W，人体潜热冷负荷300W，室内照明及用电设备冷负荷1150W。房间设计新风量合计为300m³/h，送入房间的新风温度要求为20℃。问：室内干工况末端装置的最小供冷量应为下列何项？［空气密度为1.2kg/m³，空气的定压比热为按1.01kJ/(kg·K)计算］【2014-3-18】

A. 2650W   B. 2796W

C. 3096W   D. 3200W

参考答案： B

主要解题过程： 房间总显热冷负荷 $Q_x=1500+550+1150=3200W$。

新风送风干球温度低于室内干球温度，新风系统承担一部分室内显热冷负荷：

$$Q_{x,w}=1.01\times300/3600\times1.2\times(24-20)=0.404kW=404W。$$

室内干工况承担其他显热冷负荷：

$$Q_{x,g} = Q_x - Q_{x,w} = 3200 - 404 = 2796W.$$

扩展：此题陷阱为容易忽略新风需承担室内部分显热冷负荷，而选择选项 D。

9.3-22. 某办公楼采用温湿度独立控制空调系统，夏季室内设计参数为 $t=26℃$，$\varphi_n=60\%$，室内总显热冷负荷为 35kW。湿度控制系统（新风系统）的送风量为 $2000m^3/h$，送风温度为 19℃；温度控制系统由若干台干式风机盘管构成，风机盘管的送风温度为 20℃。试问温度控制系统的总风量应为下列何项？（取空气密度为 $1.2kg/m^3$，比热容为 $1.01kJ/(kg·K)$。不计风机、管道温升）【2014-4-17】

A. 14800～14900m³/h
B. 14900～15000m³/h
C. 16500～16600m³/h
D. 17300～17400m³/h

参考答案：B

主要解题过程：新风系统送风干球温度低于室内干球温度，因此新风系统承担一部分室内显热冷负荷：

$$Q_{x,w} = c_p \rho L_x (t_n - t_{w,o}) = 1.01 \times 1.2 \times \frac{2000}{3600} \times (26-19) = 4.71kW$$

温度控制系统实际承担冷负荷：

$$Q_{x,g} = Q_x - Q_{x,w} = 35 - 4.71 = 30.29kW$$

温度控制系统送风量：

$$L_g = \frac{3600 Q_{x,g}}{\rho c_p (t_n - t_{g,o})} = \frac{3600 \times 30.29}{1.2 \times 1.01 \times (26-20)} = 14995m^3/h$$

9.3-23. 某演艺厅的空调室内显热冷负荷为 54kW，潜热冷负荷为 16.4kW，湿负荷为 24kg/h；室内设计参数为 $t=25℃$，$\varphi=60\%$（$h=55.5kJ/kg$，$d=11.89kg/kg$），室外设计参数为干球温度 31.5℃、湿球温度 26℃（$h=80.4kJ/kg$，$d=18.98kg/kg$）；若采用温湿度独立控制空调系统，湿度控制系统为全新风系统，设计送风量为 $6000m^3/h$，新风处理采用冷却除湿方式，露点送风（机器露点相对湿度为 95\%）；温度控制系统采用干式显热处理末端。问：湿度控制系统的设计冷量 $[Q_H (kW)]$ 和温度控制系统的设计冷量 $[Q_T (kW)]$ 最接近下列何项？（标准大气压，空气密度取 $1.2kg/m^3$）【2017-4-19】

A. $Q_H=49.8$，$Q_T=54$
B. $Q_H=49.8$，$Q_T=29$
C. $Q_H=92$，$Q_T=29$
D. $Q_H=92$，$Q_T=11$

参考答案：C

主要解题过程：新风系统送风含湿量为：

$$d_L = d_n - \frac{W \times 1000}{\rho \times L} = 11.89 - \frac{24 \times 1000}{1.2 \times 6000} = 8.6g/kg$$

查 h-d 图，d_L 与 $\varphi=95\%$ 相对湿度线的交点为机器露点 L，$t_L=12.5℃$，$h_L=34.5kJ/kg$。

湿度控制系统的设计冷量为：

$$Q_H = \frac{\rho \times L \times (h_w - h_L)}{3600} = \frac{1.2 \times 6000 \times (80.4 - 34.5)}{3600} = 91.8kW$$

由于新风送风温度低于室内温度，因此负担了一部分显热负荷，湿度控制系统承担的室内显热负荷为：

$$Q_{H,t} = \frac{c \times \rho \times L \times (t_n - t_L)}{3600} = \frac{1.01 \times 1.2 \times 6000 \times (25 - 12.5)}{3600} = 25.25kW$$

温度控制系统的设计冷量为：

$$Q_T = Q_t - Q_{H,t} = 54 - 25.25 = 28.75kW$$

9.3-24. 某图书阅览室采用一套温湿度独立控制系统。温度控制系统采用风机盘管，湿度控制系统（新风系统）处理后空气温度为 13.9℃，含湿量为 9g/kg，比焓为 36.78kJ/K。阅览室总面积 300m²，总在室人员 120 人。总热湿负荷计算结果为：围护结构冷负荷 8400W，人员显热冷负荷 8040W，人员散湿量 7320g/h，照明及用电设备冷负荷 6000W。室内设计参数为：干球温度 25℃，相对湿度 60%，室内空气含湿量 12.04g/kg。室外空气计算参数为：干球温度 32℃，比焓 81kJ/kg。问新风机组耗冷量（kW）和风机盘管供冷量（kW），最接近下列哪项（不考虑风机温升和管道冷损耗）？［空气密度为 1.2kg/m³，比热为 1.01kJ/(kg·K)］【2018-4-17】

A. 新风机组耗冷量 35.4，风机盘管供冷量 13.5
B. 新风机组耗冷量 29.6，风机盘管供冷量 13.5
C. 新风机组耗冷量 35.4，风机盘管供冷量 22.4
D. 新风机组耗冷量 29.6，风机盘管供冷量 22.4

参考答案： A

主要解题过程：

室内人员密度为：

$$q = \frac{120}{300} = 0.4 人/m^2$$

根据《民规》表 3.0.6-4 查得，人均最小新风量为 20m³/h，则人员需求新风量为：

$$L_1 = 120 \times 20 = 2400m^3/h$$

除湿需求新风量为：

$$L_2 = \frac{W}{\rho \Delta d} = \frac{7320}{(12.04 - 9) \times 1.2} = 2007m^3/h$$

二者对比取大值，新风量应为 2400m³/h，则新风机组耗冷量为：

$$Q_X = \frac{\rho m (h_w - h_O)}{3600} = \frac{1.2 \times 2400 \times (81 - 36.78)}{3600} = 35.4kW$$

新风机组承担的室内显热冷负荷为：

$$Q_{X-sh} = \frac{c\rho m (t_N - h_O)}{3600} = \frac{1.01 \times 1.2 \times 2400 \times (25 - 13.9)}{3600} = 8.97 \text{kW}$$

风机盘管供冷量为：

$$Q_F = Q_{sh} - Q_{X-sh} = 8.4 + 8.04 + 6 - 8.97 = 13.5 \text{kW}$$

9.3.4　直流式空调与独立新风处理系统

9.3-25. 已知某地室外设计计算参数：干球温度 35℃、湿球温度 28℃（标准大气压），需设计直流全新风系统，风量为 1000m³/h（空气密度取为 1.2kg/m³），要求提供新风的参数为：干球温度 15℃、相对湿度 30%。试问：采用一级冷却除湿（处理到相对湿度 95%，焓降 45kJ/kg 干空气）＋转轮除湿（冷凝水带走热量忽略不计）＋二级冷却方案，符合要求的转轮除湿器后空气温度应为下列何项？查 h-d 图，并绘制出全部处理过程。【2012-4-15】

A. 15℃

B. 15.8~16.8℃

C. 35℃

D. 35.2~36.2℃

参考答案：D

主要解题过程：查焓湿图得 $h_W = 89.5$kJ/kg，根据题意，一级冷却除湿后达到 W_1 点，焓值降低了 45kJ/kg，则 $h_{W_1} = 89.5 - 45 = 44.5$kJ/kg 与 95% 相对湿度线的交点即为 W_1 点，根据《三版教材》P373，转轮除湿过程接近于等焓过程，过送风状态点 S 做等湿线与 W_1 点的等焓线相交于 W_2 点，查得 $t_{W2} = 36.3$℃，空气处理过程如图所示。

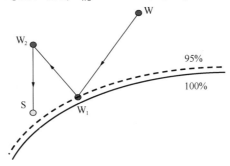

9.3-26. 某设置送、回风机的双风机全空气定风量系统设计风量为 40000m³/h，最小新风比为 20%，室内设计温度 26℃，室内冷负荷 293.3kW，湿负荷 144kg/h，空气处理机组表冷器出风参数 12℃/95%。若不考虑风机、管道及回风温升，试计算：当室外新风参数为 20℃/85% 时，如果室内冷负荷和湿负荷不随室外空气参数变化且室内空气参数保持不变，则全新风工况相比最小新风工况每小时的节能量（kW·h），最接近下列哪项？【2018-3-14】

A. 340

B. 283

C. 87

D. 30

参考答案：D

主要解题过程：

【解法一】

热湿比 $\varepsilon = \dfrac{\Delta h}{\Delta d} = \dfrac{293.3 \times 3600}{144} = 7332.5$kJ/kg。

过表冷器送风状态点 O 做热湿比线，与 26℃等温线交于 N 点（见下图），查焓湿图，$h_N=55\text{kJ/kg}$，$h_W=51.7\text{kJ/kg}$，$h_O=33\text{kJ/kg}$，则全新风工况相比最小新风工况每小时的节能量为：

$$\Delta Q = \frac{L \times (1-m) \times \rho}{3600} \times (h_N - h_W) = \frac{40000 \times (1-20\%) \times 1.2}{3600} \times (55 - 51.7)$$

$$= 35.2\text{kW}$$

【解法二】查焓湿图，$h_W=51.7\text{kJ/kg}$，$h_O=33\text{kJ/kg}$。

根据室内冷负荷计算室内状态点焓值为：

$$h_N = \frac{Q \times 3600}{L \times \rho} + h_O = \frac{293.3 \times 3600}{40000 \times 1.2} + 33 = 55\text{kJ/kg}$$

则全新风工况相比最小新风工况每小时的节能量为：

$$\Delta Q = \frac{L \times (1-m) \times \rho}{3600} \times (h_N - h_W)$$

$$= \frac{40000 \times (1-20\%) \times 1.2}{3600} \times (55 - 51.7) = 35.2\text{kW}$$

【解法三】热湿比：$\varepsilon = \frac{\Delta h}{\Delta d} = \frac{293.3 \times 3600}{144} = 7332.5\text{kJ/kg}$。

由于该热湿比值不易从焓湿图中精确确定，因此本题不宜用作图法确定室内状态点 N。

根据题意，查焓湿图：$h_W=51.7\text{kJ/kg}$，$h_L=33\text{kJ/kg}$。根据热平衡方程 $Q=\rho L(h_N - h_L)$ 计算：

$$h_N = \frac{Q}{\rho L} + h_L = \frac{293.3}{1.2 \times 40000/3600} + 33 = 55\text{kJ/kg}$$

（1）回风工况

确定回风、新风混合状态点 C，$h_C = 80\% h_N + 20\% h_W$
$= 0.8 \times 55 + 0.2 \times 51.7 = 54.34\text{kJ/kg}$。

所需冷量：$Q_1 = \rho L(h_C - h_L) = 1.2 \times 40000/3600(54.43 - 33) = 285.73\text{kW}$。

（2）全新风工况

所需冷量：$Q_2 = \rho L(h_W - h_L) = 1.2 \times 40000/3600 (51.7 - 33) = 249.33\text{kW}$。

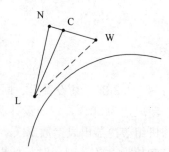

则全新风工况相比最小新风工况每小时的节能量为：$\Delta Q = Q_1 - Q_2 = 285.73 - 249.33 = 36.4\text{kW}$。

或：计算完混合状态点 C 的焓值后，直接计算节能量 $\Delta Q = \rho L(h_W - h_C)$。

9.3-27. 已知某空调房间送风量为 $1000\text{m}^3/\text{h}$，空气处理过程、送风状态点 S、过程状态点 S_1、S_2 的有关参数如下图所示。问：S_1 到 S 过程的加热量（kW）和加湿量（kg/h），最接近下列何项？ ［室外大气压 101325Pa、空气密度 1.2kg/m^3、空气比热容 1.01kJ/

$(kg \cdot K)]$。【2018-3-17】

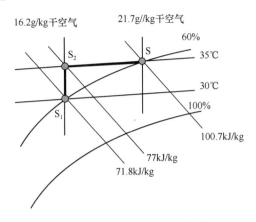

A. 加热量 1.4、加湿量 5.4

B. 加热量 1.4、加湿量 6.6

C. 加热量 1.7、加湿量 5.4

D. 加热量 1.7、加湿量 6.6

参考答案：D

主要解题过程：

加热量为：

$$Q = \frac{cL\rho(t_S - t_{S1})}{3600} = \frac{1.01 \times 1000 \times 1.2 \times (35 - 30)}{3600} = 1.68 \text{kW}$$

加湿量为：

$$W = \frac{L\rho(d_S - d_{S1})}{1000} = \frac{1000 \times 1.2 \times (21.7 - 16.2)}{1000} = 6.6 \text{kg/h}$$

9.4 热湿处理设备

9.4-1. 在标准大气压力下，将干球温度为 34℃、相对湿度为 70％、流量为 5000m³/h 的室外空气处理到干球温度为 24℃、相对湿度为 55％的送风状态。试问处理过程中空气的除湿量为下列哪一项？（查 h-d 图计算，空气密度取 1.2kg/m³）。【2011-4-16】

A. 60～65kg/h

B. 70～75kg/h

C. 76～85kg/h

D. 100～105kg/h

参考答案：C

主要解题过程：根据已知条件查 h-d 图：$d_w = 23.75$g/kg；$d_n = 10.24$g/kg干空气；

除湿量 $W = L\rho(d_w - d_n) = \dfrac{5000 \times 1.2(23.75 - 10.24)}{1000} = 81.06$kg/h。

9.4-2. 某餐厅（高 6m）空调夏季室内设计参数为：$t = 25$℃，$\varphi = 50$％。计算室内冷负荷为 $\Sigma Q = 24250$W，总余湿量 $\Sigma W = 5$g/s。该房间采用冷却降温除湿、机器露点最大送风温差送风的方式（注：无再热热源，不计风机和送风管温升）。空调机组的表冷器进水温度为 7.5℃。当地为标准大气压。问：空调时段，房间的实际相对湿度接近以下哪一项（取"机器露点"的相对湿度为 95％）？绘制焓湿图，图上应绘制过程线。【2011-4-17】

A. 50%   B. 60%   C. 70%   D. 80%

参考答案： C

主要解题过程：《民规》第 7.5.4 条：室内点为 N，机器露点温度 $t_L = 7.5 + 3.5 = 11℃$，相对湿度 $\varphi_L = 95\%$。

热湿比 $\varepsilon = 24250/5 = 4850$kJ/kg（见右图）。过机器露点 L 作热湿比 $\varepsilon = 4850$ 的过程线，与 $t = 25℃$ 线交点的相对湿度为 $\varphi_{N'} = 70\%$。

扩展： 本题题目若改为不通过绘制热湿比线，仅靠计算及焓湿图取值，则解法如下：

查焓湿图，室内设计状态点（25℃，50%，50.28kJ/kg，9.88g/kg）、送风状态点（11℃，95%，30.59kJ/kg，7.75g/kg）、室内运行状态点为（25℃，φ，h，d）。其中，φ 就是要求的实际相对湿度点。

其中，室内运行状态点焓值为 $h = 1.01 \times 25 + (2.5 + 0.00184 \times 25) \times d = 25.25 + 2.546d$；

根据热湿比的定义则 $\varepsilon = (i - 30.59)/[0.001(d - 7.75)] = 24250/5 = 4850$；

将室内运行状态点焓值代入热湿比公式，可得：$25.25 + 2.546d - 30.59 = 4.85(d - 7.75)$，解得 $d = 13.942$g/kg。

则室内运行状态点为（25℃，φ，h，13.942g/kg），在焓湿图上可由两个状态点确定其他参数，那么查 25℃ 干球温度和 13.942g/kg 的湿度对应的实际室内点为（25，70%，60.57kJ/kg，13.92g/kg），即相对湿度 $\varphi = 70\%$。

9.4-3. 某地一室内游泳池的夏季室内设计参数 $t_n = 32℃$，$\varphi_n = 70\%$。室外计算参数：干球温度 35℃，湿球温度 28.9℃ [标准大气压，空气定压比热容为 1.01kJ/(kg·K)。空气密度为 1.2kg/m³]。已知：室内总散湿量为 160kg/h，夏季设计总送风量为 50000m³/h，新风量为送风量的 15%。问：组合式空调机组表冷器的冷量应为下列何项（表冷器处理后的空气相对湿度为 90%）？查 h-d 图计算，有关参数见下表。【2012-3-14】

室内 d_n （g/kg干空气）	室内 h_n （kJ/kg干空气）	室外 d_w （g/kg干空气）	室内 h_w （kJ/kg干空气）
21.2	86.4	22.8	94

A. 170~185kW   B. 195~210kW   C. 215~230kW   D. 235~250kW

参考答案： D

主要解题过程：

【解法一】

（1）新风负荷 $Q_w = G_w(h_w - h_n) = 0.15 \times 50000 \times 1.2 \div 3600 \times (94 - 86.4) = 19$kW。

（2）$W \times 1000 \div (d_n - d_o) = G$，即 $160 \times 1000 \div (21.2 - d_o) = 50000 \times 1.2$，故 $d_o = 18.53$g/kg。

（3）根据题意，查焓湿表 $d_o(d_o = d_L)$，90% 对应 $h_L = 73.07$kJ/kg。

（4）室内负荷（包括再热）：$Q_y = G \times (h_n - h) = 50000 \times 1.2 \times (86.4 - 73.07) \div 3600 = 222.17$kW。

（5）表冷器的冷量：$Q = Q_w + Q_y = 19 + 222.17 = 241.17$kW。

【解法二】

（1）$G_w/G = (h_c - h_n)/(h_w - h_n) = 15\%$，得出 $h_c = h_n + (h_w - h_n) \times 15\% = 86.4 + (94 - 86.4) \times 0.15 = 87.54$kJ/kg。

（2）$Q = G \times (h_c - h_L) = 50000 \times 1.2 \div 3600 \times (87.54 - 73.07) = 241.17$kW。

9.4-4. 接上题。为维持室内游泳池夏季设计室温 32℃，设计相对湿度 70% 的条件。已知：计算的夏季显热冷负荷为 80kW。问：空气经组合式空调机组的表冷器冷却除湿后，空气的再热量应为何项？并用 h-d 图绘制该游泳池空气处理的全部过程。【2012-3-15】

　　A. 25~40kW　　　　　　　　　　　　B. 46~56kW
　　C. 85~95kW　　　　　　　　　　　　D. 170~190kW

参考答案：A

主要解题过程：

（1）显热冷负荷 $Q_x = G \times 1.01(t_n - t_o)$，$80 = 50000 \times 1.2 \div 3600 \times 1.01(32 - t_o)$，$t_o = 27.25$℃。

（2）由上题算出 $d_o = 18.53$g/kg（$d_o = d_L$）及 90%，查焓湿图：$t_L = 25.5$℃。

（3）$Q_{再热} = C \times G \times (t_o - t_L)$，$Q_{再热} = 1.01 \times 50000 \times 1.2 \div 3600 \times (27.25 - 25.5) = 29.5$kW。

9.4-5. 某空调系统用表冷器处理空气，表冷器进口温度为 34℃，出口温度为 11℃，冷水进口温度为 7℃，则表冷器的热交换效率系数应为下列哪一项？【2013-3-15】

　　A. 0.58~0.64　　　　　　　　　　　　B. 0.66~0.72
　　C. 0.73~0.79　　　　　　　　　　　　D. 0.80~0.86

参考答案：D

主要解题过程：根据《三版教材》式（3.4-15）：

表冷器的热交换效率系数 $\varepsilon_1 = (t_1 - t_2)/(t_1 - t_{w1}) = (34 - 11)/(34 - 7) = 0.852$

9.4-6. 某空调机组内，空气经过低压饱和干蒸汽加湿器处理后，空气的比焓值增加了 12.75kJ/kg$_{干空气}$，含湿量增加了 5g/kg$_{干空气}$，请问空气流经干蒸汽加湿器前后的干球温度最接近下列哪一项？【2016-3-12】

　　A. 加湿前为 26.5℃，加湿后为 27.2℃

　　B. 加湿前为 27.2℃，加湿后为 27.2℃

　　C. 加湿前为 27.2℃，加湿后为 30.2℃

　　D. 加湿前为 30.5℃，加湿后为 30.5℃

参考答案：B

主要解题过程： 根据《三版教材》P413，干蒸汽加湿器属于等温加湿过程，根据式 (3.1-10) 得：

$$\Delta h = \Delta d(2500 + 1.84t)$$

$$12.75 = \frac{5}{1000} \times (2500 + 1.84t)$$

$$t = 27.17℃$$

9.4-7. 某空调房间采用辐射顶板供冷。新风（1500m³/h）承担室内湿负荷和部分室内显热冷负荷，新风的处理过程为：进风—排风/新风空气热回收设备（全热交换效率70%）—表冷器（机器露点90%）—诱导送风口（混入部分的室内空气），有关设计计算参数见下表（当地大气压为101.3hPa，空气密度为1.2kg/m³）：

室内温度与相对湿度	室内湿负荷（kg/h）	室外温度（℃）/湿球温度（℃）
26℃、55%	3.6	35/27

查 h-d 图，计算新风表冷器的计算冷量（kW）应接近下列何项？【2016-3-13】

A. 9.5   B. 12.5

C. 20.5   D. 26.5

参考答案： B

主要解题过程：

【解法一】

室内潜热负荷为：

$$Q_q = \frac{W}{3600} \times (2500 + 1.84 \times t_n) = \frac{3.6}{3600} \times (2500 + 1.84 \times 26) = 2.548\text{kW}$$

查焓湿图得：$h_w = 85.7\text{kJ/kg}$，$d_w = 19.69\text{g/kg}$，$h_n = 56\text{kJ/kg}$，$d_n = 11.65\text{g/kg}$。

新风热回收后新风出风状态点：

$$\frac{h_w - h'_w}{h_w - h_n} \times 100\% = 70\%$$

$$\frac{85.7 - h'_w}{85.7 - 56} \times 100\% = 70\%$$

$$h'_w = 64.91\text{kJ/kg}$$

因室内湿负荷较低，并由诱导风口诱导室内空气与新风送风进行混合后送入室内，无法确定诱导送风量及诱导后送风状态点，暂且认为新风经表冷器处理后送风状态 $d_o = d_n = 11.65\text{g/kg}$（而实际送风状态点 $d'_n < d_n$，室内湿负荷由新风系统承担），查焓湿图得 $h_o = 47\text{kJ/kg}$，则新风表冷器不承担室内潜热负荷时的冷量为：

$$Q' = G_{xf}(h'_w - h_o) = \frac{1500 \times 1.2}{3600} \times (64.91 - 47) = 8.955\text{kW}$$

因新风系统承担室内潜热负荷，所以新风表冷器实际需承担冷量为：

$$Q = Q' + Q_q = 8.955 + 2.548 = 11.503\text{kW}$$

与选项 B 最为接近。

【解法二】

(1) 根据题意，新风送风量为：$G_w = 1.2 \times 1500 = 1800 \text{kg/h}$，湿负荷 $W = 3.6 \text{kg/h}$。

查焓湿图确定 $h_w = 85.7 \text{kJ/kg}$，$d_w = 19.69 \text{g/kg}$，$h_n = 56 \text{kJ/kg}$，$d_n = 11.65 \text{g/kg}$。

(2) 根据全热交换效率公式，确定新风经热回收后出风状态点 W'。

$$\frac{h_w - h_w'}{h_w - h_n} \times 100\% = 70\%$$

$$\frac{85.7 - h_w'}{85.7 - 56} \times 100\% = 70\%$$

$$h_w' = 64.91 \text{kJ/kg}$$

(3) 根据新风负担全部湿负荷，确定新风经表冷器冷却去湿处理后的送风状态点 O'：

$$G_w = \frac{W}{d_n - d_{o'}}$$

$$d_{o'} = d_n - \frac{W}{G_w} = 11.65 - \frac{3.6 \times 1000}{1800} = 9.65 \text{g/kg}$$

$d_{o'} = 9.65 \text{g/kg}$ 与相对湿度 90% 交点即为新风送风状态点 O'，查焓湿图 $h_{o'} = 39.5 \text{kJ/kg}$。

(4) 计算新风机组表冷器计算冷量 Q。进入新风机表冷器前后状态分别为 W'，Q'。

$$Q = G_w(h_{w'} - h_{o'}) = \frac{1800}{3600} \times (64.91 - 39.5) = 12.7 \text{kW}$$

9.4-8. 某空调区的室内设计参数为 $t = 25℃$，$\varphi = 55\%$，其显热冷负荷为 30kW，湿负荷为 5kg/h。为其服务的空调系统的总送风量为 $10000 \text{m}^3/\text{h}$，新风量为 $1500 \text{m}^3/\text{h}$。空气处理流程如下图所示，其中表冷器 1 承担了空调区的全部湿负荷，且机器露点为 90%。问：表冷器 2 需要的冷量（kW）应为下列哪一项？[按标准大气压条件查 h-d 图计算，空气密度为 1.2kg/m^3，定压比热容为 1.01kJ/(kg·K)，且不考虑风机与管路的温升]
【2016-4-14】

A. 表冷器 1 的冷量已能满足要求，表冷器 2 所需冷量为 0

B. 表冷器 2 所需冷量为 20.5~22.0

C. 表冷器 2 所需冷量为 22.5~24.0

D. 表冷器 2 所需冷量为 25.5~26.0

参考答案：C

主要解题过程：查焓湿图得 $d_n = 11.01 \text{g/kg}_{干空气}$，室内湿负荷全部由表冷器 1 承担，则有：

$$W = G_{xf} \times (d_n - d_l)$$

$$\frac{5}{3600} = \frac{1500 \times 1.2}{3600} \times (11.01 - d_l) \times 10^{-3}$$

$$d_l = 8.23 \mathrm{g/kg_{干空气}}$$

过 $d_l = 8.23 \mathrm{g/kg_{干空气}}$ 做等湿线与相对湿度 90% 交点即为新风经表冷器 1 处理后的送风状态点，查图得 $t_l = 12.6℃$，则新风承担部分室内显热负荷为：

$$Q_{x.w} = cm\Delta t = 1.01 \times \frac{1500 \times 1.2}{3600} \times (25 - 12.6) = 6.26 \mathrm{kW}$$

表冷器 2 承担室内显热冷负荷为：

$$Q_2 = Q_x - Q_{x.w} = 30 - 6.26 = 23.74 \mathrm{kW}$$

9.4-9. 某空调工程采用设计风量为 $80000 \mathrm{m^3/h}$ 的组合式空调机组，样本提供机组的漏风率为 0.3%（标准空气状态），实际使用条件：温度为 $15℃$，大气压力为 $81200 \mathrm{Pa}$。问：该空调机组的实际设计漏风量（kg/h）应最接近下列何项？【2017-3-12】

A. 196　　　　　　B. 235　　　　　　C. 240　　　　　　D. 1600

参考答案：B

主要解题过程：标准状态下的漏风量为：

$$L = 80000 \times 0.3\% = 240 \mathrm{m^3/h}$$

根据《三版教材》P272 式（2.8-5），实际空气的密度为：

$$\rho = 1.293 \times [273/(273+t)] \times (B/101.3)$$
$$= 1.293 \times [273/(273+15)] \times (81.2/101.3)$$
$$= 0.982 \mathrm{kg/m^3}$$

实际设计漏风量为：

$$G = L \times \rho = 240 \times 0.982 = 235.7 \mathrm{kg/h}$$

9.5 空 调 水 系 统

9.5.1 水泵问题

9.5-1. 二管制空调水系统，夏季测得如下数据：空调冷水流量 $G = 108 \mathrm{m^3/h}$，回、供水温度分别为 $11.5℃$、$7.5℃$，水泵轴功率 $N = 10 \mathrm{kW}$，水泵效率为 75%。问系统的输送能效比（ER）为下列哪一项？注：水的密度 $\rho = 1000 \mathrm{kg/m^3}$，比热为 $4.2 \mathrm{kJ/(kg \cdot K)}$。【2011-3-12】

A. $0.0171 \sim 0.0190$　　　　　　　　B. $0.0191 \sim 0.0210$

C. $0.0211 \sim 0.0230$　　　　　　　　D. $0.0236 \sim 0.0270$

参考答案：B

主要解题过程：《公建节能 2005》第 5.3.27 条：

$$H = \frac{367.3 \eta N}{G} = \frac{367.3 \times 0.75 \times 10}{108} = 25.5 \mathrm{m};$$

$$ER = \frac{0.002342H}{\Delta T \eta} = \frac{0.002342 \times 25.5}{(11.5 - 7.5) \times 0.75} = 0.0199.$$

9.5-2. 某集中空调系统需供冷量 $Q=2000kW$，供回水温差 $\Delta t=6℃$，在设计状态点，水泵的扬程为 $H=28m$，效率为 $\eta=75\%$，选择两台同规格水泵，单台水泵轴功率是下列哪一项 $[C_P=4.18kJ/(kg \cdot K)]$？【2011-3-18】

A. 20～21kW
B. 11～12kW
C. 14～15kW
D. 17～18kW

参考答案：C

主要解题过程：$G=\dfrac{0.86 \times 2000}{6}=286.7m^3/h$；

$$N=\frac{GH}{367.3\eta \times 2}=\frac{286.7 \times 28}{367.3 \times 0.75 \times 2}=14.6kW。$$

9.5-3. 某高层酒店采用集中空调系统，冷水机组设在地下室，采用单台离心式水泵输送冷水。水泵设计工况：流量为 $400m^3/h$，扬程为 $50m$ 水柱，配套电机功率为 $75kW$。系统运行后水泵发生停泵，经核查，系统运行时的实际阻力为 $30m$ 水柱。水泵性能有关数据见下表。实际运行工况下，水泵功率接近下列哪一项？并解释引起故障的原因。【2011-4-13】

流量（m³/h）	扬程（m）	备 注	流量（m³/h）	扬程（m）	备 注
280	54.5		480	39	
400	50	效率75%	540	30	效率50%

A. 90kW
B. 75kW
C. 55kW
D. 110kW

参考答案：A

主要解题过程：水泵实际运行时的耗功：$N=\dfrac{GH}{367.3\eta}=\dfrac{540 \times 30}{367.3 \times 0.5}=88kW>$设计功率 $75kW$。

主要原因是水泵选型不正确。实际阻力小于设计值，实际流量 $540m^3/h>$设计流量 $400m^3/h$；水泵处于超载状态，实际功率大于设计功率，所以会发生停泵。

9.5-4. 实测某空调冷水系统（水泵）流量为 $200m^3/h$，供水温度为 $7.5℃$，回水温度为 $11.5℃$，系统压力损失为 $325kPa$。后采用变频调节技术将水泵流量调小到 $160m^3/h$。如加装变频器前后的水泵效率不变（$\eta=0.75$），并不计变频器能量损耗，水泵轴功率减少的数值应为下列何项？【2012-3-12】

A. 8.0～8.9kW
B. 9.0～9.9kW
C. 10.0～10.9kW
D. 11.0～12.0kW

参考答案：D

主要解题过程：

$$H_2=H_1\left(\frac{G_2}{G_1}\right)^2=325 \times \left(\frac{160}{200}\right)^2=208kPa=21.2mH_2O$$

$$N=\frac{G_1H_1-G_2H_2}{367.3\eta}=\frac{200 \times 33.2-160 \times 21.2}{367.3 \times 0.75}=11.8kW$$

9.5-5. 某高层酒店采用集中空调系统，冷水机组设在地下室，采用离心式循环水泵输送冷水，单台水泵流量为 $400m^3/h$，扬程为 $50mH_2O$，系统运行后，发现水泵出现过载现象，水泵阀门要关至 1/4 水泵才可正常进行，且满足供冷要求。经测试，系统实际循环水泵流量为 $300m^3/h$。查该水泵样本见下表，若采用改变水泵转速的方式，则满足供冷要求时，水泵转速应接近何项？【2012-3-20】

型号	流量（m^3/h）	扬程（mH_2O）	转速（r/min）	功率（kW）
200/400	280	54.5	1460	75
	400	50		
	480	39		

A. 980r/min

B. 1100r/min

C. 2960r/min

D. 760r/min

参考答案： B

主要解题过程： $n_2 = G_2 \div G_1 \times n_1$，$n_2 = 300 \div 400 \times 1460 = 1095r/min$。

9.5-6. 某酒店集中空调系统采用离心式循环水泵输送冷水，设计选用水泵额定流量 $200m^3/h$，扬程 $50mH_2O$，配套电机功率 45kW，系统运行后，水泵常因故障停泵。经实测，水泵扬程为 30m 水柱，该水泵性能的有关数据见下表，实际运行时，水泵轴功率接近下列哪一项？并说明停泵原因。【2013-4-12】

型号	流量（m^3/h）	扬程（m）	效率 η
200/400	140	53	68%
200/400	200	50	75%
200/400	260	46	71%
200/400	370	30	60%

A. ～45kW

B. ～50kW

C. ～55kW

D. ～75kW

参考答案： B

主要解题过程： 根据《红宝书》P1177：

水泵功率 $N = \dfrac{\rho g G_v H}{1000\eta} = \dfrac{GH}{367.3\eta} = \dfrac{370 \times 30}{367.3 \times 60\%} = 50kW >$ 配套电机功率 45kW

停泵原因为：水泵选型不正确，实际阻力小于设计值，实际流量大于设计值，实际功率大于设计值水泵超载，所以停泵。

9.5-7. 某空调冷水系统如右图所示，设计工况下，二次侧水泵的运行效率为 75%，水泵轴功率为 10kW，当末端及系统处于低负荷时，该系统采用恒定水泵出口压力的方式来自动控制水泵的转速，当系统所需要的流量为设计工况的 50% 时，假设二次侧水泵在此工况下的效率为 60%。问：此时二次侧水泵所需的轴功率接近下列哪一项（膨胀管连

接在水泵吸入口)?【2013-4-19】

A. 12.5kW

B. 6.3kW

C. 5.0kW

D. 1.6kW

参考答案： B

主要解题过程：

根据《红宝书》P1177：

水泵功率 $N = \dfrac{\rho g G_v H}{1000\eta} = \dfrac{GH}{367.3\eta}$; $\Rightarrow N_2 = N_1 \dfrac{G_2}{G_1} \dfrac{\eta_1}{\eta_2} =$

$10 \times 50\% \times \dfrac{75\%}{60\%} = 6.25\text{kW}$

9.5-8. 成都市某 12 层的办公建筑，设计总冷负荷为 850kW，冷水机组采用 2 台水冷螺杆式冷水机组。空调水系统采用二管制一级泵系统，选用 2 台设计流量为 100m³/h，设计扬程为 30m 的冷水循环泵并联运行。冷冻机房至系统最远用户的供回水管道的总输送长度为 350m，那么冷水循环泵的设计工作点效率应不小于多少?【2014-3-17】

A. 58.3%

B. 69.0%

C. 76.4%

D. 80.9%

参考答案： D

主要解题过程： 根据《民规》第 8.5.12 条，由表 8.5.12-1，对于冷水系统，$\Delta T = 5\ ℃$。

由《民规》表 8.5.12-2，对于设计流量 100m³/h 的冷水泵，$A = 0.003858$；

由《民规》表 8.5.12-3，一级泵冷水系统单冷管道，$B = 28$；

供回水管道总输送长度，$\sum L = 350\text{m}$，由《民规》表 8.5.12-4，对于冷水系统，$\alpha = 0.02$。

$ECR \leqslant A(B + \alpha \sum L)/\Delta T = 0.003858 \times (28 + 0.02 \times 350)/5 = 0.027006$

$\eta \geqslant \dfrac{0.003096 \sum(GH)}{ECR \cdot \sum Q} = \dfrac{0.003096 \times 2 \times 100 \times 30}{0.027006 \times 850} = 0.809 = 80.9\%$

9.5-9. 某集中空调冷水系统的设计流量为 200m³/h，计算阻力为 300kPa，设计选择水泵扬程 H（kPa）与流量 Q（m³/h）的关系式为 $H = 410 + 0.49Q - 0.0032Q^2$。投入运行后，实测实际工作点的水泵流量为 220m³/h。问：与采用变频调速（达到系统设计工况）理论计算的水泵轴功率相比，该水泵实际运行所增加的功率（kW）最接近以下何项?（水泵效率均为 70%）【2016-3-14】

A. 2.4

B. 2.9

C. 7.9

D. 23.8

参考答案： C

主要解题过程： 理论计算时水泵轴功率：

$$N_1 = \frac{G_1 \cdot H_1}{367.3 \times \eta} = \frac{200 \times \dfrac{300}{9.81}}{367.3 \times 0.7} = 23.8\text{kW}$$

实际工作时水泵扬程：

$$H_2 = 410 + 0.49Q - 0.0032Q^2 = 410 + 0.49 \times 220 - 0.0032 \times 220^2 = 362.92\text{kPa}$$

$$H = \frac{362.92}{9.81} = 37\ \text{mH}_2\text{O}$$

实际运行时水泵轴功率：

$$N_2 = \frac{G_2 \cdot H_2}{367.3 \times \eta} = \frac{220 \times 37}{367.3 \times 0.7} = 31.66\text{kW}$$

水泵实际运行所增加的功率：

$$\Delta N = N_2 - N_1 = 31.66 - 23.8 = 7.86\text{kW}$$

9.5-10. 某空调水系统在设计冷负荷下处于小温差运行，实测参数为：水泵流量 $150\text{m}^3/\text{h}$，水泵扬程35m，水泵轴功率19kW，供回水温差3.5℃。拟通过水泵变频运行将系统的供回水温差调整至5℃。水泵变频后其效率为70%。则水泵变频运行后，其运行轴功率比变频前降低的理论计算数值（kW）最接近下列何项？（重力加速度取 9.81m/s^2）【2016-4-19】

A. 7.0　　　　　B. 8.5　　　　　　　C. 10.5　　　　　　　　D. 12.0

参考答案：D

主要解题过程： 水泵变频前后，输送冷量保持不变，即

$$cG_1\Delta t_1 = cG_2\Delta t_2$$

$$150 \times 3.5 = G_2 \times 5$$

$$G_2 = 105\text{m}^3/\text{h}$$

变频后水泵扬程为：

$$H_2 = H_1 \cdot \left(\frac{G_2}{G_1}\right)^2 = 35 \times \left(\frac{105}{150}\right)^2 = 17.15\text{m}$$

变频后水泵轴功率为：

$$N_2 = \frac{G \cdot H}{367.3 \times \eta} = \frac{105 \times 17.15}{367.3 \times 0.7} = 7\text{kW}$$

水泵轴功率最低值为：

$$\Delta N = N_1 - N_2 = 19 - 7 = 12\text{kW}$$

9.5-11. 某办公楼空调设计采用集中供冷方案，总供冷负荷 $Q_0 = 2300\text{kW}$，设计工况下冷水供水温度 $t_\text{g} = 7℃$、回水温度 $t_\text{h} = 12℃$，选用两台容量相等的冷水机组，设置3台型号相同的冷水泵（两用一备），水力计算已得知冷水循环管路系统（未含冷水机组）的压力损失 $P_1 = 275\text{kPa}$，产品样本查知冷冻水流经冷水机组的压力损失 $P_2 = 75\text{kPa}$。问：若水泵效率 $\eta = 76\%$，则每台水泵的轴功率值（kW）最接近下列哪一项？【2018-4-19】

A. 19.2　　　　B. 19.9　　　　　　　C. 25.3　　　　　　　　D. 38.5

参考答案：C

主要解题过程：

单台水泵水流量为：

$$G = \frac{Q \times 3600}{2c\rho\Delta t} = \frac{2300 \times 3600}{2 \times 4.18 \times 1000 \times (12 - 7)} = 198.1 \text{m}^3/\text{h}$$

水泵扬程为：

$$H = \frac{275 + 75}{9.8} = 35.7 \text{m}$$

单台水泵轴功率为：

$$N = \frac{GH}{367.3\eta} = \frac{198.1 \times 35.7}{367.3 \times 76\%} = 25.3 \text{kW}$$

9.5.2　冷热水系统

9.5-12. 某空调水系统的某段管道如图所示。管道内径为 200mm，A、B 点之间的管长为 10m，管道的摩擦系数为 0.02。管道上阀门的局部阻力系数（以流速计算）为 2，水管弯头的局部阻力系数（以流速计算）为 0.7。当输送水量为 180m³/h 时，问：A、B 点之间的水流阻力最接近下列哪一项？（水的容重取 1000kg/m³）？【2012-4-18】

A. 2.53kPa   B. 3.41kPa

C. 3.79kPa   D. 4.67kPa

参考答案： D

主要解题过程： 水管内冷水流速为：

$$v = \frac{G}{A} = \frac{180}{\frac{\pi}{4} \times 0.2^2 \times 3600} = 1.59 \text{m/s}$$

根据《三版教材》P493 式（3.7-5）、式（3.7-6），AB 间水流总阻力为：

$$\Delta P = \Delta P_m + \Delta P_j = l \cdot \frac{\lambda}{d} \cdot \frac{\rho v^2}{2} + \Sigma \xi \cdot \frac{\rho v^2}{2}$$

$$= 10 \times \frac{0.02}{0.2} \times \frac{1000 \times 1.59^2}{2} + (2 + 0.7) \times \frac{1000 \times 1.59^2}{2}$$

$$= 4677 \text{Pa} = 4.677 \text{kPa}$$

9.5-13. 某酒店的集中空调系统为闭式水系统，冷水机组及冷水循环水泵（处于机组的进水口前）设于地下室，回水干管最高点至水泵吸入口水阻力为 15kPa，系统最大高差为 50m（回水干管最高点至水泵吸入口），定压点设于水泵吸入口管路上。试问系统最低定压压力值，正确的是下列何项（取 $g = 9.8 \text{m/s}^2$）？【2014-3-12】

A. 510kPa   B. 495kPa

C. 25kPa   D. 15kPa

参考答案： B

主要解题过程： 根据《民规》第 8.5.18 条，系统定压点最低压力宜使管道系统任何一点的表压均高于 5kPa 以上。当系统未运行时，若保证系统最高点表压大于 5kPa，则最低点定压值为：

$$P_1 = 5 + \frac{50 \times 9.8 \times 1000}{1000} = 495 \text{kPa}$$

校核系统运行时最高点压力，系统运行时回水干管至水泵吸入口阻力为15kPa，根据伯努利方程有：

$$P_2 = P_1 - \frac{50 \times 9.8 \times 1000}{1000} + 15 = 20\text{kPa} > 5\text{kPa}$$

因此最低点定压495kPa满足定压要求，选B。

扩展：本题的考察点是《三版教材》P508式（3.7-13），但教材此处出现错误，对于《三版教材》P507图3.7-26的系统来说，对定压点的最低要求不应该加上ΔH_{AB}，本题需按照伯努利方程求解。结合《三版教材》P507图3.7-26（b）做如下分析：按照《三版教材》P507定压点确定原则是：保证系统内任何一点不出现负压或热水汽化。在空调水系统中，定压点的最低运行压力应保证水系统最高点压力为5kPa以上。A，B点列伯努利方程：

$$P_A + h_A = P_B + \Delta H_{A-B}，得 P_B = P_A + h_A - \Delta H_{A-B}$$

P_A值的确定，决定了P_B值大小。定压点确定原则可知，P_A的最小值应为5kPa，当$P_A = 5\text{kPa}$时，系统一定是处于静止状态，此时A~B管路的沿程阻力＋局部阻力＝0，带入上式：

$$P_B = 5\text{kPa} + 9.8 \times 50\text{kPa} - 0 = 495\text{kPa}$$

当系统运行时，$P_A = 5\text{kPa}$是否可以满足系统安全运行要求？显然是不可以的，因回水干管最高点至水泵吸入口水阻力为15kPa需要P_A克服，5kPa无法满足，导致水系统运行时停滞。故$P_A = 5\text{kPa}$在定压点在B点的情况下不可能出现。从另一个角度分析，如若运行时，一定让$P_A = 5\text{kPa}$，则相当于将定压点由B点移至A点。为了能保证系统正常安全运行，$P_A = (P_A + h_A)_{\min} + \Delta H_{A-B} = 5\text{kPa} + 15\text{kPa} = 20\text{kPa}$，即定压点在系统最低点时$P_A \geqslant 20\text{kPa}$，则运行时$P_B = 20\text{kPa} + 9.8 \times 50\text{kPa} - 15\text{kPa} = 495\text{kPa}$；综上所述，系统无论运行还是静止状态，系统最低定压压力值均为495 kPa。

当定压点设置于A点时，A，B点列伯努利方程：$P'_A + h'_A = P'_B + \Delta H'_{A-B}$，得$P'_B = P'_A + h'_A - \Delta H'_{A-B} = 5\text{kPa} + 9.8 \times 50\text{kPa} - 15\text{kPa} = 480\text{kPa}$。

水系统调节过程中，$\Delta H'_{A-B}$随水量变化而出现波动：引起P'_B的值也随之变化，因此易引起水系统压力不稳定，不建议将定压点设置于系统最高点。

总结：

（1）当定压点位于最低点B点，运行时，$P_A = 20\text{kPa}$，$P_B = 495\text{kPa}$；停止时，$P_A = 5\text{kPa}$，$P_B = 495\text{kPa}$；

（2）当定压点位于最高点A点，运行时，$P_A = 5\text{kPa}$，$P_B = 480\text{kPa}$；停止时，$P_A = 5\text{kPa}$，$P_B = 495\text{kPa}$。

9.5-14. 如右图所示的集中空调冷水系统为由两台主机和两台冷水泵组成的一级泵变频变流量水系统，一级泵转速由供回水总管压差进行控制。已知条件是：每台冷水机组的额定设计冷量为1163kW，供回水温差为5℃，冷水机组允许的最小安全运行流量为额定设计流量的60%，供回水总管恒定控制压差为150kPa。问：供回水总管之间的旁通电动阀所需要的流通能力，最接近下列何项？【2014-4-18】

A. 326　　　　　　　B. 196
C. 163　　　　　　　D. 98

参考答案：D

主要解题过程：单台机组额定设计流量：

$$G_0 = \frac{3600Q}{\rho c_p \Delta t} = \frac{3600 \times 1163}{1000 \times 4.18 \times 5} = 200.3 \text{m}^3/\text{h}$$

根据《民规》第 8.5.9-2 条：旁通调节阀的设计流量应取各台冷水机组允许的最小流量的最大值，因此调节阀流量为：

$$G = 60\% G_0 = 0.6 \times 200.3 = 120.2 \text{m}^3/\text{h}$$

根据《三版教材》式（3.8-1），调节阀的流通能力为：

$$C = \frac{316G}{\sqrt{\Delta P}} = \frac{316 \times 120.2}{\sqrt{150000}} = 98.1$$

9.5-15. 某空调机组的表冷器设计工况为：制冷量 $Q=60$kW，冷水供回水温差 5℃，水阻力 $\Delta P_B=50$kPa。要求为其配置电动的通阀的阀权度 $P_v=0.3$（不考虑冷水供回水总管的压力损失）。现有阀门口径 Dg 与其流通能力 C 的关系如下表所示。

阀门口径 Dg	20	25	32	40	50	65	80	100
流通能力 C	6.3	10	16	23	40	63	100	160

问：按照上表选择阀门口径时，以下哪一项是正确的？并给出计算根据。【2016-3-19】

A. $Dg32$　　　　　　B. $Dg40$
C. $Dg50$　　　　　　D. $Dg65$

参考答案：B

主要解题过程：根据《三版教材》式（3.8-7）得：

$$P_v = \frac{\Delta P_v}{\Delta P_v + \Delta P_b}$$

$$0.3 = \frac{\Delta P_v}{\Delta P_v + 50}$$

$$\Delta P_v = 21.43 \text{kPa}$$

表冷器设计流量为：

$$G = \frac{Q \times 0.86}{\Delta T} = \frac{60 \times 0.86}{5} = 10.32 \text{m}^3/\text{h}$$

根据《三版教材》式（3.8-1）得：

$$C = \frac{316 \times G}{\sqrt{\Delta P_v}} = \frac{316 \times 10.32}{\sqrt{21.43 \times 10^3}} = 22.277$$

查表得阀门口径 $Dg = 40$。

9.5-16. 武汉市某 12 层的办公建筑，设计总冷负荷为 1260kW，采用 2 台水冷螺杆式冷水机组。空调水系统采用两管制一级泵系统，选用 2 台设计流量为 100m³/h、设计扬程为 30m 的冷水循环泵并联运行。冷冻机房至系统最远用户的供回水管道的总输送长度为 248m，那么冷水循环泵的设计工作点效率应不小于多少？【2016-4-13】

A. 58.0%

B. 63.0%

C. 76.0%

D. 80.0%

参考答案：A

主要解题过程： 根据《公建节能 2015》第 4.3.9 条，表 4.3.9-1～表 4.3.9-5 得以下参数：$\Delta T = 5℃$，$A = 0.003858$，$B = 28$，$\alpha = 0.02$。

根据式 (4.3.9)，得：

$$ECR_{-a} = \frac{0.003096 \sum(G \times H)}{\eta_b \cdot \sum Q} \leqslant \frac{A(B + \alpha \sum L)}{\Delta T}$$

$$ECR_{-a} = \frac{0.003096 \times (2 \times 100 \times 30)}{1260 \times \eta_b} \leqslant \frac{0.003858(28 + 0.02 \times 248)}{5}$$

$$\eta_b \geqslant 58\%$$

9.5-17. 某空调水系统采用两管制一级泵系统，设计总冷负荷为 300kW，设计供/回水温度为 6℃/12℃，从冷冻机房至最远用户的供回水管道总长度为 95m。假定选用 1 台冷水循环泵，其设计工作点效率为 60%，则冷水循环泵设计扬程最大限值（m）最接近下列何项？【2017-3-16】

A. 26.7　　　B. 28.4　　　C. 33.6　　　D. 38.5

参考答案：C

主要解题过程： 水泵流量为：

$$G = \frac{0.86Q}{\Delta t} = \frac{0.86 \times 300}{6} = 43 \text{m}^3/\text{h}$$

根据《公建节能 2015》第 4.3.9 条，取 $A = 0.004225$，$B = 28$，$\alpha = 0.02$，$\Delta T = 5℃$，则

$$H \leqslant \frac{A(B + \alpha \sum L)Q\eta_b}{0.003096 \Delta T G} = \frac{0.004225 \times (28 + 0.02 \times 95) \times 300 \times 60\%}{0.003096 \times 5 \times 43} = 34.1 \text{m}$$

扩展： 本题考察的是对 ECR_{-a} 公式的理解，需注意的是：(1) 水泵设计流量按照设计温差 6℃ 选取；(2)《公建节能 2015》式 (4.3.9) 中的供回水温差按表 4.3.9-1 选取，$\Delta T = 5℃$，即 ECR_{-a} 计算值不高于系统冷冻水温差最小值时（5℃）的计算值。

9.5-18. 某冷冻站采用一级泵主机定流量、末端变流量的空调冷水系统，设有 3 台型号相同的冷水机组，冷冻水系统并联配置三台型号相同的循环水泵。单台水泵运行时的参数为：流量 300m³/h，扬程 350kPa。分集水器设计供回水压差为 250kPa。问：分水器与集水器之间的旁通压差调节阀的流通能力 K_v，应最接近下列何项？【2017-4-17】

　A. 300　　　　　B. 190　　　　　C. 160　　　　　D. 140

参考答案：B

主要解题过程：根据《民规》第 8.5.8 条，旁通阀流量取单台主机的额定流量，根据《三版教材》式（3.8-1）有：

$$K_v = \frac{316 \times G}{\sqrt{\Delta P}} = \frac{316 \times 300}{\sqrt{250 \times 1000}} = 189.6$$

9.5-19. 两管制空调水系统，设计供/回水温度为：供热工况 45℃/35℃、供冷工况 7℃/12℃，在系统低位设置容纳膨胀水量的隔膜式气压罐定压（低位定压），补水泵平时运行流量为 3m³/h，空调水系统最高点位置高于定压点 50m，系统安全阀开启压力设为 0.8MPa，系统水容量 $V_c = 50$m³。假定系统膨胀的起始计算温度为 20℃。问：气压罐最小总容积（m³），最接近以下哪个选项？（不同温度时水的密度（kg/m³）为：7℃，999.88、12℃，999.43、20℃，998.23、35℃，993.96、45℃，990.25）【2017-4-16】

　A. 0.6　　　　　B. 1.8　　　　　C. 3.0　　　　　D. 3.6

参考答案：B

主要解题过程：根据《09 技术措施》第 6.9.6-2 条，水箱的调节容积为：

$$V_t = \frac{3G}{60} = \frac{3 \times 3}{60} = 0.15\text{m}^3$$

供热工况下平均水温密度为：

$$\rho_{40} = \frac{\rho_{35} + \rho_{45}}{2} = \frac{993.96 + 990.25}{2} = 992.1\,\text{kg/m}^3$$

系统最大膨胀水量为：

$$V_p = 1.1 \times \frac{\rho_{20} - \rho_{40}}{\rho_{40}} \times V_c = 1.1 \times \frac{998.23 - 992.1}{992.1} \times 50 = 0.34\text{m}^3$$

根据《09 技术措施》第 6.9.8 条，气压罐应容纳的最小水容积为：

$$V_{xmin} = V_t + V_p = 0.15 + 0.34 = 0.49\text{m}^3$$

气压罐正常运行时最高压力为：

$$P_{2max} = 0.9P_3 = 0.9 \times 0.8 = 0.72\text{MPa} = 720\text{kPa}$$

气压罐起始充气压力为：

$$P_0 = 50 \times 9.8 \times \frac{998.23}{1000} + 5 = 494\text{kPa}$$

气压罐最小总容积为：

$$V_{zmin} = V_{xmin} \frac{P_{2max} + 100}{P_{2max} - P_0} = 0.49 \times \frac{720 + 100}{720 - 494} = 1.78\text{m}^3$$

9.5-20. 某建筑设置间歇运行集中冷热源空调系统，空调冷热水系统最大膨胀量为

$1m^3$，采用闭式气压罐定压，定压点工作压力等于补水泵启泵压力 0.5MPa，停泵压力 0.6MPa，泄压阀动作压力 0.65MPa。要求在系统不泄漏的情况下补水泵不得运行。问：在定压点工作压力下闭式气压罐最小气体容积（m^3），最接近以下哪一项？（定压罐内空气温度不变）【2018-3-15】

A. 5.0　　　　　　B. 6.0　　　　　　C. 7.0　　　　　　D. 8.0

参考答案：B

主要解题过程：

根据《09 技术措施》第 6.9.8 条可知，气压罐最小总容积为：

$$V_{Zmin} = V_{Xmin} \frac{P_{2max} + 100}{P_{2max} - P_0} = 1 \times \frac{0.6 \times 1000 + 100}{0.6 \times 1000 - 0.5 \times 1000} = 7m^3$$

则最小气体容积为：

$$V = V_{Zmin} - V_{Xmin} = 7 - 1 = 6m^3$$

9.5-21. 某空调冷水系统共有 5 个空调末端，各末端在设计工况下的冷水流量均为 $50m^3/h$，水流阻力均为 40kPa，主管路及末端支管路的设计水流阻力如下图所示。运行过程中，控制 A、B 点的压差一直维持在设计工况的压差。问：如果回路 2 的阀门关闭（其他阀门不动作），则系统的总循环水量（m^3/h）最接近下列何项？【2018-3-16】

A. 250　　　　　　B. 205　　　　　　C. 187　　　　　　D. 156

参考答案：B

主要解题过程：

$\Delta P_{CD} = 80 + 40 = 120kPa$，$\Delta P_{AC} = \Delta P_{BD} = 10kPa$，$\Delta P_{AB} = 100 + 40 = 140kPa$。

回路 2 后边所有管路的阻力数为。

$$S_{CD-2} = \frac{\Delta P_{CD}}{G_{CD-2}^2} = \frac{120 \times 10^3}{(50 \times 3)^2} = 5.33$$

AC 段及 BD 段阻力数为：

$$S_{AC} = S_{BD} = \frac{\Delta P_{AC}}{G_{AC}^2} = \frac{10 \times 10^3}{(50 \times 4)^2} = 0.25$$

回路 2 关闭后，回路 1 后边所有管路的阻力数为：

$$S'_{AB-2} = S_{AC} + S_{BD} + S_{CD-2} = 0.25 + 0.25 + 5.33 = 5.83$$

回路 1 的阻力数为：

$$S_{AB-1} = \frac{\Delta P_{AB}}{G_{AB}^2} = \frac{140 \times 10^3}{50^2} = 56$$

回路 2 关闭后，AB 段总阻力数为：

$$\frac{1}{\sqrt{S'_{AB}}} = \frac{1}{\sqrt{S_{AB-1}}} + \frac{1}{\sqrt{S'_{AB-2}}}$$

$$S'_{AB} = \frac{S_{AB-1} S'_{AB-2}}{(\sqrt{S_{AB-1}} + \sqrt{S'_{AB-2}})^2} = \frac{56 \times 5.83}{(\sqrt{56} + \sqrt{5.83})^2} = 3.33$$

回路 2 关闭后，系统总流量为：

$$G'_{AB} = \sqrt{\frac{\Delta P_{AB}}{S'_{AB}}} = \sqrt{\frac{140 \times 10^3}{3.33}} = 205 \text{m}^3/\text{h}$$

9.5-22. 夏热冬冷地区某建筑的空调水系统采用两管制一级泵系统，空调热负荷为 2800kW，空调热水的设计供/回水温度为 65℃/50℃。锅炉房至最远用户供回水管总输送长度为 800m，拟设置两台热水循环泵，系统水力计算所需水泵扬程为 25m。水的密度取值 1000kg/m³，定压比热取值 4.18kJ/(kg·K)。问：热水循环泵设计点的工作效率的最低限值，最接近下列哪项【2018-3-18】

A. 51%　　　　　B. 69%　　　　　C. 71%　　　　　D. 76%

参考答案：A

主要解题过程：

$$G = \frac{Q \times 3600}{c\rho\Delta t} = \frac{2800 \times 3600}{4.18 \times 1000 \times (65-50)} = 160.8 \text{m}^3/\text{h}$$

根据《公建节能 2015》第 4.3.9 条和《民规》第 8.5.12 条，根据单台泵流量 80.4m³/h，查得：$A = 0.003858$，$B = 21$，$\alpha = 0.002 + \frac{0.16}{\sum L} = 0.002 + \frac{0.16}{800} = 0.0022$，$\Delta T = 10℃$。

$$0.003096 \sum(GH/\eta_b)/Q \leqslant A(B + \alpha \sum L)/\Delta T$$

$$\eta_b \geqslant \frac{0.003096 \sum(GH)\Delta T}{QA(B + \alpha \sum L)} = \frac{0.003096 \times 160.8 \times 25 \times 10}{2800 \times 0.003858 \times (21 + 0.0022 \times 800)} = 0.506 = 51\%$$

扩展：注意题目是问的"最低限值"，《民规》第 8.5.12 条对于耗电输热比限值 $A(B + \alpha \sum L)/\Delta T$ 中的 ΔT 定义为规定的供回水温差，按表 8.5.12-1 选取，但对于空气源热泵、溴化锂机组、水源热泵等机组的热水供回水温差按机组实际参数确定；对直接提供高温冷水的机组，冷水供回水温差按机组实际参数确定。更多详情可参考《民用建筑供暖通风与空气调节调节设计规范技术指南》中寿炜炜、潘云钢、孙敏生《空调水系统耗电输冷（热）比（EC（H）R）编制情况介绍和实施要点》一文中的例题。

9.5-23. 如下图所示的一级泵变流量空调水系统，主机侧定流量末端变流量，图中标识出主要管段的管径和设计工况下的水流阻力；每台冷水机组的额定冷量为 650kW，供/回水温度为 7℃/12℃。各不同口径电动阀的流通能力如下表所示。问：供回水总管之间

（A、B 点之间）的旁通电动阀，以下哪个阀门口径是最合理的？［水的密度为 1000kg/m³，定压比热值为 4.18kJ/(kg・K)］【2018-4-15】

阀门口径	阀门流通能力
DN50	40
DN65	63
DN80	100
DN100	160
DN125	250
DN150	400

A. DN80　　　　B. DN100　　　　C. DN125　　　　D. DN150

参考答案：A

主要解题过程：

根据《民规》第 8.5.8 条可知，旁通电动阀的设计流量为：

$$G = \frac{Q \times 3600}{c\rho\Delta t} = \frac{650 \times 3600}{4.18 \times 1000 \times (12-7)} = 112\text{m}^3/\text{h}$$

调节阀两端的压差为：

$$\Delta P = (10+5+100+5+10) = 130\text{kPa}$$

根据《三版教材》式（3.8-1），旁通电动阀的流通能力为：

$$C = \frac{316 \times G}{\sqrt{\Delta P}} = \frac{316 \times 112}{\sqrt{130 \times 10^3}} = 98.1$$

根据电动阀流通能力，应选择 DN80 口径，选 A。

9.5.3　冷却水系统

9.5-24. 某地建筑 A 与建筑 B 完全相同，冷水机组的额定制冷量均为 3000kW，COP＝6（冷却水进水温度为 30℃，机组消耗功率为 500kW），仅采用冷却塔类型不同。冷却水系统见下表：

	冷却塔类型	运行进出水温差	冷却水泵扬程 (mH₂O)	冷却塔风机功率 (kW)	喷淋水泵功率 (kW)	出水温度 (℃)
建筑 A	开式	4	25	18.5	—	30
建筑 B	闭式	5	15	28.2	15	32

两个建筑冷站的冷却水泵流量应为下列哪一值？[设机组冷却水进水水温每升高 1℃，冷机 COP 下降 1.5%；取 C_p=4.2kJ/(kg・K)]【2011-3-21】

A. A 建筑 550~650m³/h　　B 建筑 440~540m³/h

B. A 建筑 550~650m³/h　　B 建筑 550~650m³/h

C. A 建筑 700~800m³/h　　B 建筑 550~650m³/h

D. A 建筑 700~800m³/h　　B 建筑 700~800m³/h

参考答案：C

主要解题过程： 建筑 A 冷水机组进水温度为冷却塔出水温度，该机组为额定工况运行，故所需放热量为：

$$Q_A = Q_冷 \times \left(1 + \frac{1}{COP_A}\right) = 3000 \times \left(1 + \frac{1}{6}\right) = 3500\text{kW}$$

建筑 A 冷却塔冷却水量为：

$$G_A = \frac{Q_A}{c_p \rho \Delta t_A} = \frac{3500 \times 3600}{4.2 \times 1000 \times 4} = 750\text{m}^3/\text{h}$$

建筑 B 冷水机组进水温度为 32℃，该冷水机组 COP 为：

$$COP_B = COP \times (1 - 1.5\% \times \Delta t) = 6 \times [1 - 1.5\% \times (32 - 30)] = 5.82$$

建筑 B 所需放热量为：

$$Q_B = Q_冷 \times \left(1 + \frac{1}{COP_B}\right) = 3000 \times \left(1 + \frac{1}{5.82}\right) = 3515.5\text{kW}$$

建筑 B 冷却塔冷却水量为：

$$G_B = \frac{Q_B}{c_p \rho \Delta t_B} = \frac{3515.5 \times 3600}{4.2 \times 1000 \times 5} = 602.6\text{m}^3/\text{h}$$

9.5-25. 某水冷离心式冷水机组，设计工况下的制冷量为 500kW、COP 为 5.0，冷却水进出水温差为 5℃。采用横流型冷却塔，冷却塔设在裙房屋面，其集水盘水面与机房内冷却水泵的高差为 18m。冷却塔喷淋口距离冷却水集水盘水面的高差为 5m，喷淋口出水压力为 2m，冷却水管路总阻力为 5m，冷凝器水阻力为 8m。忽略冷却水水泵及冷凝水管与环境热交换对冷凝负荷的影响。问：冷却水泵的扬程和流量（不考虑安全系数）接近以下哪一项？【2011-4-23】

A. 扬程为 38m，流量为 86m³/h

B. 扬程为 38m，流量为 103.2m³/h

C. 扬程为 20m，流量为 86m³/h

D. 扬程为 20m，流量为 103.2m³/h

参考答案：D

主要解题过程： 建筑不考虑水泵安全系数，根据《09 技术措施》第 6.6.3 条，冷却水泵扬程为：

$$H = 5 + 2 + 5 + 8 = 20\text{m}$$

系统放热量为：

$$Q = Q_冷 \times \left(1 + \frac{1}{COP}\right) = 500 \times \left(1 + \frac{1}{5}\right) = 600\text{kW}$$

冷却水流量为：

$$G = \frac{Q}{c_p \rho \Delta t} = \frac{600 \times 3600}{4.18 \times 1000 \times 5} = 103 \text{m}^3/\text{h}$$

9.5-26. 有一冷却水系统采用逆流式玻璃钢冷却塔，冷却塔池面喷淋器高差 3.5m，系统管路总阻力损失 45kPa。冷水机组的冷凝器阻力损失 80kPa，冷却塔进水压力要求为 30kPa，选用冷却水泵的扬程应为哪一项？【2012-4-24】

A. 16.8～19.1   B. 19.2～21.5

C. 21.6～23.9   D. 24.0～26.3

参考答案： B

主要解题过程： 根据《09技术措施》第6.6.3条，《三版教材》式（3.7-7），冷却水泵扬程为：

$$H = (1.05 \sim 1.1) \times \left(45 + 80 + 30 + \frac{3.5 \times 9.8 \times 1000}{1000} \right)$$

$$= 198.8 \sim 208.2 \text{kPa} = 20.3 \sim 21.2 \text{mH}_2\text{O}$$

扩展：《三版教材》P495：进塔水压已包含提升高度、布水器阻力和出口动压。但本题中进塔水压力 0.03MPa 数值根据分析未包含提升高度 3.5m。

9.5-27. 某空调系统的水冷式冷水机组的运行工况与国家标准 GB/T 18430.1—2007 规定的名义工况时的温度/流量条件完全相同，其制冷性能系数为 COP=6.25kW/kW。如果按照该冷水机组名义工况的要求来配备冷却水泵的水流量，此时冷却塔进塔与出塔水温最接近以下哪个选项（不考虑冷却水供回水管和冷却水泵的温升）？【2013-3-17】

A. 进塔水温 34.6℃，出塔水温 30℃

B. 进塔水温 35.0℃，出塔水温 30℃

C. 进塔水温 36.0℃，出塔水温 31℃

D. 进塔水温 37.0℃，出塔水温 32℃

参考答案： A

主要解题过程： 设机组制冷量为 Q，由《蒸气压缩循环冷水（热泵）机组 第1部分 工业或商业用及类似用途的冷水（热泵）机组》GB/T 18430.1—2007 表2 可知机组进口水温（冷却塔出塔水温）30℃，水冷式制冷制冷机组水流量为 0.215m³/（h·kW），则冷水流量为 $0.215Q$ m³/h。

根据机组放热量与冷却塔散热量相等，列平衡方程：

$$Q \times \left(1 + \frac{1}{COP} \right) = c_p (0.215Q) \rho \Delta t$$

带入参数，得：

$$Q \times \left(1 + \frac{1}{6.25}\right) = 4.18 \times \left(\frac{0.215Q}{3600}\right) \times 1000 \times (t_1 - 30)$$

解得冷却塔进塔水温 $t_1 = 34.6℃$。

9.5-28. 某常年运行的冷却水系统如右图所示，h_1、h_2、h_3 为高差，$h_1 = 8m$、$h_2 = 6m$、$h_3 = 3m$，各段阻力见下表。计算的冷却水循环泵的扬程应为下列何项？（不考虑安全系数，取 $g = 9.8m/s^2$）【2014-3-16】

	阻力（kPa）
A~B 管道及附件	30
C~D 管道及附件	150
冷水机组	50
冷却塔布水器	20

A. 280～295kPa
B. 300～315kPa
C. 330～345kPa
D. 380～395kPa

参考答案：B

主要解题过程：冷却水泵扬程包括：（1）水泵吸入管道与压出管道阻力，即 CD 段管道及附件阻力（注意 AB 管道阻力无需计入水泵扬程，靠重力流流入冷却水池）；（2）冷却水提升高差 $h_2 + h_3$，即垂直高度上的静压损失，其中 h_1 静压并未损失；（3）冷却塔布水器阻力。

整理得：

$$H = \Delta P_{CD} + (h_2 + h_3) \times 9.8 + \Delta P_{机组} + \Delta P_{布水器} = 150 + 9 \times 9.8 + 50 + 20 = 308.2 \text{kPa}$$

扩展：此题有 2 处陷阱，管道 AB 阻力及垂直高差 h_1 很容易计入水泵扬程中，应引起注意。

9.6　节　能　措　施

9.6.1　风机能耗

9.6-1. 某严寒地区办公楼，采用二管制定风量空调系统，空调机组内设置了预热盘管，空气经粗、中效两级过滤后送入房间，其风机全压为 1280Pa，总效率为 70%，风机的单位风量耗功率数值和是否满足节能设计标准的判断，正确的为下列哪一项？【2011-4-18】

A. 0.38W/(m³·h)，满足节能设计标准
B. 0.42W/(m³·h)，满足节能设计标准
C. 0.51W/(m³·h)，满足节能设计标准
D. 0.51W/(m³·h)，不满足节能设计标准

参考答案：C

主要解题过程：《公建节能 2005》第 5.3.26 条：

严寒地区增设预热盘管 $W = 0.48 + 0.035 = 0.515W/(m^3/h)$，

$W = \dfrac{P}{3600\eta} = \dfrac{1280}{3600 \times 0.7} = 0.507 < 0.515W/(m^3·h)$，满足标准要求。

扩展:《公建节能 2015》第 4.3.22 条对风道系统单位风量耗功率 W_s 计算公式做了重新规定。

9.6-2. 某办公楼普通机械送风系统风机与电机采用直联方式,设计工况下的电机及传动效率为 92.8%,风管的长度为 124m,通风系统单位长度平均风压为 5Pa/m,(包含摩擦阻力和局部阻力)。问:在通风系统设计时,所选择的风机在设计工况下效率的最小值应接近以下效率值,才能满足节能要求?【2012-3-19】

A. 52%
B. 53%
C. 56%
D. 58%

参考答案: D

主要解题过程:

(1) 根据《公建节能 2005》第 5.3.26 条:式 $W_s = P/(3600\eta_t)$。

(2) 代入数值,$0.32 = (5 \times 124)/(3600 \times 0.928 \times \eta)$,故 $\eta = 58\%$。

扩展:《公建节能 2015》第 4.3.22 条对风道系统单位风量耗功率 W_s 计算公式做了重新规定。

9.6-3. 严寒地区的某办公建筑中的两管制定风量全空气空调系统,其空调机组的功能段如右图所示。设风机(包含电机及传动效率)的总效率 η_t 为 55% 问:该系统送风机符合节能设计要求所允许的最大全压限值接近哪项?【2013-4-14】

A. 832Pa
B. 901Pa
C. 937Pa
D. 1006Pa

参考答案: D

主要解题过程:

根据《公建节能 2005》第 5.3.26 条,W_s 二管制定风量系统粗效过滤 0.42,严寒地区增设预热盘管加 0.035,湿膜加湿加 0.053;$W_s = 0.42 + 0.035 + 0.053 = \dfrac{P}{3600\eta_t} \Rightarrow$ $P = 1006Pa$。

扩展:《公建节能 2015》第 4.3.22 条对风道系统单位风量耗功率 W_s 计算公式做了重新规定。其中办公建筑定风量系统 $W_s = 0.27$,带入计算 $P = 534.6Pa$,无答案。

9.6-4. 某办公建筑采用全空气变风量空调系统,空气处理机组的风量为 25000m³/h,机外余压为 560Pa,风机效率为 0.65,该系统的单位风量耗功率 [W/(m³·h)] 最接近下列哪项,并判断能否满足节能标准的要求?【2018-4-16】

A. 0.22,符合节能设计标准要求
B. 0.24,符合节能设计标准要求
C. 0.26,符合节能设计标准要求
D. 0.28,符合节能设计标准要求

参考答案: D

主要解题过程:

根据《公建节能 2015》第 4.3.22 条,有:

$$W_{\mathrm{S}} = \frac{P}{3600\eta_{\mathrm{CD}}\eta_{\mathrm{F}}} = \frac{560}{3600 \times 0.855 \times 0.65} = 0.28 < 0.29$$

符合节能设计标准要求，选 D。

9.6.2　热回收

9.6-5. 某全新风空调系统设全热交换器，新风与排风量相等，夏季显热回收效率为 60%，全热回收效率为 55%。已知：新风进风干球温度为 34℃，进风焓值为 90kJ/kg干空气；排风温度为 27℃，排风焓值为 55kJ/kg干空气。试计算其新风出口的干球温度和焓值应是下列哪一项？【2011-4-15】

A. 31.2℃、74.25kJ/kg干空气　　　　B. 22.3℃、64.4kJ/kg干空气

C. 38.7℃、118.26kJ/kg干空气　　　D. 29.8℃、70.75kJ/kg干空气

参考答案： D

主要解题过程：《三版教材》式（3.11-5）：

夏季显热回收效率：$\eta = \dfrac{t_{\mathrm{w}} - t_{\mathrm{P}}}{t_{\mathrm{w}} - t_{\mathrm{n}}}$

$$t_{\mathrm{P}} = t_{\mathrm{w}} - \eta(t_{\mathrm{w}} - t_{\mathrm{n}}) = 34 - 0.6(34 - 27) = 29.8℃$$

夏季全热回收效率：$\eta = \dfrac{h_{\mathrm{w}} - h_{\mathrm{p}}}{h_{\mathrm{w}} - h_{\mathrm{n}}}$

$$h_{\mathrm{p}} = h_{\mathrm{w}} - \eta(h_{\mathrm{w}} - h_{\mathrm{n}}) = 90 - 0.55(90 - 55) = 70.75\mathrm{kJ/kg}_{干空气}$$

9.6-6. 某空调系统新排风设全热交换器，夏季显热回收效率均为 60%，全热回收效率均为 55%。若夏季新风进风干球温度 34℃，进风焓值 90kJ/kg干空气，排风温度 27℃，排风焓值 60kJ/kg干空气。夏季新风出风的干球温度和焓值应为下列何项？【2012-3-16】

A. 33～34℃、85～90kJ/kg干空气　　　B. 31～32℃、77～83kJ/kg干空气

C. 29～30℃、70～75kJ/kg干空气　　　D. 27～28℃、63～68kJ/kg干空气

参考答案： C

主要解题过程：《三版教材》P563～P564：

$$L_{\mathrm{P}} = L_{\mathrm{X}}$$
$$t_2 = t_{\mathrm{w}} - (t_{\mathrm{w}} - t_{\mathrm{n}})\eta_{\mathrm{t}} = 34 - (34 - 27) \times 0.6 = 29.8℃$$
$$h_2 = h_{\mathrm{w}} - (h_{\mathrm{w}} - h_{\mathrm{n}})\eta_{\mathrm{h}} = 90 - (90 - 60) \times 0.55 = 73.5\mathrm{kJ/kg}$$

9.6-7. 某空调房间采用风机盘管加新风空调系统（新风不承担室内显热负荷）。该房间冬季设计湿负荷为零，房间设计参数：干球温度 20℃、相对湿度 30%。室外新风计算参数为：干球温度 0℃、相对湿度为 20%。房间设计新风量 1000m³/h，新风系统采用空气显热回热换热器，显热回收效率为 60%，新风机组的处理流程

如图所示。问：新风机组的加热盘管的加热量约为下列何项？（按照标准大气压力计算，空气密度为 1.2kg/m³）【2012-3-18】

    A. 2.7kW   B. 5.4kW   C. 6.7kW   D. 9.4kW

参考答案： A

主要解题过程： 根据题意：新风不承担室内显热负荷确定本题的加湿方式为等温加湿；再由《三版教材》P564 可得：

（1）等温加湿新风加热量为 $Q_x = G_w \times C_p \times \rho \times \Delta t = 1000 \div 3600 \times 1.01 \times 1.2 \times (20 - 0) = 6.73\text{kW}$。

（2）显热回收热量为 $Q_h = G_w \times C_p \times \rho \times \Delta t' \times \eta_t = 1000 \div 3600 \times 1.01 \times 1.2 \times (20 - 0) \times 60\% = 4.03\text{kW}$。

（3）新风机组盘管加热量为 $Q_x - Q_h = 6.73 - 4.03 = 2.7\text{kW}$。

9.6-8. 某空调房间设置全热回收装置，新风量与排风量均为 200m³/h，室内温度为 24℃，相对湿度为 60%、焓值为 56.2kJ/kg，室外温度为 35℃、相对湿度为 60%，焓值为 90.2 kJ/kg，全热回收效率为 62%。试求新风带入室内的冷负荷为下列何项？（空气密度为 1.2kg/m³）【2014-4-19】

    A. 260～320W   B. 430～470W

    C. 840～880W   D. 1380～1420W

参考答案： C

主要解题过程： 该房间采用全热回收装置，由《三版教材》P564 可知：

$$Q_h = \rho L (h_w - h_n) \eta_h = 1.2 \times \frac{2000}{3600} \times (90.2 - 56.2) \times 62\% = 1.405\text{kW} = 1405\text{W}$$

新风冷负荷：

$$Q_w = \rho L (h_w - h_n) = 1.2 \times \frac{2000}{3600} \times (90.2 - 56.2) = 2.267\text{kW} = 2267\text{W}$$

新风系统带入冷负荷：

$$Q = Q_w - Q_h = 2267 - 1405 = 862\text{W}$$

9.6-9. 全热型排风热回收装置，额定新风量为 50000m³/h，新排风比为 1：0.8，风机总效率均为 65%，两侧额定风量阻力均为 200Pa，夏季设计工况回收冷量为 192kW，设空气的密度为 1.2kg/m³，制冷系统保持 $COP = 4.5$，则所给工况下每小时节电量（kWh）最接近下列何项？【2016-3-07】

    A. 34.98   B. 42.67

    C. 45.65   D. 53.34

参考答案： A

主要解题过程： 根据题意，全热型排风热回收装置排风量为：$L_p = L_x \times 0.8 = 50000 \times 0.8 = 40000\text{m}^3/\text{h}$。

全热型排风热回收装置新风侧电机功率为：$N_x = \dfrac{L_x P}{3600 \times \eta_{总}} = \dfrac{50000 \times 200}{3600 \times 0.65} = 4273.5\text{W} = 4.273\text{kW}$。

全热型排风热回收装置排风侧电机功率为：$N_p = \dfrac{L_p P}{3600 \times \eta_{总}} = \dfrac{40000 \times 200}{3600 \times 0.65} = 3418.8W = 3.42kW$。

全热型排风热回收装置电机总功率为：$N_z = N_p + N_x = 3.42 + 4.273 = 7.693kW$。

设制冷系统总制冷量为 Q，未设置全热型排风热回收装置时，总电功率为：$N_1 = \dfrac{Q}{COP} = \dfrac{Q}{4.5}$。

设置全热型排风热回收装置时，总电功率为：$N_2 = \dfrac{Q-192}{COP} + N_z = \dfrac{Q-192}{4.5} + 7.693$。

每小时节电量为：

$$\Delta W = (N_1 - N_2) \times 1 = \frac{Q}{4.5} - \left(\frac{Q-192}{4.5} + 7.693 \right) = \frac{192}{4.5} - 7.693 = 34.97kWh$$

9.6-10. 某新风转轮式热回收装置新风进风温度为 35℃，含湿量为 22g/kg干空气，焓值为 92kJ/kg；排风进风温度为 26℃，含湿量为 13g/kg干空气，焓值为 70.52kJ/kg，全热交换效率为 60%，新、排风量均为 20000m³/h，风侧阻力为 300Pa，风机总效率均为 70%，风机全压均为 1000Pa，转轮拖动电机功率为 2kW。试计算该装置的性能系数 COP（COP ＝装置的回收热量与消耗功率之比值）最接近下列何项？（空气密度取为 1.20kg/m³）【2016-4-07】

    A. 12.7   B. 16.4

    C. 21.2   D. 30.0

参考答案：A

主要解题过程：根据《三版教材》式（3.11-9），全热回收量为：$Q_h = \rho \cdot L_p \cdot (h_1 - h_3) \cdot \eta_h = 1.2 \times \dfrac{2000}{3600} \times (92 - 70.5) \times 0.6 = 86kW$。

风侧阻力即为转轮阻力 300Pa（风机全压 1000Pa，300Pa 克服热回收装置阻力，700Pa 克服系统管路阻力），因此新排风风机（共 2 台）消耗的总功率为：

$$N_1 = \frac{L \times P \times 2}{1000 \times \eta} = \frac{(20000/3600) \times 300 \times 2}{1000 \times 0.7} = 4.76kW$$

$$COP = \frac{Q_h}{N_1 + N_2} = \frac{86}{4.76 + 2} = 12.72$$

9.6-11. 空调房间设有从排风回收显热冷量的新风换气装置，新风量为 3250m³/h，排风量为 3000m³/h。室内空气温度为 25℃，室外空气温度为 35℃。设：装置对排风侧的显热回收效率为 0.65，则该新风换气装置的新风送风温度 t_x（℃）最接近下列何项？【2017-3-13】

    A. 27   B. 28   C. 29   D. 30

参考答案：C

分析： 根据《三版教材》式（3.11-8），得：

$$t_x = t_w - \frac{L_p \times (t_w - t_n) \times \eta_t}{L_x} = 35 - \frac{3000 \times (35 - 25) \times 0.65}{3250} = 29℃$$

9.6-12. 地处温和地区的某建筑，供冷期为 50 天，空调系统每天运行时间为 8h。供冷期室外空气的平均焓值为 56.8kJ/kg，室内设计参数对应的焓值为 55.5kJ/kg，建筑内设有 1 套风量为 10000m³/h 的集中新风系统和风量为 8500m³/h 的集中排风系统配套使用，空调冷源系统（含主机、冷水系统和冷却水系统）的制冷季节能效比为 4.0kWh/kWh。若增设排风热回收系统用于新风预冷，则新风系统的风机全压需增加 100Pa，排风系统的风机全压需增加 80Pa。假如热回收装置基于排风的全热交换效率为 65%，两个系统改造前后的风机总效率均为 75%。试分析建筑增设排风热回收装置的节能性，增设热回收系统前后供冷期的空调运行总能耗变化量为下列哪项？（不考虑其他附加，空气密度取 1.2kg/m³）【2017-3-18】

A. 可节能，增设后总能耗减少了 33～34kWh

B. 可节能，增设后总能耗减少了 709～800kWh

C. 不节能，增设后总能耗增加了 8～10kWh

D. 不节能，增设后总能耗增加了 91～92kWh

参考答案： C

主要解题过程： 根据《三版教材》式（2.8-3），增加热回收装置后，新风机能耗增加为：

$$N_x = \frac{L_x \times \Delta P_x}{3600 \times 1000 \times \eta_x} = \frac{10000 \times 100}{3600 \times 1000 \times 75\%} = 0.370kW$$

排风机能耗增加为：

$$N_p = \frac{L_p \times \Delta P_p}{3600 \times 1000 \times \eta_p} = \frac{8500 \times 80}{3600 \times 1000 \times 75\%} = 0.252kW$$

供冷期风机总能耗增加为：

$$N_总 = (\Delta N_x + \Delta N_p) \times 8h \times 50d = 248.8kWh$$

根据《三版教材》P563 式（3.11-9），回收冷量为：

$$Q = \frac{\rho \times L_p \times (h_w - h_n) \times \eta_h}{3600} = \frac{1.2 \times 8500 \times (56.8 - 55.5) \times 65\%}{3600} = 2.394kW$$

供冷期回收总冷量为：

$$Q_总 = Q \times 8h \times 50d = 957.6kWh$$

制冷系统提供与热回收总冷量相当的冷量时耗功为：

$$N = \frac{957.6}{4} = 239.4kWh$$

故，增设热回收装置后，能耗变化量为：

$$\Delta N = N_总 - N = 248.8 - 239.4 = 9.4kWh$$

不节能，总能耗增加了 9.4kWh。

9.7 空气洁净技术

9.7-1. 某空气处理机设有两级过滤器，按计重浓度，粗效过滤器的过滤效率为 70％、中效过滤器的过滤效率为 90％。若粗效过滤器入口空气含尘浓度为 50mg/m³，中效过滤器出口空气含尘浓度是下列哪一项？【2011-4-20】

A. 1mg/m³

B. 1.5mg/m³

C. 2mg/m³

D. 2.5mg/m³

参考答案： B

主要解题过程： $Y_2 = Y_1(1-\eta_1)(1-\eta_2) = 50 \times (1-0.7) \times (1-0.9) = 1.5\text{mg/m}^3$。

9.7-2. 某净化室空调系统新风比为 0.15，设置了粗、中、高效过滤器，对于粒径≥0.5 微粒的计数效率分别为 20％、65％、99.9％，回风含尘浓度为 500000 粒/m³，新风含尘浓度为 1000000 粒/m³，高效过滤器下游的空气含尘浓度（保留整数）为下列哪一项？【2012-4-20】

A. 43 粒

B. 119 粒

C. 161 粒

D. 259 粒

参考答案： C

主要解题过程： 根据题意，设送风为 1 单位量，新风为 0.15 单位量，回风为 0.85 单位量，则：

$$(0.85 \times 500000 + 0.15 \times 1000000)(1-20\%)(1-65\%)(1-99.9\%) = 161\text{PC}$$

扩展： 此题不严谨，应明确回风是否经过粗效过滤器，上述解题过程的图示如下：

9.7-3. 某空调机组内设有粗、中效两级空气过滤器，按质量浓度计，粗效过滤器的效率为 70％，中效过滤器的效率为 80％。若粗效过滤器入口空气的含尘浓度为 150mg/m³，中效过滤器的出口含尘浓度为下列哪一项？【2013-4-20】

A. 3mg/m³

B. 5mg/m³

C. 7mg/m³

D. 9mg/m³

参考答案： D

主要解题过程：

根据《三版教材》P461：最终含尘浓度 $W_3 = W_1 \times [(1-E_1)(1-E_2)] = 150 \times (1-70\%)(1-80\%) = 9\text{mg/m}^3$

9.7-4. 某洁净室按照发尘量和洁净度等级要求计算送风量 12000m³/h，根据热湿负荷计算送风量 15000m³/h，排风量 14000m³/h，正压风量 1500 m³/h，室内 25 人，该洁净室的送风量应为下列何项？【2014-4-20】

    A. 12000m³/h   B. 15000m³/h

    C. 15500m³/h   D. 16500m³/h

参考答案：C

主要解题过程： 补偿室内排风量和保持室内正压值所需新鲜空气量：$L_1 = 14000 + 1500 = 15500\text{m}^3/\text{h}$；保证供给洁净室人员新风量：$L_2 = 25 \times 40 = 1000\text{m}^3/\text{h}$；所以 $L_1 > L_2$。由《洁净厂房设计规范》GB 50073—2013 第 6.1.5 条，洁净室新风量取二者最大为 15500m³/h。满足空气洁净度等级要求的送风量：$L_3 = 12000\text{m}^3/\text{h}$；根据热湿负荷计算确定的送风量：$L_4 = 15000\text{m}^3/\text{h}$；洁净室所需新鲜空气量：$L_1 = 15500\text{m}^3/\text{h}$；$L_1 > L_4 > L_3$。

根据该规范第 6.3.2 条，送风量取保证洁净度等级送风量、根据热湿负荷确定的送风量以及新风量三者最大值，所以洁净室的送风量为 15500m³/h。

9.7-5. 某工厂一正压洁净室的工作人员为 3 人，室内外压差为 10Pa，房间内有一扇密闭门 1.5m×2.2m，三扇单层固定密闭钢窗 1.8m×1.5m，设备排风量为 30m³/h，洁净室内最小新风量（m³/h）应最接近下列何项？（门窗气密性安全系数取 1.20、按缝隙法计算）【2016-4-20】

    A. 150   B. 138

    C. 120   D. 108

参考答案：C

主要解题过程： 根据《洁净厂房设计规范》GB 50073—2013 第 6.1.5 条，正压洁净室人员所需新风量 $G_{xf1} = 40 \times 3 = 120\text{m}^3/\text{h}$。

根据第 6.2.3 条条文说明，按照缝隙法维持正压所需新风量为：

$$G_{zy} = a \cdot \Sigma(q \cdot L)$$
$$= 1.2 \times [6 \times 2 \times (1.5 + 2.2) + 1 \times 2 \times (1.8 + 1.5) \times 3]$$
$$= 77.04\text{m}^3/\text{h}$$

根据 6.1.5-1 条，有

$$G_{xf2} = G_{zy} + G_{pf} = 77.04 + 30 = 107.04\text{m}^3/\text{h}$$

取两者中大值，即 120m³/h。

9.7-6. 如果生产工艺要求洁净环境 $\geqslant 0.3\mu\text{m}$ 粒子的最大浓度限值为 352pc/m³。问：$\geqslant 0.5\mu\text{m}$ 粒子的最大浓度限值（pc/m³），最接近下列何项？【2017-4-20】

    A. 122   B. 212

    C. 352   D. 588

参考答案：A

主要解题过程：根据《三版教材》式（3.6-1），得：

$$\frac{C_{0.3}}{C_{0.5}} = \frac{10^N \times \left(\frac{0.1}{0.3}\right)^{2.08}}{10^N \times \left(\frac{0.1}{0.5}\right)^{2.08}}$$

故：
$$C_{0.5} = C_{0.3} \times \left(\frac{0.3}{0.5}\right)^{2.08} = 352 \times \left(\frac{0.3}{0.5}\right)^{2.08} = 121.6$$

9.7-7. 某洁净室要求室内空气中 $\geq 0.5\mu m$ 尘粒的浓度 ≤ 35.2pc/L。室外大气中 $\geq 0.5\mu m$ 尘粒的含尘浓度为 10×10^7pc/m^3，该洁净室内单位容积发尘量为 2.08×10^4 pc/$(m^3 \cdot min)$，净化空调系统设计新风比为 10%。新风经粗效过滤（效率 20%，效率为对 $\geq 0.5\mu m$ 尘粒的效率，以下同）、中效过滤（效率 70%）后，与经过中效过滤（效率 70%）的回风混合并经高效过滤（效率 99.99%）后送入洁净室。若安全系数取 0.6，按非单向流均匀分布计算法算出的该洁净室所需的最小换气次数（h^{-1}），最接近下列何项？【2018-4-20】

A. 60　　　　　　B. 70　　　　　　C. 80　　　　　　D. 90

参考答案：A

主要解题过程：

新风经过粗、中效过滤后的含尘浓度为：
$$N_{S1} = 10 \times 10^7 \times (1-20\%) \times (1-70\%) = 2.4 \times 10^7 \text{pc}/m^3$$

回风经过中效过滤后的含尘浓度为：
$$N_{S2} = 35.2 \times 10^3 \times (1-70\%) = 1.056 \times 10^4 \text{pc}/m^3$$

新回风混合并经过高效过滤后的送风含尘浓度为：
$$N_{S3} = [2.4 \times 10^7 \times 10\% + 1.056 \times 10^4 \times (1-10\%)] \times (1-99.99\%) = 241\text{pc}/m^3$$

根据《三版教材》P464 式（3.6-8），换气次数为：
$$n = 60 \times \frac{G}{a \times N - N_{S3}} = 60 \times \frac{2.08 \times 10^4}{0.6 \times 35.2 \times 10^3 - 241} = 60\text{h}^{-1}$$

9.8　其　他　考　点

9.8.1　气流组织

9.8-1. 某空调房间设计室温为 27℃，送风量为 2160m^3/h。采用尺寸为 1000mm× 150mm 的矩形风口进行送风（不考虑风口有效面积系数），送风口出风温度为 17℃。问：该送风气流的阿基米德数接近以下哪一项？【2011-3-17】

A. 0.0992　　　　　　　　　　B. 0.0081

C. 0.0089　　　　　　　　　　D. 0.0053

参考答案：D

主要解题过程：送风流速为：

$$v_0 = \frac{L}{BH} = \frac{2160}{1 \times 0.15 \times 3600} = 4\text{m/s}$$

根据《三版教材》式（3.5-5），当量直径为：

$$d_0 = \frac{2AB}{A+B} = \frac{2 \times 1 \times 0.15}{1+0.15} = 0.261\text{m}$$

阿基米德数为：

$$|Ar| = \left| \frac{gd_0(t_0-t_n)}{v_0^2 T_n} \right| = \left| \frac{9.8 \times 0.261 \times (17-27)}{4^2 \times (273+27)} \right| = 0.0053$$

扩展：从答案四个选项来看都是正数，没有 -0.0053，应该是问阿基米德数的绝对值。

9.8-2. 某办公室 1000m^2，层高 4m，吊顶高度 3m，空调换气次数 8 次/h，要求采用面尺寸 500mm，颈部尺寸 400mm 的方形散流器送风，试计算散流器的最少个数？（已知：散流器的安装高度为 3m 时，颈部最大风速要求为 4.65m/s；安装高度为 4m 时，颈部最大风速要求为 5.60m/s）【2013-4-18】

A. 6 个   B. 9 个

C. 10 个   D. 12 个

参考答案：B

主要解题过程：

空调体积送风量：$L = n \times V = 8 \times 1000 \times 3 = 24000\text{m}^3/\text{h}$

散流器个数：$m \geqslant \dfrac{L}{F \times v} = \dfrac{24000}{3600 \times 0.4 \times 0.4 \times 4.65} = 8.96$ 个。

9.8-3. 某局部岗位冷却送风系统，采用紊流系数为 0.076 的圆管送风口，送风出口温度 $t_s = 20℃$，房间温度 $t_n = 35℃$，送风口至工作岗位的距离为 3m。工艺要求为：送风至岗位处的射流轴心温度 $t = 29℃$、射流轴心速度为 0.5m/s。问：该圆管风口的送风量，应最接近下列何项（送风口直径采用计算值）？【2014-4-16】

A. $160\text{m}^3/\text{h}$ B. $200\text{m}^3/\text{h}$

C. $250\text{m}^3/\text{h}$ D. $300\text{m}^3/\text{h}$

参考答案：C

主要解题过程：由《三版教材》轴心温差公式（3.5-3）得，送风口当量直径为：

$$d_0 = \frac{ax}{\dfrac{0.35}{\dfrac{\Delta T_x}{\Delta T_0}} - 0.145} = \frac{0.076 \times 3}{\dfrac{0.35}{\dfrac{29-35}{20-35}} - 0.145} = 0.312\text{m}$$

由《三版教材》P427 轴心速度公式（3.5-1）得，送风口速度为：

$$v_0 = \frac{v_x \cdot \left(\dfrac{ax}{d_0} + 0.145 \right)}{0.48} = \frac{0.5 \times \left(\dfrac{0.076 \times 3}{0.312} + 0.145 \right)}{0.48} = 0.912\text{m/s}$$

风口送风口风量为：

$$L = 3600 \times \frac{\pi}{4} d_0^2 \cdot v_0 = 3600 \times \frac{3.14}{4} \times 0.312^2 \times 0.912 = 250.9\text{m}^3/\text{h}$$

9.8-4. 某酒店客房采用侧送贴附方式的气流组织形式，侧送风口（一个）尺寸为 800mm（长）×200mm（高），垂直于射流方向的房间净高为 3.5m，宽度为 4m。人员活动区的允许风速为 0.2m/s。则送风口最大允许风速（m/s）最接近下列何项？（风口当量直径按面积当量直径计算）【2016-4-16】

A. 2.41　　　　　　　　　　　　B. 2.53

C. 2.70　　　　　　　　　　　　D. 3.39

参考答案：A

主要解题过程：面积当量直径 $d_0 = 1.13\sqrt{a \times b} = 1.13\sqrt{0.8 \times 0.2} = 0.452\text{m}$。

根据《三版教材》式（3.5-12）得：

$$\frac{v_{p.h}}{v_0} = \frac{0.69}{\dfrac{\sqrt{F_n}}{d_0}}$$

$$\frac{0.2}{v_0} = \frac{0.69}{\dfrac{\sqrt{(4 \times 3.5)/1}}{0.452}}$$

$$v_0 = 2.41\text{m/s}$$

扩展：本题所采用教材的公式与《民规》第 7.4.11 条条文说明式（32）系数不同，计算结果若采用《民规》公式，对应选项为 B（感兴趣读者请自行带入计算）。但从题目计算结果的精度可以看出，出题人按《三版教材》的公式出题。

9.8-5. 某候机厅拟采用单侧圆形喷口送风，初选喷口直径为 250mm，喷口送风速度为 8m/s，此时发现供冷时空调区的平均风速达到 0.50m/s，不能满足空调区平均风速不大于 0.25m/s 的室内环境控制要求。若要满足室内环境控制要求，同时维持喷口安装高度、射程和送风速度不变，则喷口的射程（m）和直径（mm）选择应最接近下列哪项？（圆形喷口的紊流系数取 0.07）【2017-3-14】

A. 射程 13.2，直径为 100　　　　　B. 射程 13.2，直径为 125

C. 射程 26.9，直径为 125　　　　　D. 射程 26.9，直径为 200

参考答案：B

主要解题过程：根据题意，空调区平均风速为 $v_{p1} = 0.5\text{m/s}$，根据《三版教材》式（3.5-32），则射流末端轴心速度为 $v_{x1} = 2v_{p1} = 1\text{m/s}$。

根据式（3.5-1），得：

$$\frac{v_{x1}}{v_0} = \frac{0.48}{\dfrac{ax}{d_1} + 0.145}$$

$$x = \frac{\left(\dfrac{0.48 \times v_0}{v_{x1}} - 0.145\right) \times d_1}{a} = \frac{\left(\dfrac{0.48 \times 8}{1} - 0.145\right) \times 0.25}{0.07} = 13.2\text{m}$$

欲控制空调区平均风速为 $v_{p2} = 0.25\text{m/s}$，则射流末端轴心速度为 $v_{x2} = 2v_{p2} = 0.5\text{m/s}$，则有：

$$\frac{v_{x2}}{v_0} = \frac{0.48}{\dfrac{ax}{d_2} + 0.145}$$

$$d_2 = \frac{ax}{\frac{0.48 \times v_0}{v_{x2}} - 0.145} = \frac{0.07 \times 13.2}{\frac{0.48 \times 8}{0.5} - 0.145} = 0.123\text{m}$$

9.8-6. 空调房间净尺寸为：长 4.8m、宽 4.8m、高 3.6m，室内温度控制要求 22±0.5℃，恒温区高度 2.0m。采用一个平送风散流器送风，送风口喉部尺寸 300×300（mm），房间冷负荷 900W。问：该空调房间的最小送风量（kg/h），最接近下列哪一项？【2018-3-19】

A. 500   B. 600   C. 800   D. 1100

参考答案： D

主要解题过程：

散流器喉部尺寸为 $F_0 = 0.3 \times 0.3 = 0.09\text{m}^2$。

散流器水平射程为 $l = 4.8/2 = 2.4\text{m}$，垂直射程为 $h_x = 3.6 - 2 = 1.6\text{m}$。

根据《三版教材》图 3.5-23，有：$0.1\dfrac{l}{\sqrt{F_0}} = 0.1 \times \dfrac{2.4}{\sqrt{0.09}} = 0.8$，$\dfrac{l}{h_x} = \dfrac{2.4}{1.6} = 1.5$，查得 $K = 0.47$。

根据式（3.5-19），有：

$$\frac{\Delta t_x}{\Delta t_0} = 1.1\frac{\sqrt{F_0}}{K(h_x + l)} = 1.1 \times \frac{\sqrt{0.09}}{0.47 \times (1.6 + 2.4)} = 0.176$$

散流器送风轴心温差 Δt_x 应小于空调精度，则：

$$\Delta t_0 \leqslant \frac{\Delta t_x}{0.176} = \frac{0.5}{0.176} = 2.84℃$$

散流器最小送风量为：

$$G = \frac{Q \times 3.6}{c\Delta t_0} = \frac{900 \times 3.6}{1.01 \times 2.84} = 1130\text{kg/h}$$

9.8.2 管道保温与保冷

9.8-7. 某地夏季空调室外计算干球温度 $t_w = 35℃$，累年最热月平均相对湿度为 80%。设计一矩形钢制冷水箱（冷水温度为 7℃）。采用导热系数 $\lambda = 0.0407\text{W}/(\text{m}\cdot\text{K})$ 软质聚氨酯制品保温。不计水箱壁热阻和水箱内表面放热系数，按防结露要求计算的最小保温层厚度 δ，应是下列哪一项？注：当地为标准大气压，保温层外表面换热系数 $\alpha_w = 8.14\text{W}/(\text{m}^2\cdot\text{K})$。【2011-4-12】

A. 23.5～26.4mm   B. 26.5～29mm
C. 29.5～32.4mm   D. 32.5～35.4mm

参考答案： C

主要解题过程： 根据 $t_w = 35℃$，$\varphi_w = 80\%$，查得水箱外表面露点温度为 $t_L = 31.02℃$。

$$(t_L - t_n)\frac{\lambda}{\delta} = (t_w - t_L)\alpha_w, \quad \delta = \frac{\lambda(t_L - t_n)}{\alpha(t_w - t_L)} = \frac{0.0407(31.02 - 7)}{8.14(35 - 31.02)} = \frac{0.0407 \times 24.02}{8.14 \times 3.98} =$$

30.2mm。

9.8-8. 一空调矩形钢板送风管（风管内空气温度 15℃），途经一非空调场所（场所空气干球温度 35℃，露点温度 31℃），拟选用离心玻璃棉保温防止结露，则该风管防止结露的最小计算保温厚度是下列哪一项？（注：离心玻璃棉的导热系数为 0.039W/（m²·K），不考虑导热系数的温度修正，保温层外表面换热系数为 8.14W/（m²·K），保冷厚度修正系数为 1.2）【2013-4-13】

    A. 19.3～20.3mm
    B. 21.4～22.4mm
    C. 22.5～23.5mm
    D. 23.6～24.6mm

参考答案：C

主要解题过程：查《三版教材》式（3.10-3），得：

$$\delta_{\mathrm{m}} = \frac{\lambda}{\alpha_{\mathrm{w}}} \frac{(t_{\mathrm{L}} - t_{\mathrm{n}})}{(t_{\mathrm{w}} - t_{\mathrm{L}})} = \frac{0.039}{8.14} \times \frac{(31 - 15)}{(35 - 31)} = 0.0192$$

考虑保冷厚度修正系数为 1.2，

$$\delta_{\mathrm{m}} = 0.0192 \times 1.2 = 0.023 = 23\mathrm{mm}$$

9.8-9. 某办公楼的空气调节系统，系统风管的绝热材料采用柔性泡沫橡塑材料，其导热系数为 0.0365W/（m·K），根据有关节能设计标准，采用柔性泡沫橡塑板材的厚度规格，最合理的应是下列选项的哪一个？并列出判断过程。（计算中不考虑修正系数）【2014-4-12】

    A. 19mm
    B. 25mm
    C. 32mm
    D. 38mm

参考答案：C

主要解题过程：根据《民规》附录 K 表 K.0.4-1 查得，一般空调风管绝热层最小热阻为 0.81 m²·K/W。最小绝热层厚度 $\delta \geqslant 0.0365 \times 0.81 = 0.0296\mathrm{m} = 29.6\mathrm{mm}$。

因此，32mm 绝热层厚度合理。

9.8-10. 某地夏季空调室外计算干球温度 35℃，最热月月平均相对湿度 80%，某公共建筑敷设在架空层中的矩形钢板风管（高 500mm，宽 1000mm），板厚 0.5mm，风管内输送的空气温度为 15℃。选用离心玻璃棉保温。问：该风管的防结露计算的保温厚度（mm）最接近下列何项？　［注：大气压力为 101325Pa，离心玻璃棉的导热系数 $\lambda = 0.035$W/（m·K）；保温层外表面换热系数 $\alpha = 8.141$W/（m²·K），保冷厚度计算修正系数 $K = 1.2$］【2017-4-15】

    A. 19
    B. 21
    C. 23
    D. 26

参考答案：B

主要解题过程：查 h-d 图，室外露点温度 $t_{\mathrm{L}} = 31$℃，根据热流密度相等原理，得：

$$\frac{t_{\mathrm{L}} - t_{\mathrm{O}}}{\dfrac{\delta}{\lambda}} = h(t_{\mathrm{w}} - t_{\mathrm{L}})$$

$$\delta = \frac{\lambda(t_{\mathrm{L}} - t_{\mathrm{O}})}{h(t_{\mathrm{w}} - t_{\mathrm{L}})} = \frac{0.035 \times (31 - 15)}{8.141 \times (35 - 31)} = 0.0172\mathrm{m}$$

防结露保温厚度为：

$$\delta' = k\delta = 1.2 \times 0.0172 = 0.021\text{m} = 21\text{mm}$$

9.8.3 隔声与减振

9.8-11. 在同一排风机房内，设有三台排风机，其声功率依次为 62dB、65dB 和 70dB，该机房的最大声功率级为下列哪一项？【2011-3-19】

A. 69.5～70.5dB

B. 70.8～71.8 dB

C. 71.9～72.9 dB

D. 73.5～74.5 dB

参考答案： B

主要解题过程： 根据《三版教材》表 3.9-6，不同声功率级叠加：

70dB/65dB＝70＋1.2＝71.2dB；

71.2dB/62dB＝71.2＋0.5＝71.7dB。

9.8-12. 某变频水泵的额定转速为 960r/min，变频控制的最小转速为额定转速的 60%。现要求该水泵隔振设计时的振动传递比不大于 0.05。问：选用下列哪种隔振器更合理？并写出推断过程。【2014-3-19】

A. 非预应力阻尼型金属弹簧隔振器

B. 橡胶剪切隔振器

C. 预应力阻尼型金属弹簧隔振器

D. 橡胶隔振垫

参考答案： C

主要解题过程： 根据《三版教材》式（3.9-15），振动设备的扰动频率 $f = 960/60 = 16\text{Hz}$。

所需要的隔振器的自振频率为：

$$f_\circ = f \times \sqrt{\frac{T}{1-T}} = 16 \times \sqrt{\frac{0.05}{1-0.05}} = 3.67\text{Hz} < 5\text{Hz}$$

由《三版教材》P546，可知应采用预应力阻尼型金属弹簧隔振器。

9.8-13. 某离心式风机，其运行参数为：风量 10000m³/h，全压 550Pa，转速 1450r/min。现将风机转速调整为 960r/min，调整后风机的估算声功率级［dB（A）］最接近下列何项？【2016-3-17】

A. 88.5

B. 90.8

C. 96.5

D. 99.8

参考答案： B

主要解题过程： 根据《三版教材》表 2.8-6 得，风量变为：$L_2 = L_1 \dfrac{n_2}{n_1}$，$L_2 = 1000 \times \dfrac{960}{1450} = 6621\text{m}^3/\text{h}$。

风压变为：$P_2 = P_1 \left(\dfrac{n_2}{n_1}\right)^2$，$P_2 = 550 \left(\dfrac{960}{1450}\right)^2 = 241\text{Pa}$。

根据 P539 式（3.9-7），得：

$$L_w = 5 + 10(\lg L) + 20(\lg H) = 5 + 10(\lg 6621) + 20(\lg 241) = 90.8 dB(A)$$

9.8-14. 现有一台离心风机的风量为 30000 m^3/h，全压为 600Pa，转速为 1120r/min，经计算其噪声超出要求。现更换一台风机，保持风机风量不变，计算噪声要求为 100.33dB，则新更换风机的全压（Pa）应最接近下列何项？【2016-4-12】

A. 337

B. 365

C. 450

D. 535

参考答案：A

主要解题过程：根据《三版教材》式（3.9-7）得：

$$L_w = 5 + 10(\lg L) + 20(\lg H)$$

$$100.33 = 5 + 10(\lg 30000) + 20(\lg H)$$

$$H = 337 Pa$$

9.8-15. 某空调房间尺寸为 4m×5m×3m，室内平均吸声系数为 0.15，指向性因素为 4，送风口距测量点的距离为 3m，送风口进入室内的声功率级为 40dB，试问测量点的声压级（dB）最接近下列何项？【2017-4-12】

A. 25

B. 30

C. 35

D. 40

参考答案：C

主要解题过程：根据《三版教材》式（3.9-13），得：

$$L_p = L_w + 10\lg\left[\frac{Q}{4\pi r^2} + \frac{4(1-a_m)}{Sa_m}\right]$$

$$= 40 + 10 \times \lg\left[\frac{4}{4 \times 3.14 \times 3^2} + \frac{4 \times (1-0.15)}{(4 \times 5 + 4 \times 3 + 5 \times 3) \times 2 \times 0.15}\right] = 34.4 dB$$

第 10 章　制冷与热泵技术专业案例题

本章知识点题目分布统计表

小节	考点名称		2011 年至 2019 年题目统计		近几年题目统计		2019 年题目统计
			题目数量	比例	题目数量	比例	
10.1	制冷循环		16	19%	8	18%	2
10.2	制冷设备	10.2.1　制冷压缩机	2	2%	1	2%	0
		10.2.2　机组变流量	2	2%	0	0%	0
		10.2.3　冷凝器/蒸发器	5	6%	2	5%	0
		小计	9	11%	3	7%	0
10.3	冷热源	10.3.1　机组功耗与搭配	19	23%	5	11%	1
		10.3.2　热泵能耗	19	23%	15	34%	2
		10.3.3　吸收式制冷	4	5%	3	7%	0
		小计	42	51%	23	52%	3
10.4	其他考点	10.4.1　蓄冷	8	10%	6	14%	2
		10.4.2　冷库热工与冷库工艺	6	7%	3	7%	1
		10.4.3　冷热电三联供	2	2%	1	2%	1
		小计	16	19%	10	23%	4
合计			83		44		9

说明：2015 年停考 1 年，近几年题目统计为 2016 年至 2019 年。

10.1　制　冷　循　环

10.1-1. 某一次节流完全中间冷却的氨双级压缩制冷理论循环，冷凝温度为 38℃，蒸发温度为 −35℃。按制冷系数最大为原则确定中间压力，对应的中间温度接近下列哪一值？【2011-3-24】

A. 1.5℃

B. 0℃

C. −2.8℃

D. −5.8℃

参考答案：C

主要解题过程：《三版教材》式（4.1-35）：

$$t_\text{中}=0.4t_\text{K}+0.6t_0+3℃=0.4×38+0.6×(-35)+3=-2.8℃$$

10.1-2. 某氨压缩式制冷机组，冷凝温度为 40℃、蒸发温度为 -15℃，下图所示为其理论循环，点 2 为蒸发器制冷剂蒸气出口状态。该循环的理论制冷系数应是下列哪一值？（注：各点比焓见下表）【2011-4-21】

状态点号	1	2	3	4
比焓（kJ/kg）	686	1441	2040	1650

A. 2.10～2.30　　　　　　　　B. 1.75～1.95

C. 1.45～1.65　　　　　　　　D. 1.15～1.35

参考答案：D

主要解题过程：$\varepsilon_\text{th}=\dfrac{h_2-h_1}{h_3-h_2}=\dfrac{1441-686}{2040-1441}=1.26$

10.1-3. 某热回收型地源热泵机组，采用 R502 制冷剂，冷凝温度为 40℃、蒸发温度为 -5℃，右图所示为其理论循环。采用冷凝热回收，回收蒸汽的显热。点 4 为冷凝器制冷剂蒸气进口状态，该机组回收的热量占循环中总的冷凝热的比例应是下列哪一项？注：各点比焓见下表：【2011-4-22】

状态点号	1	2	3	4	5
比焓（kJ/kg）	241.5	344.7	385.7	359.6	247.9

A. 26.5%～29.0%　　　　　　B. 21.0%～23.5%

C. 18.6%～20.1%　　　　　　D. 17%～18.5%

参考答案：D

主要解题过程：根据题干"回收冷凝显热"可判断，热回收段为状态点 3～状态点 4

单位制冷剂流量热回收量为：h_3-h_4；

总冷凝热为：$h_3-h_6=h_3-h_1$；

$$\varepsilon=\frac{h_3-h_4}{h_3-h_6}=\frac{385.7-359.6}{385.7-241.5}=18.1\%$$

10.1-4. 下图为带闪分蒸发器的（制冷剂为 R134a）双级压缩制冷循环，已知：循环主要状态点制冷剂的比焓（kJ/kg）为：$h_3=410.25$，$h_7=228.50$。当流经蒸发器与流经闪分蒸发器的制冷剂质量流量之比为 5.5 时，h_5 应为下列哪一值？【2012-4-23】

A. 231～256kJ/kg　　　　　　B. 251～270kJ/kg

C. 271～280kJ/kg　　　　　　D. 281～310kJ/kg

参考答案： B

主要解题过程： 根据质量守恒：$m_6 = m_3 + m_7$；根据能量守恒：$m_6 h_6 = m_3 h_3 + m_7 h_7$；所以 $h_6 = (h_3 + 5.5 h_7)/6.5 = 256.5 \text{kJ/kg}$，因此 $h_5 = h_6 = 256.5 \text{kJ/kg}$。

10.1-5. 下图所示为采用热力膨胀阀的回热式制冷循环，点 1 为蒸发器的出口状态，1-2 和 5-6 为气液在回热器的换热过程，试问该循环制冷剂的单位质量压缩耗功应是下列哪一个选项？（注：各点比焓见下表）【2013-4-21】

状态点号	1	2	3	4	5	6
比焓（kJ/kg）	340	346.3	349.3	376.5	285.6	279.3

A. 6.8kJ/kg

B. 9.8kJ/kg

C. 27.2kJ/kg

D. 30.2kJ/kg

参考答案： C

主要解题过程： 根据《三版教材》式（4.1-11），压缩机过程为 3-4：

$$w_c = h_4 - h_3 = 376.5 - 349.3 = 27.2 \text{kJ/kg}$$

其中 2-3 为温升过程（热损失）。

10.1-6. 某带回热器的压缩式制冷机组，制冷剂为 CO_2，下图所示为系统组成和制冷循环，点 1 为蒸发器出口状态，该循环回热器的出口（点 5）焓值为下列哪一项？（注：各点比焓见下表）【2013-4-22】

状态点号	1	2	3	4	7	8	9
比焓（kJ/kg）	434.6	485.2	537.3	327.6	437.6	484.7	434.2

A. 277kJ/kg　　　　　　　　B. 277.5kJ/kg
C. 280kJ/kg　　　　　　　　D. 280.5kJ/kg

系统组成图

制冷循环图

参考答案： D

主要解题过程： 根据《三版教材》P581，回热器内换热过程为绝热过程：$h_8 - h_7 = h_4 - h_5 \rightarrow h_5 = h_4 - (h_8 - h_7) = 327.6 - (484.7 - 437.6) = 280.5\text{kJ/kg}$

10.1-7. 右图所示为一次节流完全中间冷却的双级氨制冷理论循环，各状态点比焓为：$h_1 = 1408.41\text{kJ/kg}$，$h_2 = 1590.12\text{kJ/kg}$，$h_3 = 1450.42\text{kJ/kg}$，$h_4 = 1648.82\text{kJ/kg}$，$h_5 = 342.08\text{kJ/kg}$，$h_6 = 181.54\text{kJ/kg}$，试问在该工况下，理论制冷系数为下列何项？【2014-3-22】

A. 1.9～2.2　　　　　　　　B. 2.3～2.6
C. 2.7～3.0　　　　　　　　D. 3.1～3.4

参考答案： C

主要解题过程： 根据《三版教材》P583，一次节流完全中间冷却，设通过蒸发器的制冷剂质量流量为 M_{R1}，节流进入中间冷却器的制冷剂质量流量为 M_{R2}，根据进出中间冷却器的热量，列出中间冷却器的热平衡方程为：$M_{R1}(h_2 - h_3) + M_{R1}(h_5 - h_6) = M_{R2}(h_3 - h_7)$；得到：

$$\frac{M_{R2}}{M_{R1}} = \frac{(h_2 - h_3) + (h_5 - h_6)}{(h_3 - h_7)} = \frac{(1590.12 - 1450.42) + (342.08 - 181.54)}{(1450.42 - 342.08)} = 0.27$$

则制冷量 $\Phi_0 = M_{R1}(h_1 - h_8)$；高低压级压缩机的理论总耗功率 $P_{th} = M_{R1}(h_2 - h_1) + (M_{R1} + M_{R2})(h_4 - h_3)$；

由上述条件得理论制冷系数：

$$\varepsilon = \frac{\Phi_0}{P_{th}} = \frac{M_{R1}(h_1 - h_8)}{M_{R1}(h_2 - h_1) + (M_{R1} + M_{R2})(h_4 - h_3)} = \frac{(h_1 - h_8)}{(h_2 - h_1) + \left(1 + \dfrac{M_{R2}}{M_{R1}}\right)(h_4 - h_3)}$$

$$= \frac{(1408.4 - 181.54)}{(1590.12 - 1408.41) + (1 + 0.27)(1648.82 - 1450.42)} = 2.83$$

10.1-8. 已知某电动压缩式制冷机组处于额定负荷出力的运行工况：冷凝温度为 30℃，蒸发温度为 2℃，不同的销售人员介绍该工况下机组的制冷系数数值，不可取信的

为下列何项？并说明原因。【2014-3-23】

A. 5.85
B. 6.52
C. 6.80
D. 9.82

参考答案：D

主要解题过程：根据《三版教材》式（4.1-5），逆卡诺循环制冷系数：

$$\varepsilon = \frac{T_0}{T_k - T_0} = \frac{2+273}{30-2} = 9.82$$

而实际循环有传热温差等损失，制冷系数不可能达到逆卡诺循环系数，故选项 D 不可信。

10.1-9. 一个由两个定温过程和两个绝热过程组成的理论制冷循环，低温热源恒定为 $-15℃$，高温热源恒定为 30℃。试求传热温差均为 5℃时，热泵循环的制热系数最接近下列何项？【2016-3-20】

A. 6.7
B. 5.6
C. 4.6
D. 3.5

参考答案：B

主要解题过程：根据《三版教材》式（4.1-6）得有传热温差的制冷系数：

$$\varepsilon'_c = \frac{T_0}{T_k - T_0} = \frac{(T'_0 - \Delta T_0)}{[(T'_k + \Delta T_k) - (T'_0 - \Delta T_0)]}$$

$$= \frac{(-15+273-5)}{[(30+273+5)-(-15+273-5)]} = 4.6$$

根据 P584 式（4.1-36）有传热温差的制热系数：

$$\varepsilon'_h = 1 + \varepsilon'_c = 1 + 4.6 = 5.6$$

10.1-10. 下图为某带经济器的制冷循环，已知：$h_1 = 390kJ/kg$，$h_3 = 410kJ/kg$，$h_4 = 430kJ/kg$，$h_5 = 250kJ/kg$，$h_7 = 220\ kJ/kg$。蒸发器制冷量为 50kW，求冷凝器散热量（kW）最接近下列何项？（忽略管路等传热的影响）【2016-3-22】

A. 50
B. 56
C. 62
D. 66

参考答案：C

主要解题过程：

【解法一】

以经济器为对象，进入和流出经济器的质量、能量守恒得：

$$M_R = M_{R1} + M_{R2}$$

$$M_{R1} = \frac{Q_0}{h_1 - h_7} = \frac{50}{(390 - 220)} = 0.294 \text{kg/s}$$

$$(M_{R1} + M_{R2})h_6 = M_{R1}h_7 + M_{R2}h_3$$

$$M_{R1}(h_5 - h_7) = M_{R2}(h_3 - h_5)$$

$$M_{R2} = M_{R1} \frac{h_5 - h_7}{h_3 - h_5} = 0.294 \times \frac{250 - 220}{410 - 250} = 0.055 \text{kg/s}$$

$$Q_k = (M_{R1} + M_{R2}) \times (h_4 - h_5) = (0.294 + 0.055) \times (430 - 250) = 62.82 \text{kW}$$

【解法二】

6 点的干度

$$\chi_6 = \frac{h_6 - h_7}{h_3 - h_7} = \frac{250 - 220}{410 - 220} = 0.158$$

$$M_R = M_{R1} + M_{R2} = \frac{M_{R1}}{1 - \chi_6} = \frac{0.294}{1 - 0.158} = 0.349 \text{kg/s}$$

$$Q_k = M_R \times (h_4 - h_5) = 0.349 \times (430 - 250) = 62.82 \text{kW}$$

10.1-11. 已知某热泵装置运行时，从室外低温环境中的吸热量为 3.5kW，根据运行工况查得各状态点的焓值为：蒸发器出口制冷剂比焓 359kJ/kg；压缩机出口气态制冷剂的比焓 380 kJ/kg；冷凝器出口液态制冷剂的比焓 229 kJ/kg；则该装置向室内的理论计算供热量（kW）最接近下列何项？（系统的放热均全部视为向室内供热）【2016-4-21】

A. 3.90   B. 4.10

C. 4.30   D. 4.50

参考答案： B

主要解题过程：

【解法一】

依据制冷剂质量流量保持不变得：

$$M_R = \frac{Q_0}{h_1 - h_4} = \frac{Q_K}{h_2 - h_3}$$

$$\frac{3.5}{359 - 229} = \frac{Q_K}{380 - 229}$$

$$Q_K = 4.06 \text{kW}$$

【解法二】

根据热量平衡计算公式得：

$$Q_K = Q_0 + \frac{Q_k}{COP_h} = Q_0 + \frac{Q_k(h_2 - h_1)}{(h_2 - h_3)}$$

$$Q_K = 3.5 + \frac{Q_k(380 - 359)}{380 - 229}$$

$$Q_K = 4.06 \text{kW}$$

10.1-12. 下图为带闪发分离器的双级压缩制冷循环，该循环部分节点的制冷剂比焓如下面已知条件，流经一级压缩机的制冷剂质量流量为 10kg/s。问：二级压缩机质量流量（kg/s）为以下哪个选项？已知：$h_3 = 415\text{kJ/kg}$；$h_6 = 250\text{kJ/kg}$；$h_7 = 230\text{kJ/kg}$。【2017-3-23】

A. 9.0~9.5

B. 10.0~10.5

C. 11.0~11.5

D. 12.0~12.5

参考答案：C

主要解题过程：根据能量守恒公式得：

$$M_6 h_6 = (M_6 - M_7)h_3 + M_7 h_7 = (M_6 - 10) \times 415 + 10 \times 230 = M_2 \times 250$$

解得：

$$M_2 = 11.2 \text{kJ/s}$$

10.1-13. 下图所示为采用 R134a 制冷剂的蒸汽压缩制冷理论循环，采用将压缩后的高压气体分流一部分（8→6）与来自蒸发器的制冷剂混合（4+6→5）后再压缩的方式实现变制冷量调节。已知，蒸发温度为 0℃、冷凝温度为 40℃，有关状态点的焓值（kJ/kg）如下表所列，该循环的理论制冷量与不调节分流的理论制冷量之比值（％）最接近下列何项？【2017-3-24】

h_1	h_2	h_4	h_5	h_7	h_8
417.2	256.8	395.6	420.2	449.8	439.8

A. 44.3

B. 51.1

C. 54.2　　　　　　　　　　　　　　　D. 58.6

参考答案：A

主要解题过程：系统分流出去的高压气体质量为 M_a，剩余的气体质量为 M_b，则有：

$$M_a h_6 + M_b h_4 = (M_a + M_b) h_5$$

又 $h_6 = h_8$

$$439.8 M_a + 395.6 M_b = 420.2 (M_a + M_b)$$

解得：

$$M_b = 0.8 M_a$$

调节前后制冷量之比：

$$n = \frac{M_b (h_4 - h_3)}{(M_a + M_b)(h_4 - h_3)} = \frac{0.8 M_a}{(1 + 0.8) M_b} = 0.443 = 44.3\%$$

10.1-14. 一种空气源热泵机组的工作原理图如下图所示。已知：图中一些状态点的比焓值：$h_1 = 418\text{kJ/kg}$，$h_2 = 439\text{kJ/kg}$，$h_4 = 458\text{kJ/kg}$，$h_5 = 276\text{kJ/kg}$，$h_7 = 223\text{kJ/kg}$，$h_9 = 425\text{kJ/kg}$。问：该热泵机组的制热能效比 COP，最接近下列哪项？【2018-3-21】

A. 3.8　　　　　B. 4.4　　　　　C. 4.8　　　　　D. 5.1

参考答案：C

主要解题过程：

针对经济器列质量守恒和能量守恒方程：

$$MR = MR_1 + MR_2$$

$$MR\, h_6 = MR_1 h_7 + MR_2 h_9 \Rightarrow MR \times 276 = MR_1 \times 223 + MR_2 \times 425$$

以上两式联立，可求得：

$$MR = 1.356 MR_1$$

制热量为：

$$Q_k = MR(h_4 - h_5) = 1.356 MR_1 \times (458 - 276) = 246.79 MR_1$$

对 2+9→3 列能量守恒方程，有：

$$MR_2 h_9 + MR_1 h_2 = MR h_3$$

$$(1.356 MR_1 - MR_1) \times 425 + MR_1 \times 439 = 1.356 MR_1 \times h_3$$

$$h_3 = 435.32\text{kJ/kg}$$

制热功率为：

$$P_{th} = P_{th1} + P_{th2} = MR_1(h_2 - h_1) + MR(h_4 - h_3)$$
$$= MR_1(439 - 418) + 1.356MR_1(458 - 435.32) = 51.75MR_1$$

制热能效比为：

$$COP = \frac{Q_k}{P_{th}} = \frac{246.79MR_1}{51.75MR_1} = 4.77$$

10.2 制 冷 设 备

10.2.1 制冷压缩机

10.2-1. 有一台制冷剂为 R717 的 8 缸活塞压缩机，缸径为 100mm，活塞行程为 80mm，压缩机转速为 720r/min，压缩比为 6，压缩机的实际输气量是下列哪一项？【2012-3-21】

    A. $0.04 \sim 0.042\text{m}^3/\text{s}$ B. $0.049 \sim 0.051\text{m}^3/\text{s}$

    C. $0.058 \sim 0.06\text{m}^3/\text{s}$ D. $0.067 \sim 0.069\text{m}^3/\text{s}$

参考答案： A

主要解题过程： 根据《三版教材》式（4.3-8），容积效率为：

$$\eta_v = 0.94 - 0.085\left[\left(\frac{p_2}{p_1}\right)^{\frac{1}{m}} - 1\right] = 0.94 - 0.085(6^{\frac{1}{1.28}} - 1) = 0.68$$

理论输气量为：

$$V_h = \frac{\pi}{240}D^2 \cdot S \cdot n \cdot Z = \frac{3.14}{240} \times 0.1^2 \times 0.08 \times 720 \times 8 = 0.0603\text{m}^3/\text{s}$$

实际输气量为：

$$V_r = V_h \times \eta_v = 0.0603 \times 0.68 = 0.041\text{m}^3/\text{s}$$

10.2-2. 蒸汽压缩式制冷冷水机组，制冷剂为 R134a，各点热力参数见下表，计算时考虑如下效率：压缩机指示效率为 0.92，摩擦效率为 0.99，电动机效率为 0.98，该状态下的制冷系数 COP 最接近下列何项？【2016-3-21】

状态点	绝对压力（Pa）	温度（℃）	液体比焓（kJ/kg）	蒸汽比焓（kJ/kg）
压缩机入口	273000	10		407.8
压缩机出口	1017000	53		438.5
蒸发器入口	313000	0	257.3	
蒸发器出口	293000	5		401.6

    A. 4.20   B. 4.28

    C. 4.56   D. 4.70

参考答案： B

主要解题过程： 根据《三版教材》式（4.3-9）得单位质量制冷量为：$q_0 = h_1 - h_5 = 401.6 - 257.3 = 144.3\text{kJ/kg}$。

根据式（4.3-14）得理论压缩耗功量为：$\omega_{th}=h_3-h_2=438.5-407.8=30.7\text{kJ/kg}$。

由式（4.3-18）得制冷压缩机比轴功为：$\omega_e=\dfrac{\omega_{th}}{\eta_i\eta_m}=\dfrac{30.7}{0.92\times0.99}=33.71\text{kJ/kg}$。

由式（4.3-22）得制冷压缩机的制冷性能系数为：$COP=\dfrac{q_0}{\omega_e}=\dfrac{144.3}{33.71}=4.28$。

10.2.2　机组变流量

10.2-3. 某离心式冷水制冷机组允许变流量运行，允许蒸发器最小流量是额定流量的 65%，蒸发器在额定流量时，水压降为 60kPa，蒸发侧（冷水回路侧）设有压差保护装置（当压差低于设定数值时，表明水量过小，实现机组自动停机保护）。问：满足变流量要求设定的保护压差数值应为下列哪一项？【2013-3-22】

A. 60kPa　　　　　　　　　　B. 48～52kPa

C. 38～42kPa　　　　　　　　D. 24～28kPa

参考答案：D

主要解题过程：由 $\Delta P=SQ^2$，$S=\Delta P_1/Q_1^2=\Delta P_2/Q_2^2$，得：

$$\Delta P_2=\Delta P_1 (Q_2/Q_1)^2=60\times0.65^2=25.35\text{kPa}。$$

10.2-4. 某活塞式制冷压缩机的轴功率为 100kW，摩擦效率为 0.85。压缩机制冷负荷卸载 50% 运行时（设压缩机进出口的制冷剂比焓、指示效率与摩擦功率维持不变），压缩机所需的轴功率为下列何项？【2014-4-22】

A. 50kW　　　　　　　　　　B. 50.5～54.0kW

C. 54.5～60.0kW　　　　　　D. 60.5～65.0kW

参考答案：C

主要解题过程：根据《三版教材》式（4.3-17），压缩机指示功率为：

$$P_i=P_e\times\eta_m=100\times0.85=85\text{kW}$$

根据式（4.3-16），摩擦功率为：

$$P_m=P_i-P_e=100-85=15\text{kW}$$

冷负荷卸载 50% 运行时，压缩机制冷剂流量减半根据式（4.3-15）可知，指示效率变为：

$$P_i'=\frac{1}{2}M_{R0}(h_3-h_2)/\eta_i=\frac{1}{2}P_i=42.5\text{kW}$$

轴功率为：

$$P_e'=P_i'+P_m=42.5+15=57.5\text{kW}$$

10.2.3　冷凝器/蒸发器

10.2-5. 某风冷制冷机的冷凝器放热量为 50kW，风量为 14000m³/h，在空气密度为 1.15kg/m³ 和比热为 1.005kJ/(kg·K) 的条件下运行，若要求控制冷凝温度不超过 50℃，冷凝器内侧制冷剂和空气之平均对数温差 $\Delta t_m=9.19℃$，则该冷凝器空气入口最高允许温度应是下列哪一值？【2011-3-20】

A. 34～35℃   B. 37～38℃

C. 40～41℃   D. 43～44℃

参考答案：A

主要解题过程：

$$\Delta t = \frac{3600Q}{\rho C_P L} = \frac{3600 \times 50}{1.15 \times 1.005 \times 14000} = 11.12℃$$

$$\Delta t_m = \frac{\Delta t}{\ln \dfrac{t_K - t_1}{t_K - (11.2 + t_1)}} = \frac{11.12}{\ln \dfrac{50 - t_1}{50 - (11.12 + t_1)}} = \frac{11.12}{\ln \dfrac{50 - t_1}{38.88 - t_1}} = 9.19℃$$

$$\ln \frac{50 - t_1}{38.88 - t_1} = \frac{11.12}{9.19} = 1.21$$

$$\frac{50 - t_1}{38.88 - t_1} = e^{1.21} = 3.353$$

$$50 - t_1 = 3.353(38.88 - t_1)$$

$$t_1 = \frac{3.353 \times 38.88 - 50}{2.353} = 34.2℃$$

10.2-6. 使用电热水器和热泵热水器将 50kg 的水从 15℃ 加热到 55℃，如果电热水器的电效率为 90%，热泵 $COP=3$，试问热泵热水器耗电量与电热水器耗电量之比约为下列何值？【2013-3-21】

A. 20%左右   B. 30%左右

C. 45%左右   D. 60%左右

参考答案：B

主要解题过程： 根据《商业或工业用及类似用途的热泵热水机》GB/T 21362—2008 第 3.11 条，设加热量为 Q，则

电热耗电量：$N_1 = \dfrac{Q}{90\%}$；热泵耗电量：$N_2 = \dfrac{Q}{3}$；

比值：$\dfrac{N_2}{N_1} = \dfrac{Q/3}{Q/0.9} = 0.3 = 30\%$

10.2-7. 已知某电动压缩式制冷机组的冷凝器设计的放热量为 1500kW，分别采用温差为 5℃ 冷却水冷却和采用常温下水完全蒸发冷却（不考虑显热），前者与后者相同单位时间的水量之比值是下列何项？【2014-4-23】

A. 10～12   B. 50～90

C. 100～120   D. 130～150

参考答案：C

主要解题过程： 冷却水冷却所需水量：$G_1 = \dfrac{Q}{c\Delta t} = \dfrac{1500}{4.187 \times 5} = 71.9\text{kg/s}$

蒸发冷却所需水量：$G_2 = \dfrac{Q}{q_{潜}} = \dfrac{1500}{2500} = 0.6\text{kg/s}$

水量之比：$\dfrac{G_1}{G_2} = \dfrac{71.9}{0.6} = 119.8$。

10.2-8. 某工程设计冷负荷为 3000kW，拟采购 2 台离心式冷水机组，由于当地冷却水水质较差，设计选用冷凝器时的污垢系数为 $0.13\text{m}^2 \cdot \text{℃/kW}$。机组污垢系数对其制冷量的影响详见附表，则机组在出厂检测时单台制冷量（kW）应达到下列哪一项才是合格的？（设计温度同名义工况）【2016-3-23】

污垢系数（$\text{m}^2 \cdot \text{℃/kW}$）	0	0.044	0.086	0.13
制冷量变化	1.02	1.00	0.98	0.96

A. 1500

C. 1563

B. 1535

D. 1594

参考答案：D

主要解题过程： 根据《三版教材》P621，新机组测试时，冷凝器和蒸发器的水侧应被认为是清洁的，测试时污垢系数应考虑为 $0\ \text{m}^2 \cdot \text{℃/kW}$。为满足工程设计冷负荷要求，机组出厂检测时单台制冷量为：$Q = \dfrac{3000}{2 \times 0.96} \times 1.02 = 1593.75\text{kW}$。

10.2-9. 某空调系统采用的空气冷却式冷凝器，其传热系数 $K = 30\text{W/}(\text{m}^2 \cdot \text{℃})$（以空气侧为准），冷凝器的热负荷 $\varPhi_k = 60\text{kW}$，冷凝器入口空气温度 $t_{a1} = 35\text{℃}$，流量为 15kg/s，如果冷凝温度 $t_k = 48\text{℃}$，设空气的定压比热 $c_p = 1.0\text{kJ/}(\text{kg} \cdot \text{℃})$，则该冷凝器的空气侧传热面积（$\text{m}^2$）应为以下哪个选项？（注：按照对数平均温差计算）【2017-3-21】

A. 170～172

C. 180～182

B. 174～176

D. 183～185

参考答案：D

主要解题过程：

$$\varPhi_K = c_p m \Delta t = 1.0 \times 15 \times (t_{a2} - 35) = 60\text{kW}$$

解得：

$$t_{a2} = 39\text{℃}$$

根据《三版教材》式（1.8-28）及式（4.9-10）可知：

$$\Delta t_{pj} = \frac{\Delta t_a - \Delta t_b}{\ln \dfrac{\Delta t_a}{\Delta t_b}} = \frac{\left[(48-35) - (48-39) \right]}{\ln \dfrac{48-35}{48-39}} = 10.9\ \text{℃}$$

$$A = \frac{\varPhi_K}{K \Delta t_{pj}} = \frac{60 \times 10^3}{30 \times 10.9} = 183.5\text{m}^2$$

10.3 冷 热 源

10.3.1 机组功耗与搭配

10.3-1. 某工程选择风冷螺杆式冷热水机组参数如下：名义制热量为 462kW，输入功率为 114kW。该地室外空调计算干球温度为 −10℃，空调设计供水温度为 45℃，该机组冬季制热工况修正系数如下表：

环境温度 (℃)	机组出水温度 (℃)					
	40		45		50	
	制热量	输入功率	制热量	输入功率	制热量	输入功率
−10	0.695	0.822	0.711	0.915		
0	0.840	0.854	0.863	0.961	0.891	1.084
7	0.976	0.887	1	1	1.028	1.130

机组每小时化霜 2 次。该机组在设计工况下的制热量及输入功率正确值为哪一项？【2011-4-06】

    A. 320～330kW，100～105kW   B. 260～265kW，100～105kW

    C. 290～300kW，100～105kW   D. 260～265kW，110～120kW

参考答案： B

主要解题过程： 根据《三版教材》式（4.3-27）：

$$K_1 = 0.711, K_2 = 0.8$$

$$\phi_h = qK_1K_2 = 462 \times 0.711 \times 0.8 = 263kW$$

$$N = 114 \times 0.915 = 104.3kW$$

10.3-2. 某办公楼拟选择 2 台风冷螺杆式冷热水机组，已知：机组名义制热量为 462kW，建设地室外空调计算干球温度为 −5℃，室外供暖计算干球温度为 0℃，空调设计供水温度为 50℃，该机组制热量修正系数如右表所示，机组每小时化霜二次。该机组在设计工况下的供热量为下列哪一项？【2012-3-05】

    A. 210～220kW

    B. 240～250kW

    C. 260～275kW

    D. 280～305kW

进风温度 (℃)	出水温度 (℃)			
	35	40	45	50
−5	0.71	0.69	0.65	0.59
0	0.85	0.83	0.79	0.73
5	1.01	0.97	0.93	0.87

参考答案： A

主要解题过程：《三版教材》式（4.3-27）：

$$q_0 = 462, k_1 = 0.59, k_2 = 0.8$$

$$\varphi_h = q_0 k_1 k_2 = 462 \times 0.59 \times 0.8 = 218kW$$

10.3-3. 某建筑设置的集中空调系统中，采用的离心式冷水机组为国家标准《冷水机组能效限制及能源效率等级》GB 19577—2004 规定的 3 级能效等级的机组，其蒸发器的制冷量为 1530kW，冷凝器冷却供回水设计温差为 5℃。冷却水水泵的设计参数如下：扬程为 40mH₂O，水泵效率为 70%。问：冷却塔的排热量（不考虑冷却水管路的外排热）应接近下列何项值？【2012-4-17】

A. 1530kW   B. 1580kW   C. 1830kW   D. 1880kW

参考答案： D

主要解题过程：

根据《冷水机组能效限定值及能源效率等级》GB 19577—2004 表 2 可知，当 $CC=1530$ 时，能效等级为 3 时，$COP=5.1$。

由于冷却水泵的温升的影响，故：

冷却水泵温升的影响的附加率为：$\alpha=0.0023 \times H/\eta_s/(t_h-t_g)=0.0023 \times 40/0.7/5=0.0262857$；

未考虑水泵温升时，冷却塔排热量为：$1530+1530/5.1=1830$kW；

考虑水泵温升后，冷却塔排热量为：$1830 \times (1+0.0262857)=1878$kW。

10.3-4. 夏热冬暖地区的某旅馆为集中空调二管制水系统。空调冷负荷为 6000kW，空调热负荷为 1000kW。全年当量满负荷运行时间，制冷为 1000h，供热为 300h。四种可供选择的制冷、制热设备方案。其数据如下表所示：

设备类型 性能系数	风冷式冷、 热水热泵	离心式冷 水机组	溴化锂吸收式冷 （热）水机组	燃气热水锅炉
当量满负荷制 冷性能系数	4.5	6.0	1.6	
当量满负荷制 热性能系数	4.0	—	1.0	当量满负荷 平均系数为 0.7

建筑所在区域的一次能源换算为用户电能耗换算系数为 0.35。问：全年最节省一次能源的冷、热源组合，为下列哪一项（不考虑水泵等的能耗）？【2012-4-19】

A. 配置制冷量为 2000kW 的离心机 3 台与 1000kW 的热水锅炉 1 台

B. 配置制冷量为 2500kW 的离心机 2 台与夏季制冷量和冬季供热量均为 1000kW 的风冷式冷、热水机组 1 台

C. 配置制冷量为 2000kW 的风冷式冷（热）水机组 3 台

D. 配置制冷量为 2000kW 的直燃式冷（热）水机组 3 台

参考答案： B

主要解题过程： 均采用一次能源换算比较，即"一次能源消耗量＝设备耗电量/电能耗换算系数"，其中燃气直燃机组直接消耗一次能源，故计算消耗燃气量即可。

选项 A 方案：

$M_1=(3 \times 2000/6) \times 1000/0.35+1000 \times 300/0.7=3285714$kWh

$=3.28 \times 10^6$ kWh

选项 B 方案：

$M_2 = (2 \times 2500/6 + 1000/4.5) \times 1000/0.35 + (1000 \times 4) \times 300/0.35 = 3230158\text{kWh}$
$= 3.23 \times 10^6 \text{kWh}$

选项 C 方案：

$M_3 = (3 \times 2000/4.5) \times 1000/0.35 + (1000/4) \times 300/0.35 = 4023809\text{kWh}$
$= 4.02 \times 10^6 \text{kWh}$

选项 D 方案：

$M_4 = (3 \times 2000/1.6) \times 1000 + (1000/1) \times 300 = 4050000\text{kWh} = 4.05 \times 10^6 \text{kWh}$

因此，选项 B 方案耗能最低。

扩展： 选项 C 和选项 D 设备容量超出冬季热负荷需求，冬季在非满负荷运行。为便于计算默认非满负荷制热时性能系数与满负荷制热时性能系数相同。

10.3-5. 某项目设计采用国外进口的离心式冷水机组，机组名义制冷量 1055kW，名义输入功率为 209kW，污垢系数为 $0.044\text{m}^2 \cdot \text{℃/kW}$。项目所在地水质较差，污垢系数为 $0.18\text{m}^2 \cdot \text{℃/kW}$，查得设备的性能系数变化比值：冷水机组实际制冷量/冷水机组设计制冷量 = 0.935，压缩机实际耗功率/压缩机设计耗功率 = 1.095，试求机组实际 COP 值接近下列哪一项？【2012-4-21】

A. 4.2　　　　　　　B. 4.3　　　　　　　C. 4.5　　　　　　　D. 4.7

参考答案： B

主要解题过程：

根据题意，压缩机实际耗功率/压缩机设计耗功率 = 1.095，得：

压缩机实际耗功率：$P_{实际} = 1.095 \times 209\text{kW}$；

冷水机组实际制冷量：$Q_{实际} = 0.935 \times 1055\text{kW}$；

机组实际 $COP = Q_{实际}/P_{实际} = 0.935 \times 1055\text{kW}/(1.095 \times 209\text{kW}) = 4.3$。

10.3-6. 某处一公共建筑，空调系统冷源选用两台离心式水冷冷水机组和一台螺杆式水冷冷水机组，其参数分别为：

离心式水冷冷水机组：额定制冷量为 3203kW，额定输入功率 605kW；

螺杆式水冷冷水机组：额定制冷量为 1338kW，额定输入功率 277kW。

问：下列性能系数及能源效率等级的选项哪项正确？【2012-4-22】

A. 离心式：性能系数 5.4，能源效率等级为 3 级
　　螺杆式：性能系数 4.8，能源效率等级为 4 级

B. 离心式：性能系数 5.8，能源效率等级为 2 级
　　螺杆式：性能系数 4.8，能源效率等级为 3 级

C. 离心式：性能系数 5.0，能源效率等级为 4 级
　　螺杆式：性能系数 4.8，能源效率等级为 4 级

D. 离心式：性能系数 5.4，能源效率等级为 2 级
　　螺杆式：性能系数 4.5，能源效率等级为 3 级

参考答案： A

主要解题过程：根据性能系数的定义可知：

$COP_{离心}=3203/605=5.3$；

$COP_{螺杆}=1338/277=4.8$

根据《冷水机组能效限定值及能源效率等级》GB 19577—2004 表 2：当 $CC>$ 1163kW，$4.2≤COP<4.6$ 时，应为 5 级；$4.6≤COP<5.1$ 时应为 4 级；$5.1≤COP<5.6$ 时应为 3 级。所以，离心式冷水机组应为 3 级；螺杆式冷水机组应为 4 级。

扩展：《冷水机组能效限定值及能源效率等级》GB 19577—2015 对能效等级进行了调整。

10.3-7. 一台名义制冷量 2110kW 的离心式制冷机组，其性能参数见下表。试问其综合部分负荷系数（IPLV）值，接近下列何值？【2013-3-18】

负荷（%）	制冷量（kW）	冷却水进水温度（℃）	COP（kW/kW）
25	528	19	5.22
50	1055	23	6.39
75	1582	26	6.46
100	2110	30	5.84

A. 5.33　　　　B. 5.69　　　　C. 6.10　　　　D. 6.59

参考答案：C

主要解题过程：根据《公建节能 2015》第 4.2.13 条 $IPLV=1.2\%×A+32.8\%×B+39.7\%×C+26.3\%×D=1.2\%×5.84+32.8\%×6.46+39.7\%×6.39+26.3\%×5.22=6.10$。

10.3-8. 某户用风冷冷水机组，按照现行国家标准规定的方法，出厂时测得机组名义工况的制冷量为 35.4kW，制冷总耗功率为 12.5kW。试问，该机组能源效率按国家能效等级标准判断，下列哪项是正确的？【2013-3-20】

A. 1 级　　　　B. 2 级　　　　C. 3 级　　　　D. 4 级

参考答案：C

主要解题过程：此风冷机组的 $COP=35.4/12.5=2.832$；

制冷量 $Q=35.4<50$kW；

根据《冷水机组能效限定值及能源效率等级》GB 19577—2015 表 2，属于 3 级能效。

10.3-9. 某全新的离心式冷水机组（冷量 3100kW，$COP=5.0$）的冷凝器温差为 1.2℃（100% 负荷），经过一个周期的运行，冷凝器温差为 3.6℃（100% 负荷），设机组冷凝温差每升高 1℃机组能效降低 4%。问该机组目前的 COP 最接近下列哪一项？【2013-3-23】

A. 4.8　　　　B. 4.5　　　　C. 4.0　　　　D. 3.4

参考答案：B

主要解题过程：由题意，冷凝器温差增大，故 COP 按照 1℃温差降低 4%，则

$COP_2=COP_1×[1-(t_2-t_1)×4\%]=5×[1-(3.6-1.2)×4\%]=4.52$

10.3-10. 地处夏热冬冷地区的某信息中心工程项目采用一台热回收冷水机组进行冬季期间的供冷、供热；供冷负荷为3500kW，供热负荷为2400kW。设机组的能效不变，其$COP=5.2$，忽略水泵和管道系统的冷、热损失，试求该运行工况下由循环冷却水带走的热量。【2013-4-24】

    A. 4173kW   B. 3500kW   C. 1773kW   D. 2400kW

参考答案：C

主要解题过程：

$$Q_1 = 3500 \times (1 + 1/5.2) = 4173\text{kW}$$

$$Q_2 = 4173 - 2400 = 1773\text{kW}$$

10.3-11. 已知不同制冷方案的一次能源利用效率见下表，表列方案中的最高一次能源利用效率制冷方案与最低一次能源利用效率制冷方案之比值接近下列何项？【2014-3-20】

序号	制 冷 方 案	效 率
1	燃气蒸汽锅炉＋蒸汽型溴化锂吸收式制冷	锅炉效率88%、吸收式制冷 $COP=1.3$
2	燃煤发电＋电压缩制冷	发电效率（计入传输损失）25%；电压缩制冷 $COP=5.5$
3	燃气直燃溴化锂吸收式制冷	$COP=1.3$
4	燃气发电＋电压缩制冷	发电效率（计入传输损失）45%；电压缩制冷 $COP=5.5$

    A. 1.8   B. 1.90   C. 2.16   D. 2.48

参考答案：C

主要解题过程：设制冷量为Q，在方案1~4中，计算一次能源利用率：

方案1：$\varepsilon_1 = 88\% \times 1.3 = 1.144$；方案2：$\varepsilon_2 = 25\% \times 5.5 = 1.375$；

方案3：$\varepsilon_3 = 1.3$；方案4：$\varepsilon_4 = 45\% \times 5.5 = 2.475$；

计算最大与最小的比值：$A = \dfrac{\varepsilon_4}{\varepsilon_1} = \dfrac{2.475}{1.144} = 2.16$。

10.3-12. 已知用于全年累计工况评价的某空调系统的冷水机组运行效率限值$COP_{LV} = 4.8$、冷却水输送系数限值$WTF_{CW_{LV}} = 25$，用于评价该空调系统的制冷子系统的能效比限值（$EERr_{LV}$）应是下列何值？【2014-3-21】

    A. 2.80~3.50   B. 3.51~4.00

    C. 4.01~4.50   D. 4.51~5.00

参考答案：B

主要解题过程：根据《空调系统经济运行》GB/T 17981—2007第5.4.2条：

$$EERr_{LV} = \cfrac{1}{\dfrac{1}{COP_{LV}} + \dfrac{1}{WTF_{CW_{LV}}} + 0.02} = \cfrac{1}{\dfrac{1}{4.8} + \dfrac{1}{25} + 0.02} = 3.73$$

10.3-13. 某多联式制冷机组（制冷剂为 R410A），布置如图所示。已知，蒸发温度为 5℃（对应蒸发压力为 934kPa、饱和液体密度为 795kg/m³）；冷凝温度为 55℃（对应冷凝压力 2602kPa、饱和液体密度为 1162.8kg/m³），根据电子膨胀阀的动作要求，其压差不应超过 2.26MPa。如不计制冷剂的流动阻力和制冷剂的温度变化，则理论上，图中的 H 数值最大为下列何项（g 取为 9.81m/s²）。【2014-3-24】

A. 49～55m

B. 56～62m

C. 63～69m

D. 70～76m

参考答案： A

主要解题过程： 设电子膨胀阀两侧压差为 ΔP＝液柱静压力＋两器高低压力差，即

$$\Delta P = P_k - P_0 + \rho_k g H \leqslant 2260\text{kPa}$$

$$H \leqslant \frac{2260 - (P_k - P_0)}{\rho_k g / 1000} = \frac{2260 - (2602 - 934)}{1162.8 \times 9.81 / 1000} = 51.9\text{m}$$

10.3-14. 某建筑空调冷源配置 2 台同规格冷水机组，表 1 为不同负荷率下冷水机组的制冷 COP，表 2 为供冷季节负荷率。冷水机组供冷季节制冷的 COP 应为下列何项？【2014-4-21】

冷水机组制冷 COP　　　　　　　　　　　　　　　　　　　　　　　表 1

负荷率	12.50%	25%	37.50%	50%	75%	100%
COP	3.2	5.6	6.2	6	6.2	6

供冷季节负荷率　　　　　　　　　　　　　　　　　　　　　　　　表 2

	100%	75%	50%	37.50%	25%	12.50%
时间比例（%）	5	25	30	20	15	5

A. 5.20～5.30

B. 5.55～5.65

C. 5.95～6.05

D. 6.15～6.25

参考答案： C

主要解题过程： 设单台制冷机组而定制冷量为 Q，则机组总制冷量为 $2Q$，空调运行时间为 T，两台制冷机组总电量 N，总制冷负荷 W：

$$W = 5\% T \times 100\% \times 2Q + 25\% T \times 75\% \times 2Q + 30\% T \times 50\% \times 2Q + 20\% T \times 37.5\%$$
$$\times 2Q + 15\% T \times 25\% \times 2Q + 5\% T \times 12.5\% \times 2Q = 1.0125QT$$

为了达到题干所需供冷季节负荷率，机组的开启台数优化组合方式有如下几种：

方式 1：供冷季节负荷率为 75% 时，2 台机组负荷率相同，均在单台机组 75% 负荷下运行；供冷季节负荷率为 50% 时，2 台机组负荷率不同，1 台机组在 75% 负荷下运行，另 1 台机组在 25% 负荷下运行：

$$N_1 = 5\% T\left(\frac{Q}{6} + \frac{Q}{6}\right) + 25\% T\left(\frac{75\% Q}{6.2} + \frac{75\% Q}{6.2}\right) + 30\% T\left(\frac{75\% Q}{6.2} + \frac{25\% Q}{5.6}\right)$$

$$+ 20\% T\left(\frac{75\% Q}{6.2}\right) + 15\% T\left(\frac{50\% Q}{6}\right) + 5\% T\left(\frac{25\% Q}{5.6}\right) = 0.1658QT$$

$$COP_1 = \frac{W}{N_1} = \frac{1.0125QT}{0.1658QT} = 6.108$$

方式2：供冷季节在负荷率为75%时，2台机组负荷率不同，1台机组在75%负荷下运行，另1台机组在50%负荷下运行；供冷季节负荷率为50%时，仅1台机组在满负荷率状态下运行：

$$N_2 = 5\%T\left(\frac{Q}{6} + \frac{Q}{6}\right) + 25\%T\left(\frac{100\%Q}{6} + \frac{50\%Q}{6}\right) + 30\%T\left(\frac{100\%Q}{6}\right)$$
$$+ 20\%T\left(\frac{75\%Q}{6.2}\right) + 15\%T\left(\frac{50\%Q}{6}\right) + 5\%T\left(\frac{25\%Q}{5.6}\right) = 0.168QT$$

$$COP_2 = \frac{W}{N_2} = \frac{1.0125QT}{0.168QT} = 6.03$$

方式3：供冷季节负荷率为75%时，2台机组负荷率相同，均在单台机组75%负荷下运行；供冷季节负荷率为50%时，仅1台机组在满负荷率状态下运行：

$$N_3 = 5\%T\left(\frac{Q}{6} + \frac{Q}{6}\right) + 25\%T\left(\frac{75\%Q}{6.2} + \frac{75\%Q}{6.2}\right) + 30\%T\left(\frac{100\%Q}{6}\right)$$
$$+ 20\%T\left(\frac{75\%Q}{6.2}\right) + 15\%T\left(\frac{50\%Q}{6}\right) + 5\%T\left(\frac{25\%Q}{5.6}\right) = 0.1661QT$$

$$COP_3 = \frac{W}{N_3} = \frac{1.0125QT}{0.1661QT} = 6.09$$

方式4：供冷季节负荷率为75%时，2台机组负荷率不同，1台机组在75%负荷下运行，另1台机组在50%负荷下运行；供冷季节负荷率为50%时，2台机组负荷率不同，1台机组在75%负荷下运行，另1台机组在25%负荷下运行：

$$N_4 = 5\%T\left(\frac{Q}{6} + \frac{Q}{6}\right) + 25\%T\left(\frac{100\%Q}{6} + \frac{50\%Q}{6}\right) + 30\%T\left(\frac{75\%Q}{6.2} + \frac{25\%Q}{5.6}\right)$$
$$+ 20\%T\left(\frac{75\%Q}{6.2}\right) + 15\%T\left(\frac{50\%Q}{6}\right) + 5\%T\left(\frac{25\%Q}{5.6}\right) = 0.1678QT$$

$$COP_4 = \frac{W}{N_4} = \frac{1.0125QT}{0.1678QT} = 6.03$$

在制冷机组群控策略中，当供冷负荷位于供冷季节负荷率75%时，2台制冷机组均处于部分负荷率工况下运行，通常情况下，运行效率要高于1台满负荷率，另1台部分负荷运行；当供冷负荷位于供冷季节负荷率50%时，单台制冷机组满负荷运行，通常来讲，运行效率较高。由此，排除方案1和方案4，优先选择方案3，其次为方案2。综合考虑，答案选C。

10.3-15. 夏热冬冷地区某办公楼设计集中空调系统，选用3台单台名义制冷量为1055kW的螺杆式冷水机组，名义制冷性能系数$COP=5.7$，系统配3台冷水循环泵，设计工况时的轴功率为30kW/台；3台冷却水循环泵，设计工况时的轴功率为45kW/台；3台冷却塔，配置的电机额定功率为5.5kW/台。问：该空调系统设计工况下的冷源综合制冷性能系数，最接近以下何项？【2017-4-18】

A. 4.0　　　　　　B. 4.5　　　　　　C. 5.0　　　　　　D. 5.7

参考答案： B

主要解题过程： 根据《公建节能 2015》第 2.0.11 条，冷源综合制冷性能系数为：

$$SCOP = \frac{1055 \times 3}{\frac{1055}{5.7} \times 3 + 45 \times 3 + 5.5 \times 3} = 4.48$$

10.3-16. 某热回收离心冷水机组运行工况下 $COP = 5.7$，冬季空调冷负荷为 1300kW，冬季空调热负荷为 800kW，忽略冷冻水泵、冷却水泵的热量和管道热损失。问：冬季制冷时该冷水机组的循环冷却水热负荷（kW）最接近下列何项？【2017-3-22】

A. 50   B. 728   C. 1300   D. 1528

参考答案： B

主要解题过程： 离心冷水机组制取冬季空调冷负荷时机组冷凝热为：

$$Q_1 = Q_H \left(1 + \frac{1}{COP}\right) = 1300 \times \left(1 + \frac{1}{5.7}\right) = 1528.1 \text{kW}$$

冷却水的热负荷为：

$$Q = Q_1 - 800 = 1528.1 - 800 = 728 \text{kW}$$

10.3-17. 一台水冷式冷水机组，其满负荷名义制冷量为 33kW，其部分负荷工况性能按标准测试规程进行测试，得到的数据如下表所示：

冷凝器进水温度（℃）	负荷率（100%）	制冷量（kW）	输入功率（kW）	COP
30	100	32.8	11.23	2.92
27.4	82	27.06	7.67	3.53
23	48.2	15.9	5.08	3.13
20.0	30.8	10.16	3.43	2.96

问：按照产品标准规定的 $IPLV = 2.3\% \times A + 41.5\% \times B + 46.1\% \times C + 10.1\% \times D$ 公式计算，该机组的 $IPLV$ 最接近以下哪个选项？（忽略检测工况点冷凝器进水温差偏差影响）【2018-3-22】

A. 3.35   B. 3.25   C. 3.15   D. 3.05

参考答案： B

主要解题过程：

根据《蒸汽压缩循环冷水（热泵）机组 第 2 部分：户用及类似用途的冷水（热泵）机组》GB/T 18430.2—2016 附录 A 可知：

（1）因为机组 50% 负荷点试验实测制冷量偏差在满负荷点名义制冷量−2% 以内，故该性能系数可作为 C 点（50%）的性能系数。

（2）因机组无法卸载到 25%，按照 GB/T 18430.2—2016 计算：

$$LF = \frac{\left(\frac{LD}{100}\right) \times Q_{FL}}{Q_{PL}} = \frac{0.25 \times 32.8}{10.16} = 0.807$$

$$C_D = (-0.13 \times LF) + 1.13 = -0.13 \times 0.807 + 1.13 = 1.025$$

D 点的性能系数为：

$$COP = \frac{Q_m}{C_D \times P_m} = \frac{10.16}{1.025 \times 3.43} = 2.89$$

根据内插法，得：

$$B = 3.53 - \frac{82-75}{82-50} \times (3.53 - 3.13) = 3.44$$

$A = 2.92$，$C = 3.13$

$$IPLV = 2.3\% \times A + 41.5\% \times B + 46.1\% \times C + 10.1\% \times D$$
$$= 2.3\% \times 2.92 + 41.5\% \times 3.44 + 46.1\% \times 3.13 + 10.1\% \times 2.89 = 3.23$$

10.3-18. 在使用侧和放热侧水温差均为 5℃ 的情况下，现行蒸气压缩循环冷水（热泵）机组国家标准 GB/T 18430.1—2007 和 GB/T 18430.2—2016 在其规定的使用侧和放热侧水流量条件下，冷水机组的制冷性能系数 COP_c，最接近以下哪个选项？【2018-4-21】

　　A. 3.5　　　　　　B. 4.0　　　　　　C. 4.5　　　　　　D. 5.0

参考答案：B

主要解题过程：

根据 18430.1—2007 和 GB/T 18430.2—2016 表格内容查得，使用侧水流量 $q_1 = 0.172 \text{m}^3/(\text{h} \cdot \text{K})$。放热侧水流量 $q_2 = 0.215 \text{m}^3/(\text{h} \cdot \text{K})$。

制冷系数为：

$$COP_c = \frac{0.172 \cdot \Delta t}{0.215 \Delta t - 0.172 \Delta t} = 4$$

10.3.2　热泵能耗

10.3-19. 某建筑采用土壤源热泵冷热水机组作为空调冷、热源。在夏季向建筑供冷时，空调系统各末端设备的综合冷负荷合计为 1000kW，热泵制冷工况下的性能系数为 $COP = 5$。空调冷水循环泵的轴功率为 50kW，空调冷水管道系统的冷损失为 50kW。问：上述工况条件下热泵向土壤的总释热量 Q 接近下列哪一值？【2011-3-22】

　　A. 1100kW　　　　B. 1200kW　　　　C. 1300kW　　　　D. 1320kW

参考答案：D

主要解题过程：根据《地源热泵系统工程技术规范》GB 50366—2005（2009 年版）第 4.3.3 条条文说明：$Q = \varphi_0 \left(1 + \frac{1}{COP}\right) = (1000 + 50 + 50)\left(1 + \frac{1}{5}\right) = 1320 \text{kW}$

扩展：这道题应该说是考生对正确答案提出疑问最多的一题，也从侧面反映出有一大部分考生在复习的过程中对一些概念性或原理性的知识也是一知半解或者说根本就没有理解正确。

"想当然"分析：EER 即 $COP = 5$，空调分区冷负荷即空调系统末端设备的综合冷负荷 1000kW，输送过程得热量及空调冷水管道系统冷损失 50kW，水泵释放热量即空调冷水循环泵轴功率 50kW，直接带入公式，得：

$$Q = Q_1\left(1 + \frac{1}{COP}\right) + Q_2 + Q_3 = 1000\left(1 + \frac{1}{5}\right) + 50 + 50 = 1300 \text{kW}，错选答案为 C。$$

具体来剖析这道题：

第一，笔者可以非常肯定出题者是故意设的陷阱，从三个方面可以看出：（1）题中说"冷水"而不是说"冷冻水"，如果说冷冻水那么也许"想当然"者中会有一半被提醒；（2）题中给数据的顺序基本按照规范中公式的顺序，这是让考生"想当然"的最大"迷魂药"；（3）题中故意忽略了地埋管侧输送过程的得热量和地埋管侧循环水泵的放热量，如果题中给出了，那么剩下的另一半"想当然者"也会被敲醒。

第二，地埋管地源热泵系统要搞清楚"两侧"也就是"冷冻水侧"和"地埋管侧"，这两侧是通过地源热泵机组分开的两个循环系统，"地埋管侧"其实就相当于常规冷水机组的"冷却水侧"。那"地源热泵系统"到底把哪些热量释放到了地下？简言之就是"冷冻水侧"、"机组压缩机耗功"和"地埋管侧"所有的释热量。

第三，对这道题想当然的考生归根结底是没有明白题目中的冷水循环泵的轴功率和冷水管道的冷损失其实本身就是空调冷负荷的一部分，它们叫"附加冷负荷"，它们应该计算到公式中的"空调分区冷负荷"，也就是题目中提到的三项冷负荷都属于"空调分区冷负荷"。

10.3-20. 某地源热泵系统所处岩土的导热系数为 1.65W/(m·K)，采用竖直单 U 形地埋管，管外径为 32mm；钻孔灌浆回填材料是混凝土+细河沙，导热系数为 2.20 W/(m·K)，钻孔的直径为 130mm。计算回填材料的热阻应为下列哪一项？【2011-4-14】

　A. 0.048~0.052 m·K/W　　　　　B. 0.060~0.070 m·K/W

　C. 0.072~0.082 m·K/W　　　　　D. 0.092~0.112 m·K/W

参考答案：C

主要解题过程：《地源热泵系统工程技术规范》GB 50366—2005（2009 版）式（B.0.1-4）：

$$R_b = \frac{1}{2\pi\lambda_b}\ln\frac{d_b}{d_e} = \frac{1}{2\times 3.14\times 2.2}\ln\frac{130}{\sqrt{2}\times 32} = 0.076\text{m·K/W}$$

10.3-21. 某项目采用地源热泵进行集中供冷、供热，经测量，有效换热深度为 90m，敷设单 U 形换热管，设夏、冬季单位管长的换热量均为 $q=30$W/m，夏季冷负荷和冬季热负荷均为 450kW，所选热泵机组夏季性能系数 $EER=5$，冬季性能系数 $COP=4$，在理想换热状态下，所需孔数应为下列哪一项？【2012-3-22】

　A.63 孔　　　　B.84 孔　　　　C.100 孔　　　　D.167 孔

参考答案：A

主要解题过程：（1）根据《地源热泵系统工程技术规范》GB 50366—2005（2009 年版）第 4.3.3 条：

夏季释热量 $Q_x = 450\times(1+1/5) = 540$kW；冬季释热量 $Q_d = 450\times(1-1/4) = 337.5$kW

（2）采用单 U 管，故单个孔的换热量为 30 W/m×2=60W/m。

（3）根据《民规》第 8.3.4 条："应分别按供冷与供热工况进行地埋管换热器的长度计算。当地埋管系统最大释热量和最大吸热量相差较大时，宜取其计算长度的较小者作为地埋管换热器的长度。"337.5/540=0.625<0.8~1.25，故需要打孔数 $n=337.5/$（60×

90）＝63 孔。

10.3-22. 某写字楼冬季拟采用水环热泵空调系统，运行工况：采暖热负荷为 3000kW，冷负荷为 2100kW，系统采用水环热泵机组，制热系数为 4.0，制冷系数为 3.76，若要满足冬季运行要求，辅助设备应是辅助热源还是散热设备，加热量（散热量）（预留 10% 富余量）应为下列哪一项（忽略水泵和管道系统的冷、热损失）。【2013-4-23】

  A. 排热设备 455kW   B. 辅助热源 455kW

  C. 辅助热源 999kW   D. 排热设备 999kW

参考答案： A

主要解题过程： 剩余得热量（正值为需加热，负值为需排热）：

$$Q_1 = 3000 - \left(2100 + \frac{2100}{3.76} + \frac{3000}{4.0}\right) = -410\text{kW}，需排热设备；$$

设备容量：$Q_2 = Q_1 \times 1.1 = 410 \times 1.1 = 451\text{kW}$。

10.3-23. 某寒冷地区一办公建筑，冬季采用空气源热泵机组和锅炉房联合提供空调热水。空气源热泵热水机组的供热性能系数 COP_R 如下表所示。

室外温度（℃）	1	2	3	4	5	6	7	8	9
COP_R	2.0	2.1	2.2	2.3	2.5	2.7	3	3.4	3.7

  假定发电及配电系统对一次能源利用率为 32%，锅炉房的供热总效率为 80%。问：以下哪种运行策略对于一次能源利用率是最高的？并给出计算根据。【2016-3-18】

  A. 附表所有室外温度条件下，均由空气源热泵供应热水

  B. 附表所有室外温度条件下，均由锅炉房供应热水

  C. 室外温度＜7℃时，由锅炉房供应热水

  D. 室外温度＞5℃时，均由空气源热泵供应热水

参考答案： D

主要解题过程：

  【解法一】设冬季空调供热量为 Q，则风冷热泵系统一次能源利用效率为 $\eta = \dfrac{Q}{\dfrac{Q}{COP_R \times 0.32}} = COP_R \times 0.32$。

  空气源热泵 $\eta = COP_R \times 0.32 = (2.0 \sim 3.7) \times 0.32 = 0.64 \sim 1.184$。

  当 $t_w = 5℃$ 时，$\eta_{5℃} = COP_R \times 0.32 = 2.5 \times 0.32 = 0.80$。

  选项 A，当 $t_w = 4℃$，$\eta_{4℃} = COP_R \times 0.32 = 2.3 \times 0.32 = 0.736$，小于锅炉供热总效率 0.8，错误；

  选项 B，当 $t_w = 6℃$，$\eta_{6℃} = COP_R \times 0.32 = 2.7 \times 0.32 = 0.864$，大于锅炉供热总效率 0.8，错误；

  选项 C，当 $t_w = 7℃$，$\eta_{6℃} = COP_R \times 0.32 = 3 \times 0.32 = 0.96$；$t_w = 6℃$，$\eta_{6℃} = 0.864$，均大于锅炉供热总效率 0.8，错误；

选项 D，$t_w > 5℃$ 时，空气源热泵效率大于锅炉效率，正确。

【解法二】发电及配电系统的供热效率与锅炉房的供热效率相等时有：

$$32\% \times COP_R = 80\%, \Rightarrow COP_R = 2.5$$

由题目表中数据可知，当室外温度 $t = 5℃$ 时，发电及配电系统的供热效率与锅炉房的供热效率相等；当 t 大于 $5℃$ 时，$32\% \times COP_R \geq 80\%$，此时采用空气源热泵供应热水效率更高，故选项 D 合理。

10.3-24. 已知额定工况下，埋管换热器吸热量为 5000kW，热泵机组制热性能系数 $COP = 5.0$，地源侧循环泵总轴功率 150kW，如不计地上管路的热损失，且全部制热量经冷凝器供出，热泵机组制热量（kW）的正确值最接近下列哪一项？【2016-4-6】

A. 6437.5　　　　B. 6400　　　　C. 6250　　　　D. 6180

参考答案：A

主要解题过程：

【解法一】

热泵机组制热量＝热泵机组耗功率＋埋管换热器吸热量＋地源侧循环泵总轴功率，即

$$Q_r = \frac{Q_r}{COP} + Q_{dm} + Q_b$$

$$Q_r = \frac{Q_r}{5.0} + 5000 + 150$$

$$Q_r = 6437.5 kW$$

【解法二】

根据《地源热泵系统工程技术规范》GB 50366—2005（2009 年版）第 4.3.3 条条文说明，最大吸热量＝$\Sigma\left[空调区热负荷 \times \left(1 - \frac{1}{COP}\right)\right] + \Sigma 输送过程失热量 - \Sigma 水泵释放热量$。因此，热泵机组制热量＝空调区热负荷，即：$Q_r = \frac{5000 + 150}{1 - \frac{1}{5}} = 6437.5 kW$。

扩展：题干中热泵机组制热性能系数 $COP = 5.0$，易误认为热泵机组的耗功率＝（埋管换热器吸热量＋地源侧循环泵总轴功率）/COP，从而得出：

$$Q_r = (Q_{dm} + Q_b) \times \left(1 + \frac{1}{COP}\right)$$

$$Q_r = (5000 + 150) \times \left(1 + \frac{1}{5}\right) = 6180 kW$$

误选 D。

10.3-25. 某乙醇制造厂采用第二类吸收式热泵机组将高温水从 $106℃$ 提高到 $111℃$，所获得热量为 $Q_A = 2675kW$；驱动热源为生产过程的乙醇蒸气，提供的热量 $Q_C = 5570kW$；热泵机组的冷凝器经冷却水带走的热量 $Q_K = 2895kW$。问该热泵机组的性能系数 COP 最接近下列何项？【2016-4-22】

　　A. 0.48　　　　　　　B. 0.52　　　　　　　C. 0.924　　　　　　D. 1.924

参考答案： A

主要解题过程： 第二类吸收式热泵热平衡公式：$Q_c = Q_g + Q_o = Q_a + Q_k$

　　其工作原理为：发生器及蒸发器共同消耗大量的中温热能（$Q_g + Q_o$），制取热量少，但温度高于中温热源的热量 Q_a（吸收器内升温输出），剩余低温热量 Q_k 在冷凝器中由冷却水带入环境排放。因此，热泵机组的性能系数为：$COP = \dfrac{Q_A}{Q_C} = \dfrac{2675}{5570} = 0.48$。

　　扩展： 一类、二类吸收式热泵对比分析见下表。

序号	二类吸收式热泵	一类吸收式热泵
1	蒸发器和吸收器处在相对高压区，中温余热均进入	蒸发器和吸收器处在相对低压区，低温余热只进蒸发器，高温驱动热源仅进发生器
2	蒸发器吸收中低温度热使制冷剂蒸发	蒸发器可以利用低温余热使制冷剂蒸发
3	在吸收器中放出高温吸收热，可重新被利用	在冷凝器中凝结，将热量传给外部加以利用
4	吸收器与冷凝器进出管路分设，冷凝水进出水温在合适范围内可作为空调冷冻水使用	吸收器与冷凝器进出管路串联
5	$COP = Q_a / (Q_g + Q_o) < 1$	$COP = (Q_a + Q_k)/Q_g > 1$

　　10.3-26. 某商场建筑设计采用水环热泵空调系统，内区全年供冷，外区夏季供冷，冬季供暖。该建筑冬季空调设计热负荷 $Q_R = 3000kW$，内区冬季设计冷负荷 800kW；水环热泵机组冬季额定运行工况下的制冷 $COP = 3.9$、制热 $COP = 4.4$；系统冬季设计工况三台循环水泵并联运行，总流量 $G = 600m^3/h$，扬程 $H = 25mH_2O$，效率 $\eta = 75\%$。问忽略系统管道热损失的情况下，该系统辅助热源容量（kW），最接近以下哪一项？【2017-3-05】

　　A. 2200.0　　　　　　B. 1940.4　　　　　　C. 1258.6　　　　　　D. 1313.2

参考答案： C

主要解题过程： 由题意可知冬季外区从水环热泵循环水系统中所得的热量为：

$$Q_w = Q_R \left(1 - \frac{1}{COP}\right) = 3000 \times \left(1 - \frac{1}{4.4}\right) = 2318.2kW$$

内区提供的热量为：

$$Q_n = Q \left(1 + \frac{1}{COP}\right) = 800 \times \left(1 + \frac{1}{3.9}\right) = 1005.1kW$$

根据《民规》第 8.11.13 条条文说明可知循环泵提供的热量为：

$$Q_p = 0.002725 GH / \eta_b = 0.002725 \times 600 \times 25/0.75 = 54.5kW$$

故辅助热源容量为：

$$Q_f = Q_w - Q_n - Q_p = 2318.2 - 1005.1 - 54.5 = 1258.6kW$$

　　10.3-27. 建筑采用土壤源热泵机组进行制冷并通过冷凝热回收提供生活热水。建筑空调设计冷负荷为 1800kW，生活热水负荷为 300kW。热泵机组制冷性能系数 EER 为 4.5。计算地埋管排热负荷（kW），最接近下列何项？【2017-3-20】

　　A. 1800　　　　　　　B. 1900　　　　　　　C. 2100　　　　　　　D. 2200

参考答案： B

主要解题过程： 根据《地源热泵系统工程设计规范》GB 50366—2005（2009 年版）第 4.3.3 条条文说明：

$$Q = Q_H\left(1 + \frac{1}{EER}\right) - Q_R = 1800 \times \left(1 + \frac{1}{4.5}\right) - 300 = 1900\text{kW}$$

10.3-28. 某建筑采用土壤源热泵为供暖和生活热水系统提供热源，冬季建筑供暖热负荷为 1200kW，生活热负荷为 230kW，热泵机组的性能系数 COP 为 3.2，问地源热泵的取热（kW），最接近下列何项？【2017-4-21】

A. 663　　　　　　B. 826　　　　　　C. 983　　　　　　D. 1167

参考答案： C

主要解题过程： 根据《地源热泵系统工程设计规范》GB 50366—2005（2009 年版）第 4.3.3 条条文说明：

$$Q = Q_H\left(1 - \frac{1}{COP}\right) = (1200 + 230) \times \left(1 - \frac{1}{3.2}\right) = 983.1\text{kW}$$

10.3-29. 某平面进深较大的商业建筑拟采用水环热泵空调系统，冬季内区设计冷负荷为 50kW，外区设计热负荷为 100kW；内外区均采用相同型号的水环热泵机组，其设计工况下的制冷性能系数为 4.2W/W，制热性能系数为 3.5W/W，则该水环系统辅助热源的设计容量（kW）最接近下列何项？【2017-4-24】

A. 9.5　　　　　　B. 28.6　　　　　　C. 38.1　　　　　　D. 50

参考答案： A

主要解题过程： 由题意可知外区冬季所需的供热量为：

$$Q_w = Q_R\left(1 - \frac{1}{COP}\right) = 100 \times \left(1 - \frac{1}{3.5}\right) = 71.43\text{kW}$$

内区提供的热量为：

$$Q_n = Q_c\left(1 + \frac{1}{EER}\right) = 50 \times \left(1 + \frac{1}{4.2}\right) = 61.9\text{kW}$$

故辅助热源容量为：

$$Q_f = Q_w - Q_n = 71.43 - 61.9 = 9.53\text{kW}$$

10.3-30. 某住宅采用风冷热泵机组，额定制热量为 150kW，供水温度为 50℃，室外空调计算干球温度为 0℃，室外通风计算干球温度为 4℃，假定每小时化霜一次。该机组在设计工况下的供热能力（kW）最接近下列哪项？该机组制热量温度修正系数见下表【2018-3-13】

出水温度 （℃）	进入盘管的空气温度（℃）								
	0	1	2	3	4	5	6	7	8
50	0.803	0.827	0.851	0.875	0.899	0.899	0.940	0.981	1.008

A. 95.5　　　　　　B. 108.5　　　　　　C. 120.5　　　　　　D. 130.5

参考答案： B

主要解题过程：

根据《三版教材》式（4.3-27）有：

$$Q = qK_1K_2 = 150 \times 0.803 \times 0.9 = 108.4\text{kW}$$

10.3-31. 上海地区某工程选用空气源热泵冷热水机组，产品样本给出名义工况下的制热量为 1000kW。

已知：（1）室外空调计算干球温度 T_w（℃）的修正系数 $K_1 = 1 - 0.02(7 - T_w)$；

（2）机组每小组化霜 1 次；

（3）性能系数 COP 的修正系数 $K_c = 1 - 0.01(7 - T_w)$。

问：在本工程的供热设计工况（供水 45℃、回水 40℃）下，满足规范最低性能系数要求时的机组制热量 Q_h（kW）和机组输入电功率 N_h（kW），应最接近以下哪项？【2018-3-20】

A. $Q_h = 816$，$N_h = 450$ B. $Q_h = 814$，$N_h = 550$

C. $Q_h = 735$，$N_h = 405$ D. $Q_h = 735$，$N_h = 450$

参考答案： C

主要解题过程：

根据《民规》附录 A 查得上海地区冬季室外空调计算温度 $T_w = -2.2$℃。

$$Q = qK_1K_2 = 1000 \times [1 - 0.02 \times (7 + 2.2)] \times 0.9 = 734.4\text{kW}$$

上海属于夏热冬冷地区，根据《民规》第 8.3.1 条，机组 COP 不应低于 2.0，则耗功率应为：

$$W = \frac{Q}{COP \times K_c} = \frac{734.4}{2.0 \times [1 - 0.01 \times (7 + 2.2)]} = 404.4\text{kW}$$

10.3-32. 设计某地埋管热泵空调系统，热泵机组带有制各卫生热水的热回收功能，已知夏季设计工况条件下，热泵机组承担的冷负荷为 3150kW，热泵机组的制冷 $EER = 5.5$，制备卫生热水的热负荷为 540kW。问：在此条件下，热泵机组排入土壤中的热量（kW），最接近下列何项？（注：不考虑机房管路的热损失及地源侧水泵的功率）【2018-3-23】

A. 2038   B. 2610   C. 3183   D. 3723

参考答案： C

主要解题过程：

冷凝器释放的总热量为：

$$Q_k = Q_0 \times \left(1 + \frac{1}{COP}\right) = 3150 \times \left(1 + \frac{1}{5.5}\right) = 3722.73\text{kW}$$

冷凝器向土壤释放的热量为：

$$Q = Q_k - 540 = 3722.73 - 540 = 3182.73\text{kW}$$

10.3-33. 某一地热水梯级利用系统流程及部分参数如下图所示，已知设计工况下水

源热泵制热 $COP=5.0$。问：水源热泵设计供热量（kW），最接近下列哪一项？【2018-4-12】

A. 35　　　　　B. 180　　　　　C. 208　　　　　D. 260

参考答案：D

主要解题过程：

【解法一】根据热交换器供热量和一次侧供回水温差，可计算地热水侧循环流量为：

$$G_1 = \frac{Q_1}{c\Delta t_1} = \frac{100}{4.18 \times (85-60)} = 0.957\text{kg/s}$$

根据能量守恒可得混水泵的流量为：

$$60G_1 + 8G_2 = 15(G_1 + G_2),\ G_2 = 6.152\text{kg/s}$$

水源热泵的水源吸热量为：

$$Q_2 = c(G_1 + G_2)\Delta t = (0.957 + 6.152) \times 4.18 \times (15-8) = 208\text{kW}$$

水源热泵设计供热量为：

$$Q_r = \frac{COP}{COP-1} \times Q_2 = \frac{5}{5-1} \times 208 = 260\text{kW}$$

【解法二】根据热交换器供热量和一次侧供回水温差，可计算地热水侧循环流量为：

$$G_1 = \frac{Q_1}{c\Delta t_1} = \frac{100}{4.18 \times (85-60)} = 0.957\text{kg/s}$$

水源热泵的水源吸热量为：

$$Q_2 = cG_1\Delta t_2 = 4.18 \times 0.957 \times (60-8) = 208\text{kW}$$

水源热泵设计供热量为：

$$Q_r = \frac{COP}{COP-1} \times Q_2 = \frac{5}{5-1} \times 208 = 260\text{kW}$$

10.3-34. 某建筑空调设计冷负荷为 120kW，空调设计热负荷为 100kW。采用空气源热泵机组作为空调冷热源，夏季供水温度为 7℃，冬季供水温度为 50℃。建设地点的夏季室外空调计算干球温度为 37.5℃，冬季室外空调计算干球温度为 −5℃。不同工况下的热泵机组制冷/制热出力修正系数如下表所示。冬季机组制热时每小时融霜 2 次。问：满足要求的热泵机组，其名义工况下的制冷量（kW）和制热量（kW）至少应达到下列哪项？（计算过程中，不在下表所列值时，采用插值法计算确定）【2018-4-18】

空气源热泵机组工况修正系数表

出水温度 （℃）	空气侧温度（℃）				空气侧温度（℃）		
	−5	0	7		45	40	35
40	0.7	0.82	1.02	5	0.8	0.87	0.95
45	0.69	0.74	1	7	0.87	0.95	1
50	0.67	0.72	0.89	9	0.95	1	1.05

A. 名义制冷量 120，名义制热量 100

B. 名义制冷量 120，名义制热量 145

C. 名义制冷量 123，名义制热量 149

D. 名义制冷量 123，名义制热量 187

参考答案： D

主要解题过程：

夏季出水温度为 7℃，室外空调计算干球温度为 37.5℃，采用插值法计算夏季修正系数为 $K_1 = \dfrac{0.95+1}{2} = 0.975$，融霜修正系数取 $K_2 = 1$，冬季出水温度为 50℃，室外空调计算干球温度为 −5℃，冬季修正系数为 $K_1' = 0.67$，融霜修正系数取 $K_2' = 0.8$。

根据《民规》第 8.3.2 条条文说明，夏季供冷量为：

$$Q_C = \frac{q_C}{K_1 K_2} = \frac{120}{0.975 \times 1} = 123\text{kW}$$

冬季供热量为：

$$Q_r = \frac{q_r}{K_1' K_2'} = \frac{100}{0.67 \times 0.8} = 187\text{kW}$$

10.3-35. 夏热冬冷地区某土壤源热泵空调系统，同时配置有辅助冷却塔。已知：设计工况下，机组制冷和制热的性能系数均为 5.0，且夏季空调负荷为 3000kW，冬季供热负荷为 2100kW，要求地埋管系统容量按照冬季供暖负荷设计。问：冷却塔夏季设计工况时的排热负荷（kW），最接近下列何项？（注：设计工况下，地埋管冬、夏单位管长换热量按相等考虑）【2018-4-22】

A. 900   B. 1320   C. 1920   D. 3600

参考答案： C

主要解题过程：

土壤源热泵冬季吸热量：

$$Q_1 = 2100 \times \left(1 - \frac{1}{5}\right) = 1680\text{kW}$$

故释热量为：

$$Q_2 = Q_1 = 1680\text{kW}$$

夏季总排热量为：

$$Q = 3000 \times \left(1 + \frac{1}{5}\right) = 3600\text{kW}$$

$$\Delta Q = 3600 - 1680 = 1920\text{kW}$$

10.3.3　吸收式制冷

10.3-36. 某商业综合体内办公建筑面积 135000m²、商业建筑面积 75000m²、宾馆建筑面积 50000m²，其夏季空调冷负荷建筑面积指标分别为：90W/m²、140W/m²、110W/m²（已考虑各种因素的影响），冷源为蒸汽溴化锂吸收式制冷机组，市政热网供应 0.4MPa 蒸汽，市政热网的供热负荷是下列哪一项？【2012-4-06】

A. 46920～40220kW
B. 31280～37530kW
C. 28150～23460kW
D. 20110～21650kW

参考答案：C

主要解题过程：建筑总冷负荷为：

$$Q = (135000\text{m}^2 \times 90\text{W/m}^2 + 75000\text{m}^2 \times 140\text{W/m}^2 + 50000\text{m}^2 \times 110\text{W/m}^2)/1000 = 28150\text{kW}$$

0.4MPa 蒸汽双效型溴化锂吸收式制冷机组性能系数，根据《蒸汽和热水型溴化锂吸收式冷水机组》GB/T 18431—2014 第 4.3.1 条表 1 可知，单位制冷量加热源耗量最大为 1.4kg/（h·kW）。

则市政热网供热负荷为：$Q' = 28150\text{kW} \times 1.4 \times 0.7 = 27587\text{kW}$。

扩展：1t/h 蒸汽量≈0.7MW 供热量。

10.3-37. 某乙醇制造厂的蒸馏塔 111℃的高温水，由采用蒸汽加热塔底 106℃的回水而得到，为节能，现应用第二类吸收式热泵机组将水温从 106℃提高到 111℃，机组所获得热量为 $Q_A = 2765\text{kW}$，设每天工作 20h，年运行 365 天，年节约的蒸汽用量（t）接近下列何项？（设原来蒸汽的焓值是 2706kJ/kg）【2017-4-23】

A. 7511
B. 8629
C. 27038
D. 31065

参考答案：C

主要解题过程：根据第二类吸收式热泵定义得：

中温废热源(1.0)＝获得高温热源(0.45～0.50)＋低温冷却水(0.55～0.5)；

题干所示，第二类吸收式热泵机组所获得热量 $Q_A = 2765\text{kW}$，即为单位小时内将蒸汽加热塔底 106℃的回水加热至 111℃所需热量。此热量如若改为蒸汽加热，则蒸汽单位小时消耗量为：

$$W = \frac{Q_A}{h_{\text{蒸汽}}} = \frac{2765}{2706} = 1.0218\text{kg/s} = 3.6785\text{t/h}$$

而采用第二类吸收式热泵，无需外部任何高温驱动源，因此按照热泵机组所获得热量折算出蒸汽消耗量即为节约量：

$$W_z = W \times 20 \times 365 = 3.6785 \times 20 \times 365 = 26852\text{t}$$

最接近答案选项 C。

10.3-38. 某办公楼空调冷热源采用了两台名义制冷量为 1000kW 的直燃型溴化锂吸收式冷热水机组，在机组出厂验收时，对其中一台进行了性能测试。在名义工况下，实测冷水流量为 169m³/h，天然气消耗量为 89m³/h，天然气低位热值为 35700kJ/m³，机组耗电量为 11kW，水的密度为 1000kg/ m³，水比热为 4.2kJ/（kg·K）。

问：下列对这台机组性能的评价选项中，正确的是哪一项？【2018-3-24】

A. 名义制冷量不合格、性能系数满足节能设计要求

B. 名义制冷量不合格、性能系数不满足节能设计要求

C. 名义制冷量合格、性能系数满足节能设计要求

D. 名义制冷量合格、性能系数不满足节能设计要求

参考答案： D

主要解题过程：

实测制冷量为：

$$Q = GC\Delta t = 4.187 \times \frac{169 \times 1000}{3600} \times (12 - 7) = 982.78 \text{kW}$$

根据 GB/T 18362—2008 第 5.3.1 条，982.78＞1000×95％＝950kW，名义制冷量合格。

$$Q_{燃气} = \frac{89}{3600} \times 35700 = 882.58 \text{kW}$$

$$COP = \frac{Q}{Q_{燃气} + P} = \frac{982.78}{882.58 + 11} = 1.0998 < 1.2$$

根据《公建节能 2015》第 4.2.19 条可知，不满足节能设计要求。

10.3-39. 制冷量与使用侧工况条件均相同的直燃型溴化锂吸收式冷水机组和离心式冷水机组，前者的制冷能效比 $COP_1 = 1.2$，后者的 $COP_2 = 6.0$。如果二者的冷却水进、出口温度相同，则前者与后者所要求的冷却水流量之比，最接近以下哪项？【2018-4-23】

A. 0.2   B. 1.0   C. 1.6   D. 5.0

参考答案： C

主要解题过程：

直燃机组冷却水承担的冷量为：

$$Q_1 = \frac{1}{COP_1} + 1 = \frac{1}{1.2} + 1 = \frac{2.2}{1.2}$$

离心式冷水机组冷却水承担的冷量为：

$$Q_2 = \frac{1}{COP_2} + 1 = \frac{1}{6} + 1 = \frac{7}{6}$$

$$\frac{Q_1}{Q_2} = 1.6。$$

10.4 其 他 考 点

10.4.1 蓄冷

10.4-1. 某办公楼空调制冷系统拟采用水蓄冷方式，空调日总负荷为 54000kWh，峰值冷负荷为 8000kW，分层型蓄冷槽进出水温差为 8℃，容积率为 1.08。若采用全负荷蓄冷，计算蓄冷槽容积值为下列哪一项？【2011-3-23】

A. 1050～1200m³   B. 1300～1400m³

C. 7300～8000m³   D. 8500～9500m³

参考答案： C

主要解题过程：《三版教材》式（4.7-11）：

$$V = \frac{Q_S P}{1.163 \eta \Delta t} = \frac{54000 \times 1.08}{1.163 \times (0.8 \sim 0.9) \times 8} = 6965 \sim 7835 \text{m}^3$$

10.4-2. 某办公楼空调制冷系统拟采用冰蓄冷方式，制冷系统的白天运行 10h，当地谷价电时间为 23：00～7：00，计算日总冷负荷 $Q = 53000$kWh，采用部分负荷蓄冷方式（制冷机制冰时制冷能力变化率 $C_f = 0.7$），则蓄冷装置有效容量为下列哪一项？【2012-3-23】

A. 5300～5400kW   B. 7500～7600kW

C. 19000～19100kWh   D. 23700～23800kWh

参考答案： C

主要解题过程： 根据《三版教材》制冷机的空调工况制冷量为：

$$q_c = \frac{Q}{(n_2 + n_i \times C_f)} = \frac{53000}{(10 + 8 \times 0.7)} = 3397.44 \text{kW}$$

蓄冷装置有效容量：

$$Q_s = n_1 \times C_f \times q_c = 8 \times 0.7 \times 3397.44 = 19025.6 \text{kWh}$$

10.4-3. 下图为冰蓄冷＋冷水机组供冷的系统流程示意图，该系统共设 3 台双工况主机，空调供冷工况：两台主机制冷量为 2500kW，一台主机空调供冷工况制冷量为 1000kW。空调冷水循环泵根据回水温度（12℃）进行变频控制；主机出口空调冷水温度为 7℃，供水温度恒定为 5℃，当空调冷负荷为 4500kW 时，采用最合理的供冷主机运行组合，运行主机承担的负荷占其运行主机额定负荷的比率最接近下列哪项？【2016-3-25】

A. 53.6%   B. 64.3%   C. 82.5%   D. 91.8%

参考答案： D

主要解题过程： 根据题意，末端空调冷负荷由供冷主机与蓄冰槽共同承担。系统供回水温差为 7℃（系统供/回水温度为 5℃/12℃），其中供冷机组进出水温差为 5℃（机组供/回水温度为 7℃/12℃），串联蓄冰系统换热温差为 2℃（融冰热交换器二次侧进/出水温度为 7℃/5℃）。供冷主机与蓄冰热交换器二次侧串联，冷冻水流量保持不变，因此，当空调冷负荷为 4500kW 时，由冷水机组及蓄冰系统承担冷负荷分别为：

$$Q_{jz} = Q_0 \times \frac{12-7}{12-5} = 4500 \times \frac{5}{7} = 3214.3kW$$

$$Q_{xb} = Q_0 \times \frac{7-5}{12-5} = 4500 \times \frac{2}{7} = 1285.7kW$$

$$Q_{jz} = 3214.3kW$$

可有冷水机组提供的供冷运行策略及对应负荷率详见下表

	2500kW	1000kW	额定负荷（kW）	负荷率＝主机负荷/额定负荷
方案一	1 台	1 台	3500	91.8%
方案二	2 台	0	5000	64.3%
方案三	2 台	1 台	6000	53.6%

方案三中，三台供冷机组均需全部开启，负荷率最低，机组能耗最高，应首先排除，选项 A 错误。方案二与方案一种均开启 2 台供冷机组，同时满足冷负荷需求，方案二中开启 2 台 2500kW 的冷水机组，根据《红宝书》P2302 图 29.7-17，在冷却水进水温度保持不变时，机组负荷百分比在 65%～75% 区间内，COP 值较高，略高于机组满负荷状态时 COP。虽机组运行 COP 值高于设计工况 COP，但是相对方案一，方案二中开启主机额定制冷量均大，COP 值的提高不足以抵消耗电量绝对值的降低。由《公建节能 2015》表 4.2.10 可知，同一类型制冷机组，同一气候区的不同制冷量档位，COP 值相差不大，约 0.3～0.4，而机组制冷量的大小，对机组耗电量的影响起到决定性作用。机组额定制冷量，方案二比方案一多出 1500kW，方案二的机组耗电量之和大于方案一。因此，方案一相对方案二更为合理，选 D。

最合理的供冷主机运行组合是以满足空调负荷的前提下，机组耗电量之和最小为首要目标，同时兼顾运行机组性能系数，尤其是在大小配冷水机组的运行策略中，至关重要。

10.4-4. 某办公楼采用蓄冷系统供冷（部分负荷蓄冰方式），空调系统全天运行 12h，空调设计冷负荷为 3000kW，设计日平均负荷系数为 0.75。根据当地电力政策，23：00～7：00 为低谷电价，当进行夜间制冰，冷水机组采用双工况螺杆式冷水机组（制冰工况下制冷能力的变化率为 0.7），则选定的蓄冷装置有效容量全天所提供的总冷量（kWh）占设计日总冷量（kW·h）的百分比最接近下列何项？【2016-4-23】
　　A. 25.5%　　　　　　B. 29.6%　　　　　　C. 31.8%　　　　　　D. 35.5%
参考答案：C

主要解题过程：根据《三版教材》式（4.7-7）得制冷机标定制冷量为：$q_c = \dfrac{\sum\limits_{i=1}^{24} q_i}{n_2 + n_i c_f}$

$$= \frac{12 \times 3000 \times 0.75}{12 + 8 \times 0.7} = 1534.1 \text{kW}。$$

根据式 (4.7-6) 得蓄冰装置有效容量为：$Q_s = n_i c_f q_c = 8 \times 0.7 \times 1534.1 = 8591 \text{kWh}$。

蓄冷装置供给冷量占设计日总冷负荷占比为：$x = \dfrac{Q_s}{q_c} \times 100\% = \dfrac{8591}{159341} \times 100\% = 31.8\%$。

10.4-5. 某冰蓄冷空调冷源系统，设计日全天供冷量为 18000kWh，最大冷负荷为 2000kW，空调季最低冷负荷 650kW。选用双工况冷水机组两台，单台机组空调工况制冷量为 725kW、蓄冰工况制冷量为 500kW，低谷电时段 8h，假定蓄冰装置有效容量等于机组 8h 制冰能力。问：本项目对蓄冰装置的名义容量和释冷速率的最低要求，最接近下列哪项？【2018-4-14】

A. 8000kWh 和 650kWh
B. 8600kWh 和 650kWh
C. 8600kWh 和 550kWh
D. 9600kWh 和 650kWh

参考答案：B

主要解题过程：

根据《09 技术措施》第 6.4.9 条：

蓄冰装置有效容量为：

$$Q_s = 2 \times 500 \times 8 = 8000 \text{kWh}$$

蓄冰装置名义容量为：

$$Q_{so} = \varepsilon Q_s = (1.03 \sim 1.05) \times 8000 = (8240 \sim 8400) \text{kWh}$$

最低释冷速率为：

最大冷负荷时：$Q_1 = 2000 - 725 \times 2 = 550 \text{kWh}$。

最小冷负荷时：$Q_2 = 650 \text{kWh}$。

二者取大值，故最小释放速率为 650kWh。

10.4-6. 某办公楼的工作模式为 9：00～17：00，设计日工作期间的平均小时冷负荷为 600kW，采用部分负荷水蓄冷方案，蓄冷负荷率为 50%，蓄冷槽的容积率取 1.2，可利用的进出水温差取 5℃，蓄冷槽效率取 0.8，制冷站设计日附加系数取 10%。问蓄冷槽的最小设计容积（m³），最接近下列哪项？【2018-4-24】

A. 500
B. 600
C. 700
D. 800

参考答案：C

主要解题过程：

直燃机组冷却水承担的冷量为：

蓄冷负荷：

$$Q_r = 8 \times 600 \times 1.1 \times 50\% = 2640 \text{kW}$$

根据《三版教材》式 (4.7-11) 可知：

$$V = \frac{Q_s \cdot P}{1.163\eta \cdot \Delta t} = 680 \text{m}^3$$

10.4.2 冷库热工与冷库工艺

10.4-7. 北京地区某大型冷库，冷间面积为 1000m²，冷间地面传热系数为 0.6W/(m·℃)、土壤传热系数为 0.4W/(m·℃)、冷间空气温度为 −30℃，采用机械通风地面防冻方式，设地面加热层温度为 1℃，若通风加热系统每天运行 8h，系统防冻加热负荷应是下列哪一值(计算修正值 α 取为 1.15、土壤温度 t_r 取为 9.4℃)？【2011-4-24】

A. 50～55kW   B. 43～48kW

C. 39～41kW   D. 36～37kW

参考答案：A

主要解题过程：《冷库设计规范》GB 50072—2010 第 A.0.2 条：

$$Q_J = F_d(t_r - t_n)K_d = 1000 \times (1+30) \times 0.6 = 18600W = 18.6kW;$$

$$Q_{tu} = F_d(t_{tn} - t_r)K_{tk} = 1000 \times (9.4-1) \times 0.4 = 3360W = 3.36kW;$$

$$Q_1 = \alpha(Q_J - Q_{tu})\frac{24}{T} = 1.15 \times (18.6 - 3.36) \times \frac{24}{8} = 52.68kW。$$

10.4-8. 某水果冷藏库的总贮藏量为 1300t，带包装的容积利用系数为 0.75，该冷藏库的公称容积正确的应是下列哪一项？【2012-3-24】

A. 4560～4570m³   B. 4950～4960m³

C. 6190～6200m³   D. 7530～7540m³

参考答案：B

主要解题过程：根据《冷库设计规范》GB 50072—2010 第 3.0.6 条、《三版教材》式 (4.8-11) 冷库吨位计算：

$$G = \frac{V\rho\eta}{1000} = \frac{500 \times 230 \times 0.4 \times 0.8}{1000} = 36.8t$$

其中 η 为冷库体积利用系数，取 0.75；ρ 为食品计算密度，查《三版教材》表 4.8-17 为 350 kg/m³，则有：

$$V = \frac{G1000}{\rho\eta} = \frac{1300 \times 1000}{350 \times 0.75} = 4952.4m³$$

10.4-9. 1t 含水率为 60% 的猪肉从 15℃ 冷却至 0℃，需用时 1h，货物耗冷量应为下列何项？【2014-4-24】

A. 11.0～11.2kW   B. 13.4～13.6kW

C. 14.0～14.2kW   D. 15.4～15.6kW

参考答案：B

主要解题过程：根据《三版教材》式 (4.8-1) 和式 (4.8-4)、式 (4.9-1)：猪肉在冻结点以上，则猪肉的冻结点比热容为：

$$C_r = 4.19 - 2.30X_s - 0.628X_s^3 = 4.19 - 2.30 \times 0.4 - 0.628 \times 0.4^3 = 3.23kJ/(kg \cdot K)$$

货物耗冷量：$Q = \frac{1}{3.6}\left[\frac{M\Delta t C_r}{t}\right] = \frac{1}{3.6}\left[\frac{1 \times (15-0) \times 3.23}{1}\right] = 13.5kW$。

10.4-10. 某地夏季空气调节室外计算温度 34℃，夏季空调室外计算日平均温度
29.4℃，冻结物冷藏库设计计算温度−20℃。冻结物冷藏库外墙结构见下表（表中自上而
下依次为室外至室内）：

材料名称	导热系数 $[W/(m \cdot K)]$	蓄热系数 $[W/(m^2 \cdot K)]$	厚度（mm）
水泥砂浆抹面	0.93	11.37	20
砖墙	0.81	9.96	180
水泥砂浆抹面	0.93	11.37	20
隔汽层	0.20	16.39	2.0
聚苯乙烯挤塑板	0.03	0.28	200
水泥砂浆抹面	0.93	11.37	20

取聚苯乙烯挤塑板导热系数修正系数为 1.3，已知冻结物冷藏库外墙总热阻为 5.55
$(m^2 \cdot K)/W$，外墙单位面积热流量（W/m^2）最接近下列何项？【2016-4-25】

A. 8.90   B. 9.35   C. 9.80   D. 11.60

参考答案：B

主要解题过程：根据《三版教材》式（4.8-18）得：$D=R_1S_1+R_2S_2+\cdots+R_nS_n$

$$D=\frac{0.02}{0.93}\times11.37+\frac{0.18}{0.81}\times9.96+\frac{0.02}{0.93}\times11.37+\frac{0.002}{0.2}$$
$$\times16.39+\frac{0.2}{1.3\times0.03}\times0.28+\frac{0.02}{0.93}\times11.37$$
$$=4.54$$

查表 4.8-29，得温差修正系数 $\alpha=1.05$；依据式（4.8-20）得：

$$q=K(t_w-t_n)\alpha=\frac{1}{5.55}\times(29.4+20)\times1.05=9.35 \text{ W/m}^2$$

10.4-11. 设计某卷心菜的预冷设备，已知进入预冷的卷心菜温度为 35℃，需预冷到
20℃，冷却能力为 2000kg/h，卷心菜的固形质量分数为 13%，问：计算的预冷冷量
（kW）最接近下列何项？【2017-4-22】

A. 27.6   B. 32.4   C. 38.1   D. 42.5

参考答案：B

主要解题过程：根据《三版教材》式（4.8-1）可知：

$$C_r=4.19-2.3X_s-0.628X_s^3=3.89\text{kJ}/(kg \cdot K)$$

则预冷量为：

$$Q=C_r m\Delta t=3.89\times\frac{2000}{3600}\times(35-20)=32.4\text{kW}$$

10.4.3 冷热电三联供

10.4-12. 某燃气三联供项目的发电量全部用于冷水机组供冷。设内燃发电机组额定功
率 1MW×2 台，发电效率 40%；发电后燃气余热可利用 67%，若离心式冷水机组 COP 为
5.6，余热溴化锂吸收式冷水机组性能系数为 1.1；系统供冷量为下列哪一项？【2013-3-24】

A. 12.52MW　　　　　B. 13.4MW　　　　　C. 5.36MW　　　　　D. 10MW

参考答案： B

主要解题过程： 根据《三版教材》P722 相关内容可知，题干中提到的内燃发电机组额定功率即为发电机组的装机容量，简单地说就是发电机组的发电功率。

（1）离心式冷水机组制冷量：
$$Q_1 = 2 \times 5.6 = 11.2 \text{MW}$$

（2）吸收式冷水机组制冷量：
$$Q_2 = 2 \div 40\% \times (1 - 40\%) \times 67\% \times 1.1 = 2.2 \text{MW}$$

（3）制冷量合计为：
$$Q_2 - Q_1 + Q_2 = 11.2 + 2.2 = 13.4 \text{MW}$$

第11章 民用建筑房屋卫生设备专业案例题

本章案例题目分布统计表

小节	考点名称	2011年至2019年题目统计		近几年题目统计		2019年题目统计
		题量	比例	题量	比例	
11.1	生活给水排水	9	60%	5	56%	5
11.2	燃气	6	40%	4	44%	1
	消防给水（已不在大纲范围内）	1	—	0	—	0
合计		15		9		2

说明：2015年停考1年，近几年题目统计为2016年至2019年。

11.1 生活给水排水

11.1-1. 某大剧院的化妆间有5间（均附设卫生间），由同一给水管供冷水，每间的用水设备相同，每间卫生间器具数量和额定流量见下表（注：洗脸盆和洗手盆均供应冷热水）。当卫生器具采用额定流量计算时，化妆间的冷水给水管道的设计秒流量应为下列哪一值？【2011-4-25】

名 称	洗脸盆（混合水嘴）	大便器（延时自闭式冲洗阀）	洗手盆（感应水嘴）	小便器（自闭式冲洗阀）
数量	2	1	1	1
额定流量（L/s）	0.10	1.2	0.1	0.10

A. 1.90～2.10L/s

B. 2.14～2.30L/s

C. 2.31～2.40 L/s

D. 2.41～2.50 L/s

参考答案：A

主要解题过程：《建筑给水排水设计规范》GB 50015—2003（2009版）第3.6.6条：

名 称	洗脸盆（混合水嘴）	大便器（延时自闭式冲洗阀）	洗手盆（感应水嘴）	小便器（自闭式冲洗阀）
数量	2×5	1×5	1×5	1×5
额定流量（L/s）	0.10	1.20	0.10	0.10
$q \cdot n$	1	6.0	0.5	0.5
同时给水百分数	50%	2%	50%	10%
$q \cdot n \cdot b$	0.5	0.12（根据注2，计算值<1.2L/s时，以1.2L/s计）	0.25	0.05
$\sum q \cdot n \cdot b$	2.0L/s			

11.1-2. 某住宅楼设有大便器、洗脸盆、洗涤盆、洗衣机、热水器和沐浴设备，已知该住宅楼人数为 600 人，最高日生活用水定额为 200L/（人·d），最高日热水定额为 60 L/（人·d），问：该住宅楼的最大日用水量为下列哪一项？【2013-3-25】

　　A. 120t/d　　　　　　B. 132t/d　　　　　　C. 144t/d　　　　　　D. 156t/d

参考答案：A

主要解题过程：根据《建筑给水排水及采暖工程施工质量验收规范》GB 50242—2002 第 5.1.1 条及《三版教材》P809：冷水定额已包含热水定额部分，则 $Q_d = 600 \times 200 = 120000$ L/d=120t/d。

11.1-3. 某地一宾馆的卫生热水供应方案：方案一采用热回收热水热泵机组 2 台；方案二采用燃气锅炉 1 台。已知，热回收热水热泵机组供冷期（运行 185d）既满足空调制冷又同时满足卫生热水的需求，其他有关数据见下表：

卫生热水用量 （t/d）	自来水温度 （℃）	卫生热水温度 （℃）	热回收机组产热量(kW/台)/耗电量 (kW/台)	燃气锅炉效率 （%）
160	10	50	455/118	90

注：1. 电费 1 元/kWh，燃气费 4 元/Nm³，燃气低位热值为 39840kJ/Nm³；

　　2. 热回收机组产热量、耗电量为过渡季节和冬季制备卫生热水的数值。

关于两个方案年运行能源费用的论证结果，正确的是下列哪项？【2013-4-25】

　　A. 方案一比方案二年节约运行能源费用 350000~380000 元

　　B. 方案一比方案二年节约运行能源费用 720000~750000 元

　　C. 方案二比方案一年节约运行能源费用 350000~380000 元

　　D. 方案一比方案二年节约能源费用基本一致

参考答案：B

主要解题过程：

分析得知：方案一需要在过渡季节和冬季供热水时耗电（365－185=180d）；方案二全年供热水（365d）；

每天需热量：$q = Gc\Delta t = 4.18 \times 160 \times 10^3 \times (50 - 10) = 2675.2 \times 10^4$ kJ；

方案二费用：$F_2 = \dfrac{2675.2 \times 10^4 \times 365 \times 4}{0.9 \times 39840} = 108.9 \times 10^4$ 元；

方案一费用：$F_1 = \dfrac{2675.2 \times 10^4 \times 180 \times 1}{3600 \times \dfrac{455}{118}} = 34.7 \times 10^4$ 元；

方案一比方案二节省费用：$\Delta F = F_2 - F_1 = 108.9 \times 10^4 - 34.7 \times 10^4 = 74.2 \times 10^4$ 元。

11.1-4. 某半即热式水加热器，要求小时供热量不低于 1250000kJ/h，热媒为 50kPa 的饱和蒸汽（饱和蒸汽温度为 100℃），进入加热器的最低水温为 7℃，出水终温为 60℃，加热器的传热系数为 5000kJ/（m²·h·K），则加热器的最小加热面积应为下列何项？（取热损失系数为 1.10，ε 为 0.8）【2014-4-25】

　　A. 7.55~7.85m²　　　　　　　　　　　　B. 7.20~7.50m²

C. $5.40 \sim 5.70 \text{m}^2$ 　　　　　　　　　　　D. $5.05 \sim 5.35 \text{m}^2$

参考答案：C

主要解题过程：根据《建筑给水排水设计规范》GB 50015—2003（2009 年版）第 5.4.6～5.4.7 条：

计算换热温度差：$\Delta t = \dfrac{\Delta t_{\max} - \Delta t_{\min}}{\ln \dfrac{\Delta t_{\max}}{\Delta t_{\min}}} = \dfrac{(100 - 7) - (100 - 60)}{\ln \dfrac{100 - 7}{100 - 60}} = 62.8\ ℃$

加热器最小加热面积：$F_{jr} = \dfrac{C_r Q_R}{\varepsilon K \Delta t} = \dfrac{1.10 \times 1250000}{0.8 \times 5000 \times 62.8} = 5.47 \text{m}^2$

11.1-5. 已知某图书馆的一计算管段的卫生器具给水当量总数 N_g 为 5，问：该计算管段的给水设计秒流量（L/s）最接近下列何项？【2016-3-24】

A. 0.54 　　　　　B. 0.72 　　　　　C. 0.81 　　　　　D. 1.12

参考答案：B

主要解题过程：根据《建筑给水排水设计规范》GB 50015－2003（2009 年版）第 3.6.5 条，图书馆计算给水秒流量系数为 1.6，则由式（3.6.5），该管段给水设计秒流量为：$q_g = 0.2\alpha\sqrt{N_g} = 0.2 \times 1.6 \times \sqrt{5} = 0.716 \text{L/s}$

11.1-6. 设计某宿舍的排水系统，已知用水定额为 120L/(d·p)、小时变化系数为 3.10，某一层的一段生活排水管道汇集有 12 个相同房间，房间卫生间的配置均为洗脸盆 1 个（同时排水百分数为 80%）、冲洗水箱大便器 1 个，问：该段排水管道的排水设计秒流量（L/s）最接近下列何项？【2017-3-25】

A. 1.50 　　　　　B. 3.40 　　　　　C. 3.88 　　　　　D. 4.56

参考答案：D

主要解题过程：根据《建筑给水排水设计规范》GB 50015—2003（2009 年版）表 3.1.10，由题中数据用水定额 120L/(d·p) 及小时变化系数 3.10，可知该宿舍属于Ⅲ类、Ⅴ。

由《建筑给水排水设计规范》GB 50015—2003（2009 年版）第 4.4.6 条：

$$q_p = \sum q_0 n_0 b = 12 \times (0.25 \times 80\% + 1.5 \times 12\%) = 4.56$$

式中 0.25 和 1.5 分别为洗脸盆和冲洗水箱大便器排水流量，按表 4.4.4 查得。

11.1-7. 设计某宾馆的全日供应热水系统，已知床位数为 800 床、小时变化系数为 3.10，热水用水定额 140L/(d·床)，冷水温度为 7℃，热水密度为 1kg/L，问：计算的设计耗热量（kW）最接近下列何项？【2017-4-25】

A. 2675 　　　　　B. 1784 　　　　　C. 1264 　　　　　D. 892

参考答案：D

主要解题过程：根据《建筑给水排水设计规范》GB 50015—2003（2009 年版）第 5.3.1.2 条：

$$Q_h = K_h \dfrac{m q_r C(t_r - t_l) \rho_r}{T} = 3.10 \times \dfrac{800 \times 140 \times 4.187 \times (60 - 7) \times 1.0}{24} = 892 \text{kW}$$

11.1-8. 某宾馆建筑设置集中生活热水系统,已知宾馆客房 400 床位,最高日热水用水定额 120L/(床位·d),使用时间 24h,小时变化系数 K_h 为 3.33,热水温度为 60℃,冷水温度为 10℃,热水密度为 1.0kg/L,问:该宾馆客房部分生活热水的最高日平均小时耗热量(kW)最接近下列何项?【2018-3-25】

    A. 116   B. 232   C. 349   D. 387

参考答案:A

主要解题过程:

根据《建筑给水排水设计规范》GB 50015—2003(2009 年版)第 5.3.1 条可知:

$$Q_h = \frac{m q_r c (t_r - t_1) \rho_r}{T} = \frac{400 \times 120 \times 4.187 \times (60 - 10) \times 1}{24 \times 3600} = 116.3 \text{kW}$$

扩展:本题题目所求为平均小时耗热量而非设计小时耗热量,故无需乘以小时变化系数,可与【2017-4-11】比较。

11.2 燃 气

11.2-1. 某 28 层的塔式住宅,每层 8 户,每户一个厨房,气源为天然气,厨房内设一双眼灶(燃气额定流量为 0.3m³/h)和一燃气快速热水器(燃气额定流量为 1.4m³/h)。该住宅天然气入户管道的燃气计算流量应为下列哪一值?【2011-3-25】

    A. 50.1m³/h～54.0m³/h   B. 54.1m³/h～57.0m³/h

    C. 57.1m³/h～61.0m³/h   D. 61.1m³/h～65.0m³/h

参考答案:C

主要解题过程:《三版教材》式(6.3-2):

$$居民生活用气 k_t = 1;$$

燃气具额定流量已知,$Q_n = 0.3 + 1.4 = 1.7 \text{m}^3/\text{h}$;

燃气具同时工作系数(查表 5.4-5):$\sum k = 0.16$;

$$Q_h = k_t (\sum k \cdot N \cdot Q_n) = 1 \times (0.16 \times 8 \times 28 \times 1.7) = 60.9 \text{m}^3/\text{h}。$$

11.2-2. 武汉市某二十层住宅(层高 2.80m)接入用户的天然气管道引入管高于一层室内地面 1.8m。供气立管沿外墙敷设,立管顶端高于二十层住宅室内地坪 0.8m,立管管道的热伸长量应为哪一项?【2012-4-25】

    A. 10～18mm   B. 20～28mm

    C. 30～38mm   D. 40～48mm

参考答案:D

主要解题过程:根据《三版教材》式(1.8-23):$\Delta X = 0.012 \times (t_1 - t_2) \times L$

根据《城镇燃气设计规范》GB 50028—2006 第 10.2.29 条规定:沿外墙和屋面敷设时补偿量计算温差可取 70℃。又管道安装时的温度一般按 5℃计算,故:

$$\Delta X = 0.012 \times (t_1 - t_2) \times L = 0.012 \times 70 \times (19 \times 2.8 + 0.8 - 1.8)$$

$$= 43.848 \text{mm}$$

11.2-3. 已知某住宅校区燃气用户为 250 户，每户均设置燃气双眼灶和快速热水器各一台，其额定流量分别为 $2.4m^3/h$ 和 $1.75m^3/h$，该小区的燃气计算流量应接近下列何项？【2012-4-25】

A. $156m^3/h$ B. $161m^3/h$ C. $166m^3/h$ D. $170m^3/h$

参考答案： B

主要解题过程： 根据《三版教材》式（6.3-2）及表 6.3-4 得：

$$Q_h = \sum kNQ_n = 0.155 \times 250 \times (2.4 + 1.75) = 160.8m^3/h$$

11.2-4. 某住宅小区的燃气管网为天然气低压分配管网（采用区域调压站），燃气供气压力为 0.008MPa，问燃气管段到达最远住户的燃具管道的允许阻力损失（Pa）最接近下列何项？【2016-4-24】

A. 900   B. 1650   C. 2250   D. 6150

参考答案： B

主要解题过程： 根据《城镇燃气设计规范》GB 50028—2006 第 10.2.2 条，天然气低压用气设备用具额定压力为 2kPa。由第 6.2.8 条，低压燃气管道到最远燃具的允许阻力损失为：$\Delta P_d = 0.75P_n + 150 = 0.75 \times (2 \times 10^3) + 150 = 1650Pa$。

11.2-5. 某小区共有 5 栋公寓楼，每栋楼 20 户，另有一栋小区会所。小区采用低压天然气供应，拟考虑每户公寓厨房设置一台快速燃气热水器和一台燃气双眼灶。其中单台热水器燃气流量为 2.86（m^3/h），单台双眼灶燃气流量为 0.7（m^3/h），小区会所燃气计算流量为 12（m^3/h）。问：该小区天然气的总计算流量（m^3/h），最接近以下哪个选项？【2018-4-25】

A. 60.52   B. 72.52   C. 74.76   D. 86.76

参考答案： B

主要解题过程：

根据《三版教材》式（6.3-2）可知：$Q_h = \sum kNQ_n$，其中 $N = 20 \times 5 = 100$，查表 6.3-4，得 $k = 0.17$。则，$Q = Q_h + 12 = 100 \times 0.17 \times (2.86 + 0.7) + 12 = 60.52 + 12 = 72.52m^3/h$。

第3篇 实 战 试 卷

实 战 试 卷

专业知识考试（上）

一、单项选择题（共 40 题，每题 1 分，每题的备选项中只有一个符合题意）

2019-1-1. 进行某寒冷地区住宅的散热器集中热水供暖系统的设计时，下列哪一项不符合现行节能设计标准的要求？

A. 卧室、起居室室内设计温度为 18℃

B. 冬季供暖计算室内换气次数取 $1h^{-1}$

C. 热水供、回水温差为 25℃

D. 按热水连续供暖进行设计

2019-1-2. 建筑辐射供暖系统辐射面传热量计算时，以下哪一项是错误的？

A. 辐射面传热量应为辐射面辐射传热量与辐射面对流传热量之和

B. 辐射面辐射传热量，与辐射面表面平均温度和室内空气温度的差值呈线性相关

C. 当辐射面的面积相等时，墙面供暖的辐射面对流传热量小于地面供暖的辐射面对流传热量

D. 当辐射面温度恒定时，室温越高，同一辐射面传热量越小

2019-1-3. 当设计无规定时，以下关于管道材料及连接方式的说法，哪一项是错误的？

A. 当住宅小区室外供热管道的管径大于 DN200 时，如果设计无规定，应使用无缝钢管

B. 空调冷水管采用热镀锌钢管时，当管径小于或等于 DN100 时采用螺纹连接；当管径大于 DN100 时可采用卡箍或法兰连接

C. 供暖管道采用焊接钢管时，当管径小于或等于 32mm 时应采用螺纹连接；当管径大于 32mm 时采用焊接连接

D. 室内低压燃气管道应选用热镀锌钢管，管径不大于 100mm 时，可采用螺纹连接

2019-1-4. 应设置供暖设施并宜采用集中供暖的地区，其累年日平均温度稳定低于或等于 5℃ 的日数应大于或等于多少天？

A. 30   B. 60   C. 90   D. 120

2019-1-5. 进行高层住宅低温热水地面辐射供暖系统设计时，下列哪项做法是正确的？

A. 高度超过 40m 的建筑必须对供暖热水系统进行竖向分区

B. 地面加热盘管中的设计水流速度为 0.20m/s

C. 每个加热盘管的设计环路阻力为 40kPa

D. 分集水器的分支环路按 8 个回路设计

2019-1-6. 民用建筑垂直单管串联式散热器供暖系统,对于楼层的适用层数有限定。下列关于该规定原因的说法,哪项是正确的?

A. 使散热器的流量与散热器的散热量更接近线性关系

B. 受到散热器接口管径的限制

C. 与双管式系统相比较,可显著减少整个建筑采用的散热器的总散热面积

D. 可显著降低供暖系统的供水温度需求

2019-1-7. 既有建筑居住小区的集中供暖系统为共用立管分户水平双管散热器供暖系统,拟进行热计量改造,热量结算点设在各单元的热力入口处。下列哪项热计量改造设计是正确的?

A. 在各散热器供水管上保留手动调节阀,采用户用热量表法计量

B. 在各散热器供水管上保留手动调节阀,采用通断时间面积法计量

C. 在各散热器供水管上设恒温控制阀,采用户用热量表法计量

D. 在各散热器供水管上设恒温控制阀,采用通断时间面积法计量

2019-1-8. 流量平衡阀具体选型时,下列哪一项做法是正确的?

A. 按照与其接管管径相等的原则选择

B. 根据热用户水力失调度选择

C. 根据设计流量和平衡阀前后的设计压差选择

D. 根据热用户水力稳定性系数选择

2019-1-9. 关于供热管网水力工况的说法,下列哪一项是正确的?

A. 管网中各并联支路的流量与各支路的阻力系数成正比关系

B. 管网中所有运行的热用户的水力失调度都在 0~1 之间

C. 将正常运行系统中循环水泵出口的阀门关小,会引起管网中各热用户的不一致水力失调

D. 供热管网干管的阻力占供热系统总阻力的比例越低则热用户的水力稳定性越好

2019-1-10. 某医院药品库需要通风换气,下列系统设计正确的是何项?

A. 与杂物间合用排风系统　　　　　　B. 采用独立的一次回风空调系统

C. 采用独立排风系统　　　　　　　　D. 与卫生间合用排风系统

2019-1-11. 某办公楼的建筑高度为 54m,请问其下列哪个部位可以不设置防排烟设施?

A. 具有不同朝向可开启外窗,且其可开启面积满足自然排烟要求的前室或合用前室

的楼梯间

B. 办公建筑中高度不大于 12m 的中庭

C. 位于一层，建筑面积为 90m² 的学术报告厅

D. 地下室中三个建筑面积均为 60m² 的文件资料档案存放室

2019-1-12. 下列关于排烟防火阀、排烟阀和排烟口的设置或描述，哪一项是错误的？

A. 排烟风机入口处的排烟管道上应设置排烟阀，当温度达到 280℃时开启，进行排烟

B. 排烟防火阀安装在机械排烟系统的管道上，当排烟管道内烟气温度达到 280℃时关闭

C. 排烟口设置在侧墙时，吊顶与其最近边缘的距离不应大于 0.5m

D. 排烟阀安装在机械排烟系统各支管端部，平时呈关闭状态

2019-1-13. 某学校实验室采用自然通风和机械通风相结合的复合通风系统，其设计总风量为 1000m³/h，下列何项风量设计是符合现行规范要求的？

A. 自然通风量 200m³/h   B. 自然通风量 500m³/h

C. 机械通风量 750m³/h   D. 机械通风量 900m³/h

2019-1-14. 下列关于通风系统镀锌钢板风管内的设计风速，哪一项做法是错误的？

A. 一般公共建筑的排风系统的干管，8m/s

B. 地下汽车库排风系统的干管，10m/s

C. 工业建筑非除尘系统的干管，15m/s

D. 室内允许噪声级 35～50dB（A）的通风系统主管，7m/s

2019-1-15. 设计排除有爆炸危险物质的风管时，下列做法错误的是何项？

A. 采用圆形金属风管   B. 采取防静电接地措施

C. 采用明装风管并倾斜设置   D. 穿越防火墙处装防火阀

2019-1-16. 下列关于进风口位置的设置叙述，哪一项是错误的？

A. 民用建筑夏季自然通风用的进风口，其下缘距室内地面的高度不宜大于 1.2m

B. 地下车库机械补风系统的室外进风口，其下缘距该车库地面的高度不宜大于 1.2m

C. 空调新风系统新风进风口，其下缘距室外地坪不宜小 2m，当设在绿化地带时，不宜小于 1m

D. 机械送风系统的进风口与事故排风系统排风口的水平距离不足 20m 时，机械送风系统的进风口的标高宜比事故排风口的标高低 6m

2019-1-17. 当室内的总发热恒定时，针对工业建筑在热压作用下的天窗自然通风时，关于天窗排风温度的说法，下列哪一项是错误的？

A. 热源占地面积与地板面积比值越大，天窗排风温度越低

B. 热源高度越大，天窗排风温度越低

C. 热源的辐射散热量与总散热量比值越大，天窗排风温度越低

D. 室外温度越低，天窗排风温度越低

2019-1-18. 下列关于建筑通风系统设计要求的说法，哪一项是错误的？

A. 对散发粉尘的污染源应优先采用吹吸式局部密闭罩

B. 供暖室外计算温度≤−15℃的地区的住宅，应设置可开启的气窗进行定期换气

C. 可以利用建筑内部的非污染空气作为全面通风补风，以减少补风耗热量

D. 发热量大的通风柜可利用热压自然排风

2019-1-19. 广西南宁市某会展中心采用集中式空调系统，空调冷源设计选用两台型号相同的水冷变频离心式冷水机组，每台机组名义制冷量为 1250kW。问：该冷水机组名义工况下性能系数（COP）的最低限值，应最接近下列哪项？

A. 5.022　　　　　B. 5.301　　　　　C. 5.487　　　　　D. 5.700

2019-1-20. 某高层建筑空调冷水系统，冷水泵设置于系统最低处，系统的最大工作压力为 1.2MPa。对该水系统进行水压试验时，下列何项是正确的？

A. 在水系统最高点进行试验，试验压力为 1.8MPa，升至试验压力后，应稳压 10min，压力不得下降，再将系统压力降至该部位的工作压力，在 60min 内压力不得下降、外观检查无泄漏为合格

B. 在水系统最低点进行试验，试验压力为 1.8MPa，升至试验压力后，应稳压 10min，压力下降不应大于 0.02MPa，然后应将系统压力降至工作压力，外观检查无泄漏为合格

C. 在水系统最低点进行试验，试验压力为 1.7MPa，开至试验压力后，应稳压 10min，压力不得下降，再将系统压力降至该部位的工作压力，在 60min 内压力不得下降、外观检查无泄漏为合格

D. 在水系统最低点进行试验，试验压力为 1.2MPa，升至试验压力后，应稳压 10min，压力下降不应大于 0.02MPa，然后应将系统压力降至工作压力，外观检查无泄漏为合格

2019-1-21. 位于寒冷地区的某数据中心，室内设备发热量为 $1.5kW/m^2$，其围护结构热工设计符合《公共建筑节能设计标准》GB 50819—2015 的要求，空调系统的新风经冷却除湿后独立送入，室内采用循环式空调机组。要使得该数据中心正常运行，下列哪一项说法是错误的？

A. 全年都需要对室内供冷

B. 送风温度应高于室内空气的露点温度

C. 室内循环式空调机组表冷器的供/回水温度为 7℃/12℃

D. 应以机柜排热为重点来进行室内气流组织设计

2019-1-22. 某办公建筑采用二级泵变频变流量空调水系统，空调末端为变风量空调机组。空调系统在部分负荷运行时，冷水机组出口温度实测为7℃，二级泵出口温度实测为9℃。造成这种现象的原因可能是下列哪一项？

　　A. 空调末端控制正常，但二级泵扬程过大

　　B. 冷水机组的蒸发器阻力远大于设计计算值

　　C. 一级泵扬程过大

　　D. 平衡管管径过大

2019-1-23. 对溶液除湿方式，以下哪一项说法是正确的？

　　A. 除湿溶液浓度相同时，溶液温度越高除湿性能越好

　　B. 除湿溶液黏度越高，除湿性能越好

　　C. 溶液除湿一定是等温减湿过程

　　D. 除湿溶液应具有高沸点、低凝固点的特性

2019-1-24. 当全空气定风量空调系统按空调负荷热湿比计算得到的机器露点温度低于空调房间要求的送风温度时，可采用送风再热或二次回风这两种方式来实现需要的送风温度。这两种方式相比，下列哪项说法是正确的？

　　A. 表冷器进口空气参数相同

　　B. 通过表冷器的风量相同

　　C. 空调系统的新风比不同

　　D. 表冷器设计冷量不同

2019-1-25. 某建筑的贵宾会议室使用方式为间歇使用，其外墙为厚200mm的钢筋混凝土主墙体加70mm厚玻璃棉板外保温。计算该会议室的夏季冷负荷时，以下方法中，哪一项是错误的？

　　A. 按稳态方法计算由设备、照明散热量形成的冷负荷

　　B. 按非稳态方法计算由人体散热量形成的冷负荷

　　C. 按稳态方法计算出外墙传入热量形成的冷负荷

　　D. 按非稳态方法计算由外窗进入的太阳辐射热量形成的冷负荷

2019-1-26. 海南省某厂房室内空气温度要求为25℃±0.5℃。在下列围护结构热工参数取值选项中，哪一项满足相关现行规范要求？（K 值的单位为 $W/(m^2 \cdot K)$）

　　A. 外墙 D 值为4.0、K 值为1.0；顶棚 D 值为3.0、K 值为0.6

　　B. 外墙 D 值为3.0、K 值为0.8；顶棚 D 值为4.0、K 值为0.7

　　C. 外墙 D 值为4.0、K 值为1.0；顶棚 D 值为3.0、K 值为0.7

　　D. 外墙 D 值为4.0、K 值为0.8；顶棚 D 值为3.0、K 值为0.8

2019-1-27. 空气洁净度等级所处状态的确定方法，下列哪一项是最合理的？

　　A. 与业主协商确定　　　　　　　　B. 应为动态

C. 应为静态   D. 应为空态

2019-1-28. 某高大洁净厂房建成后，测试时发现其室内正压没有达到要求，下列哪项不是导致该问题的原因？

A. 厂房的密封性不好   B. 新风量小于设计值

C. 室内回风量小于设计值   D. 测试时的室外风速过大

2019-1-29. 某民用建筑采用直接膨胀式空调机组。问：该机组不能采用下列哪一种制冷剂？

A. R134a   B. R407C   C. R123   D. R717

2019-1-30. 下列制冷剂管道材料选择中，不合理的是哪一项？

A. $DN20$ 的 R134a 制冷剂管道采用黄铜管

B. $DN80$ 的 R410A 制冷剂管道采用未镀锌的无缝钢管

C. $DN20$ 的 R410A 制冷剂管道采用紫铜管

D. $DN80$ 的 R134a 制冷剂管道采用热镀锌无缝钢管

2019-1-31. 关于燃气冷热电联供系统常用的燃气轮机、内燃机、微燃机发电机组的特性，下列哪一项说法是错误的？

A. 内燃机的发电效率最高   B. 微燃机排放的氮氧化物最少

C. 内燃机可提供的余热类型最丰富   D. 燃气轮机可满足的发电容量值最低

2019-1-32. 位于夏热冬冷地区的某小型酒店，设计采用水源热泵系统作为集中空调水系统的冷热源，下列哪一项做法是错误的？

A. 采用原生污水直接换热的水源热泵系统，水侧切换冷热工况

B. 采用原生污水直接换热的水源热泵系统，制冷剂侧切换冷热工况

C. 采用地埋管换热的水源热泵系统，水侧切换冷热工况

D. 采用地埋管换热的水源热泵系统，制冷剂侧切换冷热工况

2019-1-33. 在冷水机组进行设计选型时，错误的是下列何项？

A. 北京地区某办公楼，采用 2 台名义制冷量均为 1000kW 的水冷变频螺杆式冷水机组，该冷水机组名义工况下的制冷性能系数为 4.86，且综合部分负荷性能系数 IPLV 为 6.68

B. 选择用地源热泵冷热水机组时，该机组在冬季设计工况下的制热性能系数不应低于 2.0

C. 选择直燃型溴化锂吸收式机组作为空调冷热源时，如果热负荷需求为机组额定供热量的 1.3 倍，可采取加大高压发生器和燃烧器的措施来满足要求

D. 某小型快捷酒店仅设一台冷水机组时，机组的部分负荷性能系数 IPLV 的重要性高于机组的制冷性能系数 COP

2019-1-34. 关于蓄冷系统的特征表述，以下何项是错误的？

A. 水蓄冷仅发生显热交换

B. 动态型制冰与静态型制冰两种方式，若它们的融冰空间体积相同，则其蓄冷量也相同

C. 同一台螺杆式制冷机组，用于水蓄冷系统时的机组 COP 高于用于冰蓄冷系统时的机组 COP

D. 水蓄冷的冷水温度最低为 4℃

2019-1-35. 有关吸收式制冷机组或吸收式热泵机组的说法，以下哪一项是正确的？

A. 氨吸收式制冷机组和溴化锂吸收式制冷机组的制冷剂分别是氨和水

B. 吸收式制冷机组的冷却水仅供冷凝器使用

C. 第一类吸收式热泵为升温型热泵，可利用中温热源作为驱动源制取比中温热源更高温度的热水或蒸汽

D. 第二类吸收式热泵的冷却水温度越高，所能制取的高温热源的温度也就越高

2019-1-36. 某项目利用电厂抽凝 0.8MPa 的蒸汽和 30℃冷却水，通过蒸汽型溴化锂吸收式热泵机组制取 60℃热水供热，以下何种做法是正确的？

A. 采用性能系数大于 1.0 的升温型吸收式热泵机组

B. 采用性能系数为 0.4～0.5 的增热性吸收式热泵机组

C. 电厂冷却水与吸收式热泵机组的蒸发器相连接

D. 供热水与发生器和冷凝器先后串联连接

2019-1-37. 有关进行绿色建筑评价工作，下列说法何项是正确的？

A. 对工业建筑进行绿色评价时，其能耗指标水平分为 5 个级别

B. 工业建筑绿色评价的申请，必须在该建筑正常运行一年后方可提出

C. 民用建筑绿色评价体系的各类指标中，均包含了"控制项"、"评分项"和"加分项"

D. 《绿色工业建筑评价标准》，不适用于对"绿色制造工艺"的评价

2019-1-38. 关于建筑给水防污染的做法，下列何项做法是错误的？

A. 屋面结构板用作在屋面设置的生活饮用水水箱本体的底板

B. 从生活饮用水管网向消防水池补水的补水管管口的最低点高出溢流边沿的空气间隙的距离不应小于规范规定值

C. 生活饮用水池是否设置水消毒装置与水池用贮水更新的时间有关

D. 用于绿化用的中水管道设置接有水嘴时，应采取防止误饮误用的措施

2019-1-39. 某设于建筑地下一层的燃气直燃机房燃气与通风系统设计，以下哪一项措施是错误的？

A. 直燃机房内设置的燃气管道采用壁厚为 3.5mm 的无缝钢管

B. 燃气引入管设手动快速切断阀和停电时处于关闭状态的紧急自动切断阀

C. 设置与地下室其他设备间合用的通风系统，正常通风换气次数 $6h^{-1}$、事故通风换气次数 $12h^{-1}$

D. 直燃机房设集中监视与控制的燃气浓度检测报警器

2019-1-40. 某商业综合体项目，在设计阶段计算燃气小时计算流量时，下列说法哪项是错误的？

A. 计算年燃气最大负荷利用小时数时，应考虑月高峰系数、日高峰系数和小时高峰系数

B. 月高峰系数为计算月中的日最大用气量和年的日平均用气量之比

C. 日高峰系数为计算月中的日最大用气量和该月日平均用气量之比

D. 小时高峰系数为计算月中最大用气量日的小时最大用气量和该日小时平均用气量之比

二、多项选择题（共 30 题，每题 2 分，每题的各选项中有两个或两个以上符合题意，错选、少选、多选均不得分）

2019-1-41. 某住宅小区热水供暖系统的设计供/回水温度为 75℃/50℃，设计室温为 20℃，采用柱式散热器供暖且已知柱式散热器传热温差 64.5℃时的传热系数。问：在设计计算室内散热器的片数时，应考虑下列哪些主要因素？

A. 散热器的设计供/回水温度

B. 散热器的供回水支管连接方式

C. 散热器在房间内的安装位置

D. 进入散热器的流量

2019-1-42. 在公共建筑中，下列关于散热器供暖系统压力损失计算与水力平衡的做法，哪几项是错误的？

A. 压力调节装置装设于压力损失较大的环路上

B. 压力损失计算中，采用最不利环路的压力损失计算值求取每一环路的比摩阻

C. 水泵扬程的选择应该是热源系统、末端系统与各个环路压力损失的算术平均值之和

D. 最不利环路设计时，起始管段的比摩阻取值应大于末端管段的比摩阻取值

2019-1-43. 严寒地区 A 区某正南正北布置的 20 层写字楼，如果设计的建筑体形系数为 0.3，且建筑每个朝向的窗墙比均为 0.4。问：下列哪几个选项符合相关节能设计标准对围护结构热工性能的要求？

A. 建筑外墙的传热系数为 $0.35W/(m^2 \cdot K)$

B. 建筑外窗的传热系数为 $2.0W/(m^2 \cdot K)$

C. 大堂天窗的传热系数为 $2.5W/(m^2 \cdot K)$

D. 地下车库与供暖房间之间的楼板传热系数为 $0.4 W/(m^2 \cdot K)$

2019-1-44. 关于供暖空调系统中膨胀水箱的配置,下列哪几项是正确的?

A. 膨胀管上不得设置阀门

B. 为便于观察,信号管上不应设置阀门

C. 水箱没有冻结危险时,可不设置循环管

D. 为便于控制和维修,循环管上应设置阀门

2019-1-45. 某酒店厨房和洗衣房要一定量的蒸汽,下列哪些选项允许采用蒸汽锅炉作为供暖系统的热源?

A. 建筑总热负荷 1.0MW,其中蒸汽热负荷 0.75MW

B. 建筑总热负荷 1.4MW,其中蒸汽热负荷 1.00MW

C. 建筑总热负荷 1.4MW,其中蒸汽热负荷 0.75MW

D. 建筑总热负荷 2.0MW,其中蒸汽热负荷 1.00MW

2019-1-46. 某区域供热工程采用异程式管网供热,在回水干管的中部位置加设一台回水增压泵(如下图所示)。与不设置回水增压泵的运行情况相比较,关于管网压力与流量发生的变化,下列哪几项是正确的?

A. 供水干管压力随着供水干管长度下降

B. 回水增压泵吸水侧的回水干管压力下降

C. 管网总循环流量不变

D. 回水增压泵出口侧的用户资用压头减小

2019-1-46 题图

2019-1-47. 寒冷地区的某低层住宅根据煤改电的要求,冬季采用空气源热泵热水机组供暖。下列有关采用定频压缩机的空气源热泵机组供暖运行时的说法,哪几项是错误的?

A. 当维持机组出水温度不变时,随着室外气温下降,压缩机的压缩比会减少

B. 室外气温下降时,压缩机的润滑油会导致起节流作用的毛细管内的制冷剂流动不畅

C. 当维持机组出水温度不变时,随着室外气温下降,机组压缩机制冷剂的制热量减少

D. 当维持机组出水温度不变时,随着室外气温下降,机组压缩机制冷剂的质量流量增加

2019-1-48. 某工业厂房跨度 24m，采用无窗扇、有挡雨片的横向下沉式天窗，天窗垂直口高度 2.5m。问：在设计计算中，该天窗的局部阻力系数的选取，下列哪几项是正确的？

A. 3.0   B. 3.2   C. 3.4   D. 3.6

2019-1-49. 下图所示的送风风管管段上设计两个相同规格、相同送风量的旋流风口。当不采取任何调节措施（风口全开）时，在下列给定条件下，各风口的风量比较，下列哪几项说法是错误的？

A. 当 $V_2 > V_1$ 时，$L_2 > L_1$

B. 当 $V_2 > V_1$ 时，$L_2 = L_1$

C. 当 $V_2 = V_1$ 时，$L_2 = L_1$

D. 当 $V_1 > V_2$ 时，L_2 与 L_2 有可能相等

2019-1-49 题图

2019-1-50. 在通风机性能可确保的条件下，关于通风机选择计算，以下哪几项是正确的？

A. 在高原地区选择风机时，应对风机的体积流量和风压进行相对于标准工况的修正

B. 在高原地区选择风机时，应对其轴功率进行相对于标准工况的修正

C. 车间全面排风系统的风机与其吸入侧的排风管道均设于车间内；当风机出口侧的排风管道设置于车间外时，风机风量应为：需求的车间全面排风量与风管漏风量之和

D. 室内游泳馆的排风系统采用变频风机，其额定风压应为设计工况时计算的排风系统总压力损失

2019-1-51. 某高层办公楼总高 150m；标准层层高 4.15m；在裙房三层设置的会议中心层高 6.1m，空间净高 4m。问以下防排烟系统设计哪几项是不符合规范的？

A. 办公标准层中，2.0m 宽的回形内走道总长为 200m，设置 3 道挡烟垂壁

B. 办公室面积 120m²，沿外墙均匀布置上悬窗自然排烟

C. 标准层每 12 层设置一套走道排烟排风兼用系统

D. 裙房会议中心机械排烟系统按任意两个最大的防烟分区的排烟量之和计算

2019-1-52. 采用吸附法净化有害气体时，可以作为吸附剂的是下列哪几个选项？

A. 硅胶   B. 分子筛   C. 活性炭   D. 活性氧化铝

2019-1-53. 以下对通风、除尘与空调风系统各环路的水力平衡参数的规定，哪几项是符合相关规范要求的？

A. 某民用建筑空调送风系统，各并联环路压力损失的相对差额为 10%

B. 某民用建筑一般通风系统，各并联环路压力损失的相对差额为 15%

C. 某工业建筑空调通风系统，各并联环路压力损失的相对差额为 10%

D. 某工业建筑除尘系统，各并联环路压力损失的相对差额为 15%

2019-1-54. 对于同一台冷水机组，其他运行条件均不变时，下列关于水冷冷凝器污垢系数对冷水机组性能的影响的说法，哪些是正确的？

A. 污垢系数增加，冷凝器饱和冷凝温度提高

B. 污垢系数增加，制冷量不变

C. 污垢系数增加，消耗功增加

D. 污垢系数增加，机组性能系数下降

2019-1-55. 公共建筑空调系统设计时，下列哪几项说法是错误的？

A. 所有公共建筑的施工图设计时，必须进行逐项、逐时的冷负荷计算

B. 当冬季室内相对湿度控制精度要求高时，只允许采用直接电热式加湿器

C. 冷水机组选择时，其在设计工况下的性能系数（COP）应符合节能标准中的限值要求

D. 水系统设计时应计算空调冷（热）水系统耗电输冷（热）比，并满足节能设计标准的规定

2019-1-56. 为保证空调系统经济运行，下列哪些要求是正确的？

A. 采用二级泵系统时，冷水供回水温差不小于 4℃

B. 变频控制的冷却水系统，总供回水温差不小于 4℃

C. 对于新风+风机盘管系统，全年累计工况下的空调末端能效比不小于 7

D. 额定制冷量大于 1163kW 的电制冷机组，全年累计工况下的机组运行效率不小于 4.8

2019-1-57. 关于多联空调系统的应用，下列哪几项是最为正确的？

A. 近年来多联空调产品的最大配管长度及单机容量均大幅提升，且具有独立调节的优势，因此，当任何建筑采取多联机系统时，其季节能效比均会高于采用集中冷源的空调系统形式

B. 某办公楼采用多联空调系统，机组的制冷综合系数 IPLV（C）只要满足《多联式空调（热泵）机组能效限定值及能源效率等级》GB 21454—2008 中 1 级能效等级要求即可

C. 多联空调机组容量的确定，不仅应根据系统空调负荷，还应考虑室外温度、室内温度、冷媒管长度、室内机与室外机的容量配比、室内机与室外机的高差、融霜等修正因素

D. 同一个多联空调系统的服务区域中同一时刻部分房间要求供冷、部分房间要求供
热时，宜采取热回收多联机空调系统

2019-1-58. 下列图中，关于空气处理过程的解释，哪几项是正确的？

A. 图 A   B. 图 B   C. 图 C   D. 图 D

图 A 新风间接蒸发冷却＋
混合＋表冷器图

图 B 全新风间接蒸发冷却＋
直接蒸发冷却

图 C 新风间接蒸发冷却＋
直接蒸发冷却

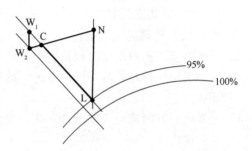

图 D 新风间接蒸发冷却＋
混合＋表冷器

2019-1-58 题图

2019-1-59. 冬季室外空调设计温度 −10℃，室外空气计算相对湿度 40％，加热热媒
为 45℃/40℃热水，要求新风机组送风参数为：温度 22℃、相对湿度 50％。问：采取下
列哪几种空气处理方式的空调机组，可以实现这一处理过程的要求？

A. 一级热水盘管加热＋电热加湿
B. 一级热水盘管加热＋蒸汽加湿
C. 一级热水盘管加热＋湿膜加湿
D. 一级热水盘管加热＋超声波加湿

2019-1-60. 地处克拉玛依的某建筑，夏季来自冷水机组的冷却水经冷却塔喷淋降温。
下列有关夏季设计状态下冷却塔内空气状态变化的说法哪些不正确？

A. 冷却塔进出口空气的焓值相同
B. 冷却塔出口空气温度高于入口空气
C. 冷却塔出口空气含湿量大于入口空气
D. 冷却塔出口空气的相对湿度高于入口空气

2019-1-61. 某冷库采用 R717 制冷系统。其干管与直管支管的连接方式，哪几项设计图是正确的？

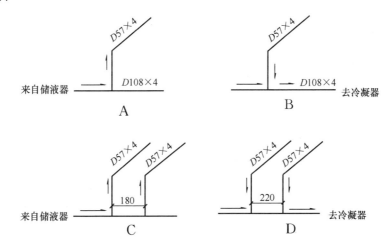

2019-1-62. 某严寒地区厂房的空调新风，采取蒸汽盘管对空气进行加热，送风温度由阀门的开度调节进行控制，为其设计的控制系统为直接数字控制系统。关于阀门的选用与控制，下列哪几项说法是错误的？

A. 电动阀宜采用三通阀

B. 电动阀的理想特性宜为等百分比特性

C. 电动阀的控制信号为模拟量输出信号

D. 电动阀的阀位开度反馈信号为开关量输入信号

2019-1-63. 通过下列哪几种方法可以实现洁净室的正压控制？

A. 调节送风量   B. 调节回/排风量

C. 调解新风量   D. 余压阀控制

2019-1-64. 采用电为能源对房间进行供暖时，下列说法中，正确的是哪几项？

A. 电暖器直接供暖时，系统能效比 $COP_s=1$

B. 热泵型房间空调器供暖时，系统能效比 $COP_s>1$

C. 集中电锅炉房＋散热器供暖时，系统能效比 $COP_s<1$

D. 发热电缆地板供暖时，系统能效比 $COP_s>1$

2019-1-65. 空气源热泵机组冬季供热时，蒸发器如果出现结霜，会产生的不良后果，可能是下列哪几项？

A. 蒸发器的换热性能下降

B. 流经蒸发器的空气流量下降

C. 热泵机组供热量下降

D. 机组制热性能系数 COP 下降

2019-1-66. 某建筑采用盘管蓄冰式冰蓄冷空调系统，冷水设计供水温度 2.5℃。以下哪几项设计要求是错误的？

A. 采用外融冰释冷

B. 冰蓄冷系统采用乙烯乙二醇作为载冷剂，其浓度为 20%

C. 空调冷水供回水温差 9℃

D. 载冷剂系统管材为内外冷镀锌钢管

2019-1-67. 关于冷库制冷系统设计的选项，下列哪几个选项是正确的？

A. 计算冷间冷却设备负荷的目的是为了确定冷间的冷却设备容量并进行选型

B. 冷库中的压缩机应根据不同蒸发温度系统的冷间机械负荷大小进行选型

C. 确定光钢管蒸发式冷凝器的传热面积时，如果以外表面积为基准的传热系数取 $600\sim750\mathrm{W/(m^2 \cdot K)}$，则高压制冷剂与传热管外侧水膜的传热温度差宜取 $4\sim5℃$

D. 在液泵供液系统中，对于负荷较稳定，蒸发器组数较少，不易积油的蒸发器，采用下进上出供液方式时，其制冷剂泵的体积流量按循环倍率 3～4 确定

2019-1-68. 冷水（热泵）机组选择和使用，以下说法和做法，哪几项是错误的？

A. 夏热冬冷地区采用名义工况制冷量 3000kW、能效等级为 2 级的变频离心式冷水机组

B. 冬季采用风冷热泵用于商业建筑内区供冷

C. 用于青岛的某项目，空调冷水 7℃/12℃，如果机组冷却水进水温度比当地湿球温度高 4℃，且污垢系数同名义工况，则按名义工况选择的冷水机组不能满足设计工况的冷量需求

D. 在名义工况下，对新安装的冷水机组带负荷进行初调试时，机组的制冷性能系数 *COP* 有可能高于名义值

2019-1-69. 对以下区域的环境空气质量要求中，哪几项是正确的？

A. 城市居住区的颗粒物 PM10 的年平均浓度限值为 $80\mu\mathrm{g/m^3}$

B. 自然保护区的颗粒物 PM10 的年平均浓度限值为 $40\mu\mathrm{g/m^3}$

C. 城市居住区的 $\mathrm{NO_x}$ 的年平均浓度限值为 $50\mu\mathrm{g/m^3}$

D. 自然保护区的 $\mathrm{NO_x}$ 的年平均浓度限值为 $50\mu\mathrm{g/m^3}$

2019-1-70. 某 11 层住宅，下图所示为地上同一层的局部平面图，该位置上的室内住宅单元完全相同，燃气输配系统的地上调压箱（悬挂式）于一楼外墙面布置，图示 A、B、C、D 的布置做法，仅仅依据符合安全规定判断，下列哪几个选项是正确的？

2019-1-70 题图

A. 调压箱位置 A

B. 调压箱位置 B

C. 调压箱位置 C

D. 调压箱位置 D

专业知识考试（下）

一、单项选择题（共 40 题，每题 1 分，每题的备选项中只有一个符合题意）

2019-2-1. 在对严寒地区幼儿园活动室进行供暖设计时，下列哪一项是不合理的？

A. 采用铸铁散热器（加设散热器防护罩供暖）

B. 采用明装钢制散热器供暖

C. 采用卧式吊顶风机盘管供暖

D. 采用地面辐射供暖

2019-2-2. 下列关于热水管道保温的说法，哪一项是错误的？

A. 超过临界绝热直径后，保温层厚度越厚，热损失越小

B. 保温材料含水率增加后，保温性能下降

C. 供水温度为 75℃ 时，可采用发泡橡塑材料保温

D. 保温层厚度越厚，经济性必定越好

2019-2-3. 下列关于蒸汽供暖系统的说法，哪一项是错误的？

A. 高压蒸汽供暖系统作用半径宜大于 300m

B. 蒸汽供暖系统不应采用钢制板型散热器

C. 低压蒸汽供暖系统作用半径不宜超过 60m

D. 蒸汽供暖系统应考虑空气排出

2019-2-4. 某住宅建筑设计为地面辐射供暖系统，并采用户式空气源热泵冷热水机组供暖，以下哪一项设计要求是错误的？

A. 系统供/回水温度为 45℃/35℃

B. 卧室地面平均温度为 26℃

C. 冬季设计工况时机组性能系数（COP）为 1.7

D. 分水器、集水器分支环路为 6 路

2019-2-5. 下列层高的房间中，哪一个选项不宜采用热水吊顶辐射供暖系统？

A. 10m   B. 20m   C. 30m   D. 40m

2019-2-6. 严寒地区某办公建筑的大堂为净高度 20m 的高大空间。下列供暖设计方案中，哪一项是最不合适的？

A. 全空气系统热风供暖＋地面辐射供暖

B. 全空气系统热风供暖＋沿外围护结构布置的钢制柱式散热器供暖

C. 只设置沿外围护结构布置的钢串片对流式散热器供暖

D. 地面辐射供暖＋沿外围护结构布置的钢制柱式散热器供暖

2019-2-7. 某小区住宅楼采用地面热水辐射供暖，实际室温为 18℃。以下哪一项设计参数是错误的？

　　A. 卧室的室内设计计算温度为 16℃

　　B. 起居室的地面平均温度为 33℃

　　C. 供暖系统供/回水温度为 45℃/35℃

　　D. 供暖热水系统的工作压力为 0.6MPa

2019-2-8. 某异程式供热管网，直接连接了 10 个热用户。为提高用户间的水力稳定性，下列哪一项措施是最合理的？

　　A. 减小热用户内部系统的阻力

　　B. 加大散热器面积

　　C. 加大热网系统的水泵扬程

　　D. 减小热网供回水干管的阻力

2019-2-9. 采用空气源热泵冷热水机组对某建筑物供热时，下列哪一项与热泵的有效制热量计算值无直接相关？

　　A. 室内空气湿球温度　　　　　　　　B. 室外空气湿球温度

　　C. 室外空气干球温度　　　　　　　　D. 机组的融霜方式

2019-2-10. 通风柜的设计通风量与下列哪个参数无关？

　　A. 柜内污染气体发生量　　　　　　　B. 工作孔的面积

　　C. 工作孔上的控制风速　　　　　　　D. 通风柜的体积

2019-2-11. 以自然通风为主的厂房，下列何项表述是错误的？

　　A. 为保证自然通风的设计效果，在实际计算自然通风面积时，一般仅考虑热压的作用

　　B. 实际工程中采用的自然通风计算方法，存在一定的简化条件

　　C. 如果该厂房内同时设有机械通风系统，在风平衡计算时不考虑自然通风的影响

　　D. 影响热车间自然通风的主要因素有：厂房形式、工艺设备布置、设备散热等

2019-2-12. 关于事故通风手动控制装置的设置位置，下列何项是正确的？

　　A. 仅设置于室外　　　　　　　　　　B. 仅设置于室内

　　C. 室内外均设置　　　　　　　　　　D. 仅在走廊设置

2019-2-13. 同时放散苯、甲苯、二甲苯蒸汽的车间全面通风量计算，下述描述中哪一项是正确的？

　　A. 分别计算苯、甲苯、二甲苯稀释至规定接触限值所需要的空气量，并以三者中的最大值作为全面通风量

　　B. 按照苯稀释至规定的接触限值所需要的空气量的最大值计算全面通风换气量

C. 按照二甲苯稀释至规定的接触限值所需要的空气量的最大值计算全面通风换气量

D. 计算苯、甲苯、二甲苯分别稀释至规定接触限值所需要的空气量，并以三者之和作为全面通风换气量

2019-2-14. 下列关于袋式除尘器过滤风速对其性能影响的描述，哪一项是错误的？

A. 袋式除尘器过滤速度越高，处理相同流量的含尘气体所需的滤料面积越小，耗电量越小

B. 袋式除尘器过滤速度越高，处理相同流量的含尘气体压力损失越大，运行费用越大

C. 袋式除尘器过滤速度取值，对其滤料损伤及滤料使用寿命有影响

D. 袋式除尘器过滤速度取值，与其清灰方式有关

2019-2-15. 原地处天津市区的某工厂，整体迁址至青海省西宁市。搬迁过程中，工艺条件不变，且所有的通风系统（包括风机型号规格和风道尺寸等）均采用原有配置。问：搬迁后使用时，其车间排风机性能变化，以下哪一项说法是正确的？

A. 风机的容积风量将降低   B. 风机的全压将提高

C. 风机的轴功率降低   D. 风机的全压保持不变

2019-2-16. 某通风系统用离心式风机，设计采用变频调速进行运行调节。问：当其他条件不变、驱动风机的电动机电源频率降低时，下列说法不正确的是哪一项？

A. 风机的风压降低

B. 风机的功率减小

C. 风机的效率不变

D. 风机所在通风系统的综合阻力数减小

2019-2-17. 下列有关通风机能效等级的描述，哪一项是正确的？

A. 离心式通风机能效等级分级时，1级能效最低，3级能效最高

B. 轴流式通风机能效等级分级时，1级能效最低，3级能效最高

C. 离心式通风机进口有进气箱时，其各等级效率比其最高效率下降4%

D. 轴流式通风机进口有进气箱时，其各等级效率比其最高效率下降4%

2019-2-18. 下列关于空调自动控制方法及运行调节的做法，哪项是正确的？

A. 多台冷水机组和冷水泵之间通过共用集管连接时，冷水机组出水管上设置电动流量调节阀

B. 负荷侧变流量水系统，其空调机组回水管上设置电动二通调节阀

C. 一级泵变频变流量水系统，水泵与冷水机组通过共用集管连接时，冷水泵的运行台数应与冷水机组运行台数对应

D. 一级泵压差旁通变流量水系统，总供回水管间的旁通电动调节阀设计流量应取各台冷水机组中单台容量最小主机的设计流量

2019-2-19. 某 3 层办公楼的内疏散走道设计机械排烟系统，每个走道的排烟口为板式排烟口两个（常闭，与排烟风机联动）。下列设计原理图中，哪一项是正确的？

2019-2-20. 在其他条件相同时，下列关于室内人员显热冷负荷的说法，哪一项是错误的？

A. 人员的群集系数越大，室内人员的显热冷负荷越大

B. 围护结构的放热衰减倍数越大，室内人员显热冷负荷越大

C. 人员在室时间越长，室内人员显热冷负荷越大

D. 随着室内温度的增高，室内人员的显热散热量减少

2019-2-21. 海口市研究所计量室，设计室温要求为 23℃±0.5℃，与计量室相邻房间的空调设计室温为 25℃。对该计量室围护结构的热工要求，正确的是以下哪一项？

A. 允许有南向外墙

B. 允许有西向外墙

C. 允许有东向外墙

D. 与邻室之间的内隔墙的传热系数不大于 0.9W/(m² · K)

2019-2-22. 某全空气空调系统夏季投入使用初期，室内空气温湿度均满足设计要求，但约 1 个月后温度开始不达标并伴有轻微送风口结露。经"诊断"发现：空调供水温度、水系统运行及室内冷负荷均正常，但表冷器进出水温差明显减小、送风温度有所降低、送风机实测功率有下降。下列选项中哪一项可能是该问题的原因？

A. 表冷器水过滤器堵塞较严重

B. 表冷器表面积尘较严重

C. 送风机转速过大

D. 空气过滤器积尘堵塞

2019-2-23. 某办公建筑现场组装的组合式空调机组，按现行国家标准进行漏风量检测。在机组正压段静压为 700Pa、负压段最大静压为 -400Pa 的条件下，下列关于漏风率的说法哪项是正确的？

A. 漏风率不应大于 1%   B. 漏风率不应大于 2%

C. 漏风率不应大于 3%   D. 漏风率不应大于 5%

2019-2-24. 下列关于空调负荷及空气处理计算的说法，哪一项是正确的？

A. 计算人员停留时间较短场所（如：剧场观众厅等）的空调负荷时，应逐时计算室内人员湿负荷

B. 空调箱内送风机（含电机）造成的送风温升由输入电功率与风机输出机械功之间的差值引起

C. 采用干式风机盘管加冷却除湿的新风系统时，风机盘管承担的负荷不应超过室内全部显热负荷

D. 大型公共建筑内区全年供冷系统，在计算内区空调冷负荷时应扣除内区的稳定设备发热量

2019-2-25. 下列关于空气状态变化过程的热湿比的说法，哪一项是错误的？

A. 冷冻除湿空气状态变化过程的热湿比为负值

B. 采用喷雾加湿时，空气状态变化过程的热湿比为 0

C. 采用干式风机盘管供冷时，表冷器中的空气状态变化过程的热湿比为 -∞

D. 无余湿的数据机房，夏季空调系统送风空气状态变化的热湿比为近似∞

2019-2-26. 下列关于噪声的说法，哪项是错误的？
A. 室内允许噪声标准通常用 A 声级 dB（A）或 NR 噪声评价曲线来表示
B. 室外环境噪声环境功能区昼夜或夜间的最大声级用 dB（A）来表示
C. 通风机的噪声通常用声功率级来表示
D. 组合式空调机组的噪声通常用声压级来表示

2019-2-27. 某写字楼的办公房间采用风机盘管＋新风系统。夏季将新风减湿冷却后处理到室内设计状态点的等焓线处。下列说法中哪一项是正确的？
A. 新风的全部潜热负荷由新风机组承担
B. 房间的全部显热负荷由风机盘管承担
C. 风机盘管仅承担房间的全部潜热负荷
D. 新风机组承担了房间的部分显热负荷

2019-2-28. 下列关于洁净室系统过滤器选择和安装的做法，哪项是错误的？
A. 空气过滤器选型时，实际处理风量不小于其额定风量
B. 中效（高中效）空气过滤器集中设置在空调系统的正压段
C. 高效过滤器、超高效过滤器安装在净化空调系统的末端
D. 同一洁净室内的高效空气过滤器阻力和效率应相近

2019-2-29. 在工程设计中，制冷剂的选择由热力学性质、物理化学性质、安全性和环境友好性、经济性和充注量几个方面决定。下列关于制冷剂的说法中，哪项是错误的？
A. R407C 和 R410A 都是非共沸混合制冷剂
B. 根据《京都议定书》R744 属于受管制的温室气体，不属于环境友好型制冷剂
C. R123 制冷剂的毒性属 B1，要加强通风和安全保护措施
D. 蒸汽压缩式制冷机组用于低温工艺制冷时，可采用 R717 作为制冷剂

2019-2-30. 对于同型号螺杆式冷水机组性能，下列何项说法是错误的？
A. 冷却水进/出水温度相同时，冷水出水温度升高，机组 COP 增加
B. 冷冻水进/出水温度相同时，冷却水出水温度降低，机组 COP 增加
C. 冷水进水温度不变时，随着冷却水流量增加，机组 COP 增加
D. 冷水进水温度不变时，随着冷冻水流量增加，机组制冷量减少

2019-2-31. 某项目拟选用电动水冷变频螺杆式机组，下列哪项说法是错误的？
A. COP 及 $IPLV$ 应同时满足对应的能效等级 2 级指标值
B. COP 及 $IPLV$ 应同时满足对应的能效限定指标值
C. COP 不应低于线性节能设计标准要求数值的 0.95 倍
D. $IPLV$ 不应低于线性节能设计标准要求数值的 1.15 倍

2019-2-32. 北京市某建筑空调系统冷负荷为 22500kW，设计选用 3 台同样制冷量的单压缩机水冷变频离心式冷水机组。供/回水温度为 7℃/12℃。关于冷水机组的选型参数与供电方式要求的说法，以下哪一项是正确的？

A. 每台机组的制冷量为 8400kW

B. 机组供电电压 380V

C. 机组名义制冷工况性能系数（COP）为 5.5，综合部分负荷性能系数（IPLV）为 8.0

D. 机组名义制冷工况性能系数（COP）为 5.8，综合部分负荷性能系数（IPLV）为 6.5

2019-2-33. 对于螺杆压缩机而言，在《螺杆式制冷压缩机》GB/T 19410 规定的高温型压缩机，名义工况下，如果压缩机的制冷量相同，请问：采用不同制冷剂时，下列表述中哪一项是正确的？

A. 如果两种制冷剂的冷凝温度和蒸发温度分别相同，则冷凝压力和蒸发压力也分别相同，压缩机的输入功率与制冷剂种类无关

B. 在常用的制冷量范围和保证制造精度的情况下，制冷剂的单位容积制冷量越大，其压缩机的吸气腔容积越小

C. 所采用的制冷剂，如果它的单位制冷量（蒸发器出口与进口的比焓差）越大，其压缩机的输入功率越小

D. 所采用的制冷剂，如果它的冷凝压力与蒸发压力的比值越小，其压缩机的容积效率越小

2019-2-34. 某空调工程采用温度分层型水蓄冷系统，地上圆形钢制蓄冷水槽位于地面，高度 12m。下列哪一项参数是错误的？

A. 蓄冷槽的高径比为 0.7

B. 上部稳流器设计时，只需要将其进口的雷诺数控制在 400~850 即可

C. 稳流器扩散口的流速不大于 0.1m/s

D. 稳流器开口截面积不大于接管截面积的 50%

2019-2-35. 关于溴化锂吸收式冷水机组的性能改善问题，下列说法哪一项正确的？

A. 在溴化锂溶液（LiBr）中加入 0.1%~0.3% 的乙醇作为表面活化剂，可提高吸收器的换热性能

B. 在溶液中加入缓蚀剂 0.1%~0.3% 的铬酸锂（Li_2CrO_4）和 0.02% 的氢氧化锂后，对机组的防腐蚀不利

C. 在机组中需设置抽气装置，可提高机组真空度，有利于机组性能改善

D. 在发生器和吸收器之间设置融晶管和电磁阀，电磁阀平时关闭，需要融晶时打开

2019-2-36. 关于多联机空调系统的特性问题，下列哪个选项是错误的？

A. 多联机的压缩机转速越低，其制冷性能系数 EER 越高

B. 风冷热泵式多联机空调系统的制冷性能系数 *EER* 随室外温度的升高而降低

C. 现行多联机标准中，其能效分级指标采用 *IPLV*（*C*）

D. 随着室外机与室内机之间连接管长度的增加，多联机空调系统制冷量衰减率大于制热量衰减率

2019-2-37. 两台制冷量和蒸发温度均相同的房间空调器，且均采用了毛细管节流方式。问：当制冷剂分别采用 R32 和 R410A 时，下列有关表述中，何项是正确的？

A. R32 和 R410A 的 GWP 值均为零

B. R32 压缩机的排气温度高于 R410A 压缩机的排气温度

C. R32 的单位质量制冷量高于 R410A 的单位质量制冷量

D. 节流用毛细管的长度，采用 R32 者比采用 R410A 者短

2019-2-38. 关于地源热泵系统地埋管换热器设计，以下哪一项与现行规范的要求是不一致的？

A. 地埋管长度应根据岩土热响应试验得到的每米换热量确定

B. 地源热泵系统应用的建筑面积为 5000m² 以上时，应进行岩土热响应试验

C. 地埋管冬/夏要求的换热能力相差较大时，宜按照冬/夏分别计算的地埋管长度需求的较小者来设计

D. 对全年动态负荷的模拟计算周期不应小于 1 年

2019-2-39. 以下关于室内燃气管道敷设的要求与做法，哪一项不符合相关规范的规定？

A. 当建筑物设计沉降量大于 50mm 时，燃气引入管应采取有关补偿措施

B. 在设备层内敷设燃气管道时，对该设备层的净高要求不小于 2.0m

C. 设备层体积为 900m³ 时，设计的事故通风量为 6000m³/h

D. 燃气引入管穿过建筑物基础时，应设置在套管中

2019-2-40. 公共建筑中采用空气源热泵热水机组制备生活热水时，下列说法哪一项是错误的？

A. 热泵热水机组可选择采用循环加热式和一次加热式

B. 循环加热式热泵热水机组，热泵运行过程中的冷凝压力基本维持不变

C. 一次加热式热泵热水机组，热泵运行过程中的冷凝压力基本维持不变

D. 同一台热泵热水机组在成都地区和重庆地区分别应用时，冬季设计工况下的 *COP* 值，成都低于重庆

二、多项选择题（共 30 题，每题 2 分，每题的各选项中有两个或两个以上符合题意，错选、少选、多选均不得分）

2019-2-41. 使用天然气为燃料的锅炉房，当与其他建筑相连或设置在建筑物内部时，关于锅炉房设置位置的要求，下列哪些选项是正确的？

A. 避开人员密集场所

B. 与主要通道、疏散口相邻设置

C. 设置在首层或地下一层，且不与人员密集场所相邻

D. 靠建筑物外墙部位，且不与人员密集场所相邻

2019-2-42. 位于寒冷地区某住宅小区设计供暖热负荷为 1000kW，一次热源来自于城市热网，并由热交换系统提供二次供暖热水。下列热交换器配置中，不正确的是哪几项？

A. 设置两台单台供热量为 550kW 的热交换器

B. 设置两台单位供热量为 650kW 的热交换器

C. 设置三台单台供热量为 325kW 的热交换器

D. 设置三台单台供热量为 350kW 的热交换器

2019-2-43. 对于公共建筑外窗热工性能限值的要求中，关于太阳得热系数，以下哪几项是正确的？

A. 无外遮阳构件时，太阳得热系数限值应为外窗的太阳得热系数

B. 外窗的太阳得热系数应为玻璃自身的太阳得热系数

C. 太阳得热系数中已包括太阳辐射被非透光构件吸收再传入室内的得热量

D. 外窗的太阳得热系数限值应为外窗本身的太阳得热系数与内遮阳构件遮阳系数的乘积

2019-2-44. 关于供暖系统散热器恒温阀选择，下列哪些选项是正确的？

A. 室内供暖系统为双管系统时，每组散热器的供水支管上安装低阻恒温控制阀

B. 室内供暖系统为双管系统时，每组散热器的供水支管上安装高阻恒温控制阀

C. 室内供暖系统为单管跨越式系统时，每组散热器的供水支管上安装低阻二通恒温控制阀

D. 室内供暖系统为单管跨越式系统时，每组散热器的供水支管上安装低阻三通恒温控制阀

2019-2-45. 关于热水供热管网水力工况与热力工况，下列哪几项说法是错误的？

A. 水力失调的程度用水力失调度来表示，分为不一致失调和一致失调

B. 提高水力稳定性的主要方法是相对地减少管网干管和用户系统的压降

C. 设有末端自动控制阀的变流量供热管网，如果不对管网的总供/回管之间的水压差进行自控控制，当以变流量运行时，其管网特性曲线不变

D. 供热管网通过加大运行流量（超设计流量）的措施，可以完全解决水力工况失调问题

2019-2-46. 公共建筑中设置锅炉房作为其供暖系统的热源时，关于锅炉的配置，下列哪些选项是正确的？

A. 单台锅炉的设计容量应以保证其具有长时间较高运行效率的原则确定，实际运行

负荷率不宜低于 50%

B. 在保证锅炉具有长时间较高运行效率的前提下，各台锅炉的容量宜相等

C. 当供暖系统的设计供水温度大于 90℃时，可采用真空锅炉

D. 当供暖系统的设计回水温度小于 50℃时，宜采用冷凝锅炉

2019-2-47. 关于活性炭吸附有机溶剂蒸汽的特点，下列哪些说法是正确的？

A. 吸附剂内表面积越大，吸附量越高

B. 空气湿度增大，会使吸附的负荷降低

C. 吸附量随温度的上升而下降

D. 化合物的分子量越小、沸点越低，则吸附能力越强

2019-2-48. 以下关于固定床活性炭吸附装置设计措施和设计参数的规定，哪些项是错误的？

A. 当有害气体中含尘浓度大于 $5mg/m^3$ 时，必须采取过滤等预处理措施

B. 吸附装置宜按最大废气排放量考虑

C. 吸附装置净化效率不宜小于 90%

D. 吸附剂连续工作时间不应少于 1 个月

2019-2-49. 某设置封闭吊顶的商场，以商场地面为基准，其余相关的高度如下：吊顶底标高 5.4m，顶板梁底标高 5.8m。问：其防烟分区和排烟系统设计，下列哪几项是错误的？

A. 划分的 5 个防烟分区的面积分别为 $800m^2$、$650m^2$、$1150m^2$、$500m^2$、$900m^2$

B. 挡烟垂壁底标高比梁底标高低 0.54m

C. $500m^2$ 防烟分区计算排烟量为 $30000m^3/h$

D. 负担 $800m^2$、$650m^2$ 两防烟分区的合用机械排烟系统设计风量为 $87000m^3/h$

2019-2-50. 下列表述的各类风帽的安装位置，哪些是正确的？

A. 原伞形风帽安装在一般机械排风系统出口

B. 筒形风帽安装在排除室内余热的自然排风系统出口

C. 锥形风帽安装在除尘系统排放口

D. 避风风帽安装在建筑物屋顶自然排风系统的出口

2019-2-51. 关于通风系统设计降低输配能耗的措施，下列哪几个选项是错误的？

A. 风路调节阀采用自力式定风量阀

B. 优先采用内弧外直的线形弯头，且选择合理的曲率半径

C. 尽量减小风管断面的长、短边之比

D. 用流通截面积相同的椭圆风管替代矩形风管

2019-2-52. 风机安装时，下列哪些项是错误的？

A. 平时通风系统使用的风机，落地安装时应按设计要求设置减震装置

B. 防排烟系统专用风机，落地安装时不设置减震装置

C. 排烟系统与通风系统共用风机时，采用橡胶减震装置

D. 风机的叶轮旋转应平稳，每次停转后应停止在同一位置上

2019-2-53. 以下关于建筑防排烟设计的表述，哪几项是正确的？

A. 某丁类车间，建筑面积为 $6000m^2$，可不设置排烟设施

B. 某5层棉花库房，占地面积为 $800m^2$，可不设置排烟设施

C. 多层建筑应优先采用自然排烟系统

D. 火灾时中庭内烟层与周围空气温差小于 $15℃$ 时，应设置机械排烟

2019-2-54. 下列关于空调、通风系统的消声、隔振设计的做法，哪些是正确的？

A. 为转速 $1450r/min$ 的离心式通风机配置弹簧隔振器

B. 演播区空调系统的消声，全部由组合式空调器配置的送、回风消声段承担

C. 采用变频风机的变风量空调系统，送回风管设阻抗复合式消声器

D. 广播电视大楼设备层安装的通风机与水泵均采用浮筑双隔振台座

2019-2-55. 下列关于空调区气流组织选择的说法中，哪几项是正确的？

A. 采用地板送风方式时，送风温度不宜低于 $15℃$

B. 在满足舒适性或工艺要求的前提下应尽可能加大送风温差

C. 舒适性空调送风口高度大于 $5m$ 时，送风温差不宜大于 $10℃$

D. 温度精度要求为 $±1℃$ 的工艺性空调，送风温差不宜超过 $9℃$

2019-2-56. 某夏热冬冷地区的空调房间（室内保持正压），其全年运行的空调系统采用如下图所示的双风机定风量空调系统，要求过渡季全新风运行。设计时，下列哪些是正确？

A. 送风机设计风量为回风机设计风量与房间正压风量之和

B. 回风机设计风量为排风管设计排风量与最小新风量与之和

C. 新风管应按照系统设计最小新风量来设计

D. 排风管设计风量为送风机设计风量与房间正压风量之差

2019-2-56 题图

2019-2-57. 某18层（地上）写字楼设计集中空调水系统，冷源和冷水循环泵布置在建筑地下一层机房，空调冷水系统采用膨胀水箱定压，水箱膨胀管连接在冷水循环泵的吸入口处。问：下列有关水压力的说法，哪项是正确的（不考虑水泵产品高度尺寸引起的高差变化）？

A. 水泵不运行时，冷水循环泵所承受的水压力为膨胀水箱水位与冷水循环泵之间的高差造成的压力

B. 水泵正常运行时，冷水循环泵入口处的工作压力为膨胀水箱水位与冷水循环泵之间的高差造成的压力

C. 水泵正常运行时，冷水循环泵出口处的工作压力为膨胀水箱水位与冷水循环泵之间的高差造成的压力

D. 水泵正常运行时，冷水循环泵入口处的工作压力为该水系统内工作压力的最低点

2019-2-58. 某工程空调水系统采取3台相同型号的水泵作为循环泵并联运行，设计工况下，总流量 $300m^3/h$，水系统计算阻力 250kPa。选用的水泵铭牌参数为 $100m^3/h$，250kPa。实际运行中，3台水泵同时运行时，实测系统总流量为 $260m^3/h$，问：造成系统流量不足的原因，应是下列哪些选项？

A. 水泵存在并联衰减损失

B. 水系统阻力计算值偏小

C. 水泵实际性能没有达到铭牌值

D. 水系统中局部存在较多的杂质或气堵等情况

2019-2-59. 某办公室建筑内设计参数为28℃、55%。设计时采用"干式风机盘管＋新风冷却除湿"的温度湿度独立控制系统，与采用7/12℃冷水的"常规的风机盘管＋新风"空调系统进行了方案比较，以下说法哪几项是错误的？

A. 为新风机组提供冷水的冷水机组的制冷性能系数，前者高于后者

B. 为风机盘管提供冷水的冷水机组的制冷性能系数，前者高于后者

C. 空调区的总设计冷负荷，前者高于后者

D. 风机盘管的换热面积，前者高于后者

2019-2-60. 某机场候机厅空调系统采用喷口送风，上侧送下侧回。问：为提高冬季候机厅人员活动区的空气温度，分别独立采取下列四项措施时，哪几项是有效的？

A. 送风量和送风温度不变，加大喷口向下角度

B. 保持原有喷口角度，并加大送风温度，降低送风量

C. 保持原有喷口角度和送风温差，减少喷口尺寸，加大送风速度

D. 增加一部分顶部回风口

2019-2-61. 洁净室室内发生源，包括下列哪几项？

A. 人员　　　　　　B. 装饰材料　　　　　C. 设备　　　　　D. 室外空气

2019-2-62. 下列洁净室与空气洁净度的说法，哪几项是正确的？

A. 我国洁净厂房的洁净室及洁净区空气洁净度整数等级（N）共分 9 级

B. 医院手术室空气洁净度等级 5 级相当于原 100 级

C. 洁净室内状态分为静态、动态两种状态

D. 洁净室移交前的空气洁净度测试应在静态下测试

2019-2-63. 关于燃气热冷电联供系统的应用，下列哪几项说法是正确的？

A. 在建筑的电力负荷与冷/热负荷之间匹配较好时，燃气冷热电联供系统可提高能源利用效率

B. 燃气冷热电联供系统冷热源选择时，宜全部采取余热回收带补燃的吸收式机组作为冷热源，这是能源利用效率最高的一种形式

C. 燃气冷热电联供系统的应用有利于电网和气网的热负荷峰谷互补

D. 燃气冷热电联供系统的经济性与当地执行电价、气价具有密切的关联性

2019-2-64. 对普通型商用空气源热泵热水机组，用于一次制热时，相关产品标准对以下状况或参数的表述中，哪几项是正确的？

A. 普通型机组的名义工况为：室外干球温度 21℃，湿球温度 15℃

B. 所有机组的融霜工况为：室外干球温度 2℃，湿球温度 1℃

C. 普通型机组的低温工况为：室外干球温度 7℃，湿球温度 6℃

D. 某一次加热式普通型机组，标示的 COP 值为 4.05，按规定方法实测为 3.7，可判定为性能系数合格

2019-2-65. 蒸汽压缩式制冷压缩机的排气温度与下列哪几项因素有关？

A. 压缩机的吸气压力   B. 压缩机的吸气温度

C. 制冷剂的绝热指数   D. 压缩机的压缩比

2019-2-66. 在地埋管地源热泵系统应用时，如无地下水径流，下列哪些说法是正确的？

A. 广州地区的酒店建筑，可采用地源热泵作为建筑唯一的冷热源

B. 哈尔滨地区的居住建筑，可采用地源热泵作为建筑唯一的冷热源

C. 设计地源热泵系统时，应同时满足全年土壤热平衡和最大供热（冷）量的要求

D. 全年仅供热的建筑采用地源热泵时，非供暖季应采取补热措施

2019-2-67. 位于寒冷地区的某民用建筑，采用离心式冷水机组作为冷源，夏季运行正常，冬季建筑内区需要供冷时，冷水机组却无法正常运行。下列哪几项是导致这一问题的原因？

A. 冷却水供水温度过低

B. 单台冷水机组的额定制冷量选择过大

C. 冷却水进水温度与冷却水出水温度的差值过小

D. 冷却塔填料结垢，影响换热能力

2019-2-68. 空气源热泵机组在低温供热时，通常采用两种技术：一种是带经济器的喷气控制技术，一种是喷液冷却技术。下列附图中，哪几项的图是正确的？

2019-2-69. 空调新风系统设计中，当采用"新风－排风热回收装置"时，下列哪些选项是错误的？

A. 位于新疆乌鲁木齐市的办公建筑，夏季宜选用显热回收装置

B. 全热回收装置的显热回收效率和潜热回收效率总是相等

C. 全热回收效率等于显热回收效率与潜热回收效率的算术和

D. 位于北京市的游泳馆，夏季应采用全热回收装置

2019-2-70. 关于空气源热泵热水机组的说法，下列哪几项是错误的？

A. 名义工况规定的出水温度为55℃

B. 试验工况分为4种

C. 现行空气源热泵热水机组的能效等级分为3级

D. 出水目标温度为55℃时，初始水温越低，性能系数就越高

专业案例考试（上）

2019-3-1. 某居住小区供暖换热站，采用 120℃/70℃ 的城市热网热水作为一次热源，城市热力管接入管道外径为 219mm，管道采用地沟敷设方式；采用 $\lambda = 0.035W/(m \cdot K)$ 的玻璃棉管壳保温，要求供水管的单位长度散热量不大于 40W/m。问：供水管最小保温层厚度（mm）应为下列哪一项？

    A. 50　　　　　　　　B. 55　　　　　　　　C. 60　　　　　　　　D. 65

参考答案：[　　]

主要解题过程：

2019-3-2. 某测试厂房的室内高度为 12m，采用地面辐射供暖方式，要求工作地点的空气温度为 18℃。计算该厂房的外墙供暖热负荷时，其室内空气计算平均温度（℃）最接近下列哪一项？

    A. 16　　　　　　　　B. 18　　　　　　　　C. 19.2　　　　　　　D. 20.3

参考答案：[　　]

主要解题过程：

2019-3-3. 某严寒地区（室外供暖计算温度为－16℃）住宅小区，既有住宅楼均为6层，设计为分户热计量散热器供暖系统，户内为单管跨越式、户外是异程双管下供下回式，原设计供暖热水供/回水温度为85℃/60℃，设计室温为18℃。对小区住宅楼进行了墙体外保温节能改造后，供暖热水供/回水温度为60℃/40℃，且供暖热水泵的总流量降至改造前的60%，室内温度达到了20℃。问：如果按室内温度18℃计算（室外温度相同），该住宅小区节能改造后的供暖热负荷比改造前节省的百分比（%），最接近下列哪一个选项？

A. 55　　　　　　　B. 59　　　　　　　C. 65　　　　　　　D. 69

参考答案：[　　　]

主要解题过程：

2019-3-4. 某厂区架空敷设的供热蒸汽管线主管末端设置疏水阀。已知：疏水阀前蒸汽主管长度为120m，蒸汽管保温层外径为250mm，管道传热系数为20W/(m²·℃)，蒸汽温度和环境空气温度分别为150℃和－12℃，蒸汽管的保温效率为75%，蒸汽潜热为2118kJ/kg。问该疏水阀的设计排出凝结水流量（kg/h）应最接近下列选项的哪一个？

A. 97.3　　　　　　B. 162.7　　　　　　C. 259.4　　　　　　D. 389.1

参考答案：[　　　]

主要解题过程：

2019-3-5. 某居住小区供暖系统的热媒供/回水温度为 85℃/60℃，安装于地下车库的供水总管有一段长度为 160m 的直管段需要设置方形补偿器，要求补偿器安装时的预拉量为补偿量的 1/3，问：该方形补偿器的最小预拉伸量（mm），应最接近以下哪个选项？〔注：管材的线膨胀系数 α_t 为 0.0118mm/(m·℃)〕

    A. 16   B. 36   C. 41   D. 52

参考答案：〔   〕

主要解题过程：

2019-3-6. 某化工厂车间，同时散发苯、醋酸乙酯、松节油溶剂蒸汽和余热。通过计算，为消除这些污染物所需的室外新风量分别为 40000m³/h、10000m³/h、10000m³/h 和 30000m³/h。问该车间全面换气所需要的最小新风量（m³/h）应是下列选项的哪一项？

    A. 60000   B. 70000   C. 80000   D. 90000

参考答案：〔   〕

主要解题过程：

2019-3-7. 某办公楼内的十二层无外窗防烟楼梯间及其前室均设置机械加压进风系统。并在防烟楼梯间设余压阀以保证防烟楼梯间关闭时门两侧压差为 25Pa（前室采取同样措施保证其与室内的压差）。设计计算时：（1）按 3 扇门开启计算保持门洞风速的风量为 4.2 m³/s；（2）其他非开启的防烟楼梯间门，按照门两侧压差 6Pa 计算，得到的门缝渗透风量为 0.8m³/s。问：防烟楼梯间需要通过余压阀泄出的最大风量（m³/s），最接近下列哪一项？

A. 2.2　　　　　　B. 2.8　　　　　　C. 3.4　　　　　　D. 4.2

参考答案：〔　　　〕

主要解题过程：

2019-3-8. 某工业厂房的房间长度为 30m，宽度为 20m，高度为 10m，要求设置事故排风系统。问：该厂房事故排风系统的最低通风量（m³/h），最接近以下何项？

A. 43200　　　　　　B. 54000　　　　　　C. 60000　　　　　　D. 72000

参考答案：〔　　　〕

主要解题过程：

2019-3-9. 某工厂拟在室外设置一套两级除尘系统（除尘器均为负压运行）：第一级为离心除尘器（除尘效率80％，漏风率2％），第二级为袋式除尘器（除尘效率99.1％，漏风率3％）。已知：含尘气体的风量为20000m³/h、含尘浓度为20g/m³。除尘系统入口含尘空气的气压为101325Pa、温度为20℃。问：在大气压力101325Pa、空气温度273K 的标准状态下，该除尘系统的排放浓度（mg/m³），最接近下列何项？

A. 34.3   B. 36.0   C. 36.9   D. 38.7

参考答案：[   ]

主要解题过程：

2019-3-10. 实验测得某除尘器在不同粒径下，分级效率及分组质量百分数如下表所示。问：该除尘器的全效率（％）最接近下列何项？

粉尘粒径（μm）	0～4	5～8	9～24	25～42	＞43
分级效率（％）	70.0	92.5	96.0	99.0	100.0
分组质量百分数（％）	13	17	25	23	22

A. 91.5   B. 96.0   C. 85.0   D. 93.6

参考答案：[   ]

主要解题过程：

2019-3-11. 某铝制品表面处理设备，铝粉产尘量 7400g/h，铝粉尘爆炸下限浓度为 37g/m³，排风系统设备为防爆型。假定排风的捕集效率为 100%，补风中铝粉尘含尘量为零。该排风系统的最小排风量（m³/h），最接近下列哪一项？

A. 2000 　　　　 B. 800 　　　　 C. 400 　　　　 D. 200

参考答案：[　　]

主要解题过程：

2019-3-12. 某风机房内设置两台风机，其中一台风机噪声声功率级为 70dB（A），另一台风机噪声声功率级为 60dB（A），则该风机房内总的噪声声功率级（dB（A））最接近下列哪项？

A. 60.4 　　　　 B. 70.4 　　　　 C. 80.0 　　　　 D. 130.0

参考答案：[　　]

主要解题过程：

2019-3-13. 标准大气压下，空气需由状态 1（$t_1 = 1℃$，$\varphi_1 = 65\%$）处理到状态 2（$t_2 = 20℃$，$\varphi_2 = 30\%$），采取的处理过程是：空气依次经过热盘管和湿膜加湿器。问：流量为 1000m³/h 的空气，经热盘管的加热量（kW）最接近下列哪项？

A. 6.4   B. 7.8   C. 8.5   D. 9.6

参考答案：[　　]

主要解题过程：

2019-3-14. 某空调机组混水流程如下图所示。混水泵流量 50m³/h，扬程 80kPa，空调机组水压降 50kPa，一次侧供/回水温度 7℃/17℃。设计流量下电动调节阀全开，阀门进出口压差为 100kPa。问：电动调节阀所需的流通能力最接近下列哪一项？

A. 25

B. 35

C. 50

D. 56

参考答案：[　　]

主要解题过程：

2019-3-15. 北京市某办公建筑采用带排风热回收的温湿度独立控制空调系统。室内设计参数 $t_n = 26℃$，$\varphi_n = 55\%$，新风量 $G_n = 5m^3/(h·m^2)$，室内湿负荷 $W = 12g/(h·m^2)$，新风机组风量 $G = 20000m^3/h$。热回收装置的新排风比为 1.25，热回收设备基于排风量条件下的显热效率和全热效率均为 65%。已知：室内设计工况的空气焓值 $h_n = 56kJ/kg$，室外空气计算焓值 $h_w = 84kJ/kg$，新风机组表冷器出口空气相对湿度为 95%，新风机组表冷器设计冷负荷 Q_c（kW）最接近下列哪项？

A. 172   B. 182   C. 206   D. 303

参考答案：[   ]

主要解题过程：

2019-3-16. 严寒地区某商业网点，冬季空调室外计算温度为 $-22℃$，室内设计温度为 18℃，新风冬季设计送风温度与室温相等。新风与排风之间设置显热热回收装置（热回收效率 $\eta = 60\%$）进行热回收，新风量和排风量分别为 $3000m^3/h$ 和 $2700m^3/h$。为防止排风侧结露，排风出口温度控制为 1℃，空气密度按 $1.26kg/m^3$ 计算（不考虑密度修正）。问在不考虑加湿情况下冬季新风加热盘管的总设计加热量（kW）最接近下列哪个选项？

A. 19.5   B. 26.2   C. 28.4   D. 32.7

参考答案：[   ]

主要解题过程：

2019-3-17. 某空调系统采用转轮固体除湿，已知转轮处理风量为10000m³/h，进入转轮的空气参数：温度13℃、含湿量8.9g/kg干空气；流出转轮的空气参数：含湿量6.2g/kg干空气，忽略转轮与周围环境的热交换，水蒸气冷凝放热值等同气化潜热值。问：流出转轮的空气的干球温度（℃）最接近下列何项？[室外大气压101325Pa、空气密度取1.2kg/m³，空气比热容1.0kJ/(kg·℃)，水蒸气汽化潜热取2500kJ/kg]

A. 23.2   B. 19.5   C. 13.1   D. 7.0

参考答案：[   ]

主要解题过程：

2019-3-18. 某集中新风系统如右图所示，每层新风送风量相同，每层支管上设置定风量阀和双位电动风阀。新风系统设计送风量18000m³/h，送风机全压为600Pa，设计工况下a点管道内风速9m/s。对送风机进行定静压变频控制，a点设定静压为250Pa。送风机工频（50Hz）时，风机的全压—风量关系为：$H = 681 + 1.98 \times 10^{-2} \times L - 1.35 \times 10^{-6} \times L^2$（式中：$H$—Pa，$L$—m³/h）。问：当有三层新风支管电动风阀开启时送风机频率（Hz）最接近下列哪项？

A. 25   B. 32.3

C. 34.5   D. 37.5

参考答案：[   ]

主要解题过程：

2019-3-18 题图

2019-3-19. 上海地区某建筑内一个全空气空调系统负担两个办公室，室内设计参数为 25℃，相对湿度为 55%（室内空气焓值 54.8kJ/kg）；两个房间的室内总冷负荷为 32.6kW。1 号房间的面积 200m²，在室人员 30 人，设计空调送风量为 3000m³/h；2 号房间的面积 200m²，在室人员 25 人，设计空调送风量为 5000m³/h。空调系统设计送风量为 8000m³/h，此空气处理机组的设计冷负荷（kW）最接近下列何项（新风焓值 90.6kJ/kg，空气密度 1.2kg/m³）？

A. 39.1 B. 52.3 C. 54.4 D. 61.2

参考答案：〔　　〕

主要解题过程：

2019-3-20. 某冰蓄冷空调系统夏季冷负荷为 3000kW，典型设计日冷量为 30000kWh；采用部分负荷蓄冰，双工况主机制冰工况制冷能力为其中空调工况下的制冷能力的 0.65 倍，该主机夜间制冰工况运行 8h，日间空调工况运行 10h，则双工况主机空调工况制冷能力 q_c（kW），应最接近以下哪项数值？

A. 5769 B. 1974 C. 2070 D. 1667

参考答案：〔　　〕

主要解题过程：

2019-3-21. 设计某速冷装置，要求在 1h 内将 50kg 饮料水冷却到 10℃。已知：饮料水的初始温度为 32℃，其比热容为 4.18kJ/(kg·K)。该速冷装置的制冷量（W）（不考虑包装材料部分），最接近下列何项？

A. 580   B. 1280   C. 1740   D. 2250

参考答案： [   ]

主要解题过程：

2019-3-22. 某地下水源热泵工程，需对采用电动蒸汽压缩式热泵和直燃型吸收式热泵两种机组时地下水开采量进行比较。已知：电动热泵的制冷能效比 $COP_{h1}=5.0$，吸收式热泵的制热能效比 $COP_{h2}=1.67$。请问：当地下水的利用温差相同时，采用电动热泵与采用吸收式热泵所需的地下水开采量的比值（前者比后者），最接近以下哪个选项？

A. 1. 0   B. 2. 0   C. 0. 5   D. 0. 75

参考答案： [   ]

主要解题过程：

2019-3-23. 某办公楼空调冷源采用全负荷蓄冷的水蓄冷方式，设计冷负荷为 5600kW，空调设计日总冷量为 50000kWh，蓄冷罐进出口温差为 8℃，蓄冷罐冷损失为 3%，蓄冷罐的容积率取 1.05，蓄冷罐效率为 0.9。每昼夜的蓄冷时间为 8h。合理的蓄冷罐容积（m^3）和冷水机组的总制冷能力（kW）选择，最接近下列何项？

    A. 6500，6440   B. 6500，5600   C. 6300，6250   D. 730，5600

参考答案：〔   〕

主要解题过程：

2019-3-24. 一台 R134a 半封闭螺杆冷水机组，采用热气旁通调节其容量，原理如下图所示。已知图中主要状态点的比焓 $h_1 = 410kJ/kg$，$h_2 = 430kJ/kg$，$h_3 = 260kJ/kg$，当采用热气旁通时，旁通率 $\alpha = 0.20$。设：无热气旁通时的制冷量为 Q_{01}、能效比为 COP_1；热气旁通时的制冷量为 Q_{02}、能效比为 COP_2，且压缩机的摩擦效率、电机效率均为 1。

问：Q_{02}/Q_{01} 和 COP_2/COP_1 的比值，最接近以下哪个选项？

2019-3-24 题图

    A. $Q_{02}/Q_{01} = 0.80$，$COP_2/COP_1 = 0.80$ B. $Q_{02}/Q_{01} = 0.80$，$COP_2/COP_1 = 1.00$

    C. $Q_{02}/Q_{01} = 0.77$，$COP_2/COP_1 = 1.00$ D. $Q_{02}/Q_{01} = 0.77$，$COP_2/COP_1 = 0.77$

参考答案：〔   〕

主要解题过程：

2019-3-25. 长春市某住宅小区，原设计 200 住户，每户居民装设一个燃气双眼灶和一个快速热水器，所设计的燃气管道计算流量为 $38.4m^3/h$。后因方案变更，住户数增加到 400 户，每户居民的燃具配置相同。问：变更后的燃气管道计算流量（m^3/h），最接近下列何项？

A. 82   B. 77   C. 72   D. 67

参考答案：[   ]

主要解题过程：

专业案例考试（下）

2019-4-1. 严寒 C 区某 5 层办公建筑，建筑面积为 5000m²，建筑造型规整，建筑体形系数为 0.35，外墙采用外保温，从室内到室外的有关传热系数计算的热物性参数与材料厚度数值见下表。问：关于该外墙计算的平均传热系数 K [W/（m²·K）] 和判断是否满足相关节能设计标准规定值的要求，下列哪一项是正确的？

内表面放热系数 α_n[W/（m²·K）]	水泥砂浆 20mm 厚，导热系数 λ[W/（m·K）]	加气混凝土砌块 400mm 厚，导热系数 λ[W/（m·K）]	岩棉板 75mm 厚，导热系数 λ[W/（m·K）]	外表面放热系数 α_w[W/（m²·K）]
8.7	0.93	0.19	0.04	23
修正系数		1.25	1.30	

A. 0.27，满足性能限值规定
B. 0.31，满足性能限值规定
C. 0.36，满足性能限值规定
D. 0.39，不满足性能限值规定

参考答案：[   ]

主要解题过程：

2019-4-2. 某设置散热器连续供暖的多层建筑的中间层房间（其上下房间均为正常供暖房间），房间高度 9m（无吊顶），只有一面东外墙及东外窗，东向的窗墙比小于 1：1，东外窗及东外墙基本耗热量分别为 1200W、400W，通过东外窗的冷风渗透热负荷为 300W，则房间的计算总热负荷（W）最接近下列哪一项？

A. 1805　　　　B. 1900　　　　C. 1972　　　　D. 1986

参考答案：[   ]

主要解题过程：

2019-4-3. 某严寒地区 8 层办公建筑，设置了散热器供暖系统，系统管道的最高标高为 30m，热源由城市热网换热后的二次热水管网供给，并设置高位开式膨胀水箱定压，膨胀水箱的设计水位标高为 35m，换热设备及二次热水循环泵均设置于标高为 −5.0m 的地下室设备间的地面上；膨胀管连接在二次管网热水循环泵的吸入口处，热水循环泵的扬程为 $10mH_2O$。问：该供暖系统底部的试验压力（MPa），以下哪个选项是合理的（注：水压力换算时，按照 $1mH_2O = 10kPa$ 计算）？

　A. 0.40　　　　　B. 0.50　　　　　C. 0.60　　　　　D. 0.65

参考答案：[　　]
主要解题过程：

2019-4-4. 某住宅建筑共 6 层，每层分为 A、B、C 三种户型（各户型的面积均相同），平面简图如下图所示（粗实线为外墙，细实线为内隔墙），各户每一面楼板和内隔墙的户间传热量分别为 400W 和 200W，各户的供暖热负荷（W）的计算如下表所示（不含户间传热量）。问：该建筑供暖系统的总热负荷 Q（kW）和位于 3 层的 B 户型的室内供暖设备容量 Q_B（kW），最接近以下何项？

楼层	A 型	B 型	C 型
6 层	2500	2000	2400
19002～5 层（每层）	2000	1500	1900
1 层	2400	1900	2300

　A. 34.10，2.10
　B. 35.10，2.25
　C. 52.65，2.25
　D. 52.65，2.70

2019-4-4 题图

参考答案：[　　]
主要解题过程：

2019-4-5. 河南省洛阳市(供暖室外计算温度为-3℃)的某厂房总面积为10000m²，该厂房原设计散热器连续供暖，室内设计温度19℃，供暖设计热负荷1200kW。现拟改为局部辐射供暖，实际供暖区域的面积为4000m²，仅白天工作使用。问该辐射供暖系统最小设计热负荷(kW)，应最接近以下哪一项？

A. 1244   B. 778   C. 672   D. 560

参考答案：[   ]

主要解题过程：

2019-4-6. 某严寒地区供暖室外计算温度为-22.4℃，累年最低日平均温度为-30.9℃，室内设计计算温度20℃，设计计算相对湿度60%，设计计算露点温度12℃，外墙结构(自内向外)如下表所示。问：满足基本热舒适($\Delta t_w \leqslant 3℃$)所需要的挤塑聚苯板的最小厚度(mm)，最接近下列哪一项？

序号	材料名称	厚度 mm	密度 kg/m³	导热系数 W/m·K	热阻 m²·K/W	蓄热系数 W/m²·K	热惰性指标
1	室内表面				0.11		
2	内墙水泥砂浆抹灰	20	1800	0.03	0.02	11.37	0.23
3	粉煤灰陶粒混凝土	240	1500	0.7	0.34	9.16	3.11
4	挤塑聚苯板	35		0.032		0.34	
5	外墙水泥砂浆抹灰	20	1800	0.03	0.02	11.37	0.23
6	室外表面				0.04		

A. 70   B. 55   C. 45   D. 35

参考答案：[   ]

主要解题过程：

2019-4-7. 某除尘系统有 5 个排风点，每个点排风量为 2000m³/h，其中 3 个点为同时工作，2 个点为非同时工作(不工作时用风阀关闭)。该除尘系统需要的最小排风量 L(m³/h)，最接近下列何项？

A. 6000   B. 6600   C. 6800   D. 10000

参考答案：〔   〕

主要解题过程：

2019-4-8. 某建筑材料生产车间生产石灰石粉尘，采用净化除尘方式。问：如果希望该车间的空气循环使用，净化后循环空气中粉尘浓度的最高限值(mg/m³)，最接近下列何项？

A. 8.0   B. 4.0   C. 3.6   D. 2.4

参考答案：〔   〕

主要解题过程：

2019-4-9. 某车间冬季机械排风量 $L_p=5\mathrm{m}^3/\mathrm{s}$，自然进风 $L_{sj}=1\mathrm{m}^3/\mathrm{s}$，车间温度 $t_n=18℃$，室内空气密度 $\rho_n=1.2\mathrm{kg/m}^3$，冬季供暖室外计算温度 $t_w=-15℃$，室外空气密度 $\rho_w=1.36\mathrm{kg/m}^3$，车间散热器散热量 $Q_1=20\mathrm{kW}$，围护结构耗热量 $Q_2=60\mathrm{kW}$。问：该车间机械补风的加热量(kW)，最接近下列何项？

    A. 180   B. 220   C. 240   D. 260

参考答案：[   ]

主要解题过程：

2019-4-10. 某高大空间高 20m(有喷淋)，面积 900m²，火灾热释放速率 $Q=3\mathrm{MW}$，计算得到的轴对称烟羽流质量流量为 $M_\rho=110\mathrm{kg/s}$。问：该高大空间的机械排烟量(m³/h)，最接近下列何项？

    A. 5.40×10^4 B. 12.2×10^4 C. 20.2×10^4 D. 35.2×10^4

参考答案：[   ]

主要解题过程：

2019-4-11. 某商业综合体建筑的地下二层为机动车库，车库净高 3.6m，其中一个防火分区的面积为 3600m²，无通向室外的疏散口。该防火分区火灾时所有的排烟系统均可能投入运行。问：该防火分区的排烟补风系统最小总风量（m³/h）要求，最接近下列何项？

A. 15750　　　　　B. 21600　　　　　C. 31500　　　　　D. 38880

参考答案：[　　　]

主要解题过程：

2019-4-12. 某闭式空调冷水系统采用卧式双吸泵（泵进出口中心标高相同），水泵扬程 28mH₂O(274kPa)，采用膨胀水箱定压，膨胀管接至循环水泵进水口处，膨胀水箱水面至水泵中心垂直高度 30m。试问水泵正常运转时，水泵出口的表压力（kPa）最接近下列哪项？（水泵入口流速 1.5m/s，出口流速 4.0m/s，水的密度 $\rho=1000\text{kg/m}^3$，忽略水泵进出口接管阻力）

A. 274　　　　　B. 294　　　　　C. 561　　　　　D. 568

参考答案：[　　　]

主要解题过程：

2019-4-13. 某公共建筑内需要常年供冷的房间,设计室温为26℃。其空调系统采用的矩形送风管布置在空调房间内,送风空气温度为15℃,风管绝热设计采用柔性泡沫橡塑。问:满足节能设计要求的绝热层最小厚度(mm),最接近以下哪项?

A. 28   B. 29   C. 30   D. 31

参考答案: [   ]

主要解题过程:

2019-4-14. 某办公楼采用一次回风变风量空调系统,共有 A、B、C、D 四个房间,设计工况下各房间逐时显冷负荷(W)见下表。室内设计计算温度24℃,送风温度15℃。该系统设计计算送风量(m³/h)与下列哪一项最为接近?

注:空气计算参数:密度 1.2kg/m³,比容热 1.01kJ/(kg·K)

	11:00	12:00	13:00	14:00	15:00	16:00	17:00	18:00	最大值
房间 A	2400	2500	2400	2200	2100	2000	1800	1500	2500
房间 B	1200	1400	1800	2000	2400	2000	1800	1400	2400
房间 C	1500	1800	2000	2100	2200	2400	2300	2200	2400
房间 D	1200	1300	1300	1200	1200	1200	1100	1000	1300
合计	6300	7000	7500	7500	7900	7600	7000	6100	8600

A. 2100   B. 2600   C. 2800   D. 3100

参考答案: [   ]

主要解题过程:

2019-4-15. 某建筑集中空调系统空调冷水设计供/回水温度为 6℃/12℃，室内设计温度 25℃，相对湿度 50％。选用某型号的风机盘管，该型号风机盘管样本中提供的供水温度为 6℃时的供冷能力（W）如下表所示，问：在本项目设计工况下，该型号风机盘管的供冷能力（W）最接近下列哪一项？

水流量 (L/s)	回风参数			
	27℃/50％	26℃/50％	25℃/50％	24℃/50％
0.080	2920	2760	2560	2430
0.120	3515	3275	3015	2840
0.160	3895	3655	3340	3115
0.200	4200	3870	3585	3305

A. 2560   B. 3015   C. 3340   D. 3585

参考答案：〔   〕

主要解题过程：

2019-4-16. 某工厂采用毛细管顶棚辐射供冷，室外大气压力 101325Pa。室内设计工况为干球温度 25℃，相对湿度 60℃，单位面积毛细管顶棚的设计供冷能力为 21W/m²，辐射体自身热阻为 0.07K·m²/W。设计管内最低供水温度（℃）最接近下列何项？

A. 15.2   B. 18.3   C. 20.2   D. 21.4

参考答案：〔   〕

主要解题过程：

2019-4-17. 某空调车间室内计算冷负荷为 20.25kW，室内无湿负荷。拟采用全新风空调系统，空调设备采用溶液调湿空调机组。室内空气计算参数：温度 25℃、空气含湿量 11g/kg$_{干空气}$，要求送风温差为 8℃。问：空调系统的计算冷量(kW)，最接近下列何项？（解答过程要求不使用 h-d 图）

注：室外空气计算参数：大气压力 101.3kPa、空气温度 30℃，空气焓值 68.2kJ/kg。

A. 57.5　　　　　　B. 51.29　　　　　　C. 37.25　　　　　　D. 20.25

参考答案：[　　]

主要解题过程：

2019-4-18. 某房间的空调室内显热冷负荷为 75kW，潜热冷负荷为 16.4kW，湿负荷为 24kg/h；室内设计参数为 $t=25℃$、$\varphi=60\%$($h=55.5$kJ/kg，$d=11.89$g/kg)；室外计算参数为干球温度 31.5℃，湿球温度 26℃($h=80.4$kJ/kg，$d=18.98$g/kg)；若采用温湿度独立控制空调系统，湿度控制系统为全新风系统，其送风参数为：$d=8.00$g/kg、$\varphi=95\%$。温度控制系统采用带干盘管的置换通风型空气分布末端。问：温度控制系统的设计最小风量（m³/h）和设计冷量（kW），应最接近下列何项？（标准大气压，空气密度取 1.2kg/m³）

A. 19000 和 51　　B. 21800 和 51　　C. 26300 和 62　　D. 31800 和 75

参考答案：[　　]

主要解题过程：

2019-4-19. 某一次泵变频变流量冷源系统如下图所示，三台主机制冷量均为 1500kW，并配置三台冷水循环泵。设计供/回水温度为 6℃/12℃，主机允许最小流量为设计流量的 50%，水泵允许最低频率为 15Hz(工频为 50Hz)，设计工况时，分集水器供回水压差为 200kPa。问：所选配的压差旁通阀的流通能力，应最接近下列哪一项？

2019-4-19 题图

A. 46   B. 76   C. 152   D. 215

参考答案：[   ]

主要解题过程：

2019-4-20. 某洁净厂房的洁净大厅长度为 54m、宽度为 18m、高度为 4m，要求洁净度为 8 级，室内工作人员为 200 人，采用顶送下回的气流组织形式，在空调机组的回风处引入新风，以维持室内正压。洁净大厅内空气颗粒物浓度按均匀计算。按大于或等于 $0.5\mu m$ 粒径的悬浮颗粒物进行计算，生产工艺产尘量为 5.0×10^8 pc/min，单位面积洁净室的装饰材料发尘量取 1.25×10^4 pc/(min·m²)，人员发尘量取 100×10^4 pc/(p·min)，含尘浓度限值的安全系数取 0.5，送风悬浮颗粒物浓度为 3000pc/m³。问：该洁净大厅的净化换气次数(h^{-1})，最接近下列哪项？

A. 1.9   B. 4.5   C. 6.3   D. 7.8

参考答案：[   ]

主要解题过程：

2019-4-21. 设计某地埋管地源热泵空调系统，冬季设计工况条件为：热泵机组承担的热负荷为1150kW，热泵机组制热性能系数 $COP_H = 4.5$，地埋管侧系统循环水泵的输出功率为18.5kW。问：设计工况下热泵机组自土壤中吸收的热量(kW)，最接近下列何项(不考虑源自机房内管路的冷热交换)?

　　A. 876　　　　　　　B. 894　　　　　　　C. 1387　　　　　　　D. 1406

参考答案:〔　　　〕

主要解题过程:

2019-4-22. 某工程采用发电机为燃气轮机的冷热电联供系统，燃气轮机排烟温度为550℃，经余热锅炉产生高温蒸汽，分别供应溴化锂制冷机组制冷和生活热水换热器。余热锅炉无补燃，余热锅炉排烟温度为110℃，全年平均热效率为0.85；溴化锂制冷机组的全年平均制冷效率 $COP = 1.1$。生活热水换热器因保温不好产生的散热损失为5%。燃气轮机烟气全年实际提供的总热量为9800MJ，余热锅炉提供的热量中，50%提供给生活热水，50%提供给溴化锂机组。该项目的年平均余热利用率，最接近下列何项?

　　A. 87%　　　　　　　B. 89%　　　　　　　C. 91%　　　　　　　D. 105%

参考答案:〔　　　〕

主要解题过程:

2019-4-23. 某冷水机组名义工况和规定条件下的 $COP=5.4$、$IPLV=6.2$；在 75%、50%、25% 负荷时的性能系数分别为 6.6、6.7 和 4.95。机组制冷季总计运行 1500h，全年总制冷量为 450MWh，其中 100%、75%、50% 负荷率的运行时间分别为 150h、600h、750h，且其冷却水条件与性能测试条件相同。问：该机组制冷机制冷季的总耗电量（MWh），最接近以下哪个选项？

A. 83.3   B. 79.1   C. 72.5   D. 69.2

参考答案：[   ]

主要解题过程：

2019-4-24. 已知某低温复叠制冷循环（如下图所示），低温级制冷剂为 CO_2，高温级制冷剂为 R134a，有关各点的参数见下表所示。问：该制冷循环计算的理论制冷系数应最接近下列何项？

工况点号	1	2	3	5	6	7
比焓值(kJ/kg)	436.5	460.5	179.5	289.5	428.5	254.5

2019-4-24 题图

A. 2.44   B. 4.08   C. 6.59   D. 10.71

参考答案：[   ]

主要解题过程：

2019-4-25. 某宾馆项目设置集中生活热水系统,为主要用水部门(客房)及其他用水部门(如健身、酒吧、餐厅、美容、员工等)提供生活热水供应,经计算主要用水部门设计小时耗热量为387kW,平均小时耗热量为116kW。在同一时间内,其他用水部门设计小时耗热量为168kW,平均小时耗热量为84kW。问:该宾馆生活热水系统的设计小时耗热量(kW),最接近下列何项?

A. 200   B. 284   C. 471   D. 555

参考答案:[   ]

主要解题过程:

实战试卷参考答案及解析

专业知识考试(上)

一、单项选择题(共 40 题，每题 1 分，每题的备选项中只有一个符合题意)

2019-1-1. 参考答案：B

分析：根据《严寒和寒冷地区居住建筑节能设计标准》JGJ 26—2010 第 3.0.2 条可知，选项 A 符合节能要求，选项 B 不符合节能要求，换气次数应取 $0.5h^{-1}$；根据第 5.1.5 条可知，选项 D 符合节能要求；根据第 5.3.6 条及其条文说明可知，选项 C 符合节能要求。

2019-1-2. 参考答案：B

分析：根据《三版教材》P43"辐射面传热量计算"可知，选项 A 正确；根据式(1.4-2)可知，选项 B 错误；对比式(1.4-4)及式(1.4-5)可知，选项 CD 均正确。

2019-1-3. 参考答案：A

分析：根据《建筑给水排水及采暖工程施工质量验收规范》GB 50242—2002 第 11.1.2 条可知，选项 A 错误；根据《通风与空调工程验收规范》GB/T 50243—2016 第 9.1.1 条可知，选项 B 正确；根据《建筑给水排水及采暖工程施工质量验收规范》GB 50242—2002 第 8.1.2 条可知，选项 C 正确；根据《城镇燃气设计规范》GB 50028—2006 第 10.2.4 可知，选项 D 正确。

2019-1-4. 参考答案：C

分析：根据《民规》第 5.1.2 条可知，选项 C 正确。

2019-1-5. 参考答案：D

分析：根据《辐射供暖供冷技术规程》JGJ 142—2012 第 3.1.9 条、《民规》GB 50736—2012 第 5.4.5 条及《三版教材》P49 可知，选项 A 错误；根据《辐射供暖供冷技术规程》JGJ 142—2012 第 3.5.11 条可知，选项 B 错误；由《辐射供暖供冷技术规程》JGJ 142—2012 第 3.6.7 条可知，选项 C 正确；由《辐射供暖供冷技术规程》JGJ 142—2012 第 3.5.13 条可知，选项 D 正确。选 D。

2019-1-6. 参考答案：A

分析：根据《民规》第 5.3.4 条及其条文说明可知，散热器组数过多会导致每组散热温差过小，散热器面积增加较大，散热器流量和散热量越偏离线性关系，与散热器接口管径无关，更不会显著降低供暖系统的供水温度，故选项 A 正确，选项 BCD 错误。

2019-1-7. **参考答案：C**
分析：根据《既有建筑节能改造技术规程》JGJ 129—2012 第 6.4.3 条可知，每组散热器的供水支管宜设散热器恒温控制阀，选项 AB 错误；根据第 6.4.4 条及其条文说明可知，选项 C 正确，选项 D 错误。

2019-1-8. **参考答案：C**
分析：根据《三版教材》P106 可知，已知设计流量和平衡阀前后压差，可计算出其 K_v 值，根据阀门的 K_v 值，查找厂家提供的平衡阀的阀门系数值，选择符合要求规格的平衡阀，应当指出的是，按照管径选择同等公称管径规格的平衡阀是错误的做法，选项 ABD 错误，选项 C 正确。

2019-1-9. **参考答案：D**
分析：根据《三版教材》式(1.10-23)可知，并联支路的压力相等，流量和阻力数成反比关系，选项 A 错误；根据式(1.10-20)可知，当热用户的实际流量大于热用户的规定流量时，水力失调度是大于 1 的，根据式(1.10-22)可知，水力稳定性的极限值是 1 和 0，选项 B 错误；根据 P138 可知，当循环泵出口的阀门关小，系统流量会整体减小，网路中个用户流量都减少，引起一致失调，选项 C 错误；根据式(1.10-22)及提高水力稳定性的条件可知，选项 D 正确。

2019-1-10. **参考答案：C**
分析：根据《民规》第 3.0.6 条，医药库类功能房间要求通风次数不小于 $5h^{-1}$。且设计需避免医药库房间内空气被污染或污染其他房间空气，故需采取独立通风系统，排除选项 ABD，选项 C 正确。

2019-1-11. **参考答案：C**
分析：根据《防排烟规》第 3.1.2 条可知，建筑高度大于 50m 的公共建筑应采用机械加压送风防烟设施，因此选项 A 采用自然通风防排烟方式错误；根据《建规 2014》第 8.5.3-2 条，中庭均应设置排烟设施，选项 B 错误；根据《建规 2014》第 8.5.3-3 条可知，建筑面积大于 $100m^2$ 且经常有人停留的地上房间需要排烟，因此选项 C 可不设排烟设施；根据《建规 2014》第 8.5.4 条可知，单个房间建筑面积超过 $50m^2$，应设排烟设施，选项 D 错误。但是，本题选项 C 不严谨，若为无窗房间，需要执行《建规 2014》第 8.5.4 条设置排烟设施，但综合评判选项 CD 可知，出题人默认选项 C 带有外窗。

2019-1-12. **参考答案：A**
分析：根据《三版教材》第 2.10.9 节及《建筑通风和排烟系统用防火阀门》GB 15930—2007 中关于排烟阀的内容，排烟阀为平时关闭，火灾开启，温度达到 280℃时熔断关闭。因此选项 A 错误，选项 BD 正确。根据《三版教材》表 2.10-22 关于"其他部位排烟口"的内容可知，选项 C 正确。

2019-1-13. 参考答案：B

分析： 根据《民规》第 6.4.2 条可知，复合通风中的自然通风量不宜低于联合运行风量的 30%，对应机械通风量不宜高于 70%。因此自然通风量最低 300m³/h，机械通风量最高 700m³/h，因此选项 B 正确。

2019-1-14. 参考答案：C

分析： 本题需要综合对比《民规》第 6.6.3 条、第 10.1.5 条以及《工规》第 6.7.6 条。其中选项 B 可参考《民规》第 6.6.3 条条文说明，地库排风干管风速最大可达 10m/s。因此，经对比可知，选项 C 错误。

2019-1-15. 参考答案：D

分析： 根据《工规》第 6.9.27 条和第 6.9.21 条可知，选项 A 正确；根据《建规 2014》第 9.3.9 条可知，选项 B 正确；根据《建规 2014》第 9.3.9 条可知，选项 C 正确；根据《建规 2014》第 9.3.2 条可知，选项 D 错误，应直接排出室外。

2019-1-16. 参考答案：B

分析： 根据《民规》第 6.2.3 条可知，选项 A 正确；根据第 6.3.1 条可知，选项 C 正确，选项 B 错误，选项 B 的高度为自然进风口要求，机械补风进风口应满足第 6.3.1 条规定；根据第 6.3.9-6 条可知，选项 D 正确，不足 20m 时，排风口高出进风口 6m。

2019-1-17. 参考答案：B

分析： 根据《三版教材》式(2.3-19)与式(2.3-20)可知，m 越大，t_p 越低。对比式(2.3-20)的参数说明可知，选项 B 错误，热源高度越高，m_2 越小，m 越小，则 t_p 越高；选项 AC 均正确；根据式(2.3-19)可知，t_w 越低，t_p 越低，因此选项 D 正确。

2019-1-18. 参考答案：A

分析： 选项 A，将粉尘污染源控制在密闭罩是一种可行方式，但根据《三版教材》P189 关于吹吸式排风罩的内容可知，吹吸罩需要利用射流和吸气气流结合的方式控制污染物，粉尘散发过程不一定具有定向射流，因此优先采用吹吸式排风罩不合理，综合来看，选项 A 错误；根据《三版教材》P171 可知，选项 BC 正确；根据 P192 可知，选项 D 可行。

2019-1-19. 参考答案：B

分析： 根据《公建节能 2015》第 3.1.2 条，南宁属于夏热冬暖地区，又根据第 4.2.10-2 条，水冷变频离心机的最低 COP 为 5.7×0.93＝5.301，选 B。

2019-1-20. 参考答案：C

　　分析：根据《通风与空调工程施工质量验收规范》GB 50243—2016第9.2.3条第1款，当工作压力大于1.0MPa时，试验压力为工作压力加0.5MPa，试验压力以最低点的压力为准，选C。

　　2019-1-21. 参考答案：C

　　分析：根据《三版教材》P420～P421，数据中心冷负荷强度高，需全年供冷运行，选项A正确；数据中心对温湿度的要求较高，根据表3.4-18，机房内不得结露，选项C采用7℃冷水换热，将产生低于室内露点温度的空调风，故选项B正确、选项C错误；数据中心显热比高，其中设备散热是空调负荷的主要来源，选项D正确。

　　2019-1-22. 参考答案：A

　　分析：根据题意，冷水机组出口水温为7℃，经过二级泵后温度升到了9℃，可能是二级泵功率大，散热高导致了温升，而二级泵扬程过大则说明选型偏大，功率偏高，选项A正确；蒸发器阻力大于设计值，会影响水泵扬程和系统循环水量，与水温无关，选项B错误；一级泵一般位于冷水机组入口处，不影响冷水机组出口至二级泵管段的水温，选项C错误；平衡管管径大，有利于一级泵与二级泵之间的压力平衡，不影响二级泵出口水温，选项D错误。

　　2019-1-23. 参考答案：D

　　分析：根据《三版教材》P397可知，溶液的温度越低，其等效含湿量也越低，故选项A错误；根据除湿溶液特性可知，选项B错误、选项D正确；根据P567可知，选项C错误。

　　2019-1-24. 参考答案：D

　　分析：根据《三版教材》图3.4-3及图3.4-5，二次回风需要的机器露点温度更低，故表冷器出口空气参数不同，选项A错误；由于空调负荷相同，送风状态点也相同，根据$Q=G_{总}(h_n-h_o)$，一次回风系统和二次回风系统送入房间的总风量相同，因有二次回风，故二次回风系统通过表冷器的风量低于一次回风系统，选项B错误；一次回风系统与二次回风系统的新风量相同，总风量相同，新风比相同，选项C错误；对于一次回风系统而言，表冷器供冷量包括室内冷负荷、新风冷负荷及再热负荷三部分，而二次回风系统表冷器供冷量只包括室内冷负荷及新风量负荷两部分，故表冷器设计冷量不同，选项D正确。

　　2019-1-25. 参考答案：A

　　分析：由于会议室为间歇使用，根据《民规》第7.2.4条第4款，选项A错误，应按非稳态方法计算。根据第7.2.4条第3款，选项B正确；会议室间歇使用，其室温波动范围必定大于±1℃，根据第7.2.5条第1款，选项C正确；根据第7.2.4条第2款，选项D正确。

2019-1-26. **参考答案**: A

分析: 根据《工规》第8.1.7条及第8.1.8条，控制精度为±0.5℃，外墙 D 限值为4，K 限值为0.8，顶棚 D 限值为3，K 限值为0.8，选项 D 正确。

2019-1-27. **参考答案**: A

分析: 根据《三版教材》P456，设计人员应与业主协商，明确洁净室或洁净区空气洁净度测试状态。选 A。

2019-1-28. **参考答案**: C

分析: 根据《三版教材》P468~P469，室内正压的建立，需要有较好的密封性，且需要向室内送入足量的新风，而室外风速的大小影响室内外压差值，故选项 ABD 均是可能的因素；回风小于设计值，更有利于室内建立正压，选项 C 不是导致问题的原因。

2019-1-29. **参考答案**: D

分析: 根据《三版教材》P596~P597可知，氨制冷剂的缺点是毒性大（B2级），当直接膨胀系统发生泄漏时，制冷剂直接进入室内对空调使用者造成伤害，故不能采用 R717。

2019-1-30. **参考答案**: D

分析: 根据《三版教材》P634可知，选项 D 错误，"R134a，R410A 等制冷剂管道采用黄铜管、紫铜管或无缝钢管，管内壁不宜镀锌。公称直径在 25mm 以下，用黄铜管、紫铜管；25mm 和 25mm 以上用无缝钢管"。

2019-1-31. **参考答案**: D

分析: 根据《三版教材》表4.6-1可知，选项 D 错误。

2019-1-32. **参考答案**: A

分析: 根据《民规》第8.3.8-3条可知，选项 A 错误。

2019-1-33. **参考答案**: A

分析: 根据《公建节能2015》第3.1.2条可知，北京属于寒冷地区，根据第4.2.10条可知，COP 限值为 $5.1×0.95=4.85$，满足要求，根据第4.2.11条可知，$IPLV$ 限值为 $5.85×1.15=6.73$，不满足要求，故选项 A 错误；根据第4.2.15-2可知，选项 B 正确；根据《民规》第8.4.3-2可知，选项 C 正确；根据《三版教材》P504及《民规》第8.2.3条可知，选项 D 正确。

2019-1-34. **参考答案**: B

分析: 根据《蓄冷空调工程技术规程》JGJ 158—2008 第2.0.7条可知，选项 A 正确；根据《三版教材》P693~P695可知，不同形式的蓄冰方式其蓄冰槽容积要求不同，故选项 B 错误；根据《蓄冷空调工程技术规程》JGJ 158—2008 第3.3.6条可知，选项 C 正确，系统用于水蓄冷时的蒸发温度要高于冰蓄冷系统,故水蓄冷的 COP 更高些;根据《三版教材》P687 可知,选项 D 正确。

2019-1-35. 参考答案:A
分析:根据《三版教材》P642 可知,选项 A 正确;根据图 4.5-1 可知,选项 B 错误,冷却水供冷凝器和吸收器使用;根据 P649 可知,选项 C 错误,第一类吸收热泵为增热型热泵;根据 P665 可知,第二类吸收式热泵冷却水用于冷凝器,制取的高温水为吸收器出水,故选项 D 错误。

2019-1-36. 参考答案:C
分析:根据《三版教材》表 4.5-1 可知,题设机组类型为第一类吸收式热泵,其为增热型热泵,故选项 A 错误;由表 4.5-1 可知,性能系数为 1.2~2.5,选项 B 错误;根据图 4.5-1 可知,电厂冷却水作为低温热源与蒸发器相连,故选项 C 正确。根据表 4.5-1 可知,热水管路与吸收器和冷凝器串联,故选项 D 错误。

2019-1-37. 参考答案:D
分析:根据《绿色工业建筑评价标准》GB/T 50878—2013 第 5.1.1 条,单位建筑面积的工业建筑能耗标准分为国际基本水平、国内先进水平和国内领先水平三个等级,选项 A 错误;根据《绿色工业建筑评价标准》GB/T 50878—2013 第 3.2.2 条,工业建筑项目分为规划设计和全面评价两个阶段,全面评价是在建筑正常运行管理一年后进行,规划设计评价可在设计文件通过相关审查后进行,选项 B 错误;根据《绿色建筑评价标准》GB/T 50378—2014,"节地与室外环境"、"节能与能源利用"、"节水与水资源利用"、"节材与材料资源利用"、"室内环境质量"、"施工管理"、"运营管理"包含控制项和评分项,"提高和创新"包含加分项,故选项 C 错误;根据《绿色工业建筑评价标准》GB/T 50878—2013 第 1.0.2 条条文说明可知,选项 D 正确,"绿色产品"和"绿色制造工艺"不应采用该标准。

2019-1-38. 参考答案:A
分析:根据《建筑给水排水设计规范》GB 50015—2003(2009 年版)第 3.2.10 条可知,选项 A 错误,建筑物内的生活饮用水水池(箱)体,应采用独立结构形式,不得利用建筑物的本体结构作为水池(箱)的壁板、底板及顶盖;根据第 3.2.4C 条可知,选项 B 正确,不应小于 150mm;根据第 3.2.13 条可知,选项 C 正确,当生活饮用水水池(箱)内的贮水 48h 内不能得到更新时,应设置水消毒处理装置;根据第 3.2.14 条可知,选项 D 正确。

2019-1-39. 参考答案:C
分析:根据《城镇燃气设计规范》GB 50028—2006 第 10.2.1 条和第 10.2.23 条可知,选项 A 正确。根据第 10.5.3 条可知,选项 B、选项 D 正确,选项 C 错误,应设有独立的事故机械通风设施,不应与其他设备间合用系统。

2019-1-40. 参考答案:B

分析： 根据《三版教材》P823，选项 ACD 正确，选项 B 错误，月高峰系数为计算月中的日平均用气量和年的日平均用气量之比。

二、多项选择题（共 30 题，每题 2 分，每题的各选项中有两个或两个以上符合题意，错选、少选、多选均不得分）

2019-1-41. 参考答案： ABCD

分析： 根据《三版教材》式(1.8-1)及式(1.8-2)、式(1.8-3)可知，计算散热器片数时要考虑供暖热媒参数、散热器组装片数、散热器支管连接方式、散热器安装方式、进入散热器的流量，选项 ABCD 均需考虑。

2019-1-42. 参考答案： ABCD

分析： 压力调节装置调节的是环路的资用压力，压力损失较小的环路上会富余过多的资用压力，需要压力装置来消耗掉，以达到并联环路的平衡，故选项 A 错误；压力损失计算中根据所求环路与最不利环路的并联段阻力求出该环路的平均比摩阻，根据平均比摩阻和所求环路各管段的流量查水力计算表，选择最接近平均比摩阻的管径，根据确定的管径确定准确的比摩阻进而计算准确的阻力损失，故选项 B 错误；根据《城镇供热管网设计规范》CJJ 34—2010 第 7.5.1.2 条可知，选项 C 错误；最不利环路计算时起始管段的比摩阻取值应小于末端管段的比摩阻取值，这样可以减少与最不利环路起始管段相连环路的资用压力，有利于环路间的平衡，故选项 D 错误。

2019-1-43. 参考答案： ABD

分析： 根据《公建节能 2015》表 3.3.1 可知，当建筑体形系数为 0.3，每个朝向的窗墙比为 0.4 时，外墙传热系数限值为 0.38 W/(m²·K)，外窗传热系数限值为 2.2 W/(m²·K)，天窗的传热系数限值为 2.2 W/(m²·K)，地下车库与供暖房间之间的楼板传热系数限值为 0.50 W/(m²·K)，选项 ABD 符合节能要求，选项 C 不符合节能要求。

2019-1-44. 参考答案： AC

分析： 根据《三版教材》P99"膨胀水箱设计要点"可知，选项 AC 正确，选项 BD 错误。

2019-1-45. 参考答案： AB

分析： 根据《民规》第 8.11.9 条，"当蒸汽热负荷在总热负荷中的比例大于 70% 且总热负荷≤1.4MW 时，可采用蒸汽锅炉"，选项 AB 符合要求，选项 CD 不符合要求。

2019-1-46. 参考答案： ACD

分析： 主循环泵和回水循环泵是串联设置，回水循环泵只是增加了其后面回水管路的工作压力，对流量没有影响，并且其流量也应保证系统在设计工况流量下运行，设置回水循环泵后水压图变化如下图所示。选项 A，供水干管上没有增设新的循环泵，干管压力随着长度下降，正确；选项 B，设置增压泵影响的是增压泵下游的工作压力，下游工作压力增大，上游不变，因此错误；选项 C，循环流量不变是串联水泵运行的基本条件，正确；选项 D，增压泵出口侧的用户回水管工作压力增大，供水管压力不变，则供回水管道间的压差减小，因此循环泵出口侧用户的资用压头会降低，正确。

2019-1-46 题解析图

2019-1-47. **参考答案：** AB

分析： 根据《三版教材》P812"热泵热水机的应用"可知，环境温度越低，性能系数越低，维持机组出水温度不变，会导致压缩机的压缩比增大，压缩机吸气口比容减小，质量流量增大，功耗增大，制热量减少，选项 A 错误，选项 CD 正确；压缩机的润滑油不会进入到起节流作用的毛细管内，选项 B 错误。

2019-1-48. **参考答案：** BC

分析： 本题为天窗阻力系数的选取，参考《三版教材》自然通风相关内容，根据表2.3-6，对于下沉式天窗，高度 2.5m，跨度 24m 的天窗，局部阻力系数为 3.4～3.18，因此选项 BC 正确。

2019-1-49. **参考答案：** ABC

分析： 全压＝静压＋动压。风管内流动速度 v 的大小关系与动压一致，侧壁流出风量 L 关系与静压一致。当 v_1 与 v_2 相等时，表明动压相等，1-2 的过程经过变径和沿程损失全压下降，静压将降低，对应风量是不等的，因此选项 C 错误。当 $v_1 > v_2$ 时，说明 1-2 的过程动压降低，当全压低时，静压是否降低不一定，因此 L_1 与 L_2 可能相等也可能不等，因此选项 BC 错误，选项 D 正确。

2019-1-50. **参考答案：** BD

分析： 本题为风机参数的确定，选项 AB 均为高原地区的情况，此时大气压低于标准状态，根据《三版教材》P270 下方，使用工况与样本工况不一致时，风量不变，风压按密度修正，因此选项 A 错误；同时根据 P271，功率需要进行验算，因此选项 B 正确；根据《工规》第 6.7.4 条条文说明可知，风管设置在车间内时，不必考虑漏风影响，选项 C 错误；根据《三版教材》P270，风压按计算总压力损失作为额定风压，因此选项 D 正确。

2019-1-51. **参考答案：** ACD

分析： 走道宽度为 2m，根据《防排烟规》第 4.2.4 条表下注 1，单个防烟分区长度不应大于 60m，因此需要划分 4 个防烟分区，对于回形走廊，首尾相接，需要设置 4 道挡烟垂壁才能划分成功，故选项 A 错误；办公室属于经常有人停留场所，超过 100m² 需要设置排烟设施，因此选项 B 正确；根据《防排烟规》第 4.4.3 条，公共建筑排烟系统垂直每段高度不应超过 50m，负担 12 层的排烟系统负担高度为 $H=4.15×12=49.8$m，满足要求，但根据第 4.4.2 条，排风排烟兼用系统时，合用系统的管道上需联动关闭的通风控制阀门不应超过 10 个，故选项 C 错误；根据《防排烟规》第 4.6.4 条，选项 D 中净高为 4m 要按照两个防烟分区的排烟量计算，但选项 D 错在这两个排烟系统要是相邻的两个防烟分区排烟量的最大值，而不是按任意两个最大的防烟分区。

2019-1-52. 参考答案：ABCD
分析：根据《三版教材》表 2.6-3 可知，选项 ABCD 均正确。

2019-1-53. 参考答案：ABC
分析：根据《民规》第 6.6.6 条，风系统各环路压力损失差额不宜超过 15%，选项 AB 正确；根据《工规》第 6.7.5 条，非除尘系统风系统各环路压力损失差额不宜超过 15%，除尘系统不宜超过 10%，选项 C 正确，选项 D 错误。

2019-1-54. 参考答案：ACD
分析：污垢系数增加，冷凝器传热热阻增加，传热温差增加，故冷凝器内冷凝压力增加，对应制冷剂的饱和冷凝温度提高，故选项 A 正确；根据《三版教材》P576 结合有传热温差的制冷循内容可知，选项 CD 正确，选项 B 错误。

2019-1-55. 参考答案：AB
分析：根据《公建节能 2015》第 4.1.1 条，选项 A 错误，甲类公共建筑才需要进行逐项、逐时的冷负荷计算；根据第 4.2.3 条，选项 B 错误，无加湿用的蒸汽源时，且湿度控制精度要求高时，才允许采用电热式加湿器；根据第 4.2.10 条，选项 C 正确；根据第 4.3.9 条，选项 D 正确。

2019-1-56. 参考答案：AD
分析：根据《空气调节系统经济运行》GB/T 17981—2007 第 4.4.4 条，选项 A 正确；根据第 4.4.3 条，选项 B 错误，不应小于 5℃；根据第 5.6.2 条，选项 C 错误，应为不小于 9；根据第 5.7.2 条，选项 D 正确。

2019-1-57. 参考答案：CD
分析：根据《多联机空调系统工程技术规程》JGJ 174—2010 第 3.1.2 条，选项 A 错误，不是所有建筑都适用多联机；根据《公建节能 2015》第 4.2.17 条，选项 B 错误，根据不同地区，还不应低于节能限值；根据《多联机空调系统工程技术规程》JGJ 174—2010 第 3.4.4 条第 3 款，选项 C 正确；根据 JGJ 174—2010 第 3.4.3 条，选项 D 正确。

2019-1-58. 参考答案：AB

分析：选项 AB 过程描述正确；选项 C 错误，W_1-N 为混合过程，C_2-L 为表冷器冷却降温过程；选项 D 错误，C-L 为直接蒸发冷却过程。

2019-1-59. 参考答案：AB

分析：根据焓湿图空气处理过程，可以选择先加热后加湿的方式达到题干要求的送风参数，电热加湿和蒸汽加湿属于等温加湿，可以达到，选项 AB 正确；湿膜加湿和超声波加湿属于等焓加湿，若采用等焓加湿，需先将室外空气加热到 41℃，但热媒供/回水温度为 45℃/40℃，无法达到，选项 CD 错误。

2019-1-60. 参考答案：AB

分析：冷却塔是空调系统的排热设备，用户侧冷负荷及冷水机组的耗功热量，最终都通过冷却塔排除，故冷却塔出口空气焓值高于进口空气，选项 A 错误；冷却塔部分喷淋水蒸发吸热，会导致空气温度下降，故出口空气温度不一定高于入口空气，选项 B 错误；部分喷淋水蒸发后被空气吸收，湿度增加，选项 CD 正确。

2019-1-61. 参考答案：BD

分析：根据储液器后侧管道内的制冷剂状态为液态，冷凝器前侧管道内的制冷剂状态为气态，由《三版教材》P637 可知，"液体支管时，必须从干管底部或侧面接出；气体支管引出时，应从干管顶部或侧面接出。有两根以上的支管从干管引出时，连接部位应相互错开，间距不应小于 2 倍支管管径，且不应小于 200mm"，故选项 BD 正确。

2019-1-62. 参考答案：ABD

分析：根据《民规》第 9.2.5 条，蒸汽宜采用二通阀，阀权度大于或等于 0.6 时宜采用线性热性，阀权度小于 0.6 时，阀权度宜采用等百分比特性，选项 AB 错误；电动调节阀为连续调节，因此控制信号为模拟量输出，阀位反馈为模拟量输入，选项 C 正确，选项 D 错误。

2019-1-63. 参考答案：BCD

分析：根据《三版教材》P469，选项 BCD 正确，选项 A 错误。

2019-1-64. 参考答案：ABC

分析：电暖气直接供暖，电能转化为热能直接作用于室内，故选项 A 正确；热泵型空调器供暖，其能效比为 $COP=\dfrac{Q_0+W}{W}>1$，故选项 B 正确；选项 C 中，电锅炉本体及热量传输过程中都会有能耗损失，故其 $COP<1$；同理，发热电缆地板供暖，传递给室内的热量低于其消耗的电能，故其 $COP<1$。

2019-1-65. 参考答案：ABCD

分析：空气源热泵在冬季供热时，蒸发器结霜，其结霜层相当于增加了蒸发器传热热阻,传热系数减少,蒸发器的换热性能下降,蒸发器内温度降低,冷剂蒸汽质量流量减少,供热量下降,功耗增加,COP 下降;蒸发器结霜,会减小室外空气过流面积。故选 ABCD。

2019-1-66. 参考答案:BD

分析: 根据《三版教材》表 4.7-4 可知,选项正确,选项 B 错误;根据 P687 可知,选项 C 正确;根据 P699 可知,"管道材质一般宜用普通钢管,不应选用镀锌钢管",故选项 D 错误。

2019-1-67. 参考答案:ABD

分析: 根据《冷库设计规范》GB 50072—2010 第 6.1.1~6.1.6 条可知,选项 A 正确;根据第 6.3.2 条可知,选项 B 正确;根据第 6.3.7 条可知,选项 D 正确;根据《三版教材》表 4.9-17 可知,选项 C 错误。

2019-1-68. 参考答案:BC

分析: 根据《公建节能 2015》表 2 可知,能效等级为 2 级时,其 COP 为 5.60,根据第 4.2.10 条可知,水冷变频机组其限值为 5.487,故满足节能要求,选项 A 正确;根据 P101 可知,空气源热泵的使用与地域相关,故选项 B 错误;由根据《民规》附录 A 查得青岛湿球温度为 26℃,故冷却水进水温度为 30℃,根据《蒸汽压缩循环冷水(热泵)机组 第 1 部分:工业或商业用及类似用途的冷水(热泵)机组》GB/T 18430.1—2007 表 5 可知,名义工况其冷却水进水温度为 30℃ 故其冷却水进水温度相同,选项 C 错误;根据《蒸汽压缩循环冷水(热泵)机组 第 1 部分:工业或商业用及类似用途的冷水(热泵)机组》GB/T 18430.1—2007 可知,机组名义工况时蒸发器水侧污垢系数为 $0.018m^2 \cdot ℃/kW$,冷凝器水侧污垢系数为 $0.044m^2 \cdot ℃/kW$,新安装的冷水机组认为是全新机组,不存在污垢系数,故其 COP 可能高于名义值,选项 D 正确。

2019-1-69. 参考答案:BCD

分析: 根据《环境空气质量标准》GB 3095—2012 第 4.1、4.2 条可知,选项 A 错误,应为 $70ug/m^3$,选项 BCD 正确。

2019-1-70. 参考答案:ABCD

分析: 根据《城镇燃气设计规范》GB 50028—2006 第 6.6.4 条,当进口燃气压力不大于 0.4MPa 时,调压箱到建筑物的门、窗或其他通向室内的孔槽的水平净距不应小于 1.5m;调压箱不应安装在建筑物的窗下和阳台下的墙上;不应安装在室内通风机进风口墙上。故可判断选项 ABCD 皆正确。

专业知识考试(下)

一、单项选择题(共 40 题,每题 1 分,每题的备选项中只有一个符合题意)

2019-2-1. 参考答案:B

分析:根据《民规》第 5.3.10 条及其条文说明可知,采用散热器供暖时必须安装或加防护罩,选项 A 合理,选项 B 不合理;采用风机盘管供暖或地面辐射供暖方式均满足幼儿园供暖设计的要求,能够避免烫伤和碰伤,选项 CD 合理。

2019-2-2. 参考答案:D

分析:通过分析传热速率随保温层直径的增加而变化的规律可得出结论,只有在保温层厚度大于其临界直径时,增加保温层厚度才会减少热损失,选项 A 正确;根据《三版教材》P551 可知,选项 BC 正确;根据 P552 可知,保温层存在一个合理的厚度即经济厚度,选项 D 错误。

2019-2-3. 参考答案:A

分析:根据《三版教材》P84 可知,高压蒸汽作用半径宜控制在 200m 范围以内,低压蒸汽作用半径宜控制在 60m 范围内,选项 A 错误,选项 C 正确;由 P88 可知,蒸汽供暖系统不应采用钢制柱形、板型和扁管等散热器,选项 B 正确;根据图 1.3-18、图 1.3-19 及图 1.3-25 可知,低压蒸汽和高压蒸汽系统均应考虑空气排出,选项 D 正确。

2019-2-4. 参考答案:C

分析:根据《辐射供暖供冷技术规程》JGJ 142—2012 第 3.1.1 条可知,选项 A 正确;根据表 3.1.3 可知,选项 B 正确;根据第 3.5.13 条可知,选项 D 正确;根据《民规》第 8.3.1.2 可知,冷热水机组冬季 COP 不应小于 2.0,选项 C 错误。

2019-2-5. 参考答案:D

分析:根据《民规》第 5.4.11 可知,热水吊顶辐射供暖系统可用于层高为 3~30m 的建筑物,故选项 ABC 均可采用,选项 D 不宜采用。

2019-2-6. 参考答案:C

分析:根据《民规》第 5.3.6 条及其条文说明可知,采用常规的对流供暖方式,室内沿高度方向会形成很大的温度梯度,很难保持设计温度。采用辐射供暖时,既可以创造比较理想的热舒适环境,又可以比对流供暖时减少能耗,故选项 C 最不合适。

2019-2-7. 参考答案:B

分析:根据《辐射供暖供冷技术规程》JGJ 142—2012 第 3.3.2 条及其条文说明可知,选项 A 正确;根据表 3.1.3 可知,选项 B 错误;根据第 3.1.1 条可知,选项 C 正确;根据《民规》第5.4.5条及其条文说明可知，热水地面辐射供暖系统的工作压力不宜大于0.8MPa，选项D正确。

2019-2-8. 参考答案：D

分析： 根据《三版教材》式(1.10-23)可知，提高热水网路水力稳定性的主要方法是相对减小网路干管的压降，或相对增大用户系统的压降。选项A会导致水力稳定性变差，选项BC无利于提高水力稳定性，选项D是最合理的提高用户水力稳定性的措施。

2019-2-9. 参考答案：A

分析： 根据《民规》第8.3.2条及其条文说明可知，空气源热泵机组的冬季制热量会受到室外空气温度、湿度和机组本身融霜性能的影响。选项BCD均与热泵的有效制热量计算值有关，而选项A则无直接关系。

2019-2-10. 参考答案：D

分析： 根据《三版教材》式(2.4-3)可知，与通风柜体积无关，选D。

2019-2-11. 参考答案：C

分析： 根据《三版教材》P181可知，选项ABD正确；热风平衡需要进行风量平衡计算，故选项C错误。

2019-2-12. 参考答案：C

分析： 根据《民规》第6.3.9条第2款可知，选项C正确。

2019-2-13. 参考答案：D

分析： 根据《三版教材》P174中关于消除有害物所需通风量可知，对于数种溶剂(苯及其同系物，或醇类或醋酸酯类)或数种刺激性气体所需通风量应叠加求和，因此选项D正确。

2019-2-14. 参考答案：A

分析： 根据《三版教材》P218可知，过滤速度是袋式除尘器的重要技术经济指标，过滤速度越高，耗电量增加，因此选项A错误，其他选项均正确。

2019-2-15. 参考答案：C

分析： 本题为分析型问题。题目强调"工艺条件不变"、"原有配置"表明风系统不变。工作地点从天津迁至青海，其中青海属于青藏高原区域，海拔高、气压低，此时风机运行性能将发生改变。根据《三版教材》第2.8.2节关于选择通风机注意事项可知，风机风量不变(体积风量)，风压按工况空气密度修正。青海大气压低，空气密度低，因此运行风压将降低，风量不变时运行功率下降，因此选项C正确。

2019-2-16. **参考答案：** D

分析： 变频调节过程可参考《三版教材》表 2.8-6 中风机转速 n 变化时风机性能的变化，可知选项 ABC 正确；调速过程管网不变，管网阻力数不变，因此选项 D 错误。

2019-2-17. **参考答案：** C

分析： 根据《通风机能效限定值及能效等级》GB/T 19761—2009 第 4.3.1 条可知，1 级能效最高，因此选项 AB 均错误；根据第 4.3.2.1 可知，离心风机进口有进气箱时，效率下降 4%，选项 C 正确；根据第 4.3.2.3 条可知，选项 D 错误，下降 3%。

2019-2-18. **参考答案：** B

分析： 根据《民规》第 8.5.6 条第 1 款，选项 A 错误，应设置开关型的电动二通阀，而不是调节阀；根据第 8.5.6 条第 2 款及条文说明，选项 B 正确；根据第 8.5.13 条第 1 款条文说明，选项 C 错误，变流量一级泵系统冷水机组变流量运行时，水泵和冷水机组独立控制，不要求必须对应设置；根据第 8.5.8 条，选项 D 错误，宜取流量最大的单台冷水机组的额定流量。

2019-2-19. **参考答案：** B

分析： 根据《防排烟规》第 4.4.10 条可知，排烟风机入口、垂直风管与每层水平风管交接的水平管段上，应设排烟防火阀。根据第 5.2.2 条可知，排烟防火阀在 280℃应自行关闭，并应连锁关闭排烟风机和补风机。因此选项 B 正确。

扩展： 本题为争议题，从《防排烟规》第 4.4.10 条字面理解，选项 B 正确。但此做法与实际设计相悖。根据《防排烟规》第 4.4.6 条，排烟风机应与风机入口处的排烟防火阀连锁，当该阀关闭时，排烟风机应能停止运转。根据《防排烟规》第 4.4.10 条、第 5.2.1 条及《火灾自动报警系统设计规范》GB 50116—2013 第 4.5.5 条，排烟风机入口总管上设置 280℃排烟防火阀在关闭后应直接联动控制风机停止，根据《火灾自动报警系统设计规范》GB 50116—2013 第 4.5.4 条，其他阀门只需要反馈信号到消防控制中心，不需要连锁关闭风机。因此按实际设计做法选项 A 正确，选项 BCD 错误(仅且必须是风机入口处的排烟防火阀连锁风机关闭)。目前笔者无法猜测出题者是想考实际设计做法还是故意考《防排烟规》第 4.4.10 条这条本身未交待清晰的条文。

2019-2-20. **参考答案：** B

分析： 根据《三版教材》式(3.2-11a)或《民规》式(7.2.7-6)，选项 AC 正确，群集系数越大，则人员显热冷负荷越大，人员在室时间越长，人体冷负荷系数越大，则人员显热冷负荷也越大；人体散热中的辐射部分先与围护结构换等换热，经围护结构蓄热后再以对流方式释放至室内，当围护结构的放热衰减倍数越大，则此部分散热量越小，选项 B 错误；根据《红宝书》表 20.7-3，室温越高，人员显热散热量越少，选项 D 正确。

2019-2-21. **参考答案：** A

分析： 计量室的控制精度要求为 ±0.5℃，根据《三版教材》表 3.1-10，海南处于北纬

23.5°以南，如有外墙时，宜南向，故选项 A 正确，选项 BC 错误；根据表 3.1-8，当相应空调区温差不大于 3℃时，内墙和楼板传热系数无要求，故选项 D 错误。

2019-2-22. 参考答案：D

分析： 根据题意表述，水系统运行正常，送风机功率下降可推断风机风量降低，因此导致室温不达标，选项 AC 错误；送风温度降低了，表明表冷器换热效率没有降低，选项 B 错误，因送风温度低于室内露点温度，因此虽然室温无法达标且伴随送风结露的现象发生；过滤器堵塞会直接影响设备送风量，选项 D 正确。

2019-2-23. 参考答案：B

分析： 根据《组合式空调机组》GB/T 14294—2008 第 6.3.4 条，选项 B 正确。

2019-2-24. 参考答案：C

分析： 人员湿负荷计算为：散湿量 q×群集系数×人数，其中人数采用定值，因此不需计算逐时负荷，选项 A 错误；根据《09 技术措施》第 5.2.5 条风机温升公式可知，风机的全部功率都将产生温升，选项 B 错误；根据温湿度独立控制系统原理，干式盘管为温度控制系统，最多承担室内全部显热负荷，选项 C 正确；根据《民规》第 7.2.2 条，空调负荷计算应包括设备发热量，不应扣除，选项 D 错误。

2019-2-25. 参考答案：A

分析： 冷冻除湿为降焓减湿过程，热湿比为正，选项 A 错误；喷雾加湿为等焓加湿过程，热湿比为 0，选项 B 正确；干式盘管供冷，空气处理过程为等湿冷却，热湿比为 $-\infty$，选项 C 正确。

2019-2-26. 参考答案：D

分析： 根据《三版教材》P539，由于人耳的感觉特性与 40 方等响曲线很接近，因此多使用 A 计权网络进行音频测量，选项 A 正确；根据《声环境质量标准》GB 3096—2008 第 5.1 条，选项 B 正确；根据《三版教材》P540，选项 C 正确；组合式空调机组的噪声也是来源于通风机，因此选项 D 错误。

2019-2-27. 参考答案：D

分析： 新风等焓送入室内，送风温度低于室内设计温度，因此新风承担了房间的部分显热。选 D。

2019-2-28. 参考答案：A

分析： 根据《洁净厂房设计规范》GB 50073—2013 第 6.4.1 条第 2 款，选项 A 错误；根据第 6.4.1 条第 3 款，选项 B 正确；根据第 6.4.1 条第 4 款，选项 C 正确；根据第 6.4.1 条第 5 款，选项 D 正确。

2019-2-29. 参考答案：B

分析： 根据《三版教材》P595 可知，选项 A 正确；《京都议案书》中，确定 CO_2 为受管制的温室气体，并非其为受管制的制冷剂，故选项 B 错误；根据 P592 可知，选项 B 正确；根据 P574 可知，选项 C 正确；根据 P596 可知，R717 在我国冷藏行业中得到了广泛应用，故选项 D 正确。

2019-2-30. 参考答案：D

分析： 根据《三版教材》图 4.1-8 可知，冷凝温度不变，蒸发温度升高时，COP 增加；蒸发温度不变，冷凝温度降低，COP 增加，故选项 AB 正确；冷却水进水温度不变，流量增加，出水温度降低，冷凝温度降低，故 COP 增加，选项 C 正确；冷冻水进水温度不变，冷冻水流量增加，蒸发温度增加，故机组制冷量增加，选项 D 错误。

2019-2-31. 参考答案：A

分析： 根据《冷水机组能效限定值及能效等级》GB 19577—2015 第 4.3 条及第 4.4 条可知，选项 A 错误；根据《公建节能 2015》第 4.2.10 条及表 4.2.11 可知，选项 BCD 正确。

2019-2-32. 参考答案：C

分析： 选项 A 中每台机组的制冷量为 8400kW，3 台总制冷量为 25200kW；根据《公建节能 2015》第 4.2.8 条可知，$\frac{25200}{22500}=1.12>1.1$，不满足要求，故选项 A 错误；单体制冷机组的制冷量应为 $\frac{22500}{3}=7500kW$。

根据《民规》第 8.2.4 条可知，应采用高压供电方式，即 380～10kV，故选项 B 错误；根据《公建节能 2015》第 3.1.2 条可知，北京属于寒冷地区，根据表 4.2.10 及表 4.2.11 查得其 COP 限值为 $5.8×0.93=5.394$，$IPLV$ 限值为 $6.1×1.3=7.93$，故选项 C 正确。

2019-2-33. 参考答案：B

分析： 根据《三版教材》P588 可知，选项 A 错误，选项 B 正确，不同制冷剂其容积制冷量不同，故相同冷量时压缩机的输入功率也不同；压缩机输入功率与多种因素有关，如冷凝压力、蒸发压力、系统实际运行时的效率等，故选项 C 错误；P_K/P_0 小，对减小压缩机的功耗、降低排气温度和提高压缩机的实际吸气量十分有益，选项 D 错误。

2019-2-34. 参考答案：B

分析： 根据《三版教材》P692 可知，选项 ACD 正确；稳流器的设计要控制弗鲁德数 Fr 与雷诺数 Re，故选项 B 错误。

2019-2-35. 参考答案：C

分析： 根据《三版教材》P654 可知，选项 A 错误，应为异辛醇；选项 B 的做法使溶液呈碱性，保持 pH 在 9.5～10.5 范围内，对碳钢—铜的组合结构防腐蚀效果良好，故选项 B 错误，选项 C 正确；融晶管时在发生器中设有的浓溶液溢流管，当热交换器浓溶液通路因结晶被阻塞时，发生器的液位升高，浓溶液经溢流管直接进入吸收器，提高进入热交换器的稀溶液温度，有助于浓溶液侧结晶的缓解，故不需要设置电磁阀进行开闭控制，选项 D 错误。

2019-2-36. 参考答案：D
　　分析：根据《三版教材》P606 可知，涡旋式制冷压缩机电机变速是多联式空调(热泵)机组的主要机型，根据式(4.3-5)可知，转速越小，其理论输气量越小，容积效率越大，故其 *EER* 越高，选项 A 正确；根据 P618 可知，选项 B 正确；根据 P631 可知，选项 C 正确；选项 D 无正确依据。

2019-2-37. 参考答案：C
　　分析：根据《三版教材》P595 可知，R410A 的 GWP 值为 1730，故选项 A 错误；制冷量相当时，R32 的压力略高于 R410A，故选项 B 错误，选项 C 正确；题设给出制冷量和蒸发温度相同，故 R32 的节流降压程度较大，毛细管的长度长，选项 D 错误。

2019-2-38. 参考答案：A
　　分析：根据《民规》第 8.3.4 条可知，选项 BCD 正确，选项 A 错误。

2019-2-39. 参考答案：B
　　分析：根据《城镇燃气设计规范》GB 50028—2006 第 10.2.16 条和第 10.2.17 条，选项 A 和选项 D 正确；根据第 10.2.21.1 条，选项 B 错误，不宜小于 2.2m；根据第 10.2.21.2 条，选项 C 正确，按不小于 6h^{-1} 换气次数计算。

• 2019-2-40. 参考答案：B
　　分析：根据《商业或工业用及类似用途的热泵热水机》GB 21362—2008 第 4.1.2 条，选项 A 正确；根据第 3.4 条和第 3.5 条，循环加热式热泵热水机组进水温度逐步提高，故热泵运行过程中的冷凝压力会变化，选项 B 错误，选项 C 正确；根据《三版教材》P812，环境温度越高，热泵热水机组性能系数越高，根据《民规》附录 A，成都地区室外环境温度低于重庆地区，故冬季设计工况下的 *COP* 值，低于重庆，选项 D 正确。

二、多项选择题(共 30 题，每题 2 分，每题的各选项中有两个或两个以上符合题意，错选、少选、多选均不得分)
　　2019-2-41. 参考答案：ACD
　　分析：根据《锅炉房设计规范》GB 50041—2008 第 4.1.3 条，"当锅炉房和其他建筑物相连或设置在其内部时，严禁设置在人员密集场所和重要部门的上一层、下一层、贴邻位置以及主要通道、疏散口的两旁，并应设置在首层或地下室一层靠建筑外墙部位"，结合其条文说明，选项 A 正确，选项 B 错误；选项 CD 表述均不完整，严格来说选项 CD 均错误，但本题为多选题，从出题人考察的角度来看，选项 CD 是作为正确选项来设置的，只是表达不够严谨。选 ACD。

2019-2-42. 参考答案：ACD
分析： 根据《民规》第 8.11.3 条及其条文说明，"对于供热来说，按照本条第 3 款计算出的换热器的单台能力如果大于第 2 款计算值的要求，表明换热器已经具备了一定的余额，因此就不用再乘以附加系数"。设置两台时，单台换热器的换热量取 $1000×(1.1\sim1.15)/2=(550\sim575)$kW 和 $1000×65\%=650$kW 两者中的较大值，选项 A 错误，选项 B 正确；设置三台时，单台换热器的换热量取 $1000×(1.1\sim1.15)/3=(366\sim384)$kW 和 $1000×65\%/2=325$kW 两者中的较大值，选项 CD 均错误。

2019-2-43. 参考答案：AC
分析： 根据《公建节能 2015》第 3.3.3 条及其条文说明可知，选项 A 正确，选项 BD 错误；根据《公建节能 2015》第 2.0.4 条及其条文说明可知，选项 C 正确。

2019-2-44. 参考答案：BCD
分析： 根据《民规》第 5.10.4 条可知，选项 A 错误，选项 BCD 正确。

2019-2-45. 参考答案：BCD
分析： 根据《三版教材》P138 可知，选项 A 正确；根据 P139 可知，选项 B 错误；如果不能对总供/回水管之间的水压差进行自控控制，管网特性曲线随着末端自动控制阀开度的变化而变化，选项 C 错误；根据 P143 "（4）解决水力失调的途径" 可知，加大运行流量只能加大解决水力失调，只有采取合理的设计和运行调节控制措施，消除水力失调，才能从根本上解决热力失调，选项 D 错误。

2019-2-46. 参考答案：ABD
分析： 根据《公建节能 2015》第 4.2.4 条及其条文说明可知，选项 ABD 正确；根据《三版教材》P150 "对于常压、真空热水锅炉，额定出口水温小于或等于 90℃"，选项 C 错误。

2019-2-47. 参考答案：ABC
分析： 根据《三版教材》P233 关于活性炭的特点可知，选项 ABC 正确。选项 D 错误，参见第（4）款。

2019-2-48. 参考答案：ABD
分析： 根据《三版教材》P234 可知，选项 A 错误，大于 10mg/m^3 才考虑预处理；根据《工规》第 7.3.5 条可知，选项 B 错误，按最大废气排放量的 120% 考虑；选项 C 正确，选项 D 错误，不应少于 3 个月

2019-2-49. **参考答案：**ABD

分析：吊顶底标高 5.4m，根据《防排烟规》第 4.2.4 条可知，最大允许面积为 1000m², 选项 A 错误；按机械排烟考虑，挡烟垂壁在吊顶下至少 5.4×10％＝0.54m，但吊顶下与梁底高差 400mm，应从梁下低 0.4＋0.54＝0.94m，选项 B 错误；根据 4.6.3 条第 1 款，计算排烟量为 60×500＝30000m³/h，选项 C 正确；两个防烟分区计算排烟量分别为 48000m³/h 和 39000m³/h，计算排烟量 87000m³/h，设计排烟量为计算排烟量的 1.2 倍，设计排烟量不小于 104400m³/h，选项 D 错误。

2019-2-50. **参考答案：**ABCD

分析：本题需要平时做好总结，除尘系统出口采用锥形风帽，自然通风出口采用避风风帽，其中筒形风帽属于避风风帽，伞形风帽为普通风帽不可用于自然通风出口，也不可用于除尘系统出口，因此选项 ABCD 正确。避风风帽可根据《三版教材》P186，其他三类风帽可参照国家标准图集 K150-1～3。

2019-2-51. **参考答案：**AB

分析：选项 A，采用定风量阀，能够保证风量恒定，但是随着系统的改变，为了保证风量，定风量阀会增加额外阻力，因此不会降低系统能耗，根据《民规》第 6.6.8 条，装设调节阀即可。选项 B，采用合理的曲率半径能够降低转弯阻力，但根据《民规》第 6.6.11 条，弯头推荐采用同心弧形弯管。选项 B 优先采用内弧外直不合理；选项 C，减小长短边之比，风管截面接近正方形，有利于降低阻力，合理。选项 D，采用椭圆风管的阻力比矩形低，合理。

2019-2-52. **参考答案：**CD

分析：选项 A 合理，落地安装需要设置减震。根据《防排烟规》第 6.5.3 条，选项 B 正确，选项 C 错误，排烟通风共用的风机不应采用橡胶减震。根据《通风与空调工程施工质量验收规范》GB 50243－2016 第 7.2.1 条第 2 款，选项 D 错误，每次不应停止在同一位置。

2019-2-53. **参考答案：**BC

分析：根据《建规 2014》第 8.5.2 条第 2 款可知，选项 A 应设排烟设施，错误；根据《建规 2014》条文说明表 3 可知，棉为丙类物质，根据第 8.5.2-3 条可知，选项 B 不必设置排烟设施，正确；根据《防排烟规》第 4.1.1 条可知，优先采用自然排烟，选项 C 正确。根据《防排烟规》第 4.1.3 条条文说明可知，当温差小于 15℃时中庭中烟气可能出现"层化"，此时应设置机械排烟并合理设置排烟口，选项 D 仅采用机械排烟的措施是不够的，还要降低排烟口高度，以有效排出烟气。

2019-2-54. **参考答案：**ACD

分析：根据《民规》第 10.3.2 条，选项 A 正确；演播区对噪声要求较高，属于消声量比较大的情况，根据第 10.2.5 条条文说明，可在支管或风口上设置消声设备，全部靠机组送回风消声段承担无法满足需求，选项 B 错误；根据第 10.2.4 条条文说明，选项 C 正确；根据第 10.3.8 条，选项 D 正确。

2019-2-55. 参考答案：BD

分析：根据《民规》第 7.4.8 条第 1 款，选项 A 错误，不宜低于 16℃；根据第 7.4.10 条第 1 款，选项 B 正确；根据第 7.4.10 条第 2 款，选项 C 错误，不宜大于 15℃；根据第 7.4.10 条第 3 款，选项 D 正确。

2019-2-56. 参考答案：AD

分析：根据风量平衡原理，选项 AD 正确；选项 B 错误，应为排风与回风量之和；选项 C 错误，因过渡季要求全新风运行，故新风管应按最大送风量设计。

2019-2-57. 参考答案：AB

分析：冷水循环泵入口处为定压点，无论水泵是否运行，该点所承受的水压均为膨胀水箱水位与循环泵的高差，选项 AB 正确；水泵正常运行时，出口压力为膨胀水箱水位与循环泵的高差和水泵扬程之和，选项 C 错误；水泵正常运行时，定压点并非系统压力最低点，最低点应为水系统最高水平管段的尾端，选项 D 错误。

2019-2-58. 参考答案：BCD

分析：水泵并联运行，存在并联衰减，但设计选用的水泵是考虑水泵并联运行曲线后的工作点流量（即水泵选型的铭牌参数 $100m^3/h$ 已考虑并联衰减损失），选项 A 错误；若阻力计算值偏小，则水泵扬程选型不足以克服实际阻力，根据水泵特性曲线可知，会导致流量不足，选项 B 正确；水泵实际性能不足，导致无法克服管网阻力，造成流量不足，选项 C 正确；水系统中存在过多杂质或气堵，增加了系统阻力，导致流量不足，选项 D 正确。

2019-2-59. 参考答案：AC

分析：题干中没有明确温湿度独立控制系统中的新风冷却除湿采用的供回水温度，故无法判断与常规系统冷水机组的制冷性能系数，选项 A 错误；温湿度独立控制系统中的干式风机盘管采用高温冷源，故冷水机组制冷性能系数高于常规冷水机组，选项 B 正确；空调区的设计冷负荷与空调系统形式无关，选项 C 错误；干式盘管一般选取较大的换热面积，较小的盘管排数以降低空气流动阻力，选项 D 正确。

2019-2-60. 参考答案：AC

分析：加大喷口向下角度，有利于热风直接送到人员活动区，选项 A 正确；降低送风量则导致出口风速降低，加大送风温度导致送风更易发生上浮，不利于提高活动区的温度，选项 B 错误；加大送风速度有利于将热风送至人员活动区，选项 C 正确；增加顶部回风口将导致热风分流，不利于提高活动区温度，选项 D 错误。

2019-2-61. **参考答案：ABC**

分析：根据《三版教材》P464，选项 ABC 正确。

2019-2-62. **参考答案：AB**

分析：根据《三版教材》P456，选项 A 正确，选项 C 错误，洁净室室内状态分为静态、动态、空态三种状态；选项 D 错误，测试状态应与业主协商；根据《红宝书》表 27.3-1，选项 B 正确。

2019-2-63. **参考答案：ACD**

分析：根据《三版教材》P668 可知，选项 A 正确；根据 P675 可知，选项 B 错误；根据 P669 可知，选项 C 正确；根据 P670 可知，选项 D 正确。

2019-2-64. **参考答案：CD**

分析：根据《蒸汽压缩循环冷水（热泵）机组 第1部分：工业或商业用及类似用途的冷水（热泵）机组》GBT 18430.1—2007 表 5 可知，选项 A 错误，选项 C 正确，选项 B 错误，根据第 5.6.3 条，表 5 仅针对装有自动融霜机构的空气源热泵机组；根据第 5.4 条可知，所测机组不低于机组明示值的 92%，$4.05 \times 92\% = 3.726 \approx 3.7$，故选项 D 正确。

2019-2-65. **参考答案：ABCD**

分析：根据《三版教材》P588 可知，选项 ABCD 正确。

2019-2-66. **参考答案：CD**

分析：根据《公建节能 2015》第 3.1.2 条可知，广州属于夏热冬暖地区，哈尔滨属于严寒地区，根据第 4.2.1 条第 11 款条文说明可知，对于大型工程，由于规模等方面的原因，系统的应用可能会受到一些限制，故将地源热泵作为其唯一的冷热源会影响系统稳定性。同时需要校核从土壤中的释热量与吸热量是否满足平衡要求，故选项 AB 错误，选项 CD 正确。

2019-2-67. **参考答案：AB**

分析：寒冷地区冬季湿球温度较低，故其冷却水温度过低，冷凝器压力过低，与蒸发器的压力差变小，循环动力变小，故会导致机组无法运行，选项 A 正确；单台冷水机组的额定制冷量选择过大时，冬季室内冷负荷较小时，无法卸载到所需冷量，故选项 B 正确；冷凝器的冷凝温度取冷却水的平均温度，其差值影响冷却水泵的循环流量，故选项 C 错误；寒冷地区冬季室外温度较低，由于其夏季可以正常运行，故冬季所需填料换热量减小，不足以影响机组无法运行，故选项 D 错误。

2019-2-68. **参考答案：BC**

分析：喷气控制机输送至压缩机的冷剂状态为饱和蒸汽，选项 A 中，膨胀阀节流后冷剂状态为气液共存，与冷凝器出口侧冷剂进行热量交换，变为饱和蒸汽，故其应为喷气控制，选项 A 正确，选项 B 错误；选项 C 中，冷凝器出口制冷剂状态为饱和液或者过冷液状态，故其图示为喷液控制，选项 C 正确，选项 D 错误。

2019-2-69. 参考答案：BCD
分析：根据《公建节能 2015》第 3.1.2 条可知，新疆乌鲁木齐市为严寒 C 区，根据《民规》第 7.3.24 条条文说明可知，选项 A 正确；显热回收效率与其温度相关，潜热回收效率含湿量相关，故选项 B 错误；全热回收效率应为二者的加权值，故选项 C 错误；游泳馆自身产湿量大，用潜热回收会使一部分排出的水蒸气重新回到空调区，增加了室内的湿负荷，故其不应回收潜热，选项 D 错误。

2019-2-70. 参考答案：BC
分析：根据《商业或工业用及类似用途的热泵热水机》GB 21362—2008 第 4.3.1 条，选项 A 正确，选项 B 错误，试验工况为 5 种：名义工况、最大负荷工况、融霜工况、低温工况、变工况运行。根据《三版教材》P812，选项 D 正确；根据《三版教材》P812 及《热泵热水机（器）能效限定值及能效等级》GB 29541—2013，能效等级分为 5 级，选项 C 错误。

专业案例考试（上）

2019-3-1. 参考答案：D
主要解题过程：根据《工业设备及管道绝热工程设计规范》GB 50264—2013 第 5.3.3-2 条：

$$\ln \frac{D_1}{D_0} = \frac{2\pi\lambda(T_0 - T_a)}{[q]} - \frac{2\lambda}{D_1\alpha_s}$$

$$\ln \frac{D_1}{219} = \frac{2 \times 3.14 \times 0.035 \times (120 - 40)}{[q]} - \frac{2 \times 0.035}{D_1 \times 8.141}$$

$$\ln \frac{D_1}{219} + \frac{0.07}{D_1 \times 8.141} \geq \frac{17.584}{40} = 0.4396$$

所获得的方程为超越方程，无法直接求解，因此分别将选项厚度带入上述不等式，验证结果，确定最小保温厚度：

选项 A：

$$\ln \frac{D_1}{219} + \frac{0.07}{D_1 \times 8.141} = \ln \frac{319}{219} + \frac{0.07}{319 \times 8.141} = 0.3761 < 0.4396$$

不符合要求。

选项 B：

$$\ln \frac{D_1}{219} + \frac{0.07}{D_1 \times 8.141} = \ln \frac{329}{219} + \frac{0.07}{329 \times 8.141} = 0.4070 < 0.4396$$

不符合要求。

选项 C：

$$\ln \frac{D_1}{219} + \frac{0.07}{D_1 \times 8.141} = \ln \frac{339}{219} + \frac{0.07}{339 \times 8.141} = 0.4370 < 0.4396$$

不符合要求。

选项 D:

$$\ln \frac{D_1}{219} + \frac{0.07}{D_1 \times 8.141} = \ln \frac{349}{219} + \frac{0.07}{349 \times 8.141} = 0.4660 > 0.4396$$

符合要求。

2019-3-2. 参考答案: C

主要解题过程: 根据《三版教材》P18,屋顶下的温度为:

$$t_d = t_g + \Delta t_H (H - 2) = 18 + 0.23 \times (12 - 2) = 20.3℃$$

室内平均温度为:

$$t_{np} = \frac{t_d + t_g}{2} = \frac{20.3 + 18}{2} = 19.15℃$$

2019-3-3. 参考答案: A

主要解题过程: 小区改造前和改造后的供暖热负荷分别为 $Q_{1,18}$、$Q_{2,20}$,则有:

$$\frac{Q_{1,18}}{Q_{2,20}} = \frac{G_1 \times c_p \times \Delta t_1}{G_2 \times c_p \times \Delta t_2} = \frac{G_1 \times c_p \times (85 - 60)}{60\% \times G_1 \times c_p \times (60 - 40)} = \frac{25}{12}$$

节能改造后室内温度为18℃时的热负荷为、$Q_{2,18}$,则有:

$$\frac{Q_{2,20}}{Q_{2,18}} = \frac{20 - (-16)}{18 - (-16)} = \frac{18}{17}$$

该住宅小区节能改造后的供暖热负荷比改造前的节能百分比为:

$$\frac{Q_{1,18}}{Q_{2,18}} = \frac{Q_{1,18}}{Q_{2,20}} \times \frac{Q_{2,20}}{Q_{2,18}} = \frac{25}{12} \times \frac{18}{17} = \frac{75}{34}$$

$$\varepsilon = \frac{Q_{1,18} - Q_{2,18}}{Q_{1,18}} = \frac{75 - 34}{75} = 54.6\%$$

2019-3-4. 参考答案: D

主要解题过程: 根据《三版教材》式(1.8-14),疏水阀设在末端安全系数取3,该疏水阀的设计排出凝结流量为:

$$G_{sh} = \frac{FK(t_1 - t_2)CE}{H}$$

$$= \frac{(0.25 \times 3.14 \times 120) \times (20 \times 10^{-3} \times 3600) \times (150 - (-12)) \times 3 \times (1 - 75\%)}{2118}$$

$$= 389.1 \text{kg/h}$$

2019-3-5. 参考答案: D

主要解题过程: 根据《三版教材》式(1.8-23),管道的受热膨胀量为:

$$\Delta x = 0.018 \times (t_1 - t_2) \times L$$

$$= 0.0118 \times (85 - 5) \times 160$$
$$= 151.04\text{mm}$$

由题意，最小预拉伸量为：

$$\Delta x' = \frac{\Delta x}{3} = 50.3\text{mm}$$

2019-3-6. 参考答案：A

主要解题过程： 根据《三版教材》P174，消除有害物需要将多种有害物和刺激性气体进行叠加，通风量按消除余热、余湿、消除有害物所需通风量三者取最大值。

$$L_1 = 40000 + 10000 + 10000 = 60000\text{m}^3/\text{h} > 30000\text{m}^3/\text{h}$$

所需通风量为 $60000\text{m}^3/\text{h}$。

2019-3-7. 参考答案：C

主要解题过程： 余压阀目的在于通过旁通风量，保证楼梯间与前室之间的压力状态，正压送风条件下楼梯间压力状态高于前室压力状态。根据风量平衡，送入楼梯间的风量在压差作用下泄漏到前室，因此保证 25Pa 压差的门洞漏风量和保证洞口的风量应该相等。若计算 25Pa 保证压差的门洞风量低于保持门洞的风速的风量，在系统运行时，漏风量将增大，实际表征为两侧压差大于 25Pa，此时需要通过余压阀把超过 25Pa 缝隙风量泄到前室。此处可结合《红宝书》式（13.4-3）理解。解题过程如下：

由题意，根据《防排烟规》第 3.4.5 条，楼梯间送入的正压送风量为：

$$L_j = 4.2 + 0.8 = 5 \text{ m}^3/\text{s}$$

按《防排烟规》式（3.4.7）折算压差为 25Pa 时的漏风量：

$$L_{25\text{pa}} = L_{6\text{Pa}} \times \sqrt{\frac{25}{6}} = 0.8 \times \sqrt{\frac{25}{6}} = 1.6\text{m}^3/\text{s} < 5.0\text{m}^3/\text{s}$$

因此，多余的部分为余压阀泄出风量：

$$L_{yu} = L_j - L_{25\text{Pa}} = 5.0 - 1.6 = 3.4\text{m}^3/\text{s}$$

2019-3-8. 参考答案：A

主要解题过程： 根据《工规》第 6.4.3 条：事故通风量按房间高度不大于 6m 的体积计算，不低于 12h^{-1}：

$$L = (30 \times 20 \times 6) \times 12 = 43200\text{m}^3/\text{h}$$

2019-3-9. 参考答案：C

主要解题过程： 除尘器为负压运行，经过除尘器，风量增加，粉尘量下降，可计算除尘器出口空气含尘浓度为：

$$C_0 = \frac{x}{L_c} = \frac{(20 \times 20000) \times (1 - 80\%) \times (1 - 99.1\%)}{20000 \times (1 + 2\%) \times (1 + 3\%)} = 0.0343\text{g/m}^3$$

出口环境状态非标准状态，出口状态空气密度为：

$$\rho = \frac{353}{273 + 20} = 1.205\text{kg/m}^3$$

折算为标准状态排放浓度为：

$$C_N = \frac{1.293\,C_0}{\rho} = \frac{1.293 \times 0.0343}{1.205} = 0.0368\text{g/m}^3 = 36.8\text{mg/m}^3$$

2019-3-10. 参考答案：D

主要解题过程： 全效率为全部粒径颗粒过滤颗粒量的总和，可参考《三版教材》式（2.5-17）。

$$\eta = \Sigma \eta_i x_i = 70\% \times 13\% + 92.5\% \times 17\% + 96\% \times 25\% + 99\% \times 23\% + 100\% \times 22\%$$
$$= 93.595\%$$

2019-3-11. 参考答案：C

主要解题过程： 根据《工规》第 6.9.5 条，风管内有爆炸危险粉尘浓度不大于爆炸下限的 50%，设排风量为 L，则有：

$$\frac{7400}{L} \leqslant 50\% \times 37$$

即最小排风量为：

$$L \geqslant \frac{7400}{50\% \times 37} = 400\text{m}^3/\text{h}$$

2019-3-12. 参考答案：B

主要解题过程： 根据《三版教材》表 3.9-6，两台风机声功率相差 10dB（A），附加值为 0.4 dB（A），故总噪声声功率级为 $70+0.4=70.4$dB（A）。

2019-3-13. 参考答案：B

主要解题过程： 做 h-d 图，过状态点 1 做等含湿量线与状态点 2 的等焓线相交于状态点 3，查得 $t_3 = 24.2$℃，盘管加热量为：

$$Q = c_p G \Delta t = \frac{1.01 \times 1.2 \times 1000 \times (24.2 - 1)}{3600} = 7.8\text{kW}$$

2019-3-14. 参考答案：A

主要解题过程： 7℃与 17℃水混合为 12℃，根据能量守恒与质量守恒方程，可求得通过电动阀的水流量为 50/2=25m³/h，根据《三版教材》式（3.8-1），电动阀流通能力为：

$$C = \frac{316G}{\sqrt{\Delta P}} = \frac{316 \times 25}{\sqrt{100 \times 1000}} = 25$$

2019-3-15. 参考答案：C

主要解题过程： 温湿度独立控制系统，新风负担室内全部湿负荷，则送风状态点 L 与室内状态点 N 的湿差为：

$$\Delta d = d_{\mathrm{N}} - d_{\mathrm{L}} = \frac{W}{G} = \frac{12}{5 \times 1.2} = 2\mathrm{g/kg}$$

查 h-d 图,室内含湿量 $d_{\mathrm{N}} = 11.5\mathrm{g/kg}$,故送风状态点含湿量为 $d_{\mathrm{L}} = 11.5 - 2 = 9.5\mathrm{g/kg}$,与 $\varphi = 95\%$ 相对湿度线交于机器露点 L,查得 $h_{\mathrm{L}} = 38.3\mathrm{kJ/kg}$,室内焓值为 $h_{\mathrm{N}} = 55.5\mathrm{kJ/kg}$。

根据《三版教材》式(3.11-9)有:
$$\rho L_{\mathrm{P}}(h_{\mathrm{w}} - h_{\mathrm{N}})\eta_{\mathrm{h}} = \rho L_{\mathrm{X}}(h_{\mathrm{w}} - h_{\mathrm{w}'})$$

新风经热回收后的焓值为:
$$h_{\mathrm{w}'} = h_{\mathrm{w}} - \frac{\rho L_{\mathrm{P}}(h_{\mathrm{w}} - h_{\mathrm{N}})\eta_{\mathrm{h}}}{\rho L_{\mathrm{X}}} = 84 - \frac{1.2 \times 1 \times (84 - 55.5) \times 65\%}{1.2 \times 1.25} = 14.8\mathrm{kJ/kg}$$

新风机组表冷器的供冷量为:
$$Q = \rho L_{\mathrm{X}}(h_{\mathrm{w}'} - h_{\mathrm{L}}) = \frac{1.2 \times 20000 \times (69.2 - 38.3)}{3600} = 206\mathrm{kW}$$

2019-3-16. 参考答案:B

主要解题过程: 控制排风出口为 1℃,则排风热回收量为:
$$Q_1 = \frac{c_{\mathrm{p}}\rho L_{\mathrm{p}}(t_{\mathrm{n}} - t_{\mathrm{p}})}{3600} = \frac{1.01 \times 1.26 \times 2700 \times (18 - 1)}{3600} = 16.23\mathrm{kW}$$

热回收后的新风温度为:
$$t_{\mathrm{w}}' = t_{\mathrm{w}} + \frac{Q_1 \times 3600}{c_{\mathrm{p}}\rho L_{\mathrm{x}}} = -22 + \frac{16.23 \times 3600}{1.01 \times 1.26 \times 3000} = -6.7℃$$

新风等温送入室内,加热盘管的加热量为:
$$Q_2 = \frac{c_{\mathrm{p}}\rho L_{\mathrm{x}}(t_{\mathrm{n}} - t_{\mathrm{w}}')}{3600} = \frac{1.01 \times 1.26 \times 3000 \times (18 + 6.7)}{3600} = 26.2\mathrm{kW}$$

2019-3-17. 参考答案:B

主要解题过程: 转轮除湿量为:
$$W = \frac{\rho L \Delta d}{3600} = \frac{1.2 \times 10000 \times (8.9 - 6.2)}{1000} = 32.4\mathrm{kg/h}$$

水蒸气冷凝放热量为:
$$Q = \frac{rW}{3600} = \frac{2500 \times 32.4}{3600} = 22.5\mathrm{kW}$$

流出转轮的空气干球温度为:
$$t_2 = t_1 + \frac{Q \times 3600}{c_{\mathrm{p}}\rho L} = 13 + \frac{22.5 \times 3600}{1.01 \times 1.2 \times 10000} = 19.7℃$$

2019-3-18. **参考答案：C**
主要解题过程：

2019-3-18 题解析图

如上图所示，设计工况时，风机处于 1 点运行，六层新风支管电动阀全开，此时系统总运行风量 $L_1 = 18000 \mathrm{m^3/h}$，系统总压力损失 $H_1 = 600 \mathrm{Pa}$，a 点静压为 250Pa，a 点全压即 a 点至用户侧的压力损失，为：

$$\Delta P_{\text{a点-用户侧}} = P_{\text{a点全压}} = P_{\text{a点静压}} + P_{\text{a点动压}} = 250 + \frac{1.2 \times 9^2}{2} = 298.6 \mathrm{Pa}$$

则新风入口至 a 点的压力损失为：

$$\Delta P_{\text{新风入口-a点}} = P_{\text{风机全压}} - P_{\text{a点全压}} = 600 - 298.6 = 301.4 \mathrm{Pa}$$

计算风管阻力数为：

$$S_{\text{a点-用户侧}} = \frac{\Delta P_{\text{a点-用户侧}}}{L_1^2} = \frac{298.6}{18000^2} = 9.216 \times 10^{-7}$$

$$S_{\text{新风入口-a点}} = \frac{\Delta P_{\text{新风入口-a点}}}{L_1^2} = \frac{301.4}{18000^2} = 9.302 \times 10^{-7}$$

当用户侧只开三层时，另外三层电动阀关闭，管网阻力增大，由①变为②，风机运行工况沿 $L\text{-}H$ 特性曲线向左上方移动至 2 点，a 点静压高于设定值（250Pa），此时风机还未进行降频，则风机性能仍满足工频时的全压—风量关系式，即有：

$$H_2 = 681 + 1.98 \times 10^{-2} \times L_2 - 1.35 \times 10^{-6} \times L_2^2 \tag{1}$$

因每层支管上设有定风量阀，风机降频稳定后位于工况点 3，系统运行风量为 $L_3 = 9000 \mathrm{m^3/h}$，a 点静压维持 250Pa 不变，a 点全压仍即 a 点至用户侧的压力损失，为：

$$\Delta P'_{\text{a点-用户侧}} = P'_{\text{a点全压}} = P_{\text{a点静压}} + P'_{\text{a点动压}} = 250 + \frac{1.2 \times 4.5^2}{2} = 262.15 \mathrm{Pa}$$

则只开三层时，a 点至用户侧的阻力数变为：

$$S'_{\text{a点-用户侧}} = \frac{\Delta P'_{\text{a点-用户侧}}}{L_3^2} = \frac{262.15}{9000^2} = 3.236 \times 10^{-6}$$

则只开三层时，系统总阻力数变为：

$$S'_{\text{总}} = S_{\text{新风入口-a点}} + S'_{\text{a点-用户侧}} = 4.17 \times 10^{-6}$$

运行工况点 2 满足下列关系式：

$$H_2 = S'_{总} L_2^2 = 4.17 \times 10^{-6} \times L_2^2 \qquad (2)$$

联立式(1)和式(2),解得 $L_2 = 13043.5\text{m}^3/\text{h}$。

风机由工况点2变频至工况点3,有:

$$f' = \frac{L_3}{L_2} f = \frac{9000}{13043.5} \times 50 = 34.5\text{Hz}$$

扩展: 解答本题,核心是绘制 H-L 图,下列各点需要理解:

首先,明确设计工况下的1点和变频工况下的3点,是分别由不同风机曲线和管路特性曲线交叉得到的点;

其次,明确风管点a的全压组成:

$$\text{a点全压} = \text{a点的静压250Pa} + \text{a点的动压}\frac{1}{2}\rho v^2$$

这其中静压250Pa设定全程不变,动压随流速变化;

再次,明确各曲线之间的转换关系:

① 相同管路特性曲线、不同风机特性曲线(f 和 f')之间的转换关系是由转速构成的;

② 题干给出的公式 $H = 681 + 1.98 \times 10^{-2} \times L - 1.35 \times 10^{-6} \times L^2$ 是设计工况50Hz下才成立的,因此公式只能应用于1点和2点。

③ 要明白只要管路情况不变,管路阻力数 S 就不会变。

最后,如果想通过"设计工况"下的风机曲线和"变频工况"下的风机曲线之间关系来求解频率 f',只有位于相同管路特性曲线上才可以使用《三版教材》表2.8-6的公式,即只有2和3之间才具有可比性。

2019-3-19. 参考答案: C

主要解题过程: 根据《公建节能2015》第4.3.12条,有

$$X = \frac{V_{\text{on}}}{V_{\text{st}}} = \frac{30 \times 30 + 25 \times 30}{8000} = 0.20625$$

$$Z = \frac{V_{\text{oc}}}{V_{\text{sc}}} = \frac{30 \times 30}{3000} = 0.3$$

$$Y = \frac{X}{1 + X - Y} = \frac{0.20625}{1 + 0.20625 - 0.3} = 0.228$$

则系统新风量为: $\qquad G_X = 8000 \times 0.228 = 1824\text{m}^3/\text{h}$

新风负荷为:

$$Q_X = \frac{\rho G_X (h_w - h_n)}{3600} = \frac{1.2 \times 1824 \times (90.6 - 54.8)}{3600} = 21.8\text{kW}$$

空气处理机组的设计冷负荷应为:

$$Q_{总} = Q_X + Q_n = 21.8 + 32.6 = 54.4\text{kW}$$

2019-3-20. 参考答案: B

主要解题过程: 根据《三版教材》式(4.7-7)可知:

$$q_c = \frac{\sum_{i=1}^{24} q_i}{n_2 + n_i \cdot c_i} = \frac{30000}{10 + 8 \times 0.65} = 1974\text{kW}$$

2019-3-21. **参考答案：** B

主要解题过程：

$$Q = cm\Delta t = \frac{4.18 \times 50 \times (32 - 10) \times 10^3}{3600} = 1277\text{W}$$

2019-3-22. **参考答案：** B

主要解题过程： 电动蒸汽压缩式热泵机组对土壤的释热量为：

$$Q_1 = Q\left(1 - \frac{1}{5}\right) = 0.8Q$$

直燃型吸收式热泵机组对土壤的释热量为：

$$Q_2 = Q\left(1 - \frac{1}{1.67}\right) = 0.4Q$$

故 $Q_1/Q_2 = 0.8Q/0.4Q = 2$。

2019-3-23. **参考答案：** A

主要解题过程： 空调设计日总制冷量为：$Q_s = 50000\text{kWh}$。

蓄冷槽容积：

$$V = \frac{50000 \times 1.05 \times (1 + 3\%)}{1.163 \times 0.9 \times 8} = 6458\text{m}^3$$

机组的总制冷能力为：

$$q = \frac{50000 \times (1 + 3\%)}{8} = 6437.5\text{kW}$$

2019-3-24. **参考答案：** D

主要解题过程： 设系统的制冷剂流量为 M。

无热气旁通时：

$$h_6 = h_4 = h_3$$

$$Q_1 = M(h_1 - h_6) = M(410 - 260) = 150M$$

$$COP_1 = \frac{Q_1}{W} = \frac{M(h_1 - h_6)}{M(h_2 - h_1)} = \frac{150M}{20M} = 7.5$$

有热气旁通时：

$$Q_2 = M[h_1 - (0.2 \times h_2 + 0.8 \times h_4)]$$
$$= M[410 - (0.2 \times 430 + 0.8 \times 260)] = 116M$$

$$COP_2 = \frac{Q_2}{W} = \frac{116M}{(430 - 410)M} = 5.8$$

$$\frac{Q_2}{Q_1} = \frac{116M}{150M} = 0.77$$

$$\frac{COP_2}{COP_1} = \frac{5.8}{7.5} = 0.77$$

2019-3-25. **参考答案：** D

主要解题过程： 根据《三版教材》式（6.3.2）可知：

$$Q_h = \sum kN Q_n$$

变更前，$N=200$，查表 6.3-4，得 $k=0.16$。则：

$$Q_n = \frac{Q_h}{\sum kN Q_n} = \frac{38.4}{0.16 \times 200} = 1.2 \text{m}^3/\text{h}$$

变更后，$N=400$，查表 6.3-4，得 $k=0.14$。

$$Q_h = \sum kN Q_n = 0.14 \times 400 \times 1.2 = 67.2 \text{m}^3/\text{h}$$

专业案例考试（下）

2019-4-1. **参考答案：** D

主要解题过程： 根据《三版教材》式（1.1-3），该外墙的主体部位传热系数为：

$$K_p = \frac{1}{\frac{1}{8.7} + \frac{0.02}{0.95} + \frac{0.4}{0.19 \times 1.25} + \frac{0.075}{0.04 \times 1.3} + \frac{1}{23}} = 0.302 \text{W}/(\text{m}^2 \cdot \text{K})$$

根据《公建节能 2015》附录 A 第 A.0.2 可知，外墙的平均传热系数为：

$$K = \phi \times K_p = 1.3 \times 0.302 = 0.3926 \text{W}/(\text{m}^2 \cdot \text{K})$$

根据《公建节能 2015》第 3.3.1 条表 3.3.1-2 结合题干条件可知，该办公建筑的外墙传热系数限值为 $\leqslant 0.38$，计算值为 0.3926，所以不满足性能限值规定，选 D。

说明：本题首次强调了"平均传热系数"的概念，这在往年是没有考虑的。

2019-4-2. **参考答案：** C

主要解题过程： 根据《三版教材》P19，房间高度大于 4m 时，每高出 1m 应附加 2%，总附加率不应大于 15%；窗墙面积比不超过 1:1，不考虑窗墙比附加。房间的计算总热负荷为：

$$Q = (1200 + 400) \times (1 - 5\%) \times (1 + (9-4) \times 2\%) + 300 = 1972\text{W}$$

2019-4-3. **参考答案：** D

主要解题过程： 循环水泵扬程为 $10\text{mH}_2\text{O}$，则在系统顶点处考虑经过了一半流程，动压损失一半，则系统定点工作压力为：

$$P_1 = P_j + P_d = (35 - 30) + \frac{10}{2} = 10\text{m H}_2\text{O} = 0.1\text{MPa}$$

根据《建筑给水排水及采暖工程施工质量验收规范》GB 5242—2002 第 8.6.1.1 条，该系统的顶点试验压力为：

$$P_{1,s} = P_1 + 0.1 = 0.2\text{MPa} < 0.3\text{MPa}$$

顶点试验压力为 0.3MPa，以该系统底部进行试验时，试验压力为：

$$P_{2,s} = P_{1,s} + (30+5) \times 10 \times 10^{-3} = 0.65\text{MPa}$$

2019-4-4. 参考答案：B

主要解题过程： 根据《三版教材》P112可知"在确定分户热计量供暖系统的户内供暖设备容量和户内管道时，应考虑户间传热对供暖设备的附加，但附加量不应超过50%，且不应计入供暖系统的总热负荷内"，则该建筑供暖系统的总热负荷为：

$$\Sigma Q = Q_1 + Q_{2\sim5} + Q_6$$
$$= (2400 + 1900 + 2300) + (2000 + 1500 + 1900) \times 4 + (2500 + 2000 + 2400)$$
$$= 35100W = 35.1kW$$

3层的B户型室内全部户间传热若计入其中，则其附加比例为：

$$\varepsilon = \frac{400 \times 2 + 200 \times 2}{1500} \times 100\% = 80\% > 50\%$$

3层的B户型户间传热量按不超过50%考虑，因此3层B户型散热器供热量为：

$$Q_B = 1500 \times (1 + 50\%) = 2250W = 2.25kW$$

扩展： 本题部分考生认为户间传热量不超过50%附加需要按照户间传热量本身综合的50%计算，即$(800 \times 2 + 200 \times 2) \times 50\% = 1000W$，因此3层B户型供热量为2.5kW。这种考虑是错误的，首先这种核算没有参考答案，其次注册考试的参考资料为《三版教材》，教材只给出按不超过50%热负荷附加，这种按户间传热本身50%的做法来自于《红宝书》的说法，但是《红宝书》不是考试大纲要求的内容，不能作为依据。此题进一步印证，考题内容优先考虑《三版教材》。

2019-4-5. 参考答案：C

主要解题过程： 根据《三版教材》P38可知"辐射供暖房间的设计温度可以比对流供暖时降低2~3℃"，改为局部辐射供暖后仅白天使用，根据P19可知，要考虑20%的间歇附加，则该厂房全面辐射供暖热负荷为：

$$Q_{qm} = 1200 \times (1 + 20\%) \times \frac{(19-3) - (-3)}{19 - (-3)} = 1244kW$$

根据《三版教材》P43局部辐射供暖热负荷计算系数：

$$f = \frac{4000}{10000} = 0.4$$

由表1.4-4可知，计算系数取0.54，该供暖系统的最小热负荷为：

$$Q_j = 1244 \times 0.54 = 671.71W$$

2019-4-6. 参考答案：C

主要解题过程： 不考虑保温材料，其他材料的总热惰性指标为：

$$D' = \Sigma RS = 0.23 + 3.11 + 0.23 = 3.57$$

若围护结构总热惰性指标超过4.1，则聚苯板厚度为：

$$\delta > \frac{4.1 - 3.57}{0.34} \times (0.032 \times 1.1) = 0.0549m = 54.9mm$$

当厚度不超过54.9mm时，总热惰性指标介于1.6和4.1之间，根据《三版教材》P7，室外计算温度为：

$$t_w = 0.3t_{wn} + 0.7t_{p\cdot min} = 0.3 \times (-22.4) + 0.7 \times (-30.9) = -28.35℃$$

根据《三版教材》P4：

$$R_{0.min} = \frac{18 - (-28.35)}{3} \times 0.11 - (0.11 + 0.04) = 1.55 m^2 \cdot K/W$$

聚苯板设在混凝土结构层外侧，按外侧查取修正系数为1.1，因此所需要的挤塑聚苯板的最小厚度为：

$$R_{0.min} = R_j = 0.02 + 0.34 + \frac{\delta}{0.032 \times 1.1} + 0.02 > 1.55$$

$$\delta > 0.041m = 41mm$$

对于厚度超过54.9mm的情况不必计算，即使成立，满足计算条件的保温材料厚度也将超过41mm，因此选项C满足最小厚度的要求。

2019-4-7. 参考答案：B

主要解题过程： 根据《工规》第7.1.5条，除尘系统排风量应按同时工作的最大排风量以及间歇工作的排风点漏风量之和计算，间歇工作阀门关闭时漏风量取正常排风量的15%~20%。根据条文说明，对于4个除尘系统，按15%附加效果良好，因此本题参考条文说明，按15%附加非同时工作的漏风量：

$$L = (2000 \times 3) + 15\% \times (2000 \times 2) = 6600 \ m^3/h$$

2019-4-8. 参考答案：D

主要解题过程： 根据《工业企业卫生标准》GBZ 1—2010第6.1.5.1-g条，"局部通风除尘、排毒系统，在排风净化后，循环空气中粉尘、有害气体浓度大于或等于其职业接触限值的30%"时不宜采用循环空气，因此需要保证石灰石净化后浓度不高于职业接触限值的30%。

根据《工作场所有害因素职业接触限值　化学有害因素》GBZ 2.1—2007表2查得石灰石总尘限值为8mg/m²，因此循环空气中粉尘浓度最高限值为：

$$C = 30\% \times 8 = 2.4 mg/m^3$$

2019-4-9. 参考答案：C

主要解题过程： 根据风量平衡，可计算机械进风量为：

$$G_{jj} = G_{jp} - G_{zj} = 5 \times 1.2 - 1 \times 1.36 = 4.64 kg/s$$

设机械补风送风温度为t_{jj}，列热平衡方程：

$$60 + 1.01 \times 5 \times 1.2 \times 18 = 20 + 1.01 \times 4.64 \times t_{jj} + 1.01 \times 1 \times 1.36 \times (-15)$$

可得，补风送风温度为$t_{jj} = 36.2℃$。室外温度-15℃，可计算补风加热量：

$$Q_b = G \cdot c_p \cdot (t_{jj} - t_w) = 4.64 \times 1.01 \times (36.2 - (-15)) = 240 kW$$

扩展： 本题不可直接采用热平衡方程求解补热量，热平衡方程等号右边第2项的补热量为房间本身为了维持室内供暖温度所需的补热，不是补风的加热量。

2019-4-10. 参考答案：D

主要解题过程： 由题意，根据《防排烟规》式(4.6.11-1)的Q_c说明，计算热释放速率的对流部分：

$$Q_c = 3000 \times 0.7 = 2100\text{kW}$$

由式（4.6.12）计算烟层平均温度与环境温度的差：

$$\Delta T = \frac{K Q_c}{M_\rho C_\rho} = \frac{1 \times 2100}{110 \times 1.01} = 18.9℃$$

按式（4.6.13-1）计算排烟量：

$$V = \frac{M_\rho T}{\rho_0 T_0} = \frac{110 \times (293.15 + 18.9)}{1.2 \times 293.15} = 97.58 \text{ m}^3/\text{s} = 35.13 \times 10^4 \text{m}^3/\text{h}$$

说明：本题不清楚高大空间类型，是否按照其他公共建筑的热释放速率来计算。按照热释放速率 3MW 有喷淋情况，由《防排烟规》表 4.6.7 可知，题目情况相当于带有喷淋的商店。计算结果已经远远超过《防排烟规》表 4.6.3 中净高 9m 商店的排烟量，不必进一步对比表格值。

2019-4-11. 参考答案：C

主要解题过程：由题意，根据《汽车库、修车库、停车场设计防火规范》GB 50067—2014 第 8.2.5 条，可计算净高 3.6m 单个防烟分区排烟量：

$$L_{p,1} = 30000 + (3.6 - 3) \times \frac{31500 - 30000}{4 - 3} = 30900\text{m}^3/\text{h}$$

根据第 8.2.10 条，补风量不小于排烟量 50%：

$$L_{b,1} = 30900 \times 50\% = 15450\text{m}^3/\text{h}$$

由题意，所有排烟系统均可能投入运行，单个防烟分区不超过 2000m²，对于 3600m² 防火分区至少 2 个防烟分区，均需要设置一个排烟系统，当所有排烟系统均可运行时，补风量需要满足 2 个防烟分区的总和。

$$L_b = 15450 \times 2 = 30900\text{m}^3/\text{h}$$

因此补风系统最小总风量最接近选项 C。

2019-4-12. 参考答案：C

主要解题过程：膨胀水箱定压静水高度为：

$$P_{静} = \frac{\rho g h}{1000} = \frac{1000 \times 9.8 \times 30}{1000} = 294\text{kPa}$$

水泵出口表压为：

$$P_{出口} = P_{静} + H - \Delta P = 294 + 274 - \frac{1}{2} \times 1000 \times (4^2 - 1.5^2) \times 10^3 = 561.1\text{kPa}$$

2019-4-13. 参考答案：C

主要解题过程：根据《公建节能 2015》第 D.0.4 条，保温最小热阻为 0.81m² · K/W，根据《三版教材》式（3.10-5），柔性泡沫橡塑的传热系数为：

$$\lambda = 0.0341 + 0.00013 t_m = 0.0341 + 0.00013 \times \frac{26 + 15}{2} = 0.0368\text{W}/(\text{m} \cdot \text{K})$$

绝热层最小厚度为：

$$\delta = R\lambda = 0.81 \times 0.0368 = 0.0298\text{m} = 30\text{mm}$$

2019-4-14. **参考答案：** B

主要解题过程： 空调系统的冷负荷应为各空调区逐时冷负荷的综合最大值，对应 15：00，系统负荷为 7900W，该时刻各房间所需送风量为：

$$G = \frac{Q \times 3.6}{c_p \rho (t_n - t_o)} = \frac{7900 \times 3.6}{1.01 \times 1.2 \times (24 - 15)} = 2607\text{m}^3/\text{h}$$

2019-4-15. **参考答案：** B

主要解题过程： 空调供回水温差为 12−6=6℃，校核不同水流量时，风盘供冷量不应小于下列数值：

水流量为 0.080L/s 时：$Q_1 \geqslant c_p m_1 \Delta t = 4.18 \times 0.080 \times 6 = 2006\text{W}$；

水流量为 0.120L/s 时：$Q_2 \geqslant c_p m_2 \Delta t = 4.18 \times 0.120 \times 6 = 3010\text{W}$；

水流量为 0.160L/s 时：$Q_3 \geqslant c_p m_3 \Delta t = 4.18 \times 0.160 \times 6 = 4013\text{W}$；

水流量为 0.200L/s 时：$Q_4 \geqslant c_p m_4 \Delta t = 4.18 \times 0.200 \times 6 = 5016\text{W}$。

对比 25℃/50％ 一列的风机盘管供冷能力，最接近 3015W，选 B。

2019-4-16. **参考答案：** D

主要解题过程： 查 h-d 图，室内露点温度为 16.7℃，按结露时计算供水温度为：

$$t_g = t_b - qR = 16.7 - 21 \times 0.07 = 15.2\text{℃}$$

根据《辐射供暖供冷技术规程》JGJ 142—2012 第 3.1.4 条，需要控制辐射供冷表面温度。根据《三版教材》式 (3.4-11a)，得辐射供冷表面控制温度为：

$$t_{sm} = t_i - \frac{q}{8.92} = 25 - \frac{q21}{8.92} = 22.6\text{℃}$$

则，

$$t_g \geqslant t_{sm} - qR = 22.6 - 21 \times 0.07 = 21.13\text{℃}$$

2019-4-17. **参考答案：** A

主要解题过程： 室内无湿负荷，则空调送风状态点位于室内点等含湿量线上，送风温度为 25−8=17℃，送风含湿量为 11g/kg干空气，根据《三版教材》式 (3.1-4)，送风焓值为：

$$h_o = 1.01 t_o + d_o (2500 + 1.84 t_o) = 1.01 \times 17 + \frac{11 \times (2500 + 1.84 \times 17)}{1000} = 45\text{kJ/kg}$$

空调系统送风量为

$$G = \frac{Q}{c_p \Delta t} = \frac{20.25}{1.01 \times 8} = 2.51\text{kg/s}$$

空调系统计算冷量为

$$Q_c = G(h_w - h_o) = 2.51 \times (68.2 - 45) = 58.2\text{kW}$$

2019-4-18. **参考答案：** B

主要解题过程：湿度控制系统负担室内全部湿负荷，则新风量为：

$$G_1 = \frac{1000 \times W}{3600 \times (d_n - d_0)} = \frac{1000 \times 24}{3600 \times (11.89 - 8)} = 1.714 \text{kg/s}$$

查 h-d 图可知，新风送风温度为 $t_0 = 11.5 ℃$，湿度控制承担的室内显热负荷为：

$$Q_{s1} = c_p G_1 (t_n - t_{o1}) = 1.01 \times 1.714 \times (25 - 11.5) = 23.37 \text{kW}$$

温度控制系统采用承担的冷量为：

$$Q_{s2} = 75 - 23.37 = 51.63 \text{kW}$$

温度控制系统采用置换通风，根据《民规》第 7.4.7 条第 2 款，送风温度取 18℃ 时为最小设计风量，为：

$$G_2 = \frac{Q_2 \times 3600}{c_p \rho (t_n - t_{o2})} = \frac{51.63 \times 3600}{1.01 \times 1.2 \times (25 - 18)} = 21908 \text{m}^3/\text{h}$$

2019-4-19. 参考答案：B

主要解题过程：根据《民规》第 8.5.9 条第 2 款，压差旁通阀流量应为：

$$G = \frac{3600Q}{2c\rho \Delta t} = \frac{3600 \times 1500}{2 \times 4.18 \times 1000 \times (12 - 6)} = 107.7 \text{m}^3/\text{h}$$

根据《三版教材》式（3.8-1），旁通阀流通能力为：

$$C = \frac{316G}{\sqrt{\Delta P}} = \frac{316 \times 107.7}{\sqrt{200 \times 1000}} = 76 \text{m}^3/\text{h}$$

2019-4-20. 参考答案：C

主要解题过程：根据《三版教材》式（3.6-7），室内单位容积发沉量为：

$$G_{\text{人员+装饰}} = \frac{\left(q + \dfrac{q'P}{F} \right)}{H} = \frac{\left(1.25 \times 10^4 + \dfrac{100 \times 10^4 \times 200}{54 \times 18} \right)}{4} = 54565 \text{pc/(min} \cdot \text{m}^3)$$

室内总发尘量为：

$$G_{\text{总}} = G_{\text{人员+装饰}} + G_{\text{工艺}} = 54565 + \frac{5.0 \times 10^8}{54 \times 18 \times 4} = 183165.8 \text{pc/(min} \cdot \text{m}^3)$$

根据式（3.6-8），换气次数为：

$$n = 60 \times \frac{G_{\text{总}}}{a \times N - N_S} = 60 \times \frac{183165.8}{0.5 \times 3520000 - 3000} = 6.3 \text{h}^{-1}$$

2019-4-21. 参考答案：A

主要解题过程：根据《地源热泵系统工程技术规范》GB 50366—2005（2009 年版）第 4.3.3 条条文说明可知：

$$Q = 1150 \times \left(1 - \frac{1}{4.5} \right) - 18.5 = 876 \text{kW}$$

2019-4-22. 参考答案：A

主要解题过程：系统总热量利用量为：

$$Q_1 = 9800 \times 0.85 = 8330 \text{MJ}$$

热水热量利用量：

$$Q_2 = 0.5 Q_1 \times \eta_1 = 0.5 \times 8330 \times (1 - 5\%) = 3956.75 \text{MJ}$$

溴化锂机组热量利用量:

$$Q_3 = 0.5 Q_1 \times COP = 0.5 \times 8330 \times 1.1 = 4581.5 \text{MJ}$$

年平均余热利用率:

$$\eta = \frac{Q_2 + Q_3}{Q_Z} \times 100\% = 87.1\%$$

2019-4-23. **参考答案:**D

主要解题过程: 根据《公建节能 2015》第 4.2.13 条可知:

$$IPLV = 1.2\% \times A + 32.8\% \times B + 39.7\% \times C + 26.3\% \times D = 6.2$$

$$A = \frac{6.2 - (32.8\% \times 6.6 + 39.7\% \times 6.7 + 4.95 \times 26.3\%)}{1.2\%} = 6.13$$

$$W = \frac{450}{6.13} \times \frac{150}{1500} + \frac{450}{6.6} \times \frac{600}{1500} + \frac{450}{6.7} \times \frac{750}{1500} = 68.2 \text{kWh}$$

2019-4-24. **参考答案:** A

主要解题过程: 根据能量守恒可知:

$$M_1(h_2 - h_3) = M_2(h_5 - h_4)$$

则有:

$$\frac{M_1}{M_2} = \frac{h_5 - h_4}{h_2 - h_3} = \frac{389.5 - 254.5}{460.5 - 179.5} = 0.48$$

$$COP = \frac{M_1(h_1 - h_0)}{M_1(h_2 - h_1) + M_2(h_6 - h_5)} = \frac{436.5 - 179.5}{460.5 - 436.5 + \dfrac{428.5 - 389.5}{0.48}} = 2.44$$

2019-4-25. **参考答案:** C

主要解题过程: 根据《建筑给水排水设计规范》GB 50015—2003(2009 年版)第 5.3.1.4 条:

$$q = q_1 + q_2 = 387 + 84 = 471 \text{kW}$$

附　　录

附录 1　注册公用设备工程师（暖通空调）
执业资格考试专业考试大纲

1　总则

1.1　熟悉暖通空调制冷设计规范，掌握规范的强制性条文。

1.2　熟悉绿色建筑设计规范、人民防空工程设计规范、建筑设计防火规范和高层民用建筑设计防火规范中的暖通空调部分，掌握规范中关于本专业的强制性条文。

1.3　熟悉建筑节能设计标准中有关暖通空调制冷部分、暖通空调制冷设备产品标准中设计选用部分、环境保护及卫生标准中有关本专业的规定条文；掌握上述标准中有关本专业的强制性条文。

1.4　熟悉暖通空调制冷系统的类型、构成及选用。

1.5　了解暖通空调设备的构造及性能；掌握国家现行产品标准以及节能标准对暖通空调设备的能效等级的要求。

1.6　掌握暖通空调制冷系统的设计方法、暖通空调设备选择计算、管网计算。正确采用设计计算公式及取值。

1.7　掌握防排烟设计及设备、附件、材料的选择。

1.8　熟悉暖通空调制冷设备及系统的自控要求及一般方法。

1.9　熟悉暖通空调制冷施工和施工质量验收规范。

1.10　熟悉暖通空调制冷设备及系统的测试方法。

1.11　了解绝热材料及制品的性能；掌握管道和设备的绝热计算。

1.12　掌握暖通空调设计的节能技术；熟悉暖通空调系统的节能诊断和经济运行。

1.13　熟悉暖通空调制冷系统运行常见故障分析及解决方法。

1.14　了解可再生能源在暖通空调制冷系统中的应用。

2　供暖（含小区供热设备和热网）

2.1　熟悉供暖建筑物围护结构建筑热工要求，建筑热工节能设计；掌握对公共建筑围护结构建筑热工限值的强制性规定。

2.2　掌握建筑冬季供暖通风系统热负荷计算方法。

2.3　掌握热水、蒸汽供暖系统设计计算方法；掌握热水供暖系统的节能设计要求和设计方法。

2.4　熟悉各类散热设备主要性能；熟悉各种供暖方式；掌握散热器供暖、辐射供暖和热风供暖的设计方法和设备、附件的选用；掌握空气幕的选用方法。

2.5　掌握分户热计量热水集中供暖设计方法。

2.6　掌握热媒及其参数选择和小区集中供热热负荷的概算方法；了解热电厂集中供热

方式。

2.7　熟悉热水、蒸汽供热系统管网设计方法；掌握管网与热用户连接装置的设计方法；熟悉汽—水、水—水换热器选择计算方法；掌握热力站设计方法。

2.8　掌握小区锅炉房设置及工艺设计基本方法；了解供热用燃煤、燃油、燃气锅炉的主要性能；熟悉小区锅炉房设备的选择计算方法。

2.9　熟悉热泵机组供热的设计方法和正确取值。

3　通风

3.1　掌握通风设计方法、通风量计算以及空气平衡和热平衡计算。

3.2　熟悉天窗、风帽的选择方法；掌握自然通风设计计算方法。

3.3　熟悉排风罩种类及选择方法；掌握局部排风系统设计计算方法及设备选择。

3.4　熟悉机械全面通风、事故通风的条件；掌握其计算方法。

3.5　掌握防烟分区划分方法；熟悉防火和防排烟设备和部件的基本性能及防排烟系统的基本要求；熟悉防火控制程序；掌握防排烟方式的选择及自然排烟系统及机械防排烟系统的设计计算方法。

3.6　熟悉除尘和有害气体净化设备的种类和应用；掌握设计选用方法。

3.7　熟悉通风机的类型、性能和特性；掌握通风机的选用、计算方法。

4　空气调节

4.1　熟悉空调房间围护结构建筑热工要求；掌握对公共建筑围护结构建筑热工限值的强制性规定；了解人体舒适性机理，掌握舒适性空调和工艺性空调室内空气参数的确定方法。

4.2　了解空调冷（热）、湿负荷形成机理；掌握空调冷（热）、湿负荷以及热湿平衡、空气平衡计算。

4.3　熟悉空气处理过程；掌握湿空气参数计算和焓湿图的应用。

4.4　熟悉常用空调系统的特点和设计方法。

4.5　掌握常用气流组织形式的选择及其设计计算方法。

4.6　熟悉常用空调设备的主要性能；掌握空调设备的选择计算方法。

4.7　熟悉常用冷热源设备的主要性能；熟悉冷热源设备的选择计算方法。

4.8　掌握空调水系统的设计要求及计算方法。

4.9　熟悉空调自动控制方法及运行调节。

4.10　掌握空调系统的节能设计要求和设计方法。

4.11　熟悉空调、通风系统的消声、隔振措施。

5　制冷与热泵技术

5.1　熟悉热力学制冷（热泵）循环的计算、制冷剂的性能和选择以及 CFCs 及 HCFCs 的淘汰和替代。

5.2　了解蒸汽压缩式制冷（热泵）的工作过程；熟悉各类冷水机组、热泵机组（空气源、水源和地源）的选择计算方法和正确取值；掌握现行国家标准对蒸汽压缩式制冷（热泵）机组的能效等级的规定。

5.3　了解溴化锂吸收式制冷（热泵）的工作过程；熟悉蒸汽型和直燃式双效溴化锂吸收式制冷（热泵）装置的组成和性能；掌握现行国家标准对溴化锂吸收式机组的性能系数的

规定。

5.4 了解蒸汽压缩式制冷（热泵）系统的组成、制冷剂管路设计基本方法；熟悉制冷自动控制的技术要求；掌握制冷机房设备布置方法。

5.5 了解燃气冷热电三联供的系统使用条件、系统组成和设备选择。

5.6 了解蓄冷、蓄热的类型、系统组成以及设置要求。

5.7 了解冷藏库温、湿度要求；掌握冷藏库建筑围护结构的设置以及热工计算。

5.8 掌握冷藏库制冷系统的组成、设备选择与制冷剂管路系统设计；熟悉装配式冷藏库的选择与计算。

6 空气洁净技术

6.1 掌握常用洁净室空气洁净度等级标准及选用方法；了解与建筑及其他专业的配合。

6.2 熟悉空气过滤器的分类、性能、组合方法及计算。

6.3 了解室内外尘源，熟悉各种气流流型的适用条件和风量确定。

6.4 掌握洁净室的室压控制设计。

7 绿色建筑

7.1 了解绿色建筑的基本要求。

7.2 掌握暖通空调技术在绿色建筑的运用。

7.3 熟悉绿色建筑评价标准。

8 民用建筑房屋卫生设备和燃气供应

8.1 熟悉室内给水水质和用水量计算。

8.2 熟悉室内热水耗热量和热水量计算；掌握热泵热水机的设计方法和正确取值。

8.3 了解太阳能热水器的应用。

8.4 熟悉室内排水系统设计与计算。

8.5 掌握室内燃气供应系统设计与计算。

编者说明：
    最新《注册公用设备工程师（暖通空调）执业资格考试专业考试大纲》以住房和城乡建设部执业资格注册中心颁布为准。

附录 2　2020 年注册暖通专业考试
规范清单及重要性总结

序号	名　　称	标准号	重要性分类	备　注
1	民用建筑供暖通风与空气调节设计规范	GB 50736—2012	A 类	2013 年考试新增
2	工业建筑供暖通风与空气调节设计规范	GB 50019—2015	A 类	2017 年考试更新
3	建筑设计防火规范	GB 50016—2014（2018 年版）	A 类	2019 年考试更新
4	汽车库、修车库、停车场设计防火规范	GB 50067—2014	B 类	2016 年考试更新
5	人民防空工程设计防火规范	GB 50098—2009	B 类	
6	人民防空地下室设计规范	GB 50038—2005	B 类	
7	住宅设计规范	GB 50096—2011	B 类	2013 年考试新增
8	住宅建筑规范	GB 50368—2005	B 类	
9	严寒和寒冷地区居住建筑节能设计标准	JGJ 26—2018	B 类	2020 年考试预测更新
10	夏热冬冷地区居住建筑节能设计标准	JGJ 134—2010	B 类	
11	夏热冬暖地区居住建筑节能设计标准	JGJ 75—2012	B 类	2014 年考试更新
12	公共建筑节能设计标准	GB 50189—2015	A 类	2016 年考试更新
13	民用建筑热工设计规范	GB 50176—2016	B 类	2018 年考试更新
14	辐射供暖供冷技术规程	JGJ 142—2012	A 类	2014 年考试更新
15	供热计量技术规程	JGJ 173—2009	B 类	2011 年考试新增
16	工业设备及管道绝热工程设计规范	GB 50264—2013	C 类	2016 年考试更新
17	既有居住建筑节能改造技术规程	JGJ/T 129—2012	B 类	2016 年考试更新
18	公共建筑节能改造技术规范	JGJ 176—2009	C 类	2013 年考试新增
19	环境空气质量标准	GB 3095—2012	C 类	2013 年考试新增
20	声环境质量标准	GB 3096—2008	C 类	
21	工业企业厂界环境噪声排放标准	GB 12348—2008	C 类	
22	工业企业噪声控制设计规范	GB/T 50087—2013	C 类	2016 年考试更新
23	大气污染物综合排放标准	GB 16297—1996	C 类	
24	工业企业设计卫生标准	GBZ 1—2010	C 类	
25	工作场所有害因素职业接触限值　第一部分：化学有害因素	GBZ 2.1—2007	C 类	
26	工作场所有害因素职业接触限值　第二部分：物理因素	GBZ 2.2—2007	C 类	
27	洁净厂房设计规范	GB 50073—2013	A 类	2014 年考试更新
28	地源热泵系统工程技术规范	GB 50366—2005（2009 年版）	A 类	
29	燃气冷热电联供工程技术规范	GB 51131—2016	B 类	2018 年考试新增

序号	名 称	标 准 号	重要性分类	备 注
30	蓄能空调工程技术标准	JGJ 158—2018	B类	2020 年考试预测更新
31	多联机空调系统工程技术规程	JGJ 174—2010	B类	2011 年考试新增
32	冷库设计规范	GB 50072—2010	B类	
33	锅炉房设计规范	GB 50041—2008	B类	
34	锅炉大气污染物排放标准	GB 13271—2014	C类	2016 年考试更新
35	城镇供热管网设计规范	CJJ 34—2010	A类	
36	城镇燃气设计规范	GB 50028—2006	B类	
37	城镇燃气技术规范	GB 50494—2009	C类	2012 年考试新增
38	建筑给水排水设计规范	GB 50015—2003(2009 年版)	B类	
39	建筑给水排水及采暖工程施工质量验收规范	GB 50242—2002	B类	
40	通风与空调工程施工规范	GB 50738—2011	B类	2013 年考试新增
41	通风与空调工程施工质量验收规范	GB 50243—2016	B类	2018 年考试更新
42	制冷设备、空气分离设备安装工程施工及验收规范	GB 50274—2010	C类	2012 年考试新增
43	建筑节能工程施工质量验收规范	GB 50411—2007	B类	
44	绿色建筑评价标准	GB/T 50378—2019	B类	2020 年考试预测更新
45	绿色工业建筑评价标准	GB/T 50878—2013	C类	2016 年考试新增
46	民用建筑绿色设计规范	JGJ/T 229—2010	C类	2013 年考试新增
47	空气调节系统经济运行	GB/T 17981—2007	C类	2013 年考试新增
48	冷水机组能效限定值及能源效率等级	GB 19577—2015	C类	2018 年考试更新
49	单元式空气调节机能效限定值及能源效率等级	GB 19576—2004	C类	
50	房间空气调节器能效限定值及能源效率等级	GB 12021.3—2010	C类	
51	多联式空调(热泵)机组能效限定值及能源效率等级	GB 21454—2008	C类	2012 年考试新增
52	蒸汽压缩循环冷水(热泵)机组第 1 部分:工商业用和类似用途的冷水(热泵)机组	GB/T 18430.1—2007	C类	2012 年考试新增
53	蒸汽压缩循环冷水(热泵)机组第 2 部分:户用和类似用途的冷水(热泵)机组	GB/T 18430.2—2016	C类	2018 年考试更新
54	溴化锂吸收式冷(温)水机组安全要求	GB 18361—2001	C类	
55	直燃型溴化锂吸收式冷(温)水机组	GB/T 18362—2008	C类	
56	蒸汽和热水型溴化锂吸收式冷水机组	GB/T 18431—2014	C类	2016 年考试更新
57	水(地)源热泵机组	GB/T 19409—2013	C类	2016 年考试更新

续表

序号	名　称	标准号	重要性分类	备　注
58	商业或工业用及类似用途的热泵热水机	GB/T 21362—2008	C 类	2013 年考试新增
59	组合式空调机组	GB/T 14294—2008	C 类	
60	柜式风机盘管机组	JB/T 9066—1999	C 类	
61	风机盘管	GB/T 19232—2003	C 类	
62	通风机能效限定值及能效等级	GB/T 19761—2009	C 类	
63	清水离心泵能效限定值及节能评价值	GB/T 19762—2007	C 类	
64	离心式除尘器	JB/T 9054 -2015	C 类	2020 年考试预测更新
65	回转反吹类袋式除尘器	JB/T 8533—2010	C 类	
66	脉冲喷吹类袋式除尘器	JB/T 8532—2008	C 类	
67	内滤分室反吹类袋式除尘器	JB/T 8534—2010	C 类	
68	建筑通风和排烟系统用防火阀门	GB 15930—2007	B 类	2013 年考试新增
69	干式风机盘管	JB/T 11524—2013	C 类	2018 年考试新增
70	高出水温度冷水机组	JB/T 12325—2015	C 类	2018 年考试新增
71	建筑防烟排烟系统技术标准	GB 51251—2017	A 类	2019 年考试新增
72	工业建筑节能设计统一标准	GB 51245—2017	B 类	2020 年考试预测新增
73	温和地区居住建筑节能设计标准	JGJ 475—2019	B 类	2020 年考试预测新增
74	民用建筑设计统一标准	GB 50352—2019	B 类	2020 年考试预测新增
75	公共建筑室内空气质量控制设计标准	JGJ/T 461—2019	B 类	2020 年考试预测新增
76	住宅新风系统技术标准	JGJ/T 440—2018	B 类	2020 年考试预测新增

编者说明：

1. 规范重要性分类：

A 类（9 本）：重要规范，建议以单行本形式专门安排时间复习，并在教材复习和做题过程中强化；

B 类（29 本）：一般规范，建议以规范汇编或单行本的形式在复习教材和做题过程中配合查找复习熟悉；

C 类（38 本）：其他规范，建议不用复习，熟悉目录即可，可在做题过程和正式考试中直接查找答案。

2. 表格中"重要性分类"和"备注"栏为考生总结，非官方信息，仅供参考指导复习。

3. 表格中"新增"或"更新"部分建议与规范汇编核对，补充单行本。

4. 执业资格考试适用的规范、规程及标准按时间划分原则：考试年度的试题中所采用的规范、规程及标准均以前一年十月一日前公布生效的规范、规程及标准为准。

5. 2020 年《注册公用设备工程师（暖通空调）专业考试主要规范、标准、规程目录》需以 2020 年 8 月左右住房和城乡建设部执业资格注册中心正式颁布的为准，本表格仅供参考。

6. 2020 考试建议除中国建筑工业出版社《全国勘察设计注册公用设备工程师暖通空调专业考试必备规范精要选编（2020 年版）》（以下简称《规范精编 2019》）外需另行准备的单行

本详见下表：

2020 年考试建议除《规范精编 2020》外另行准备的单行本

序号	名　称	标准号	备　注
1	民用建筑供暖通风与空气调节设计规范	GB 50736—2012	A 类规范
2	工业建筑供暖通风与空气调节设计规范	GB 50019—2015	A 类规范
3	建筑设计防火规范	GB 50016—2014（2018 版）	2019 年考试更新/A 类规范
4	公共建筑节能设计标准	GB 50189—2015	A 类规范
5	辐射供暖供冷技术规程	JGJ 142—2012	A 类规范
6	地源热泵系统工程技术规范	GB 50366—2005（2009 年版）	A 类规范
7	城镇供热管网设计规范	CJJ 34—2010	A 类规范
8	洁净厂房设计规范	GB 50073—2013	A 类规范
9	建筑防烟排烟系统技术标准	GB 51251—2017	2019 年考试新增/A 类规范
10	人民防空地下室设计规范	GB 50038—2005	规范精编未收录
11	绿色建筑评价标准	GB/T 50378—2019	2020 年考试预测更新
12	蓄能空调工程技术标准	JGJ 158—2018	2020 年考试预测更新
13	严寒和寒冷地区居住建筑节能设计标准	JGJ 26—2018	2020 年考试预测更新
14	工业建筑节能设计统一标准	GB 51245—2017	2020 年考试预测新增
15	温和地区居住建筑节能设计标准	JGJ 475—2019	2020 年考试预测新增
16	民用建筑设计统一标准	GB 50352—2019	2020 年考试预测新增
17	公共建筑室内空气质量控制设计标准	JGJ/T 461—2019	2020 年考试预测新增
18	住宅新风系统技术标准	JGJ/T 440—2018	2020 年考试预测新增

附录 3　注册公用设备工程师执业资格考试实施办法

第一条　建设部、人事部共同负责注册公用设备工程师执业资格考试工作。

第二条　全国勘察设计注册工程师管理委员会负责审定考试大纲、年度试题、评分标准与合格标准。全国勘察设计注册工程师公用设备专业管理委员会（以下简称公用设备专业委员会）负责具体组织实施考试工作。考务工作委托人事部人事考试中心负责。各地的考试工作，由当地人事行政部门会同建设行政部门组织实施，具体职责分工由各地协商确定。

第三条　考试分为基础考试和专业考试。参加基础考试合格并按规定完成职业实践年限者，方能报名参加专业考试。专业考试合格后，方可获得《中华人民共和国注册公用设备工程师执业资格证书》。

第四条　符合《注册公用设备工程师执业资格制度暂行规定》第十条的要求，并具备以下条件之一者，可申请参加基础考试：

（一）取得本专业或相近专业大学本科及以上学历或学位。

（二）取得本专业或相近专业大学专科学历，累计从事公用设备专业工程设计工作满1年。

（三）取得其他工科专业大学本科及以上学历或学位，累计从事公用设备专业工程设计工作满1年。

第五条　基础考试合格，并具备以下条件之一者，可申请参加专业考试：

（一）取得本专业博士学位后，累计从事公用设备专业工程设计工作满2年；或取得相近专业博士学位后，累计从事公用设备专业工程设计工作满3年。

（二）取得本专业硕士学位后，累计从事公用设备专业工程设计工作满3年；或取得相近专业硕士学位后，累计从事公用设备专业工程设计工作满4年。

（三）取得含本专业在内的双学士学位或本专业研究生班毕业后，累计从事公用设备专业工程设计工作满4年；或取得相近专业双学士学位或研究生班毕业后，累计从事公用设备专业工程设计工作满5年。

（四）取得通过本专业教育评估的大学本科学历或学位后，累计从事公用设备专业工程设计工作满4年；或取得未通过本专业教育评估的大学本科学历或学位后，累计从事公用设备专业工程设计工作满5年；或取得相近专业大学本科学历或学位后，累计从事公用设备专业工程设计工作满6年。

（五）取得本专业大学专科学历后，累计从事公用设备专业工程设计工作满6年；或取得相近专业大学专科学历后，累计从事公用设备专业工程设计工作满7年。

（六）取得其他工科专业大学本科及以上学历或学位后，累计从事公用设备专业工程设计工作满8年。

第六条　截止到2002年12月31日前，符合下列条件之一者，可免基础考试，只需参加专业考试：

（一）取得本专业博士学位后，累计从事公用设备专业工程设计工作满5年；或取得相近专业博士学位后，累计从事公用设备专业工程设计工作满6年。

（二）取得本专业硕士学位后，累计从事公用设备专业工程设计工作满 6 年；或取得相近专业硕士学位后，累计从事公用设备专业工程设计工作满 7 年。

（三）取得含本专业在内的双学士学位或本专业研究生班毕业后，累计从事公用设备专业工程设计工作满 7 年；或取得相近专业双学士学位或研究生班毕业后，累计从事公用设备专业工程设计工作满 8 年。

（四）取得本专业大学本科学历或学位后，累计从事公用设备专业工程设计工作满 8 年；或取得相近专业大学本科学历或学位后，累计从事公用设备专业工程设计工作满 9 年。

（五）取得本专业大学专科学历后，累计从事公用设备专业工程设计工作满 9 年；或取得相近专业大学专科学历后，累计从事公用设备专业工程设计工作满 10 年。

（六）取得其他工科专业大学本科及以上学历或学位后，累计从事公用设备专业工程设计工作满 12 年。

（七）取得其他工科专业大学专科学历后，累计从事公用设备专业工程设计工作满 15 年。

（八）取得本专业中专学历后，累计从事公用设备专业工程设计工作满 25 年；或取得相近专业中专学历后，累计从事公用设备专业工程设计工作满 30 年。

第七条 参加考试由本人提出申请，所在单位审核同意，到当地考试管理机构报名。考试管理机构按规定程序和报名条件审核合格后，发给准考证。参加考试人员在准考证指定的时间、地点参加考试。国务院各部门所属单位和中央管理的企业的专业技术人员按属地原则报名参加考试。

第八条 考点原则上设在省会城市和直辖市，如确需在其他城市设置，须经建设部和人事部批准。

第九条 坚持考试与培训分开的原则。考试工作人员认真执行考试回避制度，参加命题和考试组织管理的人员，不得参与考试有关的培训工作和参加考试。

第十条 严格执行考试考务工作的有关规章制度，做好试卷命题、印刷、发送过程中的保密工作，严格遵守保密制度，严防泄密。

第十一条 严格考场纪律，严禁弄虚作假，对违反考试纪律和有关规定者，要严肃处理，并追究当事人和领导责任。

附录 4　全国勘察设计注册工程师
专业考试考生须知

1. 全国注册公用设备工程师专业考试均分为 2 天，第一天为专业知识考试，成绩上、下午合并计分；第二天为专业案例考试，成绩上、下午合并计分。考试时间每天上、下午各 3 小时。专业考试为非滚动管理考试，考生应在一个考试年度内通过全部考试。第一天为客观题，上、下午各 70 道题，其中单选题 40 题，每题分值为 1 分，多选题 30 题，每题分值为 2 分，试卷满分 200 分；第二天为案例题，上午 25 道必答题，下午 25 道必答题，每题分值为 2 分，试卷满分 100 分。

2. 试卷作答用笔：黑色墨水笔。考生在试卷上作答时，必须使用试卷作答用笔，不得使用铅笔等非作答用笔，否则视为无效试卷。

填涂答题卡用笔：2B 铅笔。

3. 考生应考时应携带试卷作答用笔，2B 铅笔，三角板，橡皮和无声、无文本编程功能的计算器。

4. 参加专业考试的考生允许携带正规出版社出版的各种专业规范、参考书和复习手册。

5. 考生须用试卷作答用笔将工作单位、姓名、准考证号分别填写在答题卡和试卷相应栏目内。在其他位置书写单位、姓名、考号等信息的作为违纪试卷，不予评分。

6. 对于 2 天的考试，考生都必须按题号在答题卡上将所选选项对应的字母用 2B 铅笔涂黑。如有改动，请考生务必用橡皮将原选项的填涂痕迹擦净，以免造成电脑读卡时误读。在答题卡上书写与题意无关的语言，或在答题卡上作标记的，均按违纪试卷处理。

7. 考生在作答专业案例考试题时，必须在每道试题对应的答案（　）位置处填写上该试题所选答案（即在规定的"（　）"内填写上所选选项对应的字母），并必须在相应试题"解答过程"下面的空白处写明该题的案例分析或计算过程、计算结果，同时还须将所选答案用 2B 铅笔填涂在答题卡上。考生在试卷上书写案例分析过程及公式时，字迹应工整、清晰，以免影响专家阅卷评分工作。对不按上述要求作答的，如：未在试卷上试题答案（　）内填写所选项对应的字母，仅在答案选项 A、B、C、D 处画"√"等情况，视为违规，该试题不予复评计分。

附录5　扩展知识点总结

通 用 篇

扩展 0-1 民用建筑与工业建筑的区分

民用建筑（《民规》）：包括公共建筑与居住建筑。

工业建筑（《工规》）：生产厂房、仓库、公用附属建筑以及生活、行政辅助建筑（公用辅助建筑指生产主工艺提供水、电、气、热力的建筑，以及试验、化验类建筑；生活、行政辅助建筑包括食堂、浴室、活动中心、宿舍、办公楼）。

注意：为厂房服务的食堂、浴室、活动中心、宿舍、办公楼，应执行《工规》。

扩展 0-2 单 位 换 算

当题目给出相关常数时以题目为准

国际单位制的基本单位　　　　　　　　　　扩展表 0-1

量的名称	单位名称	单位符号	量的名称	单位名称	单位符号
长度	米	m	热力学温度	开（尔文）	K
质量	千克	kg	物质的量	摩（尔）	mol
时间	秒	s	发光强度	坎（德拉）	cd
电流	安（培）	A			

用于构成十进制倍数和分数单词的词头　　　　扩展表 0-2

量的名称	单位名称	单位符号	量的名称	单位名称	单位符号
10^{18}	艾	E	10^{-1}	分	d
10^{15}	拍	P	10^{-2}	厘	c
10^{12}	太	T	10^{-3}	毫	m
10^{9}	吉	G	10^{-6}	微	μ
10^{6}	兆	M	10^{-9}	纳	n
10^{3}	千	k	10^{-12}	皮	p
10^{2}	百	h	10^{-15}	飞	f
10^{1}	十	d	10^{-18}	阿	a

笔记区

部分常见单位换算

长度

$1m=100cm=10^3mm=10^6\mu m$

时间

$1h=60min=3600s$

1 天$=24h$

质量

$1kg=1000g=10^6mg$

体积

$1m^3=1000dm^3=10^6cm^3=10^9mm^3$

$1m^3=1kL=1000\ L$

浓度

$1ppm=0.0001\%=10^{-6}\ m^3/m^3=0.001\ L/kL=1mL/m^3$

功率

$1W=1J/s$

$1MW=1000kW=10^6W$

$1kcal/h=1.163W$

能量

$1J=1W\cdot s$

$1kWh=3600kJ=3.6MJ$

$1kcal=4180J=4.18kJ$（大卡）

流量换算

$1kg/h=3600kg/h=1m^3/h\cdot$密度

$1m^3/h=3600m^3/h$

压强换算

1atm（标准大气压）

$=101325Pa=101.325kPa=10.33mH_2O=760mmHg$

$1bar=10^5Pa=0.1MPa$

$1mmHg=133.32Pa$

$1mmH_2O=9.8Pa$

$1mH_2O=9.8kPa$

扩展 0-3 常 用 计 算

1. 空气密度计算

空气
$$\rho=\frac{353}{273+t}\times\frac{B}{101.325}$$

式中　t——摄氏温度，℃；

B——当地大气压，kPa；

ρ——密度，kg/m^2。

2. 风机、水泵功率计算（详见扩展 2-11）

风机功率

$$N = \frac{LP}{3600\eta \cdot \eta_m}$$

式中　L——风量，m^3/h；

P——风机风压，Pa；

η——风机效率；

η_m——机械效率。

水泵功率

$$N_z = \frac{GH}{367.3\eta \cdot \eta_m}$$

式中　G——水流量，m^3/h；

H——水泵扬程，mH_2O；

η——水泵效率；

η_m——机械效率。

3. 热量与流量换算

风量的换算

$$L = \frac{Q}{\rho c_p \Delta t} \ (m^3/s)$$

式中　L——体积流量，m^3/s；

Q——热量，kW；

Δt——温差，℃；

ρ——密度，kg/m^3；

c_p——比热容，$kJ/(kg \cdot ℃)$。

水量的换算

$$G = \frac{0.86Q}{\Delta t} \ (m^3/h)$$

式中　G——体积流量，m^3/h；

Q——热量，kW；

Δt——温差，℃。

4. 管道热膨胀量

$$\Delta X = 0.012(t_1 - t_2)L$$

式中　ΔX——热伸长量，mm；

t_1——热媒温度，℃；

t_2——管道安装温度，室内 0～5℃，室外取供暖室外计算
温度；

L——计算管道长度（自固定点至自由端），m。

例：水平供暖管道允许热伸长量为 40mm，若供水温度为 60℃，

安装温度为 5℃，试计算不采用补偿器的金属直管道长度。

最大自然补偿长度为：

$$L_0 = \frac{\Delta X}{0.012 \times (t_1 - t_2)} = \frac{40}{0.012 \times (60 - 5)} = 60.6\text{m}$$

固定支架设置在金属直管段中间部位时，左右两段的伸长量都能分别达到 40mm，因此最长直管段为：

$$L_0 = 2L_0 = 2 \times 60.6 = 121.2\text{m}$$

5. 标准工况换算

$$C_N = \frac{1.293C}{\rho}$$

式中　C_N——标准工况排放浓度；

　　　　C——测试工况排放浓度；

　　　　ρ——测试工况空气密度，kg/m^3。

6. 制冷设备中，回热设备的质量守恒与能量守恒（参考扩展 4-2）

7. 压缩机耗功率、制冷量、冷凝热之间的关系（参考扩展 4-1）

8. 污染物质量分数与体积分数（详见扩展 2-2）

扩展 0-4　热　工　表　格

下列表格参考自《红宝书》，相关数据当题目直接给出时，以题目数据为准。

水的热物理参数　　　　　　　　　　　　　　扩展表 0-3

温度 (℃)	比热容 [kJ/(kg·K)]	运动黏度 ($10^{-6}\text{m}^2/\text{s}$)	温度 (℃)	比热容 [kJ/(kg·K)]	运动黏度 ($10^{-6}\text{m}^2/\text{s}$)
0	4.2077	1.790	60	4.1826	0.479
10	4.1910	1.300	70	4.1910	0.415
20	4.1826	1.000	80	4.1952	0.366
30	4.1784	0.805	90	4.2077	0.326
40	4.1784	0.659	100	4.2161	0.295
50	4.1826	0.556			

水的密度（当题目给出密度时以题目为准）　　　　扩展表 0-4

温度 (℃)	密度 (kg/m³)	温度 (℃)	密度 (kg/m³)	温度 (℃)	密度 (kg/m³)	温度 (℃)	密度 (kg/m³)
10	999.73	44	990.66	51	998.62	58	984.25
20	998.23	45	990.25	52	987.15	59	983.75
30	995.67	46	989.82	53	986.69	60	983.24
40	992.24	47	989.40	54	986.21	61	982.72
41	991.86	48	988.69	55	985.73	62	982.20
42	991.47	49	988.52	56	985.25	63	981.67
43	991.07	50	988.07	57	984.75	64	981.13

续表

温度 (℃)	密度 (kg/m³)	温度 (℃)	密度 (kg/m³)	温度 (℃)	密度 (kg/m³)	温度 (℃)	密度 (kg/m³)
65	980.59	74	975.48	83	969.94	92	963.99
66	980.05	75	974.84	84	968.30	93	963.30
67	979.50	76	974.29	85	968.65	94	962.61
68	978.94	77	973.68	86	968.00	95	961.92
69	978.38	78	973.07	87	967.34	96	961.22
70	977.81	79	972.45	88	966.68	97	960.51
71	977.23	80	971.83	89	966.01	98	959.81
72	976.66	81	971.21	90	965.34	99	959.09
73	976.07	82	970.57	91	964.67	100	958.38

扩展 0-5　《民规》《工规》附录室外计算参数音序页码索引

《民规》《工规》室外计算参数页码索引❶　　扩展表 0-5

音序	《民规》	《工规》	音序	《民规》	《工规》
A 阿坝洲	155	173	B 宝鸡	165	183
A 阿克苏	177	195	B 宝清	117	135
A 阿勒泰	175	193	B 保定	103	121
A 阿里地区	163	181	B 保山	158	176
A 安康	165	183	B 北海	148	166
A 安庆	125	143	B 北京	102	120
A 安顺	156	174	B 本溪	112	130
A 安阳	135	153	B 毕节	156	174
A 鞍山	111	129	B 滨州	134	152
B 巴彦淖尔	109	127	B 亳（bo）州	125	143
B 巴中	155	173	C 沧州	105	123
B 霸州	105	123	C 昌都	162	180
B 白城	115	133	C 长沙	140	158
B 白山	115	133	C 长春	114	132
B 白银	168	186	C 常德	141	159
B 百色	148	166	C 常州	120	138
B 蚌埠	125	143	C 巢湖	127	145
B 包头	108	126	C 朝阳	113	131

❶ 说明：表格中的页数为规范单行本对应页码。

笔记区

续表

音序	《民规》	《工规》	音序	《民规》	《工规》
C 郴州	141	159	G 赣榆	120	138
C 成都	151	169	G 赣州	129	147
C 承德	104	122	G 高要	145	163
C 重庆	151	169	G 高邮	121	139
C 赤峰	109	127	G 格尔木	171	189
C 崇左	150	168	G 共和	171	189
C 滁州	125	143	G 固原	173	191
C 楚雄	161	179	G 广昌	131	149
C 错那	163	181	G 广水	140	158
D 达日	171	189	G 广元	151	169
D 达州	154	172	G 广州	143	161
D 大理	161	179	G 贵溪	131	149
D 大连	111	129	G 贵阳	155	173
D 大同	105	123	G 桂林	147	165
D 大兴安岭	119	137	G 果洛州	171	189
D 丹东	112	130	H 哈尔滨	116	134
D 德宏州	161	179	H 哈密	175	193
D 德州	133	151	H 海北州	171	189
D 迪庆州	161	179	H 海东地区	172	190
D 定海	123	141	H 海口	150	168
D 定西	169	187	H 海拉尔	109	127
D 东胜	109	127	H 海南州	171	189
D 东兴	149	167	H 海西州	171	189
D 东营	134	152	H 汉中	165	183
E 鄂尔多斯	109	127	H 杭州	121	139
E 恩施	138	156	H 合肥	124	142
E 二连浩特	111	129	H 合作	169	187
F 防城港	149	167	H 和田	175	193
F 房县	139	157	H 河池	149	167
F 奉节	151	169	H 河南	171	189
F 福州	127	145	H 河源	146	164
F 抚顺	111	129	H 菏泽	133	151
F 抚州	131	149	H 贺州	149	167
F 阜新	113	131	H 鹤岗	117	135
F 阜阳	126	144	H 黑河	118	136
G 甘南州	169	187	H 衡水	105	123
G 甘孜州	152	170	H 衡阳	141	159

续表　　笔记区

音序	《民规》	《工规》	音序	《民规》	《工规》
H 红河州	159	177	J 景德镇	129	147
H 呼和浩特	108	126	J 景洪	159	177
H 呼伦贝尔	109	127	J 靖远	168	186
H 葫芦岛	113	131	J 九江	129	147
H 怀化	143	161	J 酒泉	167	185
H 淮安	121	139	K 喀什	175	193
H 淮阴	121	139	K 开封	135	153
H 黄冈	139	157	K 开原	113	131
H 黄南州	171	189	K 凯里	157	175
H 黄山	125	143	K 康定	152	170
H 黄石	137	155	K 克拉玛依	174	192
H 惠来	147	165	K 库尔勒	176	194
H 惠民	134	152	K 昆明	157	175
H 惠农	173	191	L 拉萨	162	180
H 惠阳	145	163	L 来宾	149	167
H 惠州	145	163	L 兰州	166	184
J 鸡西	117	135	L 廊坊	105	123
J 吉安	130	148	L 乐山	153	171
J 吉林	114	132	L 离石	107	125
J 吉首	143	161	L 丽江	159	177
J 集宁	110	128	L 丽水	123	141
J 济南	131	149	L 连云港	120	138
J 济宁	133	151	L 连州	147	165
J 加格达奇	119	137	L 凉山州	153	171
J 佳木斯	117	135	L 林芝	163	181
J 嘉兴	123	141	L 临沧	160	178
J 嘉鱼	139	157	L 临汾	107	125
J 江门	145	163	L 临河	109	127
J 揭阳	147	165	L 临江	115	133
J 金昌	168	186	L 临洮	169	187
J 金华	122	140	L 临夏	169	187
J 锦州	113	131	L 临沂	132	150
J 晋城	106	124	L 零陵	142	160
J 晋中	107	125	L 柳州	147	165
J 荆门	139	157	L 六安	125	143
J 荆州	139	157	L 六盘水	157	175
J 精河	177	195	L 龙岩	128	146

笔记区

音序	《民规》	《工规》	音序	《民规》	《工规》
L 龙州	150	168	P 普洱	159	177
L 陇南	167	185	Q 齐齐哈尔	116	134
L 娄底	143	161	Q 祁连	171	189
L 泸水	161	179	Q 奇台	177	195
L 泸州	153	171	Q 乾安	115	133
L 罗甸	157	175	Q 黔东南州	157	175
L 洛阳	135	153	Q 黔西南州	157	175
L 吕梁	107	125	Q 黔南州	157	175
M 麻城	139	157	Q 钦州	149	167
M 马尔康	155	173	Q 秦皇岛	104	122
M 马坡岭	140	158	Q 青岛	131	149
M 满洲里	109	127	Q 清远	147	165
M 茂名	145	163	Q 庆阳	169	187
M 梅州	145	163	Q 衢州	122	140
M 蒙自	159	177	Q 曲靖	159	177
M 绵阳	154	172	R 饶阳	105	123
M 民和	172	190	R 日喀则	163	181
M 漠河	119	137	R 日照	133	151
M 牡丹江	117	135	R 瑞丽	161	179
N 那曲	163	181	S 三门峡	135	153
N 南昌	129	147	S 三明	127	145
N 南充	153	171	S 三亚	151	169
N 南京	119	137	S 桑植	141	159
N 南宁	147	165	S 山南地区	163	181
N 南平	128	146	S 汕头	143	161
N 南坪区	153	171	S 汕尾	146	164
N 南通	119	137	S 商洛	166	184
N 南阳	136	154	S 商丘	136	154
N 内江	153	171	S 商州	166	184
N 宁波	123	141	S 上海	119	137
N 宁德	129	147	S 上饶	129	147
N 宁国	127	145	S 韶关	144	162
N 怒江州	161	179	S 邵通	158	176
P 盘县	157	175	S 邵阳	141	159
P 平湖	123	141	S 绍兴	123	141
P 平凉	167	185	S 射阳	121	139
P 屏南	129	147	S 深圳	145	163

续表　　　笔记区

音序	《民规》	《工规》	音序	《民规》	《工规》
S 沈阳	111	129	W 温州	121	139
S 嵊州	123	141	W 文山州	159	177
S 狮泉河	163	181	W 乌兰察布	110	128
S 十堰	139	157	W 乌兰浩特	110	128
S 石家庄	103	121	W 乌鲁木齐	174	192
S 石嘴山	173	191	W 乌恰	177	195
S 双峰	143	161	W 芜湖	124	142
S 双鸭山	117	135	W 吴县东山	121	139
S 朔州	107	125	W 吴忠	173	191
S 思茅	159	177	W 梧州	147	165
S 四平	115	133	W 武都	167	185
S 松原	115	133	W 武功	165	183
S 苏州	121	139	W 武汉	137	155
S 绥化	118	136	W 武威	169	187
S 随州	140	158	X 西安	164	182
S 遂宁	153	171	X 西昌	153	171
S 宿州	126	144	X 西峰镇	169	187
T 塔城	177	195	X 西华	137	155
T 台山	145	163	X 西宁	170	188
T 台州	123	141	X 西双版纳	159	177
T 太原	105	123	X 锡林郭勒	111	129
T 泰安	133	151	X 锡林浩特	111	129
T 泰宁	127	145	X 厦门	127	145
T 唐山	103	121	X 咸宁	139	157
T 塘沽	103	121	X 咸阳	165	183
T 天津	102	120	X 香格里拉	161	179
T 天水	167	185	X 湘西州	143	161
T 铁岭	113	131	X 襄樊	139	157
T 通化	115	133	X 忻州	107	125
T 通辽	109	127	X 新乡	135	153
T 铜仁	157	175	X 信阳	137	155
T 同心	173	191	X 信宜	145	163
T 铜川	165	183	X 邢台	103	121
T 吐鲁番	175	193	X 兴安盟	110	128
W 万州	151	169	X 兴城	113	131
W 威海	133	151	X 兴仁	157	175
W 潍坊	132	150	X 徐汇	119	137

笔记区

音序	《民规》	《工规》	音序	《民规》	《工规》
X 徐家汇	119	137	Y 榆社	107	125
X 徐州	119	137	Y 玉环	123	141
X 许昌	137	155	Y 玉林	149	167
X 宣城	127	145	Y 玉山	129	147
Y 雅安	155	173	Y 玉树	170	188
Y 烟台	131	149	Y 玉溪	160	178
Y 延安	164	182	Y 沅江	142	160
Y 延边	115	133	Y 原平	107	125
Y 延吉	115	133	Y 岳阳	141	159
Y 盐城	121	139	Y 运城	106	124
Y 兖州	133	151	Z 枣阳	139	157
Y 扬州	121	139	Z 沾益	159	177
Y 阳城	106	124	Z 湛江	143	161
Y 阳江	144	162	Z 张家界	141	159
Y 阳泉	105	123	Z 张家口	103	121
Y 伊春	117	135	Z 张掖	167	185
Y 伊宁	176	194	Z 漳州	127	145
Y 宜宾	152	170	Z 肇庆	145	163
Y 宜昌	138	156	Z 郑州	135	153
Y 宜春	130	148	Z 芷江	143	161
Y 益阳	142	160	Z 中卫	173	191
Y 银川	172	190	Z 钟祥	139	157
Y 鄞州	123	141	Z 舟山	123	141
Y 鹰潭	131	149	Z 周口	137	155
Y 营口	113	131	Z 驻马店	137	155
Y 永昌	168	186	Z 资阳	155	173
Y 永州	142	160	Z 淄博	131	149
Y 右玉	107	125	Z 遵义	155	173
Y 榆林	165	183			

第1部分　供　　暖

扩展 1-1　绝热保温原则与计算

1. 保温保冷原则

（1）单热管道：需满足经济厚度，同时参考《民规》表 K.0.1 下注。

（2）单冷管道：需进行防结露计算，并核算经济厚度，同时参考《民规》表 K.0.2 注。

（3）冷热合用管道：需分别按照冷、热管道计算厚度，对比后取较大值。

（4）凝结水管：需进行防结露计算（《民规》第 11.1.5-2 条）。

（5）设备保温：可采用经济厚度、表面热损失法或允许温降法（《设备及管道绝热设计导则》GB/T 8175—2008）；

防止表面结露：表面温度法计算厚度；

工程允许热损失：采用热平衡法计算厚度，并校核表面温度高于露点；

保温厚度：按最大口径管道的保温厚度再增加 5mm。如供水温度 60℃，采用柔性泡沫橡塑保温，则设备保温层厚度为最大接口管径对应绝热层厚度 40mm 再加 5mm，即 45mm。

2. 水管、风管防结露计算

基本原理：热流量相等。

$$q = \frac{\lambda}{\delta}(t_w - t_p) = \alpha_w(t_f - t_w)$$
$$= K(t_f - t_n)$$

式中　t_f——外环境温度，℃

t_w——绝热层外表面温度，℃

t_n——工质内环境温度，℃

t_p——绝热层内表面温度，℃

说明：

（1）一般对于管内流动，若题目未提及内表面换热系数，则可以忽略内表面换热系数，且认为绝热层内表面或内壁面温度为工质温度，即 $t_p = t_n$（特别的，金属风管管壁热阻一般可忽略）。

（2）保证表面不结露，则 T_w 不可小于外环境露点温度。或者直接带入露点温度计算厚度，所得结果为最小厚度（注意：如求解为

22.3mm，则选项 22mm 不可用，25mm 可用）。

（3）《民规》附录 K.0.4 及《公建节能 2015》附录 D.0.4 条均给出了风管绝热层的最小热阻。

（4）热流量计算原理为牛顿冷却公式 $Q = hF(t_1 - t_2)$，注意传热系数 h 为综合传热系数，为 t_1 温度界面与 t_2 温度界面间所夹介质的综合传热系数（因此，传热系数采用 $\frac{\lambda}{\delta}$ 时，应对应温差为内外表面温度；采用 α_w 时，应对应温差为外表面温度与外环境温度差）。

（5）建筑房间围护结构防结露计算可直接参照上述计算原理，其中绝热层为围护结构，但应考虑内/外表面换热系数。

扩展 1-2　最小传热阻的计算

《工规》第 5.1.6 条以及《民用建筑热工设计规范》GB 50176—2016 均有最小传热阻的计算方法。根据《三版教材》的内容，民用建筑与工业建筑的最小传热阻：

1. 室内计算温度确定

民用建筑：供暖房间取 18℃，非供暖房间取 12℃，与室内设计温度无关。

工业建筑：取冬季室内计算温度

2. 室外计算温度确定

室按围护结构热惰性指标不同取值不同。

室外计算温度的确定　　　　　　　　　　　　　扩展表 1-1

围护结构类型	热惰性指标 D 值《工规》 《民用建筑热工设计规范》GB 50176—2016	t_e 的取值
I	>6.0	$t_w = t_{wn}$
II	4.1~6.0	$t_w = 0.6t_{wn} + 0.4t_{p,min}$
III	1.6~4.0（4.1）	$t_w = 0.3t_{wn} + 0.7t_{p,min}$
IV	≤1.5（1.6）	$t_w = t_{p,min}$

注：t_{wn} 为供暖室外计算温度，根据《民用建筑热工设计规范》GB 50176—2016 附录表 A.0.1 查取；$t_{p,min}$ 为累年最低日平均温度，根据《民用建筑热工设计规范》GB 50176—2016 附录表 A.0.1 查取。上表为《工规》表 5.1.6-2，注意《民用热工》表 3.2.2 的 D 取值范围有轻微区别：III：1.6~4.1；IV：≤1.6。

3. 民用建筑围护结构最小传热阻计算

修正后的围护结构热阻最小值：

$$R_{min} = \varepsilon_1 \varepsilon_2 R_{min \cdot \Delta t}$$

围护结构热阻最小值：最小传热阻大小应按公式计算，或 按《民用建筑热工设计规范》GB 50176—2016 附录 D 表 D.1 选用。

$$R_{min \cdot \Delta t} = \frac{(t_i - t_e)}{\Delta t} R_i - (R_i + R_e)$$

式中　$R_{\min}$——不同材料和建筑不同部位的热阻最小值，$m^2 \cdot K/W$；

$\quad\quad R_{\min \cdot \Delta t}$——满足 Δt 要求的热阻最小值，$m^2 \cdot K/W$；

$\quad\quad R_i$——内表面换热阻，$m^2 \cdot K/W$；

$\quad\quad R_e$——外表面换热阻，$m^2 \cdot K/W$；

$\quad\quad \Delta t$——允许温差，$\Delta t = t_i - \theta_{i,w} = \dfrac{R_i}{R_0}(t_i - t_e = KR_i(t_i - t_e))$。

防结露设计 $\Delta t \leqslant t_i - \theta_i$，基本热舒适性要求 $\Delta t \leqslant 3℃$（墙体、地下室）、$4℃$（屋面）、$2℃$（地面）。

$$\theta_i = \begin{cases} t_i - \dfrac{R_i}{R_0}(t_i - t_e) & \text{墙体、屋面} \\[3mm] \dfrac{t_i R_{地面} + t_e R_i}{R_{地面} + R_i} & \text{地面、地下室} \end{cases}$$

$\quad\quad \varepsilon_1$——热阻最小值的密度修正系数，见《热工规范》第 5.1.4 条；

$\quad\quad \varepsilon_2$——热阻最小值的温度修正系数，见《热工规范》第 5.1.4 条。

4. 工业建筑围护结构最小传热阻

$$R_{o,\min} = k \frac{a(t_n - t_e)}{\Delta t_y} R_n$$

式中　$R_{o,\min}$——围护结构最小传热阻，$m^2 \cdot K/W$；

$\quad\quad R_n$——内表面换热阻，$m^2 \cdot K/W$；

$\quad\quad t_n$——冬季室内计算温度，$℃$；

$\quad\quad t_e$——冬季室外计算温度，$℃$；

$\quad\quad \Delta t_y$——允许温差，$℃$；

$\quad\quad a$——围护结构温差修正系数；

$\quad\quad k$——修正系数，砖石墙体取 0.95，外门取 0.60，其他取 1

说明：（1）参考《工规》第 5.1.6 条；

（2）最小传热阻的计算不适用窗、阳台门和天窗；

（3）当临室温差大于 $10℃$ 时，内围护结构最小传热阻也应通过计算确定。

扩展 1-3　关于围护结构传热系数计算的总结

围护结构传热系数按下式计算

$$K = \frac{1}{R_0} = \frac{1}{\dfrac{1}{\alpha_n} + \sum \dfrac{\delta}{\alpha_\lambda \cdot \lambda} + R_k + \dfrac{1}{\alpha_w}}$$

1. 概念说明

（1）围护结构传热系数是综合传热系数，在描述热流量时，需要采用室内温度和室外温度的差值，与围护结构表面温度无关。

（2）围护结构传热系数的倒数是围护结构传热阻，因此围护结构传热阻包含内外表面传热阻，对于不包含表面传热阻的部分称为"围护结构平壁的热阻"。

2. 计算中的常见问题

（1）内外表面传热系数/内外表面传热阻

1）题目未说明海拔高度时，内外表面传热系数采用常规的 8.7W/（m² · K）和 23W/（m² · K）；对于海拔 3000m 以上的地区，应根据海拔高度查取《民用热工》P90 表 B.4.2。

2）常用的内表面传热阻为 0.11（m² · K）/W，外表面传热阻为 0.04（m² · K）/W，该近似值与采用传热系数换算有误差，此误差不影响答题，不必纠结。

关于围护结构内外表面换热系数和换热组　　　扩展表 1-2

内外表面	表面特征	表面传热系数 W/（m² · K）	表面换热阻 （m² · K）/W
内表面	墙面、地面、表面平整 有肋状突出物的顶棚，h/s≤0.3	8.7	0.11
	有肋状突出物的顶棚，h/s>0.3	7.6	0.13
外表面	外墙、屋面与室外空气直接接触的地面	23	0.04
	与室外空气相通的不供暖地下室上面的楼板	17	0.06
	闷顶和外墙上有窗的不供暖地下室上面的楼板	12	0.08
	外墙上无窗的不供暖地下室上面的楼板	6	0.17

（2）封闭空气层热阻

因《民用热工》的改版，通过查表确定封闭空气层热阻很复杂，因此考试时会直接给出传热阻大小，不必换算。

（3）材料导热系数

1）《三版教材》仅保留了保温材料的修正系数，但原教材关于混凝土等材料的修正系数在《民规》第 5.1.8 条依然存在。考试时，若题目给出某些材料层的修正系数，需要直接带入。保温材料的修正系数必须考虑。

2）保温材料导热系数修正系数见下表。

保温材料的导热系数修正系数　　　扩展表 1-3

材料	部位	修正系数 α_λ			
		严寒寒冷	夏热冬冷	夏热冬暖	温和地区
聚苯板	室外	1.05	1.05	1.10	1.05
	室内	1.00	1.00	1.05	1.00

续表　　　　笔记区

材料	部位	修正系数 α_λ			
		严寒寒冷	夏热冬冷	夏热冬暖	温和地区
挤塑聚苯板	室外	1.10	1.10	1.20	1.05
	室内	1.05	1.05	1.10	1.05
聚氨酯	室外	1.15	1.15	1.25	1.15
	室内	1.05	1.10	1.15	1.10
酚醛	室外	1.15	1.20	1.30	1.15
	室内	1.05	1.05	1.10	1.05
岩棉、玻璃棉	室外	1.10	1.20	1.30	1.20
	室内	1.05	1.15	1.25	1.20
泡沫玻璃	室外	1.05	1.05	1.10	1.05
	室内	1.00	1.05	1.05	1.05

注：本表引自《民用建筑热工设计规范》GB 50176—2016 表 B.2。保温部位按结构层区分室内外，围护结构外侧贴保温属于室外，围护结构内侧贴保温属于室内。

其他材料的导热系数修正系数　　　　扩展表 1-4

序号	材料、构造、施工、地区及说明	α_λ
1	作为夹心层浇筑在混凝土墙体及屋面构件中的块状多孔保温材料（如加气混凝土、泡沫混凝土及水泥膨胀珍珠岩），因干燥缓慢及灰缝影响	1.60
2	铺设在密闭屋面中的多孔保温材料（如加气混凝土、泡沫混凝土、水泥膨胀珍珠岩、石灰炉渣等），因干燥缓慢	1.50
3	铺设在密闭屋面中及作为夹心层浇筑在混凝土构件中的半硬质矿棉、岩棉、玻璃棉板等，因压缩及吸湿	1.20
4	作为夹心层浇筑在混凝土构件中的泡沫塑料等，因压缩	1.20
5	开孔型保温材料（如水泥刨花板、木丝板、稻草板等），表面抹灰或混凝土浇筑在一起，因灰浆渗入	1.30
6	加气混凝土、泡沫混凝土砌块墙体及加气混凝土条板墙体、屋面，因灰缝影响	1.25
7	填充在空心墙体及屋面构件中的松散保温材料（如稻壳、木、矿棉、岩棉等），因下沉	1.20
8	矿渣混凝土、炉渣混凝土、浮石混凝土、粉煤灰陶粒混凝土、加气混凝土等实心墙体及屋面构件，在严寒地区，且在室内平均相对湿度超过 65% 的供暖房间内使用，因干燥缓慢	1.15

注：本表引自《民规》表 5.1.8-3。

笔记区

扩展 1-4　关于围护结构权衡判断
方法的汇总总结

关于围护结构权衡判断方法的汇总总结　　　扩展表 1-5

规范	权衡判断内容	前提条件	判断要求	判断依据
公共建筑	体形系数是强条，不能权衡判断。【第 3.2.1 条】	权衡判断前，当满足以下条件时方可判断：(1)屋面、外墙 K；(2)单一立面的窗墙面积比≥0.4 时，外窗 K 和太阳得热系数满足表格要求。【第 3.4.1 条】	参照建筑的屋顶透光部分面积符合本条(20%)规定。外墙与屋面的构造、外窗（含透光幕墙）的太阳得热系数完全一致。【第 3.4.4 条】形状、大小、朝向、窗墙比、内部空间划分和使用功能完全一致。【第 3.4.3 条】	在相同的外部环境、相同的室内参数设定、相同的供暖空调系统的条件下，参照建筑和设计建筑的供暖、空调的总能耗。【第 3.4.5 条】
	甲类公共建筑的屋顶透光部分面积不应大于屋顶总面积的 20%。不满足时必须权衡判断。【第 3.2.7 条】			
	甲类公共建筑的围护结构热工性能符合表中规定。否则必须权衡判断。【第 3.3.1 条】			
工业建筑	严寒和寒冷地区一类工业建筑体形系数应符合规定，不能权衡判断。【第 4.1.10 条】 一类工业建筑总窗墙面积比不应大于 0.5。不满足时必须进行权衡判断。【第 4.1.11 条】 一类工业建筑屋顶透光部分的面积与屋顶总面积之比不应大于 0.15。否则必须权衡判断。【第 4.1.12 条】	当一类工业建筑进行权衡判断时，设计建筑围护结构的屋面、外墙、外窗、屋顶透光部分的传热系数不应超过最大限制值。【第 4.4.1 条】	一类工业建筑参照建筑的形状、大小、朝向、窗墙面积比、内部的空间划分、使用功能应与设计建筑完全一致。【第 4.4.3 条】	一类工业建筑围护结构热工性能权衡判断计算应采用参照建筑对比法【第 4.4.4 条】 二类工业建筑围护结构热工性能计算可采用稳态计算方法。【第 4.4.6 条】

续表　　　　　笔记区

规范	权衡判断内容	前提条件	判断要求	判断依据
严寒寒冷居住建筑	【第4.1.3条】体形系数； 【第4.1.4条】窗墙比；且窗墙比最大也只能比表大0.1。 【第4.2.2条】围护结构传热系数、周边地面和地下室外墙的保温材料层热阻、寒冷B外窗综合遮阳系数		【第4.3.3条】条文：建筑物的耗热量指标采用稳态传热的方法计算	建筑围护结构热工性能的权衡判断应以建筑物耗热量指标为判据【第4.3.1条】。 居住建筑耗热量指标满足附录A的规定。【第4.3.2条】
夏热冬冷居住建筑	【第4.0.3条】体形系数； 【第4.0.4条】屋面、外墙、架空楼板或外挑楼板、外窗的K和D。 【第4.0.5条】窗墙比或传热系数、遮阳系数	【第5.0.4条】有具体的取值方法。和不同情况的处理。 【第5.0.5条】用同一动态计算软件计算供暖空调年耗电量	建筑形状、大小、朝向以及平面划分完全一致。 【第5.0.4条】由于控制体形系数的实际意义在于控制相对传热面积，所以可以通过将参照建筑的一部分表面面积定义为绝热面积达到控制体形系数相同的目的。 允许设计建筑在体形系数、窗墙比、围护结构热工性能之间进行强弱调整和弥补	【第5.0.2条】在规定条件下计算得出的采暖耗电量和空调耗电量之和。 【第5.0.6条】规定了计算供暖和空调年耗电量时的几条简单的基本条件
夏热冬暖居住建筑	【第4.0.4条】外窗的窗墙比。 【第4.0.6条】天窗的面积。 【第4.0.7条】南、北外墙传热系数、热惰性指标。 【第4.0.8条】外窗的平均传热系数、平均综合遮阳系数	【第5.0.1条】天窗的遮阳系数、传热系数，屋顶、东西墙的传热系数、热惰性指标必须符合【第4.0.6条】【第4.0.7条】规定	【第5.0.2条】形状、大小、朝向完全相同；各朝向和屋顶的开窗洞口面积相同；参照建筑某个朝向的窗洞应减小至满足规范。 参照建筑外墙、外墙和屋顶的各项性能满足规范最低限值。【第5.0.2条】有取值	【第5.0.1条】空调供暖年耗电指数，也可直接采用空调供暖年耗电量。 【第5.0.3条】综合评价指标的计算条件。 【第5.0.4条】南区内的建筑可忽略采暖年耗电量。

其他说明：

(1)《公建节能 2015》第 3.4.2 条：建筑围护结构的权衡判断只针对建筑围护结构，允许建筑围护结构热工性能的互相补偿（如墙达不到标准，窗高于标准），不允许使用高效的暖通空调系统对不符合本标准要求的围护结构进行补偿。

(2)《公建节能 2015》第 3.4.3 条：与实际设计的建筑相比，参照建筑除了在实际设计建筑不满足本标准的一些重要规定之处作了调整以满足本标准要求外，其他方面都相同。参照建筑在建筑围护结构的各个方面均应完全符合本标准的规定。

(3)《严寒和寒冷地区居住建筑节能设计标准》JGJ 26—2010 第 4.3.1 条：对建筑物供暖负荷的影响是所有建筑围护结构热工性能的综合结果。某一部分的热工性能差一些可以通过提高另一部分的热工性能弥补回来。

(4)《夏热冬冷地区居住建筑节能设计标准》JGJ 134—2010 第 4.0.5 条：窗墙面积比：窗户洞口面积与房间立面单元面积（即建筑层高与开间定位线围城的面积）之比。

(5)《工业建筑节能设计统一标准》GB 51245—2017 第 3.1.1 条：一类工业建筑环境控制及能耗方式为供暖、空调；二类工业建筑环境控制及能耗方式为通风。

扩展 1-5　自然作用压头在水力平衡中的考虑

1. 不平衡率的正确计算方法

不平衡率表示系统在实际运行时两并联管路偏离设计工况的程度。实际运行流量受到运行时的运行动力（即资用压力）影响，当资用压力与设计阻力匹配时（不平衡率＜15％），实际运行流量基本与设计流量相等。资用压力过大，会使得分支环路流量偏大，反之偏小。

因此，不平衡率实际是受到并联环路影响，自身环路自用压力与自身环路阻力之间重新匹配的关系。设计中首先保证最不利环路的流量，因此以最不利环路阻力为基准进行计算。

一些直接用阻力与动力进行相减的做法（如用环路阻力减去自然压头），从原理上就是错误的。阻力与动力只能比较，不能加减。

对于上述文字无法理解的，可直接按照下面计算步骤计算：

计算步骤：题目未说明系统类型，均按机械循环考虑

(1) 求最不利环路的阻力 P_1（最不利环路都是最远立管最底层），P_1 作为系统资用压头；

(2) 计算自然作用压头，最不利环路与并联环路冷却中心高差为 h：

$$P_Z = \frac{2}{3}gh(\rho_h - \rho_g)$$

（3）计算资用压力 $P_{ZY} = P_1 + P_Z$；

（4）计算与最不利环路相并联环路阻力 P；

（5）不平衡率＝$(P_{ZY} - P)/P_{ZY}$。

2.《三版教材》中不平衡率计算公式的说明

《三版教材》P77 表 1.6-7 中给出一个有关"环路压力平衡"的计算公式，此公式实际为上述不平衡率计算方法的特例，即"当不考虑自然作用压头或者两环路等高的情况下，可以直接用相对阻力差计算"。

$$\text{不平衡率} = \frac{\sum \Delta P_1 - \sum \Delta P_2}{\sum \Delta P_1} \times 100\% \left(\begin{array}{l}\text{双管系统：不考虑自然作用压头时}\\ \text{单管系统：对比环路高度等}\end{array}\right)$$

3. 自然作用压头的处理与计算

（1）自然作用压头包括两部分：1）管道内水冷却产生的自然循环压力；2）散热器中水冷却的自然循环压力。

（2）重力循环中，第 1）类和第 2）类自然循环压力都需考虑，这是其循环的主动力。

（3）机械循环中，不考虑第 1）类自然循环压力，对于第 2）类自然循环压力按照最大值的 2/3 考虑。其主动力是循环水泵，自然循环压力是附加压力。

（4）机械循环单管系统，当各部分层数不同时，需要考虑第 2 类自然循环压力最大值的 2/3；当各部分层数相同时，则不考虑自然循环作用压力。考虑自然作用压头时，资用压力按对比环路本身的自然作用压头计入（考虑 2/3），非最不利环路的自然作用压头。

（5）自然循环作用压力最大值按下式计算：

$$\Delta p = gh(\rho_h - \rho_g)$$

式中 h——加热中心至冷却中心的距离，密度差为回水密度减去供水密度。

扩展 1-6   室外计算温度使用情况总结

室外计算温度使用情况总结   扩展表 1-6

室外计算温度	适用情况	出处
1. 夏季空调室外计算温度	1.1　夏季新风状态参数、蒸发冷却室外空气温度	
	1.2　外墙和屋顶夏季计算逐时冷负荷时；外窗温差传热的逐时冷负荷	《民规》第 7.2 节
	1.3　夏季消除余热余湿通风量或通风系统新风冷却量（室内最高温度限值要求较高时）	《工规》第 6.3.4.3 条第 4 款

笔记区

续表

室外计算温度	适用情况	出处
2. 夏季通风室外计算温度	2.1 热压通风计算	《民规》第6.2.7条
	2.2 当局部送风系统的空气需要冷却时	《09技术措施》第1.3.18条
	2.3 夏季消除余热余湿的机械、自然通风、复合通风	《三版教材》P182、《工规》第6.3.4.3-4条《09技术措施》第4.1.6条
	2.4 人防地下室升温通风降湿和吸湿剂除湿计算	《三版教材》P320
3. 冬季供暖室外计算温度	3.1 最小传热阻的计算，当围护结构的热惰性指标 $D>6.0$ 时	《三版教材》P7
	3.2 防潮计算中，用于计算冷凝计算界面温度时，采用供暖期室外平均温度	《三版教材》P7《民用建筑热工设计规范》GB 50176—2016 第7.1.5条
	3.3 冬季计算供暖系统围护结构耗热量、冷风渗入耗热量计算时	《民规》第5.2.4条
	3.4 供暖热负荷体积热指标法	《三版教材》P118
	3.5 选择机械送风系统的空气加热器时	《民规》第6.3.3条
	3.6 热风供暖系统空气加热器计算、燃气红外线辐射供暖中，发生器的选择计算	《三版教材》P52、P66
	3.7 工业建筑全面通风计算中，机械送风耗热量计算时	《三版教材》P173《工规》第6.3.4.1条
	3.8 冬季当局部送风系统的空气需要加热时	《三版教材》P175
	3.9 求管道的热伸长量时，t_2—当管道架空敷设于室外时的取值	《三版教材》P102
4. 冬季通风室外计算温度	4.1 选择机械送风系统的空气加热器时，当用于补偿全面排风耗热量时	《民规》第6.3.3条
	4.2 对于消除余热、余湿及稀释低毒性有害物质的全面通风	《三版教材》P175
	4.3 用于计算补偿消除余热、余湿的全面通风耗热量时	《三版教材》P174、《民规》第4.1.3条、《工规》第6.3.3条
	4.4 通风热负荷通风体积指标法	《三版教材》P119
5. 冬季空调室外计算温度	5.1 冬季计算空调系统热负荷时	《民规》第7.2.13条

（1）通风热平衡计算时 t_w 的选用

热量平衡 $Q_{负荷,失热} + c_p \cdot G_p \cdot t_n = Q_{放热} + c_p \cdot G_{jj} \cdot t_{jj} + c_p \cdot G_{zj} \cdot t_w + c_p \cdot L_{循环} \cdot \rho_n (t_s - t_n)$

t_w 取值（《工规》第 6.3.4 条）；

1）冬季采暖室外计算温度：冬季通风耗热量（考虑消除余热余湿以外因素时，按此计算）；

2）冬季通风室外计算温度：消除余热、余湿的全面通风；

3）夏季通风室外计算温度：夏季消除余热余湿、通风系统新风冷却量；

4）夏季空调室外计算温度：夏季消除余热余湿、通风系统新风冷却量，且室内最高温度限值要求严格。

（2）冷库问题温度选取（《三版教材》P716，《冷库设计规范》GB 50072—2010 第 3.0.7 条）：

1）计算围护结构热流量：室外温度，采用夏季空调室外计算温度日平均值，t_{wp}。

2）计算围护结构最小热阻：室外相对湿度取最热月平均相对湿度。

3）计算开门热流量/通风换气流量：室外计算温度采用夏季通风室外计算温度，室外相对湿度采用夏季通风室外计算相对湿度。

4）计算内墙和楼面：围护结构外侧温度取邻室室温（冷却间 10℃，冻结间 −10℃）。

5）地面隔热层外侧温度：有加热装置，取 1～2℃；无加热装置/架空层，外侧采用夏季空调日平均温度，t_{wp}。

扩展 1-7 供暖围护结构热负荷计算总结

1. 冬季供暖热负荷组成

冬季供暖热负荷主要由围护结构耗热量、冷风渗入耗热量及其他耗热量组成。其中围护结构耗热量包括围护结构基本耗热量和附加耗热量，外门附加耗热量属于冷风侵入耗热量。

供暖室内计算温度改变后，热负荷折算：

$$\frac{Q_1}{Q_2} = \frac{t_{n,1} - t_w}{t_{n,2} - t_w}$$

2. 围护结构耗热量计算

$$Q_i = Q_{i,y}[1 + \beta_{朝向} + \beta_{风力} + (\beta_{两面墙} + \beta_{窗墙比\cdot窗})]$$
$$\cdot (1 + \beta_{层高}) \cdot (1 + \beta_{间歇}) + Q_{外门i,y} \cdot \beta_{外门}$$

注意：外门附加为冷风侵入耗热量，仅为考虑按围护结构基本热负荷进行折算，但并非围护结构耗热量。

3. 围护结构基本热负荷

$$Q_j = \alpha F K (t_n - t_w)$$

笔记区

　　说明：低温辐射供暖系统的热负荷计算，供暖室内设计温度可比散热器供暖方式低 2℃。工业建筑，室内温度比设计温度低 2～3℃。

　　4. 围护结构附加耗热量

围护结构附加耗热量要点　　　　　　　　扩展表 1-7

附加耗热量	附加条件	附加方式
朝向修正	外墙/外窗	日照率小于 35％地区的修正率不同
风力修正	旷野、河边、建筑过高	附加在垂直围护结构
高度修正	层高大于 4m	总附加率有极大值，附加在其他附加耗热量之上
两面外墙修正	有两面相邻外墙	
窗墙比修正	窗墙比大于 0.5	仅对窗附加
间歇附加	明确说明间歇运行	附加在围护结构耗热量上

　　(1) 朝向附加，$\beta_{朝向}$（见扩展表 1-8）

围护结构负荷计算朝向附加系数　　　　　扩展表 1-8

朝向	一般情况	日照率小于 35％的地区
北、东北、西北	0～10％	0～10％
东、西	−5％	0％
东南、西南	−10％～−15％	−10％～0％
南	−15％～30％	−10％～0％

　　(2) 风力附加，$\beta_{风力}$：设在不避风的高地、河边、岸边、旷野上的建筑物，以及城镇中高出其他建筑物的建筑，其垂直外围护结构附加 5％～10％。

　　(3) 两面外墙附加，$\beta_{两面墙}$：对于公共建筑，当房间有两面及两面以上外墙时，将外墙、窗、门的基本耗热量附加 5％。

　　(4) 窗墙面积比附加，$\beta_{窗墙比·窗}$：当窗墙面积比（不含窗）大于 1：1 时，对窗的基本热负荷附加 10％。

　　(5) 高度附加，$\beta_{层高}$：高度附加在其他耗热量附加之上房间高度大于 4m 时附加（楼梯间除外）。

　　《民规》第 5.2.6 条：

　　散热器供暖，房间高度大于 4m 时，每高出 1m 应附加 2％，但不应大于 15％；

　　地面辐射供暖，的房间高度大于 4m 时，每高出 1m 宜附加 1％，但不应大于 8％。

　　《工规》第 5.2.7 条：

　　地面辐射供暖，高度附加率（$H-4$）％，总附加率不宜大于 8％；

　　热水吊顶辐射或燃气红外辐射供暖：高度附加率（$H-4$）％，总附加率不宜大于 15％；

　　其他形式供暖，高度附加率（$2H-8$）％，总附加率不宜大于 15％。

　　(6) 间歇附加，$\beta_{间歇}$：间歇附加只针对间歇供暖的建筑物，题目未提及则不考虑。一般对于仅白天使用的办公室、教学楼，对围护结构耗热量附加20%；对于不经常使用的礼堂，对围护结构耗热量附加30%。

（7）外门附加，$\beta_{外门}$；外门附加只适用于短时间开启的，无热风幕的外门，阳台门不考虑外门附加。外门附加属于冷风侵入耗热量，非围护结构附加耗热量，附加于外门基本耗热量之上。

$$建筑楼层数为\ n\ 时，\beta_{外门}=\begin{cases}65\%\times n，一道门\\80\%\times n，两道门（有门斗）\\60\%\times n，三道门（有两个门斗）\\500\%，公共建筑的主要出入口\end{cases}$$

（8）低温辐射供暖系统的热负荷计算，供暖室内设计温度可比散热器供暖方式低2℃。

5. 冷风渗入耗热量

缝隙法计算逻辑关系如扩展图1-1所示。

扩展图1-1　缝隙法计算逻辑关系图示

（1）计算方法适用情况

缝隙法：民用建筑、工业建筑；

换气次数法：工业建筑无相关数据时；

百分率法：生产厂房、仓库、公用辅助建筑物。

（2）关于缝隙法计算过程的注意事项

单层热压作用下，建筑物中和面标高可取建筑物总高度的1/2；

当冷风渗透压差综合修正系数 $m>0$ 时，冷空气深入，此时存在渗风深入耗热量；当 $m\leqslant0$ 时，冷风渗入耗热量为0。

冷风渗透量计入原则，所述几面围护结构为具有外门外窗的外围护结构。例，围护结构有2面相邻外墙，仅有一面具有外窗，按照"房间仅有一面外围护结构"考虑计入原则；围护结构由3面外围护结构，其中只有一面由外窗，按照"房间仅有一面外围护结构"考虑计入原则。

外门窗缝隙计算方法，见扩展图1-2。（题目所给门窗大小为洞

笔记区

口大小，W—总宽度，H—总高度）。

单扇门	双扇门	单扇窗	双扇窗
$l_1=2W+2H$	$l_1=2W+3H$	$l_1=2W+2H$	$l_1=2W+3H$

扩展图 1-2　门窗缝隙计算方法图示

扩展 1-8　供暖系统设计相关总计

1. 室内热水供暖系统

系统形式：

垂直双管：小于或等于 4 层，优先下供下回，散热器同侧上进下出；

垂直单管跨越：不宜超过 6 层，优先上供下回跨越；

水平双管：低层大空间、共用立管分户计量多层或高层，优先下供下回，散热器异侧上进下出；

水平单管：缺乏立管的多层或高层，散热器异侧上进下出或 H 型阀；

分户热计量中应共用立管的分户独立系统，宜双管下供下回。

阀件（顶部自动排气阀，《三版教材》P84）

关闭用：高压蒸汽——截止阀；低压蒸汽与热水——闸阀、球阀；

调节用：截止阀、对夹式蝶阀、调节阀；

放水用：旋塞、闸阀；

放气用：排气阀、钥匙气阀、旋塞、手动放风。

立管：设于管井内，户用装置入管井（单层 3 户以上层内分集水器分户），分集水器入户，单立管连接不多于 40 户单层 3 户。

分区：南北分环，竖直高度 50m 以上，竖直分区。

水力平衡：立管比摩阻 30～60Pa/m，户内损失<30kPa，并联环路对比不包括公共段。

节能运行：防止"大流量小温差"。

2. 供暖系统坡度总结

通常情况，重力循环利用膨胀水箱排气，机械循环系统利用末端排气。

$i=0.003$：热水供回水、汽水同向的蒸汽管、凝结水管（坡向供水与水流相反，回水与水流相同）；

$i=0.01$：散热器支管与立管（供水坡向散热器，回水坡向立管）；

$i=0.005$：汽水异向；

$i=0.01$：自然循环供回水管（坡向与水流相同）；

无坡：热水供回水内流速 0.25m/s 以上。

重力循环上供下回，水平支干管，$0.005\sim0.01$，与水流同向（供水与空气流动方向相反，回水坡向锅炉）。

3. 供暖系统补偿器设置要点总结（《民规》第5.9.5条条文说明）

固定支架：水平或总立管最大位移不大于 40mm；

连接散热器的立管，最大位移不大于 20mm；

垂直双管及跨越管与立管同轴的单管，连接散热器立管小于 20m 时，可仅立管中间设固定卡。

膨胀量计算温度：冬季环境温度，$0\sim5℃$；

补偿器形式：优先自然补偿，L形、Z形；

补偿器：优先方形补偿器；

套筒补偿器、波纹管补偿器：需设导向支架，管径大于 $DN50$ 应进行固定支架推力计算。

4. 排气总结（《工规》第5.8.16条）

基本原则：有可能积聚空气高点排气。

热水系统：重力循环在供水主干管顶端设膨胀水箱，可兼作排气；

机械热水干管抬头走；

下行上供系统最上层散热器设排气阀或排气管；

水平单管串联每组散热器设排气；

水平单管串联上进上出系统，最后散热器设排气阀。

蒸汽系统：

干式回水：凝结水管末端，疏水器入口前排气。

湿式回水：各立管设排气管，集中在排气管末端排气，无排气管，在散热器和干管末端设排气。

扩展 1-9　各种供暖系统形式特点

各种供暖系统形式如扩展表 1-9 所示。

各种供暖系统形式特点　　　　　　　　**扩展表 1-9**

序号	形式名称	适用范围	重力循环热水供暖系统特点
重力循环供暖系统			
1	单管上供下回式	作用半径不超过50m的多层建筑	升温慢、作用压力小、管径大、系统简单、不消耗电能；水力稳定性好；可缩小锅炉中心与散热器中心的距离

笔记区

续表

序号	形式名称	适用范围	重力循环热水供暖系统特点
2	双管上供下回式	作用半径不超过50m的3层（≤10m）以下建筑	升温慢、作用压力小、管径大、系统简单、不消耗电能；易产生垂直失调；室温可调
3	单户式	单户单层建筑	一般锅炉与散热器在同一平面，故散热器安装至少提高到300～400mm高度；尽量缩小配管长度，减少阻力
机械循环供暖系统（多层建筑）			
1	双管上供下回式	室温有调节要求的建筑	最常用的双管系统做法；排气方便；室温可调节；易产生垂直失调
2	双管下供下回式	室温有调节要求且顶层不能敷设干管时的建筑	缓和了上供下回式系统的垂直失调现象；安装供回水干管需设置地沟；室内无供水干管，顶层房间美观；排气不便
3	双管中供式	顶层供水干管无法敷设或边施工边使用的建筑	可解决一般供水干管挡窗问题；解决垂直失调比上供下回有利；对楼层、扩建有利；排气不利
4	双管下供上回式	热媒为高温水、室温有调节要求的建筑	对解决垂直失调有利；排气方便；能适应高温水热媒，可降低散热器表面温度；降低散热器传热系数，浪费散热器
5	垂直单管上供下回式	一般多层建筑	常用的一般单管系统做法；水力稳定性好；排气方便；安装构造简单
6	垂直单管下供上回式	热媒为高温水的多层建筑	可降低散热器的表面温度；降低散热器传热量、浪费散热器
7	水平单管跨越式	单层建筑串联散热器组数过多时	每个环路串联散热器数量不受限制；每组散热器可调节；排气不便
机械循环供暖系统（高层建筑）			
1	分层式	高温水热源	入口设换热装置，造价高
2	双水箱分层式	低温水热源	管理较复杂；采用开式水箱，空气进入系统，易腐蚀管道
3	单双管式	8层以上建筑	避免垂直失调现象产生；可解决散热器立管管径过大的问题；克服单管系统不能调节的问题
4	垂直单管上供中回式	不易设置地沟的多层建筑	节约地沟造价；系统泄水不方便；影响室内底层房屋美观；排气不便；检修方便
5	混合式	热媒为高温水的多层建筑	解决高温水热媒直接系统的最佳方法之一
6	高低层无水箱直连	低温水热源	直接用低温水供暖；便于进行管理；用于旧建筑高低层并网改造，投资少；微机变频增压泵，精确控制流量与压力，供暖系统平稳可靠。 (1) 设阀前压力调节器的分层系统； (2) 设断流器和阻旋器的分层系统。阻旋器设于外网静水压线高度

扩展 1-10　供暖系统的水力稳定性问题

对于散热器供暖系统，供水量或供水温度变化后，末端散热量将受到影响，具体影响结论按扩展表 1-10 查取。

变工况调节室内温度的变化　　　　　　　扩展表 1-10

	变供水流量	变供水温度
垂直单管系统	下层相对上层变化大 （散热面积）	上层相对下层变化大 （传热系数）
垂直双管系统	上层相对下层变化大 （稳定性系数）	上层相对下层变化大 （自然作用压头）
变化趋势	$G>G_0$，整体供热量增加 $G<G_0$，整体供热量降低	$t_g>t_{g0}$，整体供热量增加 $t_g<t_{g0}$，整体供热量降低

注：G—水流量；t_g—供水温度；角标 0 表示设计工况；括号内为造成此变化的主要原因。

例 1：单管系统供水流量降低，由表查得，下层比上层变化大，下层室内温度更低。

例 2：双管系统供水温度升高，由表查得，上层比下层变化大，上层室内温度更高。

例 3：室外温度升高时，房间热负荷将降低，对于双管系统，需降低供水温度，或降低供水流量。以降低供水温度为例，系统产生垂直失调，查表可知上层供热量降低更多。若保证顶层室内温度，则底层室内温度将超过设计值；若保证底层室内温度，则顶层室内温度将低于设计值。

扩展 1-11　散热器相关总结

1. 散热器计算

散热器散热面积（《三版教材》第 1.8.1 节）：

$$F = \frac{Q}{K(t_{pj} - t_n)} \beta_1 \beta_2 \beta_3 \beta_4$$

（1）关于 β 修正系数：数值越大表示传热性能越差，所需散热器片数越多。修正系数参照《三版教材》第 1.8.1 节。

（2）关于 β_4 流量修正：流量增加倍数，$m = 25/(t_g - t_h)$，根据 m 查取 β_4；当 m 不为整数时，可在 1～7 之间使用内插法计算。

（3）改造问题中一般不考虑修正系数的变化。

（4）片数近似问题，《09 技术措施》第 2.3.3 条给出了一组尾数

笔记区

取舍法：

双管系统：尾数不大于耗热量 5% 时舍去，大于或等于 5% 时进位。

单管系统：按照上游（1/3），中游，下游（1/3）分别对待各组散热器，每类不超过所需散热量 7.5%，5% 及 2.5% 时舍去，反之进位。

例：双管系统计算片数为 19.5 片，尾数占比例为 0.5/19.5＝0.026 ＜ 0.05，所以尾数舍去，取 19 片。

对于无法利用《09 技术措施》尾数取舍的题目，按照进位考虑，即 14.2 片考虑为 15 片。此种处理方式主要考虑到要保证室内供暖温度，散热器散热量不能小于室内所需热负荷。

2. 参数改变后散热器计算相关计算思路

说明：对于改变供回水温度的系统，改变后的室内温度由散热器供热量决定，不一定达到新的室内设计温度。如原室内温度为 5℃，改变供回水温度后，散热器供热量按平均换热温差重新获得平衡。若平衡后的 $t_{n,2}$ 比新的设计温度低，则说明散热器片数/组数不够，需要增加散热器。

热负荷发生变化的隐含条件（注意下列 $t_{n,2}$ 为系统可达到的室内温度）

$$\frac{Q_1}{Q_2} = \frac{F\alpha(t_{pj,1} - t_{n,1})^{1+b}}{F\alpha(t_{pj,2} - t_{n,2})^{1+b}} = \left(\frac{t_{pj,1} - t_{n,1}}{t_{pj,2} - t_{n,2}}\right)^{1+b}$$

对供水量的影响的隐含条件

$$\frac{Q_1}{Q_2} = \frac{G_1 c_p \Delta t_1}{G_2 c_p \Delta t_2} = \frac{G_1}{G_2} \times \frac{\Delta t_1}{\Delta t_2}$$

散热器供热量与热负荷相等的成立条件

散热量计算时的室内设计温度与热负荷计算的室内计算温度相等。当散热器计算温度为 A，所需热负荷为 B 温度时，散热器散热量只能达到计算温度为 A 的热负荷。此时，可以按照下式计算散热器供热量与 B 温度下热负荷的比值：

$$\frac{Q_{散,A}}{Q_B} = \frac{A - t_w}{B - t_w}$$

3. 散热器系统形式

《民规》第 5.3.2 条：

居住建筑：垂直双管、公用立管分户独立循环双管、垂直单管跨越式；

公共建筑：双管系统，也可单管跨越式系统；

《既有居住建筑节能改造技术规程》JGJ/T 129—2012 第 5.3.4 条：

室内垂直单管顺流→垂直双管、垂直单管跨越式；

不宜分户独立循环。

4. 恒温控制阀设置要求（《民规》第 5.10.4 条）

垂直或水平双管→供水支管设高阻阀；

5 层以上垂直双管→设有预设阻力调节能力的恒温控制阀；

单管跨越式→低阻两通或三通恒温控制阀；

有罩散热器→温包外置式恒温控制阀；

低温热水地面辐射→热点控制阀、自力式恒温阀；

分环控制：分集水路，分路设阀；

总体控制：分集水器供回水干管设阀。

热计量室内变流量系统：不应设自力式流量控制阀。

扩展 1-12　全面辐射供暖与局部辐射供暖比较

全面辐射供暖与局部辐射供暖对比　　　扩展表 1-11

比较	全面辐射供暖	局部辐射供暖
适用建筑	一般为民用建筑	一般为工业厂房和车间
供暖要求	保证整个房间温度要求（不管盘管是不是全部面积敷设）	只保证房间内局部区域温度要求（如工人工作点），耗能比全面供暖低
附加系数	无需附加	考虑与非供暖区域的热量传递，需考虑附加系数：《工规》第 5.2.10 条、《三版教材》P42、《辐射供暖供冷技术规程》JGJ142—2012 第 3.3.3 条
面积取值	仅敷设面积（如扣除固定家具部分）（《三版教材》P42）	局部敷设面积

局部供暖与全面供暖局部散热的概念区分：

局部供暖：是指在一个有限的大空间内，只对其中的某一个部分进行供暖，而其余的部分无供暖要求。

全面供暖：是指整个空间都有供暖要求，只是受到实际条件的限制只能在局部区域采取供暖方式。

例如：

（1）一间办公室，地热盘管只能布置 50% 的面积，另外一半有固定设施，这种情况就是全面供暖局部散热。负荷仍然为办公室的总负荷。

（2）一个车间，中间为人员操作区，占车间面积的 50%，这部分有供暖要求，而其余 50% 的面积，没有人员，可以不供暖。这种情况就属于局部供暖，只对操作区供暖。负荷应该按照《辐射供暖供冷技术规程》JGJ 142—2012 表 3.3.3 在车间总负荷上乘以一个系数。由于局部供暖区域与不供暖区域的空气是流通的，局部供暖区与不供暖区存在热对流，所以这个系数是比局部供暖区占房间面积的比高一些。

扩展 1-13　辐射换热相关计算问题总结

1. 辐射供暖供冷房间所需单位地面面积向上供热量或供冷量（参照《辐射供暖供冷技术规程》JGJ 142—2012 第 3.4.5 条）

$$q_x = \beta \frac{Q_1}{F_r}$$

式中　β——考虑家具等遮挡的安全系数；

　　　Q_1——房间所需地面向上的供热量或供冷量 $Q_1 = Q - Q_2$，W；

　　　F_r——房间内敷设供热供冷部件的地面面积，m；

　　　Q——房间热负荷或冷负荷，W；

　　　Q_2——自上层房间地面向下传热量，W。

2. 辐射供热/供冷设计校验（《辐射供暖供冷技术规程》JGJ 142—2012 第 3.4.6 条，第 3.4.7 条）

辐射供热地表平均温度验算：$t_{pj} = t_n + 9.82 \times \left(\dfrac{q}{100}\right)^{0.969}$

辐射供冷顶棚平均温度验算：$t_{pj} = t_n - 0.175 \times q^{0.976}$

辐射供冷地面平均温度验算：$t_{pj} = t_n - 0.171 \times q^{0.989}$

用上式计算后，对照《辐射供暖供冷技术规程》JGJ 142—2012 表 3.1.3 及表 3.1.4，不满足要求则重新设计。

3. 热水辐射供暖系统供热量计算（参见《辐射供暖供冷技术规程》JGJ 142—2012 第 3.3.7 条文说明）

热负荷计算时需考虑间歇供暖附加值和户间传热负荷

$$Q = \alpha \cdot Q_j + q_h \cdot M$$

式中　Q_j——房间热负荷；

　　　α——间歇供暖修正系数，见《辐射供暖供冷技术规程》JGJ 142—2012 第 3.3.7 条表 3；

　　　q_h——单位面积平均户间传热，7W/m²；

　　　M——房间使用面积。

4.《辐射供暖供冷技术规程》JGJ 142—2012 第 4 章材料与第 5 章施工要点

（1）绝热层、填充层、水管材料的选择

（2）分集水器及阀件的材料，宜铜质。连接方式，宜采用卡套式、卡压式、滑紧卡套冷扩式。

（3）分集水器安装，分水器在上，分集水器中心距 200mm，集水器距地不应小于 300mm。

（4）加热管敷设的弯曲半径、墙面间距、外露套管高度、固定装置间距。

（5）填充层内的加热供冷管及输配管不应有接头。

（6）混凝土填充层施工时，加热管内应保持不低于 0.6MPa；养护过程中，不应低于 0.4MPa。

（7）伸缩缝的设置要求（第 5.4.14 条、第 5.8.1-2 条）。盘管不宜穿越填充层内的，必须穿越时，伸缩缝处应设长度不小于 200mm 的柔性套管。

（8）卫生间应做两层隔离层（楼板上方、填充层上方）。

（9）地面辐射供暖地面构造示意图见扩展图 1-3。

扩展图 1-3　地面辐射供暖地面构造示意图

（10）系统接管与阀门示意图见扩展图 1-4。

扩展图 1-4　系统接管与阀门示意图

5. 《辐射供暖供冷技术规程》JGJ 142—2012 附录的用法

（1）附录 B 单位面积散热量

根据加热管间距、平均水温 $\left(\dfrac{t_g+t_h}{2}\right)$ 以及要求的室内空气温度确定供热量。

　　管道供热量＝向上供热量＋向下传热量

　　室内热负荷＝本层向上供热量＋上层向下传热量（注：顶层没有上一层向下传热量）

　　地表温度面积核算，只采用表中查取的向上供热量。

　　（2）附录 C 管材选择

　　1）管道内径计算

$$d_{内径} = \sqrt{\frac{Q}{c_{p} \cdot \rho \cdot \Delta t \cdot v} \cdot \frac{4}{\pi}} \ (m)$$

　　注意：根据管道材质、设计压力等查取管道壁厚。$d_{外径} = d_{内径} + 2 \times \delta_{壁厚}$；管径壁厚不应小于 2mm，热熔焊接壁厚不小于 1.9mm；流速可以查取附录 D。

　　2）最大允许工作压力计算

$$PPMS = \frac{\sigma_{D} \cdot 2e_{n}}{d_{n} - e_{n}} \ (MPa)$$

　　注意：σ_{D} 为对应使用条件级别下设计应力，MPa；d_{n} 为公称外径，mm；e_{n} 为公称壁厚，mm。

　　（3）附录 D 管道水力计算表

　　设计水流量　$G = \dfrac{3600Q}{c_{p}\Delta t}$　　（kg/h）

式中　G——设计水流量，kg/h；

　　　　Q——盘管供热量，kW；

　　　　c_{p}——水定压比热，4.18kJ/（kg·℃）；

　　　　Δt——供回水温差，℃。

　　确定管径时，先根据供热量及设计供回水温差计算设计水流量，再根据此设计流量及所选的管径确定管内流速，该流速不应低于 0.25m/s。

扩展 1-14　工业建筑辐射供暖

　　1. 热水吊顶辐射案例计算

　　（1）热负荷计算时，高度附加取 $(H-4)\%$，且不大于 15%。

　　（2）辐射板散热量＝供暖热负荷×安装角度修正系数（见扩展表 1-12）

安装角度修正系数					扩展表 1-12
辐射板与水平面的夹角	0	10	20	30	40
修正系数	1	1.022	1.043	1.066	1.088

　　（3）管内流速应为紊流，非紊流时乘以 0.85～0.9 的修正系数（《工规》第 5.4.15 条第（2）款）。

【案例】北京某厂房，面积为 $500m^2$，层高为 6m，室内设计温度为 18℃。采用 110℃/70℃ 的热水吊顶辐射供暖，为配合精装造型，辐射板倾斜 30°安装。已知该房间围护结构耗热量为 30kW，门窗缝隙渗入冷空气耗热量为 5kW，则所需辐射板面积为下列何项？（辐射板标准散热量 $0.5kW/m^2$，最小流量 0.8t/h）

（A）73～77m^2　　　　　　（B）68～72m^2

（C）78～82m^2　　　　　　（D）83～87m^2

【答案】D

【解析】根据《工规》第 5.4.15-1 条，热水吊顶辐射板倾斜 30°安装，安装角度修正系数为 1.066。

假设辐射板满足最小流量要求，则有效散热量应为（题目给出的围护结构耗热量，已经考虑过各种附加，不必重新进行高度附加）：

$$Q = (30+5) \times 1.066 = 37.31 kW$$

辐射板流量：

$$G = \frac{Q}{c_p \Delta t} = \frac{37.31}{4.2 \times (110-70)} = 0.222 kg/s = 0.799 t/h < 0.8 t/h$$

辐射板达不到最小流量，需要考虑流量修正，计算所需辐射板面积：

$$F = \frac{Q}{(0.85 \sim 0.90) \times q} = \frac{37.31}{(0.85 \sim 0.90) \times 0.5} = 83 \sim 88 m^2$$

2. 燃气红外线辐射（《工规》第 5.5 节）

（1）系统设备的布置要求

1）发生器与其下游弯头需保持一定距离。

2）合理设置调节风量阀（设置位置：公共尾管前的系统分支末端，公共尾管与真空泵之间）。

3）系统运行时，必须先启动真空泵保证系统真空度，再启动发生器。

4）系统可根据实际需要选择定温控制、定时控制或定区域控制。

5）燃气红外线辐射供暖严禁用于甲乙类生产厂房和仓库。经技术经济比较合理时，可用于无线电气防爆要求的场所，易燃物质可出现的最高浓度不超过爆炸下限 10% 时，燃烧器宜布置在室外。

6）辐射器安装高度，除工艺特殊要求外，不应低于 3m。

（2）连续式燃气红外线辐射供暖案例计算

1）供热量计算（详见《三版教材》P52）

$$Q_f = \frac{Q}{1+R}$$

式中　$R = \dfrac{Q}{\dfrac{CA}{\eta}(t_{sh} - t_w)}$；

$\eta = \varepsilon \eta_1 \eta_2$；

Q——围护结构耗热量（比对流低 2~3℃）;

$C=11$;

A——供暖面积;

t_{sh}——舒适温度, 15~20℃;

其他详见《三版教材》P52。

2) 发生器所需最小空气量计算

$$L = \frac{Q}{293} \cdot K$$

式中 Q——总辐射热量;

K——常数（天然气取 $6.4m^3/h$, 液化石油气取 $7.7m^3/h$）。

计算空气量小于 $0.5h^{-1}$ 房间换气次数时, 可采用自然补风。超过 $0.5h^{-1}$ 时, 应设置室外空气供给系统。

3. 室内排风量计算

室内排风量按 $20~30m^3/(h \cdot kW)$ 计算。房间净高小于 6m 时, 尚应满足不小于 $0.5h^{-1}$ 的换气次数。

扩展 1-15 暖风机计算总结

1. 热风供暖设计总结

设计要求: 送风温度 35~70℃, 可以独立设置。

热媒: 0.1~0.4MPa 高压蒸汽, 90℃以上热水。

安装位置: 区分送风口中心高度与暖风机安装标高;

送风口中心高度 $h = f(H)$;

暖风机安装标高:

小型暖风机: $v \leqslant 5m/s$, 2.5~3.5m;

$v > 5m/s$, 4~4.5m;

落地式大暖风机出口高度 $H \leqslant 8m$, 3.5~6m;

$H > 8m$, 5~7m。

送风速度: 房间上部 5~15m/s, 离地不高处 0.3~0.7m/s。

2. 暖风机计算

《三版教材》式（1.5-18）和式（1.5-19）, 根据教材所列参数说明带入计算即可。注意 n 值计算若为非整数, 只进位, 不舍尾数。

台数计算: $n = \dfrac{Q}{Q_d \cdot \eta}$

室内设计温度改变后, 暖风机供热量的折算: $\dfrac{Q_1}{Q_2} = \dfrac{t_{pj} - t_1}{t_{pj} - t_2}$

暖风机实际散热量: $\dfrac{Q_d}{Q_0} = \dfrac{t_{pj} - t_n}{t_{pj} - 15}$

3. 热风供暖气流组织计算（见扩展表 1-13 和扩展图 1-5）

热风供暖气流组织计算　　　　　　　　　　　**扩展表 1-13**

计算参数	平行送风射流	扇形送风射流
射流有效作用长度 （m）	$h \geqslant 0.7H$ 时，$l_x = \dfrac{X}{a}\sqrt{A_h}$ $h = 0.5H$ 时，$l_x = \dfrac{0.7X}{a}\sqrt{A_h}$	$R_x = \left(\dfrac{X_1}{a}\right)^2 H$
换气次数	$n = \dfrac{380v_1^2}{l_x} = \dfrac{5950v_1^2}{v_0 l_x}$	$n = \dfrac{18.8v_1^2}{X_1^2 R_x} = \dfrac{294v_1^2}{X_1^2 v_0 R_x}$
每股射流的空气量 （m³/s）	$L = \dfrac{nV}{3600 \cdot m_p m_c}$	$L = \dfrac{nV}{3600 \cdot m}$
送风口直径 （m）	$d_0 = \dfrac{0.88L}{v_1}\sqrt{A_h}$	$d_0 = 6.25\dfrac{aL}{v_1 H}$
送风口出风速度	$v_0 = 1.27\dfrac{L}{d_0^2}$	

扩展图 1-5　热风供暖计算参数示意图

扩展 1-16　换热器计算

换热器内传热关系：

$$Q_{换热} = Q_{高温} = Q_{低温}$$

$$KFB\Delta t_{pj} = G_{高温} c_p (t'_1 - t''_1) = G_{低温} c_p (t'_2 - t''_2)$$

根据《三版教材》P106，换热器面积为：

$$F = \frac{Q}{K \cdot B \cdot \Delta t_{pj}}$$

说明：

（1）当题目未给出水程换热方式时，一般换热器考虑为"逆程"。

（2）由公式可知，换热面积计算是以换热量为出发点进行计算。由《民规》表 8.11.3 可知，供暖及空调供热需要考虑 1.1～1.5 的换热器附加系数。即热负荷与换热量需要进行一次换算。具体计算需要根据题目条件选取合适的计算方式。

热负荷→(附加系数)→换热量→(水垢、换热系数、换热温差)→换热面积

（3）当 $\Delta t_a/\Delta t_b \leqslant 2$ 时，加热器内换热流体之间的对数平均温度差，可简化为按算术平均温差计算，即 $\Delta t_{pj} = (\Delta t_a + \Delta t_b)/2$，这时误差 $<4\%$。

（4）容积式水换热器，用算数平均温差（《建筑给水排水设计规范（2009 年版）》GB 50015—2003 第 5.4.7 条）。

（5）汽水换热时，$t_1' = t_1''$ ＝蒸汽饱和温度。

（6）换热器对数平均温差（见扩展图 1-6）

$$\Delta t_{pj} = \frac{\Delta t_a - \Delta t_b}{\ln \dfrac{\Delta t_a}{\Delta t_b}}$$

扩展图 1-6　换热器中流体温度沿程变化示意图

（a）逆流换热器中流体温度沿程变化；（b）顺流换热器中流体温度沿程变化

扩展 1-17　供暖系统平衡阀的设置要求

（1）热力站和建筑入口均应根据要求考虑是否设置平衡阀，两者是不同的热量结算点，是否设置应独立考虑。

（2）热力站

1）当室外管网水力平衡计算达不到上述要求时，应在热力站和建筑物热力入口处设静态水力平衡阀（《严寒和寒冷地区居住建筑节能设计标准》JGJ 26—2010 第 5.2.13 条）。

2）出口总管，不应串联设置自力式流量控制阀；多个分环路时，分环总管根据水力平衡设置静态水力平衡阀（《严寒和寒冷地区居住建筑节能设计标准》JGJ 26—2010 第 5.2.15-2 条）。

3）热力网供、回水总管上应设阀门。当供暖系统采用质调节时，宜在热力网供水或回水总管上装设自动流量调节阀；当供暖系统采用变流量调节时宜装设自力式压差调节阀（《城镇供热管网设计规范》CJJ 34—2010 第 10.3.13 条）。

（3）建筑热力入口

1）静态水力平衡阀：

①当室外管网水力平衡计算达不到上述要求时，应在热力站和建筑物热力入口处设静态水力平衡阀（《*严寒和寒冷地区居住建筑节能设计标准*》JGJ 26－2010 第 5.2.13 条）。

②集中供热系统中，建筑热力入口应安装静态水力平衡阀，并应对系统进行水力平衡调试（《*供热计量技术规程*》JGJ 173－2009 第 5.2.2 条）。

2）根据水力平衡要求和室内调节要求，决定是否采用自力式流量控制阀、自力式压差控制阀或其他（《*严寒和寒冷地区居住建筑节能设计标准*》JGJ 26－2010 第 5.2.14 条《*公建节能 2015*》第 4.3.2 条）。

3）定流量系统：按规定设置静态水力平衡阀，或自力式流量控制阀（《*严寒和寒冷地区居住建筑节能设计标准*》JGJ 26－2010 第 5.2.15-3 条）。

4）变流量系统：应根据水力平衡的要求和系统总体控制设置情况，设置压差控制阀，但不应设置自力式定流量阀（《*严寒和寒冷地区居住建筑节能设计标准*》JGJ 26－2010 第 5.2.15-4 条）是否设置自力式压差控制阀应通过计算热力入口的压差变化幅度确定（《*供热计量技术规程*》JGJ 173－2009 第 5.2.3 条，《*民规*》第 5.10.6 条）。

（4）选型与安装：

1）平衡阀的选型要求（《*严寒和寒冷地区居住建筑节能设计标准*》JGJ 26－2010 第 5.2.15-5～8 条）。

2）阀前直管段不应小于 5 倍管径，阀后直管段长度不应小于 2 倍管径(《*供热计量技术规程*》JGJ 173－2009 第 5.2.4 条，《*民规*》第 5.9.16 条)。

扩展 1-18　其他供暖系统附件相关计算

1. 减压阀

（1）流量计算

减压比 $m = \dfrac{p_2}{p_1}$

临界压力 $\beta_L = \dfrac{p_L}{p_1}$，饱和蒸汽 $\beta_L = 0.577$，过热蒸汽 $\beta_L = 0.546$。

减压阀减压比大于临界压力比（$m > \beta_L$）：

饱和蒸汽　　$q = 462 \sqrt{\dfrac{10 p_1}{V_1} \left[\left(\dfrac{p_2}{p_1} \right)^{1.76} - \left(\dfrac{p_2}{p_1} \right)^{1.88} \right]}$

过热蒸汽　　$q = 332 \sqrt{\dfrac{10 p_1}{V_1} \left[\left(\dfrac{p_2}{p_1} \right)^{1.54} - \left(\dfrac{p_2}{p_1} \right)^{1.77} \right]}$

减压阀减压比小于等于临界压力比（$m \leqslant \beta_L$）：

饱和蒸汽 $\quad q = 71\sqrt{\dfrac{10p_1}{V_1}}$

过热蒸汽 $\quad q = 75\sqrt{\dfrac{10p_1}{V_1}}$

（2）减压阀阀孔面积（cm²）

$$A = \frac{q_m}{\mu q}$$

式中 $\quad \mu$——流量系数，$0.45\sim0.6$；

$\quad q$——减压阀计算流量，kg/（cm² · h）；

$\quad q_m$——通过减压阀的蒸汽流量，kg/h。

2. 安全阀喉部面积计算

饱和蒸汽 $\quad A = \dfrac{q_m}{490.3P_1}$

过热蒸汽 $\quad A = \dfrac{q_m}{490.3\phi \cdot P_1}$

水 $\quad A = \dfrac{q_m}{102.1\sqrt{p_1}}$

式中 $\quad A$——喉部面积，cm²；

$\quad q_m$——安全阀额定排量，kg/h；

$\quad p_1$——排放压力，MPa；

$\quad \phi$——过热蒸汽矫正系数，$0.8\sim0.88$。

3. 疏水阀凝结水排量计算

（1）安装在锅炉分气缸时（C 安全系数取 1.5）

$$G_{sh} = G \cdot C \cdot 10\%$$

（2）安装在蒸汽主管及主管末端，安装在管提升处、各类阀门之前及膨胀管或弯管之前

$$G_{sh} = \frac{F \cdot K(t_1 - t_2)C \cdot E}{H}$$

式中 $\quad C$——安全系数，一般取 2，末端取 3；

$\quad t_1$——蒸汽温度；

$\quad t_2$——空气温度。

（3）安装在蒸汽伴热管线（安全系数 C 取 2，Δt 为蒸汽与空气的温差）

$$G_{sh} = \frac{L \cdot K \cdot \Delta t \cdot E \cdot C}{P \cdot H}$$

（4）安装在管壳式热交换器（安全系数 C 取 2，Δt 为水侧温差）

$$G_{sh} = \frac{m \cdot \Delta t \cdot C_g \cdot \rho_g \cdot C}{H}$$

其中，G_{sh}—排除凝结水流量，kg/h；$E = 0.25 = 1 -$ 保温效率；

F—蒸汽管外表面面积，m^2；K—管道传热系数，$kJ/(m^2 \cdot \text{℃} \cdot h)$；$H$—蒸汽潜热，$kJ/kg$；$t_1$—蒸汽温度,℃；$t_2$—空气温度,℃；$\Delta t$ 温差,℃；L—伴热管上疏水阀间管线长度，m；P—管道单位外表面积的线性长度，m/m^2；m—被加热流体流量，m^3/h；C_g—液体比热，$kJ/(kg \cdot \text{℃})$；ρ_g—液体密度，kg/m^3

4. 调压装置计算

（1）调压板孔径（建筑入口供水干管，$p<1000kPa=1MPa$）

$$d=\sqrt{\frac{GD^2}{f}}$$

$$f=23.21\times10^{-4}D^2\sqrt{\rho H}+0.812G$$

其中，d—调压板孔径，mm；D—管道内径，mm；H—消耗压头，Pa；G—热水流量，kg/h；ρ—热水密度，kg/m^3。

（2）调压用截止阀内径（系统不大时采用）

$$d = 16.3\sqrt[4]{\xi}\sqrt{\frac{G^2}{\Delta p}}$$

其中，d—截止阀内径，mm；G—用户入口流量，m^3/h；Δp—用户入口压力差，kPa；ξ—局部阻力系数

5. 管线热膨胀量计算

$$\Delta X=0.012(t_1-t_2)L$$

其中，ΔX—管线热伸长量，mm；t_1—热媒温度,℃；t_2—管道安装温度，一般取 $0\sim5$℃，架空室外时取供暖室外计算温度；L—计算管道长度，m

6. 阀门阻力系数计算

$$K_v=\alpha\frac{G}{\sqrt{\Delta p}}$$

其中，G—通过流量（平衡阀设计流量），m^3/h；Δp—阀门前后压力差，MPa；α—系数。

说明：

（1）平衡阀应根据阀门系数 K_v 选择符合要求的平衡阀，而非按管径选型。

（2）恒温控制阀一般可按管道公称直径直接选择口径，再用阀门系数校核压力降。采用公称直径直接选择恒温控制阀的说法是错误的，公称直径仅能确定口径。

扩展 1-19　关于热量计量相关问题的总结

1. 设置热计量表是否属于运行节能的问题

《民规》第 5.10.1 条条文说明提到：设置热量表是主观行为节能，实际运行节能的措施是设置室温控制装置。采用热计量，是行为

节能，不是运行节能。

2. 关于热量表的安装位置总结：

（1）《三版教材》P116：从计量原理上讲，热量计安装在供、回水管上均可以达到计量的目的，有关规范规定流量传感器宜安装在回水管上，原因是流量传感器安装在回水管上，有利于降低仪表所处环境温度，延长电池寿命和改善仪表使用工况。而温度传感器应安装在进出户的供回水管路上。

（2）《供热计量技术规程》JGJ 173—2009 第 3.0.6.2 条：热量表的流量传感器的安装位置应符合仪表安装要求，且宜安装在回水管上。流量传感器安装在回水管上，有利于降低仪表所处环境温度，延长电池寿命和改善仪表使用工况。

第 4.1.2 条水—水热力站的热量测量装置的流量传感器应安装在一次管网的回水管上。

（3）《民规》第 5.10.3 条：用于热量结算的热量表的流量传感器应符合仪表安装要求，且宜安装在回水管上。

条文解释说明中提到热源、换热机房热量计量装置的流量传感器应安装在一次管网的回水管上。因为一次管网温差大、流量小、管径较小，流量传感器安装在一次管网上可以节省计量设备投资；考虑到回水温度较低，建议流量传感器安装在回水管路上。如果计量结算有具体要求，应按照需要选择计量位置。

3. 热计量方式适用性总结（见扩展表 1-14）

热计量方式适用性总结　　　　　扩展表 1-14

热分配计法	适用新建改建各种散热器系统 特别适合室内垂直单管顺流改造为 垂直单管跨越式系统	地面辐射 供暖	仅用于散热器
流量温度法	垂直单管跨越式 水平单管跨越式共用立管分户循环		
通断时间 面积法	共用立管分户循环 分户循环的水平串联式系统 水平单管跨越式和地板辐射供暖系统		户内为一个独立的 水平串联式系统； 无法分室或分 区温控
户用热量 表法	分户独立室内供暖 分户地面辐射供暖	传统垂直系统 既有建筑改造	适用范围广
温度面积法	新建建筑的各种系统 改造建筑		
户用热水表法	温度较小的分户地面辐射		

注：本表参考《民规》第 5.10.2 条、《供热计量技术规程》JGJ 173—2009 第 6.1.2 条、《09 技术措施》第 2.5.8 条。

扩展 1-20　热网与水压图问题总结

1. 热网年耗热量（见表扩展表 1-15）

热网年耗热量计算公式　　　　扩展表 1-15

供暖全年耗热量	$Q_h^a = 0.0864 N Q_h \dfrac{t_i - t_a}{t_i - t_{o,h}}$
供暖期通风耗热量	$Q_v^a = 0.0036 T_v N Q_v \dfrac{t_i - t_a}{t_i - t_{o,v}}$
空调供暖耗热量	$Q_a^a = 0.0036 T_a N Q_a \dfrac{t_i - t_a}{t_i - t_{o,a}}$
供冷期制冷耗热量	$Q_c^a = 0.0036 Q_c T_{c,max}$
生活热水全年耗热量	$Q_w^a = 30.24 Q_{w,a}$

说明：

（1）上述全年耗热量计算时，注意带入数值的正误，t_i 为室内计算温度，$t_{o,x}$ 为对应方式室外计算温度，t_a 为供暖期室外平均温度。

（2）关于供暖期室外平均温度及供暖期天数一般情况题目将直接给出；若未给出，一般可按照《民用建筑热工设计规范》GB 50176—2016 附录 A.0.1 查取。但是，当题目给出供暖期条件（一般为室外温度低于 5℃ 或低于 8℃）时，按此条件查取《民规》附录 A 表 "设计计算用供暖期天数及其平均温度" 中的平均温度和天数。

（3）全年耗热量 Q_a（单位 GJ）与热负荷不同 Q（单位 kW），锅炉选型时采用热负荷 Q 计算，锅炉房计算容量按下式计算 [《三版教材》式（1.11-4）]

$$Q = K_0 [Q_h + (0.7 \sim 1.0)(Q_v + Q_a) + (0.7 \sim 0.9)Q_{生产} + (0.5 \sim 0.8)Q_{生活}]$$

2. 热网水力计算

热网水力计算主要根据题意列出管网流量计算式及阻力计算式。求解的关键是基于管路开闭前后，未动作管段阻抗不变。

热网水力工况分析可直接参考《三版教材》P139~140 相关内容。

基本关系式：

流量与供热量　　$Q = G \cdot c_p \cdot \rho (t_g - t_h)$

流量与阻力/扬程　$P = S \cdot G^2$

其他计算关系式见扩展表 1-16。

热网水力计算主要关系式列表　　　　扩展表 1-16

串联关系	并联关系
$G = G_1 = G_2 = G_i$ $P = P_1 + P_2 + \Lambda + P_i$ $S = S_1 + S_2 + \Lambda + S_i$ $\dfrac{P_1}{S_1} = \dfrac{P_2}{S_2}$	$G = G_1 + G_2 + \Lambda + G_i$ $P = P_1 = P_2 = P_i$ $\dfrac{1}{\sqrt{S}} = \dfrac{1}{\sqrt{S_1}} + \dfrac{1}{\sqrt{S_2}} + \Lambda + \dfrac{1}{\sqrt{S_i}}$ $S_1 G_1^2 = S_2 G_2^2$

水力失调度：$x = \dfrac{V_s}{v_g}$

水力稳定度　$y = \dfrac{V_g}{V_{max}} = \dfrac{1}{x_{max}}$

3. 混水装置的设计流量（《三版教材》P133）

混水泵设计流量按下式计算：

$$G_h' = \mu G_h$$

其中，$\mu = \dfrac{t_1 - \theta_1}{\theta_1 - t_2}$，各参数具体见扩展图 1-7。

扩展图 1-7　混水泵参数示意图

4. 热网连接水压图（见扩展图 1-8）

热网连接基本原则（《三版教材》P134）：不超压（检验回水压力）、不倒空（静水压线）、不汽化（顶层供水压力）、有富余（30～50kPa）。

扩展图 1-8　热水网路水压图

扩展 1-21　锅炉房与换热站常考问题总结

1. 换热器

选型：热泵空调，应采用板式换热器；水—水换热器宜采用板式换热器（《民规》第 8.11.2 条）。

配置：总数不应多于 4 台；全年不应少于 2 台；非全年不宜少于 2 台。

容量：（1）换热器总容量＝设计热负荷×附加系数（《民规》表 8.11.3）；

（2）一台停止，寒冷地区剩余换热器换热量不低于 65% 供热量，严寒地区不低于 70%。

2. 锅炉房容量

笔记区

配置：全年使用不应少于 2 台，非全年不宜少于 2 台，中小型建筑单台能满足负荷和检修可设 1 台。

容量：(1) 锅炉房设计容量由系统综合最大热负荷确定[《三版教材》式(1.11-4)]：

$$Q = K_0(K_1 Q_1 + K_2 Q_2 + K_3 Q_3 + K_4 Q_4)$$

此计算式确定锅炉房设计容量，锅炉房实际总容量不小于 Q；

(2) 单台实际运行负荷率不宜低于 50%；

(3) 一台停止，寒冷地区剩余锅炉供热量不低于 65% 供热量，严寒地区不低于 70%。

额定热效率：《公建节能 2015》第 4.2.5 条（锅炉热效率：每小时送进锅炉的燃料所能产生的热量被用来产生蒸汽或加热水的百分率。）

3. 与锅炉热效率有关的计算

$$锅炉热效率 = \frac{锅炉产热量}{燃料热值 \times 燃料耗量} \times 100\%$$

↓

消耗空气助燃

↓

锅炉房送风量 = 房间换气量 + 燃料燃烧空气量 × 空气过剩系数

4. 锅炉房通风与消防

(1) 火灾危险分类

详见"扩展 2-14"中"常用的建筑火灾危险性等级列举"。

(2) 锅炉房防爆的泄压面积不小于锅炉间占地面积 10%

可计入泄压面积的部分：玻璃窗、天窗、质量小于或等于 $120kg/m^3$ 的轻质屋顶和薄弱墙等。

5. 小区进行节能改造后，锅炉房还可负担多少供暖面积

这类题的解题核心在于：供热面积指标仅用于计算户内热负荷，总热负荷与锅炉容量间相差一个室外管网输送效率（《严寒和寒冷地区居住建筑节能设计标准》JGJ 26－2010 第 5.2.5 条）。因此，应采用下式计算锅炉容量：

$$Q = k_0 \times (A_{改造} q_{改造} + A_{新建} q_{新建})$$
$$= \frac{A_{改造} q_{改造} + A_{新建} q_{新建}}{\eta}$$
$$= (1 + a)(A_{改造} q_{改造} + A_{新建} q_{新建})$$

式中　Q——热源装机容量；

　　q——热负荷；

　　η——管网输送效率；

　$1 + a$——锅炉自用系数。

6. 锅炉房的通风，如扩展表 1-17 所示。

笔记区

锅炉房通风量要求			扩展表 1-17	
设置位置			平时通风	事故通风
首层		燃油锅炉	$3h^{-1}$	$6h^{-1}$
		燃气锅炉	$6h^{-1}$	$12h^{-1}$
半地下或半地下室	地下一层	不得采用相对密度大于 0.75 的可燃气体燃料	$6h^{-1}$	$12h^{-1}$
地下或地下室			$12h^{-1}$	$12h^{-1}$
常（负）压燃油锅炉 常（负）压燃气锅炉		首层	同上	
		地下一层、地下二层		
		屋顶，距离安全出口不应小于 6m		
燃气调压间等爆炸危险房间			$3h^{-1}$	$12h^{-1}$
燃油泵房（按 4m 高计算）			$12h^{-1}$	$12h^{-1}$
油库（按 4m 高计算）			$6h^{-1}$	$12h^{-1}$

说明：（1）锅炉房应设置在首层或地下一层靠外墙部位，不应贴邻人员密集场所。

（2）送排风设备应采用"防爆型"。

（3）主要参考《锅炉房设计规范》GB 50041—2008 第 15 章，《建规 2014》第 9.3.16 条。

锅炉房新风量>3 次/h（不包括锅炉房燃烧空气量）；

控制室新风量>最大班操作人员新风量。

7. 《严寒和寒冷地区居住建筑节能设计标准》JGJ 26—2010 与《公建节能 2015》有关关于管网热损失是否计入问题的说明

由《严寒和寒冷地区居住建筑节能设计标准》JGJ 26—2010 第 5.2.5 条条文说明，管网损失包括：

（1）管网向外散热造成散热损失；

（2）管网上附件及设备漏水和用户防水而导致的补水耗热损失；

（3）通过管网送到各热用户的热量由于管路失调而导致的各处室温不等造成的多余热损失。

《公建节能 2015》第 4.2.4 条条文说明提及"灯光等得热远大于管道热损失，所以确定锅炉房容量时无需计入管道热损失"，实际表明远大于"散热损失"，管网损失仍需计入。另外，本条为条文说明，没有执行力，因此对于管网损失，仍需在装机容量中考虑。

扩展 1-22　户用燃气炉相关问题总结

1. 适用性问题

不适合直接作地热供暖热源（会导致热效率下降，烟气结露腐蚀系统）；

宜采用混水罐的热水供暖（《三版教材》P160），宜采用混水的方式调节（《民规》第 5.7.4 条）；

居住建筑利用燃气供暖，宜采用户式燃气炉（可免去管网损失，输送能耗）（《民规》第 5.7.1 条。）

2. 设计要点

（1）热负荷

采用一般性热负荷计算，还需考虑生活习惯、建筑特点、间歇运行等附加（《民规》第 5.7.2 条）。

供暖负荷应包括户间传热，且可再留有余量（《严寒和寒冷地区居住建筑节能设计标准》JGJ 26—2010 第 5.2.10 条）。

（2）相关设备选型

应选用全封闭、平衡式，强制排烟系统（《民规》第 5.7.3 条，强条）；

宜采用节能环保壁挂冷凝式燃气锅炉（《三版教材》P160，《民规》第 5.7.4 条）；

户式燃气炉额定热效率按照《家用燃气快速热水器和燃气采暖热水炉能效限定值及能效等级》GB 20665—2015 规定：壁挂冷凝式燃气锅炉供暖，可提供达到 1 级能效的产品。（《三版教材》P161）：

1 级：$\eta_1 = 99\%$，$\eta_2 = 95\%$；

2 级：$\eta_1 = 89\%$，$\eta_2 = 85\%$；

3 级：$\eta_1 = 86\%$，$\eta_2 = 82\%$；

其中，η_1—供暖额定热负荷下的热效率值，η_2—30%供暖额定热负荷下的热效率值。

末端与供回水温应匹配，散热器与地面供暖等均可采用（《民规》第 5.7.4 条条文说明、第 5.7.7 条）。

（3）高层中的要求

有条件采用集中供热或楼内集中设燃气热水器机组的高层中，不宜采用户式燃气炉（《严寒和寒冷地区居住建筑节能设计标准》JGJ 26—2010 第 5.2.10 条）。

高层中采用户式燃气炉，应满足下列要求：

1）应设专用进气及排气通道；

2）自身有自动安全装置；

3）具有自调燃气量、空气量的功能，有室温控制器；

4）循环水泵参数，应与供暖系统匹配。

3. 运行与保养

运行：排烟温度不宜过低，排烟口应保持畅通，远离人群和新风口（《民规》第 5.7.5 条）。

保养：为了保证可靠运行，应定期清洗保养（防水垢）（《三版教材》P161）；

应具有防冻保护、室温调控功能，并应设置排气泄水装置（《民规》第 5.7.8 条）。

第2部分　通　风

扩展2-1　环　境　问　题

1. 大气污染排放

大气污染排放内容主要参考《大气污染物综合排放标准》GB 16297—1996，是考试热点内容。其中第3节、第7节以及附录A—C应重点学习。

注意的问题：

(1) 一些基本的概念要学习该规范的第3节；

(2) 分清既有排气筒（表1）和新建排气筒（表2），所用表格不同；

(3) 排气筒高度的限制（第7.1条、第7.4条），下列情况排放速率还应再严格50%：

1) （既有和新建）排气筒无法高出周围200m半径范围的建筑5m以上时；

2) 新污染源排气筒高度低于15m时。

(4) 氯气、氰化氢、光气的既有和新建排气筒，均不得低于25m。

(5) 等效排气筒：当2个排气筒排放同一种污染物，其距离小于两个排气筒高度之和时，应以一个等效排气筒代表这两个排气筒进行评价。允许限值为等效排气筒高度对应限值。等效排气筒排放速率：

$$Q=Q_1+Q_2$$

等效排气筒高度：

$$h=\sqrt{\frac{1}{2}(h_1^2+h_2^2)}$$

2. 空气质量指数 AQI（《三版教材》P163-165）

(1) 定义

AQI：空气质量指数（现行参数）；

API：空气污染指数（不再使用）。

(2) 两者区别

AQI评价6项污染物，增加 PM2.5，按"小时均值（1小时1次）＋日报"进行发布，增加了小时均值；

API评价5项污染物，按"日均值（1天1次）"进行发布。

(3) 空气质量指数级别

AQI 分一～六级的六个指数等级，指数级别越大，污染越严重（《三版教材》表 2.1-4 及表 2.1-5）。

笔记区

扩展 2-2　消除有害物所需通风量

对于消除有害物所需通风量计算，要参考《工业企业设计卫生标准》GBZ 1—2010 以及《工作场所有害因素职业接触限值　第 1 部分：化学有害因素》GBZ 2.1—2007 的规定。

（1）当数种溶剂（苯及其同系物、醇类或醋酸酯类）蒸汽或数种刺激性气体同时放散空气中时，应按各种气体分别稀释至规定的接触限值所需要的空气量的总和计算全面通风换气量。

常见刺激性气体：氯气、氨气、光气、双光气、二氧化硫、三氧化硫、氮氧化物、甲醛、硫酸二甲酯、氯化氢、氟化氢、溴化氢、氨、臭氧、松节油

刺激性气体种类举例：

1）酸：硫酸、盐酸、硝酸、铬酸；

2）氧化物：二氧化硫、三氧化硫、二氧化氮、臭氧、环氧氯丙烷；

3）氢化物：氯化氢、氟化氢、溴化氢、氨；

4）卤族元素：氟、氯、溴、碘；

5）无机氯化物：光气、二氧化砜、三氯化磷、三氯化硼；

6）卤烃类：溴甲烷、氯化苦；

7）酯类：硫酸二甲酯、二异氰酸甲苯酯、甲酸甲酯；

8）醛类：甲醛、乙醛、丙烯醛；

9）金属化合物：氧化镉、硒化氢、羟基镍。

（2）PC-TWA 以及 PC-STEL：

关于有害物限值的计算是历年常考题，建议务必熟悉 GBZ 2.1—2007，特别是其附录。

PC-TWA：某物质 8h 时间加权平均容许浓度，使得计算值 C_{TWA} 不大于表列 PC-TWA。

平均容许浓度（TWA）计算式

$$C_{TWA}=\frac{\sum C_i T_i}{8}$$

PC-STEL：短时间接触容许浓度，应在满足 PC-TWA 基础上进一步考察该限值（化学物质，根据 PC-TWA 查取最大超限倍数；粉尘，超限倍数为 PC-TWA 的 2 倍）。

多种有毒物质共同作用限值，应满足下式：

$$\sum\frac{C_i}{L_i}\leqslant 1$$

笔记区

（3）单位换算：

在标准状态下，质量浓度和体积浓度可按下式进行换算：

$$Y = \frac{MC}{22.4}$$

其中，Y—污染气体的质量浓度；M—污染气体的摩尔质量，即分子量；C—污染气体的体积浓度。计算时经常会用到 ppm，ml/m^3，mg/m^3 等单位。单位换算时注意使用《三版教材》P230 式（2.6-1）。另外，关于这个公式的计算，有体积质量比和体积质量流量两套单位，这里给出计算单位的对照表，如扩展表 2-1 和扩展表 2-2 所示。

关于质量浓度和体积浓度换算公式
的单位的对照表   扩展表 2-1

参数	单位系列 1	单位系列 2
Y	mg/m^3	mg/s
C	mL/m^3（= ppm）	mL/s

常用化学物质分子量列表   扩展表 2-2

物质名称	化学式	分子量	元素	代号	分子量
二氧化硫	SO_2	64	氢	H	1
三氧化硫	SO_3	80	炭	C	12
一氧化碳	CO	28	氮	N	14
二氧化碳	CO_2	44	氧	O	16
硫化氢	H_2S	34	硫	S	32
氨气	NH_3	17			

例：在标准状态下，换算 10ppm 的二氧化硫的质量浓度。

$$Y = \frac{MC}{22.4} = \frac{64 \times 10}{22.4} = 28.5 mg/m^3$$

扩展 2-3 　通风热平衡计算

热平衡计算按《三版教材》式（2.2-6）进行：

$$\sum Q_h + G_p \rho_n t_n = \sum Q_f + G_{jj} \rho_{jj} t_{jj} + G_{zj} \rho_{zj} t_w + G_{xh} \rho_n (t_s - t_n)$$

此计算式控制体为建筑内部环境（如扩展图 2-1 所示灰色区域）

扩展图 2-1 　热风平衡计算示意图

注意：控制体外部情况不考虑其中，机械进风过程中空气处理环节与热平衡计算无关（无论是经过热回收还是空气加热器，机械进风 t_{jj} 仅表示进入室内时的温度），相关温度参数仅考虑从围护结构处进出室内的空气参数以及室内热源和循环风参数。

t_w 取值：（《工规》第 6.3.4 条）：

（1）冬季供暖室外计算温度：冬季通风耗热量（考虑消除余热余湿以外因素时，按此计算）；

（2）冬季通风室外计算温度：消除余热、余湿的全面通风；

（3）夏季通风室外计算温度：夏季消除余热余湿、通风系统新风冷却量；

（4）夏季空调室外计算温度：夏季消除余热余湿、通风系统新风冷却量，且室内最高温度限值要求严格。

扩展 2-4　通风防爆问题总结

1. 防爆相关规范

防爆相关规范中，因为工业建筑的特殊性，《工规》是最主要的规范。相比较而言，《民规》相关要求较少。另外，防爆与消防息息相关，因此《建规 2014》有很多与防爆有关的要求。

（1）《工规》

第 6.3.2、6.3.11、6.6.9、7.2.9 条、第 6.4 节、第 6.9 节。

（2）《民规》

第 6.3.2-4、6.3.9、6.5.9、6.5.10、6.6.16 条。

（3）《工业企业设计卫生标准》GBZ 1—2010

第 6.1 节 防尘、防毒。

（4）《建规 2014》

第 9.1.2、 9.1.3、 9.1.4、 9.2.3、 9.3.2、 9.3.4、 9.3.5、9.3.6、9.3.7、9.3.8、9.3.9 条。

2. 常考问题

（1）关于空气中各类物质的浓度限值

此考点考查极为频繁，比较简单，但是核心考点主要为《工规》第 6.9.2 条、第 6.9.5 条及第 6.9.15 条，且为条文正文。

第 6.9.2 条　凡属下列情况之一时，不得采用循环空气：

1　甲、乙类厂房或仓库；

2　空气中含有爆炸危险粉尘、纤维，且含尘浓度大于或等于其爆炸下限的 25% 的丙类厂房或仓库；

3　空气中含有易燃易爆气体，且气体浓度大于或等于其爆炸下限值的 10% 的其他厂房或仓库。

4　建筑物内的甲、乙类火灾危险性的房间。

第 6.9.5 条 排除有爆炸危险的气体、蒸汽和粉尘的局部排风系统，其风量应按在正常运行和事故情况下，风管内有爆炸危险的气体、蒸汽或粉尘的浓度不大于爆炸下限的 50% 计算。

第 6.9.15 条 在下列任一情况下，供暖、通风与空调设备均应采用防爆型：

1 直接布置在爆炸危险性区域内时；

2 排除、输送或处理有甲、乙类物质，其浓度为爆炸下限 10% 及以上时；

3 排除、输送或处理含有燃烧或爆炸危险的粉尘、纤维等物质，其含尘浓度为其爆炸下限的 25% 及以上时。

注意事项：

1) 分清楚具体要求为"爆炸下限的 25%"、"爆炸下限的 50%"，还是"爆炸下限 10%"；

2) 注意计算限制浓度时所对应的是"工作区容许浓度"还是"爆炸下限"。

3) 上述所列甲乙类物质可通过《建规 2014》查取。

(2) 对风系统及设备的要求

循环空气：《工规》第 6.9.2 条。

风系统划分：《工规》第 6.9.3、7.1.3、6.9.16 条，

《建规 2014》第 9.3.11 条。

扩展 2-5 自然通风公式总结

1. 自然通风量计算

(1) 全面换气量法 $G = \dfrac{Q}{c_p \cdot (t_p - t_w)}$

(2) 按照进风窗计算 $G = \mu_a F_a \sqrt{2h_1 g (\rho_w - \rho_{np}) \rho_w}$

(3) 按照排风窗计算 $G = \mu_b F_b \sqrt{2h_2 g (\rho_w - \rho_{np}) \rho_p}$

流量系数 $\mu = \dfrac{1}{\sqrt{g}}$

2. 各种自然通风计算相关温度

排风温度

(1) 允许温度差法（特定车间）$t_p = t_w + \Delta t$

(2) 温度梯度法（高度不大于 15m，室内散热均匀，散热量不大于 116W/m³）$t_p = t_n + a(h-2)$

说明：按房间高度查梯度，按排风口中心高度计算排风温度。查取表格时采用房间高度查取 a 值，带入公式时采用排风口中心高度带入 h。例，室内散热量为 30W/m³，室内温度为 20℃，房间高度为 10m，排风窗中心高度为 8m，按房间高度 10m 查得 $a = 0.6$，则排风

温度为 $t_p = 20 + 0.6 \times (8-2) = 23.6℃$。

（3）有效热量系数法（有强烈热源车间）$t_p = t_w + \dfrac{t_n - t_w}{m}$

室内平均温度　　$t_{np} = \dfrac{t_n + t_p}{2}$

3. 有关热压、风压、余压相关问题

（1）窗孔 c 的余压计算

$$\Delta p_{cx} = g(h_c - h_{中和})(\rho_w - \rho_{np})$$

式中　h_c——窗孔 c 距离地面的高度；

　　　h——中和面距离地面高度；

　　　ρ_w——室外空气温度对应密度；

　　　ρ_{np}——车间平均温度对应密度。

（2）建筑外某一点风压

$$\Delta p_f = K \frac{v_w^2}{2} \rho_w$$

式中　K——空气动力系数（有正负）；

　　　v_w——室外风速；

　　　ρ_w——室外空气温度对应密度。

（3）窗孔内外压差计算

$$\Delta p_i = \Delta p_{xi} - \Delta p_f = \Delta p_{xi} - K_i \frac{v_w^2}{2} \rho_w$$

式中　Δp_i——窗孔的内外压差；

　　　Δp_{xi}——窗孔的余压；

　　　K_i——空气动力系数（有正负）；

　　　v_w——室外风速；

　　　ρ_w——室外空气温度对应密度。

（4）自然通风计算基本原理

$$G = \mu F \sqrt{2 \Delta p \rho_w}$$

式中　Δp——窗孔的内外压差；

　　　ρ_w——室外空气温度对应密度。

《三版教材》中有关进排风量的计算是以此公式为基础推倒而来。当无法使用《三版教材》式（2.3-14）及式（2.3-15）时，可从此基本公式入手分析问题。

4. 窗面积与距中和面位置

窗面积与距中和面位置有如下关系$\left(\text{流量系数 } \mu = \dfrac{1}{\sqrt{\xi}}, \text{密度计算}\right.$

$\left. \rho_t = \dfrac{353}{273 + t} \right)$

$$\left(\frac{F_{排}}{F_{进}}\right)^2 = \frac{h_{进}}{h_{排}} \frac{\rho_w}{\rho_p} \frac{\mu_{进}^2}{\mu_{排}^2}$$

特别的，若近似认为 $\mu_{进} = \mu_{排}$，$\rho_{w} = \rho_{p}$，则有：

$$\left(\frac{F_{排}}{F_{进}}\right)^2 = \frac{h_{进}}{h_{排}}$$

5. 建筑物周围气流流型

风吹向和流经建筑物时，按在其屋顶和四周形成的气流流形及空气动力特性不同可分为稳定气流区、正压区、空气动力阴影区以及尾流区 4 个区域。另外，对于静压低于稳定气流区静压的区域被称为负压区（通常指动力阴影区和尾流区，见扩展图 2-2 和扩展图 2-3）。

扩展图 2-2　建筑周围气流区示意图

扩展图 2-3　建筑周围气流区计算图示

H_{c}——空气动力阴影区最大高度。

H_{k}——屋顶上方受建筑影响气流最大高度。

排除有剧毒物质排风系统高度宜为 $1.3H \sim 2.0H$（H 为建筑高度）。

排风口不得朝室外空气动力阴影区和正压区。

6. 各种风帽适用情况总结

（1）常见的避风风帽有筒形风帽、锥形风帽，伞形风貌不具有避风性。

（2）排除粉尘或有害气体的机械通风排风口采用锥形风帽或防雨风帽。

（3）禁止风帽布置在正压区内或窝风地带。

排风装置要点见扩展表 2-3。

排风装置要点列表　　　　　扩展表 2-3

排风装置	要点
屋顶通风器	①全避风型新型自然通风装置； ②不通电，局部阻力小，尤其适合高大工业建筑
天窗	① 不适用于散发大量余热、粉尘和有害气体的车间使用，适用于以采光为主的清洁厂房； ② 阻力系数大，流量系数小，开启关闭繁琐； ③ 易产生倒灌； ④ 无挡风板（与避风天窗的区别）
避风天窗	① 空气动力性能良好，天窗排风口不受风向影响，均处于负压状态； ② 能稳定排风，防止倒灌
	采用避风天窗或屋顶通风器： ① 夏热冬冷，夏热冬暖地区：室内散热量大于 $23 \mathrm{w/m^3}$ 时； ② 其他地区：室内散热量大于 $35 \mathrm{w/m^3}$ 时 ③ 不允许气流倒灌时
	可不设避风天窗 ① 利用天窗能稳定排风时； ② 夏季室外平均风速小于或等于 $1 \mathrm{m/s}$
	多跨厂房的相邻天窗或天窗两侧与建筑物邻接，且处于负压时，无挡风板的天窗可视为避风天窗。当建筑物一侧与较离建筑物相邻接时，应防止避风天窗或风帽倒灌。避风天窗或建筑物的相关尺寸应符合规定，详见《工规》P38
避风风帽	① 在自然排风的出口装设避风风帽可以增大系统的抽力； ② 用于自然排风系统，有时风帽也装在屋顶上，进行全面排风； ③ 适合自然通风系统，不适合用在机械排风系统
筒形风帽	① 自然通风的一种避风风帽；既可安装在具有热压作用的室内（如浴室），或装在有热烟气产生的炉口或炉子上（如加热炉、锻炉等），亦可装在没有热压作用房间（如库房）； ② 禁止风帽布置在正压区内或窝风地带，防止风帽产生倒灌； ③ 用于保证通风环境（不应设阀门），适用于工业和民用建筑自然通风，属于避风风帽的一种 筒形风帽选择计算： $$L = 2827d^2 \cdot A/\sqrt{1.2 + \sum \xi + 0.02l/d}$$ $$A = \sqrt{0.4v_{\mathrm{w}}^2 + 1.63(\Delta p_{\mathrm{g}} + \Delta p_{\mathrm{ch}})}$$ 　　　风压　　　热压　　送排风风压（余压）
锥形风帽	适用于除尘系统和有毒有害气体高空排放，宜与风管同材质
伞形风帽	适用无毒无害气体机械通风系统（无粉尘）

扩展 2-6　密闭罩、通风柜、吸气罩及接受罩的相关总结

1. 接入风管系统的排风罩计算（《三版教材》P284）

接入风管排风罩流量 $\quad L = v_1 F = \mu F \sqrt{\dfrac{2|p_j'|}{\rho}}$ （m³/s）

流量系数 $\quad \mu = \dfrac{1}{\sqrt{1+\xi}}$

注意：该公式中流量系数 μ 的计算与自然通风的不同（两者流体力学基本模型不同）。

2. 排气罩适用情况

密闭罩：运输机卸粉状物料处、局部排风；

通风柜：金属热处理、金属电镀、涂料或溶解油漆、使用粉尘材料的生产过程；

外部吸气罩：槽内液体蒸发、气体或烟外溢、喷漆、倾倒尘屑物料、焊接、快速装袋、运输器给料、磨削、重破碎、滚筒清理；

槽边排风罩：不影响人员操作；

吹吸式排风罩：抗干扰墙，不影响工艺操作；

接受式排风罩：高温热源上部气流、砂轮磨削抛出的磨屑、大颗粒粉尘诱导的气流。

3. 密闭罩排风量计算（《三版教材》P190）

排风量＝物料下落带入罩内诱导空气量＋从孔口或不严密缝隙吸入的空气量＋因工艺需要鼓入罩内空气量＋生产过程增加的空气量＝$V \cdot F$

4. 通风柜

通风柜设置要求：

冷过程应将排风口设在通风柜下部；

热过程，应在上部排风；

发热不稳定过程，应上下均设排风；

温湿度和供暖有要求房间内，可用送风式通风柜。

送排风量计算参考《三版教材》P190

排风量：$L = L_1 + vF\beta$

补风量：$L_补 = 70\%L$

5. 吸气罩计算相关问题说明

（1）控制风速

这一参数的选取参考《三版教材》表 2.4-3 和表 2.4-4。

（2）矩形吸气口速度计算

根据《三版教材》图 2.4-15，可以对应查得矩形排风罩吸气口的速度与控制点速度的比值。注意最下面一条线为圆形。

（3）关于 a 和 b 的取值。

《三版教材》图 2.4-15 中 b/a，a 表示长边，b 表示短边。对于 $A \times B$ 的排风罩，A 表示高，B 表示宽。

（4）关于何时考虑为假想罩

若题目未提及任何放置方式，则不考虑假想罩；若题目提及工作台上的某吸气罩，不论是否说明是侧吸罩，均建议按照假想大排风罩进行计算。

（5）排风量计算

$$L = v_0 F$$

《三版教材》给出了计算实际排风量的方法，可以通过吸入口风速计算也可以用控制点风速进行计算。但是，实际操作中，这两种方法计算的结果经常是不一致的。《二版教材》以及《工业通风》给出的例题均采用吸入口风速进行计算的。因此，2013 年以前的教材，其中包含侧吸罩的例题，采用的是图解法。现在的教材已经删除了例题，考试为了避免歧义会直接要求采用图解法或公式法，具体需以实际考试表述为准。

6. 槽边排风罩

（1）槽边排风罩是吸气罩的一种，控制风速 v_0 若题目未给，可参考《三版教材》表 2.4-3。

（2）形式区分

单侧双侧：$B \leqslant 700mm$ 单侧；$B > 700mm$ 双侧。$B > 1200mm$ 双侧吹吸（吹吸类无法考案例）；

高低截面：吸风口高度 $E < 250mm$ 为低截面；$E \geqslant 250mm$ 为高截面。

（3）案例计算

条风口高度计算（《三版教材》式 2.4-10）：

$$h = \frac{L}{3600 v_0 l}$$

排风量计算，《三版教材》式（2.4-11）～式（2.4-16），注意计算结果为总风量，即双侧时是两侧风量之和。

槽边排风罩阻力［《三版教材》式（2.4-17）］：

$$\Delta p = \xi \frac{v_0^2}{2} \rho$$

7. 接受罩

关于接受罩排风量计算需要注意的问题：

（1）收缩断面是热气流上升时的一个特征面，这个断面以下气流以微角度向上收缩（近似认为断面面积不变）；这个断面以上，气流截面迅速扩大。如此就有了形象化的收缩断面（如"扩展图 2-4 接受罩下热气流流动原理图示"）。

（2）热源对流散热量计算：

$$Q = \alpha \cdot \Delta t \cdot F = (A \cdot \Delta t^{1/3}) \cdot \Delta t \cdot F$$

$$= A \cdot \Delta t^{4/3} \pi \cdot B^2 / 4 (\text{J/s})$$

（注意此处 Q 的单位为 W，$J/S = W$）

其中，水平散热面 $A = 1.7$，垂直散热面 $A = 1.13$。

（3）高悬罩排风量计算。收缩断面以上热流流动过程中会吸引周边气流一同向上运动，所以应采用《三版教材》式（2.4-21）计算 L_z，并且用式（2.4-23）计算对应罩口高度热射流直径，从而利用式（2.4-31）计算高悬罩排风量。

（4）低悬罩排风量计算。上升气流还未充分发展到理论的收缩断面，但是在气流收缩过程中，热射流整体流量不变，因此采用理论上的收缩断面流量式（2.4-24）计算罩口热流断面流量。同时，由于收缩断面下气流以微角度收缩，近似认为罩口热射流直径为热源直径。

（5）高低罩判别只采用 $1.5\sqrt{A_p} = 1.5\sqrt{\dfrac{\pi B^2}{4}}$ 或 1m。

高悬罩：
设置位置在收缩断面以上

低悬罩
设置位置在收缩断面以下

收缩断面

热源

扩展图 2-4　接受罩下热气流流动原理图示

计算排风量：$L = L_z + v' F' = L_z + (0.5 \sim 0.75) \cdot F'$，具体如扩展表 2-4 所示，区分计算。

参数	接受罩排风量计算		扩展表 2-4
	低悬罩 $1.5\sqrt{A_p} \geqslant H$ 或 $H \leqslant 1\text{m}$	高悬罩 $1.5\sqrt{A_p} < H$ 或 $H > 1\text{m}$
L_z	收缩断面计算公式	罩口断面计算公式
F'	罩口面积－热源面积	罩口面积－热射流面积

收缩断面［式（2.4-24）］$L_0 = 0.167 Q^{1/3} B^{3/2}$（注意 Q 的单位为 kW）

热射流断面［式（2.4-21）］$L_z = 0.04 Q^{1/3} Z^{3/2}$（注意 Q 的单位为 kW）

热射流断面直径［式（2.4-23）］$D_z = 0.36H + B$

对于高低悬罩的取舍：受到新增 H 区分条件的引入，部分老题的高低悬罩判别会出现歧义。但是 2017 年考试为了避免争议，题设一定会给出固定判别结论。重点请关注解题方法。

方式 1：直接给出高低接受罩类别，"某工程采用高悬罩……"；

方式 2：不给出热源面积，仅给出罩高，防止双判别；

方式 3：两个判别方式结论一致。

（6）关于接受罩罩口尺寸设计：

1）低悬罩

横向气流影响较小时，排风罩口断面直径：

$$D_1 = B + (0.15 \sim 0.2) \quad (m)$$

横向气流影响较大时，罩口尺寸按《三版教材》P199 式（2.4-27）～式（2.4-29）计算。

圆形　　　$D_1 = B + 0.5H$　　（m）

矩形　　　$A_1 = a + 0.5H$　　（m）

　　　　　$B_1 = b + 0.5H$　　（m）

2）高悬罩

高悬排风罩口断面直径

$$\begin{aligned} D &= D_z + 0.8H \\ &= (0.36H + B) + 0.8H \\ &= 1.16H + B \quad (m) \end{aligned}$$

扩展 2-7　几种标准状态定义总结

一般情况，排放到室外空气的标准状态为大气压 $B = 101.3\text{kPa}$，空气温度为 0℃（273K）；送入室内空气的标准状态及室内所用设备标准状态为 $B = 101.3\text{kPa}$，空气干球温度为 20℃，相对温度为 65%。具体标准状态定义如下：

（1）《锅炉大气污染物排放标准》GB 13271—2014、《环境空气质量标准》GB 3095—2012 规定：标准状态是指锅炉烟气在温度为 273K，压力为 101325Pa 时的状态，简称标态。

（2）《环境空气质量标准》GB 3095—2012 第 3.14 条：标准状态指温度为 273K，压力为 101.325kPa 时的状态。

（3）《三版教材》P266：通风机样本或铭牌实验测试数据标准状态指：大气压力 $B = 101.3\text{kPa}$、空气温度 $t = 20$℃、空气密度为 $\rho = 1.2\text{kg/m}^3$。对于锅炉引风机的实验测试条件为：大气压力 $B = 101.3\text{kPa}$、空气温度 $t = 200$℃。

（4）《风机盘管机组》GB/T 19232—2003 规定：标准状态空气指大气压力为 101.3kPa、温度为 20℃、密度为 1.2kg/m³ 条件下的空气。

（5）《组合式空调机组》GB/T 14294—2008 规定：标准空气状态指温度 20℃、相对湿度 65％、大气压力 101.3kPa、密度 1.2kg/m³ 的空气状态。

（6）《风管送风式空调（热泵）机组》GB/T 18836—2002：风量是指在制造厂规定的机外静压送风运行时，空调机单位时间内向封闭空间、房间或区域送入的空气量。该风量应换算成 20℃、101kPa、相对湿度 65％的状态下的数值，单位：m³/h。

扩展 2-8　各类除尘器特点及计算总结

1. 标准状态浓度 C_N 转换

$$C_N = \frac{1.293C_0}{\rho} \qquad (\text{mg/m}^3)$$

其中，ρ 为密度，kg/m³，$\rho_t = \frac{353}{273+t}$；$C_0$ 是非标准状态质量浓度（体积浓度与质量浓度换算参见"扩展 2-2 消除有害物所需通风量"）。

2. 各过滤器过滤效率计算

（1）过滤器串联

$$\eta_t = 1 - (1 - \eta_1)(1 - \eta_2)\cdots(1 - \eta_n)$$

（2）重力除尘器过滤效率［《三版教材》式（2.5-12）］

$$\eta = \frac{y}{H} = \frac{Lv_s}{Hv} = \frac{LWv_s}{Q}$$

式中　L——沉降室长度，m；

W——沉降室宽度，m；

v_s——沉降速度，m/s；

Q——沉降室空气流量，m³/s；

H——沉降室高度，m；

v——气流速度，m/s。

重力沉降室尺寸示意如扩展图 2-5 所示。

最小捕集粒径（％）［《三版教材》式（2.5-13）］

$$d_{min} = \sqrt{\frac{18\mu vH}{g\rho_p L}} = \sqrt{\frac{18\mu Q}{g\rho_p LW}}$$

式中　d_{min}——最小捕集粒径，m；

μ——空气动力黏度，Pa·s；

H——沉降室高度，m；

v——气流速度，m/s；

ρ_p——尘粒密度，kg/m³；

L——沉降室长度，m；

W——沉降室宽度，m；

Q——沉降室空气流量，m^3/s。

除尘器内速度示意图

扩展图 2-5 重力沉降室尺寸示意图

（3）袋式除尘器

袋式除尘器的过滤清灰时间［由《三版教材》式（2.5-24）、式（2.5-25）计算］

$$t = \frac{m}{C_i v_i} = \frac{\Delta p_d}{\alpha \mu C_i v_i^2} (\text{min})$$

式中　t——过滤清灰时间，min；

　　　m——滤料上的粉尘负荷，kg/m^2；

　　　C_i——入口含尘浓度，kg/m^3；

　　　v_i——入口过滤风速，v_i = 气流量/60 滤料总面积，m/min；

　　　Δp_d——过滤层预定压力损失，《三版教材》P218 表 2.5-6，Pa；

　　　α——比阻力，m/kg；

　　　μ——气体黏性系数，Pa·min。

（4）静电除尘器［《三版教材》式（2.5-27）］

$$\eta = 1 - \exp\left(-\frac{A}{L}\omega_e\right)$$

式中　A——集尘极板总面积，m^2；

　　　ω_e——电除尘器有效驱进速度，m/s；

　　　L——除尘器处理风量，m^3/s，$L = vF$；

　　　v——电场风速，m/s；

　　　F——电除尘器横断面积，m^2。

（5）除尘系统耗电量

$$N = N_{风机} + N_{除尘器} = \frac{L(P_{管路} + P_{除尘})}{3600\eta_b\eta_m} + N_{除尘器}$$

3. 各种形式除尘器比较

（1）重力沉降室（过滤 $50\mu m$ 以上）

1）原理：利用重力作用使粉尘自然沉降；

2）使用条件：密度大、颗粒粗，特别是耐磨性强的粉尘；

3）除尘效率：效率低，不大于 50%；

4）压力损失：$50\sim150Pa$；

5）改善效率途径：降低室内气流速度、降低沉降室高度、增长沉降室长度；

6) 优点：结构简单，投资少，维护管理容易，压力损失小一般；

7) 缺点：占地面积大，除尘效率低。

(2) 旋风除尘器（过滤 $20\sim40\mu m$）

1) 原理：借助离心力作用将粉尘颗粒从空气中分离捕集；

2) 使用条件：工业炉窑烟气除尘和工厂通风除尘；工业气力输送系统气固两相分离与物料气力烘干回收；

3) 除尘效率：$60\%\sim85\%$（不大于 $450℃$ 高温高压含尘气体）；

4) 影响过滤效率因素：①结构形式（相对尺寸）增大，效率降低；②提高入口流速，效率提高，过高会返混，效率下降；③入口含尘浓度增高效率增高；气体温度提高和黏性系数增大，效率下降；④灰斗气密性对效率影响大；

5) 过滤速度：面风速 $3\sim5m/s$；入口流速 $12\sim25m/s$，不小于 $10m/s$；

6) 压力损失：$800\sim1000Pa$（工规 $800\sim1500Pa$）；

7) 优点：结构简单，造价便宜，维护管理方便，适用面宽；

8) 缺点：高温高压含尘气体，常作为预除尘。

(3) 袋式除尘器（过滤 $0.1\mu m$ 以上）

1) 原理：利用多孔袋状过滤元件从含尘气体中捕集粉尘；

2) 使用条件：对各类性质的粉尘都有很高的除尘效率，不受比电阻等性质影响（$250℃$ 以下，设备运行温度下限应高于露点温度 $15\sim20℃$）；

3) 除尘效率：$>1\mu m$，99.5%；$<1\mu m$ 的尘粒中，$0.2\sim0.4\mu m$ 除尘效率最低；

4) 影响过滤效率因素：粉尘特性、滤料特性、滤袋上堆积粉尘负荷、过滤风速等；过滤风速增大 1 倍，粉尘通过率可能增大 2 倍；

5) 过滤速度：脉冲清灰过滤风速不宜大于 $1.2m/min$，其他清灰，过滤风速不宜大于 $0.6m/min$；

6) 压力损失：运行阻力宜 $1200\sim2000Pa$，过滤层压损 $700\sim1700Pa$；

7) 优点：除尘效果好，适应性强，规格多样，应用灵活，便于回收干物料，随所用滤料耐温性能不同；

8) 缺点：捕集黏性强及吸湿性强的粉尘，或处理露点很高的烟气时，滤袋宜被堵塞，须采取保温或加热防范措施；压力损失大；设备庞大；滤袋宜坏，换袋困难。

(4) 滤筒式除尘；

1) 使用条件：粒径小、低浓度含尘气体，某些回风含尘浓度较高的工业空调系统应用，如卷烟厂；

2) 除尘效率：$\geqslant99\%$；

3）过滤速度：过滤风速 0.3～1.2m/min，PM2.5 过滤检验时，过滤风速 1.0±0.05m/min；

4）压力损失：设备阻力 1300～1900Pa；

5）优点：滤筒面积较大，除尘效率高，易于更换减轻工人劳动；

6）缺点：净化粘结性颗粒物时，滤筒式除尘器要谨慎使用。

（5）静电除尘器（1～2μm）

1）原理：利用静电将气体中粉尘分离；

2）使用条件：适用于大型烟气或含尘气体净化系统（350℃以下）；

3）除尘效率：1～2μm 以上效率 98%～99%；0.1～1μm 为最难捕集范围；

4）影响过滤效率因素：粉尘比电阻；入口含尘浓度高，粉尘越细，形成电晕闭塞，效率下降；风场风速过大，易二次扬尘，效率下降，电场风速 1.5～2m/s，除尘效率要求高不宜大于 1m/s；除尘效率大于 99% 时长高比不小于 1～1.5；

5）压力损失：本体阻力 100～200Pa；

6）优点：适用于微粒控制；本体阻力低，仅 100～200Pa；处理气体温度高（350℃以下）；

7）缺点：一次投资高，钢材消耗多，管理维护相对复杂，并要求较高的安装精度；对净化的粉尘比电阻有一定要求，通常最适宜的范围是 104～1011Ω·cm；《工规》7.2.8 条与《三版教材》不同，注意根据考题内容定位。

（6）湿式除尘器

1）原理：含尘气体与液滴或液膜的相对高速运动时的相互作用；

2）使用条件：同时进行有害气体净化；

3）除尘效率：水浴 85%～95%；冲激式，5μm 以上效率 95%；旋风水膜 85%～95%；

4）过滤速度：旋风水膜气流入口速度 16～20m/s；

5）压力损失：水浴 500～800Pa，冲激式 1000～1600Pa，旋风水膜 600～900Pa，文丘里设备阻力 4000～10000Pa；

6）优点：结构简单，投资低，占地面积小，除尘效率高，同时进行有害气体净化；

7）缺点：干物料不能回收，泥浆处理比较困难，有时要设置专门的废水处理系统。

扩展 2-9 吸附量计算

建议参考《工规》第 7.3.5 条条文说明的相关公式，教材的计算方法可以略过。

$$t = \frac{10^6 \times S \times W \times E}{\eta \times L \times y_1}$$

其中，W—最小装碳量，kg；t—吸附剂连续工作时间，h；S—平衡保持量；η—吸附效率，通常取 1；L—通风量，m^3/h；y_1—吸附器进口处有害气体浓度，mg/m^3；E—动活性与静活性之比，近似取 $E=0.8\sim0.9$（若采用 0.8～0.9 无答案，则按《工业通风（第四版》取值为 1）。

扩展 2-10　通风机等设备的风量、风压等参数的附加系数总结

1. 工业建筑

(1)《工规》第 6.8.2 条：选择通风机时，应按下列因素确定：

1) 通风机风量：系统计算总风量上附加风管和设备漏风率

系统漏风率：非除尘系统　不宜超过 5%；

　　　　　　　除尘系统　不宜超过 3%。

排烟风机，按照《建规 2006》第 9.4.8 条，全压应满足最不利环路要求，排烟量考虑 10%～20%漏风量。

2) 通风机风压：系统计算的压力损失上附加 10%～15%。

3) 通风机配电机功率：

定转速风机：按工况参数确定；

变频通风机：按工况参数计算确定，且应在 100%转速计算值上再附加 15%～20%。

4) 风机的选用设计工况效率，不应低于风机最高效率的 90%。

(2)《工规》第 6.7.5 条：通风、除尘、空气调节系统各环路的压力损失应进行水力平衡计算。各并联环路压力损失的相对差额宜符合下列规定。

非除尘系统，不宜超过 15%；

除尘系统，不宜超过 10%。

2. 民用建筑

(1)《民规》第 6.5.1 条：通风机应根据管路特性曲线和风机性能曲线进行选择，并应符合下列规定：

1) 通风机风量应附加风管和设备的漏风量：

送、排风系统　可附加 5%～10%；

排烟兼排风系统　宜附加 10%～20%。

2) 通风机风压：

通风机采用定速时：在计算系统压力损失上宜附加 10%～15%；

通风机采用变速时：以计算系统总压力损失作为额定压力。

3）通风机设计效率：不应低于其最高效率的 90%。

（2）《民规》第 6.6.6 条：通风与空调系统各环路的压力损失应进行水力平衡计算。各并联环路压力损失的相对差额，不宜超过 15%。

扩展 2-11　通风机与水泵问题总结

《三版教材》P267 中给出了通风机电机功率，但并未具体给出所提及的轴功率公式，这里对通风机与水泵功率计算相关公式进行总结（见扩展图 2-6）。

通风机的性能（水泵类比）：有效功率→风机轴功率→耗电（电机轴功率）→配电机功率。

扩展图 2-6　通风机（水泵）各中关系示意图

（1）有效功率，N_y

风机　$N_y = L \cdot p / 3600$　　（W）

水泵　$N_y = G \cdot H \cdot / 367.3$　　（kW）

（2）通风机的耗电功率（$N_z = N_y / y \cdot y_m$）

$$N = \frac{Lp}{\eta \cdot 3600 \cdot \eta_m} \quad (\text{W})$$

其中，L—通风机的风量，m^3/h；p—通风机风压，Pa；η—余压效率；η_m—机械效率。

（3）水泵的耗电功率，N_z（《红宝书》P1177）：$N_z = N_y / \eta_m \eta$

$$N = \frac{\rho L H}{\eta_m \cdot \eta} = \frac{GH}{367.3 \eta_m \cdot \eta} \quad (\text{kW})$$

其中，ρ—密度，kg/m^3；L—秒体积流量，m^3/s；H—扬程，mH_2O；G—小时体积流量，m^3/h，$G = 0.86Q/\Delta t$；Q—冷量，kW；Δt—供回水温差，℃；η—余压效率；η_m—机械效率。

说明：当 $\eta_m = 0.88$ 时，水泵耗电功率可写成 $N_z = \dfrac{GH}{323\eta}$。

（4）通风机/水泵的电机功率（《三版教材》P266）：

$$N' = N \cdot K$$

笔记区

其中，K—电机容量安全系数，一般取 $1.15\sim1.5$，根据轴功率不同取值不同。

（5）对于风机水泵变工况问题

1）风机/水泵变速调节时，各变量满足下列关系：

$$\frac{n_1}{n_2}=\frac{Q_1}{Q_2}=\left(\frac{H_1}{H_2}\right)^{1/2}=\left(\frac{N_1}{N_2}\right)^{1/3}$$

其中，Q—流量；H—水泵扬程；N—水泵功率。

2）对于已经与系统匹配的风机/水泵，应考虑实际系统中的流量与扬程，此时应计算系统阻抗，进而导出其他参量变化情况：

$$P=SG^2$$

其中，P—系统阻力，相当于水泵扬程；S—系统阻抗，为不变量；G—系统流量，相当于水泵水量。

（6）水泵常见问题总结

水泵超载：水泵运行流量过大。

解决方案：增大水泵额定流量，或加大系统阻力。

水泵喘振：水泵有进气，应加大膨胀水箱的高度，使得水泵吸入口压力为正压。

水泵并联：水泵并联后会有并联衰减，但不可因此影响选型。

扩展 2-12 风管材料及连接形式

风管材料及连接形式如扩展表 2-5 所示。

风管材料及连接形式　　　　扩展表 2-5

风管类型		材质要求	连接形式
风管板材		拼接方法（按类型、板厚）详见《通风与空调工程施工规范》GB 50738—2011 第 4.2.4 条	
		当咬口连接时，咬口连接形式适用《通风与空调工程施工规范》GB 50738—2011 第 4.2.6 条	
风管连接	焊接	当焊接时，应符合《通风与空调工程施工规范》GB 50738—2011 第 4.2.7 条	
	法兰连接	圆风管与扁钢法兰连接参见《通风与空调工程施工规范》GB 50738—2011 第 4.2.9 条	应采用直接翻边

续表　　　　笔记区

风管类型		材质要求	连接形式
风管连接	法兰连接	≤1.2mm 的风管与角钢法兰	应采用翻边铆接
		>1.2mm 的风管与角钢法兰	可采用间断焊或连接焊
		不锈钢风管与法兰铆接时法兰及连接螺栓为碳素钢时，其表面应采用镀铬或镀锌等防腐措施	应采用不锈钢铆钉
		铝板风管与法兰连接法兰为碳素钢时，其表面应按设计做防腐处理	宜采用铝铆钉
	薄钢板法兰	连接参见《通风与空调工程施工规范》GB 50738—2011 第 4.2.10 条	宜采用冲压连续或铆接
	无法兰	采用 C 形平插条、S 形平插条连接的风管边长不应大于 630mm。（《通风与空调工程施工规范》GB 50738—2011 第 4.2.12 条）； C 形直角插条可用于支管与主干管连接； 采用 C 形立插条、S 形立插条连接的风管边长不宜大于 1250mm； 铝板矩形风管不宜采用 C 形、S 形平插条连接	
	圆形风管		连接形式适用范围参见《通风与空调工程施工规范》GB 50738—2011 第 4.2.14 条
非金属风管与复合风管		密度、厚度、强度及适用范围参见《通风与空调工程施工规范》GB 50738—2011 第 5.1.2 条	连接形式及适用范围参见《通风与空调工程施工规范》GB 50738—2011 第 5.1.4 条
有酸性腐蚀作用的通风系统		硬聚氯乙烯塑料板（《三版教材》P247）	
卫生间潮湿		玻镁复合风管［2012-1-49］	
除尘系统		一般有薄钢板、硬氯乙烯塑料板、纤维板、矿渣石膏板、砖及混凝土等［2012-1-49］	宜采用内侧满焊、外侧间断焊形式，风管端面距法兰接口平面不应小于 5mm（《通风与空调工程施工质量验收规范》GB 50243—2016 第 4.3.2 条）； 宜垂直或倾斜敷设，与水平夹角宜大于或等于 45°，小坡度和水平管应尽量短（《通风与空调工程施工质量验收规范》GB 50243—2016 第 6.3.3 条）

笔记区

续表

风管类型	材质要求	连接形式
洁净空调系统	宜选用优质镀锌钢板、不锈钢板、铝合金板、复合钢板等（《通风与空调工程施工规范》GB 50738—2011 第 4.1.3 条）	1～5 级不应采用按扣式咬口连接铆接时不应采用抽芯铆钉
厨房锅灶排烟罩	应采用不易锈蚀材料制作，其下部集水槽应严密不漏水（《通风与空调工程施工质量验收规范》GB 50243—2016 第 5.3.6 条）	

注：1. 镀锌钢板镀锌层不耐磨，一般只用在普通通风系统中。
　　2. 锌的熔点温度为 420℃，在温度达到 225℃后，将会剧烈氧化。不适用于排除高温。

扩展 2-13　关于进、排风口等距离的规范条文小结

有关规范条文如扩展表 2-6 所示。

进、排风口等距离的规范条文　　　　扩展表 2-6

规范	条文	条文内容
《民规》	6.2.3	夏季自然通风用的进风口，其下缘距室内地面的高度不宜大于 1.2m。 自然通风进风口应远离污染源 3m 以上；冬季自然通风用的进风口，当其下缘距室内地面的高度小于 4m 时，宜采取防止冷风吹向人员活动区的措施
	6.3.1	机械送风系统进风口的位置，应符合下列规定： 进风口的下缘距室外地坪不宜小于 2m，当设在绿化地带时，不宜小于 1m
	6.3.2	建筑物全面排风系统吸风口的布置，应符合下列规定： 位于房间上部区域的吸风口，除用于排除氢气与空气混合物时，吸风口上缘至顶棚平面或屋顶的距离不大于 0.4m； 用于排除氢气与空气混合物时，吸风口上缘至顶棚平面或屋顶的距离不大于 0.1m； 用于排出密度大于空气的有害气体时，位于房间下部区域的排风口，其下缘至地板距离不大于 0.3m
	6.3.7	制冷机房的通风应符合下列规定： 氟制冷机房……事故排风口上沿距室内地坪的距离不应大于 1.2m

续表　　笔记区

规范	条文	条文内容
《民规》	6.3.9	事故排风的室外排风口应符合下列规定： 排风口与机械送风系统的进风口的水平距离不应小于20m；当水平距离不足20m时，排风口应高出进风口，并不宜小于6m； 当排气中含有可燃气体时，事故通风系统排风口应远离火源30m以上，距可能火花溅落地点应大于20m
	6.4.4	高度大于15m的大空间采用复合通风系统时，宜考虑温度分层等问题
	6.6.7	风管与通风机及空气处理机组等振动设备的连接处，应装设柔性接头，其长度宜为150～300mm
	6.6.11	矩形风管采取内外同心弧形弯管时，曲率半径宜大于1.5倍的平面边长；当平面边长大于500mm，且曲率半径小于1.5倍的平面边长时，应设置弯管导流叶片
	6.6.15	当风管内设有电加热器时，电加热器前后各800mm范围内的风管和穿过设有火源等容易起火房间的风管及其保温材料均应采用不燃材料
《工规》	6.2.6	夏季自然通风用的进风口，其下缘距室内地面的高度不应大于1.2m； 冬季自然通风用的进风口，当其下缘距室内地面的高度小于4m时，应采取防止冷风吹向工作地点的措施
	6.2.11	挡风板与天窗中间，以及作为避风天窗的多跨厂房相邻天窗之间，其端部应均应封闭。 当天窗较长时，应设置横向隔板，其间距不应大于挡风板上缘至地坪高度的3倍，且不应大于50m。 在挡风板或封闭物上应设置检查门。 挡风板下缘至屋面的距离宜为0.1～0.3m
	6.3.5	机械送风系统进风口的位置应符合以下要求： 进风口的下缘距室外地坪不宜小于2m，当设在绿化地带时，不宜小于1m
	6.3.10	排除氢气与空气混合物时，建筑物全面排风系统室内吸风口的布置应符合下列规定： 吸风口上缘至顶棚平面或屋顶的距离不大于0.1m； 因建筑构造形成的有爆炸危险气体排出的死角处应设置导流设施

笔记区

规范	条文	条文内容
《工规》	6.4.5	事故排风的排风口，应符合下列规定： 排风口与机械送风系统的进风口的水平距离不应小于 20m；当水平距离不足 20m 时，排风口应高出进风口，并不得小于 6m； 当排气中含有可燃气体时，事故通风系统排风口距可能火花溅落地点应大于 20m
	6.9.29	输入温度高于 80℃的空气或气体混合物的非保温风管、烟道，与输送由爆炸危险的风管及管道应有安全距离，当管道互为上下布置时，表面温度较高者应布置在上面； 应与建筑可燃或难燃结构之间保持不小于 150mm 的安全距离，或采用厚度不小于 50mm 的不燃材料隔热
	6.9.31	当风管内设有电加热器时，电加热器前、后各 800mm 范围内的风管和穿过设有火源等容易起火房间的风管及其保温材料均应采用不燃材料
《人民防空工程设计防火规范》GB 50098—2009	6.2.2	避难走道的前室宜设置条缝送风口，并应靠近前室入口门，且通向避难走道的前室两侧宽度均应大于门洞宽度 0.1m
	6.2.7	机械加压送风系统和排烟补风系统应采用室外新风，采风口与排烟口的水平距离宜大于 15m，并宜低于排烟口。当采风口与排烟口垂直布置时，宜低于排烟口 3m
	6.4.2	排烟口宜在该防烟分区内均匀布置，并应与疏散出口的水平距离大于 2m，且与该分区内最远点的水平距离不应大于 30m
	6.5.2	排烟管道与可燃物的距离不应小于 0.15m，或应采取隔热防火措施
	6.7.3	通风、空气调节系统……穿过防火分区前、后 0.2m 范围内的钢板通风管道，其厚度不应小于 2mm
	6.7.9	当通风系统中设置电加热器时，通风机应与电加热器连锁；电加热器前、后 0.8m 范围内，不应设置消声器、过滤器等设备
《人民防空地下室设计规范》GB 50038—2005	3.4.2	室外进风口宜设置在排风口和柴油机排烟口的上风侧。进风口与排风口之间的水平距离不宜小于 10m；进风口与柴油机排烟口之间的水平距离不宜小于 15m，或高差不宜小于 6m。位于倒塌范围以外的室外进风口，其下缘距室外地平面的高度不宜小于 0.50m；位于倒塌范围以内的室外进风口，其下缘距室外地平面的高度不宜小于 1.00m

续表

规范	条文	条文内容
《汽车库、修车库、停车场设计防火规范》GB 50067－2014	8.1.6	风管的保温材料应采用不燃烧材料制作，且不应穿过防火墙、防火隔墙，当必须穿过时，除应符合本规范第 5.2.5 条的规定外，尚应符合下列规定： 应在穿过处设置防火阀，防火阀的动作温度宜为 70℃； 位于防火墙、防火隔墙两侧各 2m 范围内的风管绝热材料应为不燃材料
	8.2.4	当采用自然方式时，可采用手动排烟窗、自动排烟窗、孔洞等作为自然排烟口，并应符合下列规定： 自然排烟口的总面积不应小于室内地面面积的 2%； 自然排烟口应设置在外墙上方或屋顶上，并应设置方便开启的装置； 房间外墙上的排烟口（窗）宜沿外墙周长方向均匀分布，排烟口（窗）的下沿不应低于室内净高的 1/2，并应沿气流方向开启
	8.2.6	每个防烟分区应设置排烟口，排烟口宜设在顶棚或靠近顶棚的墙面上。排烟口距该防烟分区内最远点的水平距离不应大于 30m
《建规 2014》	9.2.5	供暖管道与可燃物之间应保持一定距离。当供暖管道的表面温度大于 100℃时，不应小于 100mm 或采用不燃材料隔热；当供暖管道的表面温度小于或等于 100℃时，不应小于 50mm 或采用不燃材料隔热
	9.3.7	处理有爆炸危险粉尘的干式除尘器和过滤器宜布置在厂房外的独立建筑中。建筑外墙与所属厂房的防火间距不应小于 10m
	9.3.10	排除和输送温度超过 80℃的空气或其他气体以及易燃碎屑的管道，与可燃或难燃物体之间应保持不小于 150mm 的间隙，或采用厚度不小于 50mm 的不燃材料隔热；当管道上下布置时，表面温度较高者应布置在上面
	9.3.13	防火阀的设置应符合下列规定： 在防火阀两侧各 2.0m 范围内的风管及其绝热材料应采用不燃材料
	9.3.15	电加热器前后各 0.8m 范围内的风管和穿过有高温、火源等容易起火房间的风管，均应采用不燃材料

续表

规范	条文	条文内容
《防排烟规》	3.3.5	机械加压送风风机宜采用轴流风机或中、低压离心风机，其设置应符合下列规定： 送风机的进风口不应与排烟风机的出风口设在同一面上。当确有困难时，送风机的进风口与排烟风机的出风口应分开布置，且竖向布置时，送风机的进风口应设置在排烟出口的下方，其两者边缘最小垂直距离不应小于 6.0m；水平布置时，两者边缘最小水平距离不应小于 20.0m
	4.5.4	补风口与排烟口设置在同一空间内相邻的防烟分区时，补风口位置不限；当补风口与排烟口位置设置在同一防烟分区时，补风口应设在储烟仓下沿以下；补风口与排烟口水平距离不应少于 5m

扩展 2-14　防排烟系统相关问题总结

《建筑防烟排烟系统技术标准》GB 51251—2017 为 2019 年考试新增规范。此规范考点繁多，应认真研读，但是注意，此规范实施时间较短，实际问题较多，作为考生尽量减少条文间穿插理解，尽可能以某条条文为选项的考察依据。

1. 防排烟设置场所（见扩展表 2-7 和扩展表 2-8）

防排烟场所设置　　　　　　　　　　扩展表 2-7

设置防排烟设施部位	面积要求	其他要求	说明
封闭楼梯间	—	不能自然通风或自然通风不能满足要求	《建规 2014》第 6.4.2.1 条
防烟楼梯间及其前室	—		《建规 2014》第 8.5.1 条防烟楼梯间可不设防烟系统的条件：（1）前室或合用前室采用敞开的阳台、凹廊；（2）前室或合用前室具有不同朝向的可开启外窗，且可开启外窗的面积满足自然排烟。 《防排烟规》第 3 章给出防烟系统的设置要求
消防电梯间前室	—		
防烟楼梯间与消防电梯间合用前室	—		
防烟楼梯间与消防电梯间合用前室	—		

续表   笔记区

设置防排烟设施部位			面积要求	其他要求	说明
避难走道的前室、层（间）			—		《建规 2014》第 8.5.1 条
工业厂房与仓库	丙类厂房	地上房间的建筑面积	>300m²	且经常有人停留或可燃物较多	1. 厂房危险等级分类（《建规 2014》条文说明 P179，表 1） 洁净厂房、电子、纺织、造纸厂房、钢铁与汽车制造厂房。 2. 人员密集场所 营业厅、观众厅、礼堂、电影院、剧院和体育场馆的观众厅，公共娱乐场所中出入大厅、舞厅、候机厅及医院的门诊大厅等面积较大、同一时间聚集人数较多的场所。 3. 歌舞娱乐放映游艺场所 歌厅、舞厅、录像厅、夜总会、卡拉 OK 厅和具有卡拉 OK 功能的餐厅或包房、各类游艺厅、桑拿浴室的休息室和具有桑拿服务功能的客房、网吧等场所，不包括电影院和剧场的观众厅
	丁类生产车间	建筑面积	>5000m²		
	丙类仓库	占地面积	>1000m²		
	疏散走道	高度大于 32m 的高层厂房（仓库）	>20m		
		其他厂房（仓库）	>40m		
民用建筑	公共建筑	地上房间且经常有人停留	>100m²		
		地上房间且可燃物较多	>300m²		
	中庭				
	疏散走道		>20m		
	歌舞娱乐放映游艺场所	房间设在一～三层，房间建筑面积	>100m²		
		四层及以上楼层地下、半地下			
地下或半地下建筑（室）地上建筑无窗房间			总建筑面积>200m² 或房间面积>50m²	且经常有人停留或可燃物较多	应设置排烟设施
避难层				应设独立防烟	

笔记区

续表

设置防排烟设施部位		面积要求	其他要求	说明
人防工程	防烟楼梯间及其前室或合用前室			应设机械加压送风
	避难走道的前室			
	总面积	>200m²		应设机械排烟
	单个房间	>50m²	且经常有人停留或可燃物较多	
	疏散走道	>20m		
	歌舞娱乐放映游艺场所			
	中庭			
汽车库、修车库		地下一层，面积<1000m²或开敞式汽车库		可不设置排烟系统
		>1000m²		应设置排烟设施

注：1. 本表主要根据《建规 2014》GB 50016—2014，《汽车库、修车库、停车场设计防火规范》GB 50067—2014，《人民防空工程设计防火规范》GB 50098—2009编制。

2. 防烟设施包括自然通风防烟和机械加压送风，排烟设施包括自然排烟和机械排烟。

3. 疏散走道≠内走道。内走道与疏散走道概念上是相互独立事件的关系，对于内走道设置或不设置排烟的论断均是错误的！但部分考题没有区分这个概念，因为从使用上，特别是民用建筑，一般的内走道都作为疏散走道。建议：当题目选项发生争议时，考虑区分疏散走道与内走道。

常用的建筑火灾危险性等级列举　　　　　扩展表 2-8

房间功能		火灾危险性等级
锅炉房	锅炉间	丁类生产厂房
	重油油箱间、油泵间、油加热器及轻柴油的油箱间、油泵间	丙类生产厂房
	燃气调压间	甲类生产厂房
能源站	主机间	丁类生产厂房
	燃气增压间、调压间	甲类生产厂房
	氨制冷站	乙类生产厂房
	氟利昂制冷站	戊类生产厂房

注：本表主要参考依据：《建规 2014》P131 表 1，《锅炉房设计规范》GB 50041—2008 第 15.1.1 条，《燃气冷热电三联供技术规程》CJJ 145—2010 第 4.1.2 条，《冷库设计规范》GB 50072—2010 第 4.7.1 条。

2. 防烟系统的设计

（1）防烟系统的设计逻辑

建筑高度大于 50m 的公共建筑、工业建筑和建筑高度大于 100m 的住宅建筑，其防烟楼梯间、独立前室、共用前室、合用前室及消防电梯前室应采用机械加压送风系统。

建筑高度未达到上述要求的建筑，可采用自然通风系统或机械加压送风系统，系统的设置逻辑根据《防排烟规》第 3.1 节相关内容，整理如扩展表 2-9 所示。

防烟系统的设计逻辑   扩展表 2-9

序号	前室	楼梯间
1	全敞开、两面外窗	不设防烟
2	满足自然通风条件	自理
3	无自然通风条件，采用机械加压送风	具体方式与前室有关： （1）前室加压送风口未设置在前室的顶部或正对前室入口墙面时，楼梯间应采用机械加压送风系统； （2）独立前室且仅有一个门与走道或房间相同，可仅在楼梯间设置机械加压送风系统
4	特殊情况	（1）建筑高度为 50m 的公共建筑、工业建筑和建筑高度不大于 100m 的住宅建筑，当采用独立前室且仅有一个门与走道或房间相通，可仅在楼梯间设置机械加压送风系统。 （2）地下、半地下的封闭楼梯间不与地上楼梯间共用且地下仅为一层时，可不设置机械加压送风系统，但首层应设置有效面积不小于 1.2m² 的可开启外窗，或有直通室外的疏散门

（2）自然通风设施（见扩展表 2-10）

自然通风设施的设置要求   扩展表 2-10

位置		做法
封闭楼梯间、防烟楼梯间	建筑高度不大于 10m	最高部位设置开窗面积不小于 1m²
	建筑高度大于 10m	每 5 层总开窗面积不小于 2m² 开窗间隔不大于 3 层 最高部位设置开窗面积不小于 1m²
独立前室、消防电梯前室	无自然通风条件，采用机械加压送风	不小于 2m²
共用前室、合用前室		不小于 3m²
避难层、避难间		有不同朝向的可开启外窗 总有效面积不小于地面面积 2% 每个朝向的开启面积不应小于 2m²

（3）机械加压送风量的计算

机械加压送风量按下式计算：

$$L_{楼梯间} = L_1 + L_2$$

$$L_{前室} = L_1 + L_3$$

系统负担高度不大于 24m 时，上述计算风量即为系统计算风量。系统负担高度大于 24m 时，应按计算值与《防排烟规》表 3.4.2-1～表 3.4.2-4 值中的较大值确定（见扩展表 2-11）。设计送风机风量不小于该较大值的 1.2 倍。

当采用直灌式机械加压送风系统时，计算风量为上述较大值的 1.2 倍，其送风机在此基础上再考虑 1.2 倍。

《防排烟规》表 3.4.2-1～表 3.4.2-4 值的整理汇集

扩展表 2-11

系统负担高度（m）	消防电梯前室（m³/h）	楼梯间自然通风，独立前室、合用前室加压送风（m³/h）	前室不送风，楼梯间加压送风（m³/h）	楼梯间、前室均加压送风（m³/h）	
				楼梯间	前室
24＜h≤50	35400～36900	42400～44700	36100～39200	25300～27500	24800～25800
50＜h≤100	37100～40200	45000～48600	39600～45800	27800～32200	26000～28100

注：1. 当采用单扇门时，其风量可以乘以系数 0.75 计算。

2. 风机风量需按计算风量和表列风量之间取较大值后乘以 1.2 倍。

L_1 表示门开启时达到规定风速值所需的送风量（见扩展表 2-12）：

$$L_1 = A_k \cdot v \cdot N_1$$

门开启时达到规定风速值所需送风量（L_1）的计算参数

扩展表 2-12

参数	楼梯间	前室
A_k	一层内进入楼梯间的门面积 住宅可按一个门取值	一层内进入前室的门面积； 前室进入楼梯间的门不计入； 电梯门不计入； 住宅可按一个门取值
N_1	地下楼梯间，$N_1=1$ 地上楼梯间，24m 以下，$N_1=2$ 地上楼梯间，24m 及以上，$N_1=3$	$N_1=3$ 前室数少于 3 时，按实际前室数取 N_1

门洞断面风速取值表

v	前室	楼梯间	v（m/s）
	送风	送风	0.7
	不送	送风	1
	消防电梯前室	—	1
	送风	自然	0.6×（$A_{楼梯}/A_{前室}+1$）

L_2 表示门开启时规定风速值下的其他门漏风总量：

$$L_2 = 0.827 \times A \times \Delta P^{\frac{1}{n}} \times 1.25 N_2$$

式中　A——疏散门的有效漏风面积，$A = \Sigma L \times \delta$，$\Sigma L$ 为门缝长度，δ 为门缝宽度，取 $0.002 \sim 0.004$m；

　　　ΔP——平均压力差，取值见下表：

开启门洞处风速 v	平均压力差，ΔP
0.7m/s	6Pa
1.0m/s	12Pa
1.2m/s	17Pa

　　　n——指数，$n = 2$；

　　　N_2——漏风疏散门数量，$N_2 = $ 楼梯间总门数 $- N_1$；

　　　L_3 表示未开启的常闭阀的漏风总量：

$$L_3 = 0.083 \times A_f \times N_3$$

式中　A_f——单个送风阀门的面积，一般初选时阀门面积未知，A_f 需经过试算确定；

　　　N_3——漏风阀门的数量，$N_3 = $ 楼层数 $- N_1$

（4）余压阀的计算原则

余压阀的目的在于通过旁通风量，保证楼梯间与前室之间的压力状态，正压送风条件下楼梯间压力状态高于前室压力状态。根据风量平衡，送入楼梯间的风量在压差作用下泄漏到前室，因此保证压差的门洞漏风量和保证洞口的风量应该相等。设计计算时的 L_2 假定了楼梯间有 N_1 个门开启，计算此时满足压差的漏风量。但实际运行时会出现楼梯间没有门开启，此时楼梯间送风将通过所有的门泄入前室，楼梯间会出现超压。因此，需要按压差法核算规定的楼梯间与前室的压差状态下的门缝漏风量，若此漏风量小于楼梯间送风量，则需要余压阀泄压。泄压风量为楼梯间送风量与规定压差漏风量的差。

计算步骤：

1）计算楼梯间加压送风量，按规范要求计算 $L = N_1 + N_2$，并满足《防排烟规》第 3.4.2 条规定确定 L_s。

2）根据压差要求计算门缝漏风量 L_p（楼梯间与前室允许压差为 ΔP_p，计算门开启时规定风速值下的其他门漏风总量时的压差为 ΔP_{L2}）

$$L_p = L_2 \times \sqrt{\frac{\Delta P_p}{\Delta P_{L2}}}$$

3）计算余压阀所需泄压风量：

$$L_{yu} = L_s - L_p$$

3. 排烟系统的组成与相关概念间的关系（见扩展图 2-7）

笔记区

扩展图 2-7　排烟系统的组成与相关概念间的关系示意图

4. 排烟系统排烟量计算

《防排烟规》第 4.6 节具体给出了排烟量计算方法，注意排烟系统设计风量（即风机风量）不应小于系统计算风量的 1.2 倍，但是车库和人防地下室因有专用的防火规范，按其专用规范实施。

（1）自然排烟与机械排烟的选择原则

采用何种排烟方式由烟气是否出现"层化"现象决定。即当烟层与周围空气温差小于 15℃时应采用机械排烟方式，不得采用自然排烟；当烟层与周围空气温差大于 15℃时，不会出现"层化"现象，可采用自然排烟方式，也可采用机械排烟方式。

（2）防烟分区排烟量计算（见扩展表 2-13）

防烟分区的排烟量　　　　　　　　　　　扩展表 2-13

防烟分区		机械排烟	自然排烟
一般场所	净高小于或等于6m	$60m^3/(h \cdot m^2)$ 且不小于 $15000m^3/h$	不小于建筑面积的2%
	净高大于6m	按热释放速率计算排烟量且不小于《防排烟规》表4.6.3	
走道	仅走道或回廊设置排烟	不小于 $13000m^3/h$	两端（侧）均设置面积不小于 $2m^2$ 的排烟窗且两侧排烟窗距离不小于走道长度的2/3
	房间与走道均设置排烟	$60m^3/(h \cdot m^2)$ 且不小于 $13000m^3/h$	不小于建筑面积的2%

续表

防烟分区		机械排烟	自然排烟
中庭	周围场所设置排烟设施	周围场所防烟分区最大排烟量的 2 倍且不小于 107000m³/h	按机械排烟的排烟量，且自然排烟窗风速不大于 0.5m/s
	周围场所未设置排烟设施	排烟量不小于 40000m²/h	排烟量不小于 40000m³/h，且自然排烟窗风速不大于 0.4m/s

注：本表参考《防排烟规》第 4.6.3 条、第 4.6.5 条编写。

（3）排烟系统排烟量计算

净高不大于 6m 的场所，按同一防火分区中任意两个相邻防烟分区的排烟量之和的最大值计算。

例 1：如下图所示防火分区 1，空间净高均为 5m，ABCD 四个防烟分区计算排烟量分别为 18000m³/h，15000m³/h，24000m³/h，15000m³/h。相邻防烟分区有 AB、BC、CD，可计算 BC 及 CD 排烟量相等且均为最大排烟量，即 39000m³/h。因此，防火分区 1 排烟量为 39000m³/h。

A	B	C	D
300m²	200m²	400m²	100m²

防火分区 1

净高大于 6m 的场所，应按排烟量最大的一个防烟分区的排烟量计算。

例 2：防火分区 2 空间净高为 8m，其中防烟分区 A 为 500m² 展览厅，防烟分区 B 为 100m² 仓库，防烟分区 C 为 200m² 办公室。若防火分区 2 设有喷淋，根据《防排烟规》表 4.6.3 可知，A 的排烟量为 $10.6 \times 10^4 m^3/h$，B 的排烟量为 $12.4 \times 10^4 m^3/h$，C 的排烟量为 $7.4 \times 10^4 m^3/h$。防火分区 2 的排烟量为 ABC 三者最大值 B，$12.4 \times 10^4 m^3/h$。

当系统负担具有不同净高场所时，应采用上述方法对系统每个场所所需的排烟量进行计算，并取其中的最大值作为系统排烟量。

说明：先分别处理每个防火分区的排烟量，然后取各个防火分区排烟量的最大值为系统排烟量。

（4）人防地下室排烟量

负担 1 个或 2 个防烟分区：$G =$ 全部分区面积 $\times 60$，单位为 m^3/h。

负担 3 个或 3 个以上防烟分区：$G =$ 最大分区面积 $\times 120$，单位为 m³/h。

(5) 车库排烟量

根据《汽车库、修车库、停车场设计防火规范》GB 50067—2014 表 8.2.5，按车库净高查取最小排烟量，不再采用换气次数法。扩展表 2-14 中查取的数值即为排烟风机排烟量，不必乘以 1.2 倍。

汽车库、修车库内每个防烟分区排烟风机的排烟量

扩展表 2-14

汽车库、修车库的净高（m）	汽车库、修车库的排烟量（m³/h）	汽车库、修车库的净高（m）	汽车库、修车库的排烟量（m³/h）
3.0 及以下	30000	7.0	36000
4.0	31500	8.0	37500
5.0	33000	9.0	39000
6.0	34500	9.0 以上	40500

注：建筑空间净高位于表中两个高度之间的，按线性插值法取值。

5. 防火阀、排烟防火阀、排烟口、送风口总结（见扩展表 2-15）

防火阀、排烟防火阀、排烟口、送风口总结 扩展表 2-15

风管类型	阀门	状态	动作温度
空调	防火阀	常开	70℃
通风	防火阀	常开	70℃
排油烟	防火阀	常开	150℃
正压送风	防火阀	常开	70℃
	加压送风阀（口）	常闭（指电动的，联动正压送风及开启）	70℃（若需要）
消防补风	防火阀	常开	70℃
消防排烟	排烟防火阀	常开	280℃（风机入口总管上的联动排烟风机关闭）
	排烟阀（口）	常闭	联动排烟风机打开，阀无动作温度，排烟口可设置 280℃动作温度

6. 防排烟系统设计注意事项

(1) 机械加压送风系统、机械排烟系统应采用管道送排风，且不应采用土建风道。送风和排烟管道应采用不燃材料制作且内壁应光滑。当内壁为金属时，管道设计风速不应大于 20m/s；内壁为非金属时，管道设计风速不应大于 15m/s。

（2）固定窗的设计：

设计机械加压送风系统的封闭楼梯间、防烟楼梯间，尚应在其顶部设置不小于 $1m^2$ 的固定窗。靠外墙的防烟楼梯间，尚应在其外墙上每 5 层内设置总面积不小于 $2m^2$ 的固定窗。

大型公共建筑（商业、展览等）、工业厂房（仓库）等建筑，当设置机械排烟系统时，尚应设置固定窗。固定窗的设置既可为人员疏散提供安全环境，又可在排烟过程中导出热量。

固定窗不能作为火灾初期保证人员安全疏散的排烟窗。

（3）关于储烟仓：

储烟仓时位于建筑空间顶部，由挡烟垂壁、梁或隔墙等形成的用于蓄积火灾烟气的空间。

储烟仓高度即设计烟层厚度。

对于有吊顶的空间，当吊顶开孔不均匀或开孔率小于或等于 25％时，吊顶内空间高度不得计入储烟仓厚度。

储烟仓厚度不应小于 500mm，且自然排烟时不应小于空间净高 20％，机械排烟时不应小于空间净高 10％，同时储烟仓底部到地面的距离应大于最小清晰高度。

自然排烟窗和机械排烟口均应设置在储烟仓内，但走道、室内净高不大于 3m 的区域可设置在净高 1/2 以上。

（4）防排烟系统耐火极限的要求如扩展表 2-16 所示。

防排烟系统耐火极限的要求　　　　　　　　扩展表 2-16

部位	情况	耐火极限
加压送风风管	加压送风管未设置在管井内或与其他管道合用管道井	应≥1.00h
	设置在吊顶内	应≥0.50h
	未设置在吊顶内	应≥1.00h
排烟管道	设置在独立管道井内	应≥0.50h
	设置在吊顶内（非走道）	应≥0.50h
	直接设置在室内	应≥1.00h
	设置在走道吊顶内	应≥1.00h
	穿越防火分区	应≥1.00h
	设备用房和汽车库内	可≥0.50h
机械加压送风管道井		应≥1.00h，乙级防火门
排烟管道管道井		应≥1.00h，乙级防火门

（5）防排烟系统运行及控制如扩展表 2-17 所示。

笔记区

防排烟系统运行及控制　　　　扩展表 2-17

系统	启动方式	15s 内联动	30s 内联动	60s 内联动
防烟系统	现场手动启动 自动报警系统自动启动 消防控制室手动启动 常闭加压送风口开启,联动风机自动启动	开启常闭加压送风口和送风机 开启该防火分区楼梯间全部加压送风机 开启该防火分区内找火车及相邻上下层前室及合用前室常闭送风口,同时开启加压送风机		
排烟系统	现场手动启动 自动报警系统自动启动 消防控制室手动启动 系统任意排烟阀或排烟口开启时,排烟风机、补风机自动启动			
常闭排烟阀、排烟口	现场手动启动 自动报警系统自动启动 消防控制室手动启动 开启信号与排烟风机联动	开启相应防烟分区的全部排烟阀、排烟口、排烟风机、补风设施	自动关闭与排烟无关的通风、空调系统	
活动挡烟垂壁	现场手动启动 自动报警系统自动启动	相应防烟分区的全部活动挡烟垂壁		挡烟垂壁应开启到位
自动排烟窗	自动报警系统联动			60s 内或小于烟气充满储烟仓时间内开启完毕
	带有温控功能			

扩展 2-15　绝热材料的防火性能

1. 建筑材料燃烧性能分级（见扩展表 2-18）

建筑材料燃烧性能分级　　　　扩展表 2-18

燃烧性能分级	A	B1	B2	B3
燃烧性能要求	不燃材料（制品）	难燃材料（制品）	可燃材料（制品）	易燃材料（制品）

说明：分级依据《建筑材料及制品燃烧性能分级》GB 8624—2012 第 4 条

2. 关于绝热材料及制品燃烧性能等级的规定

《工业设备及管道绝热工程设计规范》GB 50264—2013 第 4.1.6 条（强制性条文）：关于设备或管道绝热保温材料的燃烧性能等级规定。

《建规 2014》中有关建筑材料燃烧性能的要求：

第 9.2.5 条：供暖管道与可燃物的间距规定及无法保证间距要求时保温材料的燃烧性能要求；

第 9.2.6 条：供暖管道及设备绝热材料的燃烧性能要求；

第 9.3.10 条：排除输送温度超过 80℃空气或其他气体及易燃碎屑管道与可燃物的间距规定及无法保证间距要求时保温材料的燃烧性能要求，管道上下布置原则；

第 9.3.13-3 条：防火阀两侧 2m 范围内风管及绝热材料应采用不燃材料；

第 9.3.14 条：通风、空气调节系统风管材料燃烧等级的要求（除特殊情况外，应采用不燃材料）；

第 9.3.15 条：绝热材料、加湿材料、消声材料及其胶粘剂的燃烧性能等级要求；电加热器前后 0.8m 范围内风管和穿过有高温、火源等容易起火房间的风管，均应采用不燃材料。

3. 保温材料燃烧性能列举（见扩展表 2-19）

部分建筑保温材料燃烧性能列举　　　扩展表 2-19

材料名称	燃烧性能等级	材料名称	燃烧性能等级
岩棉	A	胶粉聚苯颗粒浆料	B1
矿棉	A	酚醛树脂板	B1
泡沫玻璃	A	EPS 板模塑聚苯	B2
加气混凝土	A	XPS 板挤塑聚苯	B2
玻璃棉	A	PU 聚氨酯	B2
玻化微珠	A	PE 聚乙烯	B2
无机保温砂浆	A		

扩展 2-16　《人民防空地下室设计规范》GB 50038—2005 相关总结

1. 人防相关计算

（1）人防地下室滤毒通风时新风量（第 5.2.7 条）取下列两者大值：

掩蔽人员新风量　　$L_R = L_2 \cdot n$

笔记区

保持室内超压所需新风量　$L_H = V_F \cdot K_H + L_F$

（2）超压排风风量

$$L_{DP} = L_D - L_F$$

（3）最小防毒通道的换气次数

$$K_H = \frac{L_H - L_F}{V_F}$$

（4）隔绝防护时间（第5.2.5条）

$$\tau = \frac{1000 V_0 (C - C_0)}{n C_1}$$

注意：1）C 与 C_0 均为体积浓度，计算时应带入百分号，且表5.2.5查得的 C_0 是百分数，即表中 0.13 表示 0.13%；2）C_1 不是体积浓度，而是人均 CO_2 呼出量；3）计算 C_0 时需要查取隔绝防护前的新风量，相当于清洁通风的新风量，新风量可由表5.2.2查得或由题目给定，代入时 C_0 可根据新风量进行线性插值。

2. 人防相关通风风量的要求总结

人防通风整体分为平时通风与战时通风，战时通风应有清洁通风、滤毒通风和隔绝通风三种通风形式，只有战时为物资库的防空地下室可不设置滤毒通风（第5.2.1-2条）。隔绝通风阶段是全回风方式，即无新风的通风。

（1）新风量

平时新风量：通风时不应小于 $30 m^3/(P \cdot h)$，空调时有具体规定，详见第5.3.9条。

战时新风量：清洁通风时满足人员新风量，见第5.2.2条。

滤毒通风时，根据第5.2.7条取人员新风量和超压所需新风量两者最大值。

（2）人防设施设备风量要求

过滤吸收器：过滤吸收器额定风量严禁小于（必须大于）通过该过滤器的风量（第5.2.16条）；

滤毒进风量不超过滤毒通风管路上过滤吸收器的额定风量。（第5.2.8条）。

防爆活波门：额定风量不小于战时清洁通风量（第5.2.10条）。

防爆超压自动排气活门：根据排风口的设计压力值和滤毒通风排风量确定（第5.2.14条）。

自动排气活门：应根据滤毒通风时的排风量确定（第5.2.15条）。

（3）平时与战时通风系统风量要求

1）平时战时合用通风系统（第5.3.3条）

最大计算新风量→选用清洁通风风管管径、粗过滤器、密闭阀门、通风机等设备；

清洁通风新风量→选用门式防爆活波门，且按门扇开启时平时通风量进行核算；

滤毒通风新风量→选用滤毒进（排）风管路上的过滤吸收器、滤毒风机、滤毒通风管及密闭阀门；

2）平时和战时分设通风系统（第 5.3.4 条）

平时通风新风量→选用平时的通风管、通风机及其他设备；

清洁通风新风量→选用防爆波活门、战时通风管、密闭阀门、通风机等；

滤毒通风量→选用滤毒通风管路上的设备。

3. 测压管与取样管总结

（1）平时战时合用进风系统，设增压管，用于防治染毒空气沿清洁通风管进入工程内，采用 DN25 热镀锌钢管，应设铜球阀（图 5.2.8a）。

（2）防化通信值班室设置的测压管应采用 DN15 热镀锌钢管，一端在防化通信值班室通过铜球阀、橡胶软管与倾斜式微压计连接室外空气零压点，且管口向下（第 5.2.17 条）。

（3）尾气监测取样管采用 DN15 热镀锌钢管，管末端应设截止阀。（第 5.2.18-1 条）。

（4）放射性监测取样管采用 DN32 热镀锌钢管，取样口应位于风管中心，且末端应设球阀（第 5.2.18-2 条）。

（5）压差测量管采用 DN15 热镀锌钢管，末端应设球阀（第 5.2.18-3 条）。

（6）气密测量管采用 DN50 热镀锌钢管，管两端战时应有防护、密闭措施（管帽、丝堵或盖板）（第 5.2.19 条）。

扩展 2-17　关于平时通风和事故通风换气次数的一些规定

《工规》第 6.4.3 条对于事故排风的风量计算增加了计算要求，即"房间高度小于或等于 6m 时，应按房间实际体积计算；当房间高度大于 6m 时，应按 6m 的空间体积计算。"此要求在《民规》中没有体现，因此民用建筑不必考虑高度对算法的影响。相关规定如扩展表 2-20 所示。

关于平时通风和事故通风换气次数的一些规定　　　　　　　扩展表 2-20

场所与设备	平时通风	事故排风	参考规范
同时放散热、蒸汽和有害气体，或仅放散密度比空气小的有害气体的厂房，除应设置局部排风外的上部自然或机械排风	当车间高度≤6m 时，不应小于按 $1h^{-1}$；当车间高度 >6m 时，按 $6m^3/(h \cdot m^2)$ 计算	不应小于 $12h^{-1}$。当房间高度≤6m 时，应按房间实际体积计算，当房间高度 >6m 时，应按 6m 的空间体积计算	《工规》第 6.3.8 条、第 6.4.3 条

笔记区

场所与设备		平时通风	事故排风	参考规范
氨制冷机房①		严禁明火供暖 不应小于 $3h^{-1}$	不小于 $183m^3/(m^2 \cdot h)$ 且最小排风量 不小于 $34000m^3/h$	《民规》第 6.3.7-2 条,《民规》第 8.10.3-3 条,《冷库设计规范》GB 50070—2010 第 9.0.2 条
氟制冷机房		$4\sim6h^{-1}$	不应小于 $12h^{-1}$	《工规》第 6.4.3 条,《民规》第 6.3.7-2 条,《冷库设计规范》GB 50070—2010 第 9.0.2 条
燃气直燃溴化锂制冷机房		不应小于 $6h^{-1}$	不应小于 $12h^{-1}$	《工规》第 6.4.3 条,《民规》第 6.3.7-2 条
燃油直燃溴化锂制冷机房		不应小于 $3h^{-1}$	不应小于 $6h^{-1}$	
首层	燃油锅炉①	不应小于 $3h^{-1}$	不应小于 $6h^{-1}$	《工规》第 6.4.3 条,《锅炉房设计规范》GB 50041—2008 第 15.3.7,《建规 2014》9.3.16 条
	燃气锅炉①	不应小于 $6h^{-1}$	不应小于 $12h^{-1}$	
半地下或半地下室锅炉房①		不应小于 $6h^{-1}$	不应小于 $12h^{-1}$	《工规》第 6.4.3 条,《锅炉房设计规范》GB 50041—2008 第 15.3.7 条
地下或地下室锅炉房①		不应小于 $12h^{-1}$		
锅炉房新风总量①		必须大于 $3h^{-1}$		
锅炉控制室新风量①		按照最大班操作人员数计算		
地下室、半地下室或地上封闭房间商业用气①（除液化石油气）		不应小于 $6h^{-1}$	不应小于 $12h^{-1}$ 不工作时,不应小于 $3h^{-1}$	《工规》第 6.4.3 条,《燃气设计规范》GB 50028—2006 第 10.5.3 条
燃油泵房①		不应小于 $12h^{-1}$		《锅炉房设计规范》第 15.3.9 条,房间高度按 4m 计算
油库①		不小于 $6h^{-1}$		

续表

场所与设备		平时通风	事故排风	参考规范
汽车库	单层车库	稀释法或排风不小于 6h⁻¹ 送风不小于 5h⁻¹	—	《民规》第 6.3.8 条 稀释法计算时，送风量取 80%～90%排风量 换气次数法计算时，按照不超过 3m 的层高计算通风量
	双/多层车库	稀释法		

① 此标示的通风设备应采用"防爆型"。

注：1. 变配电室、热力机房、中水处理机房、电梯机房等采用机械通风的换气次数见《民规》第 6.3.7 条规定。

　　2. 锅炉房通风的有关规定详见"扩展 1-22 锅炉房与换热站常考问题总结"。

　　3. 《工规》第 6.4.3 条对于按 12h⁻¹ 事故排风的风量计算增加了计算要求，即"房间高度小于或等于 6m 时，应按房间实际体积计算；当房间高度大于 6m 时，应按 6m 的空间体积计算。"此要求在《民规》中没有体现，因此民用建筑不必考虑高度对算法的影响，但《工规》中新变化的部分应引起注意。

扩展 2-18　暖通空调系统、燃气系统的抗震设计要点

1. 《建筑机电工程抗震设计规范》GB 50981—2014 强条

抗震设防烈度为 6 度及 6 度以上地区的建筑机电工程必须进行抗震设计。

防排烟风道、事故通风风道及相关设备应采用抗震支吊架。

2. 抗震支吊架相关

重力不大于 1.8kN 的设备或吊杆计算长度不大于 300mm 的吊杆悬挂管道，可不设防护。

重量与质量换算：

$$G[\text{N}] = m[\text{kg}]g$$
$$G[\text{kN}] = \frac{m[\text{kg}]g}{1000}$$
$$g = 9.8\text{m/s}^2$$

超过下列情况，应设抗震支吊架：

（1）设备 183kg、水管 DN65、矩形风管 0.38m²，圆风管直径 0.7m；

（2）燃气内径 DN25。

3. 对管材的要求

高层建筑及 9 度地区的供暖、空调水管，应采用金属管道。

防排烟、事故通风风道：

（1）8 度及 8 度以下的多层，宜采用钢板或镀锌钢板；

（2）高层及 9 度地区，应采用钢板或热镀锌钢板；

（3）燃气管道，宜采用焊接钢管或无缝钢管。

第3部分 空 调

扩展 3-1 焓湿图的相关问题总结

(1) 空调计算中假定空气密度不变，均为 $1.2~\text{kg/m}^3$。等温线为近似平行线、等焓线为近似等湿球温度线、水蒸气分压力线与等含湿量线重合。在给定的一张焓湿图上，任意的两个独立参数即可确定一个状态点及其他参数。

(2) 由湿空气的压力、干球温度、含湿量、相对湿度、焓、水蒸气压力即可确定一张焓湿图。一张做好的焓湿图与图上的热湿比尺一一对应，当图上单位长度大小或相间角（等含湿量线与等焓线夹角）不同的焓湿图其热湿比尺不同。因此一些软件做出的焓湿图与教材的焓湿图看起来不同。

(3) 湿球温度：空气状态点沿等焓线与 100% 相对湿度饱和线的交点即为该状态点；

露点温度：空气状态点沿等含湿量线与 100% 相对湿度饱和线的交点即为该状态点，露点温度是判断湿空气是否结露的判据。

(4) 焓湿图上风量 G_A 的状态点 A $(t_A，h_A)$ 与风量 G_B 的状态点 B $(t_B，h_B)$ 的混合后风量 G_C 与状态点 C 的求解：

$$G_C = G_A + G_B$$

$$t_C = \frac{G_A t_A + G_B t_B}{G_C}$$

$$h_C = \frac{G_A h_A + G_B h_B}{G_C}$$

(5) 焓值与热湿比计算（注意：计算时，d、Δd 单位需换算为 kg/kg）

焓定义式 $\quad h = 1.01t + d(2500 + 1.84t)(\text{kJ/kg})$

焓差计算公式 $\quad \Delta h = 1.01\Delta t + 2500\Delta d$

热湿比定义式 $\quad \varepsilon = \dfrac{\Delta h}{\Delta d}$ （kJ/kg）

热湿比推导

$$\varepsilon = \frac{\Delta h}{\Delta d} = \frac{1.01\Delta t + 2500\Delta d + 1.84\Delta(td)}{\Delta d}$$

$$= \frac{1.01\Delta t}{\Delta d} + 2500 + \frac{1.84\Delta(td)}{\Delta d}$$

$$\approx \frac{Q_{显}}{W} + 2500$$

笔记区

（6）热湿比线的做法：

1）直接利用焓湿图中的热湿比尺，借助直尺三角板做平行线；

2）采用硫酸纸打印常用热湿比及过万热湿比尺，则可将其放与焓湿图上绘制热湿比线；

3）利用热湿比定义式换算热湿比。如绘制 20000kJ/kg 热湿比，相当于处理过程含湿量差 1g/kg，焓差 20kJ/kg。因此，只需要做与原状态点 A 间距 20kJ/kg 的等焓线和间距 1g/kg 的等含湿量线，得到的交点 B，连接 AB 后的直线就是热湿比 20000kJ/kg 的热湿比线，以此类推。

利用定义过定点绘制任意热湿比

$$\varepsilon = \frac{\Delta h}{\Delta d} = \frac{h_1 - h_2}{d_1 - d_2}$$

$$12000 = \frac{12kJ/kg}{0.001kg/kg} = \frac{12kJ/kg}{1g/kg} = \frac{24kJ/kg}{2g/kg}$$

$$= \frac{-24kJ/kg}{-2g/kg}$$

$$-12000 = \frac{-12kJ/kg}{0.001kg/kg} = \frac{-12kJ/kg}{1g/kg} = \frac{-24kJ/kg}{2g/kg} = \frac{24kJ/kg}{-2g/kg}$$

（7）基本焓湿图

一次回风　　　　　　　　风机盘管加新风

核心：①焓湿图与处理段相对应；
　　　②确定状态点，确定处理过程
特殊问题：
①新风系统＋一次回风→新风热回收；
②温升问题＝干加热空气处理；
③冬季空调预热问题→加湿量有限

核心：①确定状态点，确定处理过程
　　　②按终状态混合计算总风量和风量比

（8）送风温差的要求（《民规》第 7.4.10 条），工艺性空调≠工业用空调。

第 7.4.10 条　上送风方式的夏季送风温差，应根据送风口类型、安装高度、气流射程长度以及是否帖服等确定，并宜符合下列规定：

1　在满足舒适、工艺要求的条件下，宜加大送风温差；

2　舒适性空调，宜按下表采用：

舒适性空调的送风温差

送风口高度（m）	送风温差（℃）
≤5.0	5～10
>5.0	10～15

注：表中所列的送风温差不适用于低温送风空调系统以及置换通风采用上送风方式

3　工艺性空调，宜按下表采用：

工艺性空调的送风温差

送风口高度（m）	送风温差（℃）
>±1.0	≤15
±1.0	6～9
±0.5	3～6
±0.1～0.2	2～3

扩展 3-2　空调系统承担负荷问题总结

（1）对于承担负荷问题，都是基于假定送风状态不变的前提进行计算，是系统集中参数分析方法。真题中常见的风机盘管加新风系统负荷承担问题，2014 年新增的焓值与热湿比计算问题，以及温湿度独立控制负荷问题等，均可利用这一原理解决。承担各类负荷为通过下式计算（核心原理）：

显热负荷　$Q_显 = G \cdot c_p(t_N - t_O) = 1.01G \cdot (t_N - t_O)$

全热负荷　$Q_全 = G \cdot (h_N - h_O)$

潜热负荷　$Q_潜 = Q_全 - Q_显$

湿负荷　　$W = G \cdot (d_N - d_O)$

说明：若计算结果为正，则说明该送风点为室内承担了负荷；为零，则表明未承担负荷；为负则表明送风点不仅未承担负荷，还为室内带来了新的对应负荷。

（2）假设有七类空气处理后状态点，如扩展图 3-1 所示，则通过上式计算可汇集，如扩展表 3-1 所示。

扩展图 3-1　七类空气处理状态示意图

负荷类型	特征状态点						
	X	A	B	C	D	E	F
		等温线		等焓线		等湿线	
室内显热	—	0	+	+	+	+	+
室内全热	—	—	—	0	+	+	+
室内潜热	—	—	—			0	+
室内湿负荷	—	—	—			0	+

七类空气处理状态的负荷承担情况　　　　扩展表 3-1

结论：

1）等温线是承担室内显热的分界点。空调系统处理至等温线或高于等温线时（$t_{g,o} \geq t_n$），不承担室内显热冷负荷；处理至等温线以下时（$t_{g,o} < t_n$），将承担一部分室内显热冷负荷。

2）等焓线为承担室内全热冷负荷的分界点。处理至等焓线或高于等焓线时（$h_o \geq h_n$，$t_{s,o} \geq t_{s,n}$），不承担室内全热冷负荷；处理至等焓线以下时（$h_o < h_n$，$t_{s,o} < t_{s,n}$），将承担一部分室内全热冷负荷。

3）等湿线为承担室内湿负荷或潜热负荷的分界点。处理至等湿线时或高于等湿线（$d_o \geq d_n$），不承担室内湿负荷或潜热冷负荷；处理至等湿线以下时（$d_o < d_n$），将承担一部分室内湿负荷或一部分潜热冷负荷。

4）负荷如何承担，主要分析送风系统送风状态与室内状态的温差、焓差、含湿量差的正负。

5）对于风机盘管加新风空调系统，新风系统与室内状态的温差、焓差、含湿量差为正时，这些正值对应的负荷将被风机盘管所承担。

扩展 3-3　空气热湿处理

喷水室：升温加湿（$t_w > t_g$）、等温加湿（$t_w = t_g$）、降温升焓（$t_s < t_w < t_g$）、绝热加湿（$t_w = t_s$）、减焓加湿（$t_l < t_w < t_s$）、等湿冷却（$t_w = t_l$）、减湿冷却（$t_w < t_l$）。

表面式空气换热器：等湿加热、等湿冷却、减湿冷却。

溶液除湿：（三甘油（基本被取代）、溴化锂溶液、氯化锂溶液、氯化钙溶液、乙二醇溶液）处理过程与溶液的温度有关，可处理等焓除湿、等温除湿、降温除湿。

等温加湿：干式蒸汽加湿器、低压饱和蒸汽直接混合、电极式加湿器、电热式加湿器。

等焓加湿：循环水喷淋、高压喷雾加湿器、离心加湿器、超声波加湿器、表面蒸发式加湿器、湿膜加湿器。

冷却减湿：表面式冷却器、喷低于露点温度水的喷水室、冷冻去湿机。

等焓减湿：转轮除湿（干式除湿），固体吸附减湿（$CaCl_2$，$LiCl$）。

表面式空气冷却器热工过程焓湿图如扩展图 3-2 所示。

扩展图 3-2　表面式空气冷却器热工过程焓湿图示意

表冷器析湿系数：　$\xi = \dfrac{h_1 - h_2}{c_p(t_1 - t_2)}$

热交换系数：　$\varepsilon_1 = \dfrac{t_1 - t_2}{t_1 - t_{w1}}$

接触系数：　$\varepsilon_2 = \dfrac{t_1 - t_2}{t_1 - t_3}$

加湿器饱和效率：

加湿器饱和效率＝

$$\frac{加湿前空气含湿量 - 加湿后空气含湿量}{\begin{array}{c} 加湿前空气含湿量 - 加湿过程线与100\%相对湿度线 \\ 相交状态点的空气含湿量 \end{array}}$$

扩展 3-4　风机温升、管道温升等附加冷负荷计算

（1）空调系统的计算冷负荷，综合考虑下列各附加冷负荷，通过焓湿图分析和计算确定：

1）系统所服务的空调建筑的计算冷负荷；

2）该空调建筑的新风计算冷负荷；

3）风系统由于风机、风管产生温升以及系统漏风等引起的附加冷负荷；

4）水系统由于水泵、水管、水箱产生温升以及系统补水引起的附加冷负荷；

5）当空气处理过程产生冷、热抵消现象时，尚应考虑由此引起的附加冷负荷。

（2）温升负荷实际为风机或水泵功率全部转化为热而对冷水或送风的加热量，故风机温升负荷数值上等于风机轴功率，水泵附加冷负

荷数值上等于水泵轴功率。

（3）空气通过风机时的温升

$$\Delta t = \frac{0.0008 H \cdot \eta}{\eta_1 \cdot \eta_2}$$

其中，H—风机全压；η_1—风机全压效率；η_2—电动机效率；η—电动机安装位置修正系数，当电动机安装在气流内时，$\eta = 1$，当电动机安装在气流外时，$\eta = \eta_2$。

（4）冷水通过水泵后水的温升

1）基本原理，水泵功率＝水泵单位时间发热量（焦耳定律）：

$$\Delta t = \frac{N}{\dfrac{G}{3600} \alpha_p} = \frac{1}{\alpha_p} \cdot \frac{3600 GH}{367.3 \eta \cdot \eta_m}$$

2）也可按下式计算（《红宝书》P 1498）：

$$\Delta t = \frac{0.0023 \cdot H}{\eta_s}$$

其中，H—水泵扬程，mH_2O；η_s—水泵的效率

（5）通过风管内空气的温升（降）（《红宝书》P1496 及《空气调节设计手册》（第二版）P178）：

$$\Delta t = \frac{3.6 u \cdot K \cdot l}{c \cdot \rho \cdot L}(t_1 - t_2)$$

$$K = \frac{1}{1/\alpha_n + \delta/\lambda + 1/\alpha_s}$$

其中，Δt—介质通过管道的温降（升），正值为温降，负值为温升，℃；c—空气的比热容，一般取 $c = 1.01 kJ/(kg \cdot ℃)$；u—风管的周长，m；l—风管的长度，m；L—空气流量，m^3/h；ρ—空气的密度，一般取 $\rho = 1.2 kg/m^3$；t_1—风管外空气的温度，℃；t_2—风管内空气的温度，当管道为钢质材料时，可视作为管道表面温度，℃；K—绝热管道的管壁和绝热层的传热系数，$W/(m^2 \cdot K)$；δ—绝热层厚度，m；λ—绝热材料在平均设计温度下的导热系数；α_s—绝热层外表面向周围环境的放热系数，防烫和防结露计算中可取 $8.14 W/(m^2 \cdot K)$。

（6）通过冷水管道壁传热而引起的温升，可按下式计算：

$$\Delta t = \frac{q_l \cdot L}{1.16 \cdot W}$$

$$q_l = \frac{t_1 - t_2}{\dfrac{1}{2\pi \cdot \lambda} \ln \dfrac{D}{d} + \dfrac{1}{\alpha \cdot \pi \cdot D}}$$

其中，q_l—单位长度冷水管道的冷损失，W/m；L—冷水管的长度，m；W—冷水流量，kg/h；λ—绝热层材料的导热系数，W/(m·℃)；α—表面换热系数，W/(m²·℃)；d—管道外径，m；D—管道加绝热层以后的外径，m；t_1—管内冷水的温度，℃；t_2—管外的空气温度，℃。

扩展 3-5　新风量计算

新风一般是为保证室内卫生、保证生产、保证人员呼吸所用新鲜空气而设置的。

1. 设计最小新风量——《民规》第 3.0.6 条

（1）公共建筑每人最小新风量（办公室、客房、大堂、四季厅）；

（2）居住建筑新风系统换气次数（与人均居住面积有关）；

（3）医院建筑最小换气次数；

（4）高密人群建筑每人最小新风量（与人员密度有关）；

（5）工业建筑保证每人不小于 30m³/h 新风量（《工规》第 4.1.9 条）。

2. 空调区、空调系统新风量——《民规》第 7.3.19 条

空调区新风量按下列三者最大值确定：

（1）人员新风量；

（2）补偿排风和保持压差新风量之和；

（3）除湿所需新风量。

1）全空气空调系统服务多个空调区，系统新风比按《公建节能 2015》第 4.3.12 条确定。

对于全空气系统，系统新风比不是各个房间所需新风量之和，而是要经过计算确定。具体参考《公建节能 2015》第 4.3.12 条以及《民规》第 7.3.19 条。

$$Y = \frac{X}{1 + X - Z}$$

式中　Y——修正后系统新风比；

　　　X——未修正系统的新风比；

　　　Z——新风比需求最大房间的新风比，通过对比统一系统内各房间新风比，新风比最大的房间为新风比需求最大房间。

说明：《公建节能 2015》第 4.3.12 条已经明确 Z 为新风比最大的房间。

2）新风系统新风量，按服务空调区或系统新风量的累计值确定。

3. 关于稀释污染物在新风量计算中的应用

参见"扩展 2-2　消除有害物所需通风量"。

扩展 3-6　风机盘管加新风系统相关规范内容及运行分析总结

（1）风机盘管加新风系统的设置要求如扩展表 3-2 所示。

风机盘管加新风系统的设置要求　　　　扩展表 3-2

规范	条文内容
《民规》	第 7.3.9 条　空调区较多，建筑层高较低且各区温度要求独立控制时，宜采用风机盘管加新风空调系统；空调区的空气质量、温湿度波动要求严格或空气中含有较多油烟时，不宜采用风机盘管加新风系统
《工规》	第 8.3.8 条　空气调节区较多、各空气调节区要求单独调节，且层高较低的建筑物宜采用风机盘管加新风系统，经处理的新风应直接送入室内。 当空气调节区空气质量和温、湿度波动范围要求严格或空气中含有较多油烟等有害物质时，不宜采用风机盘管
《09 技术措施》	第 5.3.3-3 条 空调房间较多、房间内人员密度不大，建筑层高较低，各房间温度需单独调节时，可采用风机盘管加新风系统。厨房灯空气中含有较多油烟的房间，不宜采用风机盘管

（2）新风系统配置方式相关要求如扩展表 3-3 所示。

新风系统配置方式相关要求　　　　扩展表 3-3

规范	条文内容
《民规》	第 7.3.10 条　风机盘管加新风空调系统设计，应符合下列规定： 新风宜直接送入人员活动区； 空气质量标准要求高时，新风宜承担空调区全部的散湿量。低温新风系统设计，应符合本规范第 7.3.13 条规定的要求； 宜选用出口余压低的风机盘管机组。 早期余压只有 0Pa 和 12Pa 两种形式。常规风机盘管机组的换热盘管位于送风机出风侧，余压高会导致机组漏风严重以及噪声、能耗增加，故不宜选择高出余压的风机盘管机组
《公建节能 2015》	第 4.3.16 条　风机盘管加新风空调系统的新风宜直接送入各空气调节区，不宜经过风机盘管机组后再送出。 条文说明：如果新风经过风机盘管后送出，风机盘管的运行与否对新风量的变化有较大影响，易造成能源浪费或新风不足

（3）温度控制方式相关要求如扩展表 3-4 所示。

温度控制方式相关要求 扩展表 3-4

规范	条文内容
《民规》	第 9.4.5 条 新风机组的控制应符合下列规定： 新风机组水路电动阀的设置应符合 8.5.6 条要求，宜采用模拟量调节阀； 水路电动阀的控制和调节应保证需要的送风温度设定值，送风温度设定值应根据新风承担室内负荷情况进行确定； 当新风系统进行加湿处理时，加湿量的控制和调节可根据加湿精度要求，采用送风湿度恒定或室内湿度恒定的控制方式。 配合风机盘管等末端的新风系统，不承担冷热负荷时，室温由风机盘管控制，新风控制送风温度恒定即可 新风承担房间主要或全部冷负荷时，机组送风温度应根据室内温度进行调节。 新风承担室内潜热负荷（湿负荷）时，送风温度根据室内湿度设计值确定
	第 9.4.6 条 风机盘管水路电动阀的设置应符合第 8.5.6 条的要求，并宜设置常闭式电动通断阀。 自动控制方式：采用带风机三速开关、可冬夏转换的室温控制器，联动水路两通电动阀的自动控制装置。可实现整个水系统变水量调节。 采用常闭式水阀有利于水系统运行节能。 不采用带风机三速选择开关，可冬夏转换的室温控制器连动风机开停的自动控制配置。舒适性和节能不完善，不利于水系统稳定运行
	第 8.5.6 条 空调水系统自控阀门的设置应符合下列规定： 除定流量一级泵系统外，空调末端装置应设置水路两通阀（可使系统实时改变流量，按水量需求供应）
《工规》	第 11.6.5 条 新风机组的控制应符合下列规定： 送风温度应根据新风负担室内负荷确定，并应在水系统设调节阀； 当新风系统需要加湿时，加湿量应满足室内湿度要求； 对于湿热地区的全新风系统，水路阀宜采用模拟量调节阀
	第 11.6.6 条 风机盘管水路控制阀宜为常闭式通断阀，控制阀开启与关闭应分别与风机启动与停止联锁
《公建节能 2015》	第 4.5.9 条 风机盘管应采用电动水阀和风速相结合的控制方式，宜设置常闭式电动通断阀。公共区域风机盘管的控制应符合下列规定： 应能对室内温度设定值范围进行限制； 应能按使用时间进行定时启停控制，宜对启停时间进行优化调整

（4）风机盘管加新风系统运行分析汇集

1）风机盘管出风量不足：查验通风通道是否阻塞。

2）新风对风盘风量的影响：

新风单独接入：风盘风量不受新风影响；

新风通过风盘送出：新风接至风机盘管送风管/风机盘管回风口。

3）室内温度偏高/偏低：

① 夏季室温高于设计值：

供回水温度偏高（参考本书【2010-1-56】题，B选项）；

风机盘管风量偏低（风盘外静压不足）（参考本书【2010-1-56】题，C选项）；

冷水供水流量偏小。

② 冬季室温低于设计值：

风机盘管风量偏低（风盘空气过滤器未清洗）（参考本书【2012-1-57】题，A选项）；

热水供水量不足（水过滤器未及时清洗）（参考本书【2012-1-57】题，A选项）。

③ 其他因素：新风负荷偏大。

当新风处理后的焓值不等于室内焓值时，若实际送风时新风送风量偏大或新风焓值偏高，均导致夏季室内温度偏高（参考本书【2010-1-56】题，D选项）；冬季相反。当新风处理后的焓值等于室内焓值，则新风负荷对室内没有影响。

扩展 3-7　温湿度独立控制系统

温湿度独立控制系统不是一类空调，而是一种控制思路，求解这个问题相关的焓湿图直接参照"风机盘管加新风系统"即可，只需注意各类空气处理设备的空气处理过程。

（1）温湿度独立控制系统常用末端形式：

温度控制末端：干式风机盘管、辐射板；

湿度控制末端：新风系统。

（2）干式风机盘管与风机盘管干工况是不同末端设备（《三版教材》P399）。

扩展 3-8　气流组织计算有关总结

有关当量直径的选取若考题无要求，按照下面原则选取：

（1）有关 Ar 原理计算的当量直径先参考题目所给要求，或根据题目情况求解 d_0，上述两者均无法确定 d_0 时，可采用的水力当量直径。

（2）侧送风当量直径未明确，应采用《三版教材》图 3.5-19 与图 3.5-20 确定，或采用风量折算：

$$L = \frac{\pi d_0^2}{4} v_0 N \cdot 3600$$

（3）散流器送风当量直径参考《三版教材》式（3.5-21），采用等面积当量直径：

$$Ar = 11.1 \frac{\Delta t_0 \sqrt{F_n}}{v_0^2 T_n}$$

（4）孔板送风的当量直径按面积当量直径，详见《三版教材》式（3.5-28）参数说明：

$$D = \sqrt{\frac{4f}{\pi}}$$

（5）大空间集中送风（喷口送风）当量直径采用喷口直径 d_0。

扩展 3-9　空调水系统

1. 机组与阀门设置要求（《民规》第 8.5 节）：

（1）定流量一级泵：应有室内温度控制或其他自动控制措施。

（2）一级泵变流量（系统阻力小，各环阻力相差不大，宜用一次泵）；

系统末端宜采用两通调节阀，系统总供回水管设压差控制的旁通阀。

流量可通过负荷对台数控制。

关于旁通调节阀设计流量：

冷水机组定流量方式运行，取容量最大单台冷水机组额定流量，设压差旁通阀；

冷水机组变流量方式运行，取各冷水机组允许的最小流量的最大值，设压差旁通阀。

关于变速变频：

变频调速不可使原处于低效区域运行进入高效区；

变频工况对提高电网功率因素有作用；

受到最小流量的限制，压差旁通阀控制仍是必须的控制措施。

变流量系统，一级泵机组变流量，水泵应采用变速泵

（3）二级泵系统（阻力较大，应采用二次泵）：

二级泵可采用变速变流量运行，水泵应采用变速泵；

通过台数控制二次泵流量，在各二级泵供回水管间设压差控制旁通阀；

盈亏管不设任何阀门，管径不小于总供回水管管径。

2. 一次泵与二次泵水系统设置（见扩展表 3-5）

一次泵与二次泵水系统设置		扩展表 3-5
水系统类型		**设置条件**
一级泵	定流量	只用于设置一台冷水机组的小型工程
	变流量	冷水水温和供回水温度要求一致； 且各区域管路压力损失相差不大的中小型工程（总长 500m 以内）
变流量二级泵		系统作用半径较大、设计水流阻力较高的大型工程： 各环设计水温一致，且水流阻力接近（<0.05MPa），二级泵集中设置； 水路阻力相差较大，或各级水温或温差要求不同，二级泵按区域或系统分别设置
多级泵		冷源设备集中； 且用户分散的区域供冷的大规模空调冷水系统

笔记区

3. 空调水系统的控制（《民规》第 9.5 节）

（1）末端阀门：应设水路电动两通阀（定流量一级泵可用三通）。

（2）变流量一级泵：

机组总供回水管间旁通调节阀：

冷水机组定流量：应压差控制；

冷水机组变流量：流量、温差、压差控制均可。

压差旁通控制：压差升高、水需求量下降、加大旁通阀、减少供水量。

（3）水泵控制：

水泵台数控制，宜流量控制；

水泵变速控制，宜压差控制；

水泵变频控制：压差升高，降低输出频率，降低转速，减少供水量。

（4）冷却水系统：

冷却塔风机控制：台数或转速控制，宜由冷却塔出水温度控制；

冷却水总供回水管压差旁通阀，应根据最低冷却水温度调节旁通水量（电压缩机组，若停开风机满足要求，可不设旁通）。

（5）冷水机组：

根据系统冷量变化控制运行台数，传感器设在负荷侧供回水总管。

机组能量调节，机组自身控制；机组台数控制、启停顺序监控、参数连续监控。

4. 关于三通阀在水系统运行中的作用

（1）除了只设一台机组的小型机组，末端均应采用两通阀。

（2）系统运行状态由用户侧总干管流量描述，采用三通阀，用户侧总干管为定流量运行，故系统为定流量系统。

（3）对于三通阀连通的末端回路，依靠三通阀的分流调节作用，末端回路为变流量。

笔记区

空调水系统控制方式相关规范条文如扩展表 3-6 所示。

空调水系统控制方式相关规范条文汇集　　扩展表 3-6

规范	条文内容
《公建节能 2015》	第 4.5.7-4 条：二级泵应能进行自动变速控制，宜根据管道压差控制转速，且压差宜能优化调节。 条文说明：压差点选择方案：（1）取水泵出口主供、回水管道的压力信号，此法易于实施，但采用定压差控制则与水泵定速运行相似；（2）取二级泵环路中最不利末端回路支管上的压差信号，此法节能效果好，但要有可靠的信号传输技术保证
《民规》	第 9.5.5 条：变流量一级泵系统冷水机组定流量运行时，空调水系统总供、回水管之间的旁通调节阀采用压差控制
	第 9.5.7 条：变流量一级泵系统冷水机组变流量运行时，空调水系统总供、回水管之间的旁通调节阀可采用流量、温差或压差控制。 冷水温差在 5℃时，蒸发器内水流速在 2.4～2.8m/s 之间，冷机效率和水泵耗功都达到较佳值。一般蒸发器内最小流速控制在 1.45m/s 左右，相当于最小流速为额定流量的 50%～60% 左右。蒸发器内水流速过缓可能出现局部冰冻。从使用上看，蒸发器流量过大会对管道造成冲刷侵蚀，过小会使传热管内液态变成层流而影响冷机性能并有可能增加结垢速度。另一方面流量过小会导致制冷机和水泵的效率下降，从而抵消了部分水泵变频节约的能耗，使整个系统节能效果不明显甚至不节能。
	①常用的水泵定流量控制方式：一次泵定流量控制方式为冷源侧定流量、负荷侧变流量，通过恒定负荷侧供、回水压差，调节供、回水干管之间的压差控制阀的开度，从而使负荷侧的压差始终保持恒定，水泵的流量及压力始终处在设计工况点。 ②压差控制变流量：保持供、回水干管压差恒定。当泵转速下降至工频转速的限定值时，系统转换为定流量控制方式（冷机最小流量限制）。 ③负荷侧压差控制变流量：保持负荷侧供、回水干管压差恒定。 ④最不利环路末端压差控制变流量：保持最不利环路末端压差恒定。应用最为广泛。 ⑤温差控制变流量：保持供、回水干管温差恒定。适用于末端全为风机盘管，且不设调节阀的系统，其部分负荷下系统阻抗不变或变化很小。 ⑥最小阻力控制变流量：保证空调系统的最小阻力。节能性最好，要求末端全部使用比例型调节阀，并对每个调节阀开度信号进行实时监测。 一次泵冷机侧定流量：采用压差控制阀，保证冷机流量恒定和冷水泵流量恒定，此时压差传感器设在机房供、回水干管，且采用直线特性的双阀座压差控制阀。 一次泵冷机侧变流量：冷机和冷水泵变流量运行，可以在机房供、回水干管，也可在末端设置压差传感器保证冷机最小安全流量，也可以设置流量控制、温差控制等。 二级泵用户侧分台数控制和变频控制：台数控制：压差传感器与一级泵冷源侧定流量的控制方法相同。变频控制：与一级泵冷源变流量的控制方法相同，在末端设置压差控制比在供、回水干管设置压差控制要节能

扩展 3-10　水系统运行问题分析

（1）水泵噪声大：水系统进气，定压不足，应提高膨胀水箱高度或保证水泵入口压力为正。

（2）水泵过载：水泵扬程过大，应换小扬程水泵或增大阻力。

（3）水泵节能：阀门调节最不节能。

（4）无法补水：补水泵扬程不足，应高于补水点压力 30～50kPa。

（5）单机运行供水量不足：局部短路，未运行机组阀门未关闭，未运行水泵止回阀未关闭。

（6）冷却塔出水温度过高：循环水量过大，风机风量不足，布水不均匀，冷却水出水管保温不足。

扩展 3-11　循环水泵输热比（$EC(H)R$，EHR）

《民规》及《公建节能 2015》针对空调系统及供热系统，分别给出了各自的水泵耗电输热比计算公式。其中集中供暖系统见《民规》第 8.11.13 条和《公建节能 2015》第 4.3.3 条，空调冷热水系统见《民规》第 8.5.12 条和《公建节能 2015》第 4.3.9 条（见扩展表 3-7）。具体使用时，应根据题意采用正确的公式。从计算方法上，两个公式是相同的，但是所用参数有区别。为了方便论述，下文采用统一的公式说明各个参数的取值。另外，《严寒和寒冷地区居住建筑节能设计标准》JGJ 26−2010 第 5.2.16 条也给出了一组 EHR 计算方法，此公式主要适用于如住宅小区换热站等严寒和寒冷地区居住建筑的供热系统热水循环泵选型，此公式并未被《公建节能 2015》第 4.3.3 条替代，注意区分对待（两者的区别请读者自行对比《严寒和寒冷地区居住建筑节能设计标准》第 1.0.2 条条文说明与《公建节能 2015》第 1.0.2 条条文说明有关居住建筑和公共建筑的范围）。

$$EC(H)R = \frac{0.003096 \sum (GH/\eta_b)}{\sum Q} \leqslant \frac{A(B+\alpha \sum L)}{\Delta T}$$

循环水泵输热比计算　　　　　　　　　　　　　　**扩展表 3-7**

符号	《公建节能 2015》第 4.3.9 条（空调）	《公建节能 2015》第 4.3.3 条（供暖）
G	每台运行水泵的设计流量，m³/h	
H	每台运行水泵对应的设计扬程，mH₂O	
η_b	每台水泵对应的设计工作点效率	《公共建筑》： 每台水泵对应的设计工作点效率。 严寒寒冷居住建筑： 热负荷<2000kW： 直连方式，0.87； 联轴器连接方式，0.85； 热负荷≥2000kW： 直连方式，0.89； 联轴器连接方式，0.87

续表

符号	《公建节能 2015》第 4.3.9 条（空调）	《公建节能 2015》第 4.3.3 条（供暖）
Q	设计冷（热）负荷，kW	设计热负荷，kW
ΔT	规定供回水温差，℃ 冷水系统：5 热水系统：严寒 15、寒冷 15、夏热冬冷 10、夏热冬暖 5 空气源热泵、溴化锂机组、水源热泵，热水供回水温差按机组实际参数计算； 直接提供高温冷水机组，冷水供回水温差按照实际参数计算； 注意区分冷水系统与热水系统	设计供回水温差
$\sum L$	从机房出口至系统最远用户供回水管道总长； 大面积单层或多层建筑式用户为风机盘管时，$\sum L$ 应减去100m（《公建节能 2015》对减去 100m 的说明）	公共建筑：热力站至供暖末端（散热器或辐射供暖分集水器）供回水管道的总长度，m； 严寒寒冷居住建筑：室外主干线（包括供回水管）总长度，m
A	与水泵流量有关系数 设计水泵流量 <60m³/h：A=0.004225 60~200m³/h：A=0.003858 >200m³/h：A=0.003749 多台水泵并联，按照较大流量取值	公共建筑：同"左边"。 严寒寒冷居住建筑： 热负荷<2000kW，A=0.0062； 热负荷≥2000kW，A=0.0054
B	与机房及用户水阻力有关计算系数	《公共建筑》： 一级泵系统，B=17； 二级泵系统，B=21。 《民规》第 8.11.13 条： 一级泵系统，B=20.4； 二级泵系统，B=24.4

规定供回水温差，℃

冷水系统	热水系统			
	严寒	寒冷	夏热冬冷	夏热冬暖
5	15	15	10	5

与水泵流量有关系数

设计水泵流量	<60m³/h	60~200m³/h	>200m³/h
A	0.004225	0.003858	0.003749

与机房及用户水阻力有关计算系数

系统组成		四管制（单冷、单热）两管制冷水	两管制热水
一级泵	冷水系统	28	
	热水系统	22	21
二级泵	冷水系统	33	
	热水系统	27	25

多级泵冷水，每增加一级泵，B 增加 5；
多级泵热水，每增加一级泵，B 增加 4

续表

笔记区

符号	《公建节能 2015》第 4.3.9 条（空调）	《公建节能 2015》第 4.3.3 条（供暖）
α	与 ΣL 相关的计算系数 **四管制（冷水、热水）** **两管制冷水、热水**	$\Sigma L \leqslant 400\text{m}$，取 0.0115（《民规》应勘误）； $400 < \Sigma L < 1000\text{m}$：$0.003833 + \dfrac{3.067}{\Sigma L}$； $\Sigma L \geqslant 1000\text{m}$，取 0.0069； 《民规》表 8.5.12-5：两管制冷水系统 a 计算式与表 8.5.13-4 四管制冷水系统相同

四管制（冷水、热水）

系统	管道长度范围		
	<400m	400～1000m	>1000m
冷水	0.02	$0.016 + \dfrac{1.6}{\Sigma L}$	$0.013 + \dfrac{4.6}{\Sigma L}$
热水	0.014	$0.0125 + \dfrac{0.6}{\Sigma L}$	$0.009 + \dfrac{4.1}{\Sigma L}$

两管制冷水、热水

系统	地区	管道长度范围		
		<400m	400～1000m	>1000m
冷水		0.02	$0.016 + \dfrac{1.6}{\Sigma L}$	$0.013 + \dfrac{4.6}{\Sigma L}$
热水	严寒	0.009	$0.0072 + \dfrac{0.72}{\Sigma L}$	$0.0059 + \dfrac{2.02}{\Sigma L}$
	寒冷 夏热冬冷	0.0024	$0.002 + \dfrac{0.16}{\Sigma L}$	$0.0016 + \dfrac{0.56}{\Sigma L}$
	夏热冬暖	0.0032	$0.0026 + \dfrac{0.24}{\Sigma L}$	$0.0021 + \dfrac{0.74}{\Sigma L}$

扩展 3-12　空调系统节能

1. 风道系统单位风机耗功率（W_s）

风量大于 10000m³/h 的空调系统和通风系统需要考虑单位风量耗功率。

$$W_s = \frac{P}{3600 \times \eta_{CD} \times \eta_F}$$

说明：1）本公式可以通过 W_s 反向确定最大允许的风机风压 P；

2）W_s 计算式中 η_{CD} 为规定条件的电机及传动效率，实际条件电机及传动效率可与其不同；

3）W_s 限值见扩展表 3-8。

笔记区

风道系统单位风量耗功率 W_s　　　　　　扩展表 3-8

系统形式	机械通风	新风系统	办公建筑		商业、酒店全空气系统
			定风量	变风量	
W_s 限值 $[W/(m^3 \cdot h)]$	0.27	0.24	0.27	0.29	0.30

2. 通风热回收计算

风量及热量计算参考《三版教材》第 3.11-5 节；热回收设置要求参考《07 节能专篇》P16。严寒地区、寒冷地区宜用显热回收；其他地区尤其夏热冬冷地区宜用全热回收。室内空气品质要求高，宜用全热或显热回收。潜热大，可全热回收。有人长期停留（3h）房间可设置带回热的双向换气（会议室非此类房间）。热回收计算如扩展表 3-9 所示。

热回收计算　　　　　　扩展表 3-9

	显热回收	全热回收
基本原理	通风热回收参数示意图	
热交换效率	$\eta_t = \dfrac{t_1 - t_2}{t_1 - t_3} \times 100\%$	$\eta_h = \dfrac{h_1 - h_2}{h_1 - h_3} \times 100\%$
热回收量	$Q_t = G_p \cdot c_p \cdot (t_1 - t_3) \cdot \eta_t$ $= G_w \cdot c_p \cdot (t_1 - t_2)$	$Q_h = G_p \cdot c_p \cdot (h_1 - h_3) \cdot \eta_h$ $= G_w \cdot c_p \cdot (h_1 - h_2)$

扩展 3-13　洁净室洁净度计算

1. 由测试浓度判别满足洁净度等级

对于给出测试颗粒浓度用来判别满足何种洁净度，需要保证测试浓度不大于洁净度允许浓度。因此，如果按照测试浓度计算为 4.05 级，那么能满足的洁净度等级为 4.1 级。

2. 由洁净度等级计算允许颗粒数

按公式计算允许颗粒数，结果进行四舍五入，然后保留不超过 3 位有效数字。

扩展 3-14　空调冷水系统要点

参考《三版教材》P477～P482，P489～P492；《民规》第 8.5，8.6，9.5 节；《工规》第 9.9，9.10，11.7 节；《公建节能 2015》第 4.5.7 条，如扩展表 3-10 所示。

空调冷水系统要点　　　　　　　**扩展表 3-10**

一级泵定流量 	房间温度控制： ① 改变末端装置的风量或风机启停； ② 通过三通阀改变进入末端的水量，由房间温度自动控制通过末端装置和旁流支路的流量比例来实现（理论上通过三通阀的总流量恒定，实际上三通阀存在流量波动，波动情况与三通阀直流支路和旁流支路的工作特性以及三通阀阀权度有关，波动范围在 0.9～1.05 之间） 系统缺点： ① 末端负荷减少与冷水机组负荷减少不一致会使冷量需求大的末端供冷不足，冷量需求小的末端过冷； ② 多台水泵时，随着负荷减小，机组和水泵运行台数减少，易发生单台水泵运行超载
一级泵压差旁通控制变流量系统（主机定流量）、 一级泵变频变流量系统（主机变流量） 	旁通管设置（安装在总供回水管之间）： 主机定流量：取最大单台冷水机组的额定流量； 主机变流量：取各台冷水机组允许最小流量中的最大值 系统运行控制： ① 水泵台数的控制宜采用流量控制，水泵变速的控制宜采用压差控制（也适用于二级泵）；压差升高，降低输出频率，降低转速，减少输水量，加大旁通阀开度； ② a：恒压差控制：压差测点设在旁通阀两端，保持供回水干管压差恒定； 　b：变压差控制：压差测点设在最不利环路靠近末端的干管上，需要在各末端设置压力传感器（更优）； ③ 主机定流量：总供回水管间有压差旁通阀，应压差控制； 　主机变流量：总供回水管有压差旁通阀，流量、温差（供回水干管温度恒定，适用于末端全为风机盘管，且不设调节阀）、压差控制均可； ④ 定流量系统时，只有当负荷侧流量低于最大单台冷水机组的额定流量时，控制阀才打开；变流量系统时，只有当负荷侧流量低于单台冷水机组允许的最小流量的最大值时控制阀才打开； ⑤温差控制法比压差控制法反应慢，不适用于特大型空调系统； ⑥常见的集中空调冷水系统的主要特点参考《三版教材》P482

水泵与机组连接：

① 水泵和机组台数与流量应一一对应，宜一对一连接（左上图）；

② 当水泵和机组采用共用集管连接时，每台机组进水管或出水管道上应装与对应的机组、水泵连锁开关的电动二通阀；大小机组搭配方式不宜采用（右上图）

一级泵压差旁通控制变流量系统
（主机定流量）
一级泵变频变流量系统
（主机变流量）

冷水机组要求：

① 应选择允许水流量变化范围大、适应冷水流量快速变化（机组允许的每分钟流量变化率不低于10%）、具有减少出水温度波动的控制功能的冷水机组；

② 冷水机组对最小允许的冷水流量有限制，在水泵变频调速过程中，必须保证其供水量不低于冷水机组的最低允许值，通常采取的措施是对水泵转速的最低值进行限制；

③ 应考虑蒸发器最大许可的水压降和水流对蒸发器管束的侵蚀因素，确定冷水机组的最大流量；冷水机组的最小流量不应影响到蒸发器换热效果和运行安全性；

④ 多台冷水机组应选在设计流量下，蒸发器水压降相同或相近的机组

系统优缺点：

① 主机定流量：在末端负荷变化不同步时，可以较好地实现各用户"按需供应"，但除了依靠水泵运行台数变化改变能耗外，不能做到实时降低能耗；

② 主机变流量：

a. 当冷负荷需求很少时，为保证冷水机组的安全运行，冷水泵仍需"全速"运行，冷水机组供回水温差将随着空调冷负荷的变小而越来越小，冷水泵所做的"功"，被冷水机组自身消耗的比例也越来越大；

b. 由于蒸发器流量减少，冷水机组制冷效率会有所下降，使冷水机组的能耗可能有些增大，但系统全年运行的总体能耗依然会下降；

c. 水泵变频工况对提高电网功率因素有作用，但不可使低效率区域运行进入高效区；

d. 受到水泵最小流量限制，压差旁通阀仍是必要的设置的自控环节

续表　　　　笔记区

二级泵变流量系统 （主机定流量） 	**平衡管设置：** 　① 在供回水总管之间冷源侧和负荷侧分界处设平衡管，平衡管宜设置在冷源机房内； 　② 平衡管流量不超过最大单台制冷机的额定流量；管径不宜小于总供回水管管径； 　③ 平衡管上不能装任何阀门； 　平衡管内严禁发生"倒流"（原因是二级泵扬程过大）
	二级泵设置： 　① 二级泵采用定数台数变流量控制时，根据旁通管压差开启旁通阀，当旁通阀流量为单台水泵流量时，可以停一台泵；旁通管最大设计流量按照一台二级泵设计流量确定； 　② 二级泵采用变频变流量控制时，根据压差调节泵的转速，压差测点设在最不利环路干管靠近末端处；当减到最后一台水泵变频至最小允许流量时，压差旁通阀开启；压差旁通阀最大设计流量按照一台二级泵最小允许流量确定（优选）； 　③ 二级泵采用变速泵
	系统优缺点： 　可能会比一级泵压差旁通控制系统节约一部分二级泵的运行能耗（前提：二级泵变速控制，系统压差控制）

冷却水系统 	**冷却水进口水温及温差：**

冷水机组类型	冷却水进口 最低温差 （℃）	冷却水进口 最高温差 （℃）	名义工况 冷却水进 出口温差 （℃）
电动压缩式	15.5	33	5
直燃型吸收式	—	—	5~5.5
蒸汽单效型 吸收式	24	34	5~7

冷却水温度不能过低，过低会造成压缩式制冷机组高低压差过低，润滑系统运行不良；吸收式冷水机组出现结晶事故等

冷却塔水温控制：

① 冷却塔出水温度＝夏季空气调节室外计算湿球温度＋(4～5℃)；

② a. 风机控制法，冷却塔出水温度由塔风机台数和风机转速来控制；(《公规》4.5.7.5：冷却塔风机台数控制，根据室外气象参数进行变速控制；《民规》9.5.8.1：冷却塔风机开启台数或转速宜根据冷却塔出水温度控制)；

b. 旁通控制法，室外气温很低，即使停开风机冷却水温仍低于最低温度限值时，通过旁通阀调节保证冷却水温高于最低限值（冷却水供回水管间设置旁通管＋旁通调节阀）

选择冷却塔时应考虑的因素：

① 冷却塔标准工况与冷水机组的额定工况冷却水温通常有差异，因此在选择冷却塔时应进行修正；

② 影响冷却塔冷却能力的主要因素：

a. 室外空气的湿球温度；

b. 冷却塔出口水温度及温差；

c. 冷却水循环量；

③ 对进口水压有要求的冷却塔的台数，应与冷却水泵台数相对应；

④ 供暖室外计算温度在0℃以下的地区，冬季运行的冷却塔应采取防冻措施，冬季不运行的冷却塔及室外管道应泄空；

⑤ 冷却塔应采用阻燃型材料制作；

⑥ 对于双工况制冷机组，若机组在两种工况下对于冷却水温的参数要求有所不同，应分别进行两种工况下冷却塔热工性能的复核计算；

⑦ 冷却塔应能进行自动排污控制

冷却塔进塔水压：

① 进塔水压包括冷却塔水位差以及布水器等冷却塔的全部水流阻力（冷却水泵扬程＝系统阻力＋系统高差＋布水器进塔水压）；

② 有进塔水压要求的冷却塔的台数应与冷却水泵台数相对应，否则可以合用

冷水机组、冷却水泵、冷却塔或集水箱之间的位置和连接规定：

① 冷却水泵应自灌吸水，冷却塔集水盘或集水箱最低水位与冷却水泵吸水口的高差应大于管道、管件、设备的阻力（防止水泵入口负压产生气蚀）；如果高差较小时，应把冷水机组连接在冷却水泵的出水管端；

② 多台水泵与冷却塔采用集管连接时，每台冷却塔进水管和回水管上宜设与水泵连锁的电动阀；

续表　　｜　笔记区

③ 当每台冷却塔进水管上设置电动阀时，除设置集水箱或冷却塔底部为共用集水盘的情况外，每台冷却塔出水管上也应设置与冷却水泵连锁开闭的电动阀；

④ 多台冷却塔与冷却水泵或冷水机组之间通过共用集管连接时应使各台冷却塔并联环路的压力损失大致相同；

⑤冷却塔防止抽空措施：提高安装高度或加深存水盘（存水盘的设计水位与总管顶部的高差大于最不利环路冷却塔回水至最有利冷却塔回水支管与总管接口处的设计水流阻力）；设置连通管（在每个冷却塔底部设置专门的连通管，将各冷却塔存水盘连通）；

⑥当采用开式冷却塔时，冷却塔存水盘的水面高度必须大于冷却水系统内最高点的高度；

集水箱安装位置：

当集水箱必须布置在室内时，集水箱宜设在冷却塔的下一层，且冷却塔布水器与集水箱设计水位之间不应超过 8m

扩展 3-15　空调水系统调节阀调节特性总结

1. 流通能力与阀权度计算

阀门流通能力：

$$C = \frac{316G}{\sqrt{\Delta P}}$$

其中，G——流体流量，m^3/h；ΔP——调节阀两端压差，Pa。计算压差旁通阀流通能力时，一级泵变流量机组定流量系统，按最大的单台冷水机组的额定流量取 G 值；一级泵变流量机组变流量系统，按各台冷水机组允许的最小流量中的最大值确定 G 值。

阀权度计算：

$$P_v = \frac{\Delta P_v}{\Delta P} = \frac{\Delta P_v}{\Delta P_b + \Delta P_v}$$

其中，ΔP 为系统总压降，ΔP_v 为阀门压降，ΔP_b 为串联调节设备压降。一般阀权度控制在 0.3～0.7。阀权度表明调节阀工作特性偏离理想特性的程度。

2. 调节阀控工作特性的选取

（1）蒸汽换热器，理想特性采用直线特性调节阀（当阀权度小于 0.6 时，控制阀应采用等百分比；当阀权度较大时，宜采用直线型阀门）。

（2）水换热器（水—水换热器、水—空气换热器：表冷器、冷热盘管）为非线性，采用等百分比型阀门（两通阀＋表冷器的组合尽可能实现线性调节）。

（3）蒸汽加湿控制阀：双位控制时—双位调节阀；比例控制—直

线特性阀。

（4）压差旁通阀：工作特性与理想特性非常接近或者完全相同，所以压差旁通阀采用直线特性阀门。

扩展 3-16　空调系统的控制策略

1. 通风空调检测控制要求

通风和空调系统常用监测点及其要求如扩展表 3-11 所示。

通风和空调系统常用监测点及其要求　　　扩展表 3-11

检测位置	信息点	参数要求	检测位置	信息点	参数要求
环境参数新风、室内、室外	温度	AI	风机（工频）	手/自动状态反馈	DI
				运行状态反馈	DI
	湿度	AI		故障状态反馈	DI
室内	室内静压	AI		启停控制	DO
	有害气体浓度报警开关	DI		用电量	AI
风阀（新风、回风、排风）	阀位反馈	AI	风机（变频）	手/自动状态反馈	DI
	开度调节	AO		运行状态反馈	DI
	状态反馈	DI		故障状态反馈	DI
	通断控制	DO		启停控制	DO
二次回风阀	阀位反馈	AI		变频器状态反馈	DI
	开度调节	AO		变频器故障反馈	DI
机组风道	排风温度	AI		变频器自动控制	DO
	盘管后空气温度	AI		变频器转速反馈	AI
	盘管后空气湿度	AI		变频器转速调节	AO
	风道末端压力	AI		用电量	AI
	加热后空气温度	AI	双速风机	手/自动状态反馈	DI
	粗效过滤器压差	DI		低速运行状态反馈	DI
	中效过滤器压差	DI		高速运行状态反馈	DI
	风机压差	DI		低速故障状态反馈	DI
	盘管温度防冻开关	DI		高速故障状态反馈	DI
盘管	水阀阀位反馈	AI		低速启停控制	DO
	水阀开度调节	AO		高速启停控制	DO
加湿器（通断型）	状态反馈	DI		用电量	AI
	通断控制	DO	排风排烟风机	手/自动状态反馈	DI
加湿器（调节型）	阀位反馈	AI		低速运行状态反馈	DI
	阀门开度调节	AO		低速故障状态反馈	DI
				低速启停控制	DO
				用电量	AI

说明：本表引自国家标准图集 17K803。

2. 变风量空调系统常见控制策略

(1) 变风量空调系统的风量

变风量空调系统一般涉及 4 个风量：新风量 W、回风量 R、变风量空调系统送风量 O、变风量末端装置的一次风风量 O_i。上述风量的关系如扩展图 3-3 所示，其中新风可以直引室外新风也可单设新风机组处理后接入变风量空调机组。

扩展图 3-3　变风量空调系统组成以及风量示意图

系统送风量的范围：最大送风量根据系统逐时冷负荷综合最大值确定；最小送风量不小于系统最小新风量、气流组织要求的最小风量、末端装置风量调节范围最小值以及风机调速范围最小值（《变风量空调系统工程技术规程》JGJ 343—2014 第 3.4.4 条）。

变风量末端装置一次风风量范围：最大送风量根据空调区逐时显热负荷综合最大值和送风温差确定；最小值根据末端装置调节范围、控制区最小新风量以及气流组织要求确定。

(2) 有关变风量末端的总结

变风量常见末端形式：单风道型 VAV 末端（见扩展图 3-4）、风机动力型 VAV 末端。

扩展图 3-4　单风道 VAV 末端示意图
注：再热装置根据实际需要考虑是否增设，余同

单风道型 VAV 末端：实际为带有风速传感器和风量调节阀的调控装置，一般风阀开度可以反馈给楼宇控制系统风机动力型 VAV 末端：有串联型和并联型两种。

串联式风机末端：形式为变风量系统送风支管进入变风量末端后串联设置内置风机。运行时，无论何种工况内置风机始终运行，内置风机风量为系统一次风风量量与吊顶回风风量的和，且内置风机，总送风量恒定（见扩展图 3-5）。

笔记区

扩展图 3-5　串联风机动力型 VAV 末端示意图

并联式风机末端：形式为变风量系统送风支管进入变风量末端后并联设置内置风机。运行时，内置风机仅在供冷小风量和供热时运行，供冷大风量时内置风机不运行，末端总送风量变化（见扩展图 3-6）。

扩展图 3-6　并联风机动力型 VAV 末端示意图

（3）变风量空调系统的控制

变风量空调系统主要有定静压法、变定静压法、总风量法三种风量控制策略。

定静压法：

在送风管最低静压处设置静压传感器（一般设于送风机与最远末端装置间 75%）。

末端阀门关闭→风管曲线变陡→工作点压力增大→风管内静压增大→达到设定值→降低转速。

缺点：若静压设定值过大，风机无法降速；设定值偏小，风机始终低速运行。

变静压法：在定静压基础上，静压设定值可以调整。

总风量法：设定阀门开闭数量与风机转速的函数。

3. 有关通风空调系统的安全保护

常用安全保护包括：盘管防冻保护、空气过滤器阻塞保护、风机故障报警与保护、风机丢转报警与保护、变频器故障报警与保护、电加热器保护。具体安全保护措施如扩展表 3-12 所示。

通风空调系统常见安全保护　　　　　　扩展表 3-12

保护名称	信息点	触发条件	功能操作
盘管防冻保护	盘管温度	冬季工况，温度≤5℃	停止风机，关闭新风阀，热水阀全开并给出警报提示，可人工或自动恢复
空气过滤器阻塞保护	过滤器压差	压差≥2 倍初阻力	给出报警提示，机组仍运行
风机故障报警与保护	风机故障信号	故障信号开关吸合	给出报警提示，不能开机
风机丢转报警与保护	风机风压差	压差小于设定值	给出报警提示，不能开机
变频器故障报警与保护	变频器故障信号	故障信号开关吸合	不能变频调节，可启动风机定速运行

空调系统中采用电加热器时，电加热器应与送风机联锁，并应设无风断电、超温断电保护装置（用监视风机运行的风压差开关信号及电加热器后面设超温断电信号与风机启停联锁）；电加热器必须采取接地及剩余电流保护措施，避免漏电造成触电类事故（《民规》第 9.4.9 条）。

扩展 3-17　气压罐的选型计算

1. 气压罐定压但不容纳膨胀水量的补水系统设计流程

（1）确定补水泵启动压力 P_1（《09 技措》第 6.9.7-2-3）条）

$$P_1 = H + A + 10 \, (kPa)$$

式中　H——补水箱与系统最高点间的高差，kPa；$1kPa = 9.8 \times mH_2O$；

　　　A——$60℃ < t \leqslant 90℃$ 时取 $10kPa$，$t \leqslant 60℃$ 时取 $5kPa$。

（2）确定安全阀开启压力 P_4，取最高点允许工作压力，kPa（《09 技措》第 C.1.3-3-1）条）。

（3）系统膨胀水量开始流回补水箱时的压力，即电磁阀开启压力 P_3（《09 技措》第 6.9.7-2-2）条）。

$$P_3 = 0.9 P_4 \, (kPa)$$

（4）补水泵停泵压力 P_2（《09 技措》第 6.9.7-2-4）条）：

$$P_2 = 0.9 P_3 \, (kPa)$$

（5）由确定的 P_1 和 P_2 确定压力比 a_t（《09 技措》第 6.9.7-1 条）：

$$a_t = \frac{P_1 + 100}{P_2 + 100}$$

应综合考虑气压罐容积和系统的最高工作压力的因素，宜取 $0.65 \sim 0.85$。

(6) 确定气压罐调节容积 V_t 或启停补水泵间维持水量（《09 技措》第 6.9.7-1 条）：

定速泵 $\qquad V_t \geqslant G \times \frac{3}{60} \times 1000$ (L)

变频泵 $\qquad V_t \geqslant G \times \left(\frac{1}{4} : \frac{1}{4} \right) \times \frac{3}{60} \times 1000$ (L)

式中 G——单台补水泵流量，m^3/h。

(7) 确定系统最大膨胀水量 V_p（《09 技措》第 6.9.6 条）：

$$V_p = 1.1 \times \frac{\rho_1 - \rho_2}{\rho_2} \times 1000 \times V_C \text{ (L)}$$

其中，ρ_1 为水受热膨胀前的密度（kg/m^3，以题目为准，题目未提及时，供暖和空调热水加热前水温按 5℃ 计），ρ_2 为水受热膨胀后的密度（kg/m^3，供暖和空调热水加热后水温可按供回水温度算数平均值计算，空调冷水受热后按 30℃ 计），V_C 为系统水容量（可由《三版教材》表 1.8-8 确定）。

(8) 补水泵选型：

水泵扬程确定（P 应高出系统补水点压力 30~50kPa）：

$$P = \frac{P_1 + P_2}{2}$$

水泵总流量为系统水容量的 5%，设置两台水泵，初期上水或事故补水保证总流量，平时补水运行 1 台水泵。

(9) 气压罐最小总容积（《09 技措》第 6.9.7-1 条）：

$$V \geqslant V_{min} = \frac{\beta \times V_t}{1 - a_t} \text{ (L)}$$

式中 V_{min}——气压罐最小总容积，L。

2. 气压罐定压且容纳膨胀水量的补水系统设计流程

(1) 确定补水泵启动压力 P_1 及无水时气压罐充气压力 P_0，与"不容纳膨胀水量"相同，$P_1 = P_0$。

(2) 确定安全阀开启压力 P_3，与"不容纳膨胀水量"的 P_4 相同。

(3) 补水泵停泵压力 $P_{2,max}$，与"不容纳膨胀水量" P_2 相同。

(4) 确定气压罐调节容积 V_t，与"不容纳膨胀水量" V_t 相同。

(5) 确定系统最大膨胀水量 V_p，与"不容纳膨胀水量" V_p 相同。

(6) 确定气压罐能够吸纳的最小水容积 V_{xmin}（即启停补水泵间

维持水量、系统最大膨胀量）：

$$V_{xmin} = V_t + V_p \, (L)$$

（7）补水泵选型，与"不容纳膨胀水量"相同。

（8）气压罐最小总容积 V_{zmin}：

$$V_{zmin} = V_{xmin} \times \frac{P_{2,max} + 100}{P_{2,max} - P_0}$$

（9）确定型号后复得实际设备的最小水容积 V'_{xmin} 和实际调节容积 V'_t

气压罐实际能够吸纳的最小水容积：

$$V'_{xmin} = V_x = V'_{zmin} \times \frac{P_{2,max} - P_0}{P_{2,max} + 100}$$

气压罐实际调节容积 V'_t：

$$V'_t = V'_{xmin} - V_p$$

例题：【2017-4-16】两管制空调水系统，设计供/回水温度：供热工况 45℃/35℃、供冷工况 7℃/12℃，在系统低位设置容纳膨胀水量的隔膜式气压罐定压（低位定压），补水泵平时运行流量为 3m²/h，空调水系统最高位置高于定压点 50m，系统安全阀开启压力设为 0.8MPa，系统水容量 $V_c = 5m^3$。假定系统膨胀的起始计算温度为 20℃。问：气压罐最小总容积（m³），最接近以下哪个选项？（不同温度时水的密度（kg/m³）为：7℃，999.88、12℃，999.43、20℃，998.23、35℃，993.96、45℃，990.25）

(A) 0.6　　　(B) 1.8　　　(C) 3.0　　　(D) 3.6

【解析】

确定已知条件，定速泵，$H = 50m$，$G' = 3m^3/h$，$P_3 = 0.8MPa = 800kPa$，$V_c = 50m^3$，$t_1 = 20℃$（起始温度），$t_2 = 45℃$（膨胀最大温度），对应的密度见题干。

确定气压罐调节容积 V_t：

$$V_t \geqslant G \times \frac{3}{60} \times 1000 = 3 \times \frac{3}{60} \times 1000 = 150L$$

确定系统最大膨胀水量 V_p：

$$V_p = 1.1 \times \frac{\rho_1 - \rho_2}{\rho_2} \times 1000 \times V_C$$

$$= 1.1 \times \frac{\rho_{20} - \rho_{30}}{\rho_{30}} \times 1000 \times V_C$$

$$= 1.1 \times \frac{998.23 - 992.1}{992.1} \times 1000 \times 50$$

$$= 339.56L$$

补水泵停泵压力 $P_{2,max}$：

$$P_{2max} = 0.9P_3 = 0.9 \times 800 = 720\text{kPa}$$

确定无水时气压罐充气压力 P_0：

$$P_0 = 50 \times 9.8 + 5 = 495\text{kPa}$$

气压罐最小总容积 V_{zmin}：

$$V_{zmin} = V_{xmin} \times \frac{P_{2,max} + 100}{P_{2,max} - P_0} = (150 + 339.56) \times \frac{720 + 100}{720 - 495}$$

$$= 1784.2\text{L} \approx 1.8\text{m}^3$$

选 B。

第4部分 制   冷

扩展 4-1 制冷性能系数总结

逆卡诺循环制冷效率：$\varepsilon_c = \dfrac{T_0'}{T_k' - T_0'}$（注意 T 为开氏温度，K）

理论制冷效率：$\varepsilon_{th} = \dfrac{\phi_0}{P_{th}} = \dfrac{q_0}{w_{th}} = \dfrac{h_1 - h_4}{h_2 - h_1}$

热泵循环：$\varepsilon_h = \dfrac{\phi_h}{P} = \varepsilon_c + 1$

性能系数：$COP = \dfrac{M_{蒸发器} \cdot \Delta h}{(\sum M_i w_i)_{全部压缩机}}$

一般蒸汽压缩制冷循环：$COP = \dfrac{M_{蒸发器} \cdot \Delta h}{M_{压缩机} \cdot w} = \dfrac{\Delta h}{w}$

基本制冷循环过程（见扩展图 4-1～扩展图 4-3）：

扩展图 4-1 带过热过程的一级压缩循环

扩展图 4-2 带节能器的一级压缩循环

扩展图 4-3　双级压缩循环

一级完全中间冷却：高级压缩机进口冷媒从中间冷却器直接进入。

一级不完全中间冷却：高级压缩机进口冷媒为低级压缩机出口与中间冷却器出口冷媒的混合。

一级节流与二级节流以工质自冷凝器出口至压缩机入口经过几个串联膨胀阀进行区分，一个膨胀阀为一级节流，串联两个为二级节流，并联两个膨胀阀依然为一级节流。

扩展 4-2　制冷热泵循环分析

此类分析的前提要看好题设变化的是蒸发温度还是冷凝温度，蒸发温度直接影响压缩比和吸气压力，冷凝温度一般只影响制冷系数（见扩展图 4-4）。

扩展图 4-4　常用对应关系：（部分题目求解释，根据题意可直接取等）

1. 热工参数变化趋势（扩展图 4-5 箭头方向为参数数值增大方向）

扩展图 4-5　热工参数变化趋势

2. 冷凝温度和蒸发温度的影响因素（见扩展表 4-1 和扩展表 4-2）

冷凝温度和蒸发温度的影响因素 扩展表 4-1

影响因素		冷凝温度变化	影响因素		蒸发温度变化
冷凝器	冷却水温度↑	↑	蒸发器	冷水温度↑	↑
	冷凝器结垢	↑		蒸发器结垢	↓
制冷剂	不凝性气体	↑	制冷剂	不凝性气体	↓
	制冷剂充注量↑	↑		制冷剂充注量↑	↓

注：1. 直接影响冷凝温度和蒸发温度的参数，只有冷却水/冷冻水参数和制冷剂情况；
　　2. 但凡是能影响到冷却水/冷冻水和制冷剂的情况，也都会影响到冷凝温度和蒸发温度。

冷凝温度和蒸发温度变化导致的影响 扩展表 4-2

因素		变化	因素		变化
蒸发温度↓	比容（压缩机入口）	↑	冷凝温度↑	比容（压缩机入口）	—
	单位质量制冷量	↓		单位质量制冷量	↓
	压缩机耗功	↑		压缩机耗功	↑
	质量流量	↓		质量流量	—
	压缩机吸气温度	↓		压缩机排气温度	↑
	总制冷量	↓		总制冷量	↓
	制冷性能系数	↓		制冷性能系数	↓
	压缩比	↑		压缩比	↑

注：参考《三版教材》图 4.1-4、图 4.1-8。

3. 冷水机组制冷性能系数分析依据

$$\varepsilon = \frac{T_0}{T_k - T_0}$$

4. 热泵机组制热性能系数分析依据

$$\varepsilon_h = \frac{T_k}{T_k - T_0}$$

扩展 4-3　溴化锂吸收式制冷热泵机组相关总结

1. 溴化锂吸收式制冷四大性能系数

最大热力系数：$\xi_{max} = \frac{T_0}{T_e - T_0} \cdot \frac{T_g - T_e}{T_g} = \varepsilon_c \cdot \eta_c$（注意 T 为开氏温度，K）

热力完善度：$\eta_d = \frac{\xi}{\xi_{max}}$

循环倍率：$f = \frac{m_3}{m_7} = \frac{\xi_s}{\xi_s - \zeta_w}$

放气范围：$\Delta\xi = \xi_s - \xi_w$

热平衡：$Q_{冷凝器} + Q_{吸收器} = Q_{蒸发器} + Q_{发生器}$

其中，T_0—蒸发器中被冷却物的温度，K；T_g—发生器中热媒的温度，K；T_e—环境温度，K；m_7—制冷剂水蒸气流量；m_4—饱和浓溶液流量；m_3—稀溶液流量，$m_3 = m_7 + m_4$；ξ_s—稀溶液/吸收器出口浓度；ξ_w—饱和浓溶液/发生器出口浓度。

2. 溴化锂吸收式制冷热泵机组相关概念

(1) 吸收式制冷机组与蒸汽压缩制冷机组可对照联想。吸收式机组的吸收器和发生器组成溶液浓度换热过程，替代了压缩时机组的压缩机。对于冷凝温度和蒸发温度对系统运行的影响可对照联想。

(2) 单效型吸收式制冷机与双效型吸收式制冷机的差别，可对照单级压缩与双极压缩冷水机组的差别。

(3) 溴化锂吸收式热泵分为第一类热泵与第二类热泵，其区别除《三版教材》表 4.5-1 之外，原理上的区别在于加热热水的位置。第一类热泵加热热水由冷凝器和吸收器共同组成，第二类热泵加热热水仅在吸收器内。一类、二类吸收式热泵对比分析如扩展表 4-3 所示。

第一类吸收式热泵：

第二类吸收式热泵（升温型）：

一类、二类吸收式热泵对比分析　　扩展表 4-3

序号	二类吸收式热泵	一类吸收式热泵
1	蒸发器和吸收器处在相对高压区，中温余热均进入	蒸发器和吸收器处在相对低压区，低温余热只进蒸发器，高温驱动热源仅进发生器
2	蒸发器吸收中低温度热使制冷剂蒸发	蒸发器可以利用低温余热使制冷剂蒸发
3	在吸收器中放出高温吸收热，可重新被利用	在冷凝器中凝结，将热量传给外部加以利用
4	吸收器与冷凝器进出管路分设，冷凝水进出水温在合适范围内科作为空调冷水使用	吸收器与冷凝器进出管路串联
5	$COP = \dfrac{Q_a}{Q_g + Q_0} < 1$	$COP = \dfrac{Q_a + Q_k}{Q_g} > 1$

扩展 4-4　回热器计算

回热器计算详见扩展图 4-6。

扩展图 4-6　热回收器计算示意图

扩展 4-5　压缩机性能计算

1. 压缩机理论输气量（《三版教材》第 4.3.3-2 节）

活塞式：$V_h = \dfrac{\pi}{240} D^2 SnZ$ （m³/s）

转子式：$V_h = \dfrac{\pi}{60} n(R^2 - r^2) LZ$ （cm³/s）

螺杆式：$V_h = \dfrac{1}{60} C_n C_\varphi D L n$ （m³/s）

涡旋式：$V_h = \dfrac{1}{30} n \pi P_h H(P_h - 2\delta)\left(2N - 1 - \dfrac{\theta^*}{\pi}\right)$ （m³/s）

2. 压缩机实际输气量：$V_R = \eta_v \cdot V_h$

容积效率：$\eta_v = 0.94 - 0.085\left[\left(\dfrac{p_2}{p_1}\right)^{\frac{1}{m}} - 1\right]$

其中，m 是多变指数，氨取 1.28，R22 取 1.18。

3. 压缩机耗功率（《三版教材》P612）

制冷设备各种功率关系如扩展图 4-7 所示。

| | 理论功率 | $P_{th} = M_R w_{th} = M_R(h_3 - h_2)$ |

指示功率　　$P_i = \dfrac{P_{th}}{\eta_i}$

轴功率　　$P_e = \dfrac{P_{th}}{\eta_i \eta_m} = P_i + P_m$

输入功率　　$P_{in} = \dfrac{P_{th}}{\eta_i \eta_m \eta_e} = \dfrac{P_{th}}{\eta_s}$

配电机功率　　$P = (1.10 \sim 1.15)\dfrac{P_e}{\eta_d} = (1.10 \sim 1.15)\dfrac{P_{th}}{\eta_i \eta_m \eta_d}$

扩展图 4-7　制冷设备各种功率关系图

2016 年开始，《三版教材》已经取消了有关开式和闭式的差异计算，现在统一除以压缩机轴功率 P_e。

4. 压缩机制冷装置性能调节（见扩展表 4-4）

压缩机制冷装置性能调节　　　　扩展表 4-4

压缩机类型	制冷装置性能调节方式		
容积式制冷压缩机	转速调节		
	容量调节	台数控制	用于控温精度不高场所
		吸气节流	压缩机吸气管设调节阀，降低吸气压力增大吸气比容，减小制冷剂质量流量，改变制冷量。经济性差，适合制冷量较小的系统
		排气旁通	压缩机进、排气管之间设旁通管，并设调节阀。减小系统制冷剂质量流量，降低制冷量。但是对蒸发器回油不利，且压缩机排气温度高
		可变行程	常用于汽车空调，实现容量调节
		吸气旁通	用于滚动转子式、螺杆式和涡旋式压缩机。减少压缩机制冷剂流量。相当于可变行程容量调节

压缩机类型	制冷装置性能调节方式
离心式制冷压缩机	叶轮入口导叶阀转角调节； 压缩机转速调节； 叶轮出口扩压器宽度调节； 热气旁通阀调节
冷凝压力调节	冷凝压力/冷凝温度偏高：压缩比增大，容积效率减小，制冷量减小，耗功率增大，排气温度升高。 冷凝压力下降过低：导致膨胀阀供液动力不足，制冷量下降，系统回油困难
	冷却剂流量的调节： 水冷式冷凝器：水量调节阀； 风冷式冷凝器：风量调节（变转速、调节冷凝风扇台数、进出风口设调节阀）。 冷凝器传热面积调节（用于多联机，应设置足够大的高压贮液器）
蒸发压力调节	蒸发压力波动：被控对象精度降低，系统稳定性下降； 蒸发压力过低：导致系统能效降低，蒸发器结霜，冷冻水冻结； 蒸发压力过高：导致压缩机过载，除湿能力下降
	调节蒸发器容量：增大被冷却介质流量及蒸发器传热面积，使蒸发压力升高；反之，降低； 采用蒸发压力调节阀：蒸发压力降低时，减小阀门开度，使制冷剂流量减小，蒸发压力回升；反之，使之升高
制冷装置自动保护	问题：液击，排气压力过高，润滑油供应不足，蒸发器内制冷剂冻结，压缩机电动机过载。 高低压开关：防止压缩机排气压力过高及吸气压力过低； 油压差控制器：防止油压过低，压缩机润滑不良； 温度控制器：设在冷冻水管，防止冷冻水冻结；设在压缩机排气腔或排气管，防止排气温度过高，润滑恶化（控制压缩机降容或停机，回温后恢复正常运行）； 水流开关：设在进出水管间，当冷冻水/冷却水流量过低时停机保护，防止蒸发器冻结或冷凝压力过高； 吸气压力调节阀：设在压缩机吸气管，通过调节吸气流量，增大吸气比容，减小制冷剂循环量，防止吸气压力过高，压缩机过载； 给液管设电磁阀与压缩机联动（小型冷库）：防止压缩机停机后，高压侧液体进入蒸发器；防止压缩机启动过载

扩展 4-6　地源热泵系统适应性总结

1. 地源热泵适宜性总结（见扩展表 4-5）

笔记区

地源热泵适宜性研究 扩展表 4-5

热泵形式			气候区				
			严寒 A	严寒 B	寒冷	夏热冬冷	夏热冬暖
地埋管地源热泵	办公建筑	单一式地源热泵	不适宜	较适宜	适宜	一般适宜	不适宜
		地埋管+其他冷源	一般适宜	较适宜	适宜	较适宜	不适宜
	居住建筑	地埋管+其他冷源	不适宜	不适宜	适宜	较适宜	不适宜
地下水源热泵	公共建筑		勉强适宜	较适宜	适宜	一般适宜	不适宜
	居住建筑		勉强适宜	一般适宜	适宜	较适宜	不适宜
江河湖水源热泵			技术经济分析			适宜	一般适宜
海水源地源热泵			南部适宜北部可以使用			南部较适宜北部一般适宜	—

说明：本表参考《民用建筑供暖通风与空气调节设计规范技术指南》。

2. 地埋管地源热泵热量平衡

按下式分别计算全年释热量和全年吸热量：

全年释热量：

$$E_1 = T_{制冷} \cdot Q_{释热量}$$

$$= T_{制冷} \cdot \left[Q_{冷水系统冷负荷} \times \left(1 + \frac{1}{EER} \right) + Q_{输送得热} + Q_{冷却水泵释热} \right]$$

全年吸热量：

$$E_2 = T_{制热} \cdot Q_{吸热量}$$

$$= T_{制热} \cdot \left[Q_{热水系热冷负荷} \times \left(1 - \frac{1}{COP} \right) + Q_{输送失热} - Q_{换热水泵释热} \right]$$

其中，系统负荷包括空调冷热水系统中围护结构负荷、冷热水系统输送负荷和冷热水系统输送损失；输送得/失热表示制冷冷却水及制热冷冻水输送水管的损失。

地埋管长度计算：

（1）当全年释热量和全年吸热量之比在 0.8~1.25 时，认为两者基本平衡；

（2）两者平衡时，按照最大释热量和最大吸热量较大者，作为地埋管换热器长度；

（3）两者不平衡时，取计算长度较小者为地埋管换热器长度，并增设辅助冷（热）源。

3.案例计算图

（1）制冷

（2）制热

扩展 4-7 多联式空调系统相关问题总结

1.多联机空调机组的适用条件：

（1）《民规》第 7.3.11 条规定："空调区内震动较大、油污蒸汽较多以及产生电磁波或高频波等场所，不宜采用多联机空调系统"。

（2）《红宝书》："通常不适合商场、展厅、候车室等人员密集场所"，"不宜在大型公共建筑，特别是大型办公建筑中采用"。

（3）《红宝书》："适用于中小型规模建筑，如办公楼、饭店、学校、高档住宅"。

2. 在有内区建筑中，多联机相对传统空调的劣势

（1）不能充分利用过渡季自然风降温。

（2）风冷多联机冬季结霜。

（3）制热不稳定性、制冷剂管长、室内外机高差使得能效比降低。

3. 常考问题

（1）结霜问题（空气源热泵冬季运行共性问题）

融霜时，一般由制热工况转换为制冷工况，如此机组制热量下降，影响室内空气温度稳定性。融霜时间段，融霜修正系数高（实际制热量越大）。

产生原因：换热盘管低于露点温度时，翅片上就会结霜（《民规》第 8.3.1 条文说明）。

（2）配管长度与室内外机高差

《多联机空调系统工程技术规程》JGJ 174－2010 第 3.4.2 条：

基本要求：配管长度可以保证制冷工况下满负荷性能系数不低于 2.8；

最低要求：技术参数无法满足要求时，冷媒管等效长度不宜超过 70m。

《公建节能 2015》第 4.2.18 条：除具有热回收功能型或低温热泵型多联机系统外，多联机空调系统的制冷剂连接管等效长度应满足对应制冷工况下满负荷时的能效比（EER）不低于 2.8 的要求。

扩展 4-8　有关 COP、$SCOP$ 及 $IPLV$ 的总结

1. COP 的正确认识

《民规》第 8.2.3 条：冷水机组的选型应采用名义工况制冷性能系数（COP）较高的产品，并同时考虑满负荷和部分负荷因素。

不可单一表述为"应选用 COP 较高的设备"，只能表述为"选用 COP 较高并考虑 $IPLV$ 值"

2. 空调系统的电冷源综合制冷性能系数（$SCOP$）的计算

《公建节能 2015》第 4.2.12 条中对空调系统提出了"空调系统的电冷源综合制冷性能系数（$SCOP$）"的要求，$SCOP$ 是电驱动的制冷量与制冷机、冷却水泵及冷却塔净输入能量之比，反映了冷源系统效率的高低（《公建节能 2015》第 2.0.10 条及条文说明）。

制冷机组机组选型相同时，限值不应低于《公建节能 2015》表 4.2.12。$SCOP$ 按下式计算：

$$SCOP = \frac{Q_c}{E_e}$$

其中，Q_c—冷源设计供冷量，kW；E_e—冷源设计耗电功率，见扩展表 4-6。

不同机组类型的冷源设计耗电功率计算　　扩展表 4-6

机组类型	冷源设计耗电功率
水冷式机组 （离心式、螺杆式、涡旋/活塞式）	E_e＝冷水机组＋冷却水泵＋冷却塔
风冷式机组	E_e＝冷水机组＋冷却水泵＋冷却塔＋放热侧冷却风机电功率
蒸发冷却式机组	E_e＝冷水机组＋冷却水泵＋冷却塔＋放热侧冷却风机电功率＋水泵＋风机

注：E_e 不包括"冷冻水循环泵"的耗功率；所有参数均为名义工况下的参数。

制冷机组选型不同时，应按制冷量加权计算，如下式：

$$SCOP = \Sigma(Q_i/P_i) \geqslant \Sigma(\omega_i \cdot SCOP_i)$$

其中，Q_i—第 i 台电制冷机组的名义制冷量，kW；P_i—第 i 台电制冷机组名义工况下的耗电功率和配套冷却水泵和冷却水塔的总耗电量，kW；$SCOP_i$—查《公建节能 2015》表 4.2.12，取对应制冷机组的电冷源综合制冷性能系数；ω_i—第 i 台电制冷机组的权重，$\omega_i = Q_i/\Sigma Q_i$

说明：（1）不等式左边为设计的 $SCOP$，右边为最低限制。

（2）Q_i 应采用名义工况运行条件下的技术参数，当设计与此不一致时，应修正。一般情况下题目会直接给出名义工况的制冷量和耗电功率。

（3）机组耗电功率可采用名义制冷量除以名义性能系数（COP）获得。

（4）冷却塔风机配置电功率，按实际参与冷却塔的电机配置功率计入。

（5）冷却水泵的耗电功率按设计水泵流量、扬程和水泵效率计算，当给出设备表时直接按设备表选取。

$$P = \frac{G \cdot H}{367.3\eta_b\eta_m}$$

其中，G—设计要求水泵流量，m^3/h；H—水泵扬程，mH_2O；η_b—水泵效率，%。

（6）$SCOP$ 太低，系统能效必然低，但是实际运行不是 $SCOP$ 越高，系统能效一定越好。

笔记区

（7）*SCOP* 的目的是督促重视节能，但是 *SCOP* 数值的高低不能直接判别机组选项和配置是否合理。

（8）*SCOP* 计算没有冷冻水泵。

（9）*SCOP* 不适用地表水、地下水或地埋管等循环水通过换热器换得冷却水的冷源系统。

案例求解关键性步骤说明：

（1）关于水泵公式：η_b 表示水泵样本效率，m 表示机械效率，题目未给出机械效率时可按 1 考虑。

$$N = \frac{GH}{367.3\eta} = \frac{GH}{367.3 \times 0.88 \times \eta_b} = \frac{GH}{323 \times \eta_b}$$

（2）*SCOP* 是针对冷源侧的能耗问题，因此 *SCOP* 中不计入空调水水泵能耗。

考虑能耗包括：机组能耗、冷却水水泵能耗、冷却塔能耗。

（3）关于 *SCOP* 限值的冷量平均。

$$SCOP_b = \frac{Q_1 SCOP_{b.1} + Q_2 SCOP_{b.2} + Q_3 SCOP_{b.3}}{Q_1 + Q_2 + Q_3}$$

（4）判别：实际冷机系统的 *SCOP* 应大于或等于规定系统的 *SCOP* 限值。

【*SCOP* 参考例题】

（1）某商业综合体空调冷源采用一台螺杆式冷水机组 1408kW 和三台离心式冷水机组 3164kW，空调冷水泵、冷却水系统的冷却水泵与冷却塔与制冷机组一一对应，具体参数如下表所示。试计算该综合体空调系统的电冷源综合制冷性能系数为下列何项？（电机效率与传动效率为 0.88）

设备参数表

制冷主机				空调水泵			
压缩机类型	额定制冷量（kW）	性能系数（*COP*）	台数	设计流量（m³/h）	设计扬程（mH₂O）	水泵效率（%）	台数
螺杆式	1408	5.71	1	245	35	75%	1
离心式	3164	5.93	3	545	35	75%	3

制冷主机		冷却水泵				冷却水塔		
压缩机类型	台数	设计流量（m³/h）	设计扬程（mH₂O）	水泵效率（%）	台数	名义工况下冷却水量（m³/h）	样本风机配置功率（kW）	台数
螺杆式	1	285	30	75	1	350	15	1
离心式	3	636	32	75	3	800	30	3

笔记区

(A) 4.34　　　(B) 4.49　　　(C) 4.87　　　(D) 5.90

【参考答案】C

【解析】冷源设计供冷冷量为：$Q_c = 1408 + 3164 \times 3 = 10900 \text{kW}$。

螺杆机和离心机冷却水泵耗功率分别为：

$$N_1 = \frac{G_1 H_1}{367.3 \eta_1} = \frac{285 \times 30}{367.3 \times 0.88 \times 0.75} = 35.3 \text{kW}$$

$$N_2 = \frac{G_2 H_2}{367.3 \eta_2} = \frac{636 \times 32}{367.3 \times 0.88 \times 0.75} = 84 \text{kW}$$

冷源设计耗电功率为：$E_c = \dfrac{1408}{5.71} + \dfrac{3164 \times 3}{5.93} + 35.3 + 84 \times 3 + 15 + 30 \times 3 = 2239.6 \text{kW}$。

根据《公建节能 2015》第 2.0.11 条及条文说明，有：

$$SCOP = \frac{Q_c}{E_c} = \frac{10900}{2239.6} = 4.87$$

选项 C 正确。

(2) 接上题，若该商业综合体位于北京市，试计算电冷源综合制冷性能系数限值并判断该空调系统是否满足相关节能标准要求？

(A) 4.49，不满足节能要求　　　(B) 4.49，满足节能要求

(C) 4.57，不满足节能要求　　　(D) 4.57，满足节能要求

【参考答案】B

【解析】北京属于寒冷地区，根据《公建节能 2015》第 4.2.12 条，螺杆机 $SCOP$ 限值为 4.4，离心机 $SCOP$ 限值为 4.5，按照冷量加权，系统限值为：

$$SCOP_0 = \frac{1408}{10900} \times 4.4 + \frac{3164 \times 3}{10900} \times 4.5 = 4.49 < 4.87$$

满足节能要求，选项 B 正确。

3. 综合部分负荷性能系数（IPLV）的计算

《公建节能 2015》第 4.2.13 条重新定义了 $IPLV$ 计算式：

$$IPLV = 1.2\% \times A + 32.8\% \times B + 39.7\% \times C + 26.3\% \times D$$

其中，A、B、C、D 对应负荷率和相关参数如扩展表 4-7 所示。

综合部分负荷性能系数的计算参数和相关参数　扩展表 4-7

性能系数	对应负荷率	冷却水进水温度	冷凝器进气干球温度
A	100%	30℃	35℃
B	75%	26℃	31.5℃
C	50%	23℃	28℃
D	25%	19℃	24.5℃

IPLV 的适用范围：

（1）*IPLV* 只能用于评价单台冷水机组在名义工况下的综合部分负荷性能水平。

（2）*IPLV* 不能用于评价单台冷水机组实际运行工况下的运行水平，不能用于计算单台冷水机组的实际运行能耗。

（3）*IPLV* 不能用于评价多台冷水机组综合部分负荷性能水平。

关于 *IPLV* 使用和理解的误区的说明：

（1）*IPLV* 的 4 个部分负荷工况权重系数，不是 4 个部分负荷对应的运行时间百分比。

（2）不能用于 *IPLV* 计算冷水机组全年能耗，或用 *IPLV* 进行实际项目中冷水机组的能耗分析。

（3）不能用 *IPLV* 评价多台冷水机组系统中单台或冷机系统的实际运行能效水平。

当机组样本只给出设计工况（非名义工况）的 *NPLV* 及 *COP*$_n$ 值时，需要折算回 *IPLV* 和标准工况的 *COP* 进行评判，其中水冷离心式机组可按照《公建节能 2015》第 4.2.11 条条文说明公式（2）～（8）折算 *IPLV* 和标准工况的 *COP*。此组公式仅适用于水冷离心式机组。

4. 各种冷热源能效限值要求情况总结（见扩展表 4-8）

各种冷热源能效限值要求情况总结   扩展表 4-8

冷热源	限值参数	规范条文
锅炉	热效率	《公建节能 2015》第 4.2.5 条
电机驱动的蒸汽压缩循环冷水（热泵）机组	性能系数[1][2]（*COP*）综合部分负荷性能系数[2]（*IPLV*）	《公建节能 2015》第 4.2.10 条、第 4.2.11 条
空调系统	电冷源综合制冷性能系数[1]（*SCOP*）	《公建节能 2015》第 4.2.12 条
单元式空气调节机（$Q>7.1$kW 电机驱动，风管式送风，屋顶式）	能效比 *EER*[1]	《公建节能 2015》第 4.2.14 条
多联式空调（热泵）机组	制冷综合性能系数 *IPLV*（C）[1]	《公建节能 2015》第 4.2.17 条
直燃型溴化锂吸收式冷（温）水机组	性能系数[1]	《公建节能 2015》第 4.2.19 条

[1] 在名义制冷工况和规定条件下计算。

[2] 水冷变频离心式和水冷变频螺杆式机组的 *COP* 与 *IPLV*，注意相关性能系数的限值需按表列值乘以系数，详见相关条文。

扩展 4-9　各类制冷压缩机的特性对比

各类制冷压缩机的特性对比如扩展表 4-9 所示。

各类制冷压缩机的特性对比　　　　　**扩展表 4-9**

	活塞式压缩机	滚动转子式压缩机	螺杆式压缩机	涡旋式压缩机	离心式压缩机
类型	容积型—往复式	容积型—回转式			速度型
单机功率	0.1～150kW	0.3～20kW	三转子 1055～1913kW	0.75～22kW	最大可达 30MW
封闭方式	开启、半封闭、全封闭		开启、半封闭、全封闭		开启、半封闭、全封闭
余隙容积	有	有	无	无	无
容量调节方式	气缸数量调节	变频调节；吸气旁通；间断停开	滑阀调节 10%～100% 连续调节；柱塞阀调节（半封闭常用）；变频调节	变频调节（电机变速）；直流变速，更好；交流变频；数码涡旋（机械调节）	进口导流叶片调节；出口扩压管宽度可调；变频调节；热气旁通调节
吸气阀	有	无	无	无	无
排气阀	有	有	无	无	无
经济器	无	无	双螺杆，可设	可设	多级压缩，可设
润滑方式	飞溅润滑 压差供油		压差供油 油泵供油	数码涡旋无需油分离器	磁悬浮＋变频机型无需润滑油
密封要求及精度要求	半封闭：螺栓连接密封（不完全消除泄漏）；全封闭：焊接密封，装配要求高	气缸密封要求高 精度高，需大批量生产条件	双转子：压缩腔内喷油密封（开启式体积大，精度高）；单转子：树脂材料制作精度高；三转子：精度高，前景好	轴向和径向柔性密封；高精度加工及装配条件	结构复杂，装配难度大，精度高，要求严

笔记区

续表

	活塞式压缩机	滚动转子式压缩机	螺杆式压缩机	涡旋式压缩机	离心式压缩机
压缩比与容积效率	压缩比≤8~10 容积效率低	压缩比较大时，容积效率和等熵效率比活塞式高	压缩比为20时，容积效率变化不大容积效率较高，无液击危险	容积效率高可以带液运行	见《09 技措》P130 各类型机组比较表，P133~134 离心和螺杆机组比较表
其他	惯性大	720°回转，减少了流动损失	无往复惯性，变工况时用可变容积比压缩机。单螺杆在 50%~100% 部分负荷下节能	数码涡旋可以再 10%~100% 范围内连续调节	低负荷下易喘振。磁悬浮和防喘振离心机可在 10% 低负荷下客服喘振

容积效率：螺杆式＞涡旋式＞滚动转子＞活塞式。

等熵效率：涡旋式＞滚动转子＞活塞式（压缩比大于 3 时）。

扩展 4-10 离心机喘振原因总结

离心式压缩机在低负荷下运行时（额定负荷的 25% 以下），容易发生喘振，造成周期性的增大噪声和振动。但磁悬浮型离心式压缩机以及有防喘振专利技术的离心式压缩机，克服发生喘振的能力好，低负荷可为额定负荷的 10%。

"喘振"为离心机的固有特性，其他机组没有！产生喘振的原因：

(1) 主要是由于制冷剂的"倒灌"产生的！产生倒灌的内部原因是负荷过低（制冷剂流量突然变低，导致突变失速，离心机出口瞬时压力变低，而冷凝器中的压力还没反应过来，这样导致制冷剂从冷凝器中倒灌进入压缩机）和冷凝压力过高（冷凝压力过高，超过压缩机出口排气压力，冷凝器中制冷剂气体会倒灌进入压缩机）。

(2) 冷凝器积垢导致的喘振：冷凝器换热管内表水质积垢（开式循环的冷却水系统最容易积垢），而导致传热热阻增大，换热效果降低，使冷凝温度升高或蒸发温度降低，另外，由于水质未经处理和维护不善，同样造成换热管内表面沉积砂土、杂质、藻类等物，造成冷凝压力升高而导致离心机喘振发生。

(3) 制冷系统有空气导致的喘振：当离心机组运行时，由于蒸发器和低压管路都处于真空状态，所以连接处极容易渗入空气，另外空气属不凝性气体，绝热指数很高（为 1.4），当空气凝积在冷凝器上

笔记区

部时，造成冷凝压力和冷凝温度升高，而导致离心机喘振发生。

（4）冷却塔冷却水循环量不足，进水温度过高等。由于冷却塔冷却效果不佳而造成冷凝压力过高，而导致喘振发生。

（5）蒸发器蒸发温度过低：由于系统制冷剂不足、制冷量负荷减小，球阀开启度过小，造成蒸发压力过低而喘振。

（6）关机时未关小导叶角度和降低离心机排气口压力。当离心机停机时，由于增压突然消失，蜗壳及冷凝器中的高压制冷剂蒸气倒灌，容易喘振。

扩展 4-11 制冷设备及管道坡向坡度总结

制冷设备及管道坡向坡度总结如扩展表 4-10 所示。

制冷设备及管道坡向坡度总结　　　　扩展表 4-10

	管道名称	坡度方向	坡度参考值
氟利昂	压缩机进气/吸气水平管	压缩机	≥0.01
	压缩机排气管	油分离器或冷凝器	≥0.01
氨	压缩机进气水平管	蒸发器	≥0.003
	压缩机吸气管	液体分离器或低压循环贮液器	≥0.003
	压缩机吸气管	蒸发器	≥0.003
	压缩机排气	油分离器或冷凝器	≥0.01
	压缩机至油分离器的排气管	油分离器	0.003~0.005
	冷凝器至贮液器的出液管	贮液器	0.001~0.005
	与安装在室外冷凝器相连接的排气管	冷凝器	0.003~0.005
	液体分配站至蒸发器（排管）的供液管	蒸发器（排管）	0.001~0.003
	蒸发器（排管）至气体分配站的回气管	蒸发器（排管）	0.001~0.003
R22	压缩机吸气管	压缩机	≥0.02
	压缩机排气管	油分离器或冷凝器	≥0.01
	壳管式冷凝器至储液器的排液管	储液器	≥0.01
其他[1]	压缩机排气水平管	油分离器	≥0.01
	冷凝器水平供液管	贮液器	0.001~0.003
	冷凝器贮液器的水平供液管	贮液器	0.001~0.003
	油分离器至冷凝器的水平管	油分离器	0.003~0.005
	机器间调节站的供液管	调节站	0.001~0.003
	调节站至机器间的加气管	调节站	0.001~0.003

[1] 表示氟利昂、氨、R22 的管道类型中未包含的部分，参见"其他"。

笔记区

扩展 4-12　制冷装置常见故障及其排除方法

制冷装置常见故障及其排除方法如扩展表 4-11 所示。

制冷装置常见故障机及其排除方法　　扩展表 4-11

故障情况	主要原因	排除方法
吸气压力过低而吸气温度过高	膨胀阀或过滤干燥器堵塞，制冷剂循环量不足	清洗膨胀阀或过滤干燥器
	分液器部分管路堵塞	拆下分液器，通气试验
	制冷剂充加量过少或已泄漏	寻找泄漏点，补足制冷剂
	膨胀阀容量过小或失控	更换合适的膨胀阀
吸气压力和吸气温度均过低	蒸发器面积过小	增大蒸发器面积
	蒸发器结霜或积灰过厚	清除蒸发器表面的结霜与积灰
	温度继电器失控，被冷却介质低于设计温度	检修或更换温度继电器
吸气压力和吸气温度均过高	低压吸气阀片损坏	更换吸气阀片
	冷负荷过大	适当减少冷负荷。如果仍不能降低吸气压力和温度，可能是由于选用的制冷装置冷量过小
排气压力过高	冷却水或风量不足	增大水量或风量
	冷却水温或风温过高	检查原因，降低水温或风温
	冷凝器传热面积过小	适当增大传热面积或更换冷凝器
	冷凝器传热面积被污染	清洗传热面积
	制冷系统内有空气	按操作要求排出空气
	制冷剂充加量过多	回收部分制冷剂
	冷负荷过大	适当减少冷负荷
	油分离器部分堵塞	排除堵塞
排气压力过低	冷却水量或风量过大	适当调小水量或风量
	冷却水温或风温过低	适当调小水量或风量
	制冷剂循环量过少	检查膨胀阀，过滤干燥器是否堵塞，或者制冷剂泄漏
	高压或低压吸气阀片损坏	更换阀片

扩展 4-13　空调系统的经济运行

对于各部分能效评价和相关限值如何考虑机组、冷冻水、冷却水以及末端电量的问题，参考扩展图 4-8。

扩展图 4-8　空调系统经济运行评价指标体系结构

扩展 4-14　冷热电三联供系统相关总结

冷热电三联供热量转移示意图如扩展图 4-9 所示。

扩展图 4-9　冷热电三联供热量转移示意图

（1）年平均能源综合利用率

$$v = \frac{W + Q_1 + Q_2}{Q_{总}} \times 100\%$$

$$= \frac{W + ((Q_{余}\,\eta)k_{吸收} - Q_{1.补}) + ((Q_{余}\,\eta)\eta_{2.锅炉} - Q_{2.补})}{Q_{总}} \times 100\%$$

笔记区

（2）年平均余热利用率

$$\mu = \frac{Q_1 + Q_2}{Q_p + Q_s} \times 100\%$$

（3）发电量 W 与发热量 Q 的单位为 MJ，是能量单位，非功率单位。$1kWh=3.6MJ$。

扩展 4-15　蓄冷相关问题总结

1. 蓄冷系统对比

水蓄冷年制冷用电低，供水温度高，适用于利用已有消防水池的已有建筑，维护费用更低，投资回收期短。

冰蓄冷蓄冷密度大，蓄冷储槽小，冷损耗小，供水温度（冷冻水温度）低，节费不节能。

2. 冰蓄冷特点

削峰填谷，减低运行费用，初投资高；

机载制冷剂：有固定稳定冷负荷，设置机载制冷剂；

串并联系统：降低供水温度，可并联系统；

节能计算与其他制冷技术不同。

3. 水蓄冷特点

绝热处理：保证由底部传入的热量必须小于从侧壁传入的热量。

4. 冰蓄冷计算

参考《三版教材》P690，区分全负荷蓄冰与部分负荷蓄冰。注意区分《三版教材》P684"Q——设备选用日总冷负荷"与"Q_d——设备计算日总冷负荷"。

全负荷蓄冰蓄冰装置有效容量：$Q_s = \sum_{i=1}^{24} q_i = n_i c_f q_c$

部分负荷蓄冰蓄冰装置容量：$Q_s = n_i c_f q_c = n_i c_f \dfrac{\sum_{i=1}^{24} q_i}{n_2 + n_i c_f}$

5. 水蓄冷贮槽容积设计计算

$$V = \frac{Q_s \cdot P}{1.163 \cdot \eta \cdot \Delta t}$$

其中，V—所需贮槽容积，m^3；Q_s—设计日所需制冷量，kWh；P—容积率，一般为 $1.08\sim1.30$；η—蓄冷槽效率，见《三版教材》P691，表 4.7-8；Δt—蓄冷槽可利用进出水温差，一般为 $5\sim8℃$。

扩展 4-16　冷　库

1. 冷库热工

计算方法，参考《三版教材》第 3.10 节保温与保冷计算相关内容。

注意冷库问题温度选取（《三版教材》P721，《冷库设计规范》GB 50072—2010 第 3.0.7 条）：

计算围护结构热流量：室外温度—夏季空调室外计算温度日平均值，t_{wp}；

计算围护结构最小热阻：室外相对湿度取最热月平均相对湿度；

计算开门热流量/通风换气流量：室外计算温度采用夏季通风室外计算温度；

室外相对湿度采用夏季通风室外计算相对湿度；

计算内墙和楼面：围护结构外侧温度取邻室室温（冷却间 10℃，冻结间—10℃）；

地面隔热层外侧温度：有加热装置，取 1~2℃；

无加热装置/架空层，外侧采用夏季空调日平均温度，t_{wp}。

2. 冷库工艺

冷库大小（计算吨位），计算见《三版教材》P713-714，《冷库设计规范》GB 50072—2010 第 3.0.2 条。

$$G = \sum V_i \rho_s \eta / 1000 \quad （吨,t）$$

进货量计算见《三版教材》P722，《冷库设计规范》GB 50072—2010 第 6.1.5 条。

果蔬冷藏间　$m \leqslant 10\%G$

鲜蛋冷藏间　$m \leqslant 5\%G$

有外调冻结物冷藏间　$m \leqslant (5\%~15\%)G$

无外调冻结物冷藏间：进货热流量不大于 5%G，按照每日冻结加工量计算（参考冷加工能力，《三版教材》P727）；

大于 5%G，则　$m \leqslant (5\%~10\%)G$。

冷加工能力见《三版教材》P 710，吊挂式（《冷库设计规范》GB 50072—2010 第 6.2.1 条）与搁架排管式（《冷库设计规范》GB 50072—2010 第 6.2.4 条）。

第5部分　其　他

扩展 5-1　水燃气部分教材公式与规范条文对照表

水燃气部分教材公式与规范条文对照如扩展表 5-1 所示。

水燃气部分《三版教材》公式与规范条文对照表　　　扩展表 5-1

《建筑给水排水设计规范》GB 50015—2003（2009 版）

最高日用水量	式 (6.1-1) →第 3.1.9 条
最大小时用水量	式 (6.1-2) →第 3.1.10 条
计算管段给水设计秒流量	式 (6.1-3) →第 3.6.4-3 条
Ⅰ、Ⅱ类 生活给水设计秒流量	式 (6.1-4) →第 3.6.5 条
Ⅲ、Ⅳ类 生活给水设计秒流量	式 (6.1-5) →第 3.6.6 条
全日供应热水供应系统设计小时耗热量	式 (6.1-6) →第 5.3.1-2 条
定时供应热水供应系统设计小时耗热量	式 (6.1-7) →第 5.3.1-3 条
设计小时热水量	式 (6.1-8) →第 5.3.2 条
容积式水加热器设计小时供热量	式 (6.1-9) →第 5.3.3-1 条
水源热泵热水机设计小时供热量	式 (6.1-10) →第 5.4.2B-1 条
贮热水箱（罐）溶剂	式 (6.1-11) →第 5.4.2B-2 条
Ⅰ、Ⅱ类 计算管段排水设计秒流量	式 (6.2-1) →第 4.4.5 条
Ⅲ、Ⅳ类 计算管段排水设计秒流量	式 (6.2-2) →第 4.4.6 条

《城镇燃气设计规范》GB 50028—2006

燃气的高差附加压力	式 (6.3-1) →第 10.2.13 条
居民生活用燃气计算流量	式 (6.3-2) →第 10.2.9 条
燃气小时计算流量估算	式 (6.3-3) →第 6.2.2 条

扩展 5-2　《公建节能 2015》考点总结

本考点总结主要针对规范变化和可能涉及的新考点内容进行梳理，具体内容请读者自行翻阅规范。

1. 公共建筑围护结构节能限值及权衡判断方法修改（见扩展图 5-1）

笔记区

扩展图 5-1　围护结构热工性能权衡判断框架

围护结构热工性能权衡判断基本条件总结

（1）基本条件仅针对屋面、外墙、非透光幕墙、窗墙比不小于 0.4 的窗，四种情况。其他热工限值一旦超标则进行权衡判断。

（2）对于窗，若窗墙比小于 0.4，则一旦热工性能超过限值，就要权衡判断。

（3）依据第 3.4.1 条。不满足基本条件的应先采取措施提高热工参数满足基本条件。

2. 遮阳问题参数变化

采用太阳得热系数 $SHGC$ 规定遮阳。根据条文说明，可以有两个思路计算 $SHGC$。

（1）利用遮阳系数（SC）计算

$$SHGC = 0.87 \cdot SC$$

（2）利用条文说明公式计算

$$SHGC = \frac{\Sigma g \cdot A_\mathrm{g} + \Sigma \rho \cdot \dfrac{K}{\alpha_\mathrm{e}} A_\mathrm{f}}{A_\mathrm{w}}$$

注意各个参数在条文说明中均已给出，完全可以出案例题。

3. 机组能效指标修改

（1）$IPLV$ 计算公式改变（详见"扩展 4-8"）。

（2）COP 及 $IPLV$ 限值区分定流量与变流量。《公建节能 2015》对变频机组提出了修正要求，但是注意仅对"水冷变频"有修正，对于风冷和蒸发冷却的，直接对应表格值。另外，题目可能会隐含除表列限值以外的问题，对于这种问题，首先应将所有限值均校对一遍，随后注意题设中数值的特殊性，是否单独提到了温差、计算空调冷负荷等问题，若提到要小心对待。如《公建节能 2015》第 4.2.8 条，冷机装机容量与冷负荷的比不得大于 1∶1，当题目给出系统冷负荷时，注意判别此强条。

4. 新增能效指标 $SCOP$

（详见"扩展 4-8"）

5. 输配系统节能指标 EC（H）R 及 W_s

（1）注意供暖 ECR 查《公建节能 2015》第 4.3.3 条，而空调查第 4.3.9 条。

（2）空调 EC（H）R 与《民规》一致，《公建节能 2015》第 4.3.9 条中表 4.3.9-5 以《民规》为准，对应勘误。

（3）风道系统单位风量耗功率 W_s 修改。修改后，此限制仅针对风量大于 10000m³/h 的空调风系统和风量大于 10000m³/h 的通风系统，风量小于 10000m³/h 的不约定限值。同时，耗功率修正并未直接给出余压或风压限制要求，具体风压和余压限制应计算确定；在已知风量的情况下，可按照 $P=L×W_s$ 计算限制的风机耗功率。

6. 公共建筑节能控制要求

（1）第 4.5.5 条，锅炉房和换热机房的控制设计规定：供水温度应根据室外温度进行调节，供水流量应根据末端需求进行调节，水泵台数和转速宜根据末端需求进行控制。

（2）空调系统控制要求：

第 4.5.7 条，冷热源机房的控制功能要点：

启停与连锁：冷水机组、水泵、阀门、冷却塔；

机组台数控制：冷量优化控制；

二级泵变速控制：根据管道压差控制转速，压差宜能优化调节；

冷却塔风机控制：应能进行台数控制，同时宜根据室外气候参数进行变速控制；

冷却水水温控制措施：冷却塔风机台数调节、冷却塔风机转速调节、供回水总管设旁通电动阀，其中前两种有利于降低风机总能耗；

冷却塔：应由自动排污控制；

机组供水温度：根据室外气象参数和末端需求进行优化调节。

第 4.5.8 条，全空气空调系统控制要求要点：

启停与连锁：风机、风阀和水阀；

风机控制：变风量系统，风机应变速控制；

室内温度：宜根据室外气象参数优化调节室内温度；

控制：全新风系统末端宜设人离延时关闭控制。

第 4.5.9 条，风机盘管控制要求：

阀门：电动水阀与风速相结合控制，宜设常闭式电动通断阀；

室温：应对室温调整范围进行限制；

启停：应能按使用时间进行启停控制。

7. 离心式冷水机组非标准工况与标准工况的 COP 及 $IPLV$ 转换计算

《公建节能 2015》第 4.2.10 条条文说明对水冷离心机组的当已

知非规定工况 COP 和 $NPLV$ 时，如何折算名义工况 COP 和 $IPLV$ 的拟合公式。最终应按照名义工况 COP 和 $IPLV$ 对应《公建节能 2015》第 4.2.10 条和第 4.2.11 条限值。

$$\begin{cases} COP = \dfrac{COP_n}{K_a} \\[2mm] IPLV = \dfrac{NPLV}{K_a} \\[2mm] K_a = A \times B \end{cases}$$

其中 $A = f(LIFT)$，$B = g(LE)$。具体 A 与 B 的表达式请参见《公建节能 2015》P111。$LIFT = L_C - L_E$。其中，L_C 为设计工况下冷凝器出口温度，L_E 为设计工况下蒸发器出口温度。

解题注意事项：注意题目是否强调如下两点：（1）机组为水冷离心机组；（2）设计工况下的 COP，设计工况与名义工况不同。若题目未如此强调，则不必考虑修正。

扩展 5-3　《工规》考点总结

1. 工业建筑与民用建筑的区分（参考扩展 0-1）

2. 工业建筑供暖热媒

第 5.1.7 条　集中供暖系统的热媒应根据建筑物的用途、供热情况和当地气候特点等条件，经技术经济比较确定，并应符合下列规定：

1　当厂区只有供暖用热或以供暖用热为主时，应采用热水作热媒；

2　当厂区供热以工艺用蒸汽为主时，生产厂房、仓库、公用辅助建筑可采用蒸汽做热媒，生活、行政辅助建筑物应采用热水做热媒；

3　利用余热或可再生能源供暖时，热媒及参数可根据具体情况确定；

4　热水辐射供暖系统热媒应负荷本规范第 5.4 节的规定。

3. 工业建筑辐射供暖

（1）第 5.4.6 条，生产厂房、仓库、生产辅助建筑物采用地面辐射供暖时，地面承载力应满足建筑的需要。

（2）热水吊顶辐射辐射板面积计算（参考扩展 1-10）

（3）燃气红外线辐射供暖注意《工规》与《民规》区别。考试时，首先参考教材原文，当考题 4 个选项都与《工规》对应时，考虑出题来自《工规》。

4. 工业建筑通风防爆要求（参考扩展 2-4）

强制性条文：6.9.2、6.9.3、6.9.9、6.9.12、6.9.13、6.9.15、

6.9.19、6.9.31。

5. 局部送风

第 6.5.7 条 当局部送风系统的空气需要冷却处理时，其室外计算参数应采用夏季通风室外计算温度及相对湿度。

第 6.5.8 条 局部送风宜符合下列规定（详见规范）

附录 J 公式摘录（见扩展表 5-2 和扩展表 5-3），具体符号请参见《工规》P297 附录 J。

附录 J 公式摘录	扩展表 5-2
计算内容	计算公式
气流宽度	$d_s = \begin{cases} 6.8(as + 0.145d_0) & \text{圆形风管} \\ 6.8(as + 0.164\sqrt{AB}) & \text{矩形风管} \end{cases}$
送风口出风速度	$v_0 = \dfrac{v_g}{b}\left(\dfrac{as}{d_0} + 0.145\right)$
送风量	$L = 3600 F_0 v_0$
送风口出风温度	$t_0 = t_n - \dfrac{t_n - t_g}{c}\left(\dfrac{as}{d_0} + 0.145\right)$

注：t_g——工作地点温度，按《工规》P8 第 4.1.7 条取值。

工作地点温度和平均风速				扩展表 5-3
热辐射照度	冬季		夏季	
W/m²	温度（℃）	风速（m/s）	温度（℃）	风速（m/s）
350～700	20～25	1～2	26～31	1.5～3
701～1400	20～25	1～3	26～30	2～4
1401～2100	18～22	2～3	25～29	3～5
2101～2800	18～22	3～4	24～28	4～6

其中，轻劳动取高温度低风速，重劳动取低温度高风速。对夏热冬冷或夏热冬暖，夏季可提高 2℃；而热平均温度小于 25℃地区，夏季可降低 2℃。

6. 事故通风风量计算变化

第 6.4 节，事故通风有关事故通风量计算，增加 6m 高度限制。即高度不大于 6m 的环境按实际高度计算风量，高度大于 6m 的按 6m 高度计算。

7. 风管有关变化内容

第 6.7 节，风管长宽比不应超过 10，风管壁厚规定焊接不应小于 1.5mm，漏风量规定提高要求。

扩展 5-4 规范要点总结

规范作答原则：出现两个规范相矛盾时，4 个选项来自同一个规范；教材与规范相矛盾时，4 个选项参考源唯一。

1.《建规 2014》

何处设置排烟设施查该规范，总结详见"扩展 2-12"

2.《汽车库、修车库、停车场设计防火规范》GB 50067—2014

（1）自然排烟要求。

（2）单个排烟分区排烟风机风量按表要求分不同高度进行线性插值。

（3）机械排烟时，当防火分区内无直通室外汽车疏散出口时，应用时设补风系统，且补风量不宜小于排烟量的 5%，见第 8.2.10 条

3.《公建节能 2015》

详见"扩展 5-2"。

4.《工业企业噪声控制设计规范》GB/T 50087—2013

环境噪声控制室本规范的考查重点，后面有关消声、隔振的要求过于理论，仅作为遇到相关问题的储备资料。

第 3.0.1 条 工业企业内各类工作场所噪声限值应符合表 3.0.1 的规定

表 3.0.1 各类工作场所噪声限值

工作场所	噪声限值 （dB（A））
生产车技	85
车价内值班室、观察室、休息室、办公室、实验室、设计室内背景噪声级	70
正常工作状态下精密装配线、精密加工车间、计算机房	70
主控室、集中控制室、通信室、电话总机室、消防值班室、一般办公室、会议室、设计室、实验室室内背景噪声级	60
医务室、教室、值班宿舍室内背景噪声级	55

注：1. 生产车间噪声限值为每周工作 5d，每天工作 8h 等效声级；对于每周工作 5d，每天工作时间不是 8h，需计算 8h 等效声级；对于每周工作日不是 5d，需计算 40h 等效声级。

2. 室内背景噪声级指室外传入室内的噪声级。

5.《锅炉大气污染物排放标准》GB 13271—2014

（1）注意关于新建燃煤锅炉房烟囱的要求。燃煤锅炉房只能设一根烟囱，而燃油燃气锅炉没有一根烟囱限值要求。注意新建锅炉房烟囱周围半径 200m 有建筑时，烟囱应高出最高建筑物 3m 以上。燃油燃气锅炉烟囱高度按照环评文件确定。

第 4.5 条 每个新建燃煤锅炉房只能设一根烟囱，烟囱高度应根据锅炉房装机总容量，按表 4 规定执行，燃油、燃气锅炉房烟囱不低于 8m，锅炉烟囱的具体高度按复批的环境影响评价文件确定。新建锅炉房的烟囱周围半径 200m 距离内有建筑物时，其烟囱应高出建筑物 3m 以上。

表 4 燃煤锅炉房烟囱最低允许高度

锅炉房装	MW	<0.7	0.7~<1.4	1.4~<2.8	2.8~<7	7~<1.4	≥14
机总容量	t/h	<1	1~<2	2~<4	4~<10	10~<20	≥20
烟囱最低允许高度	m	20	25	30	35	40	45

（2）规范中的表 1 与表 2 分别对应既有锅炉与新建锅炉排放浓度限值（见扩展表 5-4、扩展表 5-5），另外规定重点地区锅炉执行扩展表 5-6。当题目给出实测氧含量时，需要折算至基准氧含量再比较限值。

在用锅炉大气污染物排放浓度限值（单位：mg/m³） **扩展表 5-4**

污染物项目	限值			污染物排放监控位置
	燃煤锅炉	燃油锅炉	燃气锅炉	
颗粒物	80	60	30	烟囱或烟道
二氧化硫	440 550[1]	300	100	
氮氧化物	400	400	400	
汞及其化合物	0.05	—	—	
烟气黑度（林格曼黑度，级）	≤1 级			烟囱排放口

注：位于广西壮族自治区、重庆市、四川省和贵州省的燃煤锅炉执行该值。

新建锅炉大气污染物排放浓度限值（单位：mg/m³） **扩展表 5-5**

污染物项目	限值			污染物排放监控位置
	燃煤锅炉	燃油锅炉	燃气锅炉	
颗粒物	50	30	20	烟囱或烟道
二氧化硫	300	200	50	
氮氧化物	300	250	200	
汞及其化合物	0.05	—	—	
烟气黑度（林格曼黑度，级）	≤1 级			烟囱排放口

重点地区大气污染物特别排放限值（单位：mg/m³） **扩展表 5-6**

污染物项目	限值			污染物排放监控位置
	燃煤锅炉	燃油锅炉	燃气锅炉	
颗粒物	30	30	20	烟囱或烟道
二氧化硫	200	100	50	
氮氧化物	200	200	200	
汞及其化合物	0.05	—	—	
烟气黑度（林格曼黑度，级）	≤1 级			烟囱排放口

重点地区：根据环保要求需要严格控制大气污染物排放的地区，如果考到重点地区，会直接说明此地区为重点地区。

氧含量：燃料燃烧后，烟气中含有的多余的自由氧，通常以干基容积百分数来表示。

第 5.2 条 实测的锅炉的颗粒物、SO_2、氮氧化物、汞及其化合物等排放浓度，应折算为基准氧含量排放浓度。

$$\rho = \rho' \times \frac{21 - \varphi(O_2)}{21 - \varphi'(O_2)}$$

其中，ρ—大气污染物基准氧含量排放浓度，mg/m^3；ρ'—实测浓度，mg/m^3；$\varphi'(O_2)$—实测氧含量；$\varphi(O_2)$—基准氧含量，见扩展表 5-7。

基准氧含量　　　　　　　　　　扩展表 5-7

锅炉类型	基准氧含量（%）
燃煤锅炉	9
燃油、燃气锅炉	3.5

例：某既有燃煤锅炉，实测二氧化硫排放浓度 $250mg/m^3$，实测氧含量为 12%，试问该锅炉基准氧含量排放浓度为多少？

解：燃煤锅炉基准氧含量为 9%，其基准氧含量排放浓度为：

$$\rho = 250 \times \frac{21-9}{21-12} = 333.3 \, mg/m^3$$

说明：关于基准氧含量的问题，需要注意题目是否给出氧含量浓度，如果给出，需要知道锅炉排放规范有这么一个折算公式。

6. 《绿色建筑评价标准》GB/T 50378—2014

作为升版规范，本规范主要注意"基本规定"、"节能与能源利用"以及"室内环境质量"。特别的，对于第 5 章和第 6 章对应条文说明有相关评价要求和所需材料，是考查重点。

关于基本规定的几点说明：

（1）绿色建筑评价分为设计评价和运行评价。设计评价应在建筑工程施工图设计文件审查通过后进行；运行评价应在建筑通过竣工验收并投入使用一年后进行。

（2）设计评价时，不对是施工管理和运行管理进行评价，但可预评相关条文。

（3）对于同时具有居住和公共功能的单体建筑，各类评价指标权重取居住建筑和公共建筑多对应权重的平均值。如设计评价是对节地与室外环境评价，居住建筑权重为 0.21，公共建筑权重为 0.16，则同时均有两者的单体建筑权重为（0.21+0.16）/2=0.185。

（4）绿色建筑分为一星级、二星级、三星级三个等级，最高为三星级。

7.《绿色工业建筑评价标准》GB/T 50878—2013

《绿色工业建筑评价标准》附录 A 给出了具体评分表和权重表。重点浏览第 3 章 "基本规定",第 5 章 "节能与能源利用",第 8 章 "室外环境与污染物控制" 及第 9 章 "室内环境与职业健康"。

8.《蒸汽和热水型溴化锂吸收式冷水机组》GB/T 18431—2014

本规范主要考察名义工况与变工况性能要求,注意第 4.3.1 条、第 4.3.2 条、第 5.4 节的要求。

9.《水(地)源热泵机组》GB/T 19409—2013

全年综合性能系数(ACOP)是本规范单独提出的一个概念,仅适用于水(地)源热泵机组,注意 ACOP 按照 EER 与 COP 进行线性计算。

全年综合性能系数(ACOP):水(地)源热泵机组在额定制冷工况和额定制热工况下满负荷运行时的能效,与多个典型城市办公建筑按制冷、制热时间比例进行综合加权而来的全年性能系数,用 ACOP 表示。

$$ACOP = 0.56EER + 0.44COP$$

其中,EER 为额定制冷工况下满负荷运行时的能效;COP 为额定制热工况下满负荷运行时的能效。

10.《工业建筑节能设计统一标准》对工业建筑的考点小结

(1)工业建筑节能设计分为一类和二类工业建筑

一类工业建筑环境控制及能耗方式为供暖、空调,二类工业建筑换进该控制及能耗方式为通风。

(2)节能限值

一类工业建筑围护结构热工性能对严寒、寒冷、夏热冬冷、夏热冬暖地区均有限值要求。

二类工业建筑围护结构热工性能仅对严寒、寒冷地区有推荐值要求,注意非限值。

(3)工业建筑集中供热系统内的循环水泵应计算耗电输热比

集中供热系统

$$EHR - h = \frac{0.003096 \sum (GH/\eta_b)}{\sum Q} \leqslant \frac{A (B + \alpha \sum L)}{\Delta T}$$

计算参数见扩展表 5-8。

工业建筑集中供热系统内的循环水泵应计算耗电输热比计算参数　扩展表 5-8

热负荷 Q (kW)		<2000	≥2000
电机和传动部分的效率	直联方式	0.87	0.89
	联轴器连接方式	0.85	0.87
计算系数 A		0.0062	0.0054

续表　　　　　笔记区

热负荷 Q（kW）	＜2000	≥2000
计算系数 B	一级泵，17 二级泵，21	
室外管网供回水管道总长度$\sum L$	$\sum L \leqslant 400\mathrm{m}$，$\alpha=0.0115$ $400\mathrm{m}<\sum L<1000\mathrm{m}$，$\alpha=0.003833+3.067/\sum L$ $\sum L \geqslant 1000\mathrm{m}$，$\alpha=0.0069$	

空调冷（热）水系统计算公式及计算参数与《公建节能》相一致，详见"扩展 3-11 循环水泵输热比"。

扩展 5-5 《通风与空调工程施工质量验收规范》GB 50243—2016 总结

1. 风管系统工作压力等级变化——新增"微压等级"

2016 版规范对于风管压力等级由原先的"低压、中压、高压"改为"微压、低压、中压、高压"。同时对各压力等级风管系统提出不同的密封要求（第 4.1.4 条），见扩展表 5-9。注意正压和负压范围并非完全对称。

风管类别　　　　　　　　　　**扩展表 5-9**

类别	风管系统工作压力 P（Pa）		密封要求
	管内正压	管内负压	
微压	$P \leqslant 125$	$P \geqslant -125$	接缝及接管连接处应严密
低压	$125<P \leqslant 500$	$-500 \leqslant P<-125$	接缝及接管连接处应严密，密封面宜设在风管的正压侧
中压	$500<P \leqslant 1500$	$-1000 \leqslant P<-500$	接缝及接管连接处应加设密封措施
高压	$1500<P \leqslant 2500$	$-2000 \leqslant P<-1000$	所有的拼接缝及接管连接处，均应采用密封措施

关于漏风量检查可详见第 4.2.1 条，其中对于微压风管，规范规定：风管系统工作压力绝对值不大于 125Pa 的微压风管，在外观和制造工艺检验合格的基础上，不应进行漏风量的验证试验。

强度试验要求发生变化：第 4.2.1-1 条：风管在试验压力保持 5min 及以上时，接缝处应无开裂，整体结构应无永久性的变形及损伤。试验压力与 2004 版不同，低压风管试验压力为 1.5 倍工作压力；中压风管应为 1.2 倍的工作压力，且不低于 750Pa；高压风管应为 1.2 倍的工作压力。

笔记区

2. 钢板风管板材厚度

钢板风管板材厚度发生改变（第 4.2.3 条），此处《通风与空调工程施工规范》GB 50738—2011 与《通风与空调工程施工质量验收规范》GB 50243—2002 一致，考试以及实际工程中应按照《通风与空调工程施工质量验收规范》GB 50243—2016 实施。

对于镀锌钢板镀锌层提出要求。"镀锌钢板的镀锌层厚度应负荷设计或合同的规定，当设计无规定时，不应采用低于 $80g/m^2$ 板材"。

3. 限制了金属矩形薄钢板法兰风管的使用口径

按规范第 4.3.1-2（2）条要求，薄钢板法兰弹簧夹连接风管，边长不宜大于 1500mm。对于法兰采取相应的加固措施时，风管变长不得大于 2000m [相应加固措施：1) 在薄矩形薄钢板法兰翻边的近处加支撑，2) 风管法兰四角部位采取斜 45°内支撑加固]。条文说明指出，薄钢板法兰风管不得用于高压风管。

4. 对多台水泵出口支管接入总管形式作出要求

第 9.2.2-2 条，并联水泵的出口管道进入总管应采用顺水流斜向插接的连接形式，夹角不应大于 60°。

扩展 5-6　设备安装总结

（1）机械式热量表流量传感器安装位置（超声波式无此限制）（见扩展图 5-2）

扩展图 5-2　机械式流量表流量传感器安装位置示意图

（2）风管测定孔设置要求（《民规》第 6.6.12 条条文说明）

1) 与前局部配件间距离保持大于或等于 4D，与后局部配件保持 1.5D。

2) 与通风机进口保持 1.5 倍进口当量直径，与通风机出口保持 2 倍出口当量直径。

（3）漏风量测量（《通风空调工程施工质量验收规范》GB 50243—2006 第 C.2.6 条），见扩展图 5-3 和扩展图 5-4。

扩展图 5-3　正压风管式漏风量测量

扩展图 5-4 负压风管式漏风量测量

笔记区

第6部分　各章节思维导图

供暖及通风部分思维导图·仅供回想梳理使用

空调及制冷部分思维导图·仅供回想梳理使用

附录 6 湿空气焓湿表 ①

大气压＝101325Pa

干球温度＝−20.0℃　P_{qb}＝103.26Pa

相对湿度	2%	4%	6%	8%	10%	12%	14%	16%	18%	20%	22%	24%	26%	28%	30%	32%	34%	36%	38%	40%	42%	44%	46%	48%	50%
含湿量(g/kg)	0.01	0.03	0.04	0.05	0.06	0.08	0.09	0.10	0.11	0.13	0.14	0.15	0.16	0.18	0.19	0.20	0.22	0.23	0.24	0.25	0.27	0.28	0.29	0.30	0.32
焓(kJ/kg)	−20.17	−20.14	−20.11	−20.08	−20.04	−20.01	−19.98	−19.95	−19.92	−19.89	−19.86	−19.83	−19.79	−19.76	−19.73	−19.70	−19.67	−19.64	−19.61	−19.58	−19.54	−19.51	−19.48	−19.45	−19.42
露点温度(℃)	−55.11	−49.62	−46.27	−43.84	−41.91	−40.32	−38.95	−37.75	−36.69	−35.73	−34.85	−34.04	−33.30	−32.60	−31.95	−31.34	−30.76	−30.22	−29.70	−29.20	−28.73	−28.27	−27.84	−27.42	−27.02
湿球温度(℃)	−21.37	−21.34	−21.31	−21.29	−21.26	−21.23	−21.20	−21.17	−21.15	−21.12	−21.09	−21.06	−21.03	−21.01	−20.98	−20.95	−20.92	−20.89	−20.86	−20.84	−20.81	−20.78	−20.75	−20.72	−20.70

相对湿度	52%	54%	56%	58%	60%	62%	64%	66%	68%	70%	72%	74%	76%	78%	80%	82%	84%	86%	88%	90%	92%	94%	96%	98%	100%
含湿量(g/kg)	0.33	0.34	0.36	0.37	0.38	0.39	0.41	0.42	0.43	0.44	0.46	0.47	0.48	0.49	0.51	0.52	0.53	0.55	0.56	0.57	0.58	0.60	0.61	0.62	0.63
焓(kJ/kg)	−19.39	−19.36	−19.33	−19.29	−19.26	−19.23	−19.20	−19.17	−19.14	−19.11	−19.07	−19.04	−19.01	−18.98	−18.95	−18.92	−18.89	−18.86	−18.82	−18.79	−18.76	−18.73	−18.70	−18.67	−18.64
露点温度(℃)	−26.63	−26.26	−25.90	−25.55	−25.21	−24.88	−24.57	−24.26	−23.96	−23.66	−23.38	−23.10	−22.83	−22.56	−22.30	−22.05	−21.80	−21.56	−21.33	−21.09	−20.87	−20.64	−20.42	−20.21	−20.00
湿球温度(℃)	−20.67	−20.64	−20.61	−20.58	−20.56	−20.53	−20.50	−20.47	−20.45	−20.42	−20.39	−20.36	−20.33	−20.31	−20.28	−20.25	−20.22	−20.19	−20.17	−20.14	−20.11	−20.08	−20.06	−20.03	−20.00

干球温度＝−19.5℃　P_{qb}＝108.33Pa

相对湿度	2%	4%	6%	8%	10%	12%	14%	16%	18%	20%	22%	24%	26%	28%	30%	32%	34%	36%	38%	40%	42%	44%	46%	48%	50%
含湿量(g/kg)	0.01	0.03	0.04	0.05	0.07	0.08	0.09	0.11	0.12	0.13	0.15	0.16	0.17	0.19	0.20	0.21	0.23	0.24	0.25	0.27	0.28	0.29	0.31	0.32	0.33
焓(kJ/kg)	−19.66	−19.63	−19.60	−19.56	−19.53	−19.50	−19.47	−19.43	−19.40	−19.37	−19.33	−19.30	−19.27	−19.24	−19.20	−19.17	−19.14	−19.10	−19.07	−19.04	−19.01	−18.97	−18.94	−18.91	−18.88
露点温度(℃)	−54.74	−49.23	−45.87	−43.43	−41.50	−39.89	−38.52	−37.32	−36.25	−35.29	−34.41	−33.60	−32.85	−32.15	−31.50	−30.88	−30.30	−29.75	−29.23	−28.74	−28.26	−27.81	−27.37	−26.95	−26.55
湿球温度(℃)	−20.93	−20.90	−20.87	−20.84	−20.81	−20.78	−20.75	−20.72	−20.70	−20.67	−20.64	−20.61	−20.58	−20.55	−20.52	−20.49	−20.46	−20.43	−20.40	−20.37	−20.34	−20.31	−20.28	−20.26	−20.23

相对湿度	52%	54%	56%	58%	60%	62%	64%	66%	68%	70%	72%	74%	76%	78%	80%	82%	84%	86%	88%	90%	92%	94%	96%	98%	100%
含湿量(g/kg)	0.35	0.36	0.37	0.39	0.40	0.41	0.43	0.44	0.45	0.47	0.48	0.49	0.51	0.52	0.53	0.55	0.56	0.57	0.59	0.60	0.61	0.63	0.64	0.65	0.67
焓(kJ/kg)	−18.84	−18.81	−18.78	−18.74	−18.71	−18.68	−18.65	−18.61	−18.58	−18.55	−18.51	−18.48	−18.45	−18.42	−18.38	−18.35	−18.32	−18.28	−18.25	−18.22	−18.19	−18.15	−18.12	−18.09	−18.05
露点温度(℃)	−26.16	−25.79	−25.42	−25.07	−24.73	−24.40	−24.08	−23.77	−23.47	−23.18	−22.89	−22.61	−22.34	−22.07	−21.81	−21.56	−21.31	−21.07	−20.83	−20.60	−20.37	−20.15	−19.93	−19.71	−19.50
湿球温度(℃)	−20.20	−20.17	−20.14	−20.11	−20.08	−20.05	−20.02	−19.99	−19.96	−19.94	−19.91	−19.88	−19.85	−19.82	−19.79	−19.76	−19.73	−19.70	−19.67	−19.64	−19.62	−19.59	−19.56	−19.53	−19.50

干球温度＝−19.0℃　P_{qb}＝113.62Pa

相对湿度	2%	4%	6%	8%	10%	12%	14%	16%	18%	20%	22%	24%	26%	28%	30%	32%	34%	36%	38%	40%	42%	44%	46%	48%	50%
含湿量(g/kg)	0.01	0.03	0.04	0.06	0.07	0.08	0.10	0.11	0.13	0.14	0.15	0.17	0.18	0.20	0.21	0.22	0.24	0.25	0.27	0.28	0.29	0.31	0.32	0.33	0.35
焓(kJ/kg)	−19.16	−19.12	−19.09	−19.05	−19.02	−18.98	−18.95	−18.91	−18.88	−18.85	−18.81	−18.78	−18.74	−18.71	−18.67	−18.64	−18.61	−18.57	−18.54	−18.50	−18.47	−18.43	−18.40	−18.36	−18.33
露点温度(℃)	−54.37	−48.84	−45.47	−43.02	−41.08	−39.47	−38.10	−36.89	−35.82	−34.85	−33.96	−33.15	−32.40	−31.70	−31.04	−30.43	−29.85	−29.29	−28.77	−28.27	−27.80	−27.34	−26.90	−26.48	−26.08
湿球温度(℃)	−20.49	−20.46	−20.43	−20.40	−20.37	−20.34	−20.31	−20.28	−20.25	−20.22	−20.18	−20.15	−20.12	−20.09	−20.06	−20.03	−20.00	−19.97	−19.94	−19.91	−19.88	−19.85	−19.82	−19.79	−19.76

相对湿度	52%	54%	56%	58%	60%	62%	64%	66%	68%	70%	72%	74%	76%	78%	80%	82%	84%	86%	88%	90%	92%	94%	96%	98%	100%
含湿量(g/kg)	0.36	0.38	0.39	0.40	0.42	0.43	0.45	0.46	0.47	0.49	0.50	0.52	0.53	0.54	0.56	0.57	0.59	0.60	0.61	0.63	0.64	0.66	0.67	0.68	0.70
焓(kJ/kg)	−18.30	−18.26	−18.23	−18.19	−18.16	−18.12	−18.09	−18.05	−18.02	−17.99	−17.95	−17.92	−17.88	−17.85	−17.81	−17.78	−17.74	−17.71	−17.68	−17.64	−17.61	−17.57	−17.54	−17.50	−17.47
露点温度(℃)	−25.69	−25.31	−24.95	−24.59	−24.25	−23.92	−23.60	−23.29	−22.99	−22.69	−22.40	−22.12	−21.85	−21.58	−21.32	−21.07	−20.82	−20.57	−20.34	−20.10	−19.87	−19.65	−19.43	−19.21	−19.00
湿球温度(℃)	−19.73	−19.70	−19.67	−19.64	−19.61	−19.57	−19.54	−19.51	−19.48	−19.45	−19.42	−19.39	−19.36	−19.33	−19.30	−19.27	−19.24	−19.21	−19.18	−19.15	−19.12	−19.09	−19.06	−19.03	−19.00

① 本焓湿表为本书编委杨英明所创，并独家授权本书收录。

干球温度(℃)	相对湿度	50%	48%	46%	44%	42%	40%	38%	36%	34%	32%	30%	28%	26%	24%	22%	20%	18%	16%	14%	12%	10%	8%	6%	4%	2%
−18.5	含湿量(g/kg)	0.37	0.35	0.34	0.32	0.31	0.29	0.28	0.26	0.25	0.23	0.22	0.20	0.19	0.18	0.16	0.15	0.13	0.12	0.10	0.09	0.07	0.06	0.04	0.03	0.01
	焓(kJ/kg)	−17.78	−17.82	−17.85	−17.89	−17.93	−17.96	−18.00	−18.04	−18.07	−18.11	−18.14	−18.18	−18.22	−18.25	−18.29	−18.32	−18.36	−18.40	−18.43	−18.47	−18.50	−18.54	−18.58	−18.61	−18.65
	露点温度(℃)	−25.60	−26.01	−26.43	−26.87	−27.33	−27.81	−28.31	−28.83	−29.39	−29.97	−30.59	−31.25	−31.95	−32.71	−33.52	−34.41	−35.38	−36.46	−37.67	−39.05	−40.66	−42.61	−45.07	−48.45	−54.00
	湿球温度(℃)	−19.29	−19.32	−19.35	−19.38	−19.42	−19.45	−19.48	−19.51	−19.54	−19.58	−19.61	−19.64	−19.67	−19.70	−19.73	−19.77	−19.80	−19.83	−19.86	−19.89	−19.93	−19.96	−19.99	−20.02	−20.05
	相对湿度	100%	98%	96%	94%	92%	90%	88%	86%	84%	82%	80%	78%	76%	74%	72%	70%	68%	66%	64%	62%	60%	58%	56%	54%	52%
	含湿量(g/kg)	0.73	0.72	0.70	0.69	0.67	0.66	0.64	0.63	0.61	0.60	0.59	0.57	0.56	0.54	0.53	0.51	0.50	0.48	0.47	0.45	0.44	0.42	0.41	0.40	0.38
	焓(kJ/kg)	−16.88	−16.92	−16.95	−16.99	−17.02	−17.06	−17.10	−17.13	−17.17	−17.20	−17.24	−17.28	−17.31	−17.35	−17.39	−17.42	−17.46	−17.49	−17.53	−17.57	−17.60	−17.64	−17.67	−17.71	−17.75
	露点温度(℃)	−18.50	−18.71	−18.93	−19.15	−19.38	−19.61	−19.84	−20.08	−20.33	−20.58	−20.83	−21.09	−21.36	−21.64	−21.92	−22.21	−22.50	−22.81	−23.12	−23.44	−23.77	−24.12	−24.47	−24.84	−25.21
$P_{qb}=119.15\text{Pa}$	湿球温度(℃)	−18.50	−18.53	−18.56	−18.59	−18.63	−18.66	−18.69	−18.72	−18.75	−18.78	−18.81	−18.85	−18.88	−18.91	−18.94	−18.97	−19.00	−19.04	−19.07	−19.10	−19.13	−19.16	−19.19	−19.23	−19.26
−18.0	相对湿度	50%	48%	46%	44%	42%	40%	38%	36%	34%	32%	30%	28%	26%	24%	22%	20%	18%	16%	14%	12%	10%	8%	6%	4%	2%
	含湿量(g/kg)	0.38	0.37	0.35	0.34	0.32	0.31	0.29	0.28	0.26	0.25	0.23	0.21	0.20	0.18	0.17	0.15	0.14	0.12	0.11	0.09	0.08	0.06	0.05	0.03	0.02
	焓(kJ/kg)	−17.23	−17.27	−17.31	−17.35	−17.39	−17.42	−17.46	−17.50	−17.54	−17.57	−17.61	−17.65	−17.69	−17.73	−17.76	−17.80	−17.84	−17.88	−17.92	−17.95	−17.99	−18.03	−18.07	−18.10	−18.14
	露点温度(℃)	−25.13	−25.54	−25.96	−26.40	−26.86	−27.34	−27.85	−28.37	−28.93	−29.52	−30.14	−30.80	−31.50	−32.26	−33.08	−33.97	−34.94	−36.03	−37.24	−38.63	−40.25	−42.20	−44.67	−48.06	−53.63
	湿球温度(℃)	−18.82	−18.86	−18.89	−18.92	−18.95	−18.99	−19.02	−19.05	−19.09	−19.12	−19.15	−19.19	−19.22	−19.25	−19.29	−19.32	−19.35	−19.39	−19.42	−19.45	−19.49	−19.52	−19.55	−19.59	−19.62
	相对湿度	100%	98%	96%	94%	92%	90%	88%	86%	84%	82%	80%	78%	76%	74%	72%	70%	68%	66%	64%	62%	60%	58%	56%	54%	52%
	含湿量(g/kg)	0.77	0.75	0.74	0.72	0.71	0.69	0.68	0.66	0.64	0.63	0.61	0.60	0.58	0.57	0.55	0.54	0.52	0.51	0.49	0.48	0.46	0.45	0.43	0.41	0.40
	焓(kJ/kg)	−16.29	−16.32	−16.36	−16.40	−16.44	−16.48	−16.51	−16.55	−16.59	−16.63	−16.67	−16.70	−16.74	−16.78	−16.82	−16.85	−16.89	−16.93	−16.97	−17.01	−17.04	−17.08	−17.12	−17.16	−17.20
	露点温度(℃)	−18.00	−18.21	−18.43	−18.65	−18.88	−19.11	−19.35	−19.59	−19.83	−20.08	−20.34	−20.60	−20.87	−21.15	−21.43	−21.72	−22.02	−22.32	−22.64	−22.96	−23.29	−23.64	−23.99	−24.36	−24.74
$P_{qb}=124.92\text{Pa}$	湿球温度(℃)	−18.00	−18.03	−18.07	−18.10	−18.13	−18.16	−18.20	−18.23	−18.26	−18.29	−18.33	−18.36	−18.39	−18.43	−18.46	−18.49	−18.52	−18.56	−18.59	−18.62	−18.66	−18.69	−18.72	−18.76	−18.79
−17.5	相对湿度	50%	48%	46%	44%	42%	40%	38%	36%	34%	32%	30%	28%	26%	24%	22%	20%	18%	16%	14%	12%	10%	8%	6%	4%	2%
	含湿量(g/kg)	0.40	0.39	0.37	0.35	0.34	0.32	0.31	0.29	0.27	0.26	0.24	0.23	0.21	0.19	0.18	0.16	0.14	0.13	0.11	0.10	0.08	0.06	0.05	0.03	0.02
	焓(kJ/kg)	−16.68	−16.72	−16.76	−16.80	−16.84	−16.88	−16.92	−16.96	−17.00	−17.04	−17.08	−17.12	−17.16	−17.20	−17.24	−17.28	−17.32	−17.36	−17.40	−17.44	−17.48	−17.52	−17.56	−17.60	−17.64
	露点温度(℃)	−24.66	−25.07	−25.49	−25.94	−26.40	−26.88	−27.38	−27.91	−28.47	−29.06	−29.68	−30.35	−31.06	−31.82	−32.64	−33.53	−34.51	−35.59	−36.81	−38.20	−39.83	−41.79	−44.27	−47.67	−53.26
	湿球温度(℃)	−18.36	−18.39	−18.42	−18.46	−18.49	−18.53	−18.56	−18.60	−18.63	−18.67	−18.70	−18.74	−18.77	−18.81	−18.84	−18.87	−18.91	−18.94	−18.98	−19.01	−19.05	−19.08	−19.12	−19.15	−19.19
	相对湿度	100%	98%	96%	94%	92%	90%	88%	86%	84%	82%	80%	78%	76%	74%	72%	70%	68%	66%	64%	62%	60%	58%	56%	54%	52%
	含湿量(g/kg)	0.80	0.79	0.77	0.76	0.74	0.72	0.71	0.69	0.68	0.66	0.64	0.63	0.61	0.60	0.58	0.56	0.55	0.53	0.51	0.50	0.48	0.47	0.45	0.43	0.42
	焓(kJ/kg)	−15.69	−15.73	−15.77	−15.81	−15.85	−15.89	−15.93	−15.97	−16.01	−16.05	−16.09	−16.13	−16.17	−16.21	−16.25	−16.29	−16.32	−16.36	−16.40	−16.44	−16.48	−16.52	−16.56	−6.60	−16.64
	露点温度(℃)	−17.50	−17.71	−17.93	−18.16	−18.38	−18.61	−18.85	−19.09	−19.34	−19.59	−19.85	−20.11	−20.38	−20.66	−20.94	−21.24	−21.53	−21.84	−22.16	−22.48	−22.82	−23.16	−23.52	−23.88	−24.27
$P_{qb}=130.95\text{Pa}$	湿球温度(℃)	−17.50	−17.53	−17.57	−17.60	−17.64	−17.67	−17.70	−17.74	−17.77	−17.81	−17.84	−17.88	−17.91	−17.94	−17.98	−18.01	−18.05	−18.08	−18.12	−18.15	−18.18	−18.22	−18.25	−18.29	−18.32

续表

干球温度(℃)	相对湿度	2%	4%	6%	8%	10%	12%	14%	16%	18%	20%	22%	24%	26%	28%	30%	32%	34%	36%	38%	40%	42%	44%	46%	48%	50%
-17.0	含湿量(g/kg)	0.02	0.03	0.05	0.07	0.08	0.10	0.12	0.13	0.15	0.17	0.19	0.20	0.22	0.24	0.25	0.27	0.29	0.30	0.32	0.34	0.35	0.37	0.39	0.40	0.42
	焓(kJ/kg)	-17.13	-17.09	-17.00	-17.05	-16.96	-16.92	-16.88	-16.84	-16.80	-16.75	-16.71	-16.67	-16.63	-16.59	-16.55	-16.50	-16.46	-16.42	-16.38	-16.34	-16.30	-16.25	-16.21	-16.17	-16.13
	露点温度(℃)	-52.89	-47.28	-43.86	-41.38	-39.41	-37.78	-36.39	-35.16	-34.07	-33.09	-32.19	-31.37	-30.61	-29.90	-29.23	-28.60	-28.01	-27.45	-26.92	-26.42	-25.93	-25.47	-25.02	-24.60	-24.19
	湿球温度(℃)	-18.76	-18.72	-18.68	-18.65	-18.61	-18.58	-18.54	-18.50	-18.47	-18.43	-18.39	-18.36	-18.32	-18.29	-18.25	-18.21	-18.18	-18.14	-18.11	-18.07	-18.03	-18.00	-17.96	-17.93	-17.89
	相对湿度	52%	54%	56%	58%	60%	62%	64%	66%	68%	70%	72%	74%	76%	78%	80%	82%	84%	86%	88%	90%	92%	94%	96%	98%	100%
	含湿量(g/kg)	0.44	0.46	0.47	0.49	0.51	0.52	0.54	0.56	0.57	0.59	0.61	0.62	0.64	0.66	0.67	0.69	0.71	0.73	0.74	0.76	0.78	0.79	0.81	0.83	0.84
	焓(kJ/kg)	-16.09	-16.05	-16.00	-15.96	-15.92	-15.88	-15.84	-15.80	-15.75	-15.71	-15.67	-15.63	-15.59	-15.55	-15.50	-15.46	-15.42	-15.38	-15.34	-15.30	-15.25	-15.21	-15.17	-15.13	-15.09
	露点温度(℃)	-23.79	-23.41	-23.04	-22.68	-22.34	-22.00	-21.67	-21.36	-21.05	-20.75	-20.46	-20.17	-19.89	-19.62	-19.36	-19.10	-18.85	-18.60	-18.36	-18.12	-17.89	-17.66	-17.43	-17.22	-17.00
$P_{qb}=137.25Pa$	湿球温度(℃)	-17.85	-17.82	-17.78	-17.75	-17.71	-17.68	-17.64	-17.60	-17.57	-17.53	-17.50	-17.46	-17.43	-17.39	-17.35	-17.32	-17.28	-17.25	-17.21	-17.18	-17.14	-17.11	-17.07	-17.04	-17.00
干球温度(℃)	相对湿度	2%	4%	6%	8%	10%	12%	14%	16%	18%	20%	22%	24%	26%	28%	30%	32%	34%	36%	38%	40%	42%	44%	46%	48%	50%
-16.5	含湿量(g/kg)	0.02	0.04	0.05	0.07	0.09	0.11	0.12	0.14	0.16	0.18	0.19	0.21	0.23	0.25	0.26	0.28	0.30	0.32	0.34	0.35	0.37	0.39	0.41	0.42	0.44
	焓(kJ/kg)	-16.62	-16.58	-16.53	-16.49	-16.45	-16.40	-16.36	-16.32	-16.27	-16.23	-16.19	-16.14	-16.10	-16.05	-16.01	-15.97	-15.92	-15.88	-15.84	-15.79	-15.75	-15.71	-15.66	-15.62	-15.57
	露点温度(℃)	-52.52	-46.89	-43.46	-40.97	-39.00	-37.36	-35.96	-34.73	-33.64	-32.65	-31.75	-30.92	-30.16	-29.45	-28.78	-28.15	-27.56	-26.99	-26.46	-25.95	-25.47	-25.00	-24.56	-24.13	-23.72
	湿球温度(℃)	-18.33	-18.29	-18.25	-18.22	-18.18	-18.14	-18.10	-18.06	-18.03	-17.99	-17.95	-17.91	-17.88	-17.84	-17.80	-17.76	-17.73	-17.69	-17.65	-17.61	-17.58	-17.54	-17.50	-17.46	-17.43
	相对湿度	52%	54%	56%	58%	60%	62%	64%	66%	68%	70%	72%	74%	76%	78%	80%	82%	84%	86%	88%	90%	92%	94%	96%	98%	100%
	含湿量(g/kg)	0.46	0.48	0.49	0.51	0.53	0.55	0.57	0.58	0.60	0.62	0.64	0.65	0.67	0.69	0.71	0.72	0.74	0.76	0.78	0.80	0.81	0.83	0.85	0.87	0.88
	焓(kJ/kg)	-15.53	-15.49	-15.44	-15.40	-15.36	-15.31	-15.27	-15.22	-15.18	-15.14	-15.09	-15.05	-15.01	-14.96	-14.92	-14.88	-14.83	-14.79	-14.74	-14.70	-14.66	-14.61	-14.57	-14.53	-14.48
	露点温度(℃)	-23.32	-22.93	-22.56	-22.20	-21.86	-21.52	-21.19	-20.87	-20.57	-20.26	-19.97	-19.69	-19.41	-19.13	-18.87	-18.61	-18.35	-18.11	-17.86	-17.62	-17.39	-17.16	-16.94	-16.72	-16.50
$P_{qb}=143.82Pa$	湿球温度(℃)	-17.39	-17.35	-17.31	-17.28	-17.24	-17.20	-17.17	-17.13	-17.09	-17.05	-17.02	-16.98	-16.94	-16.91	-16.87	-16.83	-16.80	-16.76	-16.72	-16.68	-16.65	-16.61	-16.57	-16.54	-16.50
干球温度(℃)	相对湿度	2%	4%	6%	8%	10%	12%	14%	16%	18%	20%	22%	24%	26%	28%	30%	32%	34%	36%	38%	40%	42%	44%	46%	48%	50%
-16.0	含湿量(g/kg)	0.02	0.04	0.06	0.07	0.09	0.11	0.13	0.15	0.17	0.19	0.20	0.22	0.24	0.26	0.28	0.30	0.31	0.33	0.35	0.37	0.39	0.41	0.43	0.44	0.46
	焓(kJ/kg)	-16.11	-16.07	-16.02	-15.98	-15.93	-15.89	-15.84	-15.79	-15.75	-15.70	-15.66	-15.61	-15.57	-15.52	-15.47	-15.43	-15.38	-15.34	-15.29	-15.25	-15.20	-15.15	-15.11	-15.06	-15.02
	露点温度(℃)	-52.15	-46.50	-43.06	-40.56	-38.58	-36.94	-35.53	-34.30	-33.20	-32.21	-31.31	-30.48	-29.71	-28.99	-28.32	-27.69	-27.10	-26.53	-26.00	-25.49	-25.00	-24.53	-24.09	-23.66	-23.24
	湿球温度(℃)	-17.90	-17.86	-17.82	-17.79	-17.75	-17.71	-17.67	-17.63	-17.59	-17.55	-17.51	-17.47	-17.43	-17.39	-17.35	-17.31	-17.28	-17.24	-17.20	-17.16	-17.12	-17.08	-17.04	-17.00	-16.96
	相对湿度	52%	54%	56%	58%	60%	62%	64%	66%	68%	70%	72%	74%	76%	78%	80%	82%	84%	86%	88%	90%	92%	94%	96%	98%	100%
	含湿量(g/kg)	0.48	0.50	0.52	0.54	0.56	0.57	0.59	0.61	0.63	0.65	0.67	0.69	0.70	0.72	0.74	0.76	0.78	0.80	0.82	0.83	0.85	0.87	0.89	0.91	0.93
	焓(kJ/kg)	-14.97	-14.93	-14.88	-14.83	-14.79	-14.74	-14.70	-14.65	-14.60	-14.56	-14.51	-14.47	-14.42	-14.38	-14.33	-14.28	-14.24	-14.19	-14.15	-14.10	-14.05	-14.01	-13.96	-13.92	-13.87
	露点温度(℃)	-22.84	-22.46	-22.09	-21.73	-21.38	-21.04	-20.71	-20.39	-20.08	-19.78	-19.48	-19.20	-18.92	-18.64	-18.38	-18.12	-17.86	-17.61	-17.37	-17.13	-16.89	-16.66	-16.44	-16.22	-16.00
$P_{qb}=150.68Pa$	湿球温度(℃)	-16.93	-16.89	-16.85	-16.81	-16.77	-16.73	-16.69	-16.65	-16.62	-16.58	-16.54	-16.50	-16.46	-16.42	-16.38	-16.35	-16.31	-16.27	-16.23	-16.19	-16.15	-16.11	-16.08	-16.04	-16.00

干球温度 -15.5℃ ($P_{qb}=157.83$Pa)

相对湿度	2%	4%	6%	8%	10%	12%	14%	16%	18%	20%	22%	24%	26%	28%	30%	32%	34%	36%	38%	40%	42%	44%	46%	48%	50%
含湿量(g/kg)	0.02	0.04	0.06	0.08	0.10	0.12	0.14	0.16	0.17	0.19	0.21	0.23	0.25	0.27	0.29	0.31	0.33	0.35	0.37	0.39	0.41	0.43	0.45	0.47	0.48
焓(kJ/kg)	-15.61	-15.56	-15.51	-15.46	-15.42	-15.37	-15.32	-15.27	-15.22	-15.18	-15.13	-15.08	-15.03	-14.98	-14.94	-14.89	-14.84	-14.79	-14.74	-14.70	-14.65	-14.60	-14.55	-14.50	-14.46
露点温度(℃)	-51.78	-46.11	-42.66	-40.15	-38.17	-36.52	-35.11	-33.87	-32.77	-31.77	-30.87	-30.03	-29.26	-28.54	-27.87	-27.24	-26.64	-26.07	-25.54	-25.02	-24.54	-24.07	-23.62	-23.19	-22.77
湿球温度(℃)	-17.48	-17.44	-17.40	-17.36	-17.32	-17.28	-17.23	-17.19	-17.15	-17.11	-17.07	-17.03	-16.99	-16.95	-16.91	-16.87	-16.83	-16.79	-16.75	-16.70	-16.66	-16.62	-16.58	-16.54	-16.50
相对湿度	52%	54%	56%	58%	60%	62%	64%	66%	68%	70%	72%	74%	76%	78%	80%	82%	84%	86%	88%	90%	92%	94%	96%	98%	100%
含湿量(g/kg)	0.50	0.52	0.54	0.56	0.58	0.60	0.62	0.64	0.66	0.68	0.70	0.72	0.74	0.76	0.78	0.80	0.81	0.83	0.85	0.87	0.89	0.91	0.93	0.95	0.97
焓(kJ/kg)	-14.41	-14.36	-14.31	-14.26	-14.22	-14.17	-14.12	-14.07	-14.02	-13.98	-13.93	-13.88	-13.83	-13.78	-13.74	-13.69	-13.64	-13.59	-13.54	-13.50	-13.45	-13.40	-13.35	-13.30	-13.26
露点温度(℃)	-22.37	-21.98	-21.61	-21.25	-20.90	-20.56	-20.23	-19.91	-19.60	-19.29	-19.00	-18.71	-18.43	-18.15	-17.89	-17.62	-17.37	-17.12	-16.87	-16.63	-16.40	-16.17	-15.94	-15.72	-15.50
湿球温度(℃)	-16.46	-16.42	-16.38	-16.34	-16.30	-16.26	-16.22	-16.18	-16.14	-16.10	-16.06	-16.02	-15.98	-15.94	-15.90	-15.86	-15.82	-15.78	-15.74	-15.70	-15.66	-15.62	-15.58	-15.54	-15.50

干球温度 -15.0℃ ($P_{qb}=165.30$Pa)

相对湿度	2%	4%	6%	8%	10%	12%	14%	16%	18%	20%	22%	24%	26%	28%	30%	32%	34%	36%	38%	40%	42%	44%	46%	48%	50%
含湿量(g/kg)	0.02	0.04	0.06	0.08	0.10	0.12	0.14	0.16	0.18	0.20	0.22	0.24	0.26	0.28	0.30	0.32	0.35	0.37	0.39	0.41	0.43	0.45	0.47	0.49	0.51
焓(kJ/kg)	-15.10	-15.05	-15.00	-14.95	-14.90	-14.85	-14.80	-14.75	-14.70	-14.65	-14.60	-14.55	-14.50	-14.45	-14.40	-14.35	-14.30	-14.25	-14.20	-14.15	-14.10	-14.05	-14.00	-13.94	-13.89
露点温度(℃)	-51.41	-45.73	-42.26	-39.74	-37.75	-36.10	-34.68	-33.44	-32.33	-31.34	-30.43	-29.59	-28.81	-28.09	-27.42	-26.78	-26.18	-25.62	-25.08	-24.56	-24.07	-23.60	-23.15	-22.72	-22.30
湿球温度(℃)	-17.06	-17.02	-16.97	-16.93	-16.89	-16.85	-16.80	-16.76	-16.72	-16.68	-16.63	-16.59	-16.55	-16.51	-16.46	-16.42	-16.38	-16.34	-16.29	-16.25	-16.21	-16.17	-16.13	-16.08	-16.04
相对湿度	52%	54%	56%	58%	60%	62%	64%	66%	68%	70%	72%	74%	76%	78%	80%	82%	84%	86%	88%	90%	92%	94%	96%	98%	100%
含湿量(g/kg)	0.53	0.55	0.57	0.59	0.61	0.63	0.65	0.67	0.69	0.71	0.73	0.75	0.77	0.79	0.81	0.83	0.85	0.87	0.89	0.91	0.93	0.96	0.98	1.00	1.02
焓(kJ/kg)	-13.84	-13.79	-13.74	-13.69	-13.64	-13.59	-13.54	-13.49	-13.44	-13.39	-13.34	-13.29	-13.24	-13.19	-13.14	-13.09	-13.04	-12.99	-12.94	-12.89	-12.84	-12.79	-12.74	-12.69	-12.64
露点温度(℃)	-21.90	-21.51	-21.13	-20.77	-20.42	-20.08	-19.75	-19.43	-19.11	-18.81	-18.51	-18.22	-17.94	-17.66	-17.40	-17.13	-16.88	-16.62	-16.38	-16.14	-15.90	-15.67	-15.44	-15.22	-15.00
湿球温度(℃)	-16.00	-15.96	-15.92	-15.87	-15.83	-15.79	-15.75	-15.71	-15.66	-15.62	-15.58	-15.54	-15.50	-15.46	-15.41	-15.37	-15.33	-15.29	-15.25	-15.21	-15.17	-15.12	-15.08	-15.04	-15.00

干球温度 -14.5℃ ($P_{qb}=173.09$Pa)

相对湿度	2%	4%	6%	8%	10%	12%	14%	16%	18%	20%	22%	24%	26%	28%	30%	32%	34%	36%	38%	40%	42%	44%	46%	48%	50%
含湿量(g/kg)	0.02	0.04	0.06	0.09	0.11	0.13	0.15	0.17	0.19	0.21	0.23	0.26	0.28	0.30	0.32	0.34	0.36	0.38	0.40	0.43	0.45	0.47	0.49	0.51	0.53
焓(kJ/kg)	-14.59	-14.54	-14.49	-14.43	-14.38	-14.33	-14.28	-14.22	-14.17	-14.12	-14.07	-14.01	-13.96	-13.91	-13.86	-13.80	-13.75	-13.70	-13.65	-13.59	-13.54	-13.49	-13.44	-13.38	-13.33
露点温度(℃)	-51.04	-45.34	-41.86	-39.33	-37.33	-35.67	-34.25	-33.01	-31.90	-30.90	-29.98	-29.14	-28.37	-27.64	-26.97	-26.33	-25.73	-25.16	-24.61	-24.10	-23.60	-23.13	-22.68	-22.25	-21.83
湿球温度(℃)	-16.64	-16.60	-16.55	-16.51	-16.46	-16.42	-16.37	-16.33	-16.29	-16.24	-16.20	-16.15	-16.11	-16.06	-16.02	-15.98	-15.93	-15.89	-15.84	-15.80	-15.76	-15.71	-15.67	-15.63	-15.58
相对湿度	52%	54%	56%	58%	60%	62%	64%	66%	68%	70%	72%	74%	76%	78%	80%	82%	84%	86%	88%	90%	92%	94%	96%	98%	100%
含湿量(g/kg)	0.55	0.57	0.60	0.62	0.64	0.66	0.68	0.70	0.72	0.74	0.77	0.79	0.81	0.83	0.85	0.87	0.89	0.92	0.94	0.96	0.98	1.00	1.02	1.04	1.06
焓(kJ/kg)	-13.28	-13.22	-13.17	-13.12	-13.07	-13.01	-12.96	-12.91	-12.86	-12.80	-12.75	-12.70	-12.65	-12.59	-12.54	-12.49	-12.43	-12.38	-12.33	-12.28	-12.22	-12.17	-12.12	-12.07	-12.01
露点温度(℃)	-21.42	-21.03	-20.66	-20.29	-19.94	-19.60	-19.27	-18.94	-18.63	-18.32	-18.03	-17.73	-17.45	-17.18	-16.91	-16.64	-16.38	-16.13	-15.88	-15.64	-15.40	-15.17	-14.94	-14.72	-14.50
湿球温度(℃)	-15.54	-15.49	-15.45	-15.41	-15.36	-15.32	-15.28	-15.23	-15.19	-15.15	-15.10	-15.06	-15.02	-14.97	-14.93	-14.89	-14.84	-14.80	-14.76	-14.71	-14.67	-14.63	-14.59	-14.54	-14.50

干球温度(℃) = -14.0（P_{qb}=181.21Pa）

相对湿度	2%	4%	6%	8%	10%	12%	14%	16%	18%	20%	22%	24%	26%	28%	30%	32%	34%	36%	38%	40%	42%	44%	46%	48%	50%
含湿量(g/kg)	0.02	0.04	0.07	0.09	0.11	0.13	0.16	0.18	0.20	0.22	0.24	0.27	0.29	0.31	0.33	0.36	0.38	0.40	0.42	0.45	0.47	0.49	0.51	0.53	0.56
焓(kJ/kg)	-14.08	-14.03	-13.97	-13.92	-13.86	-13.81	-13.75	-13.70	-13.64	-13.59	-13.53	-13.48	-13.42	-13.37	-13.31	-13.26	-13.20	-13.15	-13.09	-13.04	-12.98	-12.93	-12.87	-12.82	-12.76
露点温度(℃)	-50.67	-44.95	-41.46	-38.93	-36.92	-35.25	-33.83	-32.58	-31.46	-30.46	-29.54	-28.70	-27.92	-27.19	-26.51	-25.87	-25.27	-24.70	-24.15	-23.63	-23.14	-22.67	-22.21	-21.77	-21.35
湿球温度(℃)	-16.22	-16.18	-16.13	-16.09	-16.04	-15.99	-15.95	-15.90	-15.85	-15.81	-15.76	-15.72	-15.67	-15.63	-15.58	-15.53	-15.49	-15.44	-15.40	-15.35	-15.31	-15.26	-15.21	-15.17	-15.12

相对湿度	52%	54%	56%	58%	60%	62%	64%	66%	68%	70%	72%	74%	76%	78%	80%	82%	84%	86%	88%	90%	92%	94%	96%	98%	100%
含湿量(g/kg)	0.58	0.60	0.62	0.65	0.67	0.69	0.71	0.74	0.76	0.78	0.80	0.82	0.85	0.87	0.89	0.91	0.94	0.96	0.98	1.00	1.03	1.05	1.07	1.09	1.11
焓(kJ/kg)	-12.71	-12.65	-12.60	-12.54	-12.49	-12.43	-12.38	-12.32	-12.27	-12.21	-12.16	-12.10	-12.05	-11.99	-11.93	-11.88	-11.82	-11.77	-11.71	-11.66	-11.60	-11.55	-11.49	-11.44	-11.38
露点温度(℃)	-20.95	-20.56	-20.18	-19.82	-19.46	-19.12	-18.78	-18.46	-18.14	-17.84	-17.54	-17.25	-16.96	-16.69	-16.41	-16.15	-15.89	-15.64	-15.39	-15.15	-14.91	-14.67	-14.45	-14.22	-14.00
湿球温度(℃)	-15.08	-15.03	-14.99	-14.94	-14.90	-14.85	-14.81	-14.76	-14.72	-14.67	-14.63	-14.58	-14.54	-14.49	-14.45	-14.40	-14.36	-14.31	-14.27	-14.22	-14.18	-14.13	-14.09	-14.04	-14.00

干球温度(℃) = -13.5（P_{qb}=189.69Pa）

相对湿度	2%	4%	6%	8%	10%	12%	14%	16%	18%	20%	22%	24%	26%	28%	30%	32%	34%	36%	38%	40%	42%	44%	46%	48%	50%
含湿量(g/kg)	0.02	0.05	0.07	0.09	0.12	0.14	0.16	0.19	0.21	0.23	0.26	0.28	0.30	0.33	0.35	0.37	0.40	0.42	0.44	0.47	0.49	0.51	0.54	0.56	0.58
焓(kJ/kg)	-13.58	-13.52	-13.46	-13.40	-13.35	-13.29	-13.23	-13.17	-13.12	-13.06	-13.00	-12.94	-12.89	-12.83	-12.77	-12.71	-12.65	-12.60	-12.54	-12.48	-12.42	-12.37	-12.31	-12.25	-12.19
露点温度(℃)	-50.30	-44.56	-41.06	-38.52	-36.50	-34.83	-33.40	-32.15	-31.03	-30.02	-29.10	-28.26	-27.47	-26.74	-26.06	-25.42	-24.81	-24.24	-23.69	-23.17	-22.67	-22.20	-21.74	-21.30	-20.88
湿球温度(℃)	-15.81	-15.76	-15.71	-15.67	-15.62	-15.57	-15.52	-15.47	-15.43	-15.38	-15.33	-15.28	-15.24	-15.19	-15.14	-15.09	-15.05	-15.00	-14.95	-14.90	-14.86	-14.81	-14.76	-14.71	-14.67

相对湿度	52%	54%	56%	58%	60%	62%	64%	66%	68%	70%	72%	74%	76%	78%	80%	82%	84%	86%	88%	90%	92%	94%	96%	98%	100%
含湿量(g/kg)	0.61	0.63	0.65	0.68	0.70	0.72	0.75	0.77	0.79	0.82	0.84	0.86	0.89	0.91	0.93	0.96	0.98	1.00	1.03	1.05	1.07	1.10	1.12	1.14	1.17
焓(kJ/kg)	-12.13	-12.08	-12.02	-11.96	-11.90	-11.85	-11.79	-11.73	-11.67	-11.61	-11.56	-11.50	-11.44	-11.38	-11.33	-11.27	-11.21	-11.15	-11.09	-11.04	-10.98	-10.92	-10.86	-10.81	-10.75
露点温度(℃)	-20.48	-20.08	-19.70	-19.34	-18.98	-18.64	-18.30	-17.98	-17.66	-17.35	-17.05	-16.76	-16.47	-16.20	-15.92	-15.66	-15.40	-15.14	-14.89	-14.65	-14.41	-14.18	-13.95	-13.72	-13.50
湿球温度(℃)	-14.62	-14.57	-14.53	-14.48	-14.43	-14.38	-14.34	-14.29	-14.24	-14.20	-14.15	-14.10	-14.06	-14.01	-13.96	-13.92	-13.87	-13.82	-13.78	-13.73	-13.68	-13.64	-13.59	-13.55	-13.50

干球温度(℃) = -13.0（P_{qb}=198.52Pa）

相对湿度	2%	4%	6%	8%	10%	12%	14%	16%	18%	20%	22%	24%	26%	28%	30%	32%	34%	36%	38%	40%	42%	44%	46%	48%	50%
含湿量(g/kg)	0.02	0.05	0.07	0.10	0.12	0.15	0.17	0.20	0.22	0.24	0.27	0.29	0.32	0.34	0.37	0.39	0.41	0.44	0.46	0.49	0.51	0.54	0.56	0.59	0.61
焓(kJ/kg)	-13.07	-13.01	-12.95	-12.89	-12.83	-12.77	-12.71	-12.65	-12.59	-12.53	-12.47	-12.41	-12.35	-12.28	-12.22	-12.16	-12.10	-12.04	-11.98	-11.92	-11.86	-11.80	-11.74	-11.68	-11.62
露点温度(℃)	-49.94	-44.17	-40.67	-38.11	-36.09	-34.41	-32.97	-31.71	-30.59	-29.58	-28.66	-27.81	-27.02	-26.29	-25.61	-24.96	-24.35	-23.78	-23.23	-22.71	-22.21	-21.73	-21.27	-20.83	-20.41
湿球温度(℃)	-15.40	-15.35	-15.30	-15.25	-15.20	-15.15	-15.10	-15.05	-15.00	-14.95	-14.90	-14.85	-14.80	-14.75	-14.70	-14.65	-14.60	-14.55	-14.51	-14.46	-14.41	-14.36	-14.31	-14.26	-14.21

相对湿度	52%	54%	56%	58%	60%	62%	64%	66%	68%	70%	72%	74%	76%	78%	80%	82%	84%	86%	88%	90%	92%	94%	96%	98%	100%
含湿量(g/kg)	0.63	0.66	0.68	0.71	0.73	0.76	0.78	0.81	0.83	0.85	0.88	0.90	0.93	0.95	0.98	1.00	1.03	1.05	1.07	1.10	1.12	1.15	1.17	1.20	1.22
焓(kJ/kg)	-11.56	-11.50	-11.44	-11.38	-11.32	-11.26	-11.20	-11.14	-11.08	-11.01	-10.95	-10.89	-10.83	-10.77	-10.71	-10.65	-10.59	-10.53	-10.47	-10.41	-10.35	-10.29	-10.23	-10.17	-10.11
露点温度(℃)	-20.00	-19.61	-19.23	-18.86	-18.50	-18.16	-17.82	-17.49	-17.18	-16.87	-16.57	-16.27	-15.99	-15.71	-15.43	-15.17	-14.90	-14.65	-14.40	-14.15	-13.91	-13.68	-13.45	-13.22	-13.00
湿球温度(℃)	-14.16	-14.11	-14.06	-14.01	-13.97	-13.92	-13.87	-13.82	-13.77	-13.72	-13.67	-13.63	-13.58	-13.53	-13.48	-13.43	-13.38	-13.34	-13.29	-13.24	-13.19	-13.14	-13.10	-13.05	-13.00

干球温度(℃)	相对湿度	2%	4%	6%	8%	10%	12%	14%	16%	18%	20%	22%	24%	26%	28%	30%	32%	34%	36%	38%	40%	42%	44%	46%	48%	50%
−12.5	含湿量(g/kg)	0.03	0.05	0.08	0.10	0.13	0.15	0.18	0.20	0.23	0.26	0.28	0.31	0.33	0.36	0.38	0.41	0.43	0.46	0.48	0.51	0.54	0.56	0.59	0.61	0.64
	焓(kJ/kg)	−12.56	−12.50	−12.44	−12.37	−12.31	−12.25	−12.18	−12.12	−12.06	−11.99	−11.93	−11.87	−11.80	−11.74	−11.68	−11.61	−11.55	−11.49	−11.42	−11.36	−11.30	−11.23	−11.17	−11.11	−11.04
	露点温度(℃)	−49.57	−43.79	−40.27	−37.70	−35.67	−33.99	−32.55	−31.28	−30.16	−29.14	−28.22	−27.37	−26.58	−25.84	−25.15	−24.51	−23.90	−23.32	−22.77	−22.24	−21.74	−21.27	−20.81	−20.36	−19.94
	湿球温度(℃)	−14.99	−14.94	−14.89	−14.83	−14.78	−14.73	−14.68	−14.63	−14.58	−14.52	−14.47	−14.42	−14.37	−14.32	−14.27	−14.22	−14.16	−14.11	−14.06	−14.01	−13.96	−13.91	−13.86	−13.81	−13.76

干球温度(℃)	相对湿度	52%	54%	56%	58%	60%	62%	64%	66%	68%	70%	72%	74%	76%	78%	80%	82%	84%	86%	88%	90%	92%	94%	96%	98%	100%
−12.5 (P_{qb}=207.73Pa)	含湿量(g/kg)	0.66	0.69	0.71	0.74	0.77	0.79	0.82	0.84	0.87	0.89	0.92	0.95	0.97	1.00	1.02	1.05	1.07	1.10	1.12	1.15	1.18	1.20	1.23	1.25	1.28
	焓(kJ/kg)	−10.98	−10.92	−10.85	−10.79	−10.73	−10.66	−10.60	−10.54	−10.47	−10.41	−10.35	−10.28	−10.22	−10.16	−10.09	−10.03	−9.97	−9.90	−9.84	−9.78	−9.71	−9.65	−9.59	−9.52	−9.46
	露点温度(℃)	−19.53	−19.13	−18.75	−18.38	−18.02	−17.68	−17.34	−17.01	−16.69	−16.38	−16.08	−15.78	−15.50	−15.22	−14.94	−14.67	−14.41	−14.16	−13.90	−13.66	−13.42	−13.18	−12.95	−12.72	−12.50
	湿球温度(℃)	−13.70	−13.65	−13.60	−13.55	−13.50	−13.45	−13.40	−13.35	−13.30	−13.25	−13.20	−13.15	−13.10	−13.05	−13.00	−12.95	−12.90	−12.85	−12.80	−12.75	−12.70	−12.65	−12.60	−12.55	−12.50

干球温度(℃)	相对湿度	2%	4%	6%	8%	10%	12%	14%	16%	18%	20%	22%	24%	26%	28%	30%	32%	34%	36%	38%	40%	42%	44%	46%	48%	50%
−12.0	含湿量(g/kg)	0.03	0.05	0.08	0.11	0.13	0.16	0.19	0.21	0.24	0.27	0.29	0.32	0.35	0.37	0.40	0.43	0.45	0.48	0.51	0.53	0.56	0.59	0.61	0.64	0.67
	焓(kJ/kg)	−12.05	−11.99	−11.92	−11.86	−11.79	−11.72	−11.66	−11.59	−11.52	−11.46	−11.39	−11.33	−11.26	−11.19	−11.13	−11.06	−11.00	−10.93	−10.86	−10.80	−10.73	−10.66	−10.60	−10.53	−10.47
	露点温度(℃)	−49.20	−43.40	−39.87	−37.29	−35.26	−33.57	−32.12	−30.85	−29.72	−28.71	−27.78	−26.92	−26.13	−25.39	−24.70	−24.05	−23.44	−22.86	−22.31	−21.78	−21.28	−20.80	−20.34	−19.89	−19.47
	湿球温度(℃)	−14.58	−14.53	−14.48	−14.42	−14.37	−14.31	−14.26	−14.21	−14.15	−14.10	−14.05	−13.99	−13.94	−13.89	−13.83	−13.78	−13.73	−13.67	−13.62	−13.57	−13.51	−13.46	−13.41	−13.35	−13.30

干球温度(℃)	相对湿度	52%	54%	56%	58%	60%	62%	64%	66%	68%	70%	72%	74%	76%	78%	80%	82%	84%	86%	88%	90%	92%	94%	96%	98%	100%
−12.0 (P_{qb}=217.32Pa)	含湿量(g/kg)	0.69	0.72	0.75	0.77	0.80	0.83	0.85	0.88	0.91	0.94	0.96	0.99	1.02	1.04	1.07	1.10	1.12	1.15	1.18	1.20	1.23	1.26	1.28	1.31	1.34
	焓(kJ/kg)	−10.40	−10.33	−10.27	−10.20	−10.13	−10.07	−10.00	−9.94	−9.87	−9.80	−9.74	−9.67	−9.60	−9.54	−9.47	−9.40	−9.34	−9.27	−9.21	−9.14	−9.07	−9.01	−8.94	−8.87	−8.81
	露点温度(℃)	−19.06	−18.66	−18.28	−17.90	−17.55	−17.20	−16.86	−16.53	−16.21	−15.90	−15.59	−15.30	−15.01	−14.73	−14.45	−14.18	−13.92	−13.66	−13.41	−13.16	−12.92	−12.68	−12.45	−12.22	−12.00
	湿球温度(℃)	−13.25	−13.20	−13.14	−13.09	−13.04	−12.99	−12.93	−12.88	−12.83	−12.78	−12.72	−12.67	−12.62	−12.57	−12.52	−12.46	−12.41	−12.36	−12.31	−12.26	−12.21	−12.15	−12.10	−12.05	−12.00

干球温度(℃)	相对湿度	2%	4%	6%	8%	10%	12%	14%	16%	18%	20%	22%	24%	26%	28%	30%	32%	34%	36%	38%	40%	42%	44%	46%	48%	50%
−11.5	含湿量(g/kg)	0.03	0.06	0.08	0.11	0.14	0.17	0.20	0.22	0.25	0.28	0.31	0.34	0.36	0.39	0.42	0.45	0.47	0.50	0.53	0.56	0.59	0.61	0.64	0.67	0.70
	焓(kJ/kg)	−11.55	−11.48	−11.41	−11.34	−11.27	−11.20	−11.13	−11.06	−10.99	−10.92	−10.85	−10.78	−10.72	−10.65	−10.58	−10.51	−10.44	−10.37	−10.30	−10.23	−10.16	−10.09	−10.02	−9.95	−9.88
	露点温度(℃)	−48.83	−43.01	−39.47	−36.89	−34.84	−33.15	−31.70	−30.42	−29.29	−28.27	−27.34	−26.48	−25.68	−24.94	−24.25	−23.60	−22.98	−22.40	−21.85	−21.32	−20.81	−20.33	−19.87	−19.42	−19.00
	湿球温度(℃)	−14.18	−14.12	−14.07	−14.01	−13.96	−13.90	−13.84	−13.79	−13.73	−13.68	−13.62	−13.57	−13.51	−13.45	−13.40	−13.34	−13.29	−13.23	−13.18	−13.12	−13.07	−13.01	−12.96	−12.90	−12.85

干球温度(℃)	相对湿度	52%	54%	56%	58%	60%	62%	64%	66%	68%	70%	72%	74%	76%	78%	80%	82%	84%	86%	88%	90%	92%	94%	96%	98%	100%
−11.5 (P_{qb}=227.32Pa)	含湿量(g/kg)	0.73	0.75	0.78	0.81	0.84	0.87	0.89	0.92	0.95	0.98	1.01	1.03	1.06	1.09	1.12	1.15	1.17	1.20	1.23	1.26	1.29	1.31	1.34	1.37	1.40
	焓(kJ/kg)	−9.81	−9.74	−9.68	−9.61	−9.54	−9.47	−9.40	−9.33	−9.26	−9.19	−9.12	−9.05	−8.98	−8.91	−8.84	−8.77	−8.70	−8.63	−8.56	−8.50	−8.43	−8.36	−8.29	−8.22	−8.15
	露点温度(℃)	−18.58	−18.19	−17.80	−17.43	−17.07	−16.72	−16.38	−16.05	−15.72	−15.41	−15.11	−14.81	−14.52	−14.24	−13.96	−13.69	−13.43	−13.17	−12.92	−12.67	−12.43	−12.19	−11.95	−11.72	−11.50
	湿球温度(℃)	−12.79	−12.74	−12.69	−12.63	−12.58	−12.52	−12.47	−12.41	−12.36	−12.31	−12.25	−12.20	−12.14	−12.09	−12.04	−11.98	−11.93	−11.87	−11.82	−11.77	−11.71	−11.66	−11.61	−11.55	−11.50

干球温度 -11.0℃，$P_{qb}=237.74\text{Pa}$

相对湿度	2%	4%	6%	8%	10%	12%	14%	16%	18%	20%	22%	24%	26%	28%	30%	32%	34%	36%	38%	40%	42%	44%	46%	48%	50%
含湿量(g/kg)	0.03	0.06	0.09	0.12	0.15	0.18	0.20	0.23	0.26	0.29	0.32	0.35	0.38	0.41	0.44	0.47	0.50	0.53	0.56	0.58	0.61	0.64	0.67	0.70	0.73
焓(kJ/kg)	-11.04	-10.97	-10.89	-10.82	-10.75	-10.68	-10.60	-10.53	-10.46	-10.39	-10.31	-10.24	-10.17	-10.10	-10.02	-9.95	-9.88	-9.81	-9.73	-9.66	-9.59	-9.52	-9.44	-9.37	-9.30
露点温度(℃)	-48.47	-42.63	-39.07	-36.48	-34.43	-32.73	-31.27	-29.99	-28.86	-27.83	-26.89	-26.03	-25.24	-24.49	-23.80	-23.14	-22.53	-21.94	-21.38	-20.86	-20.35	-19.86	-19.40	-18.95	-18.52
湿球温度(℃)	-13.78	-13.72	-13.66	-13.60	-13.55	-13.49	-13.43	-13.37	-13.31	-13.26	-13.20	-13.14	-13.08	-13.03	-12.97	-12.91	-12.85	-12.80	-12.74	-12.68	-12.63	-12.57	-12.51	-12.45	-12.40

相对湿度	52%	54%	56%	58%	60%	62%	64%	66%	68%	70%	72%	74%	76%	78%	80%	82%	84%	86%	88%	90%	92%	94%	96%	98%	100%
含湿量(g/kg)	0.76	0.79	0.82	0.85	0.88	0.91	0.94	0.96	0.99	1.02	1.05	1.08	1.11	1.14	1.17	1.20	1.23	1.26	1.29	1.32	1.35	1.37	1.40	1.43	1.46
焓(kJ/kg)	-9.23	-9.15	-9.08	-9.01	-8.94	-8.86	-8.79	-8.72	-8.65	-8.57	-8.50	-8.43	-8.35	-8.28	-8.21	-8.14	-8.06	-7.99	-7.92	-7.85	-7.77	-7.70	-7.63	-7.56	-7.48
露点温度(℃)	-18.11	-17.71	-17.32	-16.95	-16.59	-16.24	-15.89	-15.56	-15.24	-14.93	-14.62	-14.32	-14.03	-13.75	-13.47	-13.20	-12.93	-12.68	-12.42	-12.17	-11.93	-11.69	-11.46	-11.23	-11.00
湿球温度(℃)	-12.34	-12.28	-12.23	-12.17	-12.12	-12.06	-12.00	-11.95	-11.89	-11.83	-11.78	-11.72	-11.67	-11.61	-11.55	-11.50	-11.44	-11.39	-11.33	-11.28	-11.22	-11.17	-11.11	-11.06	-11.00

干球温度 -10.5℃，$P_{qb}=248.60\text{Pa}$

相对湿度	2%	4%	6%	8%	10%	12%	14%	16%	18%	20%	22%	24%	26%	28%	30%	32%	34%	36%	38%	40%	42%	44%	46%	48%	50%
含湿量(g/kg)	0.03	0.06	0.09	0.12	0.15	0.18	0.21	0.24	0.27	0.31	0.34	0.37	0.40	0.43	0.46	0.49	0.52	0.55	0.58	0.61	0.64	0.67	0.70	0.73	0.76
焓(kJ/kg)	-10.53	-10.45	-10.38	-10.30	-10.23	-10.15	-10.07	-10.00	-9.92	-9.85	-9.77	-9.70	-9.62	-9.54	-9.47	-9.39	-9.32	-9.24	-9.17	-9.09	-9.01	-8.94	-8.86	-8.79	-8.71
露点温度(℃)	-48.10	-42.24	-38.67	-36.07	-34.02	-32.31	-30.85	-29.56	-28.42	-27.39	-26.45	-25.59	-24.79	-24.04	-23.35	-22.69	-22.07	-21.48	-20.92	-20.39	-19.88	-19.40	-18.93	-18.48	-18.05
湿球温度(℃)	-13.38	-13.32	-13.26	-13.20	-13.14	-13.08	-13.02	-12.96	-12.90	-12.84	-12.78	-12.72	-12.66	-12.60	-12.54	-12.48	-12.42	-12.36	-12.30	-12.24	-12.18	-12.12	-12.07	-12.01	-11.95

相对湿度	52%	54%	56%	58%	60%	62%	64%	66%	68%	70%	72%	74%	76%	78%	80%	82%	84%	86%	88%	90%	92%	94%	96%	98%	100%
含湿量(g/kg)	0.79	0.83	0.86	0.89	0.92	0.95	0.98	1.01	1.04	1.07	1.10	1.13	1.16	1.19	1.22	1.25	1.28	1.32	1.35	1.38	1.41	1.44	1.47	1.50	1.53
焓(kJ/kg)	-8.63	-8.56	-8.48	-8.41	-8.33	-8.25	-8.18	-8.10	-8.03	-7.95	-7.87	-7.80	-7.72	-7.65	-7.57	-7.49	-7.42	-7.34	-7.27	-7.19	-7.11	-7.04	-6.96	-6.89	-6.81
露点温度(℃)	-17.64	-17.24	-16.85	-16.47	-16.11	-15.76	-15.41	-15.08	-14.76	-14.44	-14.13	-13.84	-13.54	-13.26	-12.98	-12.71	-12.44	-12.18	-11.93	-11.68	-11.43	-11.19	-10.96	-10.73	-10.50
湿球温度(℃)	-11.89	-11.83	-11.77	-11.71	-11.65	-11.60	-11.54	-11.48	-11.42	-11.36	-11.31	-11.25	-11.19	-11.13	-11.07	-11.02	-10.96	-10.90	-10.84	-10.79	-10.73	-10.67	-10.61	-10.56	-10.50

干球温度 -10.0℃，$P_{qb}=259.90\text{Pa}$

相对湿度	2%	4%	6%	8%	10%	12%	14%	16%	18%	20%	22%	24%	26%	28%	30%	32%	34%	36%	38%	40%	42%	44%	46%	48%	50%
含湿量(g/kg)	0.03	0.06	0.10	0.13	0.16	0.19	0.22	0.26	0.29	0.32	0.35	0.38	0.42	0.45	0.48	0.51	0.54	0.57	0.61	0.64	0.67	0.70	0.73	0.77	0.80
焓(kJ/kg)	-10.02	-9.94	-9.86	-9.78	-9.70	-9.62	-9.55	-9.47	-9.39	-9.31	-9.23	-9.15	-9.07	-8.99	-8.91	-8.83	-8.75	-8.67	-8.59	-8.51	-8.44	-8.36	-8.28	-8.20	-8.12
露点温度(℃)	-47.73	-41.85	-38.27	-35.66	-33.60	-31.89	-30.42	-29.13	-27.99	-26.96	-26.01	-25.15	-24.34	-23.59	-22.89	-22.23	-21.61	-21.02	-20.46	-19.93	-19.42	-18.93	-18.46	-18.01	-17.58
湿球温度(℃)	-12.98	-12.92	-12.86	-12.80	-12.73	-12.67	-12.61	-12.55	-12.48	-12.42	-12.36	-12.30	-12.24	-12.17	-12.11	-12.05	-11.99	-11.93	-11.87	-11.80	-11.74	-11.68	-11.62	-11.56	-11.50

相对湿度	52%	54%	56%	58%	60%	62%	64%	66%	68%	70%	72%	74%	76%	78%	80%	82%	84%	86%	88%	90%	92%	94%	96%	98%	100%
含湿量(g/kg)	0.83	0.86	0.89	0.93	0.96	0.99	1.02	1.05	1.09	1.12	1.15	1.18	1.21	1.25	1.28	1.31	1.34	1.38	1.41	1.44	1.47	1.50	1.54	1.57	1.60
焓(kJ/kg)	-8.04	-7.96	-7.88	-7.80	-7.72	-7.64	-7.56	-7.48	-7.40	-7.32	-7.24	-7.16	-7.09	-7.01	-6.93	-6.85	-6.77	-6.69	-6.61	-6.53	-6.45	-6.37	-6.29	-6.21	-6.13
露点温度(℃)	-17.16	-16.76	-16.37	-16.00	-15.63	-15.28	-14.93	-14.60	-14.27	-13.96	-13.65	-13.35	-13.06	-12.77	-12.49	-12.22	-11.95	-11.69	-11.43	-11.18	-10.94	-10.70	-10.46	-10.23	-10.00
湿球温度(℃)	-11.44	-11.38	-11.32	-11.26	-11.20	-11.13	-11.07	-11.01	-10.95	-10.89	-10.83	-10.77	-10.71	-10.65	-10.59	-10.53	-10.47	-10.41	-10.36	-10.30	-10.24	-10.18	-10.12	-10.06	-10.00

干球温度(℃)	相对湿度	2%	4%	6%	8%	10%	12%	14%	16%	18%	20%	22%	24%	26%	28%	30%	32%	34%	36%	38%	40%	42%	44%	46%	48%	50%
-9.5	含湿量(g/kg)	0.03	0.07	0.10	0.13	0.17	0.20	0.23	0.27	0.30	0.33	0.37	0.40	0.43	0.47	0.50	0.53	0.57	0.60	0.63	0.67	0.70	0.73	0.77	0.80	0.83
	焓(kJ/kg)	-9.51	-9.43	-9.35	-9.26	-9.18	-9.10	-9.02	-8.93	-8.85	-8.77	-8.68	-8.60	-8.52	-8.43	-8.35	-8.27	-8.19	-8.10	-8.02	-7.94	-7.85	-7.77	-7.69	-7.61	-7.52
	露点温度(℃)	-47.36	-41.47	-37.88	-35.26	-33.19	-31.47	-30.00	-28.70	-27.56	-26.52	-25.57	-24.70	-23.90	-23.14	-22.44	-21.78	-21.16	-20.56	-20.00	-19.47	-18.96	-18.47	-18.00	-17.54	-17.11
	湿球温度(℃)	-12.59	-12.53	-12.46	-12.40	-12.33	-12.27	-12.20	-12.14	-12.07	-12.01	-11.94	-11.88	-11.81	-11.75	-11.69	-11.62	-11.56	-11.50	-11.43	-11.37	-11.30	-11.24	-11.18	-11.11	-11.05

干球温度(℃)	相对湿度	52%	54%	56%	58%	60%	62%	64%	66%	68%	70%	72%	74%	76%	78%	80%	82%	84%	86%	88%	90%	92%	94%	96%	98%	100%
P_{qb}=271.68Pa	含湿量(g/kg)	0.87	0.90	0.94	0.97	1.00	1.04	1.07	1.10	1.14	1.17	1.20	1.24	1.27	1.30	1.34	1.37	1.40	1.44	1.47	1.50	1.54	1.57	1.61	1.64	1.67
	焓(kJ/kg)	-7.44	-7.36	-7.27	-7.19	-7.11	-7.02	-6.94	-6.86	-6.77	-6.69	-6.61	-6.53	-6.44	-6.36	-6.28	-6.19	-6.11	-6.03	-5.94	-5.86	-5.78	-5.69	-5.61	-5.53	-5.44
	露点温度(℃)	-16.69	-16.29	-15.90	-15.52	-15.15	-14.80	-14.45	-14.12	-13.79	-13.47	-13.16	-12.86	-12.57	-12.28	-12.00	-11.72	-11.46	-11.19	-10.94	-10.69	-10.44	-10.20	-9.96	-9.73	-9.50
	湿球温度(℃)	-10.99	-10.93	-10.86	-10.80	-10.74	-10.67	-10.61	-10.55	-10.49	-10.42	-10.36	-10.30	-10.24	-10.18	-10.11	-10.05	-9.99	-9.93	-9.87	-9.81	-9.74	-9.68	-9.62	-9.56	-9.50

干球温度(℃)	相对湿度	2%	4%	6%	8%	10%	12%	14%	16%	18%	20%	22%	24%	26%	28%	30%	32%	34%	36%	38%	40%	42%	44%	46%	48%	50%
-9.0	含湿量(g/kg)	0.03	0.07	0.10	0.14	0.17	0.21	0.24	0.28	0.31	0.35	0.38	0.42	0.45	0.49	0.52	0.56	0.59	0.63	0.66	0.70	0.73	0.77	0.80	0.84	0.87
	焓(kJ/kg)	-9.00	-8.92	-8.83	-8.74	-8.66	-8.57	-8.48	-8.40	-8.31	-8.22	-8.14	-8.05	-7.96	-7.88	-7.79	-7.70	-7.62	-7.53	-7.44	-7.36	-7.27	-7.18	-7.10	-7.01	-6.92
	露点温度(℃)	-47.00	-41.08	-37.48	-34.85	-32.77	-31.05	-29.57	-28.28	-27.12	-26.08	-25.13	-24.26	-23.45	-22.70	-21.99	-21.33	-20.70	-20.11	-19.54	-19.00	-18.49	-18.00	-17.53	-17.07	-16.64
	湿球温度(℃)	-12.20	-12.13	-12.06	-12.00	-11.93	-11.86	-11.80	-11.73	-11.66	-11.60	-11.53	-11.46	-11.40	-11.33	-11.26	-11.20	-11.13	-11.06	-11.00	-10.93	-10.87	-10.80	-10.74	-10.67	-10.60

干球温度(℃)	相对湿度	52%	54%	56%	58%	60%	62%	64%	66%	68%	70%	72%	74%	76%	78%	80%	82%	84%	86%	88%	90%	92%	94%	96%	98%	100%
P_{qb}=233.94Pa	含湿量(g/kg)	0.91	0.94	0.98	1.01	1.05	1.08	1.12	1.15	1.19	1.22	1.26	1.29	1.33	1.36	1.40	1.43	1.47	1.50	1.54	1.57	1.61	1.64	1.68	1.71	1.75
	焓(kJ/kg)	-6.84	-6.75	-6.66	-6.58	-6.49	-6.40	-6.31	-6.23	-6.14	-6.05	-5.97	-5.88	-5.79	-5.71	-5.62	-5.53	-5.45	-5.36	-5.27	-5.18	-5.10	-5.01	-4.92	-4.84	-4.75
	露点温度(℃)	-16.22	-15.81	-15.42	-15.04	-14.67	-14.32	-13.97	-13.63	-13.31	-12.99	-12.68	-12.37	-12.08	-11.79	-11.51	-11.23	-10.96	-10.70	-10.44	-10.19	-9.94	-9.70	-9.46	-9.23	-9.00
	湿球温度(℃)	-10.54	-10.47	-10.41	-10.34	-10.28	-10.21	-10.15	-10.08	-10.02	-9.96	-9.89	-9.83	-9.76	-9.70	-9.63	-9.57	-9.51	-9.44	-9.38	-9.32	-9.25	-9.19	-9.13	-9.06	-9.00

干球温度(℃)	相对湿度	2%	4%	6%	8%	10%	12%	14%	16%	18%	20%	22%	24%	26%	28%	30%	32%	34%	36%	38%	40%	42%	44%	46%	48%	50%
-8.5	含湿量(g/kg)	0.04	0.07	0.11	0.15	0.18	0.22	0.26	0.29	0.33	0.36	0.40	0.44	0.47	0.51	0.55	0.58	0.62	0.66	0.69	0.73	0.77	0.80	0.84	0.88	0.91
	焓(kJ/kg)	-8.49	-8.40	-8.31	-8.22	-8.13	-8.04	-7.95	-7.86	-7.77	-7.68	-7.59	-7.50	-7.41	-7.32	-7.23	-7.14	-7.05	-6.95	-6.86	-6.77	-6.68	-6.59	-6.50	-6.41	-6.32
	露点温度(℃)	-46.63	-40.70	-37.08	-34.44	-32.36	-30.63	-29.15	-27.85	-26.69	-25.64	-24.69	-23.81	-23.00	-22.25	-21.54	-20.87	-20.24	-19.65	-19.08	-18.54	-18.03	-17.53	-17.06	-16.60	-16.17
	湿球温度(℃)	-11.81	-11.74	-11.67	-11.60	-11.53	-11.46	-11.39	-11.32	-11.25	-11.19	-11.12	-11.05	-10.98	-10.91	-10.84	-10.77	-10.70	-10.64	-10.57	-10.50	-10.43	-10.36	-10.29	-10.23	-10.16

干球温度(℃)	相对湿度	52%	54%	56%	58%	60%	62%	64%	66%	68%	70%	72%	74%	76%	78%	80%	82%	84%	86%	88%	90%	92%	94%	96%	98%	100%
P_{qb}=296.70Pa	含湿量(g/kg)	0.95	0.99	1.02	1.06	1.09	1.13	1.17	1.20	1.24	1.28	1.31	1.35	1.39	1.42	1.46	1.50	1.53	1.57	1.61	1.64	1.68	1.72	1.75	1.79	1.83
	焓(kJ/kg)	-6.23	-6.14	-6.05	-5.96	-5.87	-5.77	-5.68	-5.59	-5.50	-5.41	-5.32	-5.23	-5.14	-5.05	-4.96	-4.87	-4.77	-4.68	-4.59	-4.50	-4.41	-4.32	-4.23	-4.14	-4.05
	露点温度(℃)	-15.75	-15.34	-14.94	-14.56	-14.19	-13.84	-13.49	-13.15	-12.82	-12.50	-12.19	-11.89	-11.59	-11.30	-11.02	-10.74	-10.47	-10.21	-9.95	-9.69	-9.45	-9.20	-8.96	-8.73	-8.50
	湿球温度(℃)	-10.09	-10.02	-9.96	-9.89	-9.82	-9.76	-9.69	-9.62	-9.55	-9.49	-9.42	-9.35	-9.29	-9.22	-9.16	-9.09	-9.02	-8.95	-8.89	-8.83	-8.76	-8.70	-8.63	-8.57	-8.50

干球温度(℃): -8.0

相对湿度	2%	4%	6%	8%	10%	12%	14%	16%	18%	20%	22%	24%	26%	28%	30%	32%	34%	36%	38%	40%	42%	44%	46%	48%	50%
含湿量(g/kg)	0.04	0.08	0.11	0.15	0.19	0.23	0.27	0.30	0.34	0.38	0.42	0.46	0.50	0.53	0.57	0.61	0.65	0.59	0.72	0.76	0.80	0.84	0.88	0.91	0.95
焓(kJ/kg)	-7.99	-7.89	-7.80	-7.70	-7.61	-7.51	-7.42	-7.32	-7.23	-7.13	-7.04	-6.94	-6.85	-6.75	-6.66	-6.57	-6.47	-6.38	-6.28	-6.19	-6.09	-6.00	-5.90	-5.81	-5.71
露点温度(℃)	-46.27	-40.31	-36.68	-34.04	-31.95	-30.21	-28.72	-27.42	-26.26	-25.21	-24.25	-23.37	-22.56	-21.80	-21.09	-20.42	-19.79	-19.19	-18.62	-18.08	-17.56	-17.07	-16.59	-16.14	-15.70
湿球温度(℃)	-11.43	-11.35	-11.28	-11.21	-11.14	-11.06	-10.99	-10.92	-10.85	-10.78	-10.71	-10.63	-10.56	-10.49	-10.42	-10.35	-10.28	-10.21	-10.14	-10.07	-10.00	-9.93	-9.86	-9.78	-9.71

相对湿度	52%	54%	56%	58%	60%	62%	64%	66%	68%	70%	72%	74%	76%	78%	80%	82%	84%	86%	88%	90%	92%	94%	96%	98%	100%
含湿量(g/kg)	0.99	1.03	1.07	1.11	1.14	1.18	1.22	1.26	1.30	1.33	1.37	1.41	1.45	1.49	1.53	1.56	1.60	1.64	1.68	1.72	1.76	1.79	1.83	1.87	1.91
焓(kJ/kg)	-5.62	-5.52	-5.43	-5.33	-5.24	-5.14	-5.05	-4.95	-4.86	-4.76	-4.67	-4.57	-4.48	-4.38	-4.29	-4.19	-4.10	-4.00	-3.91	-3.81	-3.72	-3.62	-3.53	-3.43	-3.34
露点温度(℃)	-15.27	-14.86	-14.47	-14.09	-13.72	-13.36	-13.01	-12.67	-12.34	-12.02	-11.70	-11.40	-11.10	-10.81	-10.53	-10.25	-9.98	-9.71	-9.45	-9.20	-8.95	-8.71	-8.47	-8.23	-8.00
湿球温度(℃)	-9.64	-9.58	-9.51	-9.44	-9.37	-9.30	-9.23	-9.16	-9.09	-9.02	-8.95	-8.88	-8.81	-8.75	-8.68	-8.61	-8.54	-8.47	-8.41	-8.34	-8.27	-8.20	-8.13	-8.07	-8.00

P_{qb}=309.98Pa

干球温度(℃): -7.5

相对湿度	2%	4%	6%	8%	10%	12%	14%	16%	18%	20%	22%	24%	26%	28%	30%	32%	34%	36%	38%	40%	42%	44%	46%	48%	50%
含湿量(g/kg)	0.04	0.08	0.12	0.16	0.20	0.24	0.28	0.32	0.36	0.40	0.44	0.48	0.52	0.56	0.60	0.64	0.68	0.72	0.76	0.80	0.84	0.88	0.92	0.96	1.00
焓(kJ/kg)	-7.48	-7.38	-7.28	-7.18	-7.08	-6.98	-6.88	-6.78	-6.68	-6.59	-6.49	-6.39	-6.29	-6.19	-6.09	-5.99	-5.89	-5.79	-5.69	-5.60	-5.50	-5.40	-5.30	-5.20	-5.10
露点温度(℃)	-45.90	-39.93	-36.29	-33.63	-31.53	-29.79	-28.30	-26.99	-25.82	-24.77	-23.81	-22.93	-22.11	-21.35	-20.63	-19.96	-19.33	-18.73	-18.16	-17.62	-17.10	-16.60	-16.12	-15.67	-15.22
湿球温度(℃)	-11.04	-10.97	-10.89	-10.82	-10.74	-10.67	-10.59	-10.52	-10.45	-10.37	-10.30	-10.22	-10.15	-10.08	-10.00	-9.93	-9.85	-9.78	-9.71	-9.64	-9.56	-9.49	-9.42	-9.34	-9.27

相对湿度	52%	54%	56%	58%	60%	62%	64%	66%	68%	70%	72%	74%	76%	78%	80%	82%	84%	86%	88%	90%	92%	94%	96%	98%	100%
含湿量(g/kg)	1.04	1.08	1.12	1.16	1.19	1.23	1.27	1.31	1.35	1.39	1.43	1.47	1.51	1.55	1.59	1.63	1.67	1.71	1.75	1.79	1.83	1.87	1.91	1.95	1.99
焓(kJ/kg)	-5.00	-4.90	-4.80	-4.70	-4.60	-4.50	-4.41	-4.31	-4.21	-4.11	-4.01	-3.91	-3.81	-3.71	-3.61	-3.51	-3.41	-3.31	-3.21	-3.11	-3.02	-2.92	-2.82	-2.72	-2.62
露点温度(℃)	-14.80	-14.39	-13.99	-13.61	-13.24	-12.88	-12.53	-12.19	-11.85	-11.53	-11.22	-10.91	-10.61	-10.32	-10.04	-9.76	-9.49	-9.22	-8.96	-8.70	-8.45	-8.21	-7.97	-7.73	-7.50
湿球温度(℃)	-9.20	-9.13	-9.06	-8.98	-8.91	-8.84	-8.77	-8.70	-8.63	-8.55	-8.48	-8.41	-8.34	-8.27	-8.20	-8.13	-8.06	-7.99	-7.92	-7.85	-7.78	-7.71	-7.64	-7.57	-7.50

P_{qb}=323.81Pa

干球温度(℃): -7.0

相对湿度	2%	4%	6%	8%	10%	12%	14%	16%	18%	20%	22%	24%	26%	28%	30%	32%	34%	36%	38%	40%	42%	44%	46%	48%	50%
含湿量(g/kg)	0.04	0.08	0.12	0.17	0.21	0.25	0.29	0.33	0.37	0.42	0.46	0.50	0.54	0.58	0.62	0.67	0.71	0.75	0.79	0.83	0.87	0.91	0.96	1.00	1.04
焓(kJ/kg)	-6.97	-6.86	-6.76	-6.66	-6.55	-6.45	-6.35	-6.24	-6.14	-6.04	-5.93	-5.83	-5.73	-5.62	-5.52	-5.42	-5.31	-5.21	-5.11	-5.00	-4.90	-4.79	-4.69	-4.59	-4.48
露点温度(℃)	-45.53	-39.54	-35.89	-33.23	-31.12	-29.37	-27.87	-26.56	-25.39	-24.33	-23.37	-22.48	-21.66	-20.90	-20.18	-19.51	-18.87	-18.27	-17.70	-17.15	-16.63	-16.13	-15.66	-15.20	-14.75
湿球温度(℃)	-10.66	-10.59	-10.51	-10.43	-10.35	-10.28	-10.20	-10.12	-10.04	-9.97	-9.89	-9.81	-9.74	-9.66	-9.59	-9.51	-9.43	-9.36	-9.28	-9.21	-9.13	-9.06	-8.98	-8.90	-8.83

相对湿度	52%	54%	56%	58%	60%	62%	64%	66%	68%	70%	72%	74%	76%	78%	80%	82%	84%	86%	88%	90%	92%	94%	96%	98%	100%
含湿量(g/kg)	1.08	1.12	1.16	1.21	1.25	1.29	1.33	1.37	1.41	1.46	1.50	1.54	1.58	1.62	1.67	1.71	1.75	1.79	1.83	1.87	1.92	1.96	2.00	2.04	2.08
焓(kJ/kg)	-4.38	-4.28	-4.17	-4.07	-3.97	-3.86	-3.76	-3.65	-3.55	-3.45	-3.34	-3.24	-3.14	-3.03	-2.93	-2.82	-2.72	-2.62	-2.51	-2.41	-2.31	-2.20	-2.10	-1.99	-1.89
露点温度(℃)	-14.33	-13.92	-13.52	-13.13	-12.76	-12.40	-12.04	-11.70	-11.37	-11.05	-10.73	-10.42	-10.13	-9.83	-9.55	-9.27	-8.99	-8.73	-8.47	-8.21	-7.96	-7.71	-7.47	-7.23	-7.00
湿球温度(℃)	-8.76	-8.68	-8.61	-8.53	-8.46	-8.38	-8.31	-8.24	-8.16	-8.09	-8.01	-7.94	-7.87	-7.79	-7.72	-7.65	-7.58	-7.50	-7.43	-7.36	-7.29	-7.22	-7.14	-7.07	-7.00

P_{qb}=338.19Pa

干球温度 -6.5℃

相对湿度	2%	4%	6%	8%	10%	12%	14%	16%	18%	20%	22%	24%	26%	28%	30%	32%	34%	36%	38%	40%	42%	44%	46%	48%	50%
含湿量(g/kg)	0.04	0.09	0.13	0.17	0.22	0.26	0.30	0.35	0.39	0.43	0.48	0.52	0.56	0.61	0.65	0.69	0.74	0.78	0.82	0.87	0.91	0.96	1.00	1.04	1.09
焓(kJ/kg)	-6.46	-6.35	-6.24	-6.13	-6.03	-5.92	-5.81	-5.70	-5.59	-5.49	-5.38	-5.27	-5.16	-5.05	-4.95	-4.84	-4.73	-4.62	-4.51	-4.40	-4.30	-4.19	-4.08	-3.97	-3.86
露点温度(℃)	-45.17	-39.16	-35.49	-32.82	-30.71	-28.95	-27.45	-26.13	-24.96	-23.90	-22.93	-22.04	-21.22	-20.45	-19.73	-19.06	-18.42	-17.81	-17.24	-16.69	-16.17	-15.67	-15.19	-14.73	-14.28
湿球温度(℃)	-10.29	-10.21	-10.13	-10.05	-9.97	-9.89	-9.81	-9.73	-9.65	-9.57	-9.49	-9.41	-9.33	-9.25	-9.17	-9.09	-9.01	-8.93	-8.86	-8.73	-8.70	-8.62	-8.54	-8.47	-8.39

相对湿度	52%	54%	56%	58%	60%	62%	64%	66%	68%	70%	72%	74%	76%	78%	80%	82%	84%	86%	88%	90%	92%	94%	96%	98%	100%
含湿量(g/kg)	1.13	1.17	1.22	1.26	1.30	1.35	1.39	1.43	1.48	1.52	1.56	1.61	1.65	1.70	1.74	1.78	1.83	1.87	1.91	1.96	2.00	2.04	2.09	2.13	2.18
焓(kJ/kg)	-3.76	-3.65	-3.54	-3.43	-3.32	-3.21	-3.11	-3.00	-2.89	-2.78	-2.67	-2.56	-2.45	-2.35	-2.24	-2.13	-2.02	-1.91	-1.80	-1.70	-1.59	-1.48	-1.37	-1.26	-1.15
露点温度(℃)	-13.85	-13.44	-13.04	-12.65	-12.28	-11.92	-11.56	-11.22	-10.89	-10.56	-10.25	-9.94	-9.64	-9.34	-9.06	-8.78	-8.50	-8.23	-7.97	-7.71	-7.46	-7.21	-6.97	-6.73	-6.50
湿球温度(℃)	-8.31	-8.23	-8.16	-8.08	-8.00	-7.93	-7.85	-7.77	-7.70	-7.62	-7.55	-7.47	-7.40	-7.32	-7.24	-7.17	-7.09	-7.02	-6.95	-6.87	-6.80	-6.72	-6.65	-6.57	-6.50

$P_{qb}=353.16Pa$

干球温度 -6.0℃

相对湿度	2%	4%	6%	8%	10%	12%	14%	16%	18%	20%	22%	24%	26%	28%	30%	32%	34%	36%	38%	40%	42%	44%	46%	48%	50%
含湿量(g/kg)	0.05	0.09	0.14	0.18	0.23	0.27	0.32	0.36	0.41	0.45	0.50	0.54	0.59	0.63	0.68	0.73	0.77	0.82	0.86	0.91	0.95	1.00	1.04	1.09	1.13
焓(kJ/kg)	-5.95	-5.83	-5.72	-5.61	-5.50	-5.38	-5.27	-5.16	-5.05	-4.93	-4.82	-4.71	-4.59	-4.48	-4.37	-4.26	-4.14	-4.03	-3.92	-3.80	-3.69	-3.58	-3.46	-3.35	-3.24
露点温度(℃)	-44.80	-38.77	-35.09	-32.41	-30.29	-28.53	-27.02	-25.70	-24.52	-23.46	-22.49	-21.60	-20.77	-20.00	-19.28	-18.60	-17.96	-17.36	-16.78	-16.23	-15.70	-15.20	-14.72	-14.26	-13.81
湿球温度(℃)	-9.91	-9.83	-9.75	-9.66	-9.58	-9.50	-9.41	-9.33	-9.25	-9.17	-9.08	-9.00	-8.92	-8.84	-8.76	-8.68	-8.59	-8.51	-8.43	-8.35	-8.27	-8.19	-8.11	-8.03	-7.95

相对湿度	52%	54%	56%	58%	60%	62%	64%	66%	68%	70%	72%	74%	76%	78%	80%	82%	84%	86%	88%	90%	92%	94%	96%	98%	100%
含湿量(g/kg)	1.18	1.22	1.27	1.32	1.36	1.41	1.45	1.50	1.54	1.59	1.63	1.68	1.73	1.77	1.82	1.86	1.91	1.95	2.00	2.04	2.09	2.14	2.18	2.23	2.27
焓(kJ/kg)	-3.12	-3.01	-2.90	-2.79	-2.67	-2.56	-2.45	-2.33	-2.22	-2.11	-1.99	-1.88	-1.77	-1.65	-1.54	-1.43	-1.31	-1.20	-1.09	-0.97	-0.86	-0.75	-0.63	-0.52	-0.41
露点温度(℃)	-13.38	-12.97	-12.57	-12.18	-11.80	-11.44	-11.08	-10.74	-10.40	-10.08	-9.76	-9.45	-9.15	-8.85	-8.57	-8.28	-8.01	-7.74	-7.48	-7.22	-6.96	-6.72	-6.47	-6.23	-6.00
湿球温度(℃)	-7.87	-7.79	-7.71	-7.63	-7.55	-7.47	-7.39	-7.32	-7.24	-7.16	-7.08	-7.00	-6.92	-6.85	-6.77	-6.69	-6.61	-6.54	-6.46	-6.38	-6.31	-6.23	-6.15	-6.08	-6.00

$P_{qb}=368.73Pa$

干球温度 -5.5℃

相对湿度	2%	4%	6%	8%	10%	12%	14%	16%	18%	20%	22%	24%	26%	28%	30%	32%	34%	36%	38%	40%	42%	44%	46%	48%	50%
含湿量(g/kg)	0.05	0.09	0.14	0.19	0.24	0.28	0.33	0.38	0.43	0.47	0.52	0.57	0.61	0.66	0.71	0.76	0.80	0.85	0.90	0.95	0.99	1.04	1.09	1.14	1.18
焓(kJ/kg)	-5.44	-5.32	-5.20	-5.08	-4.97	-4.85	-4.73	-4.61	-4.50	-4.38	-4.26	-4.14	-4.02	-3.91	-3.79	-3.67	-3.55	-3.43	-3.32	-3.20	-3.08	-2.96	-2.84	-2.73	-2.61
露点温度(℃)	-44.44	-38.39	-34.70	-32.01	-29.88	-28.11	-26.60	-25.27	-24.09	-23.02	-22.05	-21.15	-20.33	-19.55	-18.83	-18.15	-17.51	-16.90	-16.32	-15.77	-15.24	-14.74	-14.25	-13.79	-13.34
湿球温度(℃)	-9.54	-9.46	-9.37	-9.28	-9.20	-9.11	-9.03	-8.94	-8.85	-8.77	-8.68	-8.60	-8.51	-8.43	-8.35	-8.26	-8.18	-8.09	-8.01	-7.93	-7.84	-7.76	-7.68	-7.59	-7.51

相对湿度	52%	54%	56%	58%	60%	62%	64%	66%	68%	70%	72%	74%	76%	78%	80%	82%	84%	86%	88%	90%	92%	94%	96%	98%	100%
含湿量(g/kg)	1.23	1.28	1.33	1.37	1.42	1.47	1.52	1.56	1.61	1.66	1.71	1.75	1.80	1.85	1.90	1.94	1.99	2.04	2.09	2.13	2.18	2.23	2.28	2.32	2.37
焓(kJ/kg)	-2.49	-2.37	-2.25	-2.14	-2.02	-1.90	-1.78	-1.66	-1.54	-1.43	-1.31	-1.19	-1.07	-0.95	-0.83	-0.72	-0.60	-0.48	-0.36	-0.24	-0.12	0.00	0.11	0.23	0.35
露点温度(℃)	-12.91	-12.49	-12.09	-11.70	-11.32	-10.96	-10.60	-10.26	-9.92	-9.59	-9.27	-8.96	-8.66	-8.36	-8.08	-7.79	-7.52	-7.25	-6.98	-6.72	-6.47	-6.22	-5.97	-5.74	-5.50
湿球温度(℃)	-7.43	-7.35	-7.26	-7.18	-7.10	-7.02	-6.94	-6.86	-6.77	-6.69	-6.61	-6.53	-6.45	-6.37	-6.29	-6.21	-6.13	-6.05	-5.97	-5.89	-5.81	-5.74	-5.66	-5.58	-5.50

$P_{qb}=384.92Pa$

干球温度(℃) = -5.0, $P_{qb}=401.76Pa$

相对湿度	2%	4%	6%	8%	10%	12%	14%	16%	18%	20%	22%	24%	26%	28%	30%	32%	34%	36%	38%	40%	42%	44%	46%	48%	50%
含湿量(g/kg)	0.05	0.10	0.15	0.20	0.25	0.30	0.35	0.39	0.44	0.49	0.54	0.59	0.64	0.69	0.74	0.79	0.84	0.89	0.94	0.99	1.04	1.09	1.14	1.19	1.24
焓(kJ/kg)	-4.93	-4.80	-4.68	-4.56	-4.44	-4.31	-4.19	-4.07	-3.94	-3.82	-3.70	-3.57	-3.45	-3.33	-3.20	-3.08	-2.96	-2.84	-2.71	-2.59	-2.47	-2.34	-2.22	-2.10	-1.97
露点温度(℃)	-44.07	-38.00	-34.30	-31.60	-29.47	-27.69	-26.18	-24.84	-23.66	-22.59	-21.61	-20.71	-19.88	-19.10	-18.38	-17.70	-17.05	-16.44	-15.86	-15.31	-14.78	-14.27	-13.79	-13.32	-12.87
湿球温度(℃)	-9.17	-9.08	-8.99	-8.91	-8.82	-8.73	-8.64	-8.55	-8.46	-8.37	-8.29	-8.20	-8.11	-8.02	-7.94	-7.85	-7.76	-7.67	-7.59	-7.50	-7.42	-7.33	-7.24	-7.16	-7.07

相对湿度	52%	54%	56%	58%	60%	62%	64%	66%	68%	70%	72%	74%	76%	78%	80%	82%	84%	86%	88%	90%	92%	94%	96%	98%	100%
含湿量(g/kg)	1.29	1.33	1.38	1.43	1.48	1.53	1.58	1.63	1.68	1.73	1.78	1.83	1.88	1.93	1.98	2.03	2.08	2.13	2.18	2.23	2.28	2.33	2.38	2.43	2.48
焓(kJ/kg)	-1.85	-1.73	-1.60	-1.48	-1.36	-1.23	-1.11	-0.98	-0.86	-0.74	-0.61	-0.49	-0.37	-0.24	-0.12	0.00	0.13	0.25	0.37	0.50	0.62	0.75	0.87	0.99	1.12
露点温度(℃)	-12.44	-12.02	-11.61	-11.22	-10.85	-10.48	-10.12	-9.77	-9.44	-9.11	-8.79	-8.48	-8.17	-7.88	-7.59	-7.30	-7.02	-6.75	-6.49	-6.23	-5.97	-5.72	-5.48	-5.24	-5.00
湿球温度(℃)	-6.99	-6.90	-6.82	-6.73	-6.65	-6.57	-6.48	-6.40	-6.31	-6.23	-6.15	-6.06	-5.98	-5.90	-5.82	-5.73	-5.65	-5.57	-5.49	-5.41	-5.32	-5.24	-5.16	-5.08	-5.00

干球温度(℃) = -4.5, $P_{qb}=419.27Pa$

相对湿度	2%	4%	6%	8%	10%	12%	14%	16%	18%	20%	22%	24%	26%	28%	30%	32%	34%	36%	38%	40%	42%	44%	46%	48%	50%
含湿量(g/kg)	0.05	0.10	0.15	0.21	0.26	0.31	0.36	0.41	0.46	0.52	0.57	0.62	0.67	0.72	0.77	0.82	0.88	0.93	0.98	1.03	1.08	1.13	1.19	1.24	1.29
焓(kJ/kg)	-4.42	-4.29	-4.16	-4.03	-3.90	-3.78	-3.65	-3.52	-3.39	-3.26	-3.13	-3.00	-2.88	-2.75	-2.62	-2.49	-2.36	-2.23	-2.10	-1.98	-1.85	-1.72	-1.59	-1.46	-1.33
露点温度(℃)	-43.71	-37.62	-33.90	-31.20	-29.05	-27.28	-25.75	-24.42	-23.23	-22.15	-21.17	-20.27	-19.43	-18.66	-17.93	-17.24	-16.59	-15.98	-15.40	-14.84	-14.31	-13.80	-13.32	-12.85	-12.40
湿球温度(℃)	-8.81	-8.72	-8.62	-8.53	-8.44	-8.35	-8.25	-8.16	-8.07	-7.98	-7.89	-7.80	-7.71	-7.62	-7.53	-7.44	-7.35	-7.26	-7.17	-7.08	-6.99	-6.90	-6.81	-6.73	-6.64

相对湿度	52%	54%	56%	58%	60%	62%	64%	66%	68%	70%	72%	74%	76%	78%	80%	82%	84%	86%	88%	90%	92%	94%	96%	98%	100%
含湿量(g/kg)	1.34	1.39	1.44	1.50	1.55	1.60	1.65	1.70	1.76	1.81	1.86	1.91	1.96	2.01	2.07	2.12	2.17	2.22	2.27	2.33	2.38	2.43	2.48	2.53	2.58
焓(kJ/kg)	-1.20	-1.07	-0.95	-0.82	-0.69	-0.56	-0.43	-0.30	-0.17	-0.04	0.09	0.22	0.34	0.47	0.60	0.73	0.86	0.99	1.12	1.25	1.38	1.51	1.64	1.77	1.89
露点温度(℃)	-11.96	-11.54	-11.14	-10.75	-10.37	-10.00	-9.64	-9.29	-8.95	-8.62	-8.30	-7.99	-7.68	-7.39	-7.09	-6.81	-6.53	-6.26	-5.99	-5.73	-5.48	-5.22	-4.98	-4.74	-4.50
湿球温度(℃)	-6.55	-6.46	-6.37	-6.29	-6.20	-6.11	-6.03	-5.94	-5.85	-5.77	-5.68	-5.60	-5.51	-5.43	-5.34	-5.26	-5.17	-5.09	-5.00	-4.92	-4.83	-4.75	-4.67	-4.58	-4.50

干球温度(℃) = -4.0, $P_{qb}=437.48Pa$

相对湿度	2%	4%	6%	8%	10%	12%	14%	16%	18%	20%	22%	24%	26%	28%	30%	32%	34%	36%	38%	40%	42%	44%	46%	48%	50%
含湿量(g/kg)	0.05	0.11	0.16	0.21	0.27	0.32	0.38	0.43	0.48	0.54	0.59	0.65	0.70	0.75	0.81	0.86	0.91	0.97	1.02	1.08	1.13	1.18	1.24	1.29	1.35
焓(kJ/kg)	-3.91	-3.77	-3.64	-3.50	-3.37	-3.24	-3.10	-2.97	-2.83	-2.70	-2.57	-2.43	-2.30	-2.16	-2.03	-1.89	-1.76	-1.63	-1.49	-1.36	-1.22	-1.09	-0.95	-0.82	-0.69
露点温度(℃)	-43.34	-37.24	-33.51	-30.79	-28.64	-26.86	-25.33	-23.99	-22.79	-21.71	-20.73	-19.83	-18.99	-18.21	-17.48	-16.79	-16.14	-15.52	-14.94	-14.38	-13.85	-13.34	-12.85	-12.38	-11.93
湿球温度(℃)	-8.44	-8.35	-8.25	-8.16	-8.06	-7.97	-7.87	-7.78	-7.68	-7.59	-7.49	-7.40	-7.31	-7.21	-7.12	-7.03	-6.94	-6.84	-6.75	-6.66	-6.57	-6.48	-6.38	-6.29	-6.20

相对湿度	52%	54%	56%	58%	60%	62%	64%	66%	68%	70%	72%	74%	76%	78%	80%	82%	84%	86%	88%	90%	92%	94%	96%	98%	100%
含湿量(g/kg)	1.40	1.45	1.51	1.56	1.62	1.67	1.72	1.78	1.83	1.89	1.94	1.99	2.05	2.10	2.16	2.21	2.26	2.32	2.37	2.43	2.48	2.53	2.59	2.64	2.70
焓(kJ/kg)	-0.55	-0.42	-0.28	-0.15	-0.01	0.12	0.26	0.39	0.53	0.66	0.79	0.93	1.06	1.20	1.33	1.47	1.60	1.74	1.87	2.01	2.14	2.28	2.41	2.55	2.68
露点温度(℃)	-11.49	-11.07	-10.66	-10.27	-9.89	-9.52	-9.16	-8.81	-8.47	-8.14	-7.82	-7.50	-7.20	-6.90	-6.60	-6.32	-6.04	-5.77	-5.50	-5.24	-4.98	-4.73	-4.48	-4.24	-4.00
湿球温度(℃)	-6.11	-6.02	-5.93	-5.84	-5.75	-5.66	-5.57	-5.48	-5.39	-5.31	-5.22	-5.13	-5.04	-4.95	-4.86	-4.78	-4.69	-4.60	-4.52	-4.43	-4.34	-4.26	-4.17	-4.09	-4.00

干球温度(℃) = -3.5　（$P_{qb} = 456.39 Pa$）

相对湿度	2%	4%	6%	8%	10%	12%	14%	16%	18%	20%	22%	24%	26%	28%	30%	32%	34%	35%	38%	40%	42%	44%	46%	48%	50%
含湿量(g/kg)	0.06	0.11	0.17	0.22	0.28	0.34	0.39	0.45	0.50	0.56	0.62	0.67	0.73	0.79	0.84	0.90	0.95	1.01	1.07	1.12	1.18	1.24	1.29	1.35	1.40
焓(kJ/kg)	-3.40	-3.26	-3.12	-2.98	-2.84	-2.70	-2.56	-2.42	-2.28	-2.14	-2.00	-1.86	-1.72	-1.58	-1.44	-1.30	-1.16	-1.02	-0.88	-0.74	-0.60	-0.46	-0.31	-0.17	-0.03
露点温度(℃)	-42.98	-36.85	-33.11	-30.39	-28.23	-26.44	-24.90	-23.56	-22.36	-21.28	-20.29	-19.38	-18.54	-17.76	-17.03	-16.34	-15.68	-15.07	-14.48	-13.92	-13.38	-12.87	-12.38	-11.91	-11.46
湿球温度(℃)	-8.08	-7.99	-7.89	-7.79	-7.69	-7.59	-7.49	-7.39	-7.30	-7.20	-7.10	-7.01	-6.91	-6.81	-6.72	-6.62	-6.53	-6.43	-6.33	-6.24	-6.14	-6.05	-5.96	-5.86	-5.77

相对湿度	52%	54%	56%	58%	60%	62%	64%	66%	68%	70%	72%	74%	76%	78%	80%	82%	84%	85%	88%	90%	92%	94%	96%	98%	100%
含湿量(g/kg)	1.46	1.52	1.57	1.63	1.69	1.74	1.80	1.85	1.91	1.97	2.02	2.08	2.14	2.19	2.25	2.31	2.36	2.42	2.48	2.53	2.59	2.64	2.70	2.76	2.81
焓(kJ/kg)	0.11	0.25	0.39	0.53	0.67	0.81	0.95	1.09	1.23	1.37	1.51	1.65	1.79	1.93	2.07	2.21	2.36	2.50	2.64	2.78	2.92	3.06	3.20	3.34	3.48
露点温度(℃)	-11.02	-10.60	-10.19	-9.79	-9.41	-9.04	-8.68	-8.33	-7.99	-7.65	-7.33	-7.02	-6.71	-6.41	-6.11	-5.83	-5.55	-5.27	-5.00	-4.74	-4.48	-4.23	-3.98	-3.74	-3.50
湿球温度(℃)	-5.67	-5.58	-5.49	-5.40	-5.30	-5.21	-5.12	-5.03	-4.93	-4.84	-4.75	-4.66	-4.57	-4.48	-4.39	-4.30	-4.21	-4.12	-4.03	-3.94	-3.85	-3.76	-3.68	-3.59	-3.50

干球温度(℃) = -3.0　（$P_{qb} = 476.06 Pa$）

相对湿度	2%	4%	6%	8%	10%	12%	14%	16%	18%	20%	22%	24%	26%	28%	30%	32%	34%	35%	38%	40%	42%	44%	46%	48%	50%
含湿量(g/kg)	0.06	0.12	0.18	0.23	0.29	0.35	0.41	0.47	0.53	0.59	0.64	0.70	0.76	0.82	0.88	0.94	1.00	1.05	1.11	1.17	1.23	1.29	1.35	1.41	1.46
焓(kJ/kg)	-2.88	-2.74	-2.59	-2.45	-2.30	-2.15	-2.01	-1.86	-1.72	-1.57	-1.42	-1.28	-1.13	-0.99	-0.84	-0.69	-0.55	-0.40	-0.25	-0.11	0.04	0.18	0.33	0.48	0.62
露点温度(℃)	-42.62	-36.47	-32.72	-29.98	-27.82	-26.02	-24.48	-23.13	-21.93	-20.84	-19.85	-18.94	-18.10	-17.31	-16.57	-15.88	-15.23	-14.61	-14.02	-13.46	-12.92	-12.41	-11.92	-11.44	-10.99
湿球温度(℃)	-7.73	-7.62	-7.52	-7.42	-7.32	-7.22	-7.12	-7.01	-6.91	-6.81	-6.71	-6.61	-6.51	-6.41	-6.31	-6.21	-6.12	-6.02	-5.92	-5.82	-5.72	-5.63	-5.53	-5.43	-5.34

相对湿度	52%	54%	56%	58%	60%	62%	64%	66%	68%	70%	72%	74%	76%	78%	80%	82%	84%	85%	88%	90%	92%	94%	96%	98%	100%
含湿量(g/kg)	1.52	1.58	1.64	1.70	1.76	1.82	1.88	1.93	1.99	2.05	2.11	2.17	2.23	2.29	2.35	2.41	2.46	2.52	2.58	2.64	2.70	2.76	2.82	2.88	2.94
焓(kJ/kg)	0.77	0.92	1.06	1.21	1.36	1.50	1.65	1.80	1.94	2.09	2.24	2.38	2.53	2.68	2.82	2.97	3.12	3.26	3.41	3.56	3.71	3.85	4.00	4.15	4.29
露点温度(℃)	-10.55	-10.12	-9.71	-9.32	-8.93	-8.56	-8.20	-7.85	-7.50	-7.17	-6.85	-6.53	-6.22	-5.92	-5.62	-5.34	-5.05	-4.78	-4.51	-4.25	-3.99	-3.73	-3.48	-3.24	-3.00
湿球温度(℃)	-5.24	-5.14	-5.05	-4.95	-4.86	-4.76	-4.67	-4.57	-4.48	-4.38	-4.29	-4.19	-4.10	-4.01	-3.92	-3.82	-3.73	-3.64	-3.55	-3.45	-3.36	-3.27	-3.18	-3.09	-3.00

干球温度(℃) = -2.5　（$P_{qb} = 496.49 Pa$）

相对湿度	2%	4%	6%	8%	10%	12%	14%	16%	18%	20%	22%	24%	26%	28%	30%	32%	34%	35%	38%	40%	42%	44%	46%	48%	50%
含湿量(g/kg)	0.06	0.12	0.18	0.24	0.30	0.37	0.43	0.49	0.55	0.61	0.67	0.73	0.79	0.85	0.92	0.98	1.04	1.10	1.16	1.22	1.28	1.34	1.41	1.47	1.53
焓(kJ/kg)	-2.37	-2.22	-2.07	-1.92	-1.76	-1.61	-1.46	-1.31	-1.15	-1.00	-0.85	-0.70	-0.55	-0.39	-0.24	-0.09	0.07	0.22	0.37	0.52	0.68	0.83	0.98	1.13	1.29
露点温度(℃)	-42.25	-36.08	-32.32	-29.58	-27.41	-25.60	-24.06	-22.70	-21.50	-20.41	-19.41	-18.50	-17.65	-16.86	-16.12	-15.43	-14.77	-14.15	-13.56	-13.00	-12.46	-11.94	-11.45	-10.97	-10.52
湿球温度(℃)	-7.37	-7.27	-7.16	-7.06	-6.95	-6.85	-6.74	-6.64	-6.53	-6.43	-6.32	-6.22	-6.12	-6.01	-5.91	-5.81	-5.71	-5.61	-5.51	-5.40	-5.30	-5.20	-5.10	-5.00	-4.90

相对湿度	52%	54%	56%	58%	60%	62%	64%	66%	68%	70%	72%	74%	76%	78%	80%	82%	84%	85%	88%	90%	92%	94%	96%	98%	100%
含湿量(g/kg)	1.59	1.65	1.71	1.77	1.83	1.90	1.96	2.02	2.08	2.14	2.20	2.26	2.32	2.39	2.45	2.51	2.57	2.63	2.69	2.76	2.82	2.88	2.94	3.00	3.06
焓(kJ/kg)	1.44	1.59	1.75	1.90	2.05	2.20	2.36	2.51	2.66	2.82	2.97	3.12	3.28	3.43	3.58	3.74	3.89	4.04	4.20	4.35	4.50	4.66	4.81	4.96	5.12
露点温度(℃)	-10.08	-9.65	-9.24	-8.84	-8.45	-8.08	-7.72	-7.36	-7.02	-6.69	-6.36	-6.04	-5.73	-5.43	-5.13	-4.84	-4.56	-4.29	-4.02	-3.75	-3.49	-3.24	-2.99	-2.74	-2.50
湿球温度(℃)	-4.80	-4.70	-4.61	-4.51	-4.41	-4.31	-4.21	-4.12	-4.02	-3.92	-3.82	-3.73	-3.63	-3.54	-3.44	-3.35	-3.25	-3.16	-3.06	-2.97	-2.87	-2.78	-2.69	-2.59	-2.50

干球温度(℃)		2%	4%	6%	8%	10%	12%	14%	16%	18%	20%	22%	24%	26%	28%	30%	32%	34%	36%	38%	40%	42%	44%	46%	48%	50%
-2.0	相对湿度	2%	4%	6%	8%	10%	12%	14%	16%	18%	20%	22%	24%	26%	28%	30%	32%	34%	36%	38%	40%	42%	44%	46%	48%	50%
	含湿量(g/kg)	0.06	0.13	0.19	0.25	0.32	0.38	0.45	0.51	0.57	0.64	0.70	0.76	0.83	0.89	0.95	1.02	1.08	1.15	1.21	1.27	1.34	1.40	1.47	1.53	1.59
	焓(kJ/kg)	-1.86	-1.70	-1.54	-1.39	-1.23	-1.07	-0.91	-0.75	-0.59	-0.43	-0.27	-0.11	0.05	0.20	0.36	0.52	0.68	0.84	1.00	1.16	1.32	1.48	1.64	1.80	1.96
	露点温度(℃)	-41.89	-35.70	-31.93	-29.17	-26.99	-25.19	-23.63	-22.28	-21.06	-19.97	-18.97	-18.06	-17.21	-16.42	-15.67	-14.98	-14.32	-13.69	-13.10	-12.53	-11.99	-11.48	-10.98	-10.50	-10.05
	湿球温度(℃)	-7.02	-6.91	-6.80	-6.69	-6.58	-6.48	-6.37	-6.26	-6.15	-6.04	-5.94	-5.83	-5.72	-5.62	-5.51	-5.41	-5.30	-5.20	-5.09	-4.99	-4.88	-4.78	-4.68	-4.57	-4.47
$P_{qb}=517.72Pa$	相对湿度	52%	54%	56%	58%	60%	62%	64%	66%	68%	70%	72%	74%	76%	78%	80%	82%	84%	86%	88%	90%	92%	94%	96%	98%	100%
	含湿量(g/kg)	1.66	1.72	1.78	1.85	1.91	1.98	2.04	2.10	2.17	2.23	2.30	2.36	2.42	2.49	2.55	2.62	2.68	2.75	2.81	2.87	2.94	3.00	3.07	3.13	3.19
	焓(kJ/kg)	2.12	2.28	2.44	2.60	2.75	2.91	3.07	3.23	3.39	3.55	3.71	3.87	4.03	4.19	4.35	4.51	4.67	4.83	4.99	5.15	5.31	5.47	5.63	5.79	5.95
	露点温度(℃)	-9.60	-9.18	-8.76	-8.36	-7.98	-7.60	-7.24	-6.88	-6.54	-6.20	-5.87	-5.56	-5.24	-4.94	-4.64	-4.35	-4.07	-3.79	-3.52	-3.25	-2.99	-2.74	-2.49	-2.24	-2.00
	湿球温度(℃)	-4.37	-4.27	-4.17	-4.06	-3.96	-3.86	-3.76	-3.66	-3.56	-3.46	-3.36	-3.26	-3.16	-3.07	-2.97	-2.87	-2.77	-2.67	-2.58	-2.48	-2.38	-2.29	-2.19	-2.10	-2.00
-1.5	相对湿度	2%	4%	6%	8%	10%	12%	14%	16%	18%	20%	22%	24%	26%	28%	30%	32%	34%	36%	38%	40%	42%	44%	46%	48%	50%
	含湿量(g/kg)	0.07	0.13	0.20	0.27	0.33	0.40	0.46	0.53	0.60	0.66	0.73	0.80	0.86	0.93	1.00	1.06	1.13	1.20	1.26	1.33	1.39	1.46	1.53	1.59	1.66
	焓(kJ/kg)	-1.35	-1.18	-1.02	-0.85	-0.69	-0.52	-0.36	-0.19	-0.02	0.14	0.31	0.47	0.64	0.81	0.97	1.14	1.30	1.47	1.64	1.80	1.97	2.13	2.30	2.47	2.63
	露点温度(℃)	-41.53	-35.32	-31.53	-28.77	-26.58	-24.77	-23.21	-21.85	-20.63	-19.54	-18.54	-17.61	-16.76	-15.97	-15.22	-14.52	-13.86	-13.24	-12.64	-12.07	-11.53	-11.01	-10.51	-10.04	-9.57
	湿球温度(℃)	-6.67	-6.56	-6.45	-6.33	-6.22	-6.11	-6.00	-5.89	-5.77	-5.66	-5.55	-5.44	-5.33	-5.22	-5.12	-5.01	-4.90	-4.79	-4.68	-4.57	-4.47	-4.36	-4.25	-4.15	-4.04
$P_{qb}=539.77Pa$	相对湿度	52%	54%	56%	58%	60%	62%	64%	66%	68%	70%	72%	74%	76%	78%	80%	82%	84%	86%	88%	90%	92%	94%	96%	98%	100%
	含湿量(g/kg)	1.73	1.79	1.86	1.93	1.99	2.06	2.13	2.19	2.26	2.33	2.39	2.46	2.53	2.60	2.66	2.73	2.80	2.86	2.93	3.00	3.06	3.13	3.20	3.26	3.33
	焓(kJ/kg)	2.80	2.97	3.13	3.30	3.47	3.63	3.80	3.97	4.13	4.30	4.47	4.63	4.80	4.97	5.13	5.30	5.47	5.63	5.80	5.97	6.14	6.30	6.47	6.64	6.80
	露点温度(℃)	-9.13	-8.70	-8.29	-7.89	-7.50	-7.12	-6.76	-6.40	-6.05	-5.72	-5.39	-5.07	-4.76	-4.45	-4.15	-3.86	-3.58	-3.30	-3.03	-2.76	-2.50	-2.24	-1.99	-1.74	-1.50
	湿球温度(℃)	-3.94	-3.83	-3.73	-3.62	-3.52	-3.41	-3.31	-3.21	-3.10	-3.00	-2.90	-2.80	-2.70	-2.59	-2.49	-2.39	-2.29	-2.19	-2.09	-1.99	-1.89	-1.79	-1.70	-1.60	-1.50
-1.0	相对湿度	2%	4%	6%	8%	10%	12%	14%	16%	18%	20%	22%	24%	26%	28%	30%	32%	34%	36%	38%	40%	42%	44%	46%	48%	50%
	含湿量(g/kg)	0.07	0.14	0.21	0.28	0.35	0.41	0.48	0.55	0.62	0.69	0.76	0.83	0.90	0.97	1.04	1.11	1.18	1.25	1.32	1.38	1.45	1.52	1.59	1.66	1.73
	焓(kJ/kg)	-0.84	-0.66	-0.49	-0.32	-0.15	0.03	0.20	0.37	0.54	0.72	0.89	1.06	1.24	1.41	1.58	1.76	1.93	2.10	2.28	2.45	2.62	2.80	2.97	3.14	3.32
	露点温度(℃)	-41.16	-34.94	-31.14	-28.37	-26.17	-24.35	-22.79	-21.42	-20.20	-19.10	-18.10	-17.17	-16.32	-15.52	-14.77	-14.07	-13.41	-12.78	-12.18	-11.61	-11.07	-10.55	-10.05	-9.57	-9.10
	湿球温度(℃)	-6.33	-6.21	-6.09	-5.98	-5.86	-5.74	-5.63	-5.51	-5.40	-5.28	-5.17	-5.06	-4.94	-4.83	-4.72	-4.61	-4.49	-4.38	-4.27	-4.16	-4.05	-3.94	-3.83	-3.72	-3.61
$P_{qb}=562.67Pa$	相对湿度	52%	54%	56%	58%	60%	62%	64%	66%	68%	70%	72%	74%	76%	78%	80%	82%	84%	86%	88%	90%	92%	94%	96%	98%	100%
	含湿量(g/kg)	1.80	1.87	1.94	2.01	2.08	2.15	2.22	2.29	2.36	2.43	2.50	2.57	2.64	2.71	2.78	2.85	2.92	2.98	3.05	3.12	3.19	3.26	3.33	3.40	3.47
	焓(kJ/kg)	3.49	3.66	3.84	4.01	4.18	4.36	4.53	4.71	4.88	5.05	5.23	5.40	5.58	5.75	5.92	6.10	6.27	6.45	6.62	6.79	6.97	7.14	7.32	7.49	7.67
	露点温度(℃)	-8.66	-8.23	-7.81	-7.41	-7.02	-6.64	-6.27	-5.92	-5.57	-5.23	-4.90	-4.58	-4.27	-3.96	-3.66	-3.37	-3.09	-2.81	-2.53	-2.26	-2.00	-1.74	-1.49	-1.24	-1.00
	湿球温度(℃)	-3.50	-3.40	-3.29	-3.18	-3.07	-2.97	-2.86	-2.75	-2.65	-2.54	-2.44	-2.33	-2.23	-2.12	-2.02	-1.92	-1.81	-1.71	-1.61	-1.51	-1.40	-1.30	-1.20	-1.10	-1.00

续表

干球温度(℃)	相对湿度																									
-0.5	相对湿度	50%	48%	46%	44%	42%	40%	38%	36%	34%	32%	30%	28%	26%	24%	22%	20%	18%	16%	14%	12%	10%	8%	6%	4%	2%
	含湿量(g/kg)	1.81	1.73	1.66	1.59	1.52	1.44	1.37	1.30	1.23	1.15	1.08	1.01	0.94	0.87	0.79	0.72	0.65	0.58	0.50	0.43	0.36	0.29	0.22	0.14	0.07
	焓(kJ/kg)	4.01	3.83	3.64	3.46	3.28	3.10	2.92	2.74	2.56	2.38	2.20	2.02	1.84	1.66	1.48	1.30	1.12	0.94	0.76	0.58	0.40	0.22	0.03	-0.15	-0.33
	露点温度(℃)	-8.63	-9.10	-9.58	-10.08	-10.60	-11.15	-11.72	-12.32	-12.95	-13.62	-14.32	-15.07	-15.87	-16.73	-17.66	-18.67	-19.77	-20.99	-22.37	-23.93	-25.76	-27.96	-30.74	-34.55	-40.80
	湿球温度(℃)	-3.19	-3.30	-3.41	-3.52	-3.64	-3.75	-3.86	-3.98	-4.09	-4.21	-4.32	-4.44	-4.56	-4.67	-4.79	-4.91	-5.03	-5.14	-5.26	-5.38	-5.50	-5.62	-5.74	-5.86	-5.98
	相对湿度	100%	98%	96%	94%	92%	90%	88%	86%	84%	82%	80%	78%	76%	74%	72%	70%	68%	66%	64%	62%	60%	58%	56%	54%	52%
	含湿量(g/kg)	3.62	3.55	3.48	3.40	3.33	3.26	3.18	3.11	3.04	2.97	2.89	2.82	2.75	2.68	2.60	2.53	2.46	2.39	2.31	2.24	2.17	2.10	2.02	1.95	1.88
	焓(kJ/kg)	8.54	8.36	8.18	8.00	7.82	7.63	7.45	7.27	7.09	6.91	6.73	6.54	6.36	6.18	6.00	5.82	5.64	5.46	5.27	5.09	4.91	4.73	4.55	4.37	4.19
	露点温度(℃)	-0.50	-0.74	-0.99	-1.25	-1.51	-1.77	-2.04	-2.31	-2.59	-2.88	-3.17	-3.47	-3.78	-4.09	-4.42	-4.75	-5.09	-5.44	-5.79	-6.16	-6.54	-6.93	-7.34	-7.76	-8.19
P_{qb}=586.46Pa	湿球温度(℃)	-0.50	-0.60	-0.71	-0.81	-0.91	-1.02	-1.12	-1.23	-1.33	-1.44	-1.55	-1.65	-1.76	-1.87	-1.98	-2.08	-2.19	-2.30	-2.41	-2.52	-2.63	-2.74	-2.85	-2.96	-3.07
0.0	相对湿度	50%	48%	46%	44%	42%	40%	38%	36%	34%	32%	30%	28%	26%	24%	22%	20%	18%	16%	14%	12%	10%	8%	6%	4%	2%
	含湿量(g/kg)	1.88	1.81	1.73	1.66	1.58	1.50	1.43	1.35	1.28	1.20	1.13	1.05	0.98	0.90	0.83	0.75	0.68	0.60	0.53	0.45	0.38	0.30	0.23	0.15	0.08
	焓(kJ/kg)	4.70	4.52	4.33	4.14	3.95	3.76	3.57	3.38	3.20	3.01	2.82	2.63	2.44	2.25	2.07	1.88	1.69	1.50	1.31	1.13	0.94	0.75	0.56	0.38	0.19
	露点温度(℃)	-8.16	-8.63	-9.11	-9.61	-10.14	-10.69	-11.26	-11.86	-12.50	-13.16	-13.87	-14.62	-15.43	-16.29	-17.22	-18.23	-19.34	-20.57	-21.94	-23.51	-25.35	-27.56	-30.35	-34.17	-40.44
	湿球温度(℃)	-2.76	-2.87	-2.99	-3.11	-3.22	-3.34	-3.46	-3.57	-3.69	-3.81	-3.93	-4.05	-4.17	-4.29	-4.41	-4.53	-4.65	-4.78	-4.90	-5.02	-5.15	-5.27	-5.39	-5.52	-5.64
	相对湿度	100%	98%	96%	94%	92%	90%	88%	86%	84%	82%	80%	78%	76%	74%	72%	70%	68%	66%	64%	62%	60%	58%	56%	54%	52%
	含湿量(g/kg)	3.77	3.70	3.62	3.55	3.47	3.40	3.32	3.24	3.17	3.09	3.02	2.94	2.86	2.79	2.71	2.64	2.56	2.49	2.41	2.33	2.26	2.18	2.11	2.03	1.96
	焓(kJ/kg)	9.44	9.25	9.06	8.87	8.68	8.49	8.30	8.11	7.92	7.73	7.54	7.35	7.16	6.97	6.78	6.59	6.40	6.22	6.03	5.84	5.65	5.46	5.27	5.08	4.89
	露点温度(℃)	0.00	-0.24	-0.49	-0.75	-1.01	-1.27	-1.54	-1.82	-2.10	-2.39	-2.68	-2.98	-3.29	-3.61	-3.93	-4.26	-4.60	-4.95	-5.31	-5.68	-6.06	-6.46	-6.86	-7.28	-7.71
P_{qb}=611.21Pa	湿球温度(℃)	0.00	-0.11	-0.21	-0.32	-0.42	-0.53	-0.64	-0.75	-0.86	-0.96	-1.07	-1.18	-1.29	-1.40	-1.51	-1.63	-1.74	-1.85	-1.96	-2.07	-2.19	-2.30	-2.41	-2.53	-2.64
0.5	相对湿度	50%	48%	46%	44%	42%	40%	38%	36%	34%	32%	30%	28%	26%	24%	22%	20%	18%	16%	14%	12%	10%	8%	6%	4%	2%
	含湿量(g/kg)	1.95	1.87	1.79	1.72	1.64	1.56	1.48	1.40	1.33	1.25	1.17	1.09	1.01	0.94	0.86	0.78	0.70	0.62	0.55	0.47	0.39	0.31	0.23	0.16	0.08
	焓(kJ/kg)	5.39	5.19	4.99	4.80	4.60	4.41	4.21	4.02	3.82	3.62	3.43	3.23	3.04	2.84	2.65	2.45	2.26	2.06	1.87	1.67	1.48	1.28	1.09	0.89	0.70
	露点温度(℃)	-7.75	-8.21	-8.70	-9.20	-9.73	-10.28	-10.86	-11.46	-12.09	-12.76	-13.47	-14.23	-15.03	-15.90	-16.83	-17.85	-18.96	-20.19	-21.57	-23.15	-24.99	-27.20	-30.00	-33.83	-40.12
	湿球温度(℃)	-2.35	-2.46	-2.58	-2.70	-2.82	-2.94	-3.06	-3.18	-3.30	-3.43	-3.55	-3.67	-3.79	-3.92	-4.04	-4.17	-4.29	-4.42	-4.54	-4.67	-4.79	-4.92	-5.05	-5.18	-5.31
	相对湿度	100%	98%	96%	94%	92%	90%	88%	86%	84%	82%	80%	78%	76%	74%	72%	70%	68%	66%	64%	62%	60%	58%	56%	54%	52%
	含湿量(g/kg)	3.92	3.84	3.76	3.68	3.60	3.52	3.44	3.36	3.29	3.21	3.13	3.05	2.97	2.89	2.81	2.74	2.66	2.58	2.50	2.42	2.34	2.26	2.19	2.11	2.03
	焓(kJ/kg)	10.30	10.10	9.90	9.71	9.51	9.31	9.11	8.92	8.72	8.52	8.33	8.13	7.94	7.74	7.54	7.35	7.15	6.95	6.76	6.56	6.36	6.17	5.97	5.78	5.58
	露点温度(℃)	0.50	0.22	-0.05	-0.31	-0.57	-0.84	-1.11	-1.38	-1.67	-1.95	-2.25	-2.55	-2.86	-3.18	-3.50	-3.83	-4.18	-4.53	-4.89	-5.26	-5.64	-6.04	-6.44	-6.86	-7.30
P_{qb}=633.77Pa	湿球温度(℃)	0.50	0.39	0.27	0.16	0.04	-0.07	-0.18	-0.29	-0.40	-0.51	-0.62	-0.74	-0.85	-0.96	-1.07	-1.19	-1.30	-1.42	-1.53	-1.65	-1.76	-1.88	-1.99	-2.11	-2.23

干球温度(℃)	相对湿度	2%	4%	6%	8%	10%	12%	14%	16%	18%	20%	22%	24%	26%	28%	30%	32%	34%	36%	38%	40%	42%	44%	46%	48%	50%
1.0	含湿量(g/kg)	0.08	0.16	0.24	0.32	0.40	0.48	0.57	0.65	0.73	0.81	0.89	0.97	1.05	1.13	1.21	1.29	1.37	1.46	1.54	1.62	1.70	1.78	1.86	1.94	2.02
	焓(kJ/kg)	1.21	1.41	1.62	1.82	2.02	2.22	2.42	2.63	2.83	3.03	3.23	3.44	3.64	3.84	4.04	4.25	4.45	4.65	4.85	5.06	5.26	5.46	5.67	5.87	6.07
	露点温度(℃)	-39.80	-33.50	-29.65	-26.84	-24.62	-22.78	-21.20	-19.81	-18.58	-17.46	-16.45	-15.51	-14.64	-13.83	-13.08	-12.37	-11.69	-11.06	-10.45	-9.87	-9.32	-8.79	-8.29	-7.80	-7.33
	湿球温度(℃)	-4.97	-4.84	-4.71	-4.58	-4.45	-4.32	-4.19	-4.06	-3.93	-3.80	-3.67	-3.55	-3.42	-3.29	-3.17	-3.04	-2.92	-2.79	-2.67	-2.55	-2.42	-2.30	-2.18	-2.06	-1.94
	相对湿度	52%	54%	56%	58%	60%	62%	64%	66%	68%	70%	72%	74%	76%	78%	80%	82%	84%	86%	88%	90%	92%	94%	96%	98%	100%
	含湿量(g/kg)	2.10	2.19	2.27	2.35	2.43	2.51	2.59	2.67	2.75	2.84	2.92	3.00	3.08	3.16	3.24	3.33	3.41	3.49	3.57	3.65	3.73	3.81	3.90	3.98	4.06
	焓(kJ/kg)	6.28	6.48	6.68	6.89	7.09	7.29	7.50	7.70	7.90	8.11	8.31	8.51	8.72	8.92	9.13	9.33	9.53	9.74	9.94	10.15	10.35	10.55	10.76	10.96	11.17
	露点温度(℃)	-6.88	-6.45	-6.02	-5.62	-5.22	-4.84	-4.46	-4.10	-3.75	-3.41	-3.07	-2.75	-2.43	-2.12	-1.82	-1.52	-1.23	-0.95	-0.67	-0.40	-0.13	0.14	0.43	0.72	1.00
	湿球温度(℃)	-1.82	-1.70	-1.58	-1.46	-1.34	-1.22	-1.10	-0.98	-0.87	-0.75	-0.63	-0.52	-0.40	-0.29	-0.17	-0.06	0.06	0.18	0.29	0.41	0.53	0.65	0.77	0.88	1.00

$P_{qb}=657.07\text{Pa}$

干球温度(℃)	相对湿度	2%	4%	6%	8%	10%	12%	14%	16%	18%	20%	22%	24%	26%	28%	30%	32%	34%	36%	38%	40%	42%	44%	46%	48%	50%
1.5	含湿量(g/kg)	0.08	0.17	0.25	0.33	0.42	0.50	0.59	0.67	0.75	0.84	0.92	1.01	1.09	1.17	1.26	1.34	1.42	1.51	1.59	1.68	1.76	1.85	1.93	2.01	2.10
	焓(kJ/kg)	1.72	1.93	2.14	2.35	2.56	2.77	2.98	3.19	3.40	3.61	3.82	4.03	4.24	4.45	4.66	4.87	5.08	5.29	5.50	5.71	5.92	6.13	6.34	6.55	6.76
	露点温度(℃)	-39.48	-33.16	-29.30	-26.49	-24.26	-22.41	-20.83	-19.44	-18.20	-17.08	-16.06	-15.12	-14.25	-13.44	-12.68	-11.97	-11.29	-10.65	-10.05	-9.47	-8.91	-8.39	-7.88	-7.39	-6.92
	湿球温度(℃)	-4.64	-4.50	-4.37	-4.23	-4.10	-3.97	-3.83	-3.70	-3.57	-3.44	-3.31	-3.18	-3.05	-2.92	-2.79	-2.66	-2.53	-2.41	-2.28	-2.15	-2.03	-1.90	-1.78	-1.65	-1.53
	相对湿度	52%	54%	56%	58%	60%	62%	64%	66%	68%	70%	72%	74%	76%	78%	80%	82%	84%	86%	88%	90%	92%	94%	96%	98%	100%
	含湿量(g/kg)	2.18	2.27	2.35	2.43	2.52	2.60	2.69	2.77	2.86	2.94	3.03	3.11	3.19	3.28	3.36	3.45	3.53	3.62	3.70	3.79	3.87	3.96	4.04	4.12	4.21
	焓(kJ/kg)	6.98	7.19	7.40	7.61	7.82	8.03	8.24	8.45	8.66	8.87	9.09	9.30	9.51	9.72	9.93	10.14	10.36	13.57	10.78	10.99	11.20	11.41	11.63	11.84	12.05
	露点温度(℃)	-6.47	-6.03	-5.61	-5.20	-4.80	-4.42	-4.04	-3.68	-3.33	-2.98	-2.65	-2.32	-2.00	-1.69	-1.39	-1.09	-0.80	-0.51	-0.24	0.04	0.34	0.64	0.93	1.22	1.50
	湿球温度(℃)	-1.40	-1.28	-1.16	-1.04	-0.91	-0.79	-0.67	-0.55	-0.43	-0.31	-0.20	-0.08	0.04	0.17	0.29	0.41	0.53	0.66	0.78	0.90	1.02	1.14	1.26	1.38	1.50

$P_{qb}=681.12\text{Pa}$

干球温度(℃)	相对湿度	2%	4%	6%	8%	10%	12%	14%	16%	18%	20%	22%	24%	26%	28%	30%	32%	34%	36%	38%	40%	42%	44%	46%	48%	50%
2.0	含湿量(g/kg)	0.09	0.17	0.26	0.35	0.43	0.52	0.61	0.69	0.78	0.87	0.95	1.04	1.13	1.22	1.30	1.39	1.48	1.56	1.65	1.74	1.83	1.91	2.00	2.09	2.17
	焓(kJ/kg)	2.24	2.45	2.67	2.89	3.11	3.32	3.54	3.76	3.98	4.19	4.41	4.63	4.85	5.06	5.28	5.50	5.72	5.94	6.15	6.37	6.59	6.81	7.03	7.25	7.46
	露点温度(℃)	-39.16	-32.82	-28.96	-26.13	-23.90	-22.05	-20.46	-19.06	-17.82	-16.70	-15.67	-14.73	-13.86	-13.05	-12.29	-11.57	-10.89	-10.25	-9.64	-9.06	-8.51	-7.98	-7.47	-6.98	-6.51
	湿球温度(℃)	-4.31	-4.17	-4.03	-3.90	-3.76	-3.62	-3.48	-3.35	-3.21	-3.08	-2.94	-2.81	-2.68	-2.54	-2.41	-2.28	-2.15	-2.02	-1.89	-1.76	-1.63	-1.50	-1.37	-1.25	-1.12
	相对湿度	52%	54%	56%	58%	60%	62%	64%	66%	68%	70%	72%	74%	76%	78%	80%	82%	84%	86%	88%	90%	92%	94%	96%	98%	100%
	含湿量(g/kg)	2.26	2.35	2.44	2.52	2.61	2.70	2.79	2.87	2.96	3.05	3.14	3.22	3.31	3.40	3.49	3.57	3.66	3.75	3.84	3.92	4.01	4.10	4.19	4.28	4.36
	焓(kJ/kg)	7.68	7.90	8.12	8.34	8.56	8.78	9.00	9.21	9.43	9.65	9.87	10.09	10.31	10.53	10.75	10.97	11.19	11.41	11.63	11.85	12.07	12.29	12.51	12.73	12.95
	露点温度(℃)	-6.05	-5.61	-5.19	-4.78	-4.38	-3.99	-3.62	-3.26	-2.90	-2.56	-2.22	-1.89	-1.57	-1.26	-0.96	-0.66	-0.37	-0.08	0.22	0.53	0.84	1.14	1.43	1.72	2.00
	湿球温度(℃)	-0.99	-0.87	-0.74	-0.62	-0.49	-0.37	-0.25	-0.12	0.00	0.13	0.25	0.38	0.51	0.64	0.76	0.89	1.01	1.14	1.26	1.39	1.51	1.63	1.76	1.88	2.00

$P_{qb}=705.95\text{Pa}$

续表

干球温度(℃)		2%	4%	6%	8%	10%	12%	14%	16%	18%	20%	22%	24%	26%	28%	30%	32%	34%	36%	38%	40%	42%	44%	46%	48%	50%
2.5	相对湿度	2%	4%	6%	8%	10%	12%	14%	16%	18%	20%	22%	24%	26%	28%	30%	32%	34%	36%	38%	40%	42%	44%	46%	48%	50%
	含湿量(g/kg)	0.09	0.18	0.27	0.36	0.45	0.54	0.63	0.72	0.81	0.90	0.99	1.08	1.17	1.26	1.35	1.44	1.53	1.62	1.71	1.80	1.89	1.98	2.07	2.16	2.25
	焓(kJ/kg)	2.75	2.98	3.20	3.43	3.65	3.88	4.10	4.33	4.55	4.78	5.00	5.23	5.45	5.68	5.91	6.13	6.36	6.58	6.81	7.04	7.26	7.49	7.72	7.94	8.17
	露点温度(℃)	-38.84	-32.49	-28.61	-25.78	-23.54	-21.68	-20.08	-18.69	-17.44	-16.32	-15.29	-14.34	-13.47	-12.65	-11.89	-11.17	-10.49	-9.85	-9.24	-8.66	-8.10	-7.57	-7.06	-6.57	-6.09
	湿球温度(℃)	-3.99	-3.84	-3.70	-3.56	-3.42	-3.28	-3.14	-3.00	-2.86	-2.72	-2.58	-2.45	-2.31	-2.17	-2.04	-1.90	-1.77	-1.63	-1.50	-1.37	-1.24	-1.11	-0.97	-0.84	-0.71
	相对湿度	52%	54%	56%	58%	60%	62%	64%	66%	68%	70%	72%	74%	76%	78%	80%	82%	84%	86%	88%	90%	92%	94%	96%	98%	100%
	含湿量(g/kg)	2.34	2.43	2.53	2.62	2.71	2.80	2.89	2.98	3.07	3.16	3.25	3.34	3.43	3.52	3.61	3.70	3.80	3.89	3.98	4.07	4.16	4.25	4.34	4.43	4.52
	焓(kJ/kg)	8.40	8.62	8.85	9.08	9.30	9.53	9.76	9.98	10.21	10.44	10.67	10.89	11.12	11.35	11.58	11.80	12.03	12.26	12.49	12.71	12.94	13.17	13.40	13.63	13.85
	露点温度(℃)	-5.64	-5.20	-4.77	-4.36	-3.96	-3.57	-3.20	-2.83	-2.48	-2.13	-1.79	-1.46	-1.14	-0.83	-0.52	-0.23	0.07	0.40	0.72	1.03	1.33	1.63	1.93	2.22	2.50
	湿球温度(℃)	-0.59	-0.46	-0.33	-0.20	-0.07	0.05	0.19	0.32	0.45	0.58	0.71	0.84	0.97	1.10	1.23	1.36	1.49	1.62	1.75	1.87	2.00	2.12	2.25	2.38	2.50
P_{qb}=731.58Pa																										
3.0	相对湿度	2%	4%	6%	8%	10%	12%	14%	16%	18%	20%	22%	24%	26%	28%	30%	32%	34%	36%	38%	40%	42%	44%	46%	48%	50%
	含湿量(g/kg)	0.09	0.19	0.28	0.37	0.47	0.56	0.65	0.75	0.84	0.93	1.03	1.12	1.21	1.31	1.40	1.49	1.59	1.68	1.77	1.87	1.96	2.05	2.15	2.24	2.34
	焓(kJ/kg)	3.26	3.50	3.73	3.96	4.20	4.43	4.66	4.90	5.13	5.37	5.60	5.83	6.07	6.30	6.54	6.77	7.00	7.24	7.47	7.71	7.94	8.18	8.41	8.65	8.88
	露点温度(℃)	-38.15	-32.15	-28.26	-25.43	-23.18	-21.31	-19.71	-18.31	-17.06	-15.93	-14.90	-13.96	-13.08	-12.26	-11.50	-10.78	-10.09	-9.45	-8.84	-8.25	-7.69	-7.16	-6.65	-6.15	-5.68
	湿球温度(℃)	-3.66	-3.52	-3.37	-3.22	-3.08	-2.93	-2.79	-2.65	-2.51	-2.36	-2.22	-2.08	-1.94	-1.80	-1.66	-1.53	-1.39	-1.25	-1.12	-0.98	-0.85	-0.71	-0.58	-0.44	-0.31
	相对湿度	52%	54%	56%	58%	60%	62%	64%	66%	68%	70%	72%	74%	76%	78%	80%	82%	84%	86%	88%	90%	92%	94%	96%	98%	100%
	含湿量(g/kg)	2.43	2.52	2.62	2.71	2.80	2.90	2.99	3.09	3.18	3.27	3.37	3.46	3.56	3.65	3.75	3.84	3.93	4.03	4.12	4.22	4.31	4.41	4.50	4.59	4.69
	焓(kJ/kg)	9.12	9.35	9.59	9.82	10.06	10.29	10.53	10.76	11.00	11.23	11.47	11.71	11.94	12.18	12.41	12.65	12.89	13.12	13.36	13.59	13.83	14.07	14.30	14.54	14.78
	露点温度(℃)	-5.22	-4.78	-4.35	-3.94	-3.54	-3.15	-2.78	-2.41	-2.05	-1.71	-1.37	-1.04	-0.72	-0.40	-0.09	0.23	0.56	0.89	1.21	1.52	1.83	2.13	2.43	2.72	3.00
	湿球温度(℃)	-0.18	-0.05	0.09	0.23	0.36	0.50	0.64	0.77	0.91	1.04	1.17	1.31	1.44	1.57	1.71	1.84	1.97	2.10	2.23	2.36	2.49	2.62	2.74	2.87	3.00
P_{qb}=758.03Pa																										
3.5	相对湿度	2%	4%	6%	8%	10%	12%	14%	16%	18%	20%	22%	24%	26%	28%	30%	32%	34%	36%	38%	40%	42%	44%	46%	48%	50%
	含湿量(g/kg)	0.10	0.19	0.29	0.39	0.48	0.58	0.68	0.77	0.87	0.97	1.06	1.16	1.26	1.35	1.45	1.55	1.64	1.74	1.84	1.93	2.03	2.13	2.23	2.32	2.42
	焓(kJ/kg)	3.78	4.02	4.26	4.50	4.74	4.99	5.23	5.47	5.71	5.96	6.20	6.44	6.68	6.93	7.17	7.41	7.65	7.90	8.14	8.38	8.63	8.87	9.11	9.36	9.60
	露点温度(℃)	-38.21	-31.82	-27.92	-25.07	-22.82	-20.95	-19.34	-17.94	-16.68	-15.55	-14.52	-13.57	-12.69	-11.87	-11.10	-10.38	-9.70	-9.05	-8.43	-7.85	-7.29	-6.75	-6.24	-5.74	-5.27
	湿球温度(℃)	-3.34	-3.19	-3.04	-2.89	-2.74	-2.60	-2.45	-2.30	-2.16	-2.01	-1.87	-1.72	-1.58	-1.44	-1.29	-1.15	-1.01	-0.87	-0.73	-0.59	-0.46	-0.32	-0.18	-0.04	0.10
	相对湿度	52%	54%	56%	58%	60%	62%	64%	66%	68%	70%	72%	74%	76%	78%	80%	82%	84%	86%	88%	90%	92%	94%	96%	98%	100%
	含湿量(g/kg)	2.52	2.61	2.71	2.81	2.91	3.00	3.10	3.20	3.30	3.39	3.49	3.59	3.69	3.78	3.88	3.98	4.08	4.17	4.27	4.37	4.47	4.56	4.66	4.76	4.86
	焓(kJ/kg)	9.84	10.09	10.33	10.57	10.82	11.06	11.31	11.55	11.80	12.04	12.28	12.53	12.77	13.02	13.26	13.51	13.75	14.00	14.24	14.49	14.73	14.98	15.22	15.47	15.71
	露点温度(℃)	-4.81	-4.37	-3.94	-3.52	-3.12	-2.73	-2.35	-1.99	-1.63	-1.28	-0.94	-0.61	-0.29	0.03	0.38	0.72	1.05	1.38	1.70	2.02	2.32	2.63	2.92	3.21	3.50
	湿球温度(℃)	0.24	0.33	0.52	0.66	0.80	0.94	1.08	1.22	1.36	1.50	1.63	1.77	1.91	2.04	2.18	2.31	2.45	2.58	2.71	2.84	2.98	3.11	3.24	3.37	3.50
P_{qb}=785.32Pa																										

续表

干球温度(℃)		2%	4%	6%	8%	10%	12%	14%	16%	18%	20%	22%	24%	26%	28%	30%	32%	34%	36%	38%	40%	42%	44%	46%	48%	50%
4.0	相对湿度	2%	4%	6%	8%	10%	12%	14%	16%	18%	20%	22%	24%	26%	28%	30%	32%	34%	36%	38%	40%	42%	44%	46%	48%	50%
	含湿量(g/kg)	0.10	0.20	0.30	0.40	0.50	0.60	0.70	0.80	0.90	1.00	1.10	1.20	1.30	1.40	1.50	1.60	1.70	1.80	1.90	2.00	2.10	2.21	2.31	2.41	2.51
	焓(kJ/kg)	4.29	4.54	4.79	5.04	5.29	5.54	5.79	6.05	6.30	6.55	6.80	7.05	7.30	7.55	7.81	8.06	8.31	8.56	8.81	9.06	9.32	9.57	9.82	10.07	10.33
	露点温度(℃)	-37.89	-31.49	-27.57	-24.72	-22.46	-20.58	-18.98	-17.56	-16.31	-15.17	-14.14	-13.18	-12.30	-11.48	-10.71	-9.98	-9.30	-8.65	-8.03	-7.44	-6.88	-6.34	-5.83	-5.33	-4.86
	湿球温度(℃)	-3.02	-2.87	-2.72	-2.56	-2.41	-2.26	-2.11	-1.96	-1.81	-1.66	-1.51	-1.36	-1.22	-1.07	-0.92	-0.78	-0.64	-0.49	-0.35	-0.21	-0.07	0.08	0.23	0.37	0.52
	相对湿度	52%	54%	56%	58%	60%	62%	64%	66%	68%	70%	72%	74%	76%	78%	80%	82%	84%	86%	88%	90%	92%	94%	96%	98%	100%
	含湿量(g/kg)	2.61	2.71	2.81	2.91	3.01	3.11	3.21	3.31	3.41	3.52	3.62	3.72	3.82	3.92	4.02	4.12	4.22	4.32	4.43	4.53	4.63	4.73	4.83	4.93	5.03
	焓(kJ/kg)	10.58	10.83	11.08	11.34	11.59	11.84	12.09	12.35	12.60	12.85	13.11	13.36	13.61	13.87	14.12	14.38	14.63	14.88	15.14	15.39	15.64	15.90	16.15	16.41	16.66
	露点温度(℃)	-4.40	-3.95	-3.52	-3.11	-2.70	-2.31	-1.93	-1.56	-1.21	-0.86	-0.52	-0.18	0.16	0.52	0.87	1.21	1.54	1.87	2.20	2.51	2.82	3.12	3.42	3.71	4.00
	湿球温度(℃)	0.66	0.81	0.96	1.10	1.24	1.39	1.53	1.67	1.81	1.95	2.09	2.23	2.37	2.51	2.65	2.79	2.92	3.06	3.20	3.33	3.47	3.60	3.73	3.87	4.00
P_{qb}=813.48Pa																										
4.5	相对湿度	2%	4%	6%	8%	10%	12%	14%	16%	18%	20%	22%	24%	26%	28%	30%	32%	34%	36%	38%	40%	42%	44%	46%	48%	50%
	含湿量(g/kg)	0.10	0.21	0.31	0.41	0.52	0.62	0.72	0.83	0.93	1.04	1.14	1.24	1.35	1.45	1.56	1.66	1.76	1.87	1.97	2.08	2.18	2.28	2.39	2.49	2.60
	焓(kJ/kg)	4.80	5.06	5.32	5.58	5.84	6.10	6.36	6.62	6.88	7.14	7.40	7.66	7.93	8.19	8.45	8.71	8.97	9.23	9.49	9.75	10.01	10.27	10.54	10.80	11.06
	露点温度(℃)	-37.58	-31.15	-27.23	-24.37	-22.10	-20.22	-18.61	-17.19	-15.93	-14.79	-13.75	-12.80	-11.91	-11.09	-10.31	-9.59	-8.90	-8.25	-7.63	-7.04	-6.48	-5.94	-5.42	-4.92	-4.44
	湿球温度(℃)	-2.71	-2.55	-2.39	-2.24	-2.08	-1.92	-1.77	-1.62	-1.46	-1.31	-1.16	-1.01	-0.86	-0.71	-0.56	-0.41	-0.26	-0.12	0.03	0.18	0.34	0.49	0.64	0.79	0.94
	相对湿度	52%	54%	56%	58%	60%	62%	64%	66%	68%	70%	72%	74%	76%	78%	80%	82%	84%	86%	88%	90%	92%	94%	96%	98%	100%
	含湿量(g/kg)	2.70	2.81	2.91	3.01	3.12	3.22	3.33	3.43	3.54	3.64	3.75	3.85	3.96	4.06	4.17	4.27	4.38	4.48	4.58	4.69	4.79	4.90	5.01	5.11	5.22
	焓(kJ/kg)	11.32	11.58	11.84	12.11	12.37	12.63	12.89	13.15	13.42	13.68	13.94	14.20	14.47	14.73	14.99	15.26	15.52	15.78	16.05	16.31	16.57	16.84	17.10	17.36	17.63
	露点温度(℃)	-3.98	-3.54	-3.11	-2.69	-2.29	-1.89	-1.51	-1.14	-0.78	-0.43	-0.09	0.27	0.64	1.00	1.35	1.70	2.04	2.36	2.69	3.00	3.31	3.62	3.92	4.21	4.50
	湿球温度(℃)	1.09	1.24	1.39	1.54	1.68	1.83	1.97	2.12	2.26	2.41	2.55	2.69	2.84	2.98	3.12	3.26	3.40	3.54	3.68	3.82	3.95	4.09	4.23	4.36	4.50
P_{qb}=842.53Pa																										
5.0	相对湿度	2%	4%	6%	8%	10%	12%	14%	16%	18%	20%	22%	24%	26%	28%	30%	32%	34%	36%	38%	40%	42%	44%	46%	48%	50%
	含湿量(g/kg)	0.11	0.21	0.32	0.43	0.54	0.64	0.75	0.86	0.97	1.07	1.18	1.29	1.40	1.50	1.61	1.72	1.83	1.93	2.04	2.15	2.26	2.37	2.47	2.58	2.69
	焓(kJ/kg)	5.32	5.59	5.86	6.13	6.40	6.66	6.93	7.20	7.47	7.74	8.01	8.28	8.55	8.82	9.09	9.36	9.63	9.90	10.17	10.44	10.71	10.99	11.26	11.53	11.80
	露点温度(℃)	-37.26	-30.82	-26.89	-24.02	-21.74	-19.86	-18.24	-16.82	-15.55	-14.41	-13.37	-12.41	-11.52	-10.70	-9.92	-9.19	-8.50	-7.85	-7.23	-6.64	-6.07	-5.53	-5.01	-4.51	-4.03
	湿球温度(℃)	-2.40	-2.23	-2.07	-1.91	-1.75	-1.59	-1.43	-1.28	-1.12	-0.96	-0.81	-0.65	-0.50	-0.35	-0.19	-0.04	0.12	0.27	0.43	0.59	0.74	0.90	1.05	1.21	1.36
	相对湿度	52%	54%	56%	58%	60%	62%	64%	66%	68%	70%	72%	74%	76%	78%	80%	82%	84%	86%	88%	90%	92%	94%	96%	98%	100%
	含湿量(g/kg)	2.80	2.91	3.01	3.12	3.23	3.34	3.45	3.56	3.66	3.77	3.88	3.99	4.10	4.21	4.31	4.42	4.53	4.64	4.75	4.86	4.97	5.08	5.18	5.29	5.40
	焓(kJ/kg)	12.07	12.34	12.61	12.88	13.16	13.43	13.70	13.97	14.24	14.51	14.79	15.06	15.33	15.60	15.88	16.15	16.42	16.69	16.97	17.24	17.51	17.79	18.06	18.33	18.61
	露点温度(℃)	-3.57	-3.12	-2.69	-2.27	-1.87	-1.47	-1.09	-0.72	-0.36	-0.01	0.38	0.76	1.13	1.49	1.84	2.19	2.53	2.86	3.18	3.50	3.81	4.12	4.42	4.71	5.00
	湿球温度(℃)	1.52	1.67	1.82	1.97	2.12	2.27	2.42	2.57	2.72	2.86	3.01	3.16	3.30	3.45	3.59	3.73	3.88	4.02	4.16	4.30	4.44	4.58	4.72	4.86	5.00
P_{qb}=872.49Pa																										

干球温度(℃)		2%	4%	6%	8%	10%	12%	14%	16%	18%	20%	22%	24%	26%	28%	30%	32%	34%	36%	38%	40%	42%	44%	46%	48%	50%
	相对湿度																									
	含湿量(g/kg)	0.11	0.22	0.33	0.44	0.56	0.67	0.78	0.89	1.00	1.11	1.22	1.33	1.45	1.56	1.67	1.78	1.89	2.00	2.11	2.23	2.34	2.45	2.56	2.67	2.79
	焓(kJ/kg)	5.83	6.11	6.39	6.67	6.95	7.23	7.51	7.79	8.06	8.34	8.62	8.90	9.18	9.46	9.74	10.02	10.30	10.58	10.86	11.14	11.42	11.70	11.98	12.27	12.55
	露点温度(℃)	−36.95	−30.49	−26.54	−23.66	−21.39	−19.49	−17.87	−16.45	−15.18	−14.03	−12.99	−12.03	−11.14	−10.31	−9.53	−8.80	−8.10	−7.45	−6.83	−6.23	−5.67	−5.13	−4.60	−4.10	−3.62
	湿球温度(℃)	−2.09	−1.92	−1.75	−1.59	−1.43	−1.26	−1.10	−0.94	−0.78	−0.62	−0.46	−0.30	−0.14	0.01	0.18	0.34	0.51	0.67	0.83	0.99	1.15	1.31	1.47	1.63	1.78
5.5	相对湿度	52%	54%	56%	58%	60%	62%	64%	66%	68%	70%	72%	74%	76%	78%	80%	82%	84%	86%	88%	90%	92%	94%	96%	98%	100%
	含湿量(g/kg)	2.90	3.01	3.12	3.23	3.35	3.46	3.57	3.68	3.79	3.91	4.02	4.13	4.24	4.36	4.47	4.58	4.69	4.81	4.92	5.03	5.14	5.26	5.37	5.48	5.60
	焓(kJ/kg)	12.83	13.11	13.39	13.67	13.95	14.23	14.51	14.80	15.08	15.36	15.64	15.92	16.21	16.49	16.77	17.05	17.34	17.62	17.90	18.18	18.47	18.75	19.03	19.32	19.60
	露点温度(℃)	−3.16	−2.71	−2.28	−1.86	−1.45	−1.06	−0.67	−0.30	0.07	0.47	0.86	1.24	1.61	1.97	2.33	2.68	3.02	3.35	3.67	3.99	4.31	4.61	4.91	5.21	5.50
$P_{qb}=903.38Pa$	湿球温度(℃)	1.94	2.10	2.25	2.41	2.56	2.71	2.87	3.02	3.17	3.32	3.47	3.62	3.77	3.91	4.06	4.21	4.35	4.50	4.64	4.79	4.93	5.08	5.22	5.36	5.50
干球温度(℃)	相对湿度	2%	4%	6%	8%	10%	12%	14%	16%	18%	20%	22%	24%	26%	28%	30%	32%	34%	36%	38%	40%	42%	44%	46%	48%	50%
	含湿量(g/kg)	0.11	0.23	0.34	0.46	0.57	0.69	0.80	0.92	1.04	1.15	1.27	1.38	1.50	1.61	1.73	1.84	1.96	2.07	2.19	2.30	2.42	2.54	2.65	2.77	2.88
	焓(kJ/kg)	6.35	6.54	6.93	7.21	7.50	7.79	8.08	8.37	8.66	8.95	9.24	9.53	9.82	10.11	10.40	10.69	10.98	11.27	11.56	11.85	12.14	12.43	12.72	13.01	13.30
	露点温度(℃)	−36.63	−30.15	−26.20	−23.31	−21.03	−19.13	−17.50	−16.07	−14.80	−13.65	−12.61	−11.64	−10.75	−9.92	−9.14	−8.40	−7.71	−7.05	−6.43	−5.83	−5.26	−4.72	−4.20	−3.70	−3.21
	湿球温度(℃)	−1.78	−1.61	−1.44	−1.27	−1.10	−0.93	−0.77	−0.60	−0.44	−0.27	−0.11	0.05	0.22	0.39	0.56	0.73	0.90	1.06	1.23	1.39	1.56	1.72	1.88	2.04	2.20
6.0	相对湿度	52%	54%	56%	58%	60%	62%	64%	66%	68%	70%	72%	74%	76%	78%	80%	82%	84%	86%	88%	90%	92%	94%	96%	98%	100%
	含湿量(g/kg)	3.00	3.12	3.23	3.35	3.46	3.58	3.70	3.81	3.93	4.04	4.16	4.28	4.39	4.51	4.63	4.74	4.86	4.98	5.09	5.21	5.33	5.44	5.56	5.68	5.79
	焓(kJ/kg)	13.59	13.87	14.18	14.47	14.76	15.05	15.34	15.63	15.92	16.22	16.51	16.80	17.09	17.39	17.68	17.97	18.26	18.56	18.85	19.14	19.44	19.73	20.02	20.32	20.61
	露点温度(℃)	−2.75	−2.30	−1.88	−1.44	−1.03	−0.64	−0.25	0.14	0.55	0.95	1.34	1.72	2.10	2.46	2.82	3.16	3.51	3.84	4.17	4.49	4.80	5.11	5.41	5.71	6.00
$P_{qb}=935.25Pa$	湿球温度(℃)	2.36	2.52	2.68	2.84	3.00	3.15	3.31	3.47	3.62	3.77	3.93	4.08	4.23	4.38	4.53	4.68	4.83	4.98	5.13	5.27	5.42	5.57	5.71	5.86	6.00
干球温度(℃)	相对湿度	2%	4%	6%	8%	10%	12%	14%	16%	18%	20%	22%	24%	26%	28%	30%	32%	34%	36%	38%	40%	42%	44%	46%	48%	50%
	含湿量(g/kg)	0.12	0.24	0.36	0.48	0.59	0.71	0.83	0.95	1.07	1.19	1.31	1.43	1.55	1.67	1.79	1.91	2.03	2.15	2.27	2.39	2.51	2.63	2.75	2.87	2.99
	焓(kJ/kg)	6.86	7.16	7.46	7.76	8.06	8.36	8.66	8.96	9.26	9.56	9.86	10.16	10.46	10.76	11.06	11.36	11.66	11.96	12.26	12.56	12.86	13.16	13.46	13.76	14.06
	露点温度(℃)	−36.32	−29.82	−25.86	−22.96	−20.67	−18.77	−17.13	−15.70	−14.43	−13.27	−12.22	−11.26	−10.36	−9.53	−8.74	−8.01	−7.31	−6.55	−6.03	−5.43	−4.86	−4.31	−3.79	−3.29	−2.80
	湿球温度(℃)	−1.48	−1.30	−1.13	−0.95	−0.78	−0.61	−0.44	−0.27	−0.10	0.07	0.25	0.42	0.60	0.77	0.94	1.11	1.28	1.45	1.62	1.79	1.96	2.13	2.29	2.46	2.62
6.5	相对湿度	52%	54%	56%	58%	60%	62%	64%	66%	68%	70%	72%	74%	76%	78%	80%	82%	84%	86%	88%	90%	92%	94%	96%	98%	100%
	含湿量(g/kg)	3.11	3.23	3.35	3.47	3.59	3.71	3.83	3.95	4.07	4.19	4.31	4.43	4.55	4.67	4.79	4.91	5.03	5.15	5.27	5.39	5.52	5.64	5.76	5.88	6.00
	焓(kJ/kg)	14.37	14.67	14.97	15.27	15.57	15.88	16.18	16.48	16.78	17.09	17.39	17.69	17.99	18.30	18.60	18.90	19.21	19.51	19.81	20.12	20.42	20.72	21.03	21.33	21.64
	露点温度(℃)	−2.33	−1.88	−1.45	−1.03	−0.62	−0.22	0.19	0.61	1.03	1.43	1.82	2.21	2.58	2.95	3.30	3.65	4.00	4.33	4.66	4.98	5.30	5.61	5.91	6.21	6.50
$P_{qb}=968.10Pa$	湿球温度(℃)	2.79	2.95	3.11	3.27	3.44	3.60	3.76	3.91	4.07	4.23	4.39	4.54	4.70	4.85	5.00	5.16	5.31	5.46	5.61	5.76	5.91	6.06	6.21	6.35	6.50

干球温度(℃)		相对湿度	2%	4%	6%	8%	10%	12%	14%	16%	18%	20%	22%	24%	26%	28%	30%	32%	34%	35%	38%	40%	42%	44%	46%	48%	50%
7.0		含湿量(g/kg)	0.12	0.25	0.37	0.49	0.62	0.74	0.86	0.99	1.11	1.23	1.36	1.48	1.60	1.73	1.85	1.97	2.10	2.22	2.35	2.47	2.59	2.72	2.84	2.97	3.09
		焓(kJ/kg)	7.38	7.69	8.00	8.31	8.62	8.93	9.24	9.55	9.86	10.17	10.48	10.79	11.10	11.41	11.72	12.03	12.34	12.65	12.97	13.28	13.59	13.90	14.21	14.52	14.84
		露点温度(℃)	-36.00	-29.49	-25.51	-22.61	-20.31	-18.40	-16.77	-15.33	-14.05	-12.90	-11.84	-10.87	-9.97	-9.14	-8.35	-7.61	-6.92	-6.26	-5.63	-5.03	-4.46	-3.91	-3.38	-2.88	-2.39
		湿球温度(℃)	-1.18	-1.00	-0.82	-0.64	-0.46	-0.29	-0.11	0.06	0.25	0.43	0.61	0.79	0.97	1.14	1.32	1.50	1.67	1.85	2.02	2.19	2.36	2.54	2.71	2.87	3.04
		相对湿度	52%	54%	56%	58%	60%	62%	64%	66%	68%	70%	72%	74%	76%	78%	80%	82%	84%	86%	88%	90%	92%	94%	96%	98%	100%
		含湿量(g/kg)	3.21	3.34	3.46	3.59	3.71	3.84	3.96	4.09	4.21	4.34	4.46	4.59	4.71	4.83	4.96	5.08	5.21	5.33	5.46	5.59	5.71	5.84	5.96	6.09	6.21
		焓(kJ/kg)	15.15	15.46	15.77	16.09	16.40	16.71	17.02	17.34	17.65	17.96	18.28	18.59	18.91	19.22	19.53	19.85	20.16	20.48	20.79	21.11	21.42	21.73	22.05	22.37	22.68
		露点温度(℃)	-1.92	-1.47	-1.03	-0.61	-0.20	0.22	0.66	1.09	1.50	1.91	2.30	2.69	3.06	3.43	3.79	4.14	4.49	4.82	5.15	5.47	5.79	6.10	6.41	6.71	7.00
$P_{qb}=1001.96\text{Pa}$		湿球温度(℃)	3.21	3.38	3.54	3.71	3.87	4.04	4.20	4.36	4.52	4.68	4.84	5.00	5.16	5.32	5.47	5.63	5.78	5.94	6.09	6.25	6.40	6.55	6.70	6.85	7.00
7.5		相对湿度	2%	4%	6%	8%	10%	12%	14%	16%	18%	20%	22%	24%	26%	28%	30%	32%	34%	36%	38%	40%	42%	44%	46%	48%	50%
		含湿量(g/kg)	0.13	0.25	0.38	0.51	0.64	0.76	0.89	1.02	1.15	1.28	1.40	1.53	1.66	1.79	1.92	2.04	2.17	2.30	2.43	2.56	2.68	2.81	2.94	3.07	3.20
		焓(kJ/kg)	7.90	8.22	8.54	8.86	9.18	9.50	9.82	10.14	10.46	10.78	11.10	11.42	11.75	12.07	12.39	12.71	13.03	13.36	13.68	14.00	14.32	14.65	14.97	15.29	15.62
		露点温度(℃)	-35.38	-29.16	-25.17	-22.26	-19.96	-18.04	-16.40	-14.96	-13.68	-12.52	-11.46	-10.49	-9.59	-8.75	-7.96	-7.22	-6.52	-5.86	-5.23	-4.63	-4.05	-3.50	-2.98	-2.47	-1.98
		湿球温度(℃)	-0.88	-0.69	-0.51	-0.33	-0.15	0.04	0.22	0.41	0.60	0.78	0.97	1.15	1.34	1.52	1.70	1.88	2.06	2.24	2.42	2.59	2.77	2.94	3.12	3.29	3.46
		相对湿度	52%	54%	56%	58%	60%	62%	64%	66%	68%	70%	72%	74%	76%	78%	80%	82%	84%	86%	88%	90%	92%	94%	96%	98%	100%
		含湿量(g/kg)	3.33	3.46	3.58	3.71	3.84	3.97	4.10	4.23	4.36	4.49	4.62	4.75	4.88	5.00	5.13	5.26	5.39	5.52	5.65	5.78	5.91	6.04	6.17	6.30	6.43
		焓(kJ/kg)	15.94	16.26	16.59	16.91	17.23	17.56	17.88	18.21	18.53	18.86	19.18	19.51	19.83	20.16	20.48	20.81	21.13	21.46	21.78	22.11	22.44	22.76	23.09	23.41	23.74
		露点温度(℃)	-1.51	-1.06	-0.62	-0.20	0.24	0.70	1.14	1.57	1.98	2.39	2.78	3.17	3.55	3.92	4.28	4.63	4.98	5.31	5.64	5.97	6.29	6.60	6.90	7.20	7.50
$P_{qb}=1036.87\text{Pa}$		湿球温度(℃)	3.63	3.80	3.97	4.14	4.31	4.48	4.64	4.81	4.97	5.14	5.30	5.46	5.62	5.78	5.94	6.10	6.26	6.42	6.58	6.73	6.89	7.04	7.19	7.35	7.50
8.0		相对湿度	2%	4%	6%	8%	10%	12%	14%	16%	18%	20%	22%	24%	26%	28%	30%	32%	34%	36%	38%	40%	42%	44%	46%	48%	50%
		含湿量(g/kg)	0.13	0.26	0.40	0.53	0.66	0.79	0.92	1.06	1.19	1.32	1.45	1.58	1.72	1.85	1.98	2.11	2.25	2.38	2.51	2.65	2.78	2.91	3.04	3.18	3.31
		焓(kJ/kg)	8.41	8.74	9.07	9.41	9.74	10.07	10.40	10.73	11.07	11.40	11.73	12.06	12.40	12.73	13.06	13.40	13.73	14.06	14.40	14.73	15.07	15.40	15.74	16.07	16.40
		露点温度(℃)	-35.38	-28.83	-24.83	-21.91	-19.60	-17.68	-16.03	-14.59	-13.30	-12.14	-11.08	-10.11	-9.20	-8.36	-7.57	-6.83	-6.13	-5.46	-4.83	-4.23	-3.65	-3.10	-2.57	-2.06	-1.57
		湿球温度(℃)	-0.58	-0.39	-0.20	-0.02	0.18	0.37	0.57	0.76	0.95	1.14	1.33	1.52	1.71	1.89	2.08	2.26	2.45	2.63	2.81	2.99	3.17	3.35	3.53	3.70	3.88
		相对湿度	52%	54%	56%	58%	60%	62%	64%	66%	68%	70%	72%	74%	76%	78%	80%	82%	84%	86%	88%	90%	92%	94%	96%	98%	100%
		含湿量(g/kg)	3.44	3.58	3.71	3.84	3.98	4.11	4.24	4.38	4.51	4.64	4.78	4.91	5.05	5.18	5.31	5.45	5.58	5.72	5.85	5.98	6.12	6.25	6.39	6.52	6.66
		焓(kJ/kg)	16.74	17.07	17.41	17.74	18.08	18.42	18.75	19.09	19.42	19.76	20.10	20.43	20.77	21.11	21.44	21.78	22.12	22.45	22.79	23.13	23.47	23.80	24.14	24.48	24.82
		露点温度(℃)	-1.10	-0.65	-0.21	0.25	0.72	1.17	1.61	2.04	2.46	2.87	3.27	3.65	4.03	4.40	4.76	5.12	5.46	5.80	6.14	6.46	6.78	7.09	7.40	7.70	8.00
$P_{qb}=1072.84\text{Pa}$		湿球温度(℃)	4.05	4.23	4.40	4.57	4.75	4.92	5.09	5.26	5.42	5.59	5.76	5.92	6.09	6.25	6.41	6.58	6.74	5.90	7.06	7.22	7.38	7.53	7.69	7.84	8.00

干球温度(℃)		50%	48%	46%	44%	42%	40%	38%	36%	34%	32%	30%	28%	26%	24%	22%	20%	18%	16%	14%	12%	10%	8%	6%	4%	2%
8.5	相对湿度	50%	48%	46%	44%	42%	40%	38%	36%	34%	32%	30%	28%	26%	24%	22%	20%	18%	16%	14%	12%	10%	8%	6%	4%	2%
	含湿量(g/kg)	3.43	3.29	3.15	3.01	2.87	2.74	2.60	2.46	2.33	2.19	2.05	1.91	1.78	1.64	1.50	1.37	1.23	1.09	0.96	0.82	0.68	0.55	0.41	0.27	0.14
	焓(kJ/kg)	17.20	16.86	16.51	16.16	15.82	15.47	15.13	14.78	14.43	14.09	13.74	13.40	13.05	12.71	12.36	12.02	11.68	11.33	10.99	10.64	10.30	9.96	9.61	9.27	8.93
	露点温度(℃)	-1.17	-1.66	-2.17	-2.70	-3.25	-3.83	-4.43	-5.05	-5.73	-6.43	-7.18	-7.97	-8.82	-9.72	-10.70	-11.76	-12.93	-14.22	-15.67	-17.32	-19.25	-21.56	-24.49	-28.50	-35.06
	湿球温度(℃)	4.30	4.12	3.94	3.75	3.57	3.39	3.20	3.02	2.83	2.64	2.45	2.26	2.07	1.88	1.69	1.49	1.30	1.10	0.90	0.71	0.51	0.31	0.10	-0.09	-0.29
	相对湿度	100%	98%	96%	94%	92%	90%	88%	86%	84%	82%	80%	78%	76%	74%	72%	70%	68%	66%	64%	62%	60%	58%	56%	54%	52%
	含湿量(g/kg)	6.89	6.75	6.61	6.47	6.33	6.19	6.05	5.92	5.78	5.64	5.50	5.36	5.22	5.08	4.94	4.81	4.67	4.53	4.39	4.25	4.12	3.98	3.84	3.70	3.56
	焓(kJ/kg)	25.91	25.56	25.21	24.86	24.51	24.16	23.82	23.47	23.12	22.77	22.42	22.07	21.72	21.37	21.02	20.68	20.33	19.98	19.63	19.28	18.94	18.59	18.24	17.50	17.55
	露点温度(℃)	8.50	8.34	8.18	8.02	7.86	7.70	7.54	7.38	7.21	7.05	6.88	6.72	6.55	6.38	6.21	6.04	5.87	5.70	5.53	5.36	5.18	5.01	4.83	4.65	4.48
	湿球温度(℃)	8.50	8.20	7.90	7.59	7.28	6.96	6.63	6.30	5.95	5.61	5.25	4.89	4.52	4.14	3.75	3.35	2.94	2.52	2.09	1.64	1.19	0.72	0.23	-0.24	-0.69
$P_{qb}=1109.91\text{Pa}$																										
9.0	相对湿度	50%	48%	46%	44%	42%	40%	38%	36%	34%	32%	30%	28%	26%	24%	22%	20%	18%	16%	14%	12%	10%	8%	6%	4%	2%
	含湿量(g/kg)	3.54	3.40	3.26	3.12	2.97	2.83	2.69	2.55	2.41	2.26	2.12	1.98	1.84	1.70	1.55	1.41	1.27	1.13	0.99	0.85	0.71	0.56	0.42	0.28	0.14
	焓(kJ/kg)	18.01	17.65	17.29	16.93	16.57	16.22	15.86	15.50	15.14	14.79	14.43	14.07	13.72	13.36	13.00	12.65	12.29	11.93	11.58	11.22	10.87	10.51	10.15	9.80	9.44
	露点温度(℃)	-0.76	-1.25	-1.76	-2.29	-2.85	-3.43	-4.03	-4.67	-5.34	-6.04	-6.79	-7.58	-8.43	-9.34	-10.32	-11.39	-12.56	-13.85	-15.30	-16.96	-18.89	-21.21	-24.15	-28.17	-34.75
	湿球温度(℃)	4.71	4.53	4.34	4.16	3.97	3.78	3.60	3.41	3.21	3.02	2.83	2.63	2.44	2.24	2.04	1.85	1.65	1.44	1.24	1.04	0.83	0.63	0.42	0.21	0.00
	相对湿度	100%	98%	96%	94%	92%	90%	88%	86%	84%	82%	80%	78%	76%	74%	72%	70%	68%	66%	64%	62%	60%	58%	56%	54%	52%
	含湿量(g/kg)	7.13	6.98	6.84	6.70	6.55	6.41	6.26	6.12	5.98	5.83	5.69	5.55	5.40	5.26	5.12	4.97	4.83	4.69	4.54	4.40	4.26	4.11	3.97	3.83	3.69
	焓(kJ/kg)	27.03	26.67	26.30	25.94	25.58	25.22	24.86	24.49	24.13	23.77	23.41	23.05	22.69	22.33	21.97	21.60	21.24	20.88	20.52	20.16	19.80	19.45	19.09	18.73	18.37
	露点温度(℃)	9.00	8.84	8.68	8.52	8.35	8.19	8.02	7.86	7.69	7.52	7.35	7.18	7.01	6.84	6.67	6.50	6.32	6.15	5.97	5.80	5.62	5.44	5.26	5.08	4.90
	湿球温度(℃)	9.00	8.70	8.40	8.09	7.77	7.45	7.12	6.79	6.44	6.10	5.74	5.37	5.00	4.62	4.23	3.83	3.42	2.99	2.56	2.12	1.66	1.19	0.70	0.20	-0.28
$P_{qb}=1148.11\text{Pa}$																										
9.5	相对湿度	50%	48%	46%	44%	42%	40%	38%	36%	34%	32%	30%	28%	26%	24%	22%	20%	18%	16%	14%	12%	10%	8%	6%	4%	2%
	含湿量(g/kg)	3.67	3.52	3.37	3.22	3.08	2.93	2.78	2.64	2.49	2.34	2.19	2.05	1.90	1.75	1.61	1.46	1.31	1.17	1.02	0.88	0.73	0.58	0.44	0.29	0.15
	焓(kJ/kg)	18.82	18.45	18.08	17.71	17.34	16.97	16.60	16.23	15.86	15.49	15.12	14.75	14.38	14.01	13.64	13.27	12.91	12.54	12.17	11.80	11.43	11.06	10.70	10.33	9.96
	露点温度(℃)	-0.35	-0.84	-1.36	-1.89	-2.45	-3.03	-3.63	-4.27	-4.94	-5.65	-6.40	-7.20	-8.05	-8.96	-9.94	-11.01	-12.18	-13.48	-14.94	-16.60	-18.54	-20.87	-23.81	-27.84	-34.44
	湿球温度(℃)	5.13	4.94	4.75	4.56	4.37	4.18	3.99	3.79	3.60	3.40	3.20	3.00	2.80	2.60	2.40	2.20	1.99	1.79	1.58	1.37	1.16	0.95	0.74	0.52	0.31
	相对湿度	100%	98%	96%	94%	92%	90%	88%	86%	84%	82%	80%	78%	76%	74%	72%	70%	68%	66%	64%	62%	60%	58%	56%	54%	52%
	含湿量(g/kg)	7.38	7.23	7.08	6.93	6.78	6.63	6.48	6.33	6.18	6.04	5.89	5.74	5.59	5.44	5.29	5.14	5.00	4.85	4.70	4.55	4.40	4.26	4.11	3.96	3.81
	焓(kJ/kg)	28.16	27.79	27.41	27.04	26.66	26.29	25.91	25.54	25.16	24.79	24.41	24.04	23.67	23.29	22.92	22.55	22.17	21.80	21.43	21.06	20.68	20.31	19.94	19.57	19.20
	露点温度(℃)	9.50	9.20	8.89	8.58	8.27	7.94	7.61	7.23	6.93	6.58	6.23	5.86	5.49	5.10	4.71	4.31	3.89	3.47	3.04	2.59	2.13	1.65	1.17	0.66	0.14
	湿球温度(℃)	9.50	9.34	9.17	9.01	8.84	8.67	8.51	8.34	8.17	8.00	7.82	7.65	7.48	7.30	7.13	6.95	6.77	6.59	6.42	6.23	6.05	5.87	5.69	5.50	5.32
$P_{qb}=1187.46\text{Pa}$																										

干球温度(℃)	相对湿度	2%	4%	6%	8%	10%	12%	14%	16%	18%	20%	22%	24%	26%	28%	30%	32%	34%	36%	38%	40%	42%	44%	46%	48%	50%
10.0	含湿量(g/kg)	0.15	0.30	0.45	0.60	0.75	0.91	1.06	1.21	1.36	1.51	1.66	1.81	1.97	2.12	2.27	2.42	2.57	2.73	2.88	3.03	3.18	3.33	3.49	3.64	3.79
	焓(kJ/kg)	10.48	10.86	11.24	11.62	12.00	12.38	12.76	13.14	13.52	13.91	14.29	14.67	15.05	15.43	15.82	16.20	16.58	16.96	17.35	17.73	18.11	18.50	18.88	19.27	19.65
	露点温度(℃)	−34.13	−27.51	−23.47	−20.52	−18.18	−16.24	−14.57	−13.11	−11.81	−10.64	−9.56	−8.58	−7.66	−6.81	−6.01	−5.26	−4.55	−3.88	−3.24	−2.63	−2.05	−1.49	−0.95	−0.44	0.06
	湿球温度(℃)	0.61	0.83	1.05	1.27	1.48	1.70	1.91	2.12	2.34	2.55	2.75	2.96	3.17	3.37	3.58	3.78	3.98	4.18	4.38	4.58	4.77	4.97	5.16	5.35	5.55
	相对湿度	52%	54%	56%	58%	60%	62%	64%	66%	68%	70%	72%	74%	76%	78%	80%	82%	84%	86%	88%	90%	92%	94%	96%	98%	100%
	含湿量(g/kg)	3.94	4.10	4.25	4.40	4.56	4.71	4.86	5.02	5.17	5.32	5.48	5.63	5.78	5.94	6.09	6.24	6.40	6.55	6.71	6.86	7.01	7.17	7.32	7.48	7.63
	焓(kJ/kg)	20.03	20.42	20.80	21.19	21.57	21.96	22.34	22.73	23.12	23.50	23.89	24.28	24.66	25.05	25.44	25.82	26.21	26.60	26.99	27.37	27.76	28.15	28.54	28.93	29.32
	露点温度(℃)	0.60	1.13	1.63	2.12	2.60	3.06	3.51	3.95	4.37	4.79	5.19	5.58	5.97	6.35	6.71	7.07	7.42	7.77	8.11	8.44	8.76	9.08	9.39	9.70	10.00
P_{qb}=1228.00Pa	湿球温度(℃)	5.74	5.93	6.11	6.30	6.49	6.67	6.86	7.04	7.22	7.40	7.58	7.76	7.94	8.12	8.29	8.47	8.64	8.82	8.99	9.16	9.33	9.50	9.67	9.83	10.00
干球温度(℃)	相对湿度	2%	4%	6%	8%	10%	12%	14%	16%	18%	20%	22%	24%	26%	28%	30%	32%	34%	36%	38%	40%	42%	44%	46%	48%	50%
10.5	含湿量(g/kg)	0.16	0.31	0.47	0.62	0.78	0.94	1.09	1.25	1.41	1.56	1.72	1.88	2.03	2.19	2.35	2.50	2.66	2.82	2.98	3.13	3.29	3.45	3.61	3.76	3.92
	焓(kJ/kg)	11.00	11.39	11.78	12.18	12.57	12.96	13.36	13.75	14.15	14.54	14.94	15.33	15.73	16.12	16.52	16.91	17.31	17.71	18.10	18.50	18.90	19.29	19.69	20.09	20.49
	露点温度(℃)	−33.82	−27.18	−23.13	−20.17	−17.83	−15.88	−14.21	−12.75	−11.44	−10.26	−9.18	−8.19	−7.28	−6.42	−5.62	−4.87	−4.16	−3.48	−2.84	−2.23	−1.64	−1.09	−0.55	−0.03	0.52
	湿球温度(℃)	0.91	1.14	1.36	1.58	1.81	2.03	2.25	2.46	2.68	2.89	3.11	3.32	3.53	3.74	3.95	4.15	4.36	4.56	4.77	4.97	5.17	5.37	5.57	5.77	5.96
	相对湿度	52%	54%	56%	58%	60%	62%	64%	66%	68%	70%	72%	74%	76%	78%	80%	82%	84%	86%	88%	90%	92%	94%	96%	98%	100%
	含湿量(g/kg)	4.08	4.24	4.40	4.55	4.71	4.87	5.03	5.19	5.35	5.50	5.66	5.82	5.98	6.14	6.30	6.46	6.62	6.78	6.94	7.10	7.25	7.41	7.57	7.73	7.89
	焓(kJ/kg)	20.88	21.28	21.68	22.08	22.48	22.88	23.27	23.67	24.07	24.47	24.87	25.27	25.67	26.07	26.47	26.87	27.28	27.68	28.08	28.48	28.88	29.28	29.69	30.09	30.49
	露点温度(℃)	1.07	1.59	2.10	2.59	3.07	3.53	3.99	4.42	4.85	5.27	5.67	6.07	6.45	6.83	7.20	7.56	7.91	8.26	8.60	8.93	9.26	9.58	9.89	10.20	10.50
P_{qb}=1269.74Pa	湿球温度(℃)	6.16	6.35	6.54	6.73	6.92	7.11	7.30	7.49	7.67	7.86	8.04	8.22	8.40	8.58	8.76	8.94	9.12	9.29	9.47	9.64	9.82	9.99	10.16	10.33	10.50
干球温度(℃)	相对湿度	2%	4%	6%	8%	10%	12%	14%	16%	18%	20%	22%	24%	26%	28%	30%	32%	34%	36%	38%	40%	42%	44%	46%	48%	50%
11.0	含湿量(g/kg)	0.16	0.32	0.48	0.65	0.81	0.97	1.13	1.29	1.45	1.62	1.78	1.94	2.10	2.26	2.43	2.59	2.75	2.91	3.08	3.24	3.40	3.57	3.73	3.89	4.06
	焓(kJ/kg)	11.52	11.92	12.33	12.74	13.14	13.55	13.96	14.37	14.77	15.18	15.59	16.00	16.41	16.82	17.23	17.64	18.05	18.46	18.87	19.28	19.69	20.10	20.51	20.92	21.33
	露点温度(℃)	−33.51	−26.86	−22.79	−19.82	−17.47	−15.52	−13.85	−12.38	−11.07	−9.89	−8.81	−7.81	−6.89	−6.04	−5.23	−4.48	−3.76	−3.09	−2.44	−1.83	−1.24	−0.68	−0.15	0.42	0.99
	湿球温度(℃)	1.21	1.44	1.67	1.90	2.13	2.35	2.58	2.80	3.02	3.24	3.46	3.68	3.89	4.11	4.32	4.53	4.74	4.95	5.16	5.36	5.57	5.77	5.97	6.18	6.38
	相对湿度	52%	54%	56%	58%	60%	62%	64%	66%	68%	70%	72%	74%	76%	78%	80%	82%	84%	86%	88%	90%	92%	94%	96%	98%	100%
	含湿量(g/kg)	4.22	4.38	4.55	4.71	4.87	5.04	5.20	5.36	5.53	5.69	5.86	6.02	6.19	6.35	6.51	6.68	6.84	7.01	7.17	7.34	7.50	7.67	7.83	8.00	8.16
	焓(kJ/kg)	21.74	22.15	22.57	22.98	23.39	23.80	24.22	24.63	25.04	25.46	25.87	26.28	26.70	27.11	27.53	27.94	28.36	28.77	29.19	29.60	30.02	30.44	30.85	31.27	31.69
	露点温度(℃)	1.53	2.06	2.57	3.06	3.54	4.01	4.46	4.90	5.33	5.75	6.15	6.55	6.94	7.32	7.69	8.05	8.40	8.75	9.09	9.42	9.75	10.07	10.39	10.70	11.00
P_{qb}=1312.74Pa	湿球温度(℃)	6.57	6.77	6.97	7.16	7.36	7.55	7.74	7.93	8.12	8.31	8.50	8.68	8.87	9.05	9.23	9.41	9.59	9.77	9.95	10.13	10.31	10.48	10.65	10.83	11.00

续表

干球温度(℃) = 11.5

相对湿度	2%	4%	6%	8%	10%	12%	14%	16%	18%	20%	22%	24%	26%	28%	30%	32%	34%	36%	38%	40%	42%	44%	46%	48%	50%
含湿量(g/kg)	0.17	0.33	0.50	0.67	0.83	1.00	1.17	1.34	1.50	1.67	1.84	2.01	2.17	2.34	2.51	2.68	2.85	3.01	3.18	3.35	3.52	3.69	3.86	4.02	4.19
焓(kJ/kg)	12.04	12.46	12.88	13.30	13.72	14.14	14.56	14.98	15.40	15.83	16.25	16.67	17.09	17.52	17.94	18.36	18.79	19.21	19.64	20.06	20.49	20.91	21.34	21.76	22.19
露点温度(℃)	-33.20	-26.53	-22.45	-19.48	-17.12	-15.16	-13.48	-12.01	-10.70	-9.51	-8.43	-7.43	-6.51	-5.65	-4.85	-4.09	-3.37	-2.69	-2.05	-1.43	-0.85	-0.28	0.29	0.88	1.45
湿球温度(℃)	1.51	1.74	1.98	2.21	2.45	2.68	2.91	3.13	3.36	3.59	3.81	4.03	4.25	4.47	4.69	4.91	5.12	5.33	5.55	5.76	5.97	6.17	6.38	6.59	6.79
相对湿度	52%	54%	56%	58%	60%	62%	64%	66%	68%	70%	72%	74%	76%	78%	80%	82%	84%	86%	88%	90%	92%	94%	96%	98%	100%
含湿量(g/kg)	4.36	4.53	4.70	4.87	5.04	5.21	5.38	5.55	5.72	5.89	6.06	6.23	6.40	6.57	6.74	6.91	7.08	7.25	7.42	7.59	7.76	7.93	8.10	8.27	8.44
焓(kJ/kg)	22.61	23.04	23.46	23.89	24.32	24.75	25.17	25.60	26.03	26.46	26.88	27.31	27.74	28.17	28.60	29.03	29.46	29.89	30.32	30.75	31.18	31.61	32.04	32.47	32.90
露点温度(℃)	1.99	2.52	3.04	3.53	4.01	4.48	4.93	5.38	5.81	6.23	6.63	7.03	7.42	7.80	8.17	8.54	8.89	9.24	9.58	9.92	10.25	10.57	10.88	11.20	11.50
湿球温度(℃)	6.99	7.19	7.40	7.59	7.79	7.99	8.18	8.38	8.57	8.76	8.95	9.14	9.33	9.52	9.70	9.89	10.07	10.25	10.43	10.61	10.79	10.97	11.15	11.33	11.50

$P_{qb} = 1357.01\text{Pa}$

干球温度(℃) = 12.0

相对湿度	2%	4%	6%	8%	10%	12%	14%	16%	18%	20%	22%	24%	26%	28%	30%	32%	34%	36%	38%	40%	42%	44%	46%	48%	50%
含湿量(g/kg)	0.17	0.34	0.52	0.69	0.86	1.03	1.21	1.38	1.55	1.73	1.90	2.07	2.25	2.42	2.59	2.77	2.94	3.12	3.29	3.46	3.64	3.81	3.99	4.16	4.34
焓(kJ/kg)	12.55	12.99	13.42	13.86	14.29	14.73	15.17	15.60	16.04	16.48	16.91	17.35	17.79	18.22	18.66	19.10	19.54	19.98	20.42	20.85	21.29	21.73	22.17	22.61	23.05
露点温度(℃)	-32.89	-26.20	-22.11	-19.13	-16.77	-14.80	-13.12	-11.64	-10.33	-9.14	-8.05	-7.05	-6.13	-5.27	-4.46	-3.70	-2.98	-2.30	-1.65	-1.04	-0.45	0.13	0.75	1.34	1.91
湿球温度(℃)	1.80	2.04	2.28	2.52	2.76	3.00	3.23	3.47	3.70	3.93	4.16	4.39	4.61	4.84	5.06	5.28	5.50	5.72	5.93	6.15	6.36	6.58	6.79	7.00	7.20
相对湿度	52%	54%	56%	58%	60%	62%	64%	66%	68%	70%	72%	74%	76%	78%	80%	82%	84%	86%	88%	90%	92%	94%	96%	98%	100%
含湿量(g/kg)	4.51	4.68	4.86	5.03	5.21	5.38	5.56	5.74	5.91	6.09	6.26	6.44	6.61	6.79	6.97	7.14	7.32	7.49	7.67	7.85	8.02	8.20	8.38	8.55	8.73
焓(kJ/kg)	23.49	23.93	24.38	24.82	25.26	25.70	26.14	26.58	27.03	27.47	27.91	28.36	28.80	29.24	29.69	30.13	30.58	31.02	31.47	31.91	32.36	32.80	33.25	33.69	34.14
露点温度(℃)	2.46	2.99	3.50	4.00	4.48	4.95	5.41	5.85	6.28	6.70	7.11	7.51	7.91	8.29	8.66	9.03	9.38	9.73	10.08	10.41	10.74	11.07	11.38	11.69	12.00
湿球温度(℃)	7.41	7.62	7.82	8.02	8.23	8.43	8.63	8.82	9.02	9.21	9.41	9.60	9.79	9.98	10.17	10.36	10.55	10.73	10.92	11.10	11.28	11.46	11.64	11.82	12.00

$P_{qb} = 1402.59\text{Pa}$

干球温度(℃) = 12.5

相对湿度	2%	4%	6%	8%	10%	12%	14%	16%	18%	20%	22%	24%	26%	28%	30%	32%	34%	36%	38%	40%	42%	44%	46%	48%	50%
含湿量(g/kg)	0.18	0.36	0.53	0.71	0.89	1.07	1.25	1.43	1.61	1.78	1.96	2.14	2.32	2.50	2.68	2.86	3.04	3.22	3.40	3.58	3.76	3.94	4.12	4.30	4.48
焓(kJ/kg)	13.07	13.52	13.97	14.42	14.87	15.32	15.77	16.23	16.68	17.13	17.58	18.03	18.48	18.94	19.39	19.84	20.30	20.75	21.20	21.66	22.11	22.57	23.02	23.48	23.93
露点温度(℃)	-32.58	-25.87	-21.78	-18.79	-16.42	-14.45	-12.76	-11.28	-9.96	-8.76	-7.68	-6.67	-5.75	-4.88	-4.07	-3.31	-2.59	-1.91	-1.26	-0.64	-0.05	0.59	1.20	1.80	2.37
湿球温度(℃)	2.09	2.34	2.59	2.83	3.08	3.32	3.56	3.80	4.04	4.27	4.51	4.74	4.97	5.20	5.43	5.65	5.88	6.10	6.32	6.54	6.76	6.98	7.19	7.41	7.62
相对湿度	52%	54%	56%	58%	60%	62%	64%	66%	68%	70%	72%	74%	76%	78%	80%	82%	84%	86%	88%	90%	92%	94%	96%	98%	100%
含湿量(g/kg)	4.66	4.84	5.02	5.20	5.39	5.57	5.75	5.93	6.11	6.29	6.47	6.66	6.84	7.02	7.20	7.38	7.57	7.75	7.93	8.11	8.30	8.48	8.66	8.84	9.03
焓(kJ/kg)	24.39	24.84	25.30	25.75	26.21	26.67	27.13	27.58	28.04	28.50	28.96	29.42	29.87	30.33	30.79	31.25	31.71	32.17	32.63	33.09	33.55	34.02	34.48	34.94	35.40
露点温度(℃)	2.92	3.45	3.97	4.47	4.95	5.43	5.88	6.33	6.76	7.18	7.60	8.00	8.39	8.77	9.15	9.51	9.87	10.22	10.57	10.91	11.24	11.56	11.88	12.19	12.50
湿球温度(℃)	7.83	8.04	8.25	8.45	8.66	8.86	9.07	9.27	9.47	9.67	9.86	10.06	10.26	10.45	10.64	10.83	11.02	11.21	11.40	11.59	11.77	11.95	12.14	12.32	12.50

$P_{qb} = 1449.51\text{Pa}$

干球温度(℃) = 13.0

相对湿度	2%	4%	6%	8%	10%	12%	14%	16%	18%	20%	22%	24%	26%	28%	30%	32%	34%	36%	38%	40%	42%	44%	46%	48%	50%
含湿量(g/kg)	0.18	0.37	0.55	0.74	0.92	1.11	1.29	1.47	1.66	1.84	2.03	2.21	2.40	2.59	2.77	2.96	3.14	3.33	3.51	3.70	3.89	4.07	4.26	4.44	4.63
焓(kJ/kg)	13.59	14.06	14.52	14.99	15.45	15.92	16.39	16.85	17.32	17.79	18.25	18.72	19.19	19.65	20.12	20.59	21.06	21.53	22.00	22.47	22.94	23.41	23.88	24.35	24.82
露点温度(℃)	-32.27	-25.55	-21.44	-18.44	-16.06	-14.09	-12.40	-10.91	-9.59	-8.39	-7.30	-6.29	-5.33	-4.50	-3.68	-2.92	-2.20	-1.51	-0.86	-0.24	0.40	1.04	1.66	2.26	2.83
湿球温度(℃)	2.38	2.64	2.89	3.14	3.39	3.64	3.89	4.13	4.37	4.62	4.85	5.09	5.33	5.56	5.79	6.03	6.26	6.48	6.71	6.93	7.16	7.38	7.60	7.82	8.03
相对湿度	52%	54%	56%	58%	60%	62%	64%	66%	68%	70%	72%	74%	76%	78%	80%	82%	84%	86%	88%	90%	92%	94%	96%	98%	100%
含湿量(g/kg)	4.82	5.01	5.19	5.38	5.57	5.75	5.94	6.13	6.32	6.50	6.69	6.88	7.07	7.26	7.44	7.63	7.82	8.01	8.20	8.39	8.58	8.76	8.95	9.14	9.33
焓(kJ/kg)	25.29	25.76	26.23	26.71	27.18	27.65	28.12	28.60	29.07	29.54	30.02	30.49	30.97	31.44	31.92	32.39	32.87	33.34	33.82	34.30	34.77	35.25	35.73	36.21	36.68
露点温度(℃)	3.38	3.92	4.44	4.94	5.42	5.90	6.36	6.80	7.24	7.66	8.08	8.48	8.87	9.26	9.63	10.00	10.36	10.72	11.06	11.40	11.73	12.06	12.38	12.69	13.00
湿球温度(℃)	8.25	8.46	8.67	8.88	9.09	9.30	9.51	9.71	9.92	10.12	10.32	10.52	10.72	10.92	11.11	11.31	11.50	11.69	11.88	12.07	12.26	12.45	12.63	12.82	13.00

$P_{\phi b}$ = 1497.81Pa

干球温度(℃) = 13.5

相对湿度	2%	4%	6%	8%	10%	12%	14%	16%	18%	20%	22%	24%	26%	28%	30%	32%	34%	36%	38%	40%	42%	44%	46%	48%	50%
含湿量(g/kg)	0.19	0.38	0.57	0.76	0.95	1.14	1.33	1.52	1.71	1.91	2.10	2.29	2.48	2.67	2.86	3.05	3.25	3.44	3.63	3.82	4.02	4.21	4.40	4.59	4.79
焓(kJ/kg)	14.11	14.59	15.08	15.56	16.04	16.52	17.00	17.48	17.96	18.45	18.93	19.41	19.90	20.38	20.86	21.35	21.83	22.32	22.80	23.29	23.77	24.26	24.75	25.23	25.72
露点温度(℃)	-31.96	-25.22	-21.10	-18.10	-15.71	-13.73	-12.03	-10.54	-9.22	-8.02	-6.92	-5.92	-4.98	-4.11	-3.30	-2.53	-1.81	-1.12	-0.47	0.17	0.85	1.50	2.12	2.71	3.29
湿球温度(℃)	2.67	2.93	3.19	3.45	3.70	3.96	4.21	4.46	4.71	4.96	5.20	5.44	5.68	5.92	6.16	6.40	6.63	6.86	7.10	7.32	7.55	7.78	8.00	8.22	8.44
相对湿度	52%	54%	56%	58%	60%	62%	64%	66%	68%	70%	72%	74%	76%	78%	80%	82%	84%	86%	88%	90%	92%	94%	96%	98%	100%
含湿量(g/kg)	4.98	5.17	5.37	5.56	5.75	5.95	6.14	6.33	6.53	6.72	6.92	7.11	7.30	7.50	7.69	7.89	8.08	8.28	8.47	8.67	8.86	9.06	9.26	9.45	9.65
焓(kJ/kg)	26.21	26.69	27.18	27.67	28.16	28.65	29.14	29.63	30.12	30.61	31.10	31.59	32.08	32.57	33.06	33.55	34.04	34.54	35.03	35.52	36.02	36.51	37.00	37.50	37.99
露点温度(℃)	3.85	4.38	4.90	5.41	5.90	6.37	6.83	7.28	7.72	8.14	8.56	8.96	9.36	9.74	10.12	10.49	10.85	11.21	11.55	11.89	12.23	12.55	12.88	13.19	13.50
湿球温度(℃)	8.66	8.88	9.10	9.31	9.53	9.74	9.95	10.16	10.37	10.57	10.78	10.98	11.18	11.38	11.58	11.78	11.97	12.17	12.36	12.56	12.75	12.94	13.13	13.31	13.50

$P_{\phi b}$ = 1547.52Pa

干球温度(℃) = 14.0

相对湿度	2%	4%	6%	8%	10%	12%	14%	16%	18%	20%	22%	24%	26%	28%	30%	32%	34%	36%	38%	40%	42%	44%	46%	48%	50%
含湿量(g/kg)	0.20	0.39	0.59	0.79	0.98	1.18	1.38	1.57	1.77	1.97	2.17	2.36	2.56	2.76	2.96	3.16	3.35	3.55	3.75	3.95	4.15	4.35	4.55	4.75	4.95
焓(kJ/kg)	14.64	15.13	15.63	16.13	16.62	17.12	17.62	18.12	18.61	19.11	19.61	20.11	20.61	21.11	21.61	22.11	22.61	23.11	23.62	24.12	24.62	25.12	25.63	26.13	26.63
露点温度(℃)	-31.65	-24.90	-20.77	-17.75	-15.36	-13.38	-11.67	-10.18	-8.85	-7.65	-6.55	-5.54	-4.60	-3.73	-2.91	-2.14	-1.42	-0.73	-0.07	0.62	1.30	1.95	2.57	3.17	3.75
湿球温度(℃)	2.95	3.22	3.49	3.75	4.01	4.28	4.53	4.79	5.04	5.30	5.55	5.79	6.04	6.29	6.53	6.77	7.01	7.25	7.48	7.71	7.95	8.18	8.41	8.63	8.86
相对湿度	52%	54%	56%	58%	60%	62%	64%	66%	68%	70%	72%	74%	76%	78%	80%	82%	84%	86%	88%	90%	92%	94%	96%	98%	100%
含湿量(g/kg)	5.15	5.34	5.54	5.74	5.94	6.14	6.34	6.55	6.75	6.95	7.15	7.35	7.55	7.75	7.95	8.15	8.35	8.56	8.76	8.96	9.16	9.36	9.57	9.77	9.97
焓(kJ/kg)	27.14	27.64	28.14	28.65	29.15	29.66	30.17	30.67	31.18	31.68	32.19	32.70	33.21	33.71	34.22	34.73	35.24	35.75	36.26	36.77	37.28	37.79	38.30	38.81	39.32
露点温度(℃)	4.31	4.85	5.37	5.88	6.37	6.84	7.31	7.76	8.19	8.62	9.04	9.44	9.84	10.23	10.61	10.98	11.34	11.70	12.05	12.39	12.72	13.05	13.37	13.69	14.00
湿球温度(℃)	9.08	9.30	9.52	9.74	9.96	10.18	10.39	10.60	10.81	11.02	11.23	11.44	11.64	11.85	12.05	12.25	12.45	12.65	12.85	13.04	13.24	13.43	13.62	13.81	14.00

$P_{\phi b}$ = 1598.67Pa

续表

干球温度(℃)	相对湿度																									
	相对湿度	2%	4%	6%	8%	10%	12%	14%	16%	18%	20%	22%	24%	26%	28%	30%	32%	34%	36%	38%	40%	42%	44%	46%	48%	50%
	含湿量(g/kg)	0.20	0.41	0.61	0.81	1.02	1.22	1.42	1.63	1.83	2.03	2.24	2.44	2.65	2.85	3.06	3.26	3.47	3.67	3.88	4.08	4.29	4.49	4.70	4.90	5.11
	焓(kJ/kg)	15.16	15.67	16.18	16.70	17.21	17.72	18.24	18.75	19.27	19.78	20.30	20.82	21.33	21.85	22.37	22.88	23.40	23.92	24.44	24.96	25.48	26.00	26.52	27.04	27.56
14.5	露点温度(℃)	−31.34	−24.57	−20.43	−17.41	−15.01	−13.02	−11.31	−9.81	−8.48	−7.27	−6.17	−5.16	−4.22	−3.35	−2.53	−1.76	−1.03	−0.34	0.36	1.07	1.75	2.40	3.03	3.63	4.21
	湿球温度(℃)	3.24	3.51	3.79	4.06	4.32	4.59	4.85	5.12	5.38	5.63	5.89	6.14	6.40	6.65	6.89	7.14	7.38	7.63	7.87	8.10	8.34	8.58	8.81	9.04	9.27
	相对湿度	52%	54%	56%	58%	60%	62%	64%	66%	68%	70%	72%	74%	76%	78%	80%	82%	84%	86%	88%	90%	92%	94%	96%	98%	100%
	含湿量(g/kg)	5.32	5.52	5.73	5.94	6.14	6.35	6.56	6.76	6.97	7.18	7.39	7.59	7.80	8.01	8.22	8.42	8.63	8.84	9.05	9.26	9.47	9.68	9.89	10.10	10.30
	焓(kJ/kg)	28.08	28.50	29.12	29.64	30.16	30.69	31.21	31.73	32.26	32.78	33.30	33.83	34.35	34.88	35.41	35.93	36.46	36.98	37.51	38.04	38.57	39.10	39.62	40.15	40.68
	露点温度(℃)	4.77	5.31	5.84	6.34	6.84	7.31	7.78	8.23	8.67	9.10	9.52	9.93	10.32	10.71	11.09	11.47	11.83	12.19	12.54	12.88	13.22	13.55	13.87	14.19	14.50
	湿球温度(℃)	9.50	9.72	9.95	10.17	10.39	10.61	10.83	11.05	11.26	11.48	11.69	11.90	12.11	12.31	12.52	12.72	12.93	13.13	13.33	13.53	13.72	13.92	14.11	14.31	14.50
$P_{qb}=1651.30\text{Pa}$																										
	相对湿度	2%	4%	6%	8%	10%	12%	14%	16%	18%	20%	22%	24%	26%	28%	30%	32%	34%	36%	38%	40%	42%	44%	46%	48%	50%
	含湿量(g/kg)	0.21	0.42	0.63	0.84	1.05	1.26	1.47	1.68	1.89	2.10	2.31	2.52	2.73	2.95	3.16	3.37	3.58	3.79	4.00	4.22	4.43	4.64	4.85	5.07	5.28
	焓(kJ/kg)	15.68	16.21	16.74	17.27	17.80	18.33	18.86	19.40	19.93	20.46	20.99	21.53	22.06	22.59	23.13	23.66	24.20	24.73	25.27	25.81	26.34	26.88	27.42	27.96	28.49
15.0	露点温度(℃)	−31.04	−24.25	−20.09	−17.06	−14.66	−12.66	−10.95	−9.45	−8.11	−6.90	−5.80	−4.78	−3.84	−2.96	−2.14	−1.37	−0.64	0.06	0.81	1.52	2.20	2.86	3.49	4.09	4.67
	湿球温度(℃)	3.52	3.80	4.08	4.36	4.63	4.90	5.17	5.44	5.71	5.97	6.23	6.49	6.75	7.00	7.26	7.51	7.76	8.01	8.25	8.49	8.74	8.97	9.21	9.45	9.68
	相对湿度	52%	54%	56%	58%	60%	62%	64%	66%	68%	70%	72%	74%	76%	78%	80%	82%	84%	86%	88%	90%	92%	94%	96%	98%	100%
	含湿量(g/kg)	5.49	5.71	5.92	6.13	6.35	6.56	6.77	6.99	7.20	7.42	7.63	7.84	8.06	8.27	8.49	8.70	8.92	9.14	9.35	9.57	9.78	10.00	10.22	10.43	10.65
	焓(kJ/kg)	29.03	29.57	30.11	30.65	31.19	31.73	32.27	32.81	33.35	33.89	34.44	34.98	35.52	36.06	36.61	37.15	37.70	38.24	38.79	39.33	39.88	40.42	40.97	41.52	42.06
	露点温度(℃)	5.23	5.78	6.30	6.81	7.31	7.79	8.25	8.71	9.15	9.58	10.00	10.41	10.81	11.20	11.58	11.96	12.32	12.63	13.03	13.37	13.71	14.04	14.37	14.69	15.00
	湿球温度(℃)	9.91	10.14	10.37	10.60	10.83	11.05	11.27	11.49	11.71	11.93	12.14	12.36	12.57	12.78	12.99	13.20	13.40	13.61	13.81	14.01	14.21	14.41	14.61	14.81	15.00
$P_{qb}=1705.45\text{Pa}$																										
	相对湿度	2%	4%	6%	8%	10%	12%	14%	16%	18%	20%	22%	24%	26%	28%	30%	32%	34%	36%	38%	40%	42%	44%	46%	48%	50%
	含湿量(g/kg)	0.22	0.43	0.65	0.87	1.08	1.30	1.52	1.73	1.95	2.17	2.39	2.61	2.82	3.04	3.26	3.48	3.70	3.92	4.14	4.35	4.57	4.79	5.01	5.23	5.45
	焓(kJ/kg)	16.20	16.75	17.30	17.84	18.39	18.94	19.49	20.04	20.59	21.14	21.69	22.24	22.79	23.35	23.90	24.45	25.00	25.56	26.11	26.67	27.22	27.78	28.33	28.89	29.44
15.5	露点温度(℃)	−30.73	−25.92	−19.76	−16.72	−14.31	−12.31	−10.59	−9.09	−7.74	−6.53	−5.42	−4.41	−3.46	−2.58	−1.76	−0.98	−0.25	0.51	1.25	1.97	2.65	3.31	3.94	4.55	5.13
	湿球温度(℃)	3.80	4.09	4.37	4.66	4.94	5.22	5.49	5.77	6.04	6.31	6.57	6.84	7.10	7.36	7.62	7.88	8.13	8.38	8.63	8.88	9.13	9.37	9.62	9.86	10.09
	相对湿度	52%	54%	56%	58%	60%	62%	64%	66%	68%	70%	72%	74%	76%	78%	80%	82%	84%	86%	88%	90%	92%	94%	96%	98%	100%
	含湿量(g/kg)	5.67	5.89	6.11	6.33	6.56	6.78	7.00	7.22	7.44	7.66	7.88	8.10	8.33	8.55	8.77	8.99	9.22	9.44	9.66	9.88	10.11	10.33	10.55	10.78	11.00
	焓(kJ/kg)	30.00	30.56	31.11	31.67	32.23	32.79	33.35	33.91	34.47	35.03	35.59	36.15	36.71	37.27	37.83	38.39	38.96	39.52	40.08	40.65	41.21	41.78	42.34	42.91	43.47
	露点温度(℃)	5.70	6.24	6.77	7.28	7.78	8.26	8.73	9.18	9.63	10.06	10.48	10.89	11.29	11.68	12.07	12.44	12.81	13.17	13.52	13.87	14.21	14.54	14.87	15.19	15.50
	湿球温度(℃)	10.33	10.57	10.80	11.03	11.26	11.49	11.71	11.94	12.16	12.38	12.60	12.82	13.03	13.24	13.46	13.67	13.88	14.08	14.29	14.50	14.70	14.90	15.10	15.30	15.50
$P_{qb}=1761.15\text{Pa}$																										

干球温度(℃) 16.0　P_qb=1818.44Pa

相对湿度	2%	4%	6%	8%	10%	12%	14%	16%	18%	20%	22%	24%	26%	28%	30%	32%	34%	36%	38%	40%	42%	44%	46%	48%	50%
含湿量(g/kg)	0.22	0.45	0.67	0.89	1.12	1.34	1.57	1.79	2.02	2.24	2.47	2.69	2.92	3.14	3.37	3.59	3.82	4.04	4.27	4.50	4.72	4.95	5.18	5.40	5.63
焓(kJ/kg)	16.72	17.29	17.86	18.42	18.99	19.56	20.12	20.69	21.26	21.83	22.40	22.97	23.54	24.11	24.68	25.25	25.82	26.39	26.96	27.54	28.11	28.68	29.26	29.83	30.41
露点温度(℃)	−30.42	−23.60	−19.42	−16.38	−13.96	−11.95	−10.23	−8.72	−7.38	−6.16	−5.05	−4.03	−3.08	−2.20	−1.37	−0.59	0.16	0.95	1.70	2.42	3.11	3.76	4.40	5.01	5.59
湿球温度(℃)	4.08	4.37	4.66	4.95	5.24	5.53	5.81	6.09	6.37	6.64	6.92	7.19	7.46	7.72	7.99	8.25	8.51	8.76	9.02	9.27	9.52	9.77	10.02	10.26	10.51

相对湿度	52%	54%	56%	58%	60%	62%	64%	66%	68%	70%	72%	74%	76%	78%	80%	82%	84%	86%	88%	90%	92%	94%	96%	98%	100%
含湿量(g/kg)	5.86	6.09	6.31	6.54	6.77	7.00	7.23	7.46	7.68	7.91	8.14	8.37	8.60	8.83	9.06	9.29	9.52	9.75	9.98	10.21	10.44	10.67	10.90	11.14	11.37
焓(kJ/kg)	30.98	31.56	32.13	32.71	33.29	33.86	34.44	35.02	35.60	36.18	36.76	37.34	37.92	38.50	39.08	39.66	40.24	40.82	41.41	41.99	42.57	43.16	43.74	44.33	44.91
露点温度(℃)	6.16	6.71	7.24	7.75	8.25	8.73	9.20	9.66	10.10	10.54	10.96	11.37	11.78	12.17	12.55	12.93	13.30	13.66	14.02	14.36	14.70	15.04	15.36	15.68	16.00
湿球温度(℃)	10.75	10.99	11.22	11.46	11.69	11.92	12.15	12.38	12.61	12.83	13.05	13.27	13.49	13.71	13.93	14.14	14.35	14.56	14.77	14.98	15.19	15.39	15.60	15.80	16.00

干球温度(℃) 16.5　P_qb=1877.36Pa

相对湿度	2%	4%	6%	8%	10%	12%	14%	16%	18%	20%	22%	24%	26%	28%	30%	32%	34%	36%	38%	40%	42%	44%	46%	48%	50%
含湿量(g/kg)	0.23	0.46	0.69	0.92	1.15	1.39	1.62	1.85	2.08	2.31	2.55	2.78	3.01	3.24	3.48	3.71	3.94	4.18	4.41	4.64	4.88	5.11	5.35	5.58	5.82
焓(kJ/kg)	17.25	17.83	18.42	19.00	19.59	20.17	20.76	21.34	21.93	22.52	23.11	23.69	24.28	24.87	25.46	26.05	26.64	27.23	27.82	28.42	29.01	29.60	30.19	30.79	31.38
露点温度(℃)	−30.12	−23.28	−19.09	−16.03	−13.61	−11.60	−9.87	−8.36	−7.01	−5.79	−4.68	−3.65	−2.70	−1.82	−0.99	−0.21	0.60	1.39	2.15	2.87	3.56	4.22	4.85	5.46	6.05
湿球温度(℃)	4.35	4.65	4.95	5.25	5.54	5.84	6.13	6.41	6.70	6.98	7.26	7.53	7.81	8.08	8.35	8.61	8.88	9.14	9.40	9.66	9.92	10.17	10.42	10.67	10.92

相对湿度	52%	54%	56%	58%	60%	62%	64%	66%	68%	70%	72%	74%	76%	78%	80%	82%	84%	86%	88%	90%	92%	94%	96%	98%	100%
含湿量(g/kg)	6.05	6.29	6.52	6.76	6.99	7.23	7.46	7.70	7.94	8.17	8.41	8.65	8.88	9.12	9.36	9.60	9.83	10.07	10.31	10.55	10.79	11.03	11.26	11.50	11.74
焓(kJ/kg)	31.98	32.57	33.17	33.76	34.36	34.95	35.55	36.15	36.75	37.35	37.94	38.54	39.14	39.74	40.34	40.95	41.55	42.15	42.75	43.36	43.96	44.56	45.17	45.77	46.38
露点温度(℃)	6.62	7.17	7.70	8.22	8.72	9.20	9.67	10.13	10.58	11.02	11.44	11.86	12.26	12.66	13.04	13.42	13.79	14.15	14.51	14.86	15.20	15.53	15.86	16.18	16.50
湿球温度(℃)	11.16	11.41	11.65	11.89	12.12	12.36	12.59	12.82	13.05	13.28	13.51	13.73	13.96	14.18	14.40	14.61	14.83	15.04	15.26	15.47	15.68	15.89	16.09	16.30	16.50

干球温度(℃) 17.0　P_qb=1937.95Pa

相对湿度	2%	4%	6%	8%	10%	12%	14%	16%	18%	20%	22%	24%	26%	28%	30%	32%	34%	36%	38%	40%	42%	44%	46%	48%	50%
含湿量(g/kg)	0.24	0.48	0.71	0.95	1.19	1.43	1.67	1.91	2.15	2.39	2.63	2.87	3.11	3.35	3.59	3.83	4.07	4.31	4.55	4.80	5.04	5.28	5.52	5.76	6.01
焓(kJ/kg)	17.77	18.38	18.98	19.58	20.19	20.79	21.40	22.00	22.61	23.22	23.82	24.43	25.04	25.65	26.26	26.87	27.48	28.09	28.70	29.31	29.92	30.53	31.15	31.76	32.37
露点温度(℃)	−29.81	−22.95	−18.76	−15.69	−13.26	−11.25	−9.52	−8.00	−6.64	−5.42	−4.30	−3.28	−2.32	−1.44	−0.61	0.20	1.04	1.83	2.59	3.32	4.01	4.67	5.31	5.92	6.51
湿球温度(℃)	4.62	4.93	5.24	5.55	5.85	6.14	6.44	6.73	7.02	7.31	7.60	7.88	8.16	8.43	8.71	8.98	9.25	9.52	9.78	10.05	10.31	10.57	10.82	11.08	11.33

相对湿度	52%	54%	56%	58%	60%	62%	64%	66%	68%	70%	72%	74%	76%	78%	80%	82%	84%	86%	88%	90%	92%	94%	96%	98%	100%
含湿量(g/kg)	6.25	6.49	6.73	6.98	7.22	7.46	7.71	7.95	8.20	8.44	8.69	8.93	9.17	9.42	9.67	9.91	10.16	10.40	10.65	10.89	11.14	11.39	11.63	11.88	12.13
焓(kJ/kg)	32.99	33.60	34.22	34.83	35.45	36.06	36.68	37.30	37.92	38.54	39.15	39.77	40.39	41.01	41.63	42.26	42.88	43.50	44.12	44.75	45.37	45.99	46.62	47.24	47.87
露点温度(℃)	7.08	7.64	8.17	8.69	9.19	9.68	10.15	10.61	11.06	11.50	11.92	12.34	12.74	13.14	13.53	13.91	14.28	14.64	15.00	15.35	15.69	16.03	16.36	16.68	17.00
湿球温度(℃)	11.58	11.83	12.07	12.31	12.56	12.80	13.03	13.27	13.50	13.73	13.96	14.19	14.42	14.64	14.87	15.09	15.31	15.52	15.74	15.95	16.17	16.38	16.59	16.79	17.00

干球温度(℃)	相对湿度(℃)	50%	48%	46%	44%	42%	40%	38%	36%	34%	32%	30%	28%	26%	24%	22%	20%	18%	16%	14%	12%	10%	8%	6%	4%	2%
17.5	含湿量(g/kg)	6.20	5.95	5.70	5.45	5.20	4.95	4.70	4.45	4.20	3.95	3.71	3.46	3.21	2.96	2.71	2.47	2.22	1.97	1.72	1.48	1.23	0.98	0.74	0.49	0.25
	焓(kJ/kg)	33.38	32.74	32.11	31.48	30.84	30.21	29.58	28.95	28.32	27.69	27.06	26.43	25.80	25.17	24.55	23.92	23.29	22.67	22.04	21.41	20.79	20.17	19.54	18.92	18.30
	露点温度(℃)	6.97	6.38	5.76	5.12	4.46	3.76	3.04	2.28	1.48	0.64	-0.22	-1.06	-1.95	-2.90	-3.93	-5.05	-6.28	-7.63	-9.16	-10.89	-12.92	-15.35	-18.42	-22.63	-29.51
	湿球温度(℃)	11.74	11.48	11.22	10.96	10.70	10.44	10.17	9.90	9.62	9.35	9.07	8.79	8.40	8.22	7.93	7.64	7.35	7.05	6.75	6.45	6.15	5.84	5.53	5.21	4.90
	相对湿度	100%	98%	96%	94%	92%	90%	88%	86%	84%	82%	80%	78%	76%	74%	72%	70%	68%	66%	64%	62%	60%	58%	56%	54%	52%
	含湿量(g/kg)	12.53	12.27	12.02	11.76	11.51	11.25	11.00	10.74	10.49	10.23	9.98	9.73	9.47	9.22	8.97	8.72	8.46	8.21	7.96	7.71	7.46	7.20	6.95	6.70	6.45
	焓(kJ/kg)	49.39	48.75	48.10	47.45	46.81	46.16	45.52	44.88	44.23	43.59	42.95	42.31	41.67	41.02	40.38	39.74	39.11	38.47	37.83	37.19	36.55	35.92	35.28	34.65	34.01
	露点温度(℃)	17.50	17.18	16.86	16.52	16.19	15.84	15.49	15.13	14.77	14.40	14.01	13.63	13.23	12.82	12.40	11.97	11.54	11.08	10.62	10.15	9.66	9.15	8.64	8.10	7.55
P_qb=2000.25Pa	湿球温度(℃)	17.50	17.29	17.08	16.87	16.65	16.44	16.22	16.00	15.78	15.56	15.33	15.11	14.88	14.65	14.42	14.19	13.95	13.71	13.47	13.23	12.99	12.74	12.50	12.25	11.99
18.0	相对湿度(℃)	50%	48%	46%	44%	42%	40%	38%	36%	34%	32%	30%	28%	26%	24%	22%	20%	18%	16%	14%	12%	10%	8%	6%	4%	2%
	含湿量(g/kg)	6.40	6.14	5.88	5.63	5.37	5.11	4.85	4.60	4.34	4.08	3.82	3.57	3.31	3.06	2.80	2.54	2.29	2.03	1.78	1.52	1.27	1.02	0.76	0.51	0.25
	焓(kJ/kg)	34.40	33.74	33.09	32.43	31.78	31.13	30.47	29.82	29.17	28.52	27.87	27.22	26.57	25.92	25.27	24.63	23.98	23.33	22.69	22.04	21.40	20.75	20.11	19.47	18.82
	露点温度(℃)	7.43	6.84	6.22	5.58	4.91	4.21	3.48	2.72	1.92	1.07	0.18	-0.68	-1.57	-2.53	-3.56	-4.68	-5.91	-7.27	-8.80	-10.54	-12.57	-15.01	-18.09	-22.31	-29.20
	湿球温度(℃)	12.15	11.89	11.63	11.36	11.09	10.82	10.55	10.27	10.00	9.72	9.43	9.15	8.86	8.57	8.27	7.97	7.67	7.37	7.07	6.76	6.45	6.13	5.81	5.49	5.17
	相对湿度	100%	98%	96%	94%	92%	90%	88%	86%	84%	82%	80%	78%	76%	74%	72%	70%	68%	66%	64%	62%	60%	58%	56%	54%	52%
	含湿量(g/kg)	12.94	12.67	12.41	12.14	11.88	11.62	11.35	11.09	10.83	10.57	10.31	10.04	9.78	9.52	9.26	9.00	8.74	8.48	8.22	7.96	7.70	7.44	7.18	6.92	6.66
	焓(kJ/kg)	50.95	50.28	49.61	48.94	48.28	47.61	46.94	46.28	45.61	44.95	44.29	43.62	42.96	42.30	41.64	40.97	40.31	39.65	39.00	38.34	37.68	37.02	36.36	35.71	35.05
	露点温度(℃)	18.00	17.68	17.35	17.02	16.68	16.34	15.98	15.62	15.26	14.88	14.50	14.11	13.71	13.30	12.88	12.45	12.01	11.56	11.10	10.62	10.13	9.62	9.10	8.56	8.01
P_qb=2064.29Pa	湿球温度(℃)	18.00	17.79	17.57	17.36	17.14	16.92	16.70	16.48	16.26	16.03	15.80	15.57	15.34	15.11	14.88	14.64	14.40	14.16	13.91	13.67	13.42	13.17	12.92	12.67	12.41
18.5	相对湿度(℃)	50%	48%	46%	44%	42%	40%	38%	36%	34%	32%	30%	28%	26%	24%	22%	20%	18%	16%	14%	12%	10%	8%	6%	4%	2%
	含湿量(g/kg)	6.61	6.34	6.07	5.81	5.54	5.27	5.01	4.74	4.48	4.21	3.95	3.68	3.42	3.15	2.89	2.63	2.36	2.10	1.84	1.57	1.31	1.05	0.79	0.52	0.26
	焓(kJ/kg)	35.43	34.75	34.08	33.40	32.73	32.05	31.38	30.70	30.03	29.36	28.69	28.02	27.35	26.68	26.01	25.34	24.67	24.00	23.34	22.67	22.01	21.34	20.68	20.01	19.35
	露点温度(℃)	7.89	7.30	6.68	6.03	5.36	4.66	3.93	3.16	2.36	1.51	0.61	-0.30	-1.19	-2.15	-3.19	-4.31	-5.55	-6.91	-8.44	-10.19	-12.22	-14.67	-17.76	-21.99	-28.90
	湿球温度(℃)	12.56	12.30	12.03	11.76	11.48	11.21	10.93	10.65	10.37	10.08	9.79	9.50	9.21	8.91	8.61	8.30	8.00	7.69	7.38	7.06	6.74	6.42	6.10	5.77	5.43
	相对湿度	100%	98%	96%	94%	92%	90%	88%	86%	84%	82%	80%	78%	76%	74%	72%	70%	68%	66%	64%	62%	60%	58%	56%	54%	52%
	含湿量(g/kg)	13.36	13.08	12.81	12.54	12.27	12.00	11.72	11.45	11.18	10.91	10.64	10.37	10.10	9.83	9.56	9.29	9.02	8.75	8.48	8.21	7.95	7.68	7.41	7.14	6.87
	焓(kJ/kg)	52.53	51.84	51.15	50.46	49.77	49.08	48.39	47.71	47.02	46.33	45.65	44.96	44.28	43.59	42.91	42.23	41.54	40.86	40.18	39.50	38.82	38.14	37.46	36.78	36.11
	露点温度(℃)	18.50	18.18	17.85	17.52	17.18	16.83	16.48	16.12	15.75	15.37	14.99	14.60	14.19	13.78	13.36	12.93	12.49	12.04	11.57	11.09	10.60	10.09	9.57	9.03	8.47
P_qb=2130.13Pa	湿球温度(℃)	18.50	18.29	18.07	17.85	17.63	17.41	17.19	16.96	16.73	16.50	16.27	16.04	15.81	15.57	15.33	15.09	14.85	14.60	14.35	14.11	13.85	13.60	13.34	13.09	12.82

干球温度 19.0℃　（$P_{qb}=2197.80$ Pa）

相对湿度	2%	4%	6%	8%	10%	12%	14%	16%	18%	20%	22%	24%	26%	28%	30%	32%	34%	36%	38%	40%	42%	44%	46%	48%	50%
含湿量(g/kg)	0.27	0.54	0.81	1.08	1.35	1.62	1.89	2.17	2.44	2.71	2.98	3.25	3.53	3.80	4.07	4.35	4.62	4.90	5.17	5.44	5.72	5.99	6.27	6.54	6.82
焓(kJ/kg)	19.87	20.56	21.24	21.93	22.62	23.30	23.99	24.68	25.37	26.06	26.75	27.44	28.13	28.82	29.52	30.21	30.90	31.60	32.29	32.99	33.69	34.38	35.08	35.78	36.48
露点温度(℃)	-28.60	-21.67	-17.43	-14.33	-11.88	-9.84	-8.08	-6.55	-5.18	-3.94	-2.82	-1.78	-0.81	0.09	1.05	1.95	2.80	3.61	4.37	5.11	5.81	6.48	7.13	7.75	8.35
湿球温度(℃)	5.70	6.04	6.38	6.71	7.04	7.36	7.69	8.01	8.32	8.63	8.94	9.25	9.55	9.85	10.15	10.45	10.74	11.03	11.31	11.60	11.88	12.15	12.43	12.70	12.97

相对湿度	52%	54%	56%	58%	60%	62%	64%	66%	68%	70%	72%	74%	76%	78%	80%	82%	84%	86%	88%	90%	92%	94%	96%	98%	100%
含湿量(g/kg)	7.10	7.37	7.65	7.92	8.20	8.48	8.76	9.03	9.31	9.59	9.87	10.15	10.43	10.70	10.98	11.26	11.54	11.82	12.10	12.38	12.66	12.95	13.23	13.51	13.79
焓(kJ/kg)	37.18	37.88	38.58	39.28	39.98	40.68	41.39	42.09	42.79	43.50	44.21	44.91	45.62	46.33	47.03	47.74	48.45	49.16	49.87	50.58	51.30	52.01	52.72	53.43	54.15
露点温度(℃)	8.93	9.49	10.03	10.56	11.07	11.56	12.04	12.51	12.97	13.41	13.84	14.26	14.68	15.08	15.47	15.86	16.24	16.61	16.97	17.32	17.67	18.01	18.35	18.68	19.00
湿球温度(℃)	13.24	13.51	13.77	14.03	14.29	14.54	14.80	15.05	15.30	15.54	15.79	16.03	16.27	16.51	16.74	16.98	17.21	17.44	17.67	17.89	18.12	18.34	18.56	18.78	19.00

干球温度 19.5℃　（$P_{qb}=2267.34$ Pa）

相对湿度	2%	4%	6%	8%	10%	12%	14%	16%	18%	20%	22%	24%	26%	28%	30%	32%	34%	36%	38%	40%	42%	44%	46%	48%	50%
含湿量(g/kg)	0.28	0.56	0.84	1.12	1.39	1.67	1.95	2.23	2.52	2.80	3.08	3.36	3.64	3.92	4.20	4.49	4.77	5.05	5.33	5.62	5.90	6.19	6.47	6.75	7.04
焓(kJ/kg)	20.40	21.11	21.82	22.52	23.23	23.94	24.65	25.36	26.07	26.79	27.50	28.21	28.93	29.64	30.36	31.07	31.79	32.50	33.22	33.94	34.66	35.38	36.10	36.82	37.54
露点温度(℃)	-28.29	-21.34	-17.09	-13.99	-11.53	-9.48	-7.73	-6.19	-4.82	-3.58	-2.44	-1.40	-0.44	0.52	1.48	2.38	3.24	4.05	4.82	5.56	6.26	6.94	7.59	8.21	8.81
湿球温度(℃)	5.96	6.31	6.66	7.00	7.33	7.67	8.00	8.32	8.64	8.96	9.28	9.59	9.90	10.21	10.51	10.81	11.11	11.40	11.69	11.98	12.27	12.55	12.83	13.11	13.38

相对湿度	52%	54%	56%	58%	60%	62%	64%	66%	68%	70%	72%	74%	76%	78%	80%	82%	84%	86%	88%	90%	92%	94%	96%	98%	100%
含湿量(g/kg)	7.32	7.61	7.89	8.18	8.46	8.75	9.04	9.32	9.61	9.90	10.19	10.47	10.76	11.05	11.34	11.63	11.92	12.20	12.49	12.78	13.07	13.36	13.66	13.95	14.24
焓(kJ/kg)	38.26	38.99	39.71	40.44	41.16	41.89	42.61	43.34	44.07	44.80	45.52	46.25	46.98	47.71	48.45	49.18	49.91	50.64	51.38	52.11	52.85	53.59	54.32	55.06	55.80
露点温度(℃)	9.39	9.96	10.50	11.03	11.54	12.03	12.52	12.99	13.44	13.89	14.32	14.75	15.16	15.57	15.96	16.35	16.73	17.10	17.46	17.82	18.17	18.51	18.85	19.18	19.50
湿球温度(℃)	13.66	13.92	14.19	14.46	14.72	14.98	15.24	15.49	15.74	15.99	16.24	16.49	16.73	16.97	17.21	17.45	17.69	17.92	18.15	18.38	18.61	18.83	19.06	19.28	19.50

干球温度 20.0℃　（$P_{qb}=2338.80$ Pa）

相对湿度	2%	4%	6%	8%	10%	12%	14%	16%	18%	20%	22%	24%	26%	28%	30%	32%	34%	36%	38%	40%	42%	44%	46%	48%	50%
含湿量(g/kg)	0.29	0.57	0.86	1.15	1.44	1.73	2.02	2.31	2.60	2.88	3.17	3.46	3.76	4.05	4.34	4.63	4.92	5.21	5.50	5.80	6.09	6.38	6.68	6.97	7.26
焓(kJ/kg)	20.93	21.66	22.39	23.12	23.85	24.58	25.32	26.05	26.78	27.52	28.25	28.99	29.73	30.46	31.20	31.94	32.68	33.42	34.16	34.90	35.65	36.39	37.13	37.88	38.62
露点温度(℃)	-27.99	-21.02	-16.76	-13.65	-11.18	-9.13	-7.37	-5.83	-4.45	-3.21	-2.07	-1.03	-0.06	0.95	1.91	2.82	3.68	4.49	5.27	6.00	6.71	7.39	8.04	8.67	9.27
湿球温度(℃)	6.23	6.58	6.93	7.28	7.63	7.97	8.30	8.64	8.97	9.29	9.61	9.93	10.25	10.56	10.87	11.18	11.48	11.78	12.08	12.37	12.66	12.95	13.23	13.51	13.79

相对湿度	52%	54%	56%	58%	60%	62%	64%	66%	68%	70%	72%	74%	76%	78%	80%	82%	84%	86%	88%	90%	92%	94%	96%	98%	100%
含湿量(g/kg)	7.56	7.85	8.15	8.44	8.74	9.03	9.33	9.62	9.92	10.22	10.51	10.81	11.11	11.40	11.70	12.00	12.30	12.60	12.90	13.20	13.50	13.80	14.10	14.40	14.70
焓(kJ/kg)	39.37	40.12	40.86	41.61	42.36	43.11	43.86	44.61	45.36	46.11	46.87	47.62	48.37	49.13	49.89	50.64	51.40	52.16	52.92	53.67	54.43	55.20	55.96	56.72	57.48
露点温度(℃)	9.86	10.42	10.97	11.49	12.01	12.51	12.99	13.46	13.92	14.37	14.80	15.23	15.64	16.05	16.45	16.84	17.22	17.59	17.95	18.31	18.66	19.00	19.34	19.67	20.00
湿球温度(℃)	14.07	14.34	14.62	14.88	15.15	15.41	15.68	15.93	16.19	16.45	16.70	16.95	17.19	17.44	17.68	17.92	18.16	18.40	18.63	18.87	19.10	19.33	19.55	19.78	20.00

干球温度(℃)	相对湿度																									
	相对湿度	2%	4%	6%	8%	10%	12%	14%	16%	18%	20%	22%	24%	26%	28%	30%	32%	34%	36%	38%	40%	42%	44%	46%	48%	50%
20.5	含湿量(g/kg)	0.30	0.59	0.89	1.19	1.48	1.78	2.08	2.38	2.68	2.98	3.27	3.57	3.87	4.17	4.47	4.77	5.08	5.38	5.68	5.98	6.28	6.58	6.89	7.19	7.49
	焓(kJ/kg)	21.46	22.21	22.96	23.72	24.47	25.23	25.98	26.74	27.50	28.26	29.02	29.78	30.54	31.30	32.06	32.82	33.59	34.35	35.12	35.88	36.65	37.41	38.18	38.95	39.72
	露点温度(℃)	-27.69	-20.70	-16.43	-13.31	-10.84	-8.78	-7.02	-5.47	-4.09	-2.84	-1.70	-0.66	0.36	1.38	2.35	3.26	4.12	4.93	5.71	6.45	7.16	7.84	8.50	9.13	9.73
	湿球温度(℃)	6.49	6.85	7.21	7.57	7.92	8.27	8.61	8.95	9.29	9.62	9.95	10.27	10.60	10.91	11.23	11.54	11.85	12.15	12.46	12.75	13.05	13.34	13.63	13.92	14.20
	相对湿度	52%	54%	56%	58%	60%	62%	64%	66%	68%	70%	72%	74%	76%	78%	80%	82%	84%	86%	88%	90%	92%	94%	96%	98%	100%
	含湿量(g/kg)	7.80	8.10	8.40	8.71	9.01	9.32	9.62	9.93	10.24	10.54	10.85	11.15	11.46	11.77	12.08	12.38	12.69	13.00	13.31	13.62	13.93	14.24	14.55	14.86	15.17
	焓(kJ/kg)	40.49	41.26	42.03	42.81	43.58	44.35	45.13	45.90	46.68	47.46	48.23	49.01	49.79	50.57	51.35	52.13	52.91	53.70	54.48	55.27	56.05	56.84	57.62	58.41	59.20
	露点温度(℃)	10.32	10.88	11.43	11.96	12.48	12.98	13.46	13.94	14.40	14.85	15.28	15.71	16.13	16.53	16.93	17.32	17.70	18.08	18.44	18.80	19.16	19.50	19.84	20.17	20.50
	湿球温度(℃)	14.49	14.76	15.04	15.31	15.58	15.85	16.12	16.38	16.64	16.90	17.15	17.41	17.66	17.91	18.15	18.40	18.64	18.88	19.12	19.35	19.59	19.82	20.05	20.27	20.50
$P_{qb}=2412.23Pa$	相对湿度	2%	4%	6%	8%	10%	12%	14%	16%	18%	20%	22%	24%	26%	28%	30%	32%	34%	36%	38%	40%	42%	44%	46%	48%	50%
21.0	含湿量(g/kg)	0.31	0.61	0.92	1.22	1.53	1.84	2.15	2.45	2.76	3.07	3.38	3.69	4.00	4.31	4.62	4.93	5.24	5.55	5.86	6.17	6.48	6.79	7.10	7.42	7.73
	焓(kJ/kg)	21.99	22.76	23.54	24.32	25.10	25.88	26.66	27.44	28.22	29.00	29.79	30.57	31.35	32.14	32.93	33.71	34.50	35.29	36.08	36.87	37.66	38.45	39.25	40.04	40.83
	露点温度(℃)	-27.39	-20.39	-16.10	-12.97	-10.49	-8.43	-6.66	-5.11	-3.73	-2.47	-1.33	-0.28	0.78	1.81	2.78	3.69	4.56	5.37	6.15	6.90	7.61	8.29	8.95	9.58	10.19
	湿球温度(℃)	6.75	7.12	7.49	7.85	8.21	8.56	8.92	9.26	9.61	9.95	10.28	10.61	10.94	11.27	11.59	11.90	12.22	12.53	12.84	13.14	13.44	13.74	14.03	14.33	14.61
	相对湿度	52%	54%	56%	58%	60%	62%	64%	66%	68%	70%	72%	74%	76%	78%	80%	82%	84%	86%	88%	90%	92%	94%	96%	98%	100%
	含湿量(g/kg)	8.04	8.36	8.67	8.99	9.30	9.61	9.93	10.24	10.56	10.88	11.19	11.51	11.83	12.14	12.46	12.78	13.10	13.42	13.74	14.05	14.37	14.69	15.01	15.33	15.66
	焓(kJ/kg)	41.63	42.43	43.22	44.02	44.82	45.62	46.42	47.22	48.02	48.82	49.62	50.43	51.23	52.04	52.85	53.65	54.46	55.27	56.08	56.89	57.70	58.51	59.33	60.14	60.95
	露点温度(℃)	10.78	11.35	11.90	12.43	12.95	13.45	13.94	14.41	14.87	15.32	15.76	16.19	16.61	17.02	17.42	17.81	18.19	18.57	18.94	19.30	19.65	20.00	20.34	20.67	21.00
	湿球温度(℃)	14.90	15.18	15.46	15.74	16.02	16.29	16.56	16.82	17.09	17.35	17.61	17.87	18.12	18.37	18.62	18.87	19.11	19.36	19.60	19.84	20.07	20.31	20.54	20.77	21.00
$P_{qb}=2487.67Pa$	相对湿度	2%	4%	6%	8%	10%	12%	14%	16%	18%	20%	22%	24%	26%	28%	30%	32%	34%	36%	38%	40%	42%	44%	46%	48%	50%
21.5	含湿量(g/kg)	0.32	0.63	0.95	1.26	1.58	1.90	2.21	2.53	2.85	3.17	3.48	3.80	4.12	4.44	4.76	5.08	5.40	5.72	6.04	6.36	6.68	7.01	7.33	7.65	7.97
	焓(kJ/kg)	22.52	23.32	24.12	24.92	25.72	26.53	27.33	28.14	28.95	29.75	30.56	31.37	32.18	32.99	33.80	34.62	35.43	36.24	37.06	37.87	38.69	39.51	40.33	41.15	41.97
	露点温度(℃)	-27.08	-20.07	-15.77	-12.63	-10.15	-8.08	-6.31	-4.75	-3.36	-2.11	-0.96	0.10	1.21	2.24	3.21	4.13	4.99	5.82	6.60	7.35	8.06	8.75	9.41	10.04	10.65
	湿球温度(℃)	7.00	7.38	7.76	8.13	8.50	8.86	9.22	9.57	9.93	10.27	10.61	10.95	11.29	11.62	11.94	12.27	12.59	12.90	13.22	13.53	13.83	14.14	14.44	14.73	15.03
	相对湿度	52%	54%	56%	58%	60%	62%	64%	66%	68%	70%	72%	74%	76%	78%	80%	82%	84%	86%	88%	90%	92%	94%	96%	98%	100%
	含湿量(g/kg)	8.30	8.62	8.94	9.27	9.59	9.92	10.24	10.57	10.90	11.22	11.55	11.87	12.20	12.53	12.86	13.19	13.51	13.84	14.17	14.50	14.83	15.16	15.49	15.82	16.16
	焓(kJ/kg)	42.79	43.61	44.43	45.25	46.08	46.90	47.73	48.56	49.38	50.21	51.04	51.87	52.70	53.54	54.37	55.20	56.04	56.87	57.71	58.54	59.38	60.22	61.06	61.90	62.74
	露点温度(℃)	11.24	11.81	12.36	12.90	13.42	13.92	14.41	14.89	15.35	15.80	16.24	16.67	17.09	17.50	17.91	18.30	18.68	19.06	19.43	19.79	20.15	20.49	20.84	21.17	21.50
	湿球温度(℃)	15.32	15.60	15.89	16.17	16.45	16.72	17.00	17.27	17.54	17.80	18.06	18.33	18.58	18.84	19.09	19.34	19.59	19.84	20.08	20.32	20.56	20.80	21.04	21.27	21.50
$P_{qb}=2565.16Pa$																										

干球温度 22.0℃

相对湿度	2%	4%	6%	8%	10%	12%	14%	16%	18%	20%	22%	24%	26%	28%	30%	32%	34%	36%	38%	40%	42%	44%	46%	48%	50%
含湿量(g/kg)	0.32	0.65	0.98	1.30	1.63	1.95	2.28	2.61	2.94	3.26	3.59	3.92	4.25	4.58	4.91	5.24	5.57	5.90	6.23	6.56	6.89	7.23	7.56	7.89	8.22
焓(kJ/kg)	23.05	23.87	24.70	25.53	26.36	27.18	28.02	28.85	29.68	30.51	31.35	32.18	33.02	33.85	34.69	35.53	36.37	37.21	38.05	38.89	39.74	40.58	41.42	42.27	43.12
露点温度(℃)	−26.78	−19.75	−15.44	−12.30	−9.80	−7.73	−5.95	−4.39	−3.00	−1.74	−0.60	0.52	1.63	2.67	3.65	4.56	5.43	6.26	7.04	7.79	8.51	9.20	9.86	10.50	11.11
湿球温度(℃)	7.26	7.65	8.03	8.41	8.79	9.16	9.52	9.89	10.24	10.60	10.95	11.29	11.63	11.97	12.30	12.63	12.96	13.28	13.60	13.91	14.22	14.53	14.84	15.14	15.44

相对湿度	52%	54%	56%	58%	60%	62%	64%	66%	68%	70%	72%	74%	76%	78%	80%	82%	84%	86%	88%	90%	92%	94%	96%	98%	100%
含湿量(g/kg)	8.56	8.89	9.23	9.56	9.90	10.23	10.57	10.90	11.24	11.58	11.91	12.25	12.59	12.93	13.27	13.60	13.94	14.28	14.62	14.96	15.30	15.64	15.99	16.33	16.67
焓(kJ/kg)	43.96	44.81	45.66	46.51	47.36	48.21	49.07	49.92	50.77	51.63	52.49	53.34	54.20	55.06	55.92	56.78	57.64	58.51	59.37	60.23	61.10	61.97	62.83	63.70	64.57
露点温度(℃)	11.70	12.27	12.83	13.37	13.89	14.39	14.88	15.36	15.83	16.28	16.72	17.16	17.58	17.99	18.39	18.79	19.17	19.55	19.92	20.28	20.64	20.99	21.33	21.67	22.00
湿球温度(℃)	15.73	16.02	16.31	16.60	16.88	17.16	17.44	17.71	17.99	18.25	18.52	18.78	19.05	19.31	19.56	19.82	20.07	20.32	20.56	20.81	21.05	21.29	21.53	21.77	22.00

$P_{qb}=2644.75\text{Pa}$

干球温度 22.5℃

相对湿度	2%	4%	6%	8%	10%	12%	14%	16%	18%	20%	22%	24%	26%	28%	30%	32%	34%	36%	38%	40%	42%	44%	46%	48%	50%
含湿量(g/kg)	0.33	0.67	1.01	1.34	1.68	2.01	2.35	2.69	3.03	3.37	3.70	4.04	4.38	4.72	5.06	5.40	5.74	6.08	6.43	6.77	7.11	7.45	7.80	8.14	8.48
焓(kJ/kg)	23.58	24.43	25.28	26.14	26.99	27.85	28.70	29.56	30.42	31.28	32.14	33.00	33.86	34.73	35.59	36.45	37.32	38.19	39.06	39.92	40.79	41.66	42.54	43.41	44.28
露点温度(℃)	−26.48	−19.43	−15.11	−11.96	−9.46	−7.38	−5.60	−4.03	−2.64	−1.38	−0.23	0.94	2.06	3.10	4.08	5.00	5.87	6.70	7.49	8.24	8.96	9.65	10.32	10.95	11.57
湿球温度(℃)	7.51	7.91	8.30	8.69	9.07	9.45	9.83	10.20	10.56	10.92	11.28	11.63	11.98	12.32	12.66	12.99	13.33	13.65	13.98	14.30	14.61	14.93	15.24	15.54	15.85

相对湿度	52%	54%	56%	58%	60%	62%	64%	66%	68%	70%	72%	74%	76%	78%	80%	82%	84%	86%	88%	90%	92%	94%	96%	98%	100%
含湿量(g/kg)	8.83	9.17	9.52	9.86	10.21	10.55	10.90	11.25	11.59	11.94	12.29	12.64	12.99	13.33	13.68	14.03	14.38	14.73	15.09	15.44	15.79	16.14	16.49	16.85	17.20
焓(kJ/kg)	45.16	46.03	46.91	47.79	48.67	49.54	50.42	51.31	52.19	53.07	53.96	54.84	55.73	56.61	57.50	58.39	59.28	60.17	61.06	61.96	62.85	63.75	64.64	65.54	66.44
露点温度(℃)	12.16	12.74	13.29	13.83	14.36	14.86	15.33	15.84	16.30	16.76	17.20	17.64	18.06	18.47	18.88	19.27	19.66	20.04	20.41	20.78	21.13	21.49	21.83	22.17	22.50
湿球温度(℃)	16.15	16.44	16.74	17.03	17.31	17.60	17.88	18.16	18.43	18.71	18.98	19.24	19.51	19.77	20.03	20.29	20.54	20.80	21.05	21.29	21.54	21.78	22.02	22.26	22.50

$P_{qb}=2726.50\text{Pa}$

干球温度 23.0℃

相对湿度	2%	4%	6%	8%	10%	12%	14%	16%	18%	20%	22%	24%	26%	28%	30%	32%	34%	36%	38%	40%	42%	44%	46%	48%	50%
含湿量(g/kg)	0.35	0.69	1.04	1.38	1.73	2.08	2.42	2.77	3.12	3.47	3.82	4.17	4.52	4.87	5.22	5.57	5.92	6.27	6.63	6.98	7.33	7.68	8.04	8.39	8.75
焓(kJ/kg)	24.11	24.99	25.87	26.75	27.63	28.51	29.39	30.28	31.16	32.05	32.94	33.83	34.72	35.61	36.50	37.39	38.28	39.18	40.07	40.97	41.87	42.77	43.67	44.57	45.47
露点温度(℃)	−26.18	−19.11	−14.78	−11.62	−9.12	−7.03	−5.24	−3.68	−2.28	−1.01	0.16	1.36	2.48	3.53	4.51	5.44	6.31	7.14	7.93	8.69	9.41	10.10	10.77	11.41	12.03
湿球温度(℃)	7.76	8.17	8.57	8.97	9.36	9.75	10.13	10.51	10.88	11.24	11.61	11.97	12.32	12.67	13.01	13.36	13.69	14.03	14.36	14.68	15.00	15.32	15.64	15.95	16.26

相对湿度	52%	54%	56%	58%	60%	62%	64%	66%	68%	70%	72%	74%	76%	78%	80%	82%	84%	86%	88%	90%	92%	94%	96%	98%	100%
含湿量(g/kg)	9.10	9.46	9.81	10.17	10.53	10.88	11.24	11.60	11.96	12.32	12.67	13.03	13.39	13.75	14.12	14.48	14.84	15.20	15.56	15.92	16.29	16.65	17.02	17.38	17.74
焓(kJ/kg)	46.37	47.28	48.18	49.09	49.99	50.90	51.81	52.72	53.63	54.54	55.45	56.37	57.28	58.20	59.12	60.03	60.95	61.87	62.79	63.72	64.64	65.56	66.49	67.41	68.34
露点温度(℃)	12.62	13.20	13.76	14.30	14.82	15.33	15.83	16.31	16.78	17.24	17.68	18.12	18.54	18.96	19.36	19.76	20.15	20.53	20.91	21.27	21.63	21.98	22.33	22.67	23.00
湿球温度(℃)	16.56	16.86	17.16	17.45	17.75	18.03	18.32	18.60	18.88	19.16	19.43	19.70	19.97	20.24	20.50	20.76	21.02	21.28	21.53	21.78	22.03	22.27	22.52	22.76	23.00

$P_{qb}=2810.44\text{Pa}$

续表

干球温度(℃)		50%	48%	46%	44%	42%	40%	38%	36%	34%	32%	30%	28%	26%	24%	22%	20%	18%	16%	14%	12%	10%	8%	6%	4%	2%	相对湿度
23.5		9.02	8.65	8.29	7.92	7.56	7.19	6.83	6.47	6.11	5.74	5.38	5.02	4.66	4.30	3.94	3.58	3.22	2.86	2.50	2.14	1.78	1.43	1.07	0.71	0.36	含湿量(g/kg)
		46.67	45.74	44.81	43.89	42.96	42.03	41.11	40.18	39.26	38.34	37.42	36.50	35.58	34.66	33.75	32.83	31.92	31.00	30.09	29.18	28.27	27.36	26.45	25.55	24.64	焓(kJ/kg)
		12.49	11.87	11.22	10.56	9.86	9.14	8.38	7.58	6.75	5.87	4.94	3.96	2.91	1.79	0.58	−0.65	−1.92	−3.32	−4.89	−6.68	−8.77	−11.29	−14.46	−18.79	−25.88	露点温度(℃)
		16.67	16.35	16.04	15.72	15.40	15.07	14.74	14.40	14.06	13.72	13.37	13.02	12.66	12.30	11.94	11.57	11.19	10.81	10.43	10.04	9.65	9.25	8.84	8.43	8.02	湿球温度(℃)
		100%	98%	96%	94%	92%	90%	88%	86%	84%	82%	80%	78%	76%	74%	72%	70%	68%	66%	64%	62%	60%	58%	56%	54%	52%	相对湿度
		18.30	17.93	17.55	17.18	16.80	16.43	16.05	15.68	15.30	14.93	14.56	14.19	13.81	13.44	13.07	12.70	12.33	11.96	11.59	11.22	10.86	10.49	10.12	9.75	9.39	含湿量(g/kg)
		70.29	69.33	68.37	67.42	66.46	65.51	64.56	63.61	62.66	61.71	60.76	59.81	58.87	57.92	56.98	56.04	55.10	54.16	53.22	52.28	51.34	50.41	49.47	48.54	47.61	焓(kJ/kg)
		23.50	23.17	22.82	22.48	22.12	21.76	21.40	21.02	20.64	20.25	19.85	19.44	19.03	18.60	18.16	17.72	17.26	16.79	16.30	15.81	15.29	14.77	14.22	13.66	13.09	露点温度(℃)
P_{qb}=2856.63Pa		23.50	23.26	23.01	22.77	22.52	22.27	22.01	21.76	21.50	21.24	20.97	20.71	20.44	20.16	19.89	19.61	19.33	19.05	18.76	18.47	18.18	17.88	17.58	17.23	16.98	湿球温度(℃)
24.0		50%	48%	46%	44%	42%	40%	38%	36%	34%	32%	30%	28%	26%	24%	22%	20%	18%	16%	14%	12%	10%	8%	6%	4%	2%	相对湿度
		9.30	8.92	8.55	8.17	7.79	7.42	7.04	6.67	6.29	5.92	5.55	5.17	4.80	4.43	4.06	3.69	3.32	2.95	2.58	2.21	1.84	1.47	1.10	0.73	0.37	含湿量(g/kg)
		47.90	46.94	45.98	45.02	44.07	43.11	42.16	41.20	40.25	39.30	38.35	37.40	36.46	35.51	34.56	33.62	32.68	31.73	30.79	29.85	28.92	27.98	27.04	26.11	25.17	焓(kJ/kg)
		12.95	12.32	11.68	11.01	10.31	9.58	8.82	8.02	7.19	6.31	5.37	4.39	3.33	2.21	0.99	−0.28	−1.55	−2.96	−4.54	−6.34	−8.43	−10.95	−14.13	−18.48	−25.58	露点温度(℃)
		17.08	16.76	16.44	16.11	15.79	15.45	15.12	14.78	14.43	14.08	13.73	13.37	13.01	12.64	12.27	11.89	11.51	11.12	10.73	10.33	9.93	9.52	9.11	8.69	8.26	湿球温度(℃)
		100%	98%	96%	94%	92%	90%	88%	86%	84%	82%	80%	78%	76%	74%	72%	70%	68%	66%	64%	62%	60%	58%	56%	54%	52%	相对湿度
		18.88	18.49	18.10	17.72	17.33	16.94	16.55	16.17	15.78	15.40	15.01	14.63	14.25	13.86	13.48	13.10	12.72	12.33	11.95	11.57	11.19	10.81	10.43	10.06	9.68	含湿量(g/kg)
		72.28	71.29	70.30	69.31	68.33	67.34	66.36	65.33	64.40	63.42	62.44	61.46	60.48	59.51	58.53	57.56	56.59	55.62	54.65	53.68	52.72	51.75	50.79	49.82	48.86	焓(kJ/kg)
		24.00	23.66	23.32	22.97	22.62	22.26	21.89	21.51	21.13	20.74	20.34	19.93	19.51	19.08	18.64	18.19	17.73	17.26	16.78	16.28	15.76	15.23	14.69	14.13	13.55	露点温度(℃)
P_{qb}=2985.13Pa		24.00	23.76	23.51	23.26	23.01	22.75	22.50	22.24	21.97	21.71	21.44	21.17	20.90	20.62	20.35	20.06	19.78	19.49	19.20	18.91	18.61	18.31	18.01	17.70	17.39	湿球温度(℃)
24.5		50%	48%	46%	44%	42%	40%	38%	36%	34%	32%	30%	28%	26%	24%	22%	20%	18%	16%	14%	12%	10%	8%	6%	4%	2%	相对湿度
		9.59	9.20	8.81	8.42	8.03	7.65	7.26	6.87	6.49	6.10	5.72	5.33	4.95	4.57	4.18	3.80	3.42	3.04	2.65	2.27	1.89	1.51	1.14	0.76	0.38	含湿量(g/kg)
		49.14	48.15	47.16	46.18	45.19	44.20	43.22	42.24	41.25	40.27	39.29	38.32	37.34	36.36	35.39	34.42	33.44	32.47	31.50	30.53	29.57	28.60	27.63	26.57	25.71	焓(kJ/kg)
		13.41	12.78	12.13	11.46	10.76	10.03	9.27	8.47	7.63	6.74	5.81	4.81	3.76	2.63	1.41	0.09	−1.19	−2.60	−4.19	−5.99	−8.09	−10.61	−13.80	−13.16	−25.28	露点温度(℃)
		17.49	17.17	16.84	16.51	16.18	15.84	15.50	15.15	14.80	14.44	14.08	13.72	13.35	12.98	12.60	12.21	11.82	11.43	11.03	10.62	10.21	9.80	9.37	8.95	8.51	湿球温度(℃)
		100%	98%	96%	94%	92%	90%	88%	86%	84%	82%	80%	78%	76%	74%	72%	70%	68%	66%	64%	62%	60%	58%	56%	54%	52%	相对湿度
		19.47	19.07	18.67	18.27	17.87	17.47	17.07	16.67	16.28	15.88	15.48	15.09	14.69	14.29	13.90	13.50	13.11	12.72	12.32	11.93	11.54	11.15	10.76	10.37	9.98	含湿量(g/kg)
		74.31	73.29	72.26	71.25	70.23	69.21	68.20	67.18	66.17	65.16	64.15	63.14	62.13	61.12	60.12	59.12	58.11	57.11	56.11	55.11	54.11	53.12	52.12	51.13	50.14	焓(kJ/kg)
		24.50	24.16	23.82	23.47	23.11	22.75	22.38	22.00	21.62	21.23	20.82	20.41	19.99	19.56	19.12	18.67	18.21	17.74	17.25	16.75	16.23	15.70	15.15	14.59	14.01	露点温度(℃)
P_{qb}=3075.97Pa		24.50	24.25	24.00	23.75	23.50	23.24	22.98	22.72	22.45	22.18	21.91	21.64	21.36	21.08	20.80	20.52	20.23	19.94	19.64	19.35	19.05	18.74	18.43	18.12	17.81	湿球温度(℃)

续表

干球温度(℃)	相对湿度	2%	4%	6%	8%	10%	12%	14%	16%	18%	20%	22%	24%	26%	28%	30%	32%	34%	36%	38%	40%	42%	44%	46%	48%	50%
25.0	含湿量(g/kg)	0.39	0.78	1.17	1.56	1.95	2.34	2.74	3.13	3.52	3.92	4.31	4.70	5.10	5.50	5.89	6.29	6.69	7.08	7.48	7.88	8.28	8.68	9.08	9.48	9.88
	焓(kJ/kg)	26.24	27.23	28.23	29.22	30.22	31.22	32.21	33.21	34.22	35.22	36.22	37.23	38.23	39.24	40.25	41.26	42.27	43.28	44.30	45.31	46.33	47.35	48.37	49.39	50.41
	露点温度(℃)	−24.98	−17.84	−13.47	−10.28	−7.75	−5.64	−3.83	−2.25	−0.83	0.50	1.83	3.05	4.18	5.24	6.24	7.18	8.06	8.91	9.71	10.48	11.21	11.91	12.59	13.24	13.86
	湿球温度(℃)	8.76	9.20	9.64	10.07	10.50	10.91	11.33	11.74	12.14	12.53	12.93	13.31	13.69	14.07	14.44	14.80	15.17	15.52	15.88	16.22	16.57	16.91	17.24	17.57	17.90
	相对湿度	52%	54%	56%	58%	60%	62%	64%	66%	68%	70%	72%	74%	76%	78%	80%	82%	84%	86%	88%	90%	92%	94%	96%	98%	100%
	含湿量(g/kg)	10.28	10.69	11.09	11.49	11.90	12.30	12.71	13.11	13.52	13.92	14.33	14.74	15.15	15.55	15.96	16.37	16.78	17.19	17.60	18.02	18.43	18.84	19.25	19.67	20.08
	焓(kJ/kg)	51.43	52.46	53.48	54.51	55.54	56.57	57.60	58.63	59.66	60.70	61.73	62.77	63.81	64.85	65.89	66.94	67.98	69.02	70.07	71.12	72.17	73.22	74.27	75.33	76.38
	露点温度(℃)	14.47	15.05	15.62	16.17	16.70	17.22	17.72	18.21	18.69	19.15	19.60	20.04	20.48	20.90	21.31	21.71	22.11	22.49	22.87	23.24	23.61	23.97	24.32	24.66	25.00
P_{qb}=3169.22Pa	湿球温度(℃)	18.22	18.54	18.86	19.17	19.48	19.78	20.09	20.38	20.68	20.97	21.26	21.54	21.83	22.11	22.38	22.66	22.93	23.20	23.46	23.72	23.98	24.24	24.50	24.75	25.00
25.5	相对湿度	2%	4%	6%	8%	10%	12%	14%	16%	18%	20%	22%	24%	26%	28%	30%	32%	34%	36%	38%	40%	42%	44%	46%	48%	50%
	含湿量(g/kg)	0.40	0.80	1.20	1.61	2.01	2.41	2.82	3.22	3.63	4.03	4.44	4.85	5.26	5.66	6.07	6.48	6.89	7.30	7.71	8.12	8.53	8.95	9.36	9.77	10.19
	焓(kJ/kg)	26.78	27.80	28.82	29.85	30.88	31.90	32.93	33.96	35.00	36.03	37.07	38.10	39.14	40.18	41.22	42.26	43.30	44.35	45.39	46.44	47.49	48.54	49.59	50.64	51.70
	露点温度(℃)	−24.69	−17.53	−13.15	−9.94	−7.41	−5.29	−3.48	−1.89	−0.47	0.91	2.24	3.47	4.61	5.67	6.67	7.61	8.50	9.35	10.15	10.92	11.66	12.36	13.04	13.69	14.32
	湿球温度(℃)	9.00	9.45	9.90	10.34	10.78	11.20	11.63	12.04	12.45	12.86	13.25	13.65	14.03	14.42	14.79	15.17	15.53	15.90	16.25	16.61	16.96	17.30	17.64	17.98	18.31
	相对湿度	52%	54%	56%	58%	60%	62%	64%	66%	68%	70%	72%	74%	76%	78%	80%	82%	84%	86%	88%	90%	92%	94%	96%	98%	100%
	含湿量(g/kg)	10.60	11.01	11.43	11.85	12.26	12.68	13.10	13.52	13.93	14.35	14.77	15.19	15.61	16.04	16.46	16.88	17.30	17.73	18.15	18.58	19.00	19.43	19.85	20.28	20.71
	焓(kJ/kg)	52.75	53.81	54.87	55.93	56.99	58.05	59.11	60.18	61.24	62.31	63.38	64.45	65.52	66.60	67.67	68.75	69.83	70.91	71.99	73.07	74.15	75.24	76.32	77.41	78.50
	露点温度(℃)	14.93	15.52	16.09	16.64	17.17	17.69	18.19	18.68	19.16	19.63	20.08	20.53	20.96	21.38	21.80	22.20	22.60	22.98	23.36	23.74	24.10	24.46	24.81	25.16	25.50
P_{qb}=3264.92Pa	湿球温度(℃)	18.64	18.96	19.28	19.60	19.91	20.22	20.53	20.83	21.13	21.42	21.72	22.00	22.29	22.57	22.85	23.13	23.40	23.68	23.94	24.21	24.47	24.73	24.99	25.25	25.50
26.0	相对湿度	2%	4%	6%	8%	10%	12%	14%	16%	18%	20%	22%	24%	26%	28%	30%	32%	34%	36%	38%	40%	42%	44%	46%	48%	50%
	含湿量(g/kg)	0.41	0.83	1.24	1.66	2.07	2.49	2.90	3.32	3.74	4.16	4.58	4.99	5.41	5.83	6.26	6.68	7.10	7.52	7.95	8.37	8.79	9.22	9.64	10.07	10.50
	焓(kJ/kg)	27.31	28.37	29.42	30.48	31.54	32.60	33.66	34.72	35.78	36.85	37.92	38.99	40.06	41.13	42.20	43.27	44.35	45.43	46.50	47.58	48.66	49.75	50.83	51.92	53.00
	露点温度(℃)	−24.39	−17.21	−12.82	−9.61	−7.06	−4.95	−3.13	−1.54	−0.12	1.33	2.66	3.89	5.03	6.10	7.10	8.05	8.94	9.79	10.60	11.37	12.11	12.82	13.50	14.15	14.78
	湿球温度(℃)	9.24	9.71	10.16	10.61	11.06	11.49	11.92	12.35	12.76	13.18	13.58	13.98	14.38	14.77	15.15	15.53	15.90	16.27	16.63	16.99	17.35	17.70	18.04	18.38	18.72
	相对湿度	52%	54%	56%	58%	60%	62%	64%	66%	68%	70%	72%	74%	76%	78%	80%	82%	84%	86%	88%	90%	92%	94%	96%	98%	100%
	含湿量(g/kg)	10.92	11.35	11.78	12.21	12.64	13.07	13.50	13.93	14.36	14.80	15.23	15.66	16.10	16.53	16.97	17.40	17.84	18.23	18.71	19.15	19.59	20.03	20.47	20.91	21.35
	焓(kJ/kg)	54.09	55.18	56.27	57.37	58.46	59.56	60.65	61.75	62.85	63.96	65.06	66.16	67.27	68.38	69.49	70.60	71.71	72.83	73.94	75.06	76.18	77.30	78.42	79.54	80.67
	露点温度(℃)	15.39	15.98	16.55	17.10	17.64	18.16	18.67	19.16	19.64	20.11	20.56	21.01	21.44	21.87	22.28	22.69	23.09	23.48	23.86	24.23	24.60	24.96	25.31	25.66	26.00
P_{qb}=3363.13Pa	湿球温度(℃)	19.05	19.38	19.71	20.03	20.35	20.66	20.97	21.27	21.58	21.88	22.17	22.47	22.75	23.04	23.32	23.60	23.88	24.16	24.43	24.70	24.96	25.23	25.49	25.74	26.00

干球温度(℃)：26.5

相对湿度	2%	4%	6%	8%	10%	12%	14%	16%	18%	20%	22%	24%	26%	28%	30%	32%	34%	36%	38%	40%	42%	44%	46%	48%	50%
含湿量(g/kg)	0.43	0.85	1.28	1.71	2.13	2.56	2.99	3.42	3.85	4.28	4.71	5.15	5.58	6.01	6.45	6.88	7.31	7.75	8.19	8.62	9.06	9.50	9.94	10.38	10.82
焓(kJ/kg)	27.85	28.94	30.02	31.11	32.20	33.30	34.39	35.48	36.58	37.68	38.78	39.88	40.98	42.09	43.19	44.30	45.41	46.52	47.63	48.74	49.86	50.98	52.09	53.21	54.33
露点温度(℃)	−24.09	−16.50	−12.49	−9.28	−6.72	−4.60	−2.78	−1.18	0.27	1.74	3.07	4.31	5.46	6.53	7.53	8.48	9.38	10.23	11.04	11.81	12.56	13.27	13.95	14.61	15.24
湿球温度(℃)	9.48	9.95	10.42	10.88	11.33	11.78	12.22	12.65	13.08	13.50	13.91	14.32	14.72	15.11	15.50	15.89	16.27	16.64	17.01	17.38	17.74	18.09	18.44	18.79	19.13

相对湿度	52%	54%	56%	58%	60%	62%	64%	66%	68%	70%	72%	74%	76%	78%	80%	82%	84%	86%	88%	90%	92%	94%	96%	98%	100%
含湿量(g/kg)	11.26	11.70	12.14	12.58	13.03	13.47	13.91	14.36	14.80	15.25	15.70	16.14	16.59	17.04	17.49	17.94	18.39	18.84	19.29	19.74	20.20	20.65	21.11	21.56	22.02
焓(kJ/kg)	55.46	56.58	57.71	58.83	59.96	61.09	62.23	63.36	64.50	65.63	66.77	67.91	69.05	70.20	71.34	72.49	73.64	74.79	75.94	77.09	78.24	79.40	80.56	81.72	82.88
露点温度(℃)	15.85	16.44	17.01	17.57	18.11	18.63	19.14	19.63	20.11	20.58	21.04	21.49	21.92	22.35	22.77	23.18	23.57	23.97	24.35	24.72	25.09	25.45	25.81	26.16	26.50
湿球温度(℃)	19.47	19.79	20.13	20.46	20.78	21.10	21.41	21.72	22.03	22.33	22.63	22.93	23.22	23.51	23.79	24.08	24.36	24.64	24.91	25.18	25.45	25.72	25.98	26.24	26.50

$P_{qb}=3463.91\text{Pa}$

干球温度(℃)：27.0

相对湿度	2%	4%	6%	8%	10%	12%	14%	16%	18%	20%	22%	24%	26%	28%	30%	32%	34%	36%	38%	40%	42%	44%	46%	48%	50%
含湿量(g/kg)	0.44	0.88	1.32	1.76	2.20	2.64	3.08	3.52	3.97	4.41	4.86	5.30	5.75	6.19	6.64	7.09	7.54	7.98	8.43	8.88	9.34	9.79	10.24	10.69	11.15
焓(kJ/kg)	28.39	29.51	30.63	31.75	32.87	34.00	35.13	36.25	37.38	38.52	39.65	40.78	41.92	43.06	44.20	45.34	46.48	47.63	48.77	49.92	51.07	52.22	53.38	54.53	55.69
露点温度(℃)	−23.79	−16.58	−12.17	−8.94	−6.38	−4.26	−2.43	−0.83	0.68	2.15	3.49	4.73	5.88	6.95	7.96	8.92	9.82	10.67	11.48	12.26	13.00	13.72	14.40	15.06	15.70
湿球温度(℃)	9.72	10.21	10.68	11.15	11.61	12.07	12.51	12.95	13.39	13.82	14.24	14.65	15.06	15.46	15.86	16.25	16.64	17.02	17.39	17.76	18.13	18.49	18.85	19.20	19.54

相对湿度	52%	54%	56%	58%	60%	62%	64%	66%	68%	70%	72%	74%	76%	78%	80%	82%	84%	86%	88%	90%	92%	94%	96%	98%	100%
含湿量(g/kg)	11.60	12.05	12.51	12.97	13.42	13.88	14.34	14.80	15.26	15.72	16.18	16.64	17.10	17.56	18.03	18.49	18.96	19.42	19.89	20.35	20.82	21.29	21.76	22.23	22.70
焓(kJ/kg)	56.85	58.00	59.17	60.33	61.49	62.66	63.83	65.00	66.17	67.34	68.52	69.69	70.87	72.05	73.23	74.42	75.60	76.79	77.98	79.17	80.36	81.55	82.75	83.94	85.14
露点温度(℃)	16.31	16.91	17.48	18.04	18.58	19.10	19.61	20.11	20.59	21.06	21.52	21.97	22.41	22.84	23.25	23.66	24.06	24.46	24.84	25.22	25.59	25.95	26.31	26.66	27.00
湿球温度(℃)	19.89	20.22	20.56	20.89	21.21	21.53	21.85	22.17	22.48	22.78	23.09	23.39	23.68	23.98	24.27	24.55	24.84	25.12	25.39	25.67	25.94	26.21	26.48	26.74	27.00

$P_{qb}=3567.31\text{Pa}$

干球温度(℃)：27.5

相对湿度	2%	4%	6%	8%	10%	12%	14%	16%	18%	20%	22%	24%	26%	28%	30%	32%	34%	36%	38%	40%	42%	44%	46%	48%	50%
含湿量(g/kg)	0.45	0.90	1.36	1.81	2.26	2.72	3.17	3.63	4.09	4.54	5.00	5.46	5.92	6.38	6.84	7.30	7.76	8.23	8.69	9.15	9.62	10.08	10.55	11.02	11.48
焓(kJ/kg)	28.93	30.08	31.23	32.39	33.55	34.71	35.87	37.03	38.20	39.36	40.53	41.70	42.87	44.04	45.22	46.40	47.57	48.75	49.94	51.12	52.30	53.49	54.68	55.87	57.06
露点温度(℃)	−23.50	−15.27	−11.84	−8.61	−6.04	−3.91	−2.08	−0.47	1.09	2.56	3.91	5.15	6.30	7.38	8.39	9.35	10.25	11.11	11.93	12.71	13.45	14.17	14.86	15.52	16.16
湿球温度(℃)	9.96	10.45	10.94	11.42	11.89	12.35	12.81	13.26	13.70	14.14	14.56	14.99	15.40	15.81	16.21	16.61	17.00	17.39	17.77	18.15	18.52	18.89	19.25	19.60	19.95

相对湿度	52%	54%	56%	58%	60%	62%	64%	66%	68%	70%	72%	74%	76%	78%	80%	82%	84%	86%	88%	90%	92%	94%	96%	98%	100%
含湿量(g/kg)	11.95	12.42	12.89	13.36	13.83	14.30	14.77	15.25	15.72	16.20	16.67	17.15	17.62	18.10	18.58	19.06	19.54	20.02	20.50	20.98	21.46	21.94	22.43	22.91	23.40
焓(kJ/kg)	58.26	59.45	60.65	61.85	63.05	64.25	65.46	66.67	67.87	69.08	70.30	71.51	72.73	73.94	75.16	76.38	77.61	78.83	80.06	81.28	82.51	83.75	84.98	86.22	87.45
露点温度(℃)	16.77	17.37	17.94	18.50	19.05	19.57	20.08	20.58	21.07	21.54	22.00	22.45	22.89	23.32	23.74	24.15	24.55	24.95	25.33	25.71	26.08	26.45	26.80	27.16	27.50
湿球温度(℃)	20.30	20.64	20.98	21.32	21.65	21.97	22.29	22.61	22.93	23.24	23.54	23.85	24.15	24.44	24.74	25.03	25.31	25.60	25.88	26.16	26.43	26.70	26.97	27.24	27.50

$P_{qb}=3673.39\text{Pa}$

续表

干球温度=28.0℃（P_{qb}=3782.21Pa）

相对湿度	2%	4%	6%	8%	10%	12%	14%	16%	18%	20%	22%	24%	26%	28%	30%	32%	34%	36%	38%	40%	42%	44%	46%	48%	50%
含湿量(g/kg)	0.46	0.93	1.40	1.86	2.33	2.80	3.27	3.74	4.21	4.68	5.15	5.62	6.10	6.57	7.04	7.52	8.00	8.47	8.95	9.43	9.91	10.39	10.87	11.35	11.83
焓(kJ/kg)	29.47	30.65	31.84	33.03	34.23	35.42	36.62	37.82	39.02	40.22	41.42	42.63	43.83	45.04	46.25	47.47	48.68	49.90	51.12	52.34	53.56	54.78	56.01	57.23	58.46
露点温度(℃)	-23.20	-15.96	-11.52	-8.28	-5.70	-3.57	-1.73	-0.12	1.49	2.97	4.32	5.57	6.73	7.81	8.83	9.78	10.69	11.55	12.37	13.15	13.90	14.62	15.31	15.97	16.61
湿球温度(℃)	10.20	10.70	11.20	11.69	12.17	12.64	13.10	13.56	14.01	14.45	14.89	15.32	15.74	16.16	16.57	16.97	17.37	17.77	18.15	18.53	18.91	19.28	19.65	20.01	20.37
相对湿度	52%	54%	56%	58%	60%	62%	64%	66%	68%	70%	72%	74%	76%	78%	80%	82%	84%	86%	88%	90%	92%	94%	96%	98%	100%
含湿量(g/kg)	12.31	12.80	13.28	13.76	14.25	14.74	15.22	15.71	16.20	16.69	17.18	17.67	18.16	18.65	19.15	19.64	20.13	20.63	21.13	21.62	22.12	22.62	23.12	23.62	24.12
焓(kJ/kg)	59.69	60.93	62.16	63.40	64.64	65.88	67.12	68.37	69.61	70.86	72.11	73.36	74.62	75.87	77.13	78.39	79.65	80.92	82.18	83.45	84.72	85.99	87.26	88.54	89.82
露点温度(℃)	17.23	17.83	18.41	18.97	19.51	20.04	20.56	21.06	21.54	22.02	22.48	22.93	23.37	23.80	24.23	24.64	25.04	25.44	25.82	26.20	26.58	26.94	27.30	27.65	28.00
湿球温度(℃)	20.72	21.07	21.41	21.75	22.08	22.41	22.74	23.06	23.38	23.69	24.00	24.31	24.61	24.91	25.21	25.50	25.79	26.08	26.36	26.64	26.92	27.19	27.47	27.73	28.00

干球温度=28.5℃（P_{qb}=3893.82Pa）

相对湿度	2%	4%	6%	8%	10%	12%	14%	16%	18%	20%	22%	24%	26%	28%	30%	32%	34%	36%	38%	40%	42%	44%	46%	48%	50%
含湿量(g/kg)	0.48	0.96	1.44	1.92	2.40	2.88	3.36	3.85	4.33	4.82	5.30	5.79	6.28	6.77	7.25	7.74	8.23	8.73	9.22	9.71	10.20	10.70	11.19	11.69	12.19
焓(kJ/kg)	30.01	31.23	32.45	33.68	34.91	36.14	37.37	38.61	39.84	41.08	42.32	43.56	44.81	46.05	47.30	48.55	49.80	51.06	52.31	53.57	54.83	56.09	57.35	58.62	59.89
露点温度(℃)	-22.91	-15.64	-11.19	-7.94	-5.37	-3.22	-1.38	0.26	1.90	3.38	4.74	5.99	7.15	8.24	9.26	10.22	11.13	11.99	12.81	13.60	14.35	15.07	15.76	16.43	17.07
湿球温度(℃)	10.43	10.95	11.45	11.95	12.44	12.92	13.40	13.86	14.32	14.77	15.22	15.65	16.08	16.51	16.92	17.34	17.74	18.14	18.53	18.92	19.30	19.68	20.05	20.42	20.78
相对湿度	52%	54%	56%	58%	60%	62%	64%	66%	68%	70%	72%	74%	76%	78%	80%	82%	84%	86%	88%	90%	92%	94%	96%	98%	100%
含湿量(g/kg)	12.68	13.18	13.68	14.18	14.68	15.18	15.68	16.19	16.69	17.19	17.70	18.21	18.71	19.22	19.73	20.24	20.75	21.26	21.77	22.28	22.80	23.31	23.83	24.34	24.86
焓(kJ/kg)	61.16	62.43	63.70	64.98	66.26	67.53	68.82	70.10	71.39	72.67	73.96	75.25	76.55	77.84	79.14	80.44	81.74	83.05	84.35	85.66	86.97	88.28	89.60	90.92	92.23
露点温度(℃)	17.69	18.29	18.87	19.44	19.98	20.51	21.03	21.53	22.02	22.50	22.96	23.41	23.86	24.29	24.71	25.13	25.53	25.93	26.32	26.70	27.07	27.44	27.80	28.15	28.50
湿球温度(℃)	21.13	21.49	21.83	22.18	22.52	22.85	23.18	23.51	23.83	24.15	24.46	24.77	25.08	25.38	25.68	25.98	26.27	26.56	26.84	27.13	27.41	27.69	27.96	28.23	28.50

干球温度=29.0℃（P_{qb}=4008.29Pa）

相对湿度	2%	4%	6%	8%	10%	12%	14%	16%	18%	20%	22%	24%	26%	28%	30%	32%	34%	36%	38%	40%	42%	44%	46%	48%	50%
含湿量(g/kg)	0.49	0.99	1.48	1.97	2.47	2.97	3.46	3.96	4.46	4.96	5.46	5.96	6.46	6.97	7.47	7.97	8.48	8.99	9.49	10.00	10.51	11.02	11.53	12.04	12.55
焓(kJ/kg)	30.55	31.81	33.07	34.33	35.60	36.87	38.13	39.41	40.68	41.96	43.23	44.51	45.79	47.08	48.36	49.65	50.94	52.23	53.53	54.82	56.12	57.42	58.73	60.03	61.34
露点温度(℃)	-22.61	-15.33	-10.87	-7.61	-5.03	-2.88	-1.03	0.66	2.31	3.79	5.15	6.41	7.57	8.66	9.69	10.65	11.56	12.43	13.26	14.04	14.80	15.52	16.22	16.89	17.53
湿球温度(℃)	10.66	11.19	11.71	12.22	12.72	13.21	13.69	14.16	14.63	15.09	15.54	15.99	16.42	16.86	17.28	17.70	18.11	18.51	18.91	19.31	19.69	20.08	20.45	20.82	21.19
相对湿度	52%	54%	56%	58%	60%	62%	64%	66%	68%	70%	72%	74%	76%	78%	80%	82%	84%	86%	88%	90%	92%	94%	96%	98%	100%
含湿量(g/kg)	13.06	13.58	14.09	14.61	15.12	15.64	16.16	16.68	17.19	17.71	18.24	18.76	19.28	19.80	20.33	20.85	21.38	21.91	22.43	22.96	23.49	24.02	24.55	25.09	25.62
焓(kJ/kg)	62.65	63.96	65.27	66.59	67.90	69.22	70.54	71.87	73.19	74.52	75.85	77.18	78.52	79.86	81.19	82.54	83.88	85.22	86.57	87.92	89.27	90.63	91.98	93.34	94.70
露点温度(℃)	18.15	18.76	19.34	19.90	20.45	20.98	21.50	22.00	22.49	22.97	23.44	23.89	24.34	24.77	25.20	25.61	26.02	26.42	26.81	27.19	27.57	27.93	28.30	28.65	29.00
湿球温度(℃)	21.55	21.91	22.26	22.61	22.95	23.29	23.62	23.95	24.28	24.60	24.92	25.23	25.54	25.85	26.15	26.45	26.75	27.04	27.33	27.61	27.90	28.18	28.45	28.73	29.00

干球温度(℃)	相对湿度	50%	48%	46%	44%	42%	40%	38%	36%	34%	32%	30%	28%	26%	24%	22%	20%	18%	16%	14%	12%	10%	8%	6%	4%	2%
29.5	含湿量(g/kg)	12.93	12.40	11.87	11.35	10.82	10.30	9.78	9.25	8.73	8.21	7.69	7.17	6.66	6.14	5.62	5.11	4.59	4.08	3.57	3.05	2.54	2.03	1.52	1.01	0.51
	焓(kJ/kg)	62.81	61.47	60.12	58.78	57.44	56.10	54.76	53.43	52.10	50.77	49.44	48.12	46.79	45.47	44.16	42.84	41.53	40.21	38.90	37.60	36.29	34.99	33.69	32.39	31.09
	露点温度(℃)	17.99	17.34	16.67	15.97	15.25	14.49	13.70	12.87	12.00	11.09	10.12	9.09	8.00	6.83	5.57	4.20	2.71	1.06	-0.68	-2.53	-4.69	-7.28	-10.55	-15.02	-22.32
	湿球温度(℃)	21.60	21.23	20.85	20.47	20.08	19.69	19.29	18.89	18.48	18.06	17.63	17.20	16.77	16.32	15.87	15.41	14.94	14.47	13.98	13.49	12.99	12.48	11.96	11.43	10.90
	相对湿度	100%	98%	96%	94%	92%	90%	88%	86%	84%	82%	80%	78%	76%	74%	72%	70%	68%	66%	64%	62%	60%	58%	56%	54%	52%
	含湿量(g/kg)	26.40	25.85	25.30	24.75	24.21	23.66	23.12	22.57	22.03	21.48	20.94	20.40	19.86	19.32	18.79	18.25	17.71	17.18	16.64	16.11	15.58	15.04	14.51	13.98	13.45
	焓(kJ/kg)	97.23	95.83	94.42	93.02	91.63	90.23	88.84	87.45	86.06	84.67	83.29	81.91	80.53	79.15	77.78	76.41	75.04	73.67	72.30	70.94	69.58	68.22	66.87	65.51	64.16
	露点温度(℃)	29.50	29.15	28.79	28.43	28.06	27.68	27.30	26.91	26.51	26.10	25.68	25.26	24.82	24.37	23.92	23.45	22.97	22.48	21.97	21.45	20.92	20.37	19.80	19.22	18.61
P_{qb}=4125.67Pa	湿球温度(℃)	29.50	29.23	28.95	28.67	28.39	28.10	27.81	27.52	27.22	26.92	26.62	26.32	26.01	25.69	25.37	25.05	24.73	24.40	24.06	23.73	23.38	23.04	22.69	22.33	21.97
30.0	含湿量(g/kg)	13.31	12.77	12.23	11.68	11.14	10.60	10.06	9.53	8.99	8.45	7.92	7.38	6.85	6.32	5.79	5.26	4.73	4.20	3.67	3.14	2.62	2.09	1.57	1.04	0.52
	焓(kJ/kg)	64.31	62.92	61.54	60.15	58.77	57.39	56.02	54.64	53.27	51.90	50.53	49.17	47.81	46.45	45.09	43.73	42.38	41.03	39.68	38.33	36.99	35.65	34.31	32.97	31.63
	露点温度(℃)	18.45	17.80	17.12	16.42	15.70	14.94	14.14	13.31	12.44	11.52	10.55	9.52	8.42	7.25	5.98	4.61	3.12	1.46	-0.34	-2.19	-4.35	-6.95	-10.22	-14.71	-22.02
	湿球温度(℃)	22.01	21.64	21.26	20.87	20.48	20.08	19.67	19.26	18.84	18.42	17.99	17.55	17.11	16.65	16.19	15.73	15.25	14.77	14.27	13.77	13.26	12.74	12.21	11.58	11.13
	相对湿度	100%	98%	96%	94%	92%	90%	88%	86%	84%	82%	80%	78%	76%	74%	72%	70%	68%	66%	64%	62%	60%	58%	56%	54%	52%
	含湿量(g/kg)	27.20	26.64	26.07	25.51	24.94	24.38	23.82	23.25	22.69	22.13	21.58	21.02	20.46	19.91	19.35	18.80	18.24	17.69	17.14	16.59	16.04	15.49	14.95	14.40	13.86
	焓(kJ/kg)	99.81	98.36	96.92	95.47	94.03	92.59	91.15	89.72	88.29	86.86	85.43	84.00	82.58	81.16	79.74	78.33	76.92	75.51	74.10	72.69	71.29	69.89	68.49	67.10	65.70
	露点温度(℃)	30.00	29.65	29.29	28.93	28.56	28.18	27.79	27.40	27.00	26.59	26.17	25.74	25.30	24.86	24.40	23.93	23.45	22.95	22.45	21.92	21.39	20.84	20.27	19.68	19.07
P_{qb}=4246.03Pa	湿球温度(℃)	30.00	29.72	29.44	29.16	28.88	28.59	28.30	28.00	27.70	27.40	27.09	26.78	26.47	26.15	25.83	25.51	25.18	24.85	24.51	24.17	23.82	23.47	23.11	22.75	22.39
30.5	含湿量(g/kg)	13.71	13.15	12.59	12.03	11.47	10.92	10.36	9.81	9.26	8.70	8.15	7.60	7.05	6.50	5.96	5.41	4.87	4.32	3.78	3.24	2.69	2.15	1.61	1.07	0.54
	焓(kJ/kg)	65.84	64.41	62.98	61.56	60.13	58.71	57.29	55.88	54.46	53.05	51.64	50.24	48.83	47.43	46.03	44.64	43.24	41.85	40.46	39.08	37.69	36.31	34.93	33.55	32.18
	露点温度(℃)	18.90	18.25	17.58	16.87	16.14	15.38	14.58	13.75	12.88	11.95	10.98	9.94	8.84	7.67	6.40	5.02	3.52	1.86	0.01	-1.85	-4.01	-6.62	-9.90	-14.39	-21.73
	湿球温度(℃)	22.43	22.05	21.66	21.27	20.87	20.46	20.05	19.64	19.21	18.78	18.34	17.90	17.45	16.99	16.52	16.04	15.56	15.07	14.57	14.06	13.54	13.01	12.47	11.92	11.36
	相对湿度	100%	98%	96%	94%	92%	90%	88%	86%	84%	82%	80%	78%	76%	74%	72%	70%	68%	66%	64%	62%	60%	58%	56%	54%	52%
	含湿量(g/kg)	28.03	27.45	26.86	26.28	25.70	25.11	24.53	23.96	23.38	22.80	22.22	21.65	21.08	20.50	19.93	19.36	18.79	18.22	17.65	17.09	16.52	15.96	15.39	14.83	14.27
	焓(kJ/kg)	102.46	100.96	99.47	97.98	96.49	95.00	93.52	92.04	90.56	89.09	87.61	86.14	84.68	83.21	81.75	80.29	78.84	77.38	75.93	74.48	73.03	71.59	70.15	68.71	67.27
	露点温度(℃)	30.50	30.15	29.79	29.42	29.05	28.67	28.28	27.89	27.49	27.07	26.65	26.22	25.79	25.34	24.88	24.41	23.92	23.43	22.92	22.39	21.86	21.30	20.73	20.14	19.53
P_{qb}=4369.43Pa	湿球温度(℃)	30.50	30.22	29.94	29.65	29.37	29.07	28.78	28.48	28.18	27.87	27.57	27.25	26.94	26.62	26.29	25.96	25.63	25.29	24.95	24.61	24.25	23.90	23.54	23.17	22.80

干球温度 31.0℃

相对湿度	2%	4%	6%	8%	10%	12%	14%	16%	18%	20%	22%	24%	26%	28%	30%	32%	34%	36%	38%	40%	42%	44%	46%	48%	50%
含湿量(g/kg)	0.55	1.11	1.66	2.22	2.77	3.33	3.89	4.45	5.01	5.57	6.13	6.70	7.26	7.82	8.39	8.96	9.53	10.10	10.67	11.24	11.81	12.39	12.96	13.54	14.11
焓(kJ/kg)	32.72	34.14	35.56	36.98	38.40	39.82	41.25	42.68	44.12	45.55	46.99	48.43	49.87	51.32	52.77	54.22	55.67	57.13	58.59	60.05	61.51	62.98	64.45	65.92	67.40
露点温度(℃)	−21.43	−14.08	−9.58	−6.29	−3.68	−1.51	0.40	2.26	3.93	5.43	6.81	8.08	9.27	10.37	11.41	12.39	13.31	14.19	15.03	15.83	16.59	17.32	18.03	18.71	19.36
湿球温度(℃)	11.58	12.16	12.72	13.27	13.81	14.34	14.86	15.37	15.87	16.36	16.84	17.32	17.79	18.25	18.70	19.14	19.58	20.01	20.43	20.85	21.26	21.66	22.06	22.45	22.84

相对湿度	52%	54%	56%	58%	60%	62%	64%	66%	68%	70%	72%	74%	76%	78%	80%	82%	84%	86%	88%	90%	92%	94%	96%	98%	100%
含湿量(g/kg)	14.69	15.27	15.85	16.43	17.01	17.60	18.18	18.76	19.35	19.94	20.53	21.12	21.71	22.30	22.89	23.49	24.08	24.68	25.27	25.87	26.47	27.07	27.67	28.28	28.88
焓(kJ/kg)	68.87	70.35	71.84	73.32	74.81	76.30	77.80	79.29	80.79	82.29	83.80	85.31	86.82	88.33	89.85	91.36	92.89	94.41	95.94	97.47	99.00	100.53	102.07	103.61	105.16
露点温度(℃)	19.99	20.60	21.20	21.77	22.32	22.86	23.39	23.90	24.40	24.88	25.36	25.82	26.27	26.71	27.14	27.56	27.97	28.38	28.78	29.16	29.54	29.92	30.29	30.65	31.00
湿球温度(℃)	23.22	23.60	23.97	24.33	24.69	25.04	25.39	25.74	26.08	26.42	26.75	27.08	27.40	27.72	28.04	28.35	28.66	28.96	29.26	29.56	29.86	30.15	30.43	30.72	31.00

$P_{qb} = 4495.94\,Pa$

干球温度 31.5℃

相对湿度	2%	4%	6%	8%	10%	12%	14%	16%	18%	20%	22%	24%	26%	28%	30%	32%	34%	36%	38%	40%	42%	44%	46%	48%	50%
含湿量(g/kg)	0.57	1.14	1.71	2.28	2.85	3.43	4.00	4.58	5.15	5.73	6.31	6.89	7.47	8.05	8.64	9.22	9.81	10.39	10.98	11.57	12.16	12.75	13.34	13.94	14.53
焓(kJ/kg)	33.27	34.73	36.18	37.65	39.11	40.58	42.05	43.52	45.00	46.48	47.96	49.44	50.93	52.42	53.91	55.40	56.90	58.40	59.90	61.41	62.92	64.43	65.94	67.46	68.98
露点温度(℃)	−21.14	−13.77	−9.26	−5.96	−3.34	−1.16	0.80	2.66	4.33	5.84	7.23	8.50	9.69	10.80	11.84	12.82	13.75	14.63	15.47	16.27	17.04	17.78	18.48	19.16	19.82
湿球温度(℃)	11.81	12.39	12.97	13.53	14.08	14.62	15.15	15.67	16.18	16.68	17.17	17.65	18.13	18.59	19.05	19.50	19.95	20.38	20.81	21.24	21.65	22.06	22.46	22.86	23.25

相对湿度	52%	54%	56%	58%	60%	62%	64%	66%	68%	70%	72%	74%	76%	78%	80%	82%	84%	86%	88%	90%	92%	94%	96%	98%	100%
含湿量(g/kg)	15.12	15.72	16.32	16.92	17.52	18.12	18.72	19.32	19.93	20.53	21.14	21.75	22.36	22.97	23.58	24.19	24.80	25.42	26.03	26.65	27.27	27.89	28.51	29.13	29.75
焓(kJ/kg)	70.50	72.03	73.56	75.09	76.62	78.16	79.70	81.24	82.79	84.34	85.89	87.44	89.00	90.56	92.12	93.69	95.26	96.83	98.41	99.99	101.57	103.15	104.74	106.33	107.92
露点温度(℃)	20.45	21.07	21.66	22.23	22.79	23.33	23.86	24.37	24.87	25.36	25.84	26.30	26.75	27.19	27.63	28.05	28.46	28.87	29.27	29.66	30.04	30.41	30.78	31.14	31.50
湿球温度(℃)	23.64	24.02	24.39	24.76	25.13	25.48	25.84	26.19	26.53	26.87	27.21	27.54	27.87	28.19	28.51	28.82	29.14	29.44	29.75	30.05	30.35	30.64	30.93	31.22	31.50

$P_{qb} = 4625.62\,Pa$

干球温度 32.0℃

相对湿度	2%	4%	6%	8%	10%	12%	14%	16%	18%	20%	22%	24%	26%	28%	30%	32%	34%	36%	38%	40%	42%	44%	46%	48%	50%
含湿量(g/kg)	0.58	1.17	1.76	2.35	2.93	3.53	4.12	4.71	5.30	5.90	6.49	7.09	7.69	8.29	8.89	9.49	10.09	10.70	11.30	11.91	12.52	13.12	13.73	14.34	14.96
焓(kJ/kg)	33.82	35.32	36.82	38.32	39.83	41.34	42.85	44.37	45.89	47.41	48.94	50.46	51.99	53.53	55.06	56.60	58.15	59.59	61.24	62.79	64.35	65.90	67.46	69.03	70.59
露点温度(℃)	−20.85	−13.46	−8.94	−5.63	−3.01	−0.82	1.19	3.06	4.74	6.25	7.64	8.92	10.11	11.22	12.27	13.25	14.18	15.07	15.91	16.72	17.49	18.23	18.94	19.62	20.28
湿球温度(℃)	12.04	12.63	13.22	13.79	14.35	14.90	15.44	15.97	16.49	16.99	17.49	17.99	18.47	18.94	19.41	19.87	20.32	20.76	21.19	21.62	22.04	22.46	22.87	23.27	23.67

相对湿度	52%	54%	56%	58%	60%	62%	64%	66%	68%	70%	72%	74%	76%	78%	80%	82%	84%	86%	88%	90%	92%	94%	96%	98%	100%
含湿量(g/kg)	15.57	16.18	16.80	17.42	18.03	18.65	19.27	19.90	20.52	21.14	21.77	22.39	23.02	23.65	24.28	24.91	25.54	26.18	26.81	27.45	28.09	28.73	29.37	30.01	30.65
焓(kJ/kg)	72.16	73.73	75.31	76.89	78.47	80.05	81.64	83.23	84.83	86.42	88.02	89.62	91.23	92.84	94.45	96.07	97.69	99.31	100.93	102.56	104.19	105.83	107.47	109.11	110.75
露点温度(℃)	20.91	21.53	22.12	22.70	23.26	23.80	24.33	24.85	25.35	25.84	26.31	26.78	27.23	27.68	28.11	28.54	28.95	29.36	29.76	30.15	30.53	30.91	31.28	31.64	32.00
湿球温度(℃)	24.06	24.44	24.82	25.19	25.56	25.92	26.28	26.64	26.98	27.33	27.67	28.00	28.33	28.66	28.98	29.30	29.61	29.92	30.23	30.53	30.83	31.13	31.42	31.71	32.00

$P_{qb} = 4738.53\,Pa$

干球温度(℃)	相对湿度	50%	48%	46%	44%	42%	40%	38%	36%	34%	32%	30%	28%	26%	24%	22%	20%	18%	16%	14%	12%	10%	8%	6%	4%	2%
32.5	含湿量(g/kg)	15.40	14.77	14.14	13.51	12.88	12.26	11.63	11.01	10.39	9.77	9.15	8.53	7.91	7.30	6.68	6.07	5.46	4.85	4.24	3.63	3.02	2.41	1.81	1.20	0.60
	焓(kJ/kg)	72.23	70.62	69.01	67.40	65.80	64.20	62.60	61.00	59.41	57.82	56.24	54.66	53.08	51.50	49.93	48.36	46.79	45.23	43.67	42.11	40.55	39.00	37.45	35.91	34.36
	露点温度(℃)	20.73	20.07	19.39	18.68	17.93	17.16	16.35	15.51	14.62	13.69	12.70	11.65	10.53	9.34	8.05	6.66	5.14	3.46	1.58	-0.48	-2.67	-5.30	-8.62	-13.15	-20.55
	湿球温度(℃)	24.08	23.68	23.27	22.86	22.44	22.01	21.57	21.13	20.68	20.23	19.76	19.29	18.81	18.32	17.82	17.31	16.72	16.27	15.73	15.18	14.62	14.05	13.46	12.87	12.26
	相对湿度	100%	98%	96%	94%	92%	90%	88%	86%	84%	82%	80%	78%	76%	74%	72%	70%	68%	66%	64%	62%	60%	58%	56%	54%	52%
	含湿量(g/kg)	31.57	30.91	30.25	29.59	28.93	28.27	27.62	26.96	26.31	25.65	25.00	24.35	23.71	23.06	22.41	21.77	21.13	20.48	19.84	19.20	18.57	17.93	17.29	16.66	16.03
	焓(kJ/kg)	113.64	111.95	110.25	108.56	106.88	105.19	103.52	101.84	100.17	98.50	96.83	95.17	93.51	91.85	90.20	88.55	86.90	85.26	83.62	81.98	80.35	78.72	77.09	75.47	73.85
	露点温度(℃)	32.50	32.14	31.78	31.41	31.03	30.64	30.25	29.85	29.44	29.02	28.60	28.16	27.72	27.26	26.79	26.32	25.82	25.32	24.81	24.27	23.73	23.17	22.59	21.99	21.37
$P_{qb}=4894.75Pa$	湿球温度(℃)	32.50	32.21	31.92	31.62	31.32	31.02	30.72	30.4	30.09	29.77	29.45	29.13	28.80	28.46	28.13	27.78	27.44	27.08	26.73	26.36	26.00	25.62	25.25	24.86	24.47
33.0	相对湿度	50%	48%	46%	44%	42%	40%	38%	36%	34%	32%	30%	28%	26%	24%	22%	20%	18%	16%	14%	12%	10%	8%	6%	4%	2%
	含湿量(g/kg)	15.85	15.20	14.55	13.90	13.26	12.61	11.97	11.33	10.69	10.05	9.41	8.78	8.14	7.51	6.87	6.24	5.61	4.98	4.36	3.73	3.11	2.48	1.86	1.24	0.62
	焓(kJ/kg)	73.91	72.24	70.58	68.93	67.28	65.63	63.98	62.34	60.70	59.06	57.43	55.80	54.17	52.55	50.93	49.32	47.70	46.09	44.49	42.88	41.28	39.69	38.09	36.50	34.91
	露点温度(℃)	21.19	20.53	19.84	19.13	18.38	17.61	16.80	15.95	15.06	14.12	13.13	12.08	10.96	9.76	8.47	7.07	5.54	3.86	1.98	-0.14	-2.33	-4.97	-8.30	-12.84	-20.26
	湿球温度(℃)	24.49	24.09	23.67	23.26	22.83	22.40	21.96	21.51	21.05	20.59	20.12	19.64	19.15	18.65	18.14	17.63	17.10	16.56	16.02	15.46	14.89	14.30	13.71	13.10	12.48
	相对湿度	100%	98%	96%	94%	92%	90%	88%	86%	84%	82%	80%	78%	76%	74%	72%	70%	68%	66%	64%	62%	60%	58%	56%	54%	52%
	含湿量(g/kg)	32.52	31.84	31.15	30.47	29.79	29.12	28.44	27.76	27.09	26.42	25.75	25.08	24.41	23.74	23.08	22.41	21.75	21.09	20.43	19.77	19.11	18.46	17.80	17.15	16.50
	焓(kJ/kg)	116.60	114.85	113.11	111.36	109.62	107.89	106.15	104.43	102.70	100.98	99.26	97.55	95.83	94.13	92.42	90.72	89.02	87.33	85.64	83.95	82.27	80.59	78.91	77.24	75.57
	露点温度(℃)	33.00	32.64	32.27	31.90	31.52	31.14	30.74	30.34	29.93	29.51	29.08	28.65	28.20	27.74	27.27	26.79	26.30	25.80	25.28	24.74	24.20	23.63	23.05	22.45	21.83
$P_{qb}=5034.34Pa$	湿球温度(℃)	33.00	32.71	32.41	32.12	31.81	31.51	31.20	30.89	30.57	30.25	29.93	29.60	29.26	28.93	28.59	28.24	27.89	27.53	27.17	26.80	26.43	26.06	25.67	25.29	24.89
33.5	相对湿度	50%	48%	46%	44%	42%	40%	38%	36%	34%	32%	30%	28%	26%	24%	22%	20%	18%	16%	14%	12%	10%	8%	6%	4%	2%
	含湿量(g/kg)	16.31	15.64	14.97	14.31	13.64	12.98	12.32	11.36	11.00	10.34	9.68	9.03	8.37	7.72	7.07	6.42	5.77	5.13	4.48	3.84	3.19	2.55	1.91	1.27	0.64
	焓(kJ/kg)	75.61	73.90	72.19	70.48	68.78	67.08	65.39	63.59	62.01	60.32	58.64	56.96	55.29	53.62	51.95	50.29	48.63	46.97	45.32	43.67	42.02	40.37	38.73	37.10	35.46
	露点温度(℃)	21.65	20.98	20.29	19.58	18.83	18.05	17.24	16.39	15.49	14.55	13.56	12.50	11.38	10.18	8.88	7.48	5.95	4.26	2.37	0.23	-2.00	-4.64	-7.98	-12.53	-19.97
	湿球温度(℃)	24.91	24.50	24.08	23.65	23.22	22.78	22.34	21.88	21.42	20.95	20.47	19.99	19.49	18.98	18.47	17.94	17.41	16.86	16.30	15.74	15.15	14.56	13.96	13.34	12.70
	相对湿度	100%	98%	96%	94%	92%	90%	88%	86%	84%	82%	80%	78%	76%	74%	72%	70%	68%	66%	64%	62%	60%	58%	56%	54%	52%
	含湿量(g/kg)	33.49	32.79	32.08	31.38	30.68	29.98	29.29	28.59	27.89	27.20	26.51	25.82	25.13	24.44	23.76	23.07	22.39	21.71	21.03	20.35	19.67	19.00	18.32	17.65	16.98
	焓(kJ/kg)	119.63	117.83	116.02	114.23	112.43	110.64	108.85	107.07	105.29	103.51	101.74	99.97	98.21	96.45	94.69	92.94	91.19	89.44	87.70	85.96	84.23	82.50	80.77	79.05	77.33
	露点温度(℃)	33.50	33.14	32.77	32.40	32.02	31.63	31.23	30.83	30.42	30.00	29.57	29.13	28.68	28.22	27.75	27.27	26.78	26.27	25.75	25.21	24.66	24.10	23.52	22.91	22.29
$P_{qb}=5177.37Pa$	湿球温度(℃)	33.50	33.21	32.91	32.61	32.30	32.00	31.68	31.37	31.05	30.73	30.40	30.07	29.73	29.39	29.04	28.69	28.34	27.98	27.62	27.25	26.87	26.49	26.10	25.71	25.31

干球温度(℃)	相对湿度	2%	4%	6%	8%	10%	12%	14%	16%	18%	20%	22%	24%	26%	28%	30%	32%	34%	36%	38%	40%	42%	44%	46%	48%	50%
34.0	含湿量(g/kg)	0.65	1.31	1.97	2.63	3.29	3.95	4.61	5.27	5.94	6.61	7.27	7.94	8.61	9.29	9.96	10.64	11.31	11.99	12.67	13.35	14.04	14.72	15.41	16.09	16.78
	焓(kJ/kg)	36.02	37.70	39.38	41.07	42.76	44.45	46.15	47.85	49.56	51.27	52.98	54.70	56.42	58.14	59.87	61.60	63.33	65.07	66.81	68.56	70.31	72.06	73.82	75.58	77.34
	露点温度(℃)	−19.68	−12.22	−7.66	−4.32	−1.67	0.61	2.76	4.66	6.35	7.89	9.30	10.59	11.80	12.93	13.99	14.98	15.93	16.83	17.68	18.50	19.28	20.03	20.75	21.44	22.11
	湿球温度(℃)	12.92	13.57	14.20	14.82	15.42	16.01	16.59	17.16	17.72	18.26	18.79	19.32	19.83	20.33	20.83	21.31	21.79	22.26	22.72	23.17	23.62	24.05	24.48	24.90	25.32
	相对湿度	52%	54%	56%	58%	60%	62%	64%	66%	68%	70%	72%	74%	76%	78%	80%	82%	84%	86%	88%	90%	92%	94%	96%	98%	100%
	含湿量(g/kg)	17.47	18.16	18.86	19.55	20.25	20.94	21.64	22.34	23.05	23.75	24.46	25.16	25.87	26.58	27.29	28.01	28.72	29.44	30.15	30.87	31.59	32.32	33.04	33.77	34.49
	焓(kJ/kg)	79.11	80.89	82.66	84.44	86.23	88.01	89.80	91.60	93.40	95.20	97.01	98.82	100.64	102.46	104.28	106.11	107.94	109.77	111.61	113.46	115.30	117.15	119.01	120.87	122.73
	露点温度(℃)	22.75	23.38	23.98	24.56	25.13	25.68	26.22	26.74	27.25	27.75	28.23	28.70	29.16	29.61	30.05	30.48	30.91	31.32	31.73	32.12	32.51	32.89	33.27	33.64	34.00
P_{qb}=5323.91Pa	湿球温度(℃)	25.73	26.13	26.53	26.92	27.31	27.69	28.06	28.43	28.79	29.15	29.50	29.85	30.20	30.54	30.87	31.20	31.53	31.85	32.17	32.48	32.79	33.10	33.40	33.70	34.00
34.5	相对湿度	2%	4%	6%	8%	10%	12%	14%	16%	18%	20%	22%	24%	26%	28%	30%	32%	34%	36%	38%	40%	42%	44%	46%	48%	50%
	含湿量(g/kg)	0.67	1.35	2.02	2.70	3.38	4.06	4.74	5.42	6.11	6.79	7.48	8.17	8.86	9.55	10.25	10.94	11.64	12.34	13.04	13.74	14.44	15.15	15.85	16.56	17.27
	焓(kJ/kg)	36.57	38.30	40.03	41.77	43.51	45.25	47.00	48.75	50.50	52.26	54.02	55.79	57.56	59.34	61.11	62.90	64.68	66.47	68.26	70.06	71.86	73.67	75.48	77.29	79.11
	露点温度(℃)	−19.39	−11.92	−7.34	−3.99	−1.33	1.00	3.15	5.06	6.76	8.30	9.71	11.01	12.22	13.35	14.41	15.42	16.36	17.26	18.12	18.94	19.72	20.48	21.20	21.89	22.56
	湿球温度(℃)	13.14	13.80	14.44	15.07	15.69	16.29	16.88	17.46	18.02	18.58	19.12	19.65	20.17	20.68	21.18	21.68	22.16	22.63	23.10	23.56	24.01	24.45	24.89	25.31	25.74
	相对湿度	52%	54%	56%	58%	60%	62%	64%	66%	68%	70%	72%	74%	76%	78%	80%	82%	84%	86%	88%	90%	92%	94%	96%	98%	100%
	含湿量(g/kg)	17.98	18.69	19.40	20.12	20.84	21.56	22.28	23.00	23.72	24.45	25.17	25.90	26.63	27.36	28.10	28.83	29.57	30.31	31.05	31.79	32.53	33.28	34.02	34.77	35.52
	焓(kJ/kg)	80.93	82.76	84.59	86.42	88.26	90.10	91.95	93.80	95.66	97.51	99.38	101.24	103.12	104.99	106.87	108.76	110.64	112.54	114.43	116.33	118.24	120.15	122.06	123.98	125.91
	露点温度(℃)	23.21	23.84	24.44	25.03	25.60	26.15	26.69	27.22	27.73	28.22	28.71	29.18	29.65	30.10	30.54	30.97	31.40	31.81	32.22	32.62	33.01	33.39	33.77	34.14	34.50
P_{qb}=5474.04Pa	湿球温度(℃)	26.15	26.56	26.96	27.35	27.74	28.13	28.51	28.88	29.24	29.61	29.96	30.32	30.66	31.01	31.34	31.68	32.01	32.33	32.65	32.97	33.28	33.59	33.90	34.20	34.50
35.0	相对湿度	2%	4%	6%	8%	10%	12%	14%	16%	18%	20%	22%	24%	26%	28%	30%	32%	34%	36%	38%	40%	42%	44%	46%	48%	50%
	含湿量(g/kg)	0.69	1.38	2.08	2.78	3.47	4.17	4.87	5.58	6.28	6.99	7.69	8.40	9.11	9.83	10.54	11.26	11.97	12.59	13.41	14.13	14.86	15.58	16.31	17.04	17.77
	焓(kJ/kg)	37.12	38.90	40.68	42.47	44.26	46.05	47.85	49.65	51.46	53.27	55.08	56.90	58.72	60.55	62.38	64.21	66.05	67.89	69.74	71.59	73.45	75.31	77.17	79.04	80.91
	露点温度(℃)	−19.10	−11.61	−7.02	−3.66	−1.00	1.38	3.55	5.45	7.16	8.71	10.12	11.43	12.64	13.78	14.84	15.85	16.80	17.70	18.56	19.38	20.17	20.93	21.65	22.35	23.02
	湿球温度(℃)	13.36	14.03	14.69	15.33	15.96	16.57	17.17	17.76	18.33	18.89	19.44	19.98	20.51	21.03	21.54	22.04	22.53	23.01	23.48	23.95	24.40	24.85	25.29	25.72	26.15
	相对湿度	52%	54%	56%	58%	60%	62%	64%	66%	68%	70%	72%	74%	76%	78%	80%	82%	84%	86%	88%	90%	92%	94%	96%	98%	100%
	含湿量(g/kg)	18.50	19.23	19.97	20.70	21.44	22.18	22.93	23.67	24.41	25.16	25.91	26.66	27.41	28.17	28.92	29.68	30.44	31.20	31.96	32.73	33.50	34.26	35.03	35.81	36.58
	焓(kJ/kg)	82.79	84.67	86.55	88.44	90.34	92.24	94.14	96.05	97.96	99.87	101.79	103.72	105.65	107.58	109.52	111.46	113.41	115.36	117.32	119.28	121.24	123.21	125.19	127.17	129.15
	露点温度(℃)	23.67	24.30	24.91	25.50	26.07	26.62	27.16	27.69	28.20	28.70	29.19	29.66	30.13	30.58	31.02	31.46	31.88	32.30	32.71	33.11	33.50	33.89	34.26	34.64	35.00
P_{qb}=5627.82Pa	湿球温度(℃)	26.57	26.98	27.39	27.79	28.18	28.57	28.95	29.33	29.70	30.06	30.42	30.78	31.13	31.48	31.82	32.15	32.49	32.81	33.14	33.46	33.77	34.09	34.39	34.70	35.00

续表

干球温度 35.5℃

相对湿度	2%	4%	6%	8%	10%	12%	14%	16%	18%	20%	22%	24%	26%	28%	30%	32%	34%	36%	38%	40%	42%	44%	46%	48%	50%
含湿量(g/kg)	0.71	1.42	2.14	2.85	3.57	4.29	5.01	5.73	6.46	7.18	7.91	8.64	9.37	10.11	10.84	11.58	12.31	13.05	13.79	14.54	15.28	16.03	16.78	17.53	18.28
焓(kJ/kg)	37.68	39.51	41.34	43.18	45.02	46.86	48.71	50.57	52.42	54.29	56.15	58.02	59.90	61.78	63.66	65.55	67.44	69.34	71.24	73.15	75.06	76.97	78.89	80.82	82.75
露点温度(℃)	-18.81	-11.30	-6.70	-3.33	-0.66	1.77	3.94	5.85	7.56	9.12	10.54	11.85	13.06	14.20	15.27	16.28	17.23	18.14	19.00	19.83	20.62	21.37	22.10	22.80	23.48
湿球温度(℃)	13.57	14.26	14.93	15.58	16.22	16.85	17.46	18.05	18.64	19.21	19.77	20.32	20.85	21.38	21.90	22.40	22.90	23.39	23.86	24.33	24.80	25.25	25.70	26.13	26.57
相对湿度	52%	54%	56%	58%	60%	62%	64%	66%	68%	70%	72%	74%	76%	78%	80%	82%	84%	86%	88%	90%	92%	94%	96%	98%	100%
含湿量(g/kg)	19.03	19.79	20.54	21.30	22.06	22.83	23.59	24.36	25.13	25.89	26.67	27.44	28.22	28.99	29.77	30.55	31.33	32.12	32.91	33.69	34.48	35.28	36.07	36.87	37.66
焓(kJ/kg)	84.68	86.62	88.56	90.51	92.46	94.41	96.37	98.34	100.31	102.28	104.26	106.25	108.24	110.23	112.23	114.23	116.24	118.25	120.27	122.29	124.32	126.35	128.39	130.43	132.48
露点温度(℃)	24.13	24.76	25.37	25.96	26.54	27.09	27.64	28.16	28.68	29.18	29.67	30.14	30.61	31.06	31.51	31.95	32.37	32.79	33.20	33.60	34.00	34.38	34.76	35.13	35.50
湿球温度(℃)	26.99	27.41	27.82	28.22	28.62	29.01	29.40	29.78	30.15	30.52	30.88	31.24	31.60	31.95	32.29	32.63	32.96	33.30	33.62	33.95	34.26	34.58	34.89	35.20	35.50

$P_{qb}=5785.33\text{Pa}$

干球温度 36.0℃

相对湿度	2%	4%	6%	8%	10%	12%	14%	16%	18%	20%	22%	24%	26%	28%	30%	32%	34%	36%	38%	40%	42%	44%	46%	48%	50%
含湿量(g/kg)	0.73	1.46	2.20	2.93	3.67	4.41	5.15	5.90	6.64	7.39	8.14	8.89	9.64	10.39	11.15	11.90	12.66	13.43	14.19	14.95	15.72	16.49	17.26	18.03	18.80
焓(kJ/kg)	38.24	40.12	42.00	43.89	45.78	47.68	49.58	51.49	53.40	55.32	57.24	59.16	61.09	63.03	64.97	66.91	68.86	70.81	72.77	74.73	76.70	78.67	80.65	82.63	84.62
露点温度(℃)	-18.52	-10.99	-6.38	-3.01	-0.33	2.15	4.33	6.25	7.97	9.52	10.95	12.26	13.49	14.63	15.70	16.71	17.67	18.58	19.45	20.27	21.06	21.82	22.55	23.26	23.93
湿球温度(℃)	13.79	14.49	15.17	15.84	16.49	17.12	17.74	18.35	18.94	19.52	20.09	20.65	21.19	21.73	22.25	22.77	23.27	23.76	24.25	24.72	25.19	25.65	26.10	26.54	26.98
相对湿度	52%	54%	56%	58%	60%	62%	64%	66%	68%	70%	72%	74%	76%	78%	80%	82%	84%	86%	88%	90%	92%	94%	96%	98%	100%
含湿量(g/kg)	19.58	20.36	21.14	21.92	22.70	23.49	24.27	25.06	25.85	26.65	27.44	28.24	29.04	29.84	30.64	31.45	32.25	33.06	33.87	34.69	35.50	36.32	37.14	37.96	38.78
焓(kJ/kg)	86.61	88.60	90.60	92.61	94.62	96.63	98.65	100.68	102.71	104.74	106.78	108.83	110.88	112.94	115.00	117.06	119.13	121.21	123.29	125.37	127.46	129.56	131.66	133.77	135.88
露点温度(℃)	24.59	25.22	25.83	26.43	27.00	27.56	28.11	28.64	29.15	29.65	30.15	30.62	31.09	31.55	32.00	32.43	32.86	33.23	33.69	34.09	34.49	34.88	35.26	35.63	36.00
湿球温度(℃)	27.41	27.83	28.25	28.65	29.06	29.45	29.84	30.23	30.60	30.98	31.34	31.71	32.06	32.42	32.76	33.11	33.44	33.78	34.11	34.43	34.75	35.07	35.38	35.69	36.00

$P_{qb}=5946.64\text{Pa}$

干球温度 36.5℃

相对湿度	2%	4%	6%	8%	10%	12%	14%	16%	18%	20%	22%	24%	26%	28%	30%	32%	34%	36%	38%	40%	42%	44%	46%	48%	50%
含湿量(g/kg)	0.75	1.50	2.26	3.02	3.77	4.54	5.30	6.06	6.83	7.60	8.37	9.14	9.91	10.69	11.46	12.24	13.02	13.81	14.59	15.38	16.17	16.96	17.75	18.55	19.34
焓(kJ/kg)	38.79	40.73	42.66	44.61	46.56	48.51	50.46	52.43	54.39	56.36	58.34	60.32	62.31	64.30	66.29	68.29	70.30	72.31	74.32	76.34	78.37	80.40	82.43	84.48	86.52
露点温度(℃)	-18.23	-10.69	-6.06	-2.68	0.00	2.54	4.72	6.65	8.37	9.93	11.36	12.68	13.91	15.05	16.13	17.14	18.11	19.02	19.89	20.72	21.51	22.27	23.01	23.71	24.39
湿球温度(℃)	14.00	14.72	15.41	16.09	16.75	17.40	18.03	18.65	19.25	19.84	20.42	20.98	21.54	22.08	22.61	23.13	23.64	24.14	24.63	25.11	25.59	26.05	26.51	26.96	27.40
相对湿度	52%	54%	56%	58%	60%	62%	64%	66%	68%	70%	72%	74%	76%	78%	80%	82%	84%	86%	88%	90%	92%	94%	96%	98%	100%
含湿量(g/kg)	20.14	20.94	21.74	22.55	23.36	24.17	24.98	25.79	26.60	27.42	28.24	29.06	29.88	30.71	31.54	32.37	33.20	34.03	34.87	35.70	36.55	37.39	38.23	39.08	39.93
焓(kJ/kg)	88.57	90.63	92.69	94.75	96.82	98.90	100.98	103.07	105.16	107.26	109.36	111.47	113.58	115.70	117.82	119.95	122.09	124.23	126.37	128.53	130.68	132.84	135.01	137.18	139.36
露点温度(℃)	25.05	25.68	26.30	26.89	27.47	28.03	28.58	29.11	29.63	30.13	30.62	31.10	31.57	32.03	32.48	32.92	33.35	33.77	34.18	34.59	34.98	35.37	35.76	36.13	36.50
湿球温度(℃)	27.83	28.26	28.68	29.09	29.49	29.89	30.29	30.67	31.06	31.43	31.80	32.17	32.53	32.89	33.24	33.58	33.92	34.26	34.59	34.92	35.24	35.56	35.88	36.19	36.50

$P_{qb}=6111.84\text{Pa}$

续表

干球温度(℃)	相对湿度	2%	4%	6%	8%	10%	12%	14%	16%	18%	20%	22%	24%	26%	28%	30%	32%	34%	36%	38%	40%	42%	44%	46%	48%	50%
37.0	含湿量(g/kg)	0.77	1.55	2.32	3.10	3.88	4.66	5.45	6.23	7.02	7.81	8.60	9.39	10.19	10.99	11.79	12.59	13.39	14.20	15.01	15.81	16.63	17.44	18.26	19.07	19.90
	焓(kJ/kg)	39.35	41.34	43.33	45.33	47.33	49.34	51.35	53.37	55.39	57.42	59.45	61.49	63.54	65.58	67.64	69.70	71.76	73.83	75.90	77.98	80.07	82.16	84.25	86.36	88.46
	露点温度(℃)	-17.94	-10.38	-5.75	-2.36	0.38	2.92	5.11	7.04	8.77	10.34	11.77	13.10	14.33	15.48	16.56	17.58	18.54	19.46	20.33	21.16	21.96	22.72	23.46	24.17	24.85
	湿球温度(℃)	14.22	14.94	15.65	16.34	17.02	17.67	18.32	18.94	19.56	20.16	20.74	21.32	21.88	22.43	22.96	23.49	24.01	24.52	25.01	25.50	25.98	26.45	26.91	27.37	27.81
	相对湿度	52%	54%	56%	58%	60%	62%	64%	66%	68%	70%	72%	74%	76%	78%	80%	82%	84%	86%	88%	90%	92%	94%	96%	98%	100%
	含湿量(g/kg)	20.72	21.54	22.37	23.20	24.03	24.86	25.70	26.53	27.37	28.21	29.06	29.90	30.75	31.60	32.45	33.31	34.17	35.03	35.89	36.75	37.62	38.49	39.36	40.23	41.10
	焓(kJ/kg)	90.57	92.69	94.81	96.94	99.08	101.21	103.36	105.51	107.66	109.83	111.99	114.17	116.34	118.53	120.72	122.91	125.11	127.32	129.53	131.75	133.98	136.21	138.44	140.68	142.93
P_{qb}=6280.99Pa	露点温度(℃)	25.51	26.14	26.76	27.36	27.94	28.50	29.05	29.58	30.10	30.61	31.10	31.58	32.06	32.52	32.97	33.41	33.84	34.26	34.67	35.08	35.48	35.87	36.25	36.63	37.00
	湿球温度(℃)	28.25	28.68	29.10	29.52	29.93	30.34	30.73	31.12	31.51	31.89	32.26	32.63	33.00	33.36	33.71	34.06	34.40	34.74	35.08	35.41	35.73	36.06	36.37	36.69	37.00
37.5	含湿量(g/kg)	0.79	1.59	2.39	3.19	3.99	4.79	5.60	6.40	7.21	8.03	8.84	9.66	10.47	11.30	12.12	12.94	13.77	14.60	15.43	16.26	17.10	17.94	18.78	19.62	20.46
	焓(kJ/kg)	39.91	41.96	44.01	46.06	48.12	50.18	52.25	54.33	56.41	58.49	60.59	62.68	64.78	66.89	69.00	71.12	73.25	75.38	77.51	79.65	81.80	83.95	86.11	88.27	90.44
	露点温度(℃)	-17.65	-10.08	-5.43	-2.03	0.75	3.30	5.50	7.44	9.18	10.75	12.19	13.51	14.75	15.90	16.99	18.01	18.98	19.89	20.77	21.60	22.40	23.17	23.91	24.62	25.30
	湿球温度(℃)	14.43	15.17	15.89	16.60	17.28	17.95	18.60	19.24	19.86	20.47	21.07	21.65	22.22	22.78	23.32	23.86	24.38	24.89	25.40	25.89	26.38	26.85	27.32	27.78	28.23
	相对湿度	52%	54%	56%	58%	60%	62%	64%	66%	68%	70%	72%	74%	76%	78%	80%	82%	84%	86%	88%	90%	92%	94%	96%	98%	100%
	含湿量(g/kg)	21.31	22.16	23.01	23.86	24.72	25.57	26.43	27.30	28.16	29.03	29.90	30.77	31.64	32.52	33.40	34.28	35.16	36.05	36.94	37.83	38.72	39.61	40.51	41.41	42.32
	焓(kJ/kg)	92.62	94.80	96.98	99.17	101.37	103.58	105.79	108.00	110.22	112.45	114.68	116.92	119.17	121.42	123.67	125.94	128.21	130.48	132.76	135.05	137.35	139.65	141.95	144.26	146.58
P_{qb}=6454.17Pa	露点温度(℃)	25.96	26.60	27.22	27.82	28.41	28.97	29.52	30.06	30.58	31.09	31.58	32.07	32.54	33.00	33.45	33.89	34.33	34.75	35.17	35.57	35.97	36.37	36.75	37.13	37.50
	湿球温度(℃)	28.65	29.09	29.52	29.94	30.35	30.76	31.16	31.56	31.96	32.35	32.73	33.10	33.46	33.83	34.18	34.53	34.88	35.22	35.56	35.90	36.22	36.55	36.87	37.19	37.50
38.0	含湿量(g/kg)	0.82	1.63	2.45	3.27	4.10	4.92	5.75	6.58	7.41	8.25	9.09	9.93	10.77	11.61	12.46	13.31	14.16	15.01	15.86	16.72	17.58	18.44	19.31	20.17	21.04
	焓(kJ/kg)	40.48	42.58	44.68	46.79	48.91	51.03	53.16	55.30	57.44	59.58	61.73	63.89	66.05	68.22	70.39	72.57	74.76	76.95	79.15	81.35	83.56	85.78	88.00	90.22	92.46
	露点温度(℃)	-17.36	-9.77	-5.11	-1.71	1.13	3.69	5.89	7.84	9.58	11.15	12.60	13.93	15.17	16.33	17.41	18.44	19.41	20.33	21.21	22.05	22.85	23.62	24.36	25.07	25.76
	湿球温度(℃)	14.64	15.39	16.13	16.85	17.55	18.23	18.89	19.54	20.17	20.79	21.39	21.98	22.56	23.13	23.68	24.22	24.75	25.27	25.78	26.28	26.77	27.25	27.72	28.19	28.64
	相对湿度	52%	54%	56%	58%	60%	62%	64%	66%	68%	70%	72%	74%	76%	78%	80%	82%	84%	86%	88%	90%	92%	94%	96%	98%	100%
	含湿量(g/kg)	21.91	22.79	23.66	24.54	25.42	26.31	27.19	28.08	28.97	29.86	30.76	31.66	32.56	33.46	34.37	35.27	36.18	37.10	38.01	38.93	39.85	40.77	41.70	42.63	43.56
	焓(kJ/kg)	94.70	96.94	99.19	101.45	103.72	105.99	108.26	110.54	112.83	115.13	117.43	119.74	122.05	124.37	126.70	129.03	131.37	133.72	136.07	138.43	140.79	143.17	145.55	147.93	150.32
P_{qb}=6631.47Pa	露点温度(℃)	26.42	27.07	27.69	28.29	28.87	29.44	29.99	30.53	31.05	31.56	32.06	32.55	33.02	33.48	33.94	34.38	34.81	35.24	35.66	36.07	36.47	36.86	37.25	37.63	38.00
	湿球温度(℃)	29.09	29.53	29.97	30.39	30.81	31.22	31.63	32.03	32.42	32.80	33.19	33.56	33.93	34.30	34.66	35.01	35.36	35.72	36.05	36.38	36.71	37.04	37.37	37.68	38.00

干球温度(℃)	相对湿度	2%	4%	6%	8%	10%	12%	14%	16%	18%	20%	22%	24%	26%	28%	30%	32%	34%	36%	38%	40%	42%	44%	46%	48%	50%
38.5	含湿量(g/kg)	0.84	1.68	2.52	3.36	4.21	5.06	5.91	6.76	7.62	8.48	9.34	10.20	11.07	11.94	12.81	13.68	14.55	15.43	16.31	17.19	18.08	18.96	19.85	20.74	21.64
	焓(kJ/kg)	41.04	43.23	45.36	47.53	49.71	51.89	54.08	56.28	58.48	60.68	62.89	65.11	67.34	69.57	71.80	74.05	76.30	78.55	80.81	83.08	85.36	87.64	89.92	92.22	94.51
	露点温度(℃)	-17.08	-9.47	-4.80	-1.38	1.50	4.07	6.28	8.23	9.98	11.56	13.01	14.35	15.59	16.75	17.84	18.87	19.84	20.77	21.65	22.49	23.30	24.07	24.81	25.53	26.22
	湿球温度(℃)	14.85	15.62	16.37	17.10	17.81	18.50	19.18	19.83	20.48	21.10	21.72	22.32	22.90	23.48	24.04	24.58	25.12	25.65	26.16	26.67	27.17	27.65	28.13	28.60	29.06
	相对湿度	52%	54%	56%	58%	60%	62%	64%	66%	68%	70%	72%	74%	76%	78%	80%	82%	84%	86%	88%	90%	92%	94%	96%	98%	100%
	含湿量(g/kg)	22.54	23.44	24.34	25.24	26.15	27.06	27.97	28.88	29.80	30.72	31.64	32.57	33.50	34.43	35.36	36.30	37.23	38.17	39.12	40.06	41.01	41.97	42.92	43.88	44.84
	焓(kJ/kg)	96.82	99.13	101.45	103.78	106.11	108.45	110.79	113.14	115.50	117.87	120.24	122.62	125.00	127.39	129.79	132.20	134.61	137.03	139.45	141.89	144.32	146.77	149.23	151.69	154.15
	露点温度(℃)	26.88	27.53	28.15	28.75	29.34	29.91	30.46	31.00	31.53	32.04	32.54	33.03	33.50	33.97	34.42	34.87	35.30	35.73	36.15	36.56	36.96	37.36	37.74	38.13	38.50
P_{qb}=6812.97Pa	湿球温度(℃)	29.51	29.96	30.40	30.83	31.25	31.66	32.07	32.48	32.87	33.26	33.65	34.03	34.40	34.77	35.13	35.49	35.84	36.19	36.53	36.87	37.20	37.53	37.86	38.18	38.50
39.0	含湿量(g/kg)	0.86	1.72	2.59	3.46	4.33	5.20	6.07	6.95	7.83	8.71	9.60	10.48	11.37	12.27	13.16	14.06	14.96	15.86	16.77	17.67	18.58	19.50	20.41	21.33	22.25
	焓(kJ/kg)	41.60	43.82	46.05	48.28	50.52	52.76	55.01	57.27	59.53	61.80	64.07	66.35	68.64	70.94	73.24	75.55	77.86	80.18	82.51	84.84	87.18	89.53	91.88	94.24	96.61
	露点温度(℃)	-16.79	-9.16	-4.48	-1.06	1.88	4.45	6.67	8.63	10.38	11.97	13.42	14.76	16.01	17.18	18.27	19.30	20.28	21.21	22.09	22.94	23.74	24.52	25.26	25.98	26.67
	湿球温度(℃)	15.06	15.84	16.61	17.35	18.07	18.78	19.46	20.13	20.78	21.42	22.04	22.65	23.24	23.83	24.39	24.95	25.49	26.03	26.55	27.06	27.56	28.06	28.54	29.01	29.48
	相对湿度	52%	54%	56%	58%	60%	62%	64%	66%	68%	70%	72%	74%	76%	78%	80%	82%	84%	86%	88%	90%	92%	94%	96%	98%	100%
	含湿量(g/kg)	23.17	24.10	25.03	25.96	26.89	27.83	28.77	29.71	30.65	31.60	32.55	33.51	34.46	35.42	36.38	37.34	38.31	39.28	40.25	41.23	42.21	43.19	44.17	45.16	46.15
	焓(kJ/kg)	98.99	101.37	103.75	106.15	108.55	110.96	113.37	115.80	118.23	120.66	123.11	125.56	128.02	130.48	132.95	135.43	137.92	140.41	142.91	145.42	147.94	150.46	152.99	155.53	158.08
	露点温度(℃)	27.34	27.99	28.61	29.22	29.81	30.38	30.93	31.48	32.00	32.52	33.02	33.51	33.98	34.45	34.91	35.35	35.79	36.22	36.64	37.05	37.46	37.85	38.24	38.62	39.00
P_{qb}=6998.74Pa	湿球温度(℃)	29.94	30.38	30.83	31.26	31.69	32.11	32.52	32.93	33.33	33.72	34.11	34.49	34.87	35.24	35.60	35.96	36.32	36.67	37.02	37.36	37.70	38.03	38.36	38.68	39.00
39.5	含湿量(g/kg)	0.88	1.77	2.66	3.55	4.44	5.34	6.24	7.14	8.05	8.95	9.86	10.77	11.69	12.61	13.53	14.45	15.38	16.30	17.23	18.17	19.10	20.04	20.98	21.93	22.88
	焓(kJ/kg)	42.17	44.45	46.74	49.03	51.33	53.64	55.95	58.27	60.60	62.93	65.27	67.61	69.97	72.33	74.70	77.07	79.45	81.84	84.23	86.63	89.04	91.46	93.88	96.31	98.75
	露点温度(℃)	-16.50	-8.36	-4.17	-0.74	2.25	4.84	7.07	9.03	10.78	12.38	13.83	15.18	16.43	17.60	18.70	19.73	20.71	21.64	22.53	23.38	24.19	24.97	25.72	26.43	27.13
	湿球温度(℃)	15.26	16.06	16.84	17.60	18.33	19.05	19.75	20.43	21.09	21.74	22.37	22.98	23.59	24.18	24.75	25.31	25.87	26.41	26.93	27.45	27.96	28.46	28.95	29.42	29.90
	相对湿度	52%	54%	56%	58%	60%	62%	64%	66%	68%	70%	72%	74%	76%	78%	80%	82%	84%	86%	88%	90%	92%	94%	96%	98%	100%
	含湿量(g/kg)	23.83	24.78	25.74	26.69	27.66	28.62	29.59	30.56	31.53	32.51	33.48	34.47	35.45	36.44	37.43	38.42	39.42	40.42	41.42	42.43	43.43	44.45	45.46	46.48	47.50
	焓(kJ/kg)	101.19	103.65	106.10	108.57	111.04	113.52	116.01	118.51	121.01	123.52	126.04	128.56	131.10	133.64	136.19	138.74	141.31	143.88	146.46	149.04	151.64	154.24	156.85	159.47	162.10
	露点温度(℃)	27.80	28.45	29.08	29.68	30.27	30.85	31.41	31.95	32.48	32.99	33.50	33.99	34.47	34.93	35.39	35.84	36.28	36.71	37.13	37.55	37.95	38.35	38.74	39.12	39.50
P_{qb}=7188.88Pa	湿球温度(℃)	30.36	30.81	31.26	31.70	32.13	32.55	32.97	33.38	33.78	34.18	34.57	34.96	35.34	35.71	36.08	36.44	36.80	37.15	37.50	37.85	38.19	38.52	38.85	39.18	39.50

干球温度(℃) 40.0 $P_{qb}=7383.46\text{Pa}$

相对湿度	2%	4%	6%	8%	10%	12%	14%	16%	18%	20%	22%	24%	26%	28%	30%	32%	34%	36%	38%	40%	42%	44%	46%	48%	50%
含湿量(g/kg)	0.91	1.82	2.73	3.65	4.57	5.49	6.41	7.34	8.27	9.20	10.13	11.07	12.01	12.96	13.90	14.85	15.80	16.76	17.71	18.67	19.64	20.60	21.57	22.54	23.52
焓(kJ/kg)	42.74	45.08	47.43	49.79	52.15	54.52	56.90	59.28	61.68	64.07	66.48	68.89	71.31	73.74	76.18	78.62	81.07	83.52	85.99	88.46	90.94	93.42	95.92	98.42	100.93
露点温度(℃)	−16.22	−8.55	−3.85	−0.41	2.63	5.22	7.46	9.42	11.19	12.78	14.25	15.60	16.85	18.02	19.13	20.16	21.15	22.08	22.97	23.82	24.64	25.42	26.17	26.89	27.59
湿球温度(℃)	15.47	16.29	17.08	17.85	18.60	19.32	20.03	20.72	21.40	22.05	22.69	23.32	23.93	24.53	25.11	25.68	26.24	26.78	27.32	27.84	28.36	28.86	29.35	29.84	30.31
相对湿度	52%	54%	56%	58%	60%	62%	64%	66%	68%	70%	72%	74%	76%	78%	80%	82%	84%	86%	88%	90%	92%	94%	96%	98%	100%
含湿量(g/kg)	24.50	25.48	26.46	27.45	28.44	29.43	30.43	31.43	32.43	33.43	34.44	35.45	36.47	37.48	38.50	39.53	40.56	41.59	42.62	43.66	44.69	45.74	46.78	47.83	48.89
焓(kJ/kg)	103.45	105.97	108.50	111.04	113.59	116.14	118.71	121.28	123.86	126.44	129.04	131.64	134.25	136.87	139.49	142.13	144.77	147.42	150.08	152.75	155.43	158.11	160.80	163.51	166.22
露点温度(℃)	28.26	28.91	29.54	30.15	30.74	31.32	31.88	32.42	32.95	33.47	33.97	34.47	34.95	35.42	35.88	36.33	36.77	37.20	37.62	38.04	38.44	38.84	39.24	39.62	40.00
湿球温度(℃)	30.78	31.24	31.69	32.13	32.57	32.99	33.41	33.83	34.24	34.64	35.03	35.42	35.80	36.18	36.55	36.92	37.28	37.64	37.99	38.33	38.68	39.01	39.35	39.68	40.00

干球温度(℃) 40.5 $P_{qb}=7582.57\text{Pa}$

相对湿度	2%	4%	6%	8%	10%	12%	14%	16%	18%	20%	22%	24%	26%	28%	30%	32%	34%	36%	38%	40%	42%	44%	46%	48%	50%
含湿量(g/kg)	0.93	1.87	2.81	3.75	4.69	5.64	6.59	7.54	8.49	9.45	10.41	11.38	12.34	13.31	14.28	15.26	16.24	17.22	18.21	19.19	20.18	21.18	22.17	23.17	24.18
焓(kJ/kg)	43.31	45.71	48.13	50.55	52.98	55.42	57.86	60.31	62.77	65.24	67.71	70.19	72.68	75.18	77.68	80.19	82.71	85.24	87.78	90.32	92.87	95.43	97.99	100.57	103.15
露点温度(℃)	−15.93	−8.25	−3.54	−0.09	3.00	5.60	7.84	9.82	11.59	13.19	14.66	16.01	17.27	18.45	19.55	20.60	21.58	22.52	23.41	24.27	25.08	25.86	26.62	27.34	28.04
湿球温度(℃)	15.67	16.51	17.31	18.10	18.86	19.60	20.32	21.02	21.70	22.37	23.02	23.65	24.27	24.88	25.47	26.05	26.61	27.16	27.70	28.23	28.75	29.26	29.76	30.25	30.73
相对湿度	52%	54%	56%	58%	60%	62%	64%	66%	68%	70%	72%	74%	76%	78%	80%	82%	84%	86%	88%	90%	92%	94%	96%	98%	100%
含湿量(g/kg)	25.18	26.19	27.21	28.22	29.24	30.26	31.29	32.32	33.35	34.38	35.42	36.46	37.51	38.56	39.61	40.66	41.72	42.78	43.85	44.92	45.99	47.06	48.14	49.23	50.31
焓(kJ/kg)	105.74	108.34	110.95	113.56	116.19	118.82	121.46	124.11	126.76	129.43	132.10	134.78	137.47	140.17	142.88	145.59	148.32	151.05	153.79	156.55	159.31	162.07	164.85	167.64	170.43
露点温度(℃)	28.72	29.37	30.00	30.61	31.21	31.79	32.35	32.89	33.43	33.95	34.45	34.95	35.43	35.90	36.36	36.81	37.26	37.69	38.11	38.53	38.94	39.34	39.73	40.12	40.50
湿球温度(℃)	31.20	31.67	32.12	32.57	33.01	33.44	33.86	34.28	34.69	35.10	35.49	35.89	36.27	36.65	37.03	37.40	37.76	38.12	38.47	38.82	39.17	39.51	39.84	40.17	40.50

干球温度(℃) 41.0 $P_{qb}=7786.30\text{Pa}$

相对湿度	2%	4%	6%	8%	10%	12%	14%	16%	18%	20%	22%	24%	26%	28%	30%	32%	34%	36%	38%	40%	42%	44%	46%	48%	50%
含湿量(g/kg)	0.96	1.92	2.88	3.85	4.82	5.79	6.76	7.74	8.72	9.71	10.70	11.69	12.68	13.68	14.68	15.68	16.69	17.70	18.71	19.73	20.74	21.77	22.79	23.82	24.85
焓(kJ/kg)	43.88	46.35	48.83	51.32	53.82	56.32	58.83	61.35	63.88	66.41	68.96	71.51	74.07	76.64	79.21	81.79	84.39	86.99	89.59	92.21	94.84	97.47	100.11	102.76	105.42
露点温度(℃)	−15.65	−7.95	−3.22	0.26	3.38	5.99	8.23	10.22	11.99	13.60	15.07	16.43	17.69	18.87	19.98	21.03	22.02	22.96	23.85	24.71	25.53	26.31	27.07	27.80	28.50
湿球温度(℃)	15.88	16.73	17.55	18.35	19.12	19.87	20.61	21.32	22.01	22.69	23.35	23.99	24.62	25.23	25.83	26.41	26.98	27.54	28.09	28.63	29.15	29.67	30.17	30.66	31.15
相对湿度	52%	54%	56%	58%	60%	62%	64%	66%	68%	70%	72%	74%	76%	78%	80%	82%	84%	86%	88%	90%	92%	94%	96%	98%	100%
含湿量(g/kg)	25.89	26.93	27.97	29.02	30.06	31.12	32.17	33.23	34.29	35.36	36.43	37.50	38.58	39.66	40.74	41.83	42.92	44.01	45.11	46.21	47.32	48.43	49.54	50.66	51.78
焓(kJ/kg)	108.09	110.76	113.45	116.14	118.84	121.55	124.27	127.00	129.73	132.48	135.23	138.00	140.77	143.55	146.34	149.14	151.95	154.77	157.59	160.43	163.28	166.13	169.00	171.87	174.76
露点温度(℃)	29.17	29.83	30.46	31.08	31.68	32.25	32.82	33.37	33.90	34.42	34.93	35.43	35.91	36.38	36.85	37.30	37.74	38.18	38.61	39.02	39.43	39.84	40.23	40.62	41.00
湿球温度(℃)	31.63	32.09	32.55	33.00	33.45	33.88	34.31	34.73	35.15	35.55	35.96	36.35	36.74	37.12	37.50	37.87	38.24	38.60	38.96	39.31	39.66	40.00	40.34	40.67	41.00

续表

干球温度 41.5℃

相对湿度	2%	4%	6%	8%	10%	12%	14%	16%	18%	20%	22%	24%	26%	28%	30%	32%	34%	36%	38%	40%	42%	44%	46%	48%	50%
含湿量(g/kg)	0.98	1.97	2.96	3.95	4.95	5.95	6.95	7.95	8.96	9.97	10.99	12.01	13.03	14.05	15.08	16.11	17.15	18.18	19.23	20.27	21.32	22.37	23.43	24.48	25.55
焓(kJ/kg)	44.45	46.99	49.54	52.09	54.66	57.23	59.81	62.40	65.00	67.61	70.22	72.85	75.48	78.12	80.77	83.42	86.09	88.76	91.45	94.14	96.84	99.55	102.27	105.00	107.73
露点温度(℃)	−15.36	−7.54	−2.91	0.63	3.75	6.37	8.62	10.61	12.39	14.00	15.48	16.84	18.11	19.29	20.41	21.46	22.45	23.39	24.29	25.15	25.97	26.76	27.52	28.25	28.95
湿球温度(℃)	16.08	16.95	17.78	18.59	19.38	20.15	20.89	21.61	22.32	23.00	23.67	24.32	24.96	25.58	26.19	26.78	27.36	27.92	28.48	29.02	29.55	30.07	30.58	31.08	31.57

相对湿度	52%	54%	56%	58%	60%	62%	64%	66%	68%	70%	72%	74%	76%	78%	80%	82%	84%	86%	88%	90%	92%	94%	96%	98%	100%
含湿量(g/kg)	26.61	27.68	28.75	29.83	30.91	31.99	33.08	34.17	35.26	36.36	37.46	38.57	39.68	40.79	41.91	43.03	44.15	45.23	46.41	47.55	48.68	49.83	50.98	52.13	53.28
焓(kJ/kg)	110.48	113.23	115.99	118.77	121.55	124.34	127.14	129.95	132.77	135.60	138.44	141.28	144.14	147.01	149.88	152.77	155.66	158.57	161.48	164.41	167.34	170.29	173.25	176.21	179.19
露点温度(℃)	29.63	30.29	30.93	31.54	32.14	32.72	33.29	33.84	34.38	34.90	35.41	35.91	36.39	36.87	37.33	37.79	38.23	38.67	39.10	39.52	39.93	40.33	40.73	41.12	41.50
湿球温度(℃)	32.05	32.52	32.98	33.44	33.89	34.33	34.76	35.18	35.60	36.01	36.42	36.82	37.21	37.59	37.98	38.35	38.72	39.08	39.44	39.80	40.15	40.49	40.83	41.17	41.50

$P_{qb}=7994.74Pa$

干球温度 42.0℃

相对湿度	2%	4%	6%	8%	10%	12%	14%	16%	18%	20%	22%	24%	26%	28%	30%	32%	34%	36%	38%	40%	42%	44%	46%	48%	50%
含湿量(g/kg)	1.01	2.02	3.04	4.06	5.08	6.11	7.13	8.17	9.20	10.24	11.29	12.33	13.38	14.44	15.49	16.55	17.62	18.68	19.75	20.83	21.91	22.99	24.07	25.16	26.26
焓(kJ/kg)	45.02	47.63	50.25	52.88	55.51	58.16	60.81	63.47	66.14	68.82	71.51	74.20	76.91	79.62	82.35	85.08	87.82	90.57	93.33	96.10	98.88	101.67	104.47	107.27	110.09
露点温度(℃)	−15.08	−7.34	−2.60	0.99	4.13	6.75	9.01	11.01	12.79	14.41	15.89	17.26	18.53	19.72	20.83	21.89	22.88	23.83	24.73	25.59	26.42	27.21	27.97	28.70	29.41
湿球温度(℃)	16.28	17.16	18.02	18.84	19.64	20.42	21.18	21.91	22.63	23.32	24.00	24.66	25.30	25.93	26.54	27.14	27.73	28.30	28.86	29.41	29.95	30.47	30.99	31.49	31.99

相对湿度	52%	54%	56%	58%	60%	62%	64%	66%	68%	70%	72%	74%	76%	78%	80%	82%	84%	86%	88%	90%	92%	94%	96%	98%	100%
含湿量(g/kg)	27.35	28.45	29.56	30.66	31.78	32.89	34.01	35.13	36.26	37.39	38.52	39.66	40.81	41.95	43.10	44.26	45.41	46.58	47.74	48.91	50.09	51.27	52.45	53.64	54.83
焓(kJ/kg)	112.92	115.75	118.60	121.45	124.32	127.19	130.07	132.97	135.87	138.79	141.71	144.64	147.59	150.54	153.51	156.48	159.47	162.46	165.47	168.48	171.51	174.55	177.60	180.66	183.73
露点温度(℃)	30.09	30.75	31.39	32.01	32.61	33.19	33.76	34.31	34.85	35.37	35.89	36.39	36.87	37.35	37.82	38.27	38.72	39.16	39.59	40.01	40.42	40.83	41.23	41.62	42.00
湿球温度(℃)	32.47	32.95	33.42	33.88	34.33	34.77	35.21	35.64	36.06	36.47	36.88	37.28	37.68	38.07	38.45	38.83	39.20	39.57	39.93	40.29	40.64	40.99	41.33	41.67	42.00

$P_{qb}=8207.97Pa$

干球温度 42.5℃

相对湿度	2%	4%	6%	8%	10%	12%	14%	16%	18%	20%	22%	24%	26%	28%	30%	32%	34%	36%	38%	40%	42%	44%	46%	48%	50%
含湿量(g/kg)	1.04	2.08	3.12	4.17	5.22	6.27	7.33	8.39	9.45	10.52	11.59	12.67	13.75	14.83	15.91	17.00	18.10	19.20	20.30	21.40	22.51	23.62	24.74	25.86	26.98
焓(kJ/kg)	45.60	48.28	50.97	53.67	56.37	59.09	61.81	64.55	67.29	70.05	72.81	75.58	78.36	81.16	83.96	86.77	89.59	92.42	95.25	98.10	100.96	103.83	106.71	109.60	112.50
露点温度(℃)	−14.79	−7.04	−2.28	1.36	4.50	7.13	9.40	11.40	13.19	14.81	16.30	17.67	18.95	20.14	21.26	22.32	23.32	24.27	25.17	26.04	26.86	27.66	28.42	29.16	29.86
湿球温度(℃)	16.49	17.38	18.25	19.09	19.90	20.69	21.46	22.21	22.93	23.64	24.33	24.99	25.65	26.28	26.90	27.51	28.10	28.68	29.25	29.80	30.34	30.88	31.40	31.91	32.41

相对湿度	52%	54%	56%	58%	60%	62%	64%	66%	68%	70%	72%	74%	76%	78%	80%	82%	84%	86%	88%	90%	92%	94%	96%	98%	100%
含湿量(g/kg)	28.11	29.24	30.38	31.52	32.66	33.81	34.96	36.12	37.28	38.45	39.61	40.79	41.96	43.14	44.33	45.52	46.71	47.91	49.11	50.32	51.53	52.74	53.96	55.19	56.42
焓(kJ/kg)	115.40	118.32	121.25	124.19	127.14	130.10	133.07	136.05	139.04	142.04	145.06	148.08	151.11	154.16	157.21	160.28	163.36	166.45	169.55	172.66	175.78	178.91	182.05	185.21	188.38
露点温度(℃)	30.55	31.21	31.85	32.47	33.08	33.66	34.23	34.78	35.32	35.85	36.36	36.87	37.36	37.83	38.30	38.76	39.21	39.65	40.08	40.50	40.92	41.32	41.72	42.11	42.50
湿球温度(℃)	32.90	33.38	33.85	34.31	34.77	35.22	35.66	36.09	36.51	36.93	37.34	37.75	38.15	38.54	38.92	39.31	39.68	40.05	40.41	40.77	41.13	41.48	41.82	42.16	42.50

$P_{qb}=8426.08Pa$

干球温度(℃)	相对湿度	2%	4%	6%	8%	10%	12%	14%	16%	18%	20%	22%	24%	26%	28%	30%	32%	34%	36%	38%	40%	42%	44%	46%	48%	50%
43.0	含湿量(g/kg)	1.06	2.13	3.20	4.28	5.36	6.44	7.52	8.61	9.71	10.80	11.90	13.01	14.12	15.23	16.35	17.47	18.59	19.72	20.85	21.99	23.13	24.27	25.42	26.57	27.73
	焓(kJ/kg)	46.17	48.93	51.69	54.46	57.24	60.03	62.83	65.64	68.46	71.29	74.13	76.98	79.84	82.71	85.59	88.48	91.38	94.29	97.21	100.14	103.08	106.03	109.00	111.97	114.95
	露点温度(℃)	-14.51	-6.74	-1.97	1.72	4.88	7.51	9.79	11.80	13.59	15.22	16.71	18.09	19.37	20.56	21.69	22.75	23.75	24.70	25.61	26.48	27.31	28.11	28.87	29.61	30.32
	湿球温度(℃)	16.69	17.60	18.48	19.34	20.16	20.97	21.75	22.50	23.24	23.96	24.65	25.33	25.99	26.64	27.26	27.88	28.48	29.06	29.64	30.20	30.74	31.28	31.81	32.32	32.83
	相对湿度	52%	54%	56%	58%	60%	62%	64%	66%	68%	70%	72%	74%	76%	78%	80%	82%	84%	86%	88%	90%	92%	94%	96%	98%	100%
	含湿量(g/kg)	28.89	30.06	31.23	32.40	33.58	34.76	35.94	37.13	38.33	39.53	40.73	41.94	43.15	44.37	45.59	46.81	48.04	49.28	50.52	51.76	53.01	54.26	55.52	56.78	58.05
	焓(kJ/kg)	117.94	120.95	123.96	126.99	130.03	133.08	136.13	139.20	142.29	145.38	148.48	151.60	154.72	157.86	161.01	164.17	167.34	170.53	173.72	176.93	180.15	183.38	186.62	189.88	193.15
	露点温度(℃)	31.01	31.67	32.31	32.94	33.54	34.13	34.70	35.26	35.80	36.33	36.84	37.35	37.84	38.32	38.79	39.25	39.70	40.14	40.57	41.00	41.41	41.82	42.22	42.61	43.00
	湿球温度(℃)	33.32	33.81	34.28	34.75	35.21	35.66	36.10	36.54	36.97	37.39	37.80	38.21	38.61	39.01	39.40	39.78	40.16	40.53	40.90	41.26	41.62	41.97	42.32	42.66	43.00
P_{qb}=8649.18Pa																											
43.5	相对湿度	2%	4%	6%	8%	10%	12%	14%	16%	18%	20%	22%	24%	26%	28%	30%	32%	34%	36%	38%	40%	42%	44%	46%	48%	50%
	含湿量(g/kg)	1.09	2.19	3.29	4.39	5.50	6.61	7.72	8.84	9.97	11.09	12.22	13.36	14.50	15.64	16.79	17.94	19.10	20.26	21.42	22.59	23.76	24.94	26.12	27.31	28.50
	焓(kJ/kg)	46.75	49.58	52.42	55.26	58.12	60.99	63.86	66.75	69.65	72.56	75.47	78.40	81.34	84.29	87.25	90.22	93.21	96.20	99.20	102.22	105.24	108.28	111.33	114.39	117.46
	露点温度(℃)	-14.22	-6.44	-1.66	2.08	5.25	7.90	10.18	12.19	13.99	15.63	17.12	18.50	19.79	20.99	22.11	23.18	24.18	25.14	26.05	26.92	27.75	28.55	29.32	30.06	30.78
	湿球温度(℃)	16.89	17.82	18.71	19.58	20.43	21.24	22.03	22.80	23.55	24.27	24.98	25.67	26.34	26.99	27.62	28.25	28.85	29.44	30.02	30.59	31.14	31.68	32.22	32.74	33.25
	相对湿度	52%	54%	56%	58%	60%	62%	64%	66%	68%	70%	72%	74%	76%	78%	80%	82%	84%	86%	88%	90%	92%	94%	96%	98%	100%
	含湿量(g/kg)	29.69	30.89	32.09	33.30	34.51	35.73	36.95	38.17	39.40	40.64	41.88	43.12	44.37	45.62	46.88	48.14	49.41	50.68	51.96	53.24	54.53	55.82	57.12	58.42	59.73
	焓(kJ/kg)	120.54	123.63	126.73	129.85	132.98	136.11	139.26	142.43	145.60	148.78	151.98	155.19	158.41	161.65	164.89	168.15	171.42	174.70	178.00	181.31	184.63	187.96	191.31	194.66	198.04
	露点温度(℃)	31.46	32.13	32.78	33.40	34.01	34.60	35.17	35.73	36.27	36.80	37.32	37.83	38.32	38.80	39.27	39.73	40.19	40.63	41.06	41.49	41.91	42.31	42.72	43.11	43.50
	湿球温度(℃)	33.74	34.23	34.72	35.19	35.65	36.11	36.55	36.99	37.42	37.85	38.27	38.68	39.08	39.48	39.87	40.26	40.64	41.02	41.39	41.75	42.11	42.46	42.81	43.16	43.50
P_{qb}=8877.34Pa																											
44.0	相对湿度	2%	4%	6%	8%	10%	12%	14%	16%	18%	20%	22%	24%	26%	28%	30%	32%	34%	36%	38%	40%	42%	44%	46%	48%	50%
	含湿量(g/kg)	1.12	2.25	3.37	4.51	5.64	6.78	7.93	9.08	10.23	11.39	12.55	13.72	14.89	16.06	17.24	18.43	19.61	20.81	22.00	23.21	24.41	25.62	26.84	28.06	29.28
	焓(kJ/kg)	47.33	50.23	53.15	56.07	59.01	61.95	64.91	67.87	70.85	73.84	76.84	79.85	82.87	85.90	88.94	92.00	95.07	98.14	101.23	104.33	107.44	110.57	113.70	116.85	120.01
	露点温度(℃)	-13.94	-6.14	-1.35	2.45	5.62	8.28	10.57	12.59	14.39	16.03	17.53	18.92	20.21	21.41	22.54	23.61	24.62	25.58	26.49	27.36	28.20	29.00	29.77	30.51	31.23
	湿球温度(℃)	17.08	18.03	18.95	19.83	20.69	21.51	22.32	23.10	23.86	24.59	25.31	26.00	26.68	27.34	27.99	28.61	29.23	29.83	30.41	30.98	31.54	32.09	32.63	33.15	33.67
	相对湿度	52%	54%	56%	58%	60%	62%	64%	66%	68%	70%	72%	74%	76%	78%	80%	82%	84%	86%	88%	90%	92%	94%	96%	98%	100%
	含湿量(g/kg)	30.51	31.74	32.98	34.22	35.47	36.72	37.98	39.24	40.51	41.78	43.06	44.34	45.62	46.91	48.21	49.51	50.82	52.13	53.44	54.77	56.09	57.43	58.76	60.11	61.45
	焓(kJ/kg)	123.18	126.36	129.56	132.77	135.99	139.22	142.46	145.72	148.99	152.27	155.56	158.87	162.19	165.52	168.87	172.23	175.60	178.98	182.38	185.79	189.21	192.65	196.10	199.57	203.05
	露点温度(℃)	31.92	32.59	33.24	33.87	34.47	35.07	35.64	36.20	36.75	37.28	37.80	38.31	38.80	39.28	39.76	40.22	40.67	41.12	41.55	41.98	42.40	42.81	43.21	43.61	44.00
	湿球温度(℃)	34.17	34.66	35.15	35.63	36.09	36.55	37.00	37.45	37.88	38.31	38.73	39.14	39.55	39.95	40.35	40.74	41.12	41.50	41.87	42.24	42.60	42.96	43.31	43.66	44.00
P_{qb}=9110.67Pa																											

干球温度(℃)	相对湿度	2%	4%	6%	8%	10%	12%	14%	16%	18%	20%	22%	24%	26%	28%	30%	32%	34%	36%	38%	40%	42%	44%	46%	48%	50%
44.5	含湿量(g/kg)	1.15	2.30	3.46	4.63	5.79	6.96	8.14	9.32	10.51	11.69	12.89	14.09	15.29	16.50	17.71	18.92	20.15	21.37	22.60	23.84	25.08	26.32	27.57	28.82	30.08
	焓(kJ/kg)	47.91	50.89	53.89	56.89	59.90	62.93	65.96	69.01	72.07	75.14	78.22	81.31	84.42	87.54	90.66	93.81	96.96	100.12	103.30	106.49	109.69	112.90	116.13	119.37	122.62
	露点温度(℃)	-13.66	-5.84	-1.04	2.81	6.00	8.66	10.96	12.98	14.79	16.44	17.94	19.33	20.62	21.83	22.97	24.04	25.05	26.01	26.93	27.81	28.64	29.45	30.22	30.97	31.69
	湿球温度(℃)	17.28	18.25	19.18	20.08	20.95	21.79	22.60	23.40	24.16	24.91	25.63	26.34	27.03	27.69	28.35	28.98	29.60	30.21	30.80	31.38	31.94	32.50	33.04	33.57	34.09
	相对湿度	52%	54%	56%	58%	60%	62%	64%	66%	68%	70%	72%	74%	76%	78%	80%	82%	84%	86%	88%	90%	92%	94%	96%	98%	100%
	含湿量(g/kg)	31.35	32.52	33.89	35.17	36.45	37.74	39.04	40.34	41.64	42.95	44.26	45.58	46.91	48.24	49.57	50.91	52.26	53.61	54.97	56.33	57.70	59.07	60.45	61.84	63.23
	焓(kJ/kg)	125.88	129.16	132.45	135.75	139.06	142.39	145.73	149.09	152.45	155.83	159.23	162.63	166.05	169.49	172.94	176.40	179.87	183.36	186.87	190.38	193.92	197.46	201.02	204.60	208.19
	露点温度(℃)	32.38	33.25	33.70	34.33	34.94	35.54	36.11	36.67	37.22	37.76	38.28	38.79	39.28	39.77	40.24	40.71	41.16	41.61	42.04	42.47	42.89	43.31	43.71	44.11	44.50
P_{qb}=9349.27Pa	湿球温度(℃)	34.59	35.09	35.58	36.06	36.53	37.00	37.45	37.90	38.34	38.77	39.19	39.61	40.02	40.43	40.82	41.22	41.60	41.98	42.36	42.73	43.09	43.45	43.81	44.16	44.50
干球温度(℃)	相对湿度	2%	4%	6%	8%	10%	12%	14%	16%	18%	20%	22%	24%	26%	28%	30%	32%	34%	36%	38%	40%	42%	44%	46%	48%	50%
45.0	含湿量(g/kg)	1.18	2.36	3.55	4.75	5.95	7.15	8.36	9.57	10.78	12.01	13.23	14.46	15.70	16.94	18.18	19.43	20.69	21.95	23.21	24.48	25.76	27.04	28.32	29.61	30.91
	焓(kJ/kg)	48.50	51.56	54.63	57.71	60.81	63.91	67.03	70.16	73.30	76.46	79.62	82.80	85.99	89.20	92.41	95.64	98.88	102.14	105.40	108.68	111.98	115.28	118.60	121.93	125.28
	露点温度(℃)	-13.37	-5.54	-0.73	3.17	6.37	9.04	11.34	13.37	15.19	16.84	18.35	19.75	21.04	22.25	23.39	24.47	25.48	26.45	27.37	28.25	29.09	29.90	30.67	31.42	32.14
	湿球温度(℃)	17.48	18.46	19.41	20.32	21.21	22.06	22.89	23.69	24.47	25.23	25.96	26.68	27.37	28.05	28.71	29.35	29.98	30.59	31.19	31.77	32.34	32.90	33.45	33.98	34.51
	相对湿度	52%	54%	56%	58%	60%	62%	64%	66%	68%	70%	72%	74%	76%	78%	80%	82%	84%	86%	88%	90%	92%	94%	96%	98%	100%
	含湿量(g/kg)	32.21	33.51	34.82	36.14	37.46	38.79	40.12	41.46	42.80	44.15	45.50	46.86	48.23	49.60	50.97	52.35	53.74	55.13	56.53	57.94	59.35	60.76	62.19	63.61	65.05
	焓(kJ/kg)	128.64	132.01	135.39	138.79	142.21	145.63	149.07	152.53	155.99	159.48	162.97	166.48	170.01	173.55	177.10	180.67	184.25	187.85	191.46	195.09	198.73	202.39	206.06	209.75	213.46
	露点温度(℃)	32.84	33.51	34.16	34.79	35.41	36.00	36.58	37.15	37.70	38.23	38.75	39.27	39.76	40.25	40.73	41.19	41.65	42.10	42.54	42.97	43.39	43.80	44.21	44.61	45.00
P_{qb}=9593.22Pa	湿球温度(℃)	35.02	35.52	36.02	36.50	36.98	37.44	37.90	38.35	38.79	39.23	39.66	40.08	40.49	40.90	41.30	41.69	42.08	42.47	42.84	43.22	43.58	43.94	44.30	44.65	45.00
干球温度(℃)	相对湿度	2%	4%	6%	8%	10%	12%	14%	16%	18%	20%	22%	24%	26%	28%	30%	32%	34%	36%	38%	40%	42%	44%	46%	48%	50%
45.5	含湿量(g/kg)	1.21	2.43	3.65	4.87	6.10	7.34	8.58	9.82	11.07	12.32	13.58	14.85	16.12	17.39	18.67	19.95	21.24	22.54	23.84	25.15	26.46	27.77	29.09	30.42	31.75
	焓(kJ/kg)	49.08	52.22	55.38	58.54	61.72	64.91	68.11	71.33	74.55	77.80	81.05	84.32	87.60	90.89	94.19	97.51	100.85	104.19	107.55	110.92	114.31	117.71	121.12	124.55	127.99
	露点温度(℃)	-13.09	-5.24	-0.42	3.54	6.74	9.42	11.73	13.77	15.59	17.25	18.76	20.16	21.46	22.68	23.82	24.90	25.92	26.89	27.81	28.69	29.53	30.34	31.12	31.87	32.60
	湿球温度(℃)	17.67	18.67	19.64	20.57	21.47	22.33	23.18	23.99	24.78	25.55	26.29	27.01	27.72	28.40	29.07	29.72	30.35	30.97	31.58	32.17	32.74	33.31	33.86	34.40	34.93
	相对湿度	52%	54%	56%	58%	60%	62%	64%	66%	68%	70%	72%	74%	76%	78%	80%	82%	84%	86%	88%	90%	92%	94%	96%	98%	100%
	含湿量(g/kg)	33.09	34.43	35.78	37.14	38.50	39.86	41.23	42.61	43.99	45.38	46.77	48.17	49.58	50.99	52.41	53.83	55.26	56.70	58.14	59.59	61.04	62.50	63.97	65.44	66.92
	焓(kJ/kg)	131.45	134.92	138.41	141.90	145.42	148.95	152.49	156.05	159.62	163.20	166.81	170.42	174.06	177.70	181.37	185.04	188.74	192.45	196.17	199.91	203.67	207.44	211.23	215.04	218.86
	露点温度(℃)	33.29	33.97	34.62	35.26	35.87	36.47	37.05	37.62	38.17	38.71	39.23	39.74	40.24	40.73	41.21	41.68	42.14	42.59	43.03	43.46	43.88	44.30	44.71	45.11	45.50
P_{qb}=9842.63Pa	湿球温度(℃)	35.45	35.35	36.45	36.94	37.42	37.89	38.35	38.81	39.25	39.69	40.12	40.54	40.96	41.37	41.77	42.17	42.56	42.95	43.33	43.70	44.07	44.44	44.80	45.15	45.50

干球温度(℃)		50%	48%	46%	44%	42%	40%	38%	36%	34%	32%	30%	28%	26%	24%	22%	20%	18%	16%	14%	12%	10%	8%	6%	4%	2%
46.0	含湿量(g/kg)	32.62	31.25	29.88	28.52	27.17	25.82	24.48	23.15	21.81	20.49	19.17	17.85	16.54	15.24	13.94	12.65	11.36	10.08	8.80	7.53	6.26	5.00	3.74	2.49	1.24
	焓(kJ/kg)	130.77	127.22	123.70	120.19	116.69	113.20	109.74	106.28	102.84	99.42	96.00	92.61	89.22	85.85	82.50	79.15	75.82	72.51	69.21	65.92	62.64	59.38	56.13	52.89	49.67
	露点温度(℃)	33.05	32.33	31.57	30.79	29.98	29.13	28.25	27.32	26.35	25.33	24.24	23.10	21.88	20.58	19.17	17.65	15.99	14.16	12.12	9.80	7.11	3.90	−0.11	−4.94	−12.81
	湿球温度(℃)	35.35	34.82	34.27	33.71	33.14	32.56	31.97	31.36	30.73	30.09	29.43	28.76	28.06	27.35	26.62	25.87	25.09	24.29	23.46	22.61	21.73	20.81	19.87	18.89	17.87
	相对湿度	100%	98%	96%	94%	92%	90%	88%	86%	84%	82%	80%	78%	76%	74%	72%	70%	68%	66%	64%	62%	60%	58%	56%	54%	52%
	含湿量(g/kg)	68.85	67.32	65.80	64.29	62.78	61.28	59.79	58.30	56.82	55.35	53.88	52.42	50.97	49.52	48.08	46.64	45.21	43.79	42.37	40.96	39.56	38.16	36.76	35.38	33.99
	焓(kJ/kg)	224.40	220.46	216.53	212.62	208.73	204.86	201.00	197.16	193.33	189.52	185.73	181.96	178.20	174.46	170.73	167.02	163.32	159.64	155.98	152.33	148.70	145.08	141.48	137.89	134.32
	露点温度(℃)	46.00	45.60	45.20	44.79	44.38	43.95	43.52	43.08	42.63	42.17	41.70	41.22	40.73	40.22	39.71	39.18	38.64	38.09	37.52	36.94	36.34	35.72	35.09	34.43	33.75
	湿球温度(℃)	46.00	45.65	45.29	44.93	44.56	44.19	43.82	43.43	43.04	42.65	42.25	41.84	41.43	41.01	40.58	40.15	39.71	39.26	38.80	38.34	37.86	37.38	36.89	36.38	35.87
P_{qb}=10097.60Pa																										
46.5	相对湿度	50%	48%	46%	44%	42%	40%	38%	36%	34%	32%	30%	28%	26%	24%	22%	20%	18%	16%	14%	12%	10%	8%	6%	4%	2%
	含湿量(g/kg)	33.51	32.10	30.69	29.30	27.90	26.52	25.14	23.77	22.40	21.04	19.68	18.33	16.98	15.64	14.31	12.98	11.66	10.34	9.03	7.73	6.42	5.13	3.84	2.55	1.27
	焓(kJ/kg)	133.60	129.95	126.32	122.71	119.11	115.53	111.96	108.41	104.88	101.35	97.85	94.35	90.88	87.41	83.97	80.53	77.11	73.71	70.32	66.94	63.58	60.23	56.89	53.57	50.26
	露点温度(℃)	33.51	32.78	32.02	31.24	30.42	29.57	28.69	27.76	26.78	25.75	24.67	23.52	22.30	20.99	19.58	18.06	16.39	14.56	12.51	10.18	7.49	4.26	0.23	−4.64	−12.53
	湿球温度(℃)	35.77	35.23	34.68	34.12	33.55	32.96	32.36	31.74	31.11	30.46	29.79	29.11	28.41	27.69	26.95	26.18	25.40	24.59	23.75	22.88	21.99	21.06	20.10	19.10	18.06
	相对湿度	100%	98%	96%	94%	92%	90%	88%	86%	84%	82%	80%	78%	76%	74%	72%	70%	68%	66%	64%	62%	60%	58%	56%	54%	52%
	含湿量(g/kg)	70.83	69.25	67.68	66.12	64.57	63.03	61.49	59.95	58.43	56.91	55.40	53.89	52.40	50.90	49.42	47.94	46.47	45.00	43.54	42.09	40.64	39.20	37.77	36.34	34.92
	焓(kJ/kg)	230.09	226.02	221.97	217.93	213.92	209.92	205.94	201.98	198.04	194.11	190.20	186.31	182.44	178.58	174.74	170.92	167.11	163.32	159.55	155.79	152.05	148.33	144.62	140.93	137.26
	露点温度(℃)	46.50	46.10	45.70	45.29	44.87	44.44	44.01	43.57	43.11	42.65	42.18	41.70	41.21	40.70	40.19	39.66	39.12	38.56	37.99	37.41	36.81	36.19	35.55	34.89	34.21
	湿球温度(℃)	46.50	46.15	45.79	45.42	45.06	44.68	44.30	43.92	43.53	43.13	42.73	42.32	41.90	41.48	41.05	40.61	40.17	39.71	39.25	38.78	38.30	37.82	37.32	36.81	36.30
P_{qb}=10358.22Pa																										
47.0	相对湿度	50%	48%	46%	44%	42%	40%	38%	36%	34%	32%	30%	28%	26%	24%	22%	20%	18%	16%	14%	12%	10%	8%	6%	4%	2%
	含湿量(g/kg)	34.41	32.97	31.52	30.09	28.65	27.23	25.81	24.40	22.99	21.60	20.20	18.81	17.43	16.06	14.69	13.32	11.97	10.61	9.27	7.93	6.59	5.26	3.94	2.62	1.31
	焓(kJ/kg)	136.48	132.73	129.00	125.28	121.58	117.90	114.23	110.58	106.95	103.33	99.72	96.13	92.56	89.00	85.46	81.93	78.42	74.92	71.44	67.97	64.52	61.08	57.66	54.25	50.85
	露点温度(℃)	33.96	33.23	32.47	31.69	30.87	30.02	29.12	28.19	27.21	26.18	25.10	23.94	22.72	21.40	19.99	18.46	16.79	14.95	12.89	10.56	7.86	4.63	0.58	−4.34	−12.25
	湿球温度(℃)	36.19	35.65	35.09	34.53	33.95	33.35	32.75	32.12	31.48	30.83	30.16	29.47	28.76	28.03	27.28	26.50	25.71	24.88	24.03	23.15	22.25	21.30	20.33	19.31	18.26
	相对湿度	100%	98%	96%	94%	92%	90%	88%	86%	84%	82%	80%	78%	76%	74%	72%	70%	68%	66%	64%	62%	60%	58%	56%	54%	52%
	含湿量(g/kg)	72.86	71.24	69.62	68.01	66.41	64.82	63.23	61.55	60.08	58.51	56.95	55.40	53.86	52.32	50.79	49.27	47.76	46.25	44.74	43.25	41.76	40.28	38.80	37.33	35.87
	焓(kJ/kg)	235.92	231.72	227.54	223.38	219.24	215.11	211.01	206.92	202.86	198.81	194.78	190.77	186.78	182.80	178.85	174.91	170.99	167.09	163.20	159.33	155.48	151.65	147.83	144.03	140.25
	露点温度(℃)	47.00	46.60	46.20	45.78	45.36	44.94	44.50	44.06	43.60	43.14	42.67	42.18	41.69	41.18	40.67	40.14	39.59	39.04	38.46	37.88	37.27	36.65	36.01	35.35	34.67
	湿球温度(℃)	47.00	46.64	46.28	45.92	45.55	45.17	44.79	44.40	44.01	43.61	43.20	42.79	42.37	41.94	41.51	41.07	40.62	40.17	39.70	39.23	38.75	38.26	37.76	37.25	36.72
P_{qb}=10624.61Pa																										

干球温度 47.5℃（相对湿度 2%～50%）

相对湿度	2%	4%	6%	8%	10%	12%	14%	16%	18%	20%	22%	24%	26%	28%	30%	32%	34%	36%	38%	40%	42%	44%	46%	48%	50%
含湿量(g/kg)	1.34	2.69	4.04	5.40	6.76	8.13	9.51	10.89	12.28	13.67	15.07	16.48	17.89	19.31	20.74	22.17	23.61	25.05	26.50	27.96	29.42	30.89	32.37	33.86	35.35
焓(kJ/kg)	51.44	54.93	58.43	61.94	65.47	69.02	72.58	76.15	79.74	83.35	86.97	90.61	94.27	97.94	101.63	105.33	109.05	112.79	116.55	120.32	124.11	127.91	131.73	135.57	139.43
露点温度(℃)	−11.97	−4.06	0.93	4.99	8.23	10.94	13.28	15.34	17.19	18.87	20.40	21.82	23.13	24.36	25.52	26.61	27.65	28.63	29.56	30.46	31.31	32.13	32.92	33.68	34.42
湿球温度(℃)	18.45	19.52	20.55	21.55	22.50	23.43	24.32	25.18	26.02	26.82	27.61	28.37	29.11	29.82	30.52	31.20	31.86	32.51	33.14	33.75	34.35	34.93	35.51	36.07	36.61

干球温度 47.5℃（相对湿度 52%～100%）　$P_{qb}=10896.66$ Pa

相对湿度	52%	54%	56%	58%	60%	62%	64%	66%	68%	70%	72%	74%	76%	78%	80%	82%	84%	86%	88%	90%	92%	94%	96%	98%	100%
含湿量(g/kg)	36.84	38.35	39.86	41.38	42.90	44.44	45.98	47.52	49.08	50.64	52.20	53.78	55.36	56.95	58.55	60.16	61.77	63.39	65.02	66.65	68.30	69.95	71.61	73.28	74.95
焓(kJ/kg)	143.31	147.20	151.11	155.04	158.98	162.95	166.93	170.93	174.95	178.99	183.05	187.13	191.22	195.34	199.47	203.62	207.80	211.99	216.20	220.44	224.69	228.96	233.26	237.57	241.91
露点温度(℃)	35.12	35.81	36.47	37.11	37.74	38.34	38.93	39.51	40.07	40.61	41.14	41.66	42.17	42.67	43.15	43.63	44.09	44.55	44.99	45.43	45.86	46.28	46.69	47.10	47.50
湿球温度(℃)	37.15	37.68	38.19	38.70	39.19	39.68	40.15	40.62	41.08	41.53	41.98	42.41	42.84	43.26	43.68	44.09	44.49	44.88	45.27	45.66	46.04	46.41	46.78	47.14	47.50

干球温度 48.0℃（相对湿度 2%～50%）

相对湿度	2%	4%	6%	8%	10%	12%	14%	16%	18%	20%	22%	24%	26%	28%	30%	32%	34%	36%	38%	40%	42%	44%	46%	48%	50%
含湿量(g/kg)	1.38	2.76	4.14	5.54	6.94	8.34	9.75	11.17	12.60	14.03	15.47	16.91	18.36	19.82	21.28	22.76	24.23	25.72	27.21	28.71	30.21	31.72	33.24	34.77	36.30
焓(kJ/kg)	52.04	55.61	59.20	62.81	66.43	70.07	73.73	77.40	81.09	84.79	88.51	92.25	96.01	99.78	103.57	107.38	111.20	115.04	118.90	122.78	126.68	130.59	134.52	138.47	142.44
露点温度(℃)	−11.69	−3.75	1.28	5.35	8.60	11.32	13.67	15.74	17.59	19.27	20.81	22.23	23.55	24.79	25.95	27.04	28.08	29.06	30.00	30.90	31.76	32.58	33.37	34.13	34.87
湿球温度(℃)	18.64	19.73	20.78	21.79	22.76	23.70	24.61	25.48	26.33	27.14	27.94	28.71	29.45	30.18	30.88	31.57	32.24	32.89	33.53	34.15	34.75	35.34	35.92	36.48	37.04

干球温度 48.0℃（相对湿度 52%～100%）　$P_{qb}=11175.09$ Pa

相对湿度	52%	54%	56%	58%	60%	62%	64%	66%	68%	70%	72%	74%	76%	78%	80%	82%	84%	86%	88%	90%	92%	94%	96%	98%	100%
含湿量(g/kg)	37.84	39.39	40.94	42.51	44.08	45.65	47.24	48.83	50.43	52.04	53.65	55.28	56.91	58.54	60.19	61.85	63.51	65.18	66.86	68.54	70.24	71.94	73.65	75.37	77.10
焓(kJ/kg)	146.43	150.43	154.46	158.50	162.56	166.65	170.75	174.87	179.01	183.17	187.35	191.55	195.77	200.01	204.27	208.56	212.86	217.18	221.53	225.89	230.28	234.69	239.12	243.57	248.05
露点温度(℃)	35.58	36.27	36.93	37.58	38.20	38.81	39.40	39.98	40.54	41.09	41.62	42.14	42.65	43.15	43.64	44.11	44.58	45.04	45.48	45.92	46.35	46.78	47.19	47.60	48.00
湿球温度(℃)	37.58	38.11	38.63	39.14	39.63	40.12	40.60	41.07	41.54	41.99	42.44	42.88	43.31	43.74	44.15	44.56	44.97	45.37	45.76	46.15	46.53	46.90	47.27	47.64	48.00

干球温度 48.5℃（相对湿度 2%～50%）

相对湿度	2%	4%	6%	8%	10%	12%	14%	16%	18%	20%	22%	24%	26%	28%	30%	32%	34%	36%	38%	40%	42%	44%	46%	48%	50%
含湿量(g/kg)	1.41	2.83	4.25	5.68	7.12	8.56	10.01	11.46	12.93	14.39	15.87	17.35	18.84	20.34	21.84	23.36	24.87	26.40	27.93	29.47	31.02	32.57	34.13	35.70	37.28
焓(kJ/kg)	52.64	56.30	59.99	63.69	67.41	71.14	74.89	78.66	82.45	86.26	90.08	93.92	97.78	101.65	105.55	109.46	113.39	117.34	121.31	125.29	129.30	133.32	137.37	141.43	145.51
露点温度(℃)	−11.41	−3.45	1.63	5.71	8.97	11.70	14.05	16.13	17.99	19.67	21.22	22.64	23.97	25.21	26.37	27.47	28.51	29.50	30.44	31.34	32.20	33.03	33.82	34.59	35.32
湿球温度(℃)	18.83	19.94	21.01	22.04	23.02	23.97	24.89	25.78	26.64	27.46	28.27	29.05	29.80	30.53	31.25	31.94	32.62	33.28	33.92	34.54	35.15	35.75	36.33	36.90	37.46

干球温度 48.5℃（相对湿度 52%～100%）　$P_{qb}=11459.39$ Pa

相对湿度	52%	54%	56%	58%	60%	62%	64%	66%	68%	70%	72%	74%	76%	78%	80%	82%	84%	86%	88%	90%	92%	94%	96%	98%	100%
含湿量(g/kg)	38.87	40.46	42.06	43.66	45.28	46.90	48.53	50.17	51.82	53.48	55.14	56.81	58.49	60.18	61.87	63.58	65.29	67.02	68.75	70.49	72.23	73.99	75.76	77.53	79.32
焓(kJ/kg)	149.62	153.74	157.88	162.04	166.23	170.43	174.65	178.89	183.16	187.45	191.75	196.08	200.43	204.80	209.19	213.61	218.04	222.50	226.98	231.49	236.01	240.56	245.14	249.73	254.35
露点温度(℃)	36.04	36.73	37.39	38.04	38.67	39.28	39.87	40.45	41.01	41.56	42.10	42.62	43.13	43.63	44.12	44.60	45.07	45.52	45.97	46.41	46.85	47.27	47.69	48.10	48.50
湿球温度(℃)	38.01	38.54	39.06	39.58	40.08	40.57	41.05	41.53	42.00	42.45	42.90	43.35	43.78	44.21	44.63	45.04	45.45	45.5	46.25	46.64	47.02	47.40	47.77	48.14	48.50

附录7 历年真题试卷参考答案及对应本书题号

2011年真题试卷参考答案及对应本书题号

单选题号	专业知识（上）答案	题号	专业知识（下）答案	题号	专业案例（上）答案	题号	专业案例（下）答案	题号
1	C	1.3-1	B	1.3-10	A	7.1-1	B	7.1-2
2	C	1.3-9	C	1.6-26	B	7.2-1	B	7.2-2
3	D	1.4-5	D	1.1-2	A	7.4-6	D	7.3-8
4	B	1.4-11	B	1.5-1	B	7.4-7	D	7.6-1
5	D	1.6-6	D	1.6-7	D	7.5-1	D	7.5-2
6	D	1.7-1	C	1.6-8	B	8.1-1	B	10.3-1
7	D	2.10-6	B	1.7-20	C	8.7-1	D	8.1-2
8	B	1.9-1	D	1.8-1	C	8.3-1	D	8.7-4
9	D	1.9-2	C	1.6-1	C	8.6-5	C	8.2-5
10	C	2.8-39	D	4.4-2	B	8.4-1	A	8.4-2
11	B	2.6-3	D	2.6-4	D	8.5-1	A	8.5-7
12	C	2.9-1	D	3.10-2	B	9.5-1	C	9.8-7
13	B	2.3-1	C	2.3-2	D	9.3-1	A	9.5-3
14	A	2.4-1	C	2.4-2	B	9.3-2	B	10.3-20
15	C	2.10-7	D	2.2-31	C	9.3-12	D	9.6-5
16	C	2.8-15	D	2.2-1	A	9.3-13	C	9.4-1
17	B	2.8-16	C	2.8-17	D	9.8-1	C	9.4-2
18	D	2.5-1	A	2.8-18	C	9.5-2	C	9.6-1
19	D	2.5-26	D	2.5-2	B	9.8-11	C	9.2-1
20	D	4.4-18	D	3.7-16	A	10.2-5	B	9.7-1
21	D	1.1-1	A	1.1-3	C	9.5-24	D	10.1-2
22	C	3.10-1	B	3.5-1	D	10.3-19	D	10.1-3
23	C	3.4-1	B	3.10-3	C	10.4-1	D	9.5-25
24	D	3.2 1	D	3.5-2	C	10.1-1	A	10.4-7
25	A	4.4-19	B	4.7-1	C	11.2-1	A	11.1-1
26	A	3.6-13	C	3.7-1				
27	D	3.6-14	D	3.7-2				
28	B	3.9-1	C	3.6-1				
29	C	3.9-15	A	3.9-2				
30	D	3.3-19	C	4.1-1				
31	B	3.7-15	D	4.1-12				
32	D	4.4-20	A	4.1-2				
33	D	4.4-21	B	4.3-15				
34	A	4.4-22	C	4.6-1				
35	A	4.1-11	D	4.5-1				
36	B	4.4-1	D	4.5-2				
37	C	4.3-14	A	4.7-2				
38	B	4.8-1	B	6.1-2				
39	D	6.1-1	C	6.2-2				
40	D	6.2-1	D	6.2-3				

多选题号	专业知识（上）答案	题号	专业知识（下）答案	题号
41	BCD	1.3-6	ACD	1.5-7
42	AB	1.7-13	ABC	1.4-34
43	BC	1.2-7	AD	2.2-22
44	AB	1.7-14	ABC	1.5-8
45	BC	1.8-15	ABC	1.8-16
46	ABCD	1.5-6	BC	1.8-30
47	AC	1.8-29	AB	2.10-9
48	ABCD	2.8-9	BCD	2.8-10
49	BC	2.5-17	BCD	3.1-23
50	BCD	3.8-13	ABC	2.9-8
51	BCD	2.9-7	BC	2.3-6
52	ABCD	2.6-29	ABD	2.4-9
53	ABD	2.8-25	BCD	2.2-23
54	BC	2.6-30	ACD	2.6-2
55	ACD	3.7-10	CD	3.8-15
56	ABC	3.8-14	BC	3.6-45
57	ABC	3.6-26	BD	3.7-23
58	ABC	3.6-27	AC	3.1-12
59	AC	3.2-8	ABC	3.2-9
60	AC	3.6-28	ABCD	3.5-4
61	ABD	3.7-22	ACD	3.8-16
62	BCD	3.10-15	ABD	3.9-33
63	ABD	3.9-23	AC	3.9-34
64	AC	4.4-30	BCD	4.4-10
65	BCD	4.1-8	BC	4.1-9
66	BD	4.4-9	AB	3.7-11
67	BC	4.2-5	ABD	4.5-10
68	ABD	4.3-29	BD	4.7-11
69	CD	4.7-10	ABCD	4.8-15
70	ABD	6.2-16	ABD	—

2012 年真题试卷参考答案及对应本书题号

单选题号	专业知识（上）		专业知识（下）		专业案例（上）		专业案例（下）		多选题号	专业知识（上）		专业知识（下）	
	答案	题号	答案	题号	答案	题号	答案	题号		答案	题号	答案	题号
1	A	1.3-2	C	1.3-3	B	7.1-3	C	8.2-15	41	BD	1.8-31	ACD	1.7-15
2	B	1.7-5	A	1.4-1	B	7.2-3	C	7.2-17	42	ABCD	1.9-9	AC	1.6-21
3	A	1.2-1	C	1.8-4	C	7.3-9	B	7.2-4	43	AD	1.2-8	ABC	1.4-36
4	B	1.2-2	B	1.5-4	C	7.5-3	B	7.3-1	44	BD	1.4-35	AB	1.1-12
5	A	1.5-2	D	1.4-12	A	10.3-2	B	7.2-5	45	BCD	1.3-15	ABC	1.4-10
6	C	1.7-6	D	1.7-8	D	8.2-13	C	10.3-36	46	ABD	1.9-10	AB	1.7-4
7	C	1.7-7	D	2.10-8	A	8.7-5	B	8.1-3	47	ABC	1.8-32	ABC	4.4-11
8	B	1.8-2	B	1.8-21	A	8.2-14	B	8.2-6	48	CD	2.10-10	ABD	2.8-41
9	D	1.5-3	B	1.8-3	D	8.3-2	C	8.3-3	49	BD	2.6-11	BD	2.1-7
10	D	2.8-1	D	4.4-4	D	8.4-3	B	8.4-4	50	AD	2.8-11	AD	2.8-35
11	C	2.1-1	C	2.2-32	A	8.5-8	A	8.6-1	51	BD	2.6-12	ACD	2.5-19
12	C	2.6-5	D	2.7-2	D	9.5-4	D	9.2-2	52	BCD	2.8-26	ABCD	2.9-9
13	B	2.5-3	D	2.2-2	C	9.1-1	D	9.3-17	53	CD	2.2-36	CD	2.2-37
14	D	2.9-2	B	2.9-3	D	9.4-3	D	9.3-18	54	BC	2.5-18	BCD	2.5-33
15	D	2.6-1	B	2.8-30	A	9.4-4	D	9.3-25	55	CD	3.8-17	ACD	3.7-12
16	C	2.8-29	C	2.8-2	C	9.6-6	C	9.3-14	56	ABC	3.7-24	AC	3.10-16
17	A	2.8-19	C	2.5-5	D	9.1-2	D	10.3-3	57	AB	3.3-15	ABC	3.6-29
18	B	2.5-4	C	2.5-6	A	9.6-7	D	9.5-12	58	ACD	3.3-23	ABCD	3.3-16
19	D	2.7-1	B	2.5-27	D	9.6-2	B	10.3-4	59	BCD	3.1-13	AD	3.5-5
20	B	3.10-4	D	3.7-3	B	9.5-5	C	9.7-2	60	ABD	3.4-9	ABC	4.3-11
21	C	3.8-1	A	3.8-3	A	10.2-1	D	10.3-5	61	BCD	3.3-24	BCD	3.4-10
22	C	3.6-41	D	3.6-15	A	10.3-21	A	10.3-6	62	ABC	3.7-25	BD	3.9-35
23	D	4.4-3	D	3.6-16	C	10.4-2	B	10.1-4	63	ABC	3.9-11	AD	3.9-24
24	A	4.4-23	D	3.8-4	B	10.4-8	B	9.5-26	64	ABD	4.5-11	ABCD	4.2-7
25	B	3.1-18	B	3.4-2	C		D	11.2-2	65	AD	4.4-48	AC	4.4-31
26	D	3.1-1	D	3.3-1					66	AD	4.3-10	ABCD	4.4-12
27	A	3.8-2	C	3.2-2					67	ABD	4.2-6	ABD	4.4-49
28	B	3.9-3	C	3.7-17					68	ACD	4.5-12	ABCD	4.6-12
29	B	3.9-4	C	3.9-5					69	AB	4.8-16	BC	4.8-17
30	B	4.6-2	C	4.1-3					70	ABD	6.2-17	AD	6.1-18
31	C	4.1-13	C	4.3-31									
32	B	4.4-40	C	4.1-14									
33	D	4.4-41	D	4.2-1									
34	A	4.3-16	D	4.3-17									
35	D	4.5-3	C	4.6-3									
36	C	4.7-3	A	4.6-4									
37	C	4.8-2	B	4.8-4									
38	C	4.8-3	C	—									
39	B	6.1-3	B	6.2-4									
40	B	—	D	6.2-5									

2013年真题试卷参考答案及对应本书题号

单选题号	专业知识（上）		专业知识（下）		专业案例（上）		专业案例（下）		多选题号	专业知识（上）		专业知识（下）	
	答案	题号	答案	题号	答案	题号	答案	题号		答案	题号	答案	题号
1	D	1.4-29	D	1.1-6	C	7.3-2	B	7.1-4	41	AD	1.7-16	ACD	1.3-7
2	C	1.8-22	B	1.6-31	C	7.2-6	C	7.3-3	42	AB	1.6-32	BD	1.6-33
3	D	1.6-27	C	1.1-7	D	7.2-24	A	7.2-7	43	BD	1.1-13	CD	1.4-22
4	C	1.4-13	C	2.2-4	B	7.4-1	B	7.2-18	44	ACD	1.6-20	ABCD	2.2-9
5	D	1.1-4	B	1.6-2	B	7.4-8	A	7.3-10	45	BCD	1.3-16	ABCD	1.6-22
6	D	1.6-9	B	1.4-2	C	8.6-6	C	7.5-4	46	AB	1.6-18	AC	1.8-33
7	C	1.7-2	D	1.7-21	D	8.2-1	B	8.6-7	47	ACD	1.9-11	ABD	2.6-31
8	A	1.8-5	A	1.8-23	D	8.2-2	D	8.2-7	48	BCD	2.9-10	BD	2.6-14
9	B	1.9-3	B	1.8-24	B	8.7-2	D	8.2-16	49	ABD	2.3-7	CD	2.2-39
10	A	2.8-3	C	2.1-2	B	8.3-4	B	8.3-5	50	ABD	2.4-10	AB	2.4-11
11	D	2.6-6	C	2.9-5	B	8.6-2	B	8.7-3	51	ABC	2.2-38	AD	2.4-12
12	C	3.4-3	A	2.8-5	C	9.3-3	B	9.5-6	52	BC	2.8-12	CD	2.8-28
13	B	2.6-25	A	2.2-33	C	9.2-5	C	9.8-8	53	BCD	2.8-27	BD	2.5-20
14	D	2.9-4	C	2.9-6	A	9.2-6	D	9.6-3	54	BC	2.6-13	BD	3.8-19
15	A	2.2-3	C	2.3-3	D	9.4-5	C	9.3-20	55	BCD	3.3-17	AC	3.6-39
16	C	2.4-3	D	2.8-20	D	9.3-4	A	9.3-15	56	AC	3.8-18	ACD	3.8-20
17	C	2.2-10	D	2.5-28	A	9.5-27	C	9.3-5	57	CD	3.2-10	AD	3.5-7
18	C	2.8-4	C	2.5-7	C	10.3-7	C	9.8-2	58	CD	3.3-25	CD	3.7-26
19	B	3.8-5	C	3.6-36	D	9.3-19	B	9.5-7	59	CD	3.5-6	BD	3.3-18
20	D	3.8-6	D	3.6-17	C	10.3-8	D	9.7-3	60	ABD	4.2-2	ABD	3.10-17
21	D	4.4-24	D	3.10-5	B	10.2-6	C	10.1-5	61	AC	4.3-38	ABCD	3.9-36
22	C	1.1-5	A	3.7-18	D	10.2-3	D	10.1-6	62	ACD	3.9-12	AC	3.9-25
23	D	3.5-3	B	4.3-20	B	10.3-9	A	10.3-22	63	ABD	4.2-8	ABCD	3.10-9
24	C	4.3-19	A	3.3-12	B	10.4-12	C	10.3-10	64	ACD	4.4-50	CD	4.4-13
25	A	3.6-2	C	3.3-13	A	11.1-2	B	11.1-3	65	BCD	4.4-32	AB	4.8-18
26	B	3.7-4	A	3.7-19					66	BCD	4.1-27	AD	4.7-12
27	A	3.9-31	D	3.10-10					67	AD	4.2-9	ABD	4.7-13
28	B	3.9-16	C	3.9-17					68	ABCD	4.6-13	CD	4.4-33
29	C	4.3-1	A	4.1-17					69	BD	5.1-10	ABC	5.1-11
30	A	4.3-18	B	4.1-18					70	ACD	6.2-18	ABD	6.1-19
31	D	4.3-32	B	4.3-33									
32	D	4.1-15	A	4.4-25									
33	C	4.1-16	B	4.3-2									
34	A	4.1-4	A	4.3-27									
35	B	4.4-42	C	4.9-1									
36	B	4.4-43	D	4.7-4									
37	D	5.1-1	C	4.8-5									
38	B	6.2-6	A	5.1-2									
39	D	6.1-4	B	6.1-5									
40	D	6.2-7	A	6.2-8									

2014 年真题试卷参考答案及对应本书题号

单选题号	专业知识（上）		专业知识（下）		专业案例（上）		专业案例（下）		多选题号	专业知识（上）		专业知识（下）	
	答案	题号	答案	题号	答案	题号	答案	题号		答案	题号	答案	题号
1	B	1.7-9	D	1.6-14	D	7.1-5	D	7.2-20	41	CD	1.3-17	ACD	1.6-23
2	A	1.3-4	C	1.8-8	D	7.2-19	B	7.2-9	42	ABCD	1.4-23	ABD	1.9-13
3	D	1.6-11	B	3.7-6	D	7.3-4	A	7.2-10	43	AC	1.7-17	ABD	1.8-17
4	D	1.8-6	D	1.1-8	C	7.2-8	D	7.3-11	44	ABD	1.7-18	ABC	1.4-24
5	C	1.6-12	D	1.6-13	A	7.5-5	B	7.4-9	45	ACD	1.6-19	ACD	1.8-18
6	B	1.6-10	D	1.5-5	C	8.6-8	D	7.4-10	46	ABCD	1.8-34	ABD	1.8-35
7	B	1.7-10	D	1.4-14	D	8.6-9	A	8.5-3	47	BC	1.9-12	BD	2.2-24
8	C	1.8-7	B	1.8-25	A	8.6-10	B	8.2-17	48	ABD	2.10-4	ABCD	2.6-32
9	A	1.9-4	B	1.9-5	B	9.1-3	B	8.5-4	49	ABCD	2.6-15	BCD	2.8-13
10	B	2.1-3	A	2.1-4	B	8.3-6	C	8.5-9	50	AB	2.6-16	BC	2.8-36
11	C	2.10-1	C	2.6-8	B	8.5-2	B	8.6-11	51	BC	2.5-21	ABC	2.5-22
12	C	2.6-7	C	2.10-2	B	9.5-13	C	9.8-9	52	BCD	2.3-8	ABD	2.6-17
13	D	2.8-6	A	2.4-4	B	9.2-3	B	9.1-5	53	AB	2.8-37	BD	2.5-34
14	A	2.6-26	D	2.10-3	B	9.1-4	C	9.2-7	54	AC	3.6-30	AB	3.7-13
15	D	2.2-11	D	2.2-12	B	9.3-6	B	9.2-8	55	AB	3.6-9	ABD	3.8-21
16	D	2.8-31	B	2.8-40	B	9.5-28	C	9.8-3	56	ABCD	3.3-7	BC	3.6-33
17	D	2.8-32	D	2.8-33	D	9.5-8	B	9.3-22	57	ABC	3.6-31	ACD	3.7-29
18	D	2.5-29	A	2.7-3	B	9.3-21	D	9.5-14	58	AC	3.6-32	AB	3.3-26
19	D	3.7-5	D	3.6-4	C	9.8-12	C	9.6-8	59	BCD	3.6-40	ACD	3.2-11
20	D	3.4-4	B	3.7-7	C	10.3-11	C	9.7-4	60	AC	3.7-27	ABC	3.7-30
21	A	3.6-18	D	3.4-5	B	10.3-12	C	10.3-14	61	BC	3.7-28	ACD	3.2-12
22	B	3.6-3	A	3.10-6	C	10.1-7	C	10.2-4	62	ABC	3.9-26	BD	3.9-37
23	D	3.1-2	B	3.8-8	D	10.1-8	C	10.2-7	63	CD	4.2-10	AC	4.3-40
24	D	3.1-3	D	3.3-2	A	10.3-13	B	10.4-9	64	ABD	4.3-39	BC	4.4-34
25	B	3.1-4	C	3.3-14	B	11.2-3	C	11.1-4	65	BCD	4.1-28	ABCD	4.3-30
26	B	3.1-5	B	3.2-3					66	BD	4.4-14	ABCD	4.5-13
27	B	3.9-6	A	3.3-20					67	BCD	4.7-14	AD	4.5-14
28	B	3.9-18	C	3.9-7					68	BD	4.8-19	AB	4.7-15
29	C	4.6-5	C	4.3-28					69	ABC	5.1-12	BCD	5.1-13
30	B	3.8-7	C	3.10-7					70	BD	6.2-19	ABCD	6.1-20
31	B	4.1-19	A	4.4-26									
32	C	4.5-4	B	4.1-20									
33	A	4.3-3	A	4.2-3									
34	D	4.4-44	D	4.3-21									
35	D	4.6-6	C	4.7-5									
36	D	4.8-6	D	4.8-7									
37	D	5.1-3	D	4.9-2									
38	C	6.1-6	A	5.1-4									
39	A	6.1-7	B	6.2-9									
40	D	6.1-8	D	6.1-9									

2016年真题试卷参考答案及对应本书题号

单选题号	专业知识（上）答案	题号	专业知识（下）答案	题号	专业案例（上）答案	题号	专业案例（下）答案	题号	多选题号	专业知识（上）答案	题号	专业知识（下）答案	题号
1	D	1.6-28	C	1.8-26	A	7.1-6	B	7.2-11	41	ABD	1.7-22	CD	1.7-23
2	B	1.2-3	D	1.4-30	B	8.2-18	C	7.3-5	42	ABCD	1.3-8	ABCD	1.8-37
3	D	1.3-11	D	1.6-15	B	7.6-2	C	7.6-3	43	AC	1.3-18	ABD	1.2-9
4	C	1.3-12	B	1.4-31	C	7.2-21	B	7.2-22	44	ABD	1.4-4	ABC	2.8-42
5	D	1.4-15	B	1.4-7	B	7.4-2	D	7.4-11	45	ABCD	1.4-25	CD	1.8-20
6	C	1.4-6	B	1.4-3	C	8.6-12	A	10.3-24	46	AD	1.8-19	AD	1.8-38
7	D	1.8-9	C	1.7-3	A	9.6-9	A	9.6-10	47	ABC	1.8-36	ABC	2.6-33
8	B	1.9-6	D	1.8-27	C	8.6-13	B	8.2-19	48	ABD	2.6-18	ACD	2.6-19
9	C	4.4-5	A	1.9-7	A	8.2-8	B	8.3-7	49	ABCD	2.7-9	ABC	2.5-23
10	D	2.2-13	C	3.4-6	D	8.6-14	B	8.4-5	50	AB	2.2-25	BCD	2.6-34
11	B	3.8-9	A	2.5-9	A	8.5-5	D	8.5-10	51	AB	2.3-9	ABC	2.2-25
12	B	2.2-5	A	2.2-16	B	9.4-6	A	9.8-14	52	ABC	2.3-10	ABC	2.4-13
13	B	2.2-6	D	2.3-4	B	9.4-7	A	9.5-16	53	CD	2.10-5	ABC	2.7-10
14	D	2.2-14	D	2.4-5	C	9.5-9	C	9.4-8	54	BC	3.5-8	BCD	3.1-14
15	C	2.2-15	B	2.8-7	B	9.1-6	D	9.3-8	55	AD	3.3-8	CD	3.10-18
16	D	2.8-34	A	2.5-31	B	9.3-7	A	9.8-4	56	ABD	3.3-9	BCD	3.6-10
17	D	2.5-30	C	2.5-10	A	9.8-13	C	9.3-16	57	BCD	3.2-13	ABD	3.1-24
18	C	2.5-8	C	2.4-6	D	10.3-23	A	9.2-9	58	ABD	3.3-27	BCD	3.8-22
19	C	3.3-21	C	3.6-21	B	9.5-15	D	9.5-10	59	BD	4.4-15	BC	3.6-47
20	A	3.7-20	B	4.4-6	B	10.1-9	C	9.7-5	60	ABD	4.3-41	ABC	3.8-23
21	C	3.6-42	C	3.7-8	B	10.2-2	B	10.1-11	61	CD	3.6-46	BCD	3.9-28
22	B	3.1-6	A	3.10-11	C	10.1-10	A	10.3-25	62	BC	3.9-27	CD	3.9-13
23	D	3.6-19	D	3.3-3	D	10.2-8	C	10.4-4	63	AD	4.2-11	ACD	4.1-29
24	B	3.6-20	C	3.1-19	B	11.1-5	B	11.2-4	64	ABD	4.3-42	ABD	4.1-10
25	C	3.1-7	A	3.2-4	D	10.4-3	B	10.4-10	65	ABD	4.4-35	BCD	4.6-16
26	C	3.6-5	C	3.6-37					66	ACD	4.2-12	BC	4.8-20
27	C	3.9-8	A	3.6-22					67	AD	4.6-14	ABC	4.8-21
28	D	3.9-32	B	3.9-9					68	ABCD	4.6-15	ABD	4.8-22
29	D	4.2-4	D	4.3-35					69	BC	5.1-14	AD	5.1-15
30	B	4.7-6	C	4.6-8					70	ACD	6.1-21	ABC	6.2-20
31	D	4.1-21	D	4.5-5									
32	D	4.4-45	D	4.5-6									
33	A	4.1-5	B	4.7-7									
34	D	4.3-22	A	4.7-8									
35	C	4.3-34	D	4.8-8									
36	C	4.6-7	D	4.8-9									
37	A	5.1-5	A	4.8-10									
38	D	6.1-10	D	5.1-6									
39	A	6.1-11	A	6.2-10									
40	A	6.1-12	D	6.2-11									

2017年真题试卷参考答案及对应本书题号

单选题号	专业知识（上）		专业知识（下）		专业案例（上）		专业案例（下）		多选题号	专业知识（上）		专业知识（下）	
	答案	题号	答案	题号	答案	题号	答案	题号		答案	题号	答案	题号
1	D	1.6-3	A	1.6-29	D	7.6-4	C	7.4-3	41	AB	1.4-37	ABC	1.4-38
2	C	1.1-9	A	2.2-7	B	7.1-7	C	7.2-13	42	CD	1.7-24	ABC	1.6-34
3	D	1.2-4	C	1.3-5	D	7.2-12	A	7.2-23	43	CD	1.4-26	ABC	4.4-36
4	A	1.3-13	D	1.6-30	C	7.2-25	C	7.6-5	44	CD	1.1-14	ABC	1.4-39
5	A	1.4-9	D	4.4-7	C	10.3-26	B	7.3-6	45	BC	1.6-24	ABC	1.3-20
6	D	1.8-28	C	1.4-8	B	8.2-9	C	7.3-7	46	ABC	1.3-19	AB	1.4-27
7	A	1.3-14	D	1.7-11	D	8.6-15		8.2-21	47	AC	1.9-14	BCD	3.8-24
8	C	1.7-12	B	1.4-16	C	8.7-6	D	8.2-10	48	ABCD	2.5-24	CD	2.2-28
9	D	1.9-8	B	4.4-8	D	8.2-20	D	8.2-3	49	CD	2.8-38	AD	2.2-29
10	A	2.8-21	B	3.8-10	B	8.6-16	A	8.3-9	50	ABD	2.3-11	AC	2.2-30
11	D	2.1-5	C	2.5-14	E	8.3-8	B	8.4-6	51	ABCD	2.2-27	ABCD	2.9-11
12	C	2.2-35	C	2.2-17	B	9.4-9	C	9.8-15	52	ABCD	2.3-12	AD	2.8-43
13	A	2.4-7	B	2.2-34	C	9.6-11	D	9.2-4	53	AC	2.5-35	BC	2.6-20
14	C	2.5-12	D	2.2-18	D	9.8-5	D	9.1-8	54	CD	3.7-31	AC	3.4-12
15	B	2.5-13	D	2.6-28	C	7.2-14	D	9.8-10	55	CD	3.7-32	BC	3.7-14
16	A	2.7-4	C	2.5-15	C	9.5-17	B	9.5-19	56	CD	3.7-33	ABD	3.7-35
17	D	2.6-9	C	2.7-5	B	9.1-7	B	9.5-18	57	AC	3.10-19	BC	4.4-37
18	D	2.6-27	D	2.5-11	C	9.6-12	B	10.3-15	58	ABD	3.6-34	ABD	3.6-35
19	C	3.6-43	D	3.1-10	B	9.3-9	C	9.3-23	59	AC	3.3-10	ACD	3.6-11
20	D	3.3-22	A	3.1-11	B	10.3-27	A	9.7-6	60	ABD	3.7-34	ABC	3.7-36
21	A	3.6-6	C	3.2-5	D	10.2-9	C	10.3-28	61	ABD	3.4-11	BCD	3.9-38
22	C	3.6-38	C	3.7-21	B	10.3-16	B	10.4-11	62	ACD	3.9-29	ABC	3.9-39
23	A	3.1-8	D	3.7-9	C	10.1-12	C	10.3-37	63	AC	4.9-5	ABD	4.3-43
24	D	3.1-9	D	3.1-20	A	10.1-13	A	10.3-29	64	CD	4.4-38	AB	4.3-44
25	B	3.3-4	A	3.6-44	D	11.1-6	D	11.1-7	65	ABD	5.1-16	ABD	4.6-19
26	C	4.3-4	A	3.8-11					66	ABC	4.6-17	ABC	4.3-45
27	C	3.9-19	C	3.10-12					67	ABD	4.6-18	AC	4.1-30
28	A	3.9-10	C	3.9-20					68	ABC	4.5-15	BD	4.3-46
29	B	4.8-11	A	4.8-13					69	AC	5.1-17	ABD	5.1-18
30	B	4.4-46	B	4.5-7					70	ACD	6.2-21	ACD	6.1-22
31	A	4.1-22	C	4.3-6									
32	D	4.8-12	D	4.3-23									
33	D	4.1-6	D	4.4-27									
34	C	4.4-47	A	4.4-28									
35	A	4.3-5	C	4.4-29									
36	B	4.3-36	D	4.1-23									
37	D	1.1-10	A	4.5-8									
38	D	4.3-24	B	5.1-7									
39	C	6.2-12	C	6.1-14									
40	B	6.1-13	D	6.2-13									

2018 年真题试卷参考答案及对应本书题号

单选题号	专业知识（上）答案	题号	专业知识（下）答案	题号	专业案例（上）答案	题号	专业案例（下）答案	题号	多选题号	专业知识（上）答案	题号	专业知识（下）答案	题号
1	A	1.4-17	A	1.4-32	D	7.2-15	D	7.1-8	41	ACD	1.4-28	ABCD	1.6-5
2	A	1.1-11	B	1.4-19	B	7.4-12	A	7.1-9	42	BD	1.8-39	BD	1.6-35
3	D	1.6-16	C	1.4-20	C	7.2-26	A	7.2-16	43	BCD	1.4-40	BD	1.1-16
4	C	1.2-5	B	1.2-6	B	7.6-7	C	7.2-27	44	AB	1.6-25	ACD	1.2-10
5	A	1.6-17	C	1.4-21	D	7.3-12	C	7.4-4	45	ACD	1.7-19	ABD	1.9-16
6	B	1.6-4	B	1.4-33	A	8.6-17	B	7.4-5	46	AC	1.9-15	ABD	4.4-39
7	C	1.8-10	A	1.8-13	A	8.2-4	C	8.6-3	47	AD	4.4-16	ABC	2.4-14
8	C	1.8-11	D	1.8-14	C	8.3-10	D	8.4-7	48	ACD	2.2-40	ABC	2.8-14
9	B	1.8-12	D	3.8-12	B	8.3-11	D	8.5-6	49	ABD	2.2-41	BD	2.6-35
10	C	2.8-8	A	2.8-23	C	8.2-11	A	8.6-4	50	CD	2.8-44	AB	2.5-25
11	D	2.8-22	D	2.2-21	A	8.7-7	B	8.2-12	51	BCD	2.6-21	ACD	2.7-11
12	D	2.2-19	C	2.8-24	B	9.3-10	D	10.3-33	52	ACD	2.6-22	ABCD	2.7-12
13	A	2.6-10	C	2.5-32	B	10.3-30	D	9.3-11	53	ABD	2.6-23	ACD	2.7-13
14	B	2.2-8	A	2.5-16	D	9.3-26	B	10.4-5	54	BCD	1.1-15	BCD	3.1-17
15	B	2.3-5	B	2.7-6	B	9.5-20	A	9.5-23	55	BD	3.1-15	ABCD	3.10-20
16	A	2.4-8	C	2.7-7	B	9.5-21	D	9.6-4	56	ACD	4.6-20	ABCD	3.2-15
17	B	2.1-6	D	2.7-8	D	9.3-27	A	9.3-24	57	BCD	3.1-16	AB	3.3-28
18	D	2.2-20	D	3.10-13	A	9.5-22	D	10.3-34	58	BC	3.7-37	AB	2.6-24
19	C	3.4-7	C	3.6-8	D	9.8-6	C	9.5-11	59	CD	3.2-14	BD	3.3-29
20	D	3.10-8	B	3.3-6	C	10.3-31	A	9.7-7	60	AB	3.3-11	BCD	3.3-30
21	B	3.3-5	A	4.3-8	C	10.1-14	B	10.3-18	61	CD	4.7-16	ABC	3.9-14
22	B	3.6-7	D	3.10-14	B	10.3-17	C	10.3-35	62	ABD	3.9-41	AD	3.9-30
23	D	1.4-18	C	4.3-26	C	10.3-32	C	10.3-39	63	AD	4.4-51	ABD	4.3-13
24	C	3.2-6	A	3.1-22	D	10.3-38	C	10.4-6	64	BCD	4.8-23	BD	4.3-47
25	C	3.1-21	C	3.2-7	A	11.1-8	B	11.2-5	65	ABD	4.3-12	CD	4.4-17
26	A	3.6-23	D	3.6-24					66	AD	4.2-13	ABC	3.6-12
27	B	3.9-40	A	3.6-25					67	BCD	4.6-21	ABCD	4.8-24
28	C	3.9-21	D	3.9-22					68	BC	4.5-16	BC	4.9-6
29	D	4.3-25	A	4.1-7					69	ABD	5.1-19	AC	5.1-20
30	A	4.5-9	C	4.3-9					70	ABC	2.3-13	ABCD	6.1-23
31	B	4.3-7	C	3.4-8									
32	B	4.1-24	D	4.1-26									
33	B	4.1-25	A	4.3-37									
34	D	4.6-9	B	4.6-10									
35	A	4.7-9	A	4.6-11									
36	B	4.9-3	C	4.8-14									
37	D	5.1-8	D	4.9-4									
38	B	6.1-15	B	5.1-9									
39	D	6.2-14	D	6.1-17									
40	C	6.1-16	C	6.2-15									

参 考 文 献

[1] 全国勘察设计注册工程师公用设备专业管理委员会秘书处. 全国勘察设计注册公用设备工程师暖通空调专业考试复习教材(第二版). 北京：中国建筑工业出版社，2008.

[2] 全国勘察设计注册工程师公用设备专业管理委员会秘书处. 全国勘察设计注册公用设备工程师暖通空调专业考试复习教材(第三版—2019). 北京：中国建筑工业出版社，2019.

[3] 陆耀庆主编. 实用供热空调设计手册(第二版). 北京：中国建筑工业出版社，2008.

[4] 孙一坚主编. 简明通风设计手册. 北京：中国建筑工业出版社，1997.

[5] 全国民用建筑工程设计技术措施-暖通空调动力分册 2009. 北京：中国计划出版社，2009.

[6] 全国民用建筑工程技术措施-给水排水分册 2009. 北京：中国计划出版社，2009.

[7] 电子工业部第十设计研究院主编. 空气调节设计手册. 北京：中国建筑工业出版社，2005.

[8] 全国民用建筑工程设计技术措施节能专篇-暖通空调动力 2007. 北京：中国计划出版社，2007.

[9] 陆亚俊等编著. 暖通空调(第二版). 北京：中国建筑工业出版社，2007.

[10] 赵荣义等编著. 空气调节(第四版). 北京：中国建筑工业出版社，2009.

[11] 孙一坚主编. 工业通风(第四版). 北京：中国建筑工业出版社，2010.

[12] 贺平主编. 供热工程(第四版). 北京：中国建筑工业出版社，2009.

[13] 奚世光主编. 锅炉及锅炉房设备(第四版). 北京：中国建筑工业出版社，2006.

[14] 彦启森主编. 空气调节用制冷技术(第四版). 北京：中国建筑工业出版社，2010.

[15] 许仲麟. 空气洁净技术原理. 上海：同济大学出版社，1998.

[16] 《民用建筑供暖通风与空气调节设计规范》编制组编. 民用建筑供暖通风与空气调节设计规范宣贯辅导教材. 北京：中国建筑工业出版社，2012.

[17] 中国有色工程设计研究总院等主编. 采暖通风和空气调节设计规范 GB 50019—2003. 北京：中国计划出版社，2004.

[18] 中国有色金属工业协会主编. 工业建筑供暖通风与空气调节设计规范 GB 50019—2015. 北京：中国计划出版社，2015.

[19] 中国建筑科学研究院等主编. 民用建筑供暖通风与空气调节设计规范 GB 50736—2012. 北京：中国建筑工业出版社，2012.

[20] 中国建筑设计研究院等主编. 公共建筑节能设计标准 GB 50189—2005. 北京：中国建筑工业出版社，2006.

[21] 中国建筑科学研究院主编. 公共建筑节能设计标准 GB 50189—2015. 北京：中国建筑工业出版社，2015.

[22] 公安部天津消防研究所会同天津市建筑设计院、北京市建筑设计研究院等主编. 建筑设计防火规范 GB 50016—2006. 北京：中国计划出版社，2006.

[23] 公安部天津消防研究所、公安部四川消防研究所主编. 建筑设计防火规范 GB 50016—2014. 北京：中国计划出版社，2014.

[24] 中华人民共和国公安部消防局主编. 高层民用建筑设计防火规范(2005 版) GB 50045—95. 北京：中国计划出版社，2005.

[25] 公安部四川消防研究所主编. 建筑防烟排烟系统技术标准 GB 51251—2017. 北京：中国计划出版

社，2018.

[26] 中华人民共和国国家质量监督检验检疫总局等主编. 建筑通风和排烟系统用防火阀门 GB 15930—2007. 北京：中国标准出版社，2007.

[27] 中国建筑科学研究院主编. 夏热冬冷地区居住建筑节能设计标准 JGJ 134—2010. 北京：中国建筑工业出版社，2010.

[28] 中国建筑科学研究院主编. 夏热冬暖地区居住建筑节能设计标准 JGJ 75—2012. 北京：中国建筑工业出版社，2012.

[29] 中国建筑科学研究院主编. 严寒和寒冷地区居住建筑节能设计标准 JGJ 26—2010. 北京：中国建筑工业出版社，2010.

[30] 中国建筑科学研究院主编. 既有居住建筑节能改造技术规程 JGJ/T 129—2012. 北京：中国建筑工业出版社，2013.

[31] 上海市公安消防总队、公安部天津消防研究所主编. 汽车库、修车库、停车场设计防火规范 GB 50067—2014. 北京：中国计划出版社，2015.

[32] 中国建筑设计研究院主编. 人民防空地下室设计规范 GB 50038—2005. 北京：中国标准出版社，2006.

[33] 总参工程兵第四设计研究院等主编. 人民防空工程设计防火规范 GB 50098—2009. 北京：中国计划出版社，2012.

[34] 中国建筑科学研究院主编. 住宅设计规范 GB 50096—2011. 北京：中国计划出版社，2012.

[35] 中国建筑科学研究院主编. 住宅建筑规范 GB 50368—2005. 北京：中国建筑工业出版社，2006.

[36] 中国联合工程公司等主编. 锅炉房设计规范 GB 50041—2008. 北京：中国计划出版社，2008.

[37] 中国建筑科学研究院主编. 民用建筑热工设计规范 GB 50176—2016. 北京：中国标准出版社，2017.

[38] 北京市煤气热力工程设计院有限公司等主编. 城镇供热管网设计规范 CJJ 34—2010. 北京：中国建筑工业出版社，2010.

[39] 中国市政工程华北设计研究院主编. 城镇燃气设计规范 GB 50028—2006. 北京：中国建筑工业出版社，2006.

[40] 中国建筑科学研究院主编. 辐射供暖供冷技术规程 JGJ 142—2012. 北京：中国建筑工业出版社，2012.

[41] 中国建筑科学研究院主编. 地源热泵系统工程技术规范（2009 年版）GB 50366—2005. 北京：中国建筑工业出版社，2009.

[42] 中国电子工程设计院主编. 洁净厂房设计规范 GB 50073—2013. 北京：中国计划出版社，2013.

[43] 国内贸易工程设计研究院主编. 冷库设计规范 GB 50072—2010. 北京：中国计划出版社，2010.

[44] 上海现代建筑设计（集团）有限公司等主编. 建筑给水排水设计规范（2009 年版）GB 50015—2003. 北京：中国计划出版社，2010.

[45] 沈阳市城乡建设委员会等主编. 建筑给水排水及采暖工程施工验收规范 GB 50242—2002. 北京：中国标准出版社，2004.

[46] 中国建筑科学研究院，北京住总集团有限责任公司主编. 通风与空调工程施工规范 GB 50738—2011. 北京：中国建筑工业出版社，2012.

[47] 上海市安装工程有限公司主编. 通风与空调工程施工质量验收规范 GB 50243—2016. 北京：中国计划出版社，2016.

[48] 中国建筑科学研究院主编. 建筑节能工程施工质量验收规范 GB 50411—2007. 北京：中国建筑工业出版社，2007.

[49] 中国建筑科学研究院主编. 太阳能供热采暖工程技术规范 GB 50495—2009. 北京：中国建筑工业出版社，2009.

[50] 中国建筑科学研究院主编. 绿色建筑评价标准 GB/T 50378—2014. 北京：中国建筑工业出版社，2014.

[51] 中国建筑科学研究院，机械工业第六设计研究院有限公司、绿色工业建筑评价标准 GB/T 50878—2013，北京：中国建筑工业出版社，2014.

[52] 中国建筑科学研究院主编. 民用建筑绿色设计规范 JGJ/T 229—2010. 北京：中国建筑工业出版社，2011.

[53] 中国标准化研究院、上海市经委主编. 空气调节系统经济运行 GB/T 17981—2007. 北京：中国标准出版社，2008.

[54] 中国石油和化工勘察设计协会，中国成达化学工程公司等主编. 工业设备及管道绝热工程设计规范 GB 50264—2013. 北京：中国计划出版社，2013.

[55] 中国疾病预防控制中心职业卫生与中毒控制所等主编. 工业企业设计卫生标准 GBZ 1—2010. 北京：人民卫生出版社，2010.

[56] 化工部第八设计院等主编. 设备和管道保冷设计导则 GBT 15586—1995. 北京：中国标准出版社，1995.

[57] 中国疾病预防控制中心职业卫生与中毒控制所等主编. 工业场所有害因素职业接触限值　第2部分：物理有害因素 GBZ 2.2—2007. 北京：人民卫生出版社，2007.

[58] 中国疾病预防控制中心职业卫生与中毒控制所等主编. 工业场所有害因素职业接触限值　第1部分：化学有害因素 GBZ 2.1—2007. 北京：人民卫生出版社，2007.

[59] 国家环保局. 大气污染物综合排放标准 GB 16297—1996. 北京：中国标准出版社，1997.

[60] 中国建筑科学研究院等主编. 组合式空调机组 GB/T 14294—2008. 北京：中国标准出版社，2009.

[61] 深圳麦克维尔空调有限公司，合肥通用机械研究所主编. 水源热泵机组 GB/T 19409—2003. 北京：中国标准出版社，2004.

[62] 中国建筑科学研究院等主编. 高效空气过滤器 GB/T 13554—2008. 北京：中国标准出版社，2009.

[63] 中华人民共和国环境保护部等主编. 环境空气质量标准 GB 3095—2012. 北京：中国环境科学出版社，2012.

[64] 中国建筑科学研究院等主编. 组合式空调机组 GBT 14294—2008. 北京：中国标准出版社，2009.

[65] 中国建筑科学研究院主编. 风机盘管 GB/T 19232—2003. 北京：中国标准出版社，2004.

[66] 中国标准化研究院等主编. 冷水机组能效限定值及能源效率等级 GB 19577—2015. 北京：中国标准出版社，2015.

[67] 中国标准化研究院等主编. 多联式空调（热泵）机组能效限定值及能源效率等级 GB 21454—2008. 北京：中国标准出版社，2008.

[68] 约克（无锡）空调冷冻科技有限公司等主编. 蒸气压缩循环冷水（热泵）机组第1部分：工业或商业用及类似用途的冷水（热泵）机组 GB/T 18430.1—2007. 北京：中国标准出版社，2008.

[69] 浙江盾安人工环境设备股份有限公司、合肥通用机械研究院等主编. 蒸气压缩循环冷水（热泵）机组　第2部分：户用及类似用途的冷水（热泵）机组 GB/T 18430.2—2016. 北京：中国标准出版社，2016.

[70] 远大空调有限公司，合肥通用机械研究院主编. 直燃型溴化锂吸收式冷（温）水机组 GB/T 18362—2008. 北京：中国标准出版社，2009.

[71] 江苏双良空调设备有限公司主编. 蒸汽和热水型溴化锂吸收式冷水机组 GB/T 18431—2001. 北京：中国标准出版社，2004.

[72] 广州从化中宇冷气科技发展有限公司等主编. 商业或工业用及类似用途的热泵热水机 GB/T 21362—2008. 北京：中国标准出版社，2008.

[73] 中国建筑科学研究院等主编. 蓄冷空调工程技术规程 JGJ 158—2008. 北京：中国建筑工业出版社，2008.

[74] 中国城市建设研究院有限公司，北京市煤气热力工程设计院有限公司主编．燃气冷热电联供工程技术规范 GB 51131—2016. 北京：中国建筑工业出版社，2017.

[75] 环保机械标准化技术委员会主编．离心式除尘器 GB/T 9054—2015. 北京：机械工业出版社，2015.

[76] 浙江洁华环保科技股份有限公司，福建龙净环保股份有限公司主编．回转反吹类袋式除尘器 GB/T 8533—1997. 北京：机械工业出版社，2010.